国家出版基金资助项目
Projects Supported by the National Publishing Fund

钢铁工业协同创新关键共性技术丛书

主编　王国栋

矿山采动岩体非线性渗流试验、模型与工程应用

杨天鸿　杨　斌　徐曾和　师文豪　杨　鑫　著

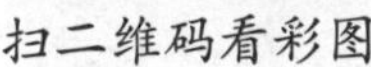
扫二维码看彩图

北　京
冶　金　工　业　出　版　社
2021

内 容 提 要

本书以矿山突水问题为对象，对孔隙、裂隙介质中的多流态复合流动行为进行了较为深入的阐述。内容主要包括基础理论，一维水沙高速渗流试验系统、平面裂隙网络水力输沙试验系统和水沙分相流速仪等非线性渗流试验设备的研发，多孔介质非线性渗流试验、裂隙网络非线性渗流试验、充填裂隙网络非线性渗流试验以及围压作用下破碎岩体渗流试验等的试验研究，孔隙、裂隙介质非线性渗流突水力学模型，姜家湾煤矿导水裂隙带突水、中关铁矿断层突水、骆驼山煤矿陷落柱突水、漳村煤矿本煤层煤柱失稳破坏突水机理分析等应用案例，以及矿山采动岩体导水通道识别方法与防控。

本书内容属于采矿、渗流力学、煤矿安全、岩土工程等学科的交叉领域，可供采矿、渗流力学、煤矿安全、岩土工程等领域的广大科技工作者和高等院校师生阅读、参考。

图书在版编目(CIP)数据

矿山采动岩体非线性渗流试验、模型与工程应用/杨天鸿等著. —北京：冶金工业出版社，2021. 3
（钢铁工业协同创新关键共性技术丛书）
ISBN 978-7-5024-6283-3

Ⅰ. ①矿… Ⅱ. ①杨… Ⅲ. ①矿山—岩石试验—非线性—渗流模型—研究 Ⅳ. ①TU45

中国版本图书馆 CIP 数据核字（2021）第 043289 号

出 版 人 苏长永
地　　址 北京市东城区嵩祝院北巷 39 号 邮编 100009 电话 (010)64027926
网　　址 www.cnmip.com.cn 电子信箱 yjcbs@cnmip.com.cn
责任编辑 卢 敏 美术编辑 彭子赫 版式设计 孙跃红
责任校对 郑 娟 责任印制 李玉山
ISBN 978-7-5024-6283-3
冶金工业出版社出版发行；各地新华书店经销；北京捷迅佳彩印刷有限公司印刷
2021 年 3 月第 1 版，2021 年 3 月第 1 次印刷
710mm×1000mm 1/16；32 印张；621 千字；490 页
149.00 元

冶金工业出版社 投稿电话 (010)64027932 投稿信箱 tougao@cnmip.com.cn
冶金工业出版社营销中心 电话 (010)64044283 传真 (010)64027893
冶金工业出版社天猫旗舰店 yjgycbs.tmall.com
（本书如有印装质量问题，本社营销中心负责退换）

《钢铁工业协同创新关键共性技术丛书》编辑委员会

《钢铁工业协同创新关键共性技术丛书》总序

钢铁工业作为重要的原材料工业，担任着“供给侧”的重要任务。钢铁工业努力以最低的资源、能源消耗，最低的环境、生态负荷，换取最高的效率和劳动生产率向社会提供足够数量且质量优良的高性能钢铁产品，满足社会发展、国家安全、人民生活的需求。

改革开放初期，我国钢铁工业处于跟跑阶段，主要依赖于从国外引进产线和技术。经过40多年的改革、创新与发展，我国已经具有10多亿吨的产钢能力，产量超过世界钢产量的一半，钢铁工业发展迅速。我国钢铁工业技术水平不断提高，在激烈的国际竞争中，目前处于“跟跑、并跑、领跑”三跑并行的局面。但是，我国钢铁工业技术发展仍然面临四大问题。一是钢铁生产资源、能源消耗巨大，污染物排放严重，环境不堪重负，迫切需要实现工艺绿色化。二是生产装备的稳定性、均匀性、一致性差，生产效率低，实现装备智能化，达到信息深度感知、协调精准控制、智能优化决策、自主学习提升，是钢铁行业迫在眉睫的任务。三是产品质量不够高，产品结构失衡，高性能产品、自主创新产品供给能力不足，产品优质化需求强烈。四是我国钢铁行业供给侧发展质量不够高，服务不到位。必须以提高发展质量和效益为中心，以支撑供给侧结构性改革为主线，把提高供给体系质量作为主攻方向，建设服务型钢铁行业，实现供给服务化。

我国钢铁工业在经历了快速发展后，进入了调整结构、转型发展的阶段。钢铁企业必须转变发展方式、优化经济结构、转换增长动力，坚持质量第一、效益优先，以供给侧结构性改革为主线，推动经济发展质量变革、效率变革、动力变革，提高全要素生产率，使中国钢铁工业成为“工艺绿色化、装备智能化、产品高质化、供给服务化”的全球领跑者，将中国钢铁建设成世界领先的钢铁工业集群。

2014 年 10 月，以东北大学和北京科技大学两所冶金特色高校为核心，联合企业、研究院所、其他高等院校共同组建的钢铁共性技术协同创新中心通过教育部、财政部认定，正式开始运行。

自 2014 年 10 月通过国家认定至 2018 年年底，钢铁共性技术协同创新中心运行 4 年。工艺与装备研发平台围绕钢铁行业关键共性工艺与装备技术，根据平台顶层设计总体发展思路，以及各研究方向拟定的任务和指标，通过产学研深度融合和协同创新，在选矿、冶炼、连铸、热轧、短流程热轧、冷轧、智能制造等六个研究方向上，开发出了新一代钢包底喷粉精炼工艺与装备技术、高品质连铸坯生产工艺与装备技术、炼铸轧一体化组织性能控制、极限规格热轧板带钢产品热处理工艺与装备、薄板坯无头/半无头轧制+无酸洗涂镀工艺技术、薄带连铸制备高性能硅钢的成套工艺技术与装备、高精度板形平直度与边部减薄控制技术与装备、先进退火和涂镀技术与装备、复杂难选铁矿预富集-悬浮焙烧-磁选（PSRM）新技术、超级铁精矿与洁净钢基料短流程绿色制备、长型材智能制造、扁平材智能制造等钢铁行业急需的关键共性技术。这些关键共性技术中的绝大部分属于我国科技工作者的原创技术，有落实的企业和产线，并已经在我国的钢铁企业得到了成功的推广和应用，促进了我国钢铁行业的绿色转型发展，多数技术整体达到了国际领先水平，为我国钢铁行业从“跟跑”到“领跑”的角色转换，实现“工艺绿色化、装备智能化、产品高质化、供给服务化”的奋斗目标，做出了重要贡献。

习近平总书记在 2014 年两院院士大会上的讲话中指出，“要加强统筹协调，大力开展协同创新，集中力量办大事，形成推进自主创新的强大合力”。回顾 2 年多的凝炼、申报和 4 年多艰苦奋战的研究、开发历程，我们正是在这一思想的指导下开展的工作。钢铁企业领导、工人对我国原创技术的期盼，冲击着我们的心灵，激励我们把协同创新的成果整理出来，推广出去，让它们成为广大钢铁企业技术人员手中攻坚克难、夺取新胜利的锐利武器。于是，我们萌生了撰写一部系列丛书的愿望。这套系列丛书将基于钢铁共性技术协同创新中心系列创新成果，以全流程、绿色化工艺、装备与工程化、产业化为主线，结合钢铁工业生产线上实际运行的工程项目和生产的优质钢材实例，系统汇集产学研协同创新基础与应用基础研究进展和关键共性技术、前沿引领技术、现代工程技术创新，为企业技术改造、转型升级、高质量发展、规划未来发展蓝图提供参考。这一想法得到了企业广大同仁的积极响应，全力支持及密切配合。冶金工业出版社的领导和编辑同志特地来到学校，热心指导，提出建议，商量出版等具体事宜。

国家的需求和钢铁工业的期望牵动我们的心，鼓舞我们努力前行；行业同仁、出版社领导和编辑的支持与指导给了我们强大的信心。协同创新中心的各位首席和学术骨干及我们在企业和科研单位里的亲密战友立即行动起来，挥毫泼墨，大展宏图。我们相信，通过产学研各方和出版社同志的共同努力，我们会向钢铁界的同仁们、正在成长的学生们奉献出一套有表、有里、有分量、有影响的系列丛书，作为我们向广大企业同仁鼎力支持的回报。同时，在新中国成立70周年之际，向我们伟大祖国70岁生日献上用辛勤、汗水、创新、赤子之心铸就的一份礼物。

中国工程院院士 王国栋

2019年7月

序

采矿活动诱发围岩破坏极大地改变了其渗透特性，从而导致矿井突水灾害发生。突水在矿山安全事故总数和死亡人数方面，居所有安全事故的第二位。目前对于矿山采动围岩破碎岩体，流速与压力的关系不再满足Darcy方程，其渗流行为表现出明显的非线性特征，矿山突水防治设计方法继续采用线性渗流理论，使得对突水淹井事故机理分析和疏排设计与实际偏差较大。目前矿山采动岩体非线性渗流机理缺乏深入系统的研究，还没能形成科学系统的破碎岩体非线性渗流试验、理论及模型方法。

该书作者杨天鸿教授及其团队，多年致力于矿山采动岩体非线性渗流试验、力学模型与工程实践研究，在岩石破裂-渗流耦合机理、数值模型、参数表征、突水现场测试及评价、突水及防治工程实践方面取得了较高的研究成果。该书在此基础上撰写而成。该书从矿山采动岩体渗流突水三要素这一渗流特征出发，自主研发了围压和轴压动态控制的非Darcy渗流试验系统，通过试验探索非Darcy渗流参数相互作用机理及渗流突变临界条件；建立了突水流体非线性动力学模型，依托工程实例，模拟反演颗粒流失条件下含水层、采动破碎岩体和巷道整个水流路径中突水瞬态流动全过程，揭示采动条件下应力迁移过程破碎岩体渗流演化规律并提出渗流突水失稳判据，为采矿推进过程预测和防治突水灾害提供理论依据和计算方法。该专著的特色是在数值模型中耦合Darcy方程、Forchheimer方程、Navier-Stokes方程和应力与渗流参数的关系方程，并通过试验验证，从机理上模拟分析突水多流态多流场动态全过程，具有较高的创新性和理论价值。

该书内容丰富，系统性和逻辑性强，重点突出，具有较高的学术价值和实用性。书中的一些观点和方法我深感兴趣，并相信该书的出版可以弥补国内在矿山突水理论研究方面的不足，将对地下工程、水利工程等岩土工程领域管涌、突水突泥等渗流破坏问题研究具有一定的借鉴价值，对岩石破坏渗流力学发展起到积极作用。

我期待着该书早日出版，相信其对于促进该研究领域的发展具有重要的意义，并乐意为之作序！

中国工程院院士

2020 年 5 月

前　言

突水灾害一直是威胁我国地下矿山安全生产的重大灾害之一。无论是原位断层、陷落柱突水，还是采动峰后、冒落岩体突水，都属于破碎岩体突水，其中流速与压力梯度的关系具有非线性特征，继续采用Darcy渗流理论解释突水渗流机理、预测突水量等不符合实际。本书作者研究矿山突水多年，对矿山岩体破坏突水的渗流力学机制、突水的预测与防治有着非常深入的思考、研究与实践。

全书共分15章，第1、2章介绍渗流力学的某些基本概念和基本方程、渗流转捩的判别方法、采动破碎岩体渗流突水特征、突水模式等。第3章针对本书的研究内容以及现有成熟试验设备的不足，研制了一维水沙高速渗流试验系统和平面水力输沙试验系统；针对孔隙、裂隙介质中水、沙两相混合并同时流动，提出在这种情况下水、沙分相流速（体积）的测量方法。第4~7章为试验研究，分析了颗粒形状与排列、堆积孔隙率、颗粒级配、围压、裂隙开度、交叉角度分别对孔隙、裂隙介质非线性渗流特性的影响。第8、9章为孔隙、裂隙介质非线性渗流突水力学模型的建立和数值求解。第10~13章为应用研究，介绍了导水裂隙带突水、断层突水、陷落柱突水、本煤层煤柱失稳破坏突水问题研究成果。第14章为矿山采动岩体导水通道识别方法与防控。第15章为结论。其中试验设备研发和试验部分由徐曾和、杨斌、杨鑫编写，突水力学模型的建立和数值求解部分由杨天鸿、师文豪编写，工程应用部分由杨天鸿、师文豪、杨斌编写，矿山采动岩体非线性渗流突水溃沙特征和模式由侯宪港编写，矿山采动岩体导水通道识别方法与防控由侯宪港、赵永、周靖人、刘一龙编写，全书由杨天鸿教授进行统稿。

本书的研究内容是团队十几年来潜心研究成果的总结，先后得到国家重点基础研究发展计划项目（“973”计划）第二课题——典型矿区高强度开采下岩层破坏与裂隙渗流规律（No. 2013CB227902）、国家自然科学基金面上项目——应力作用下破碎岩体非 Darcy 渗流实验及采动突水渗流模型（No. 51574059）、国家自然科学基金联合基金项目——积水采空区围岩导水通道形成机理及突水、疏放渗流规律研究（No. U1710253）的资助。本书编写和出版过程中，陈仕阔博士研究生、周靖人博士研究生、侯宪港博士研究生、赵永博士研究生、刘一龙博士研究生、孙贝硕士研究生、飞箭软件公司周永发先生做了很多工作，得到了东北大学朱万成教授、徐涛教授，中国矿业大学白海波教授、张凯教授的悉心指导和帮助，尤其得到国家出版基金资助，冶金工业出版社的细致出版，在此表示衷心感谢。

本书力求在理论推导上严谨而不烦琐，试验的过程或操作方法叙述力求简明扼要，数据分析尽量做到思路清晰、深入浅出，便于读者认识地下水在孔隙、裂隙介质中的非线性渗流规律，为矿山突水的预测与防治奠定试验和模型基础，提升工程技术人员解决现场问题的能力。

由于作者水平有限，书中存在的缺点和不足恳请读者指正。

作　者

2020 年 3 月

目　录

0　绪论 ………………………………………………………………… 1

0.1　研究背景与意义 ………………………………………………………… 1

0.2　国内外研究现状 ………………………………………………………… 2

0.2.1　非 Darcy 渗流理论方程研究现状 ………………………………… 2

0.2.2　非 Darcy 渗流试验研究现状 ……………………………………… 3

0.2.3　非 Darcy 渗流模型及数值方法研究现状 ………………………… 5

0.3　存在的问题与研究思路 ………………………………………………… 7

0.3.1　非 Darcy 渗流力学模型存在的问题 ……………………………… 7

0.3.2　研究思路 …………………………………………………………… 7

参考文献……………………………………………………………………… 9

1　孔隙、裂隙介质非线性渗流基本理论 ……………………………… 16

1.1　孔隙结构中的渗流阻力……………………………………………… 16

1.1.1　多孔介质渗流阻力的分类………………………………………… 16

1.1.2　孔隙结构与渗流阻力的关系……………………………………… 16

1.1.3　两种不同孔隙结构渗流模型……………………………………… 17

1.1.4　结构参数对渗透率与非 Darcy 因子的影响 ……………………… 24

1.1.5　雷诺数与 Forchheimer 数 ………………………………………… 30

1.1.6　多孔介质中细颗粒运动的力学行为……………………………… 31

1.2　交叉裂隙非线性流动特性…………………………………………… 31

1.2.1　单裂隙非 Darcy 渗流的数值模拟 ………………………………… 32

1.2.2　不计局部压力损失的交叉裂隙非 Darcy 渗流模型 ……………… 34

1.2.3　考虑局部压力损失的交叉裂隙非 Darcy 渗流模型 ……………… 36

1.2.4　模型结果分析……………………………………………………… 39

1.3　多孔介质非 Darcy 渗流的细观模拟 ………………………………… 48

1.3.1　多孔介质细观数值模型…………………………………………… 48

1.3.2　数值模拟方法……………………………………………………… 49

1.3.3　体积平均法………………………………………………………… 50

1.3.4　渗流参数确定 …… 50
1.3.5　细观结果分析 …… 51
1.3.6　平均压力梯度与平均流速的关系 …… 56
1.4　孔隙、裂隙结构中的渗流方程和适应条件 …… 58
参考文献 …… 60

2　矿山采动岩体非线性渗流突水溃沙特征和模式 …… 63
2.1　采动破碎岩体渗流突水特征 …… 63
2.1.1　突水通道的非 Darcy 渗流特性 …… 63
2.1.2　三种流场动力学系统的统一性 …… 64
2.1.3　导水通道介质的复杂性 …… 64
2.2　突水模式 …… 64
2.2.1　断层致突型 …… 65
2.2.2　陷落柱致突型 …… 66
2.2.3　采动裂隙致突型 …… 67
2.2.4　老空水致突型 …… 68
参考文献 …… 76

3　非线性渗流试验装备与试验方法 …… 79
3.1　一维水沙高速渗流试验系统 …… 79
3.1.1　设备研制的目的与意义 …… 79
3.1.2　试样筒尺寸设计 …… 79
3.1.3　多孔板设计 …… 81
3.1.4　恒流恒压泵技术指标 …… 81
3.2　平面水力输沙试验系统 …… 81
3.2.1　设备研制的目的与意义 …… 82
3.2.2　供水系统 …… 83
3.2.3　裂隙网络渗流模型 …… 84
3.2.4　在线饱和装置 …… 84
3.2.5　数据采集系统 …… 85
3.3　试验设备的关键技术——水沙分相测量装置 …… 87
3.3.1　水、沙流速分相测量原理 …… 87
3.3.2　技术方案的实施 …… 87
3.3.3　分相流速的计算 …… 87
3.3.4　提高测量精度的技术措施 …… 89

3.4　孔隙、裂隙介质非线性渗流试验方法 …… 97
3.5　试验系统的检测 …… 99
3.5.1　一维水沙高速渗流试验系统检测 …… 99
3.5.2　平面水力输沙试验系统监测 …… 99
参考文献 …… 102

4　散体颗粒介质渗流阻力演化规律 …… 104
4.1　颗粒形状与排列对渗流阻力的影响 …… 104
4.1.1　光滑球形颗粒非 Darcy 渗流阻力演化特征 …… 104
4.1.2　微不锈钢颗粒低速渗流阻力演化特征 …… 117
4.1.3　粗糙颗粒渗流阻力演化特征分析 …… 126
4.2　堆积孔隙率对渗流阻力的影响 …… 143
4.2.1　多孔介质参数确定方法 …… 143
4.2.2　试验材料与方案 …… 145
4.2.3　试验结果及分析 …… 148
4.3　颗粒级配对渗流阻力的影响 …… 157
4.3.1　试验材料与方案 …… 157
4.3.2　试验结果及分析 …… 161
4.4　多孔介质中水、沙两相渗流的起动与运移规律 …… 173
4.4.1　沙粒的起动条件及临界参数 …… 173
4.4.2　多孔骨架中细颗粒的流失 …… 179
4.4.3　涌沙临界流速与多孔骨架的塌落 …… 186
4.4.4　高浓度水、沙两相混合流体的运移特征 …… 190
参考文献 …… 196

5　裂隙介质非 Darcy 渗流规律试验研究 …… 202
5.1　裂隙网络非 Darcy 渗流特性试验研究 …… 202
5.1.1　试验材料与方案 …… 202
5.1.2　试验结果及分析 …… 203
5.2　充填裂隙网络非 Darcy 渗流特性试验研究 …… 215
5.2.1　渗流参数的时变规律 …… 216
5.2.2　试验材料与方案 …… 220
5.2.3　试验方法与步骤 …… 222
5.2.4　试验结果与分析 …… 223
参考文献 …… 239

6 断层物质级配特征对渗流状态和非 Darcy 渗流参数影响规律的试验研究 …… 242
6.1 渗流理论方程 …… 243
6.1.1 Darcy 方程 …… 243
6.1.2 Forchheimer 方程 …… 243
6.1.3 Reynolds 数 *Re* 和 Fanning 摩擦系数 *f* …… 244
6.1.4 Forchheimer 数 *Fo* …… 244
6.2 研究方法 …… 244
6.2.1 室内试验方法 …… 244
6.2.2 数值仿真 …… 246
6.3 结果与讨论 …… 247
6.3.1 颗粒粒径对渗流参数的影响 …… 247
6.3.2 颗粒级配对渗流参数的影响 …… 249
6.3.3 产生非 Darcy 流的临界条件 …… 251
参考文献 …… 253

7 围压作用下破碎岩体渗流试验 …… 255
7.1 试验方案 …… 255
7.2 试验结果 …… 255
7.3 结果分析 …… 263
7.3.1 渗透率敏感性分析 …… 263
7.3.2 非 Darcy 因子敏感性分析 …… 266

8 孔隙、裂隙介质非 Darcy 渗流突水力学模型 …… 269
8.1 突水通道混合流体非 Darcy 渗流模型 …… 269
8.1.1 基本方程 …… 269
8.1.2 基于 FELAC 软件的模型数值求解 …… 274
8.1.3 突水通道混合流体非 Darcy 渗流数值模拟 …… 286
8.2 含水层与破碎岩体渗流统一性的理论解释 …… 299
8.3 孔隙、裂隙介质非 Darcy 渗流突水力学模型 …… 301
8.3.1 基本方程 …… 302
8.3.2 数值求解 …… 304
8.3.3 采动岩体非 Darcy 渗流基本规律模拟分析 …… 308
8.4 非 Darcy 渗流-应力耦合模拟研究 …… 319
8.4.1 模型方程介绍 …… 319

8.4.2　方程弱形式求解 …… 321
8.4.3　模型建立 …… 323
8.4.4　不同压力梯度渗流模拟分析 …… 324
8.4.5　不同围压下渗流模拟分析 …… 326
8.4.6　基安达煤矿突水渗流模拟 …… 329
参考文献 …… 333

9　基于 Brinkman 方程求解的非线性数值模型及突水机理数值模拟 …… 334

9.1　岩体破坏突水机理及渗流方程 …… 334
9.2　Brinkman 方程非 Darcy 效应模拟 …… 336
9.3　陷落柱非 Darcy 渗流突水模拟分析 …… 338
9.3.1　突水计算中水流三个物理方程的描述 …… 339
9.3.2　采动诱发陷落柱突水模拟结果 …… 340
9.4　断层非 Darcy 渗流突水模拟分析 …… 343
9.4.1　计算模型 …… 343
9.4.2　模拟结果分析 …… 344
参考文献 …… 347

10　姜家湾煤矿导水裂隙带突水非 Darcy 渗流机理数值模拟 …… 349

10.1　矿区水文地质条件 …… 349
10.1.1　地层结构及含水层特征 …… 349
10.1.2　矿井充水条件 …… 350
10.1.3　采空区积水情况 …… 350
10.2　导水裂隙带突水特征 …… 350
10.3　变质量导水裂隙带突水非 Darcy 流模型 …… 353
10.3.1　含水层中单相流体控制方程 …… 354
10.3.2　导水裂隙带中混合流体控制方程 …… 354
10.3.3　巷道中混合流体控制方程 …… 355
10.3.4　辅助方程 …… 355
10.3.5　三种流动区域过渡的边界条件 …… 356
10.3.6　方程总结 …… 356
10.4　变质量导水裂隙带突水非 Darcy 流模型的数值求解 …… 357
10.5　算例分析 …… 357
10.5.1　数值模型建立 …… 357
10.5.2　计算参数的确定 …… 359

10.5.3 结果分析 …… 360
10.5.4 导水裂隙带突水危险性分析 …… 368
参考文献 …… 373

11 中关铁矿断层突水非 Darcy 渗流机理数值模拟 …… 375

11.1 矿区水文地质条件 …… 375
11.1.1 地层结构及含水层特征 …… 375
11.1.2 富水性变化规律及地下水流动特征 …… 376
11.2 -260m 中段掘进工作面顶板突水特征 …… 377
11.3 突水构造条件分析 …… 378
11.4 -260m 中段顶板断层突水非 Darcy 渗流数值模拟 …… 380
11.4.1 数值模型建立 …… 380
11.4.2 模拟结果分析 …… 382
参考文献 …… 389

12 骆驼山煤矿陷落柱突水机理数值模拟分析 …… 390

12.1 工程概况 …… 390
12.2 陷落柱突水数值模型 …… 390
12.3 模拟结果分析 …… 391
12.4 非 Darcy 因子敏感性分析 …… 394
参考文献 …… 397

13 漳村煤矿煤柱失稳破坏突水机理数值模拟分析 …… 398

13.1 工程概况 …… 398
13.2 漳村煤矿同煤层突水模型 …… 399
13.3 模拟结果分析 …… 400
13.3.1 压力时空演化 …… 400
13.3.2 流速时空演化 …… 401
13.3.3 渗透率与非 Darcy 因子 …… 403

14 矿山采动岩体导水通道识别方法与防控 …… 404

14.1 矿山采动岩体导水通道识别与监测方法 …… 404
14.1.1 导水通道识别方法 …… 404
14.1.2 导水通道探测方法 …… 405

14.1.3　导水通道监测方法 …… 406
14.1.4　基于微震监测技术的导水通道动态测试方法 …… 407
14.2　矿山采动岩体导水通道识别案例分析 …… 423
14.2.1　张马屯铁矿堵水帷幕突水通道形成过程和机理分析 …… 423
14.2.2　石人沟铁矿露天转地下顶柱渗流通道形成过程和机理分析 …… 435
14.2.3　西曲矿复合采动围岩导水通道实例分析 …… 451
14.3　水害防治对策及防水煤岩柱留设 …… 469
14.3.1　水害防治对策 …… 469
14.3.2　留设防水煤岩柱 …… 469
参考文献 …… 473

15　结论 …… 482

15.1　理论分析 …… 482
15.2　突水模式总结 …… 483
15.3　试验设备研制 …… 483
15.4　室内物理试验 …… 484
15.5　力学模型建立 …… 486
15.6　案例机理分析 …… 488

索引 …… 489

0 绪 论

0.1 研究背景与意义

地下采矿活动必然造成围岩应力的重新分布和岩体的破裂损伤，使得围岩在原岩应力和采动应力共同作用下处于峰后应力状态或者破碎状态，极大地改变围岩的孔隙度和渗透性，从而导致顶板、断层带或底板突水并造成灾害事故[1~6]。据统计[1]，60%矿井事故与地下水作用有关，全国600余处国有重点煤矿中受水害威胁的矿井达285处，约占47.5%，受水害威胁的储量达2.5×10^{11}t。2005年8月7日，广东大兴煤矿发生特大突水事故，遇难人员达123人。在金属矿开采方面，突水灾害也日益严重，如我国埋藏最深、储量最大的铜矿——冬瓜山铜矿，在1994年9月30日掘进至井底标高-900m时发生突水，瞬时涌水量达1285m^3/h（第1小时），涌水压力高达7~8MPa，7天淹没深度达到637m水平，这在国内乃至国际均属少见。金属矿山在露天转地下开采过程中，过渡层“突涌突冒”灾害是威胁其顺利过度开采的主要因素[7]。此外，在深埋长大隧道开挖过程中，突水灾害问题也十分突出[8,9]，一直是隧道地质灾害及超前预报的主要内容之一。

2017年全国非煤矿山较大事故按十类事故类型统计，突水、边坡滑坡、顶板坍塌、尾矿库失稳的安全事故总数和死亡人数居矿山所有安全事故的前五位，占比50%以上，如图0.1.1所示。在水害方面，据国家安全生产监督网事故查询，2000年1月至2017年1月，全国发生煤矿透水事故445起，死亡人数2831

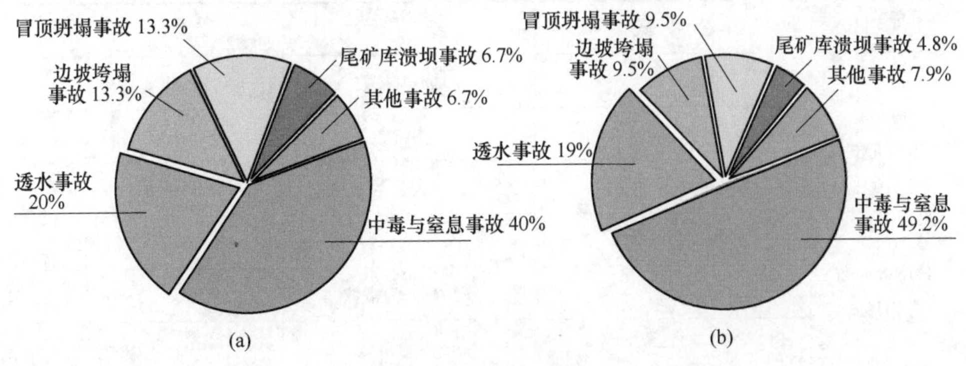

图0.1.1　2017年较大事故事故数与死亡人数分布

（a）事故起数；（b）死亡人数

人。由此可见，迫切需要对岩体稳定性及工程地质灾变预报进行深入研究。

对于峰后或者破碎岩体，流速与压力的关系不再满足 Darcy（达西）方程，其渗流行为表现出明显的非线性特征[4]，继续采用线性渗流理论进行突水水量的预测难度较大，难以对短时间内的突水淹井事故[9]做出合理解释。因此，必须开展对采动岩体破坏突水非线性渗流问题的研究，该问题的解决对于揭示采动岩体突水渗流机制，为突水预测与防治、开采方法的改进以及安全度的评价等具有重大理论意义和实际价值。

0.2　国内外研究现状

0.2.1　非 Darcy 渗流理论方程研究现状

自从 19 世纪 50 年代法国工程师 Darcy 提出描述介质层流状态的 Darcy 定律后，学者在工程实践中认识到颗粒较粗、孔隙较大的非均匀孔隙介质或裂隙介质中存在非 Darcy 渗流现象，其渗流曲线为凸形下弯曲线，Basak 和 Madhav[10]发现高速非 Darcy 流在水利工程中比较普遍，Tartakovsky 和 Neuman[11]在应用随机理论研究承压含水层中水流运动问题时也发现了高速非 Darcy 流的存在。

地下水的非 Darcy 渗流问题非常复杂，其研究深度远不及线性 Darcy 渗流，至今仍没有一个统一的公式可以更好地描述这种流动规律[12]。学者们通过大量的研究获得了描述非 Darcy 流的经验公式，其基本形式大致有两种：Izbash 方程和 Forchheimer 方程，见表 0.2.1。其中 Izbash 方程，或称为幂函数方程，是根据大量的实验数据获得的纯经验公式，幂指数为 1 时转化为 Darcy 方程，幂指数为 1/2 时转化为 Chezy 公式。Yamada 等[13]、Wen 等[14,15]、Moutsopoulos 等[16]进一步对 Izbash 方程的系数和幂指数取值问题进行了广泛的研究。

表 0.2.1　几种常见的非线性流经验公式[17]

类别	公　式	参　数	作　者
Izbash 方程形式	$J = -av^m$	a、m 为常数	Izbash（1931）
	$J = Bv^2$	B 为常数	Escande（1953）
	$v = 39.2m^{1/2}J^{0.54}$	m 为常数	Wilkinson（1956）
Forchheimer 方程形式	$J = -(av + bv)^2$	a、b 为常数	Forchheimer（1901）
	$J = av + bv^{1.5} + cv^2$	a、b、c 为常数	Rose（1951）
	$J = av + bv^m$	a、b 为常数	Harr（1962）

Forchheimer 方程起初是建立在实验数据的基础上，后来通过对 Novier-Stokes

方程进行简化得到了理论证明[18,19]。Moutsopoulos 和 Tsihrintzis 指出，一般对于定流量抽水条件（第二类边界）下，Izbash 方程能更好地描述非 Darcy 流现象；而在定水头边界（第一类边界），Forchheimer 方程比 Izbash 方程更适合描述非 Darcy 流现象[20]，因为 Forchheimer 方程中的一次项与黏滞力有关，二次项与惯性力有关，当水流速度较慢时，流体主要受黏滞力影响，水流为线性 Darcy 流；当流速较快时，流体主要受惯性力影响，水流为非线性 Darcy 流。由此可以看出 Forchheimer 方程具有明确的理论依据和物理意义，能够较好地描述大孔隙碎石介质的高速非 Darcy 流问题[21,22]。该方程的提出并非针对某一种渗透介质，因此具有一定的通用性。

基于 Forchheimer 方程，一些学者考虑介质及流体性质的影响提出了适用于特定领域的非 Darcy 渗流力学模型，如 Schidegger 根据一系列毛细管组成的多孔介质模型推导出了包含粒径分布、弯曲系数、孔隙率等参数的二项式运动方程；Ergun 针对堆石体提出了用多孔介质中某种代表性尺寸表示的二项式运动方程[23]；Winkins（1956）和 Parkin（1991）在管流模型的基础上通过引进水力半径的概念提出了堆石体的指数型方程，G. Rowan（1964）针对高速产气井提出了理想气体非 Darcy 径向渗流的二项式运动方程。这些非 Darcy 方程都是针对某一简化模型、某一介质或某一流体提出的，具有很强的针对性和明确的适用范围以及很好的精度。

采矿工程中采动破碎带（断层、陷落柱或冒落裂隙带）易发生突水和淹井事故[24,25]，是典型的非 Darcy 渗流现象。缪协兴等[26]、李顺才等[27]基于 Forchheimer 方程建立了破碎岩体一维非 Darcy 渗流力学模型，采用截谱断方法研究了非 Darcy 渗流系统的分岔，认为非 Darcy 渗流系统存在突变，峰后或者破碎岩体非 Darcy 渗流系统失稳为矿山突水灾害发生的机理，黄先伍、Pradipkumar、Cherubini 等[28~30]的破碎岩体稳态渗透试验均表明了破碎岩体中的渗流一般不服从 Darcy 定律而服从 Forchheimer 方程。这些研究为 Forchheimer 方程在矿山突水中的应用奠定了理论基础。

0.2.2 非 Darcy 渗流试验研究现状

目前，已有许多学者[31~37]进行了大量关于岩石应力应变渗透率方面的试验研究工作，最初的研究是通过三轴压缩试验研究岩石峰值前后的渗透率变化规律，正如 Paterson[31]代表性的总结。Schulze 等[34]基于岩盐，Oda 等[36]基于花岗岩，韩宝平等[37]基于碳酸盐，Wang 和 Park[38]基于沉积岩，W. Zhu 和 T. F. Wong[32]基于低孔隙率（<5%）和高孔隙率（>10%）破碎带的砂岩，初步建立了损伤、体积膨胀、孔隙率等参数和渗透性的关系，尤其认识到岩石峰后渗透率急剧增大（甚至提高 2~3 个数量级）[26,118]，属于非 Darcy 渗流过程，同时非

Darcy 流渗透性对围压和轴向压力变化比较敏感，不能用峰前应力-渗透率方程拟合。

对于破碎岩体的非 Darcy 渗流实验，始于 20 世纪 30 年代水利工程和石油工程领域。最初进行非 Darcy 渗流实验，主要是为了确定 Forchheimer 型方程和 Izbash 方程的相关系数。Forchheimer 通过大量渗流试验提出了微观惯性力对流态的影响，将惯性项添加到 Darcy 方程中，从而开启了多项式型的 Forchheimer[39] 方程；Izbash[40] 于 1931 年提出了幂函数型非线性流经验公式，形成了 Izbash 方程形式。两种形式的方程在不同工况条件下各具优势，此后 Irmay[41]、Whitaker[42]、Giorgi[43]、Sorek 等[44]学者分别对两种形式的方程进行了验证与改进。

随着对非 Darcy 流认识的深入，一些学者提出了采用雷诺数（Reynolds，*Re*）来判定是否符合 Darcy 流的观点，通过不断增加压力梯度，观测流体紊流特征，测试摩擦因数（f）-雷诺数（*Re*）曲线，确定渗流运动方程。最早的非 Darcy 流的特征判定是在 1931 年提出的[45]；Fancher 与 Lewis[46] 通过松散条件下多孔介质渗流试验得到雷诺数的范围，之后 Green、Duwez[47]、Ergun[48]、Bear[49]、Hassanizadeh、Gray[50] 等学者均针对各种不同条件对 *Re* 数进行了重新定义，Ma 和 Ruth[51,52] 提出了 Forchheimer 数描述非 Darcy 渗流特征，成为判定非 Darcy 渗流的新方法。

多孔介质的颗粒组成及孔隙结构（孔裂隙度、迂曲度）是影响流态的重要因素，具有代表性的试验研究是 Bordier 和 Zimmer[53]、Yamada 等[54] 针对粗糙颗粒介质进行的渗流试验。该试验验证了 Izbash 方程在粗糙多孔介质渗流中的适用性。试验采用在碎石中添加较细颗粒的方式改变孔隙结构，为研究微观惯性力对流态的影响提供基础。Moutsopoulos[16] 在 Yamada 的基础之上进行了更深入的研究。他采用 8 种不同材料、5 种粒径颗粒作为渗透介质，提出了在颗粒型多孔介质中添加较大颗粒可降低非 Darcy 渗流中黏滞项与惯性项系数的观点。Moutsopulos 提出，当 *Re* 数达到某数值时，“流速-压力梯度”曲线不再连续。之后 Mohammad[55] 通过 6 种不同粒径颗粒的渗流试验验证了这一观点，得到了“当孔径大于 2.8mm 时，不能依据‘流速-压力梯度’曲线呈线性关系来判定流态”的结论，同时得到了 Forchheimer 方程、Izbash 方程等非 Darcy 系数随孔径变化的关系曲线，以及 6 组 *Re* 数与压力梯度的关系曲线。

矿山的突水灾害属于破碎岩体或砂体的渗流，更注重采动应力场动态变化对渗流的影响。李顺才[56] 认为，实际工程中遇到的多是高轴压、高围压条件下的渗流问题，涉及孔隙结构的进一步变化，对此中国矿业大学研究团队进行了细致深入的研究。刘玉庆等[57] 的试验证实了散体岩石的渗透特性与加载时间有关；李顺才[58] 得出随着轴向应力水平的增加，岩样的渗透率量级降低，而非 Darcy 因子的量级增加的结论；孙明贵等[59] 利用载荷控制法得到载荷作用下渗透特性与破碎岩石颗粒直径呈线性关系；马占国等[60]得出渗透系数随轴压变化的规律近似呈对数函数关系；黄先伍等[28]得出破碎砂岩的渗透率、非 Darcy 流因子与孔隙率之间近似呈幂函数关系；李顺才等[61]在采用轴向位移控制法及稳态渗透法对承压破碎岩石进行渗透性试验的基础上，提出了 Darcy 流偏离因子的量级为 10^{12} ~ 10^{15} kg/m^4，且存在正负两种可能性的观点。该观点支持田旭飞等[62]提出的“非 Darcy 渗流系统的滞后分岔”理论，不过，一些学者对此持相反意见[63]。作者认为，非 Darcy 渗流理论方程中的非 Darcy 流 β 因子是描述惯性阻力的控制参数，不应该为负值，产生分歧的原因可能是：（1）实验过程中孔隙、裂隙介质中充填的小颗粒是否发生流失；（2）实验测试参数计算公式存在问题；（3）理论方程的参数值存在关联性。所以开展考虑颗粒流失情况下的非 Darcy 渗流试验是进一步探索非 Darcy 渗流规律的关键之一。

0.2.3　非 Darcy 渗流模型及数值方法研究现状

目前，研究非 Darcy 渗流通常有实验、理论和数值模拟三种方式。其中实验方法具有直观可靠等优点，它既可提供揭示机理的基础，也是检验理论与数值模拟计算的必要手段。然而，由于实验条件的限制只能通过简单的实验测试为数不多的运动参数。数值模拟方法可以综合考虑多方面因素，而且其计算结果直观、可视化，在一定意义上弥补物理实验的不足，直观表达数学模型表征的物理意义，给出学者感兴趣的物理参量[64]。

文献［65~73］针对岩体介质渗流作用机制，一般基于弹塑性力学、渗流力学和损伤力学理论的数值模型中引入描述介质渗透性-应力演化方程，研究介质渗流-应力耦合行为。目前针对岩体线性 Darcy 渗流的模型较多，非 Darcy 渗流模型较少，考虑非 Darcy 参数与应力关系的模型未见文献报道。

石油开发工程中普遍存在的是低速非 Darcy 渗流问题[74~78]，学者们据此建立了反映油藏非 Darcy 渗流的三参数模型[79,80]、两参数模型[81,82]，非线性油水两相渗流模型[83,84]，双重介质的非 Darcy 渗流模型[85,86]等。对于石油工程中的低速非线性模型，广泛采用有限差分法（FDM）[87~91]进行数值求解，具有构造简单、同等条件下计算量少的优点，但是应用于边界复杂的问题时求解精度相对较低，利用显式差分对于步长的选取有很大的局限性[92]。

水利工程中则多为高速非 Darcy 渗流，其研究主要集中在土石坝、堆石体中的渗流以及抽水井附近的渗流等。Li 等[93,94]从多孔介质出发，利用管流理论建立了堆石体的非 Darcy 运动方程；邱贤德等[95]建立了堆石体颗粒含量与渗透系数的关系方程。对于抽水井渗流问题，印度学者 Basak[96,97]在 Forchheimer 方程的基础上建立了含水层中完整井和非完整井附近的非 Darcy 流两区模型，将整个含水层分成非 Darcy 流区域和 Darcy 流区域进行研究，得到了稳定流情况下非 Darcy

流区和 Darcy 流域水位降深变化规律；Wang 等[98]也做了类似的研究。针对具体的水利工程实际，学者们基于 Forchheimer 方程建立了相应的非 Darcy 模型并应用于抽压水井[98~101]、砂砾石河床[102]、堆石体[93,94,103]、堆石坝[104~107]、土石坝[108]等水利领域的高速非线性渗流场分析。对于隧道突涌水问题，王媛等[109,110]建立了基于 Forchheimer 方程的 Darcy -非 Darcy 模型，采用有限元方法对涌水量进行了预测。目前常用水利工程中的非 Darcy 渗流问题的数值解法为有限元方法(FEM)[109~113]，主要包括伽辽金有限元法、混合有限元法等[114]。有限元方法适用于复杂求解域和非均匀网格。理论上非 Darcy 渗流问题的本质是流体出现了紊流特征，这也是试验观测非 Darcy 现象的主要依据[93,94]，但采用现有的有限元方法数值求解均未能反映出这一物理现象。原因是有限元方法在求解对流扩散方程计算对流项时的数值解不稳定性问题还没有得到很好的解决。

采矿工程中的非 Darcy 渗流主要存在于峰后或者破碎岩体中[26,28,115~117]，尤其常见于采动岩体破坏突水过程，中国矿业大学缪协兴研究团队在这方面开展了系统性的研究，取得了新的学术成果[26~28,118]。由于目前采用有限元方法(FEM）进行非线性渗流问题数值求解的难度较大，即使一维模型，参数变化也会引起方程求解很不稳定，会出现分岔和震荡现象[26,119]，因此缪协兴等[26,119]均未能对突水渗流场进行数值求解。而有限体积法（FVM）能够较好地解决这一问题[120,121]。该方法是 20 世纪 60 年代 Harfow 等人在研究空气动力学问题时首先提出的[122]，是集有限元和有限差分的优点发展起来的一种数值计算方法。到 20 世纪 90 年代，有限体积法在流体力学中的优势逐步显现，尤其是在处理对流项时体现出局部质量守恒的特性，可以很好地处理非线性守恒问题。之后相继出现的有限元和有限体积法相结合的数值方法[123~128]，无论是在收敛条件、计算精度，还是计算速度上都优于经典的有限元方法[125,127]。有限体积法（FVM）能够较好地弥补有限元方法在模拟矿山突水非线性问题中的不足，具有很好的应用前景。

综上所述，研究非 Darcy 渗流突水的理论模型、实验方法和数值模拟技术三种方式中，理论模型给出了描述大孔隙碎石介质高速非 Darcy 流问题的 Forchheimer 方程[20,21]，具有明确的理论依据和物理意义，研究的焦点是不同介质方程修正、物理参量的分析及控制因素影响作用机理。实验研究侧重介质孔隙、裂隙结构对参数的影响规律，检验理论方程的合理性与适用条件。然而，由于实验条件的限制，对于工程岩体破碎带大尺寸结构块体孔隙裂隙以及复杂应力作用下的渗流机理缺乏可靠数据[56]，也不能观测非 Darcy 渗流瞬态全过程的运动现象及参数变化规律，给出科学认识。数值模拟在一定意义上弥补了物理实验和理论方程的不足，可直观表达数学模型表征的物理意义。随着计算机软硬件技术的革新，大规模并行计算方法，大数据云计算技术，多流场、多相、多尺度、复杂非线性计算方法得到空前发展，所以在具体的工程实践问题中提炼需要解决的关键科学问题，在非 Darcy 渗流理论基础上，辅助以实验数据和现场测试数据，开展数值模型及模拟技术研究是未来发展的趋势之一。

0.3 存在的问题与研究思路

0.3.1 非 Darcy 渗流力学模型存在的问题

关于非 Darcy 渗流数值模型的研究表明，当前的计算模型一直没有很好地解决计算 Forchheimer 模型结果不易收敛问题，原因是有限元法计算采用泛函变分法和加权余量法，特征变量不守恒，对流项、惯性项计算过程累积误差，结果分叉和震荡，求解不稳定。采用有限体积法是流体计算的最佳方法，但当前的计算软件和模型没有考虑应力对渗流参数的影响，不能解释非 Darcy 渗流参数的时空变化特征，而且非 Darcy 模型流场对参数和边界条件设置比较敏感，一些学者已经认识到非 Darcy 模型边界值具有时变性[56]。

本书认为针对矿山采动岩体渗流突水三要素特征（含水层水源的 Darcy 流、突水通道的非 Darcy 流和开采扰动作用），开展破碎岩石非 Darcy 渗流实验，建立耦合 Darcy 方程、Forchheimer 方程、Navier-Stokes 方程和应力与非 Darcy 渗流参数关系方程的数值模型，是揭示采动条件下破碎岩体非 Darcy 渗流演化规律的关键。

0.3.2 研究思路

本书所述研究思路为从矿山采动岩体渗流突水三要素（含水层水源的 Darcy 流、突水通道的非 Darcy 流和开采扰动作用）这一渗流特征出发，首先，利用自主研发的围压和轴压动态控制非 Darcy 渗流实验系统，进行系统的破碎岩体非 Darcy 渗流研究，建立破碎岩体渗透率、非 Darcy 因子与孔隙率之间的关系方程，探索非 Darcy 渗流参数相互作用机理及渗流突变临界条件。同时，基于流体质量守恒、压力平衡原理和 Forchheimer 方程建立突水流体非线性动力学模型，采用基于有限元弱形式和有限体积法耦合积分方程的 FEPG 流体力学分析工具实现数值计算，数值模型中耦合 Darcy 方程、Forchheimer 方程、Navier-Stokes 方程和应力与渗流参数的关系方程，并和渗流实验结果进行对比验证。最后，依托工程实例，模拟反演颗粒流失条件下含水层、采动破碎岩体和巷道整个水流路径中突水瞬态流动全过程，揭示采动条件下应力迁移过程破碎岩体渗流演化规律并提出渗流突水失稳判据，为采矿推进过程预测和防治突水灾害提供理论依据和计算方法。图 0.3.1 所示为研究思路。

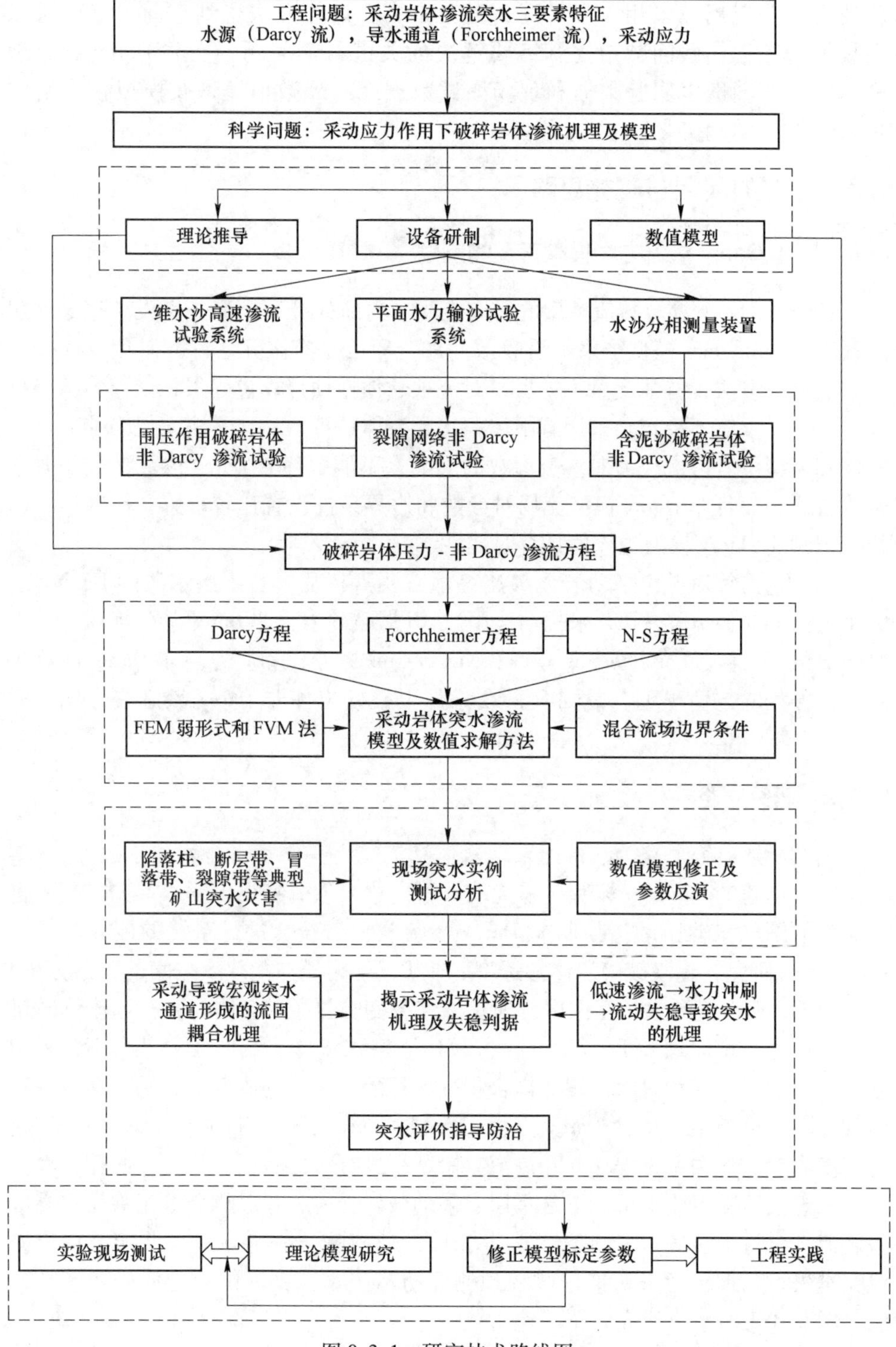

图 0.3.1　研究技术路线图

参考文献

[1] 彭苏萍，王金安．承压水体上安全采煤［M］．北京：煤炭工业出版社，2001.
[2] 张金才，张玉卓．刘天泉．岩体渗流与煤层底板突水［M］．北京：地质出版社，1997.
[3] 仵彦卿，张倬元．岩体水力学导论［M］．成都：西南交通大学出版社，1995.
[4] 钱鸣高，缪协兴，徐家林，等．岩层控制的关键层理论［M］．北京：中国矿业大学出版社，2000.
[5] 赵阳升，胡耀青．承压水上采煤理论与技术［M］．北京：煤炭工业出版社，2004.
[6] 施龙青，韩进．底板突水机制及预测预报［M］．北京：中国矿业大学出版社，2004.
[7] 李元辉，南世卿，赵兴东，等．露天转地下境界矿柱稳定性研究［J］．岩石力学与工程学报，2005，24（2）：278~283.
[8] 黄润秋，王贤能，陈龙生．深埋隧道涌水过程的水力劈裂作用分析［J］．岩石力学与工程学报，2000，19（9）：573~576.
[9] 白明洲，许兆义，王勐．长大隧道施工过程中突水突泥灾害预测预报技术研究［J］．公路交通科技，2005，22（6）：123~126.
[10] Basak P. Non-penetrating well in a semi-infinite medium with nonlinear flow [J]. J. Hydrol, 1977 (33): 375~382.
[11] Tartakovsky D M, Neuman S P. Transient flow in bounded randomly heterogeneous domains. Exact conditional moment equations and recursive approximations [J]. Water Resources , 1998, 34 (1): 1~12.
[12] 柴军瑞．岩土体水力学非线性问题［J］．岩土力学，2003，24（S）：159~162.
[13] Yamada H, Nakamura F, Watanabe Y, et al. Measuring hydraulic permeability in a streambed using the packer test [J]. Hydrol. Process, 2005, 19: 2507~2524.
[14] Wen Z, Huang G, Zhan H. An analytical solution for non-Darcian flow in a confined aquifer using the power law function [J]. Adv Water Res, 2008, 31: 44~55.
[15] Wen Z, Huang G, Zhan H. Non-Darcian flow in a single confined vertical fracture toward a well [J]. J. Hydrol, 2006, 330 (3/4): 698~708.
[16] Moutsopoulos K N, Papaspyros J. Tsihrintzis V A. Experimental investigation of inertial flow processes in porous media [J]. J Hydrol, 2009, 374: 242~254.
[17] 李健．多孔介质中非 Darcy 流动的实验研究［D］．北京：中国农业大学，2007.
[18] Irmay S. On the theoretical derivation of Darcy and Forchheimer formulas [J]. Transactions, American Society of Geophysical Union, 1958, 39: 702~707.
[19] Chen Z X, Lyons S L, Qin G. Derivation of the Forchheimer law via homogenization [J]. Transport in Porous Media, 2001, 44, 325~335
[20] Moutsopoulos K N, Tsihrintzis V A. Approximate analytical solutions of the Forchheimer equation [J] . J Hydrol, 2005, 309: 93~103.
[21] 李健，黄冠华，文章，等．两种不同粒径石英砂中非 Darcy 流动实验研究［J］．水利学报，2008，39（6）：726~732.
[22] Sidiropoulou M G, Moutsopoulos K N, Tsihrintzis V A. Determination of Forchheimer equation

coefficients a and b [J]. Hydrolog Process, 2007 (21): 534~554.

[23] Ergun S. Fluid flow througe packed columns [J]. Chemical Engineering Progress, 1952, 48: 9~94.

[24] Li T, Mei T T, Sun X H, et al. A study on a water-inrush incident at Laohutai coalmine [J]. International Journal of Rock Mechanics & Mining Sciences, 2013, 59: 151~159.

[25] 伊茂森, 朱卫兵, 李林, 等. 补连塔煤矿四盘区顶板突水机理及防治 [J]. 煤炭学报, 2008, 33 (3): 241~245.

[26] 缪协兴, 陈占清, 茅献彪, 等, 峰后岩石非 Darcy 渗流的分岔行为研究 [J]. 力学学报, 2003, 35 (6): 660~667.

[27] 李顺才, 缪协兴, 陈占清. 破碎岩体非 Darcy 渗流的非线性动力学分析 [J]. 煤炭学报, 2005, 30 (5): 557~561.

[28] 黄先伍, 唐平, 缪协兴, 等. 破碎砂岩渗透特性与孔隙率关系的试验研究 [J]. 岩土力学, 2005, 26 (9): 1385~1388.

[29] Pradipkumar G N, Venkataraman P. Non-Darcy converging flow through coarse granular media [J]. Journal of the Institution of Engineers (India): Civil Engineering Division, 1995, 76: 6~11.

[30] Cherubini C, Giasi C I, Pastore N. Bench scale laboratory tests to analyze non-linear flow in fractured media [J]. Hydrology and Earth System Sciences, 2012, 16 (8): 2511~2522.

[31] Paterson S. Experimental deformation of rocks: The brittle field [M]. Berlin: Springer, 1978.

[32] Zhu W, Wong T F. The transition from brittle faulting to cataclasticflow: permeability evolution [J]. J Geophysics Res, 1997, 102 (B2): 3027~3041.

[33] Cristescu N, Hunsche U. Time effects in rock mechanics [C] // Series, Materials, Modelling and Computation. Chichester: Wiley, 1998: 342~438.

[34] Schulze O, Popp T, Kern H. Development of damage and permeability in deforming rock salt [J]. Engineering Geology, 2001, 61 (1): 163~180.

[35] Brace W F. A note on permeability change in geologic materials due to stress [J]. Pure Appl. Geophys, 1978, 116: 627~633.

[36] Oda M T, Takemura A, Aoki T. Damage growth and permeability change in triaxial compression tests of Inada granite [J]. Mechanics of Materials, 2002, 34 (2): 313~331.

[37] 韩宝平, 冯启言, 于礼山, 等. 全应力-应变过程中碳酸盐岩渗透性研究 [J]. 工程地质学报, 2000, 8 (2): 127~128.

[38] Wang J A, Park H D. Fluid permeability of sedimentary rocks in a complete stress-strain process [J]. Engineering Geology, 2002, 63 (2): 291~300.

[39] Forchheimer P H. Wasserbewegungdurch Boden, Movement of water through soil [J]. Zeitschr Verdeutsching, 1901, 49: 1736~1749; 50: 1781~1788.

[40] Izbash S V. Ofiltracii v kropnozernstom material, Groundwater flow in the material kropnozernstom [J]. Izv Nauchnoissled, Inst Gidrotechniki (NIIG), Leningrad, USSR, 1931.

[41] Irmay S. On the theoretical derivation of Darcy and Forchheimer formulas [J]. Trans Am Soc Geophys Union, 1958, 39: 702~707.

[42] Whitaker S. The Forchheimer equation: Atheoretical development [J]. Transp Porous Med, 1996, 49 (2): 1573~1634.

[43] Giorgi T. Derivation of the Forchheimer law via matched asymptotic expansions [J]. Transp Porous Med, 1997, 29 (2): 191~206.

[44] Sorek S, Levi-Hevroni D, Levy A, et al. Extensions to the macroscopic Navier-Stokes equation [J]. Trans. Porous Med, 2005, 61: 215~233.

[45] Gidley J L. A method for correcting dimensionless fracture conductivity for nonDarcy flow effect [J]. SPE Prod. Engng, 1991: 391~394.

[46] Fancher G H, Lewis J A. Flow of simple fluids through porous materials [J]. Ind Engng Chem, 1933, 25 (10): 1139~1147.

[47] Green L J, Duwez P. Fluid flow through porous metals [J]. Appl Mech, 1951: 39~45.

[48] Ergun S. Fluid flow through packed columns [J]. Chem Engng Prog, 1952, 48 (2): 89~94.

[49] Bear J. Dynamics of Fluids in Porous Media [M]. NewYork: American Elsevier, 1972: 125~129.

[50] Hassanizadeh S M, Gray W G. General conservation equations for multi-phasesystems: III. Constitutive theory for porous media flow [J]. Adv Water Resour, 1980, 3: 25~40.

[51] Hassanizadeh S M, Gray W G. High velocity flow in porous media [J]. Transport Porous Media, 1987 (2): 521~531.

[52] Ma H, Ruth D W. The microscopic analysis of high Forchheimer number flow in porous media [J]. Transport Porous Media, 1993 (13): 139~160.

[53] Bordier C, Zimmer D. Drainage equations and non-Darcian modeling in coarse porous media or geosynthetic materials [J]. Journal of Hydrology, 2000 (228): 174~187 .

[54] Yamada H, Nakamura F, Watanabe Y, et al. Measuring Hydraulic permeability in streambed using the packer test [J]. Hydrological Processes, 2005, 19: 2507~2524.

[55] Mohammad S, Salehi R. Non-Darcy Flow of Water Through a Packed Column Test [J]. Transp Porous Med, 2014, 101: 215~227.

[56] 李顺才，陈占清，缪协兴，等．破碎岩体渗流的试验及理论研究综述［J］．山东科技大学学报（自然科学版），2008，27（3）：37~43.

[57] 刘玉庆，李玉寿，孙明贵．岩石散体渗透试验新方法［J］．矿山压力与顶板管理，2002，19（4）：108~110.

[58] 李顺才，陈占清，缪协兴，等．饱和破碎砂岩随时间变形——渗流特性试验研究［J］．采矿与安全工程学报，2011，28（4）：542~547.

[59] 孙明贵，李天珍，黄先伍，等．破碎岩石非 Darcy 流的渗透特性试验研究［J］．安徽理工大学学报（自然科学版），2003，23（2）：11~13.

[60] 马占国，缪协兴，陈占清，等．破碎煤体渗透特性的试验研究［J］．岩土力学，2009，30（4）：985~988，996.

[61] 李顺才，缪协兴，陈占清，等．承压破碎岩石非 Darcy 渗流的渗透特性试验研究［J］．工程力学，2008，25（4）：85~92.

[62] 田旭飞，唐平，李天珍，等．Forchheimer 型非 Darcy 渗流系统的滞后分岔［J］．采矿与安

全工程学报，2007，24（2）：203~207.

［63］韩国风，王恩志，刘晓丽，等．岩石峰后非 Darcy 流问题的探讨［J］．岩土工程学校，2011，33（11）：1792~1796.

［64］王光谦，倪晋仁，等．颗粒流研究评述［J］．力学与实践，1992，14（1）：7~18.

［65］Wu Q, Wang M, Wu X. Investigations of groundwater bursting into coal mine seam floors from fault zones［J］. International Journal of Rock Mechanics and Mining Sciences, 2004, 41（4）: 557~571.

［66］Zhang J C, Shen B H. A coal mining under aquifers in China: a casestudy［J］. International-Journal of Rock Mechanics and Mining Sciences, 2004, 41（4）: 629~639.

［67］Wang J A, Park H D. Fluid permeability of sedimentary rocks in a complete stress-strain process［J］. Engineering Geology, 2002, 63（2）: 291~300.

［68］Zhang J C. Stress-dependent permeability variation and mine subsidence［C］// Pacific Rocks 2000. Rotterdam: A. A. Belkema, 2000: 811~816.

［69］杨延毅，周维垣．裂隙岩体的渗流-损伤耦合分析模型及其工程应用［J］．水力学报，1991（5）：19~27.

［70］朱珍德，孙钧．裂隙岩体非稳态渗流场与损伤场耦合分析模型［J］．水文地质工程地质，1999，26（2）：35~42.

［71］郑少河，朱维申．裂隙岩体渗流损伤耦合模型的理论分析［J］．岩石力学与工程学报，2001，20（2）：156~159.

［72］Li L, Holt R M. Simulation of flow in sandstone with fluid coupled particle model［C］// Rock Mechanics in the National Interest.［Sl］: Swets Zeitinger Lisse, 2001: 165~172.

［73］Tang C A, Tham L G, Lee P K K, et al. Coupled analysis of flow, stress and damage（FSD）in rock failure［J］. International Journal of Rock Mechanics and Mining Sciences, 2002, 39（4）: 477~489.

［74］刘顺，胥元刚，魏红玫．低渗油藏油气两相渗流的理论模型［J］．西安石油大学学报（自然科学版），2004，16（6）：20~22.

［75］齐银，张宁生，任晓娟，等．超低渗储层单相油渗透特征试验研究［J］．石油天然气学报，2005，27（2）：366~368.

［76］许建红，程林松，钱俪丹，等．低渗透油藏启动压力梯度新算法及应用［J］．西南石油大学学报，2007，29（4）：64~66.

［77］熊伟，沈瑞，高树生，等．低渗透油藏非线性渗流理论及初步应用［J］．辽宁工程技术大学学报（自然科学版），2009，28（S）：58~60.

［78］刘建军，刘先贵，胡雅衽．低渗透岩石非线性渗流规律研究［J］．岩石力学与工程学报，2003，22（4）：556~561.

［79］邓英尔，刘慈群．低渗油藏非线性渗流规律数学模型及应用［J］．石油学报，2001，22（4）：72~76.

［80］宋付权，刘慈群．低渗透多孔介质中的新型渗流模型［J］．新疆石油地质，2001，22（1）：56~58.

［81］时宇，杨正明，黄延章．低渗透储层非线性渗流模型研究［J］．石油学报，2009，30

(5): 731~734.

[82] 杨清立. 特低渗透油藏非线性渗流理论及其应用 [D]. 廊坊: 中国科学院渗流流体力学研究所, 2007.

[83] 李松泉, 程林松, 李秀生, 等. 特低渗透油藏非线性渗流模型 [J]. 石油勘探与开发, 2008, 35 (5): 606~612.

[84] 邓英尔, 刘慈群. 两相流体非线性渗流模型及其应用 [J]. 应用数学和力学, 2003, 24 (10): 1049~1056.

[85] 姚约东, 葛家理. 石油渗流新的运动形态及其规律 [J], 重庆大学学报 (自然科学版), 2000, 23 (S): 150~153.

[86] 程时清, 李功权, 卢涛, 等. 双重介质油气藏低速非 Darcy 渗流试井有效半径数学模型及典型曲线 [J]. 天然气工业, 1997, 17 (2): 35~37.

[87] 姜瑞忠, 杨仁锋, 马勇新, 等. 低渗透油藏非线性渗流理论及数值模拟方法 [J]. 水动力学研究与进展 (A 辑), 2011, 26 (4): 444~452.

[88] 杨仁锋, 姜瑞忠, 刘世华, 等. 特低渗透油藏非线性渗流数值模拟 [J]. 石油学报, 2011, 32 (2): 299~306.

[89] 杨正明, 于荣泽, 苏致新, 等. 特低渗透油藏非线性渗流数值模拟 [J]. 石油勘探与开发, 2010, 37 (1): 94~98.

[90] 韩洪宝, 程林松, 张明禄, 等. 特低渗油藏考虑启动压力梯度的物理模拟及数值模拟方法 [J]. 石油大学学报 (自然科学版), 2004, 28 (6): 49~53.

[91] 李爱芬, 刘敏, 张化强, 等. 低渗透油藏油水两相启动压力梯度变化规律研究 [J]. 西安石油大学学报 (自然科学版), 2010, 25 (6): 47~54.

[92] Morton K W, Mayers D F. Numerical Solution of Partial Differential Equation [M]. London: Cambridge University Press, 2005.

[93] Li B J, Garga V K, Davies M H. Relationships for non-Darcy flow in rockfill [J]. Journal of Hydraulic Engineering, 1998, 124 (2): 206~212.

[94] Li B J, Garga V K. Thepretical solution forseepage flow in overtopped rockfill [J]. Journal of Hydraulic Engineering, 1998, 124 (2): 213~217.

[95] 邱贤德, 阎宗岭, 姚本军, 等. 堆石体渗透特性的试验研究 [J]. 四川大学学报 (工程科学版), 2003, 35 (2): 6~9.

[96] Basak P. Non-penetrating well in a semi-infinite medium with nonlinear flow [J]. J Hydrol, 1977, 33: 375~382.

[97] Basak P. Analytical solutions for two-regime well flow problems [J], J Hydrol, 1978, 38: 147~159.

[98] Wang Q, Zhan H, Tang Z. Forchheimer flow to a well-considering time-dependent critical radius [J]. Hydrology and Earth System Sciences, 2014, 18 (6): 2437~2448.

[99] Birpinar M E, Sen Z. Forchheimer groundwater flow law type curves for leaky aquifers [J]. Journal of Hydrologic Engineering, 2004, 9 (1): 51~59.

[100] Basak P. Non-penetrating well in a semi-infinite medium with non-linear flow [J]. Journal of Hydrology, 1977, 33 (3-4): 375~382.

[101] Sen Z. Nonlinear flow toward wells [J]. Journal of Hydrologic Engineering, 1989, 115 (2): 193~209.

[102] Moutsopoulos K N, Tsihrintzis V A. Approximate analytical solutions of the Forchheimer equation [J]. Journal of Hydrology, 2005, 309 (1/4): 93~103.

[103] Mccorquodale J A, Hannoura A A, Nasser M S. Hydraulic conductivity of rockfill [J]. Journal of Hydraulic Research, 1978, 16 (2): 123~137.

[104] Hansen D, Garga V K, Ronald T D. Selection and application of a one-dimensional non-Darcy flow equation for two-dimensional flow through rockfill embankments [J]. Canadian Geotechnical Journal, 1995, 32 (2): 223~232.

[105] Kells J A. Spatially varied flow over rockfill embankments [J]. Canadian Journal of Civil Engineering, 1993, 20 (5): 820~827.

[106] Lee S L, Yang J H. Modelling of Darcy-Forchheimer drag for fluid flow across a bank of circular cylinders [J]. International Journal of Heat and Mass Transfer, 1997, 40 (13): 3149~3155.

[107] 许凯，雷学文，孟庆山，等. 堆石坝非 Darcy 渗流场分析 [J]. 岩土力学, 2011, 32 (S2): 562~567.

[108] Panthulu T V, Krishnaiah C, Shirke J M. Detection of seepage paths in earth dam susing self-potential and electrical resistivity methods [J]. Engineering Geology, 2001, 59 (3/4): 281~295.

[109] 王媛，秦峰，夏志皓，等. 深埋隧洞涌水预测非 Darcy 流模型及数值模拟 [J]. 岩石力学与工程学报, 2012, 31 (9): 1862~1868.

[110] 王媛，顾智刚，倪小东，等. 光滑裂隙高流速非 Darcy 渗流运动规律的试验研究 [J]. 岩石力学与工程学报, 2010, 29 (7): 1404~1408.

[111] 张文娟，王媛，倪小东. Forchheimer 型非 Darcy 渗流参数特征分析 [J]. 水电能源科学, 2014, 32 (1): 52~54.

[112] 邵九姑，许友生. Forchheimer 型非达西渗流系统的数值模拟 [C]//渗流力学与工程的创新与实践——第十一届全国渗流力学学术大会论文集, 重庆, 2011: 468~471.

[113] Kohl T, Evans K F, Hopkirk R J, et al. Observation and simulation of non-Darcian flow transients in fractured rock [J]. Water Resour. Res., 1997, 33 (3): 407~418.

[114] Ewing R E, Lin Y. A mathematical analysis for numerical well models for non-Darcy flows [J]. App Num Math, 2001, 39 (1): 17~30.

[115] 程宜康，陈占清，缪协兴，等. 峰后砂岩非 Darcy 流渗透特性的试验研究 [J]. 岩石力学与工程学报, 2004, 23 (12): 2005~2009.

[116] 孙明贵，黄先伍，李天珍，等. 石灰岩应力-应变全过程的非 Darcy 流渗透特性 [J]. 岩石力学与工程学报, 2006, 25 (3): 484~491.

[117] 胡大伟，周辉，谢守益，等. 峰后大理岩非线性渗流特征及机制研究 [J]. 岩石力学与工程学报, 2009, 28 (3): 451~458.

[118] 缪协兴，刘卫群，陈占清. 采动岩体渗流与煤矿灾害防治 [J]. 西安石油大学学报（自然科学版）, 2007, 22 (2): 74~77.

[119] 李顺才，陈占清，缪协兴，等．破碎岩体流固耦合渗流的分岔［J］．煤炭学报，2008，33（7）：754~759.

[120] Birpinar M E, Sen Z. Forchheimer groundwater flow law type curves for leaky aquifers [J]. J Hydrol Eng, 2004, 9 (1): 51~59.

[121] 窦红．对流扩散方程的一种显式有限体积-有限元方法［J］．应用数学与计算数学学报，2001，15（2）：45~53.

[122] Harlow F H, Welch J E. Numerical calculation of time-dependent viscous incompressible flow of fluid with free surface [J]. Physics of Fluid, 1965, 8: 2182~2189.

[123] Durlofsky L J. A triangle based mixed finite-element-finite volume technique for modeling two phase flow through porous media [J]. Journal of Computational Physics, 1993, 105: 252~266.

[124] Bergamaschi L, Mantica S, Manzini G A. Mixed finite element-finite volume formulation of the black-oil model [J]. SIAM Journal on Scientific Computing, 1998, 20: 970~997.

[125] Huber R, Helmig R. Multi-phase flow in heterogenous porous media: A classical finite element method versus and implicit pressure-explicit saturation-based mixed finite element-finite volume approach [J]. International Journal for Numerical Methods in Fluids, 1999, 29: 899~920.

[126] 杨军征．有限体积-有限元方法在油藏数值模拟中的原理和应用［D］．廊坊：中国科学院渗流力学研究所，2010.

[127] Feistauer M, Felcman J, Lukácová M. Combined finite elements-finite volume solution of compressible flow [J]. J Comput Appl Math, 1995, 63: 179~199.

[128] Skjetne E. High velocity flow in porous media: Analytical, numerical and experimental studies [D]. Trondheim: Norwegian University of Sciencesand Technology, 1995.

1 孔隙、裂隙介质非线性渗流基本理论

1.1 孔隙结构中的渗流阻力

1.1.1 多孔介质渗流阻力的分类

自由流体的流动阻力包括黏性阻力和惯性阻力两种，在常见的直管管流模型中，导致黏性阻力的物理来源包括流体内部自身的剪切阻力和流体与固体接触表面的无滑移摩擦阻力；导致惯性阻力的物理来源是由于运动流体的稳定性被打破，出现湍流并伴随着动量交换。多孔介质渗流阻力同样包括黏性阻力和惯性阻力两种，由于颗粒填充型多孔介质具有流动通道孔喉半径小、比表面积（流-固接触面积与颗粒总体积之比）大的特征，流体自身的剪切阻力造成的水力损失远小于流-固接触面的无滑移摩擦阻力，因此，多孔介质中的黏性阻力仅指固-液接触面的无滑移摩擦阻力，而自身的黏性剪切阻力可忽略不计。

在多孔介质中惯性阻力的主要来源是，当渗流通道几何结构发生改变时（如孔喉半径的大小、渗流通道方向或者过流断面的形状等），会导致流体的不均匀流动，在障碍物尾部形成压力差，压差的产生将导致流速分布改变和流线变形，进而产生流动阻力。此外，由于流体运动的惯性，在结构突变区域会形成涡流。涡流区与流动区之间既有摩擦阻力，也会产生流体交换，动量发生变化。这种流动阻力不同于单纯的摩擦阻力，是因介质的几何结构变化而产生的。在管路的流动中，这种阻力被称为局部阻力；在黏性流体绕流运动中，将这种由于物体形状引起的阻力称为压差阻力或形状阻力，简称为形阻（form drag）。

1.1.2 孔隙结构与渗流阻力的关系

不同的孔隙结构在相同的初始水力条件下可能存在不同的流态。例如由一束直管组成的多孔介质，由于黏性阻力是造成水力梯度损失的主要原因，在较高流速下仍可保持层流流态；相比之下，由不同尺寸和形状的颗粒堆积而成的多孔介质，既有黏性阻力，也有由于渗流路径几何形状突变产生的阻力，在相同的流速条件下流动状态可能是由层流向湍流过渡的 Forchheimer 流动，甚至为湍流。孔隙结构对流动阻力的影响可以通过以下几个参数表征：渗透率与非 Darcy 因子是代表孔隙结构属性的参数，雷诺数与 Forchheimer 数是代表惯性阻力与黏性阻力

之比的参数。本章通过对两种常见模型非 Darcy 渗流方程的推导，得到渗透率与非 Darcy 因子的表达式，分析孔隙结构基本参数对渗透率和非 Darcy 因子的影响，以及孔隙结构参数对雷诺数和 Forchheimer 数的影响。

1.1.3 两种不同孔隙结构渗流模型

1.1.3.1 毛细管模型

毛细管模型渗流方程的推导可以建立在控制稳定流动的 Hagen-Poiseuille 定律[1]的基础之上，将单管流量方程拓展到管束的流量方程，从而建立毛细管结构与流动阻力的关系。

A 忽略动力学能量损失的毛细管模型

Hagen-Poiseuille 方程是描述黏性不可压缩流体在圆管中均匀层流运动的方程，方程在仅有沿程阻力，即黏性阻力作用的情况下适用，忽略了局部损失作用。其表达式为[2]：

$$Q_0 = \frac{\pi\gamma i}{128\mu} d_0^4 \tag{1.1.1}$$

式中 Q_0——单管流量；

γ——重度，$\gamma = \rho g$；

i——水力梯度；

d_0——圆管直径。

Hagen-Poiseuille 定律表示圆管中层流运动的流量与管径的四次方成正比。下面将单个圆直管的流动方程拓展至一组毛细管模型。

a 等径平行毛细管模型

首先，考虑最简单的一组圆形截面等径毛细管模型，如图 1.1.1 所示。如图 1.1.1（a）所示在一束由 N 个毛细管组成的渗透介质中，单位时间内通过截面 dA 的总流量 Q_t 为：

$$Q_t = N\frac{\pi\gamma \cdot i d_0^4}{128\mu} \tag{1.1.2}$$

在截面上平均流速为：

$$v = \frac{\varepsilon d_0^2}{128\mu}\frac{\Delta p}{L} \tag{1.1.3}$$

式中 i——水力梯度；

$\gamma \cdot i$——压力梯度，$\gamma \cdot i = \Delta p/L$；

ε——孔隙率，$\varepsilon = N\pi d_0^2/dA$。

可将式（1.1.3）整理为 $v = (k_D/\mu) \cdot (\Delta p/L)$，即为 Darcy 定律。整理得到

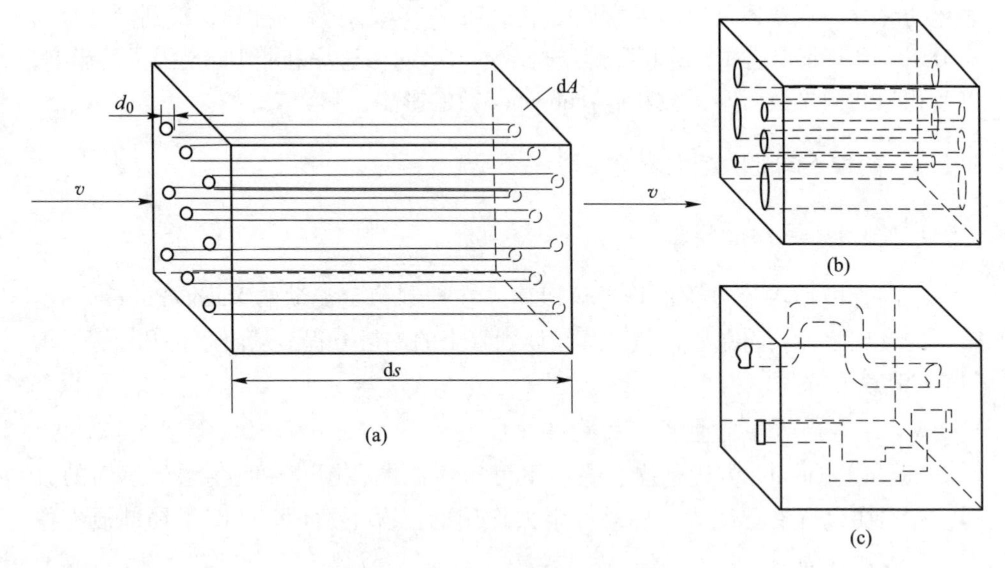

图 1.1.1　毛细管模型示意图

渗透率 k 的表达式为:

$$k = \frac{\varepsilon d_0^2}{128} \tag{1.1.4}$$

式中　k——Darcy 流动状态下的渗透率。

在平行的毛细管束组成的多孔介质中，运动流体的渗透率与孔径的平方成正比，与孔隙率成正比。

b　不等径平行毛细管模型

如果组成多孔介质的平行管的直径不相等，如图 1.1.1（b）所示，流体在圆管中均匀流动，则单位面积上所受摩擦阻力为[2]:

$$R = \frac{\Delta p}{L}\frac{A}{\chi} \tag{1.1.5}$$

式中　χ——湿周;

　　　A——过水断面面积，水力半径为 A/χ 。

在有 N 个非等径平行圆管的截面上，如果孔隙率为 ε ，则过流断面面积为 $A_t = A\varepsilon$ ，可求得湿周:

$$\chi_t = \pi d_1 + \pi d_2 + \cdots + \pi d_N = \pi \sum_{i=1}^{N} d_i = N\pi d_m \tag{1.1.6}$$

圆管数 N 可通过孔隙总面积与平均单个圆管截面积求得:

$$N = \frac{A\varepsilon}{\frac{1}{4}\pi d_m^2} \tag{1.1.7}$$

因此，可以得到总摩擦阻力为：

$$R_t = \frac{\Delta p}{L} \frac{d_m}{4} \tag{1.1.8}$$

无量纲摩擦系数为 $R_t/(\rho u^2)$，圆管中层流的沿程阻力系数 $\lambda = 64/Re$，二者之间为正比关系[2]，可以得到：

$$\frac{\Delta p}{L} = K_0 \frac{\mu}{\varepsilon d_m^2} v \tag{1.1.9}$$

式中 K_0——常系数；

d_m——平均管径；

v——平均流速。

整理得到渗透率表达式为：

$$k = \frac{\varepsilon d_m^2}{K_0} \tag{1.1.10}$$

c 非圆形截面平行管模型

很多情况下多孔介质渗流通道的孔隙截面并非是规则的形状，如图 1.1.1（c）所示，对各种形状截面的管道中层流运动，周亨达[2]在其著作《工程流体力学》中列出了多种形状的解析解，主要差别在于特征长度的值有所区别。那么在奇异截面形状毛细管组成的多孔介质中，由于多孔介质渗流的本质是对细观尺度下流动的宏观平均化过程，因此对形状的影响完全可以采用单一形状修正系数，对整体进行修正处理。若取形状修正系数为 ϕ，那么渗透率的表达式可改写为：

$$k = \frac{\varepsilon (\phi d_m)^2}{K_0} \tag{1.1.11}$$

d 弯曲毛细管模型

如果毛细管不是笔直的，如图 1.1.1（c）所示，那么就要考虑曲折度的影响。一些学者对此进行过较为深入的研究，吴金随[3]在其研究中采用分形理论分析了迂曲度与渗透率的关系，结果表明曲折度的平方与渗透率成反比。若用 τ 表示管路的曲折度，那么渗透率可改写为：

$$k_{capillary} = \frac{\varepsilon (\phi d_m)^2}{K_0 \tau^2} \tag{1.1.12}$$

B 考虑动力学能量损失的毛细管模型

上述讨论是将多孔介质看作粗细均匀的毛细管，而在实际的孔隙介质中，更多情况下管径是不规则的，会出现突然的扩大或缩小，如图 1.1.2 所示。

管径的突变将造成黏性流体的不均匀流动，产生局部损失，管流局部损失方程为[2]：

$$h_r = \zeta \frac{u^2}{2g} \tag{1.1.13}$$

式中　h_r——局部损失；

ζ——局部损失系数[2]，$\zeta = (1 - A_1/A_2)^2$，与过流断面的变化相关；

A_1——变化前过流断面面积；

A_2——变化后过流断面面积。

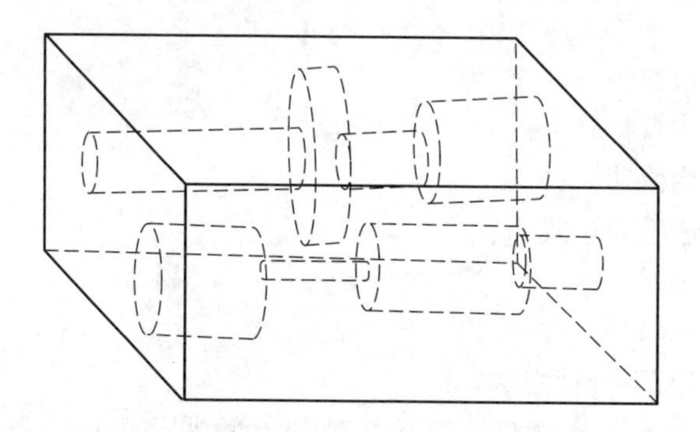

图 1.1.2　非均匀毛细管模型

总的水头损失可以表示为：[2]

$$h_l = h_f + h_r = \left(\sum_{j=1}^{N} \frac{\lambda L}{d_{mj}} \frac{u_{mj}^2}{2g} + \sum_{i=1}^{n} \zeta_i \frac{u_{mi}^2}{2g} \right) \tag{1.1.14}$$

式中　h_f——沿程阻力；

h_r——局部阻力。

如果在过流断面上包含有 N 根毛细管，则可根据单根毛细管的平均粒径 d_m 和平均流速 u_m 求得总的沿程损失 h_f。如果在 N 根毛细管中一共包括有 n 处管径突变，则可求得总局部损失 h_r。二者之和即为总的水头损失 h_l。式（1.1.14）可整理为：

$$\frac{\Delta p}{L} = K_0 \frac{\mu}{\varepsilon d_m^2} v + K_1 \frac{\zeta}{\varepsilon^2 L} \rho v^2 \tag{1.1.15}$$

式（1.1.15）与 Forchheimer 方程具有相同的形式，对比可得到非 Darcy 因子可表达为：

$$\beta_{capillary} = K_1 \frac{\zeta}{\varepsilon^2 L} \tag{1.1.16}$$

以上通过毛细管模型对流动阻力的构成进行了分析。毛细管模型是以流体可通过的孔隙几何特征为切入点进行的研究，也可以将多孔骨架的几何特征作为切入点，对运动流体所受的阻力进行分析。下面就对流动阻力模型进行分析。

1.1.3.2 流动阻力模型

流动阻力模型渗流方程的推导可以以单个小球的流动阻力作为切入点，在此基础上分析松散颗粒孔隙结构对黏性阻力和形阻的影响。

A 忽略形阻作用的流动阻力模型

在研究地下水渗流时，含水层多数为由土和沙组成的颗粒堆积型多孔介质，可以通过建立流动阻力模型对多颗粒填充体中的渗流进行研究，流动阻力模型如图 1.1.3 所示。

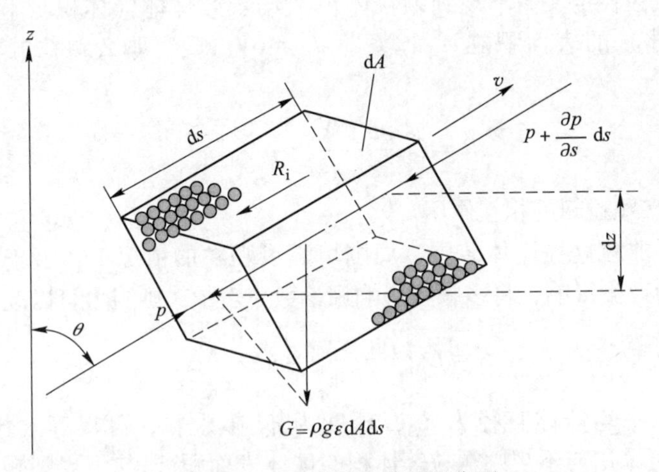

图 1.1.3 流动阻力模型示意图

a 单个小球流动阻力

与毛细管模型一样，流动阻力模型的研究依然从最简单的单个小球流动阻力入手，展开对复杂颗粒堆积体渗流的研究。流体在固体边界运动阻力系数为：[1]

$$C_D = \frac{2D}{\rho u^2 A} \tag{1.1.17}$$

式中 C_D——无量纲阻力系数；

u——远场流速；

A——与流速方向垂直的投影面积。

根据 Stocks 公式，小雷诺数流动条件下，单个小球的绕球流动的阻力为：[1]

$$R_{sphere} = 3\pi\mu du \tag{1.1.18}$$

式中 R_{sphere}——单个小球绕求流动阻力；

d——球直径。

此时的阻力为忽略惯性作用的纯黏性阻力。单个小球的绕球阻力系数为 $C_{sphere}=24/Re$。

b　非球形小颗粒阻力

Stokes 公式表明，在小雷诺数的流动中，小球的阻力与运动速度成正比。这个结论对任意形状的物体均成立。因此，如果固体颗粒是非球形，阻力依然与速度的一次方成正比，那么可以写为：

$$R = C_D \frac{\rho u^2}{2} d_{eq}^2 \tag{1.1.19}$$

式中　d_{eq}——等效粒径。

一些学者对颗粒的等效粒径进行了研究[4~7]。Macdonald（1979）等[6]将颗粒系统的等效粒径定义为不规则颗粒体积 V_p 与等效球体（体积与不规则颗粒相等的假想球体）的表面积之 A_{sp} 比，即 $d_{eq} = 6V_p/A_{sp}$。那么颗粒的黏性阻力可写为：

$$R = C_D \frac{\rho u^2}{2} \frac{6V_p^2}{A_{sp}^2} = \mu \frac{6V_p}{A_{sp}} u \tag{1.1.20}$$

c　考虑多颗粒间的相互作用

在颗粒并非独立被流体包围，周围填满了颗粒的情况下，由于颗粒距离相近，相互间会产生影响，将多颗粒影响用参数 ξ 表示，则阻力可以改写为：

$$R = C_D \xi \frac{\rho u^2}{2} \frac{6V_p^2}{A_{sp}^2} = \mu \xi \frac{6V_p}{A_{sp}} u \tag{1.1.21}$$

对等体积平均球体直径为 d_{vs}，球度为 ϕ_s 多颗粒，可得等效粒径为 $d_{eq} = d_{vs}\phi_s$，球度可采用与不规则颗粒等体积的球体表面积 A_{sp} 与不规则颗粒的实际表面积 A_p 之比求解，即 $\phi_s = A_{sp}/A_p$[5]。因此，相互作用的非球形颗粒在小雷诺数条件下的绕流阻力系数为：

$$C_D = \frac{2\xi}{\phi_s} \frac{\mu}{\rho d_{vs} u} = \frac{2\xi}{\phi_s} \frac{1}{Re_{vs}} \tag{1.1.22}$$

d　非球形多颗粒总流动阻力

球形颗粒组成的流动阻力模型如图 1.1.3 所示。单元体长度为 $\mathrm{d}s$，截面面积为 $\mathrm{d}A$，两端高差为 $\mathrm{d}z$，压力分别为 $p, p + (\partial p/\partial s)\mathrm{d}s$，所受重力为 G，流动总阻力 D_t，则隙间流速即是单个小球的绕流速度 u，与平均流速 v 之间存在函数关系 $u\varepsilon = v$。在体积 $\mathrm{d}A\mathrm{d}s$ 中非球形颗粒个数 N 为：

$$N = \frac{(1-\varepsilon)\mathrm{d}A\mathrm{d}s}{4\pi r^3/3} = \frac{(1-\varepsilon)\mathrm{d}A\mathrm{d}s}{(\phi_s d_{vs})^3} \tag{1.1.23}$$

式中　r——小球半径；

　　d——小球直径。

$\mathrm{d}A\mathrm{d}s$ 体积内所有颗粒受到总的黏性阻力为：

$$R_t = NR = \frac{\xi(1-\varepsilon)\mu u}{(\phi_s d_{vs})^2} \mathrm{d}A\mathrm{d}s \tag{1.1.24}$$

e 平衡方程

在小雷诺数层流流动条件下，根据牛顿第二定律，可列平衡方程[1]：

$$p\varepsilon \mathrm{d}A - \left(p + \frac{\partial p}{\partial s}\mathrm{d}s\right)\varepsilon \mathrm{d}A - \rho g\varepsilon \mathrm{d}A\mathrm{d}s\frac{\partial z}{\partial s} - R_t = \rho\varepsilon \mathrm{d}s\mathrm{d}A\frac{\mathrm{d}u}{\mathrm{d}t} \tag{1.1.25}$$

由于流动在宏观上是均匀的层流流动，因此 $\mathrm{d}u/\mathrm{d}t = 0$，即，式（1.1.25）右端等于0。将式（1.1.24）代入式（1.1.25）并整理可得：

$$-\frac{\partial}{\partial s}(p + \rho g z) = \frac{\xi(1-\varepsilon)}{\varepsilon(\phi_s d_{vs})^2}\mu u \tag{1.1.26}$$

等式左端为 ds 长度上总的压力水头差，即压力梯度。式（1.1.26）表明在小雷诺数流动过程中压力梯度与速度一次方成正比，平均流速与压力梯度表示为：

$$v = \frac{\varepsilon^2(\phi_s d_{vs})^2}{\xi(1-\varepsilon)}\frac{1}{\mu}\frac{\Delta p}{L} \tag{1.1.27}$$

如果多孔介质结构固定，那么将孔隙结构参数用常系数 k 表示，可得式（1.1.28），即 Darcy 定律。

$$v = \frac{k}{\mu}\frac{\Delta p}{L} \tag{1.1.28}$$

可以得到流动阻力模型中，非球体颗粒随机排列条件下渗透率的表达式为：

$$k_{drag} = \frac{\varepsilon^2(\phi_s d_{vs})^2}{\xi(1-\varepsilon)} \tag{1.1.29}$$

式中，粒径 d_{vs} 的量纲为［L^2］；孔隙率 ε、形状修正系数 ϕ_s、多颗粒修正系数 ξ 均为无量纲参数，因此，渗透率的量纲为［L^2］。

上述对颗粒填充多孔介质中运动流体的分析是在小雷诺数流动、惯性力忽略不计的前提下进行的，然而在实际地下水流动过程中，更多是流速较大、惯性力不可以忽略的情况。

B 考虑形阻作用的流动阻力模型

Oseen 在分析单个小球的绕流阻力时，考虑了惯性力与黏性力共同作用的情况，保留了 Navier-Stokes 方程中的惯性项，Lamb 在其基础上得到了 Stokes 方程的修正解。考虑惯性力作用的小球绕流阻力为：[1]

$$D_{sphere} = 3\pi\mu d u\left(1 + \frac{3}{8}Re\right) \tag{1.1.30}$$

考虑颗粒间的相互作用和非球形修正，则单个颗粒绕流阻力为：

$$D = \xi\mu\phi_s d_{vs} u\left(1 + \frac{3}{8}Re_{eq}\right) \tag{1.1.31}$$

式中 Re_{eq}——等效粒径为特征长度的雷诺数。

则阻力系数为：

$$C_{\mathrm{D}} = \frac{1}{Re_{\mathrm{eq}}}\left(2\xi + \frac{3\xi}{4}Re_{\mathrm{eq}}\right) = \frac{1}{Re}\left(\frac{2\xi}{\phi_{\mathrm{s}}} + \frac{3\xi}{4\phi_{\mathrm{s}}^{2}}Re\right) \tag{1.1.32}$$

因此，可得 dAds 体积内颗粒所受到黏性阻力与惯性阻力的总和为：

$$D_{\mathrm{t}} = \frac{\xi(1-\varepsilon)\mathrm{d}A\mathrm{d}s}{(\phi_{\mathrm{s}}d_{\mathrm{vs}})^{2}}\mu u\left(1 + \frac{3}{8}Re_{\mathrm{eq}}\right) \tag{1.1.33}$$

将式（1.1.33）代入式（1.1.25），可得：

$$-\frac{\partial}{\partial s}(p + \rho gz) = \frac{\xi(1-\varepsilon)\mathrm{d}A\mathrm{d}s}{(\phi_{\mathrm{s}}d_{\mathrm{vs}})^{2}}\mu u\left(1 + \frac{3}{8}Re_{\mathrm{eq}}\right) \tag{1.1.34}$$

整理可得到式（1.1.35），将其改写为压力梯度与平均流速关系，可以得到式（1.1.36）：

$$-\frac{\partial}{\partial s}(p + \rho gz) = \frac{\xi(1-\varepsilon)}{\varepsilon\phi_{\mathrm{s}}^{2}d_{\mathrm{vs}}^{2}}\mu u + \frac{3}{8}\frac{\xi(1-\varepsilon)}{\varepsilon\phi_{\mathrm{s}}d_{\mathrm{vs}}}\rho u^{2} \tag{1.1.35}$$

$$\frac{\Delta p}{L} = \frac{\xi(1-\varepsilon)}{\varepsilon^{2}\phi_{\mathrm{s}}^{2}d_{\mathrm{vs}}^{2}}\mu v + \frac{3}{8}\frac{\xi(1-\varepsilon)}{\varepsilon^{3}\phi_{\mathrm{s}}d_{\mathrm{vs}}}\rho v^{2} \tag{1.1.36}$$

将式（1.1.36）与 Forchheimer 方程进行对比，可以得到非球体颗粒随机排列多孔介质渗流的非 Darcy 因子表达式为：

$$\beta_{\mathrm{drag}} = \frac{3}{8}\frac{\xi(1-\varepsilon)}{\varepsilon^{3}\phi_{\mathrm{s}}d_{\mathrm{vs}}} \tag{1.1.37}$$

式中，粒径的量纲为［L］，孔隙率 ε、形状修正系数 ϕ_{s}、多颗粒修正系数 ξ 均为无量纲参数，因此，非 Darcy 因子的量纲为［L^{-1}］。

以上毛细管模型与流动阻力模型渗流方程推导均基于简单的单一个体，例如先考虑一个毛细管和一个小球的阻力，进而拓展到多毛细管和多颗粒结构。实质上是对细观尺度的相加，进而拓展至宏观尺度。但是，从上述推导过程中可以发现，渗透率与非 Darcy 因子是描述孔隙介质宏观属性的参数。下面将直接从宏观整体的角度对这两个参数进行分析。

1.1.4　结构参数对渗透率与非 Darcy 因子的影响

孔隙结构的改变将对渗流阻力产生影响，渗透率（k）和非 Darcy 因子（β）是渗流方程中描述孔隙结构属性的参数，分别代表了孔隙结构容许流体通过的能力以及结构改变对流体惯性特征的影响。k 和 β 的取值取决于孔隙的几何结构参数，因此不同的孔隙介质 k 和 β 的值也不相同。即使在同一孔隙介质中，不同流动状态下渗透率与非 Darcy 因子的值也可能存在差异。因此，要研究孔隙结构对流动阻力的影响，分析孔隙结构参数与 k 和 β 之间的关系是关键之一。

1.1.4.1 渗透率与非 Darcy 因子表达式

针对渗流方程的拓展问题，很多学者进行了研究。著名的 Kozeny-Carman 公式[8]是 Kozeny（1927）和 Carman（1937）提出的在线性流动条件下 Darcy 定律的拓展表达式：

$$\frac{\Delta p}{L} = 36\kappa\frac{(1-\varepsilon)^2}{\varepsilon^3}\frac{\mu}{d^2}v \tag{1.1.38}$$

式中 κ——Carman 系数；

d——粒径或孔径。

描述非 Darcy 渗流的经典方程——Ergun 公式[9]是在 Kozeny-Carman 公式的基础上得到的。Ergun 保留了 Carman 对线性层流部分的描述，进一步提出了同样以孔隙率 ε 和粒径 d 为参数的非线性项拓展。在 Ergun 之后更有一些学者针对不同的渗透介质和假设条件对 Ergun 方程进行了修正[10~13]，最终 Ergun 型公式得到了普遍认可，其表达式为式（1.1.39），与 Forchheimer 方程对比可分别得到渗透率和非 Darcy 因子表达式（1.1.40）与式（1.1.41）。

$$\frac{\Delta p}{L} = A'\frac{(1-\varepsilon)^2}{\varepsilon^3 d^2}\mu v + B'\frac{1-\varepsilon}{\varepsilon^3 d}\rho v^2 \tag{1.1.39}$$

$$k = \frac{1}{A'}\frac{\varepsilon^3}{(1-\varepsilon)^2}d^2 \tag{1.1.40}$$

$$\beta = B'\frac{1-\varepsilon}{\varepsilon^3}\frac{1}{d} \tag{1.1.41}$$

Ergun 公式是在简化的几何模型基础上推导得到的公式，只保留了孔隙率和粒径两个基本结构参数，忽略了一些基本结构参数的影响。考虑更复杂的颗粒型多孔介质几何结构的影响，可以通过以下方法得到渗透率与非 Darcy 因子。

1.1.4.2 结构参数对渗透率的影响

在水利工程中，计算均匀圆管层流水头损失（h_f）的常用公式被称为 Darcy 公式：[2]

$$h_f = \frac{\lambda L}{d_0}\frac{v^2}{2g} \tag{1.1.42}$$

式中 λ——圆管层流沿程阻力系数，$\lambda = 64/Re$；

L——流程长度；

v——均速；

d_0——圆管直径；

g——重力加速度。

将沿程阻力系数 λ 和水力梯度 $i = h_f/L$ 代入 Darcy 公式，整理可得到 Hagen-Poiseuille 定律[2]：

$$i = \frac{32\mu}{\gamma d_0^2}v \tag{1.1.43}$$

Hagen-Poiseuille 定律是描述圆管中不可压缩黏性流体流动的方程。如果将等径球体按照简单立方体排列的多孔介质（图 1.1.4）渗流路径等效为一组等径直管，根据 Hagen-Poiseuille 定律，平均流速可表示为：

$$v = K_0 \frac{d_0^2}{\mu}\frac{\Delta p}{L} \tag{1.1.44}$$

式中　d_0——等效孔径；

Δp——压力差；

L——渗流路径长度；

K_0——经验系数。

显然球体填充的多孔介质与管流存在差异，经验系数 K_0 是结构对流动的影响的体现。下面以管流公式作为切入点类比分析多孔介质结构参数对渗流阻力以及流速的影响。

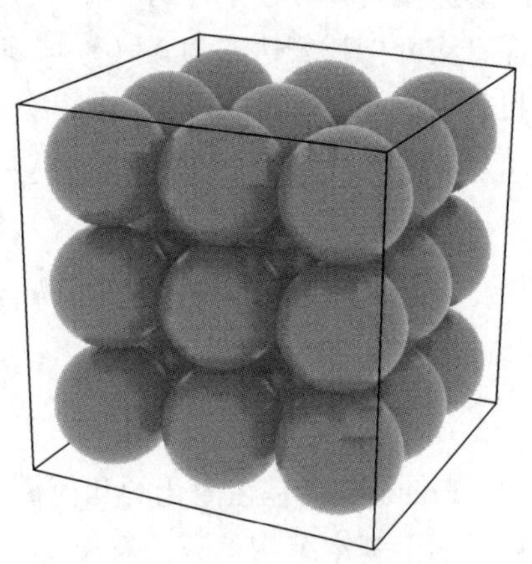

图 1.1.4　简单立方体排列单元

黏性流体的层流运动中，流体黏性造成的剪切阻力（摩擦阻力）是造成水头损失的主要原因。黏性流体做层流运动时，黏性阻力的产生来源于两种不同的物理作用：其一是流体内部的黏性阻力（fluid cohesionforce），即由流体自身黏性而产生的剪切力；其二是在流体与固体相接触的表面所产生的摩擦阻力（fluidad herence force），即无滑移阻力。如果在圆管中填入颗粒形成多孔介质，由于黏性流体在多孔介质中的层流运动，孔隙的尺寸远小于管径，流体与固体接触面积远大于流管内壁，因此，流体-固体间的无滑移剪切阻力是造成多孔介质层流压力损失的主要原因，相比之下流体内部摩擦阻力可忽略不计。下面在仅考虑固-液摩擦阻力的前提下进行以下分析。

流体在圆管中均匀流动，单位面积上所受摩擦阻力为 $D_0 = (\Delta p/L)(A/\chi)$ 。那么在充满水的长直管中，水力半径也可以写为：

$$\frac{A}{\chi} = \frac{AL}{\chi L} = \frac{V_f}{S_c} \tag{1.1.45}$$

式中　V_f——流体体积；

S_c——圆管内壁面积，即流体与管壁接触面积。

由于流体体积 V_f 等于圆管总体积 V, $V/S_c = \pi r^2/(2\pi r) = d/4$，故单位面积摩擦阻力可写为：

$$D_{tube} = \frac{\Delta p}{L}\frac{\pi r^2}{2\pi r} = \frac{\Delta p}{L}\frac{d_{tube}}{4} \tag{1.1.46}$$

式中 r——圆管半径；

d_{tube}——圆管直径。

如果在管中填入简单立方体排列的球体颗粒，那么孔隙率沿长度 L 方向均匀分布。假设圆管截面的面积为 A，孔隙率为 ε，那么流体体积就是管中孔隙的体积，$V_f = AL\varepsilon$。在截面上的平均流速 v 与孔隙中的流速（隙间流速）u 之间函数关系为 $v = u\varepsilon$。

由于沿长度方向孔隙均匀分布，流体体积等于孔隙体积 $V_f = V_p$。令 S 为颗粒的总表面积，在单位体积内，孔隙体积即为孔隙率 $V_p = \varepsilon$，则单位面积摩擦阻力可记为：

$$D = \frac{\Delta p}{L}\frac{\varepsilon}{S} \tag{1.1.47}$$

式中 ε/S——单位体积多孔介质中，水的体积与颗粒总表面积之比。

由于无量纲摩擦阻力为 $D/\rho v^2$ [2]，将式（1.1.47）代入并整理，可得无量纲摩擦阻力系数为：

$$\frac{D}{\rho u^2} = \frac{\Delta p}{L}\frac{1}{\rho v^2}\frac{\varepsilon^3}{S} \tag{1.1.48}$$

将雷诺数的定义为 $Re = \rho du/\mu$，根据以上对等效粒径的分析，可以将孔隙的等效孔径定义为单位体积内的孔隙体积 $V_p = V\varepsilon = \varepsilon$ 与孔隙表面积 S_{void} 之比，孔隙的表面积就是固体颗粒的表面积，因此雷诺数可改写为：

$$Re = \frac{\rho v}{\mu}\varepsilon d = \frac{\rho v}{\mu S} \tag{1.1.49}$$

对于光滑球体颗粒填充床，单位体积球体表面积为：

$$S = \frac{6(1-\varepsilon)}{d} \tag{1.1.50}$$

根据 Hagen-Poiseuille 定律，无量纲摩擦阻力系数与 $1/Re$ 数成正比关系，因此，可以得到：

$$v = \frac{\varepsilon^3 d^2}{K_2 (1-\varepsilon)^2 \mu}\frac{\Delta p}{L} \tag{1.1.51}$$

式中 K_2——常系数。

与 Darcy 定律对比，可得 Darcy 渗透率表达式：

$$k = \frac{\varepsilon^3 d^2}{K_2 (1-\varepsilon)^2} \tag{1.1.52}$$

式（1.1.52）是基于光滑球体颗粒填充床层流流动条件推导得到的。当颗粒为非球形随机排列的颗粒填充体时，以参数 ϕ 表示对颗粒形状的修正系数，则非球形颗粒表面积为 $S = 6(1-\varepsilon)/(\phi d)$ 。与直管中的流动相比，颗粒填充体中的渗流路径并非笔直，而是曲折的。实际流体渗流路径长度 L_e 必然大于填充体的总长度 L，那么，以孔隙间流速 $u = v/\varepsilon$ 通过长度为 L 的路程所用时间 t_1 等于以流速 u_e 通过 L_e 距离所用时间 t_2。因此，经过孔隙率与曲折度修正后流速为[8]：

$$u_e = \frac{v}{\varepsilon}\frac{L_e}{L} \tag{1.1.53}$$

曲折度的定义为 $\tau = L_e/L$ ，因此，渗透率可改写为：

$$k = \frac{\varepsilon^3 (\phi d)^2}{K_2 \tau (1-\varepsilon)^2} \tag{1.1.54}$$

1.1.4.3　结构参数对非 Darcy 因子的影响

曲折的渗流路径不仅对代表黏性阻力的渗透率存在影响，与代表形状阻力的非 Darcy 因子也紧密相关。黏性流体在经过固体障碍物时，在流动分离点前后会形成压力差，当流体以小雷诺数流动时，物体后压差得到恢复，流线在固体两端保持对称，没有漩涡产生，这种情况下可以只考虑流体与固体间的黏性剪切作用。如果流速足够大，集聚的压差将导致流动分离，形成反向逆流，即漩涡，也称尾涡。尾涡区内强烈的漩涡运动将消耗掉流体的动能，使得固体尾部压力不能够恢复，这样在物体前后将产生明显的压力差，增加绕流阻力。这种阻力称为压差阻力或漩涡阻力。在管道的扩张段也将产生压差阻力。由于这种阻力是物体形状造成的，因此也称为形状阻力。形状阻力引起了流体漩涡的产生与发展，并伴随着流体动能的消耗。此外，在漩涡区与流动区也存在动量的交换。因此，形状阻力与流速的平方成正比。

用 F_n 表示由于流动介质几何形状的改变产生的阻力，表达式可以写为：

$$F_n = \psi \rho u^2 \tag{1.1.55}$$

式中　u——孔隙中流速；

ψ——形状阻力系数，简称形阻系数。

考虑到阻力的产生是由于流体作用于固体表面产生的，并且 F_n 在固体的前部与后部均产生作用力，形状阻力系数与面积的变化率成正比，因此可将其定义为截面上固体面积与孔隙面积之比 $\psi = A_s/A_\varepsilon$ 。其中，A_s 表示某截面上固体颗粒所占面积，A_ε 表示孔隙所占面积。

在等径球体随机排列形成的多孔介质中，单位体积 V 内球体个数为：

$$N = \frac{3V(1-\varepsilon)}{4\pi r^3} \tag{1.1.56}$$

对应的球体总面积为：

$$A_s = NA_0 = \frac{3V(1-\varepsilon)}{4\pi r^3}\pi r^2 = \frac{3V(1-\varepsilon)}{2d} \tag{1.1.57}$$

假设孔隙均匀分布，那么孔隙面积为：

$$A_\varepsilon = \frac{V\varepsilon}{L} \tag{1.1.58}$$

式中　L——单位体积对应的单位长度。

可得到形阻系数为：

$$\psi = \frac{A_s}{A_\varepsilon} = \frac{3(1-\varepsilon)}{2\varepsilon d} \tag{1.1.59}$$

将形阻系数代入公式（1.1.55），并考虑颗粒的非球形修正，整理得到：

$$F_n = \frac{3}{2}\frac{(1-\varepsilon)}{\varepsilon^3\phi d}\rho v^2 \tag{1.1.60}$$

式中　v——平均流速。

如果考虑由多颗粒堆积导致的渗流路径曲折度的影响，则形状阻力可以写为：

$$F_n = \frac{3}{2}\frac{\tau(1-\varepsilon)}{\varepsilon^3\phi d}\rho v^2 \tag{1.1.61}$$

考虑摩擦阻力与形状阻力共同作用产生压力损失，可得到如下方程：

$$\frac{\Delta p}{L} = \frac{K_0\tau(1-\varepsilon)^2}{\varepsilon^3(\phi d)^2}\mu v + \frac{3(1-\varepsilon)\tau}{2\varepsilon^3\phi d}\rho v^2 \tag{1.1.62}$$

将其与 Forchheimer 方程对比，可得惯性因子 β 表达式为：

$$\beta = \frac{3\tau}{2\phi}\frac{1-\varepsilon}{\varepsilon^3 d} \tag{1.1.63}$$

以上推导分析得到的渗透率与非 Darcy 因子的表达式见表 1.1.1。

表 1.1.1　渗透率 k 与非 Darcy 因子 β 表达式

项目	渗透率（k）	非 Darcy 因子（β）
毛细管模型	$k_{capillary} = \frac{\varepsilon(\phi d_m)^2}{K_0\tau^2}$	$\beta_{capillary} = K_1\frac{\zeta}{\varepsilon^2 L}$
流动阻力模型	$k_{drag} = \frac{\varepsilon^2(\phi_s d_{vs})^2}{\xi(1-\varepsilon)}$	$\beta_{drag} = \frac{3}{8}\frac{\xi(1-\varepsilon)}{\varepsilon^3\phi_s d_{vs}}$
几何结构分析	$k = \frac{\varepsilon^3(\phi d)^2}{K_2\tau(1-\varepsilon)^2}$	$\beta = \frac{3\tau}{2\phi}\frac{1-\varepsilon}{\varepsilon^3 d}$

1.1.5　雷诺数与 Forchheimer 数

1.1.5.1　雷诺数的物理含义

流体在运动过程中一方面具有抵抗剪切变形的黏滞性，另一方面具有保持整体运动趋势的惯性。抵抗变形的黏性力可以采用层流运动流体的内摩擦力计算公式表达：

$$T = \mu A \frac{\mathrm{d}u}{\mathrm{d}y} \tag{1.1.64}$$

式中，动力黏度 μ 的量纲为 $[\mathrm{ML^{-1}T^{-1}}]$，面积 A 的量纲为 $[\mathrm{L^2}]$，速度梯度 $\mathrm{d}u/\mathrm{d}y$ 的量纲为 $[\mathrm{T^{-1}}]$。可以得到黏性力 T 的量纲为 $[\mathrm{MLT^{-2}}]$。

保持流体运动的惯性表达式是：

$$F = Ma = \rho Va \tag{1.1.65}$$

式中，密度 ρ 的量纲为 $[\mathrm{ML^{-3}}]$，体积 V 的量纲为 $[\mathrm{L^3}]$，加速度 a 的量纲为 $[\mathrm{LT^{-2}}]$，可以得到惯性力 F 的量纲为 $[\mathrm{MLT^{-2}}]$。

$$\frac{F}{T} = \rho Va \Big/ \left(\mu A \frac{\mathrm{d}u}{\mathrm{d}y}\right) = \frac{\rho Lv}{\mu} = Re \tag{1.1.66}$$

因此，雷诺数是惯性力 F 与黏性力 T 的比值，是一个无量纲数，代表纯流体的惯性力的强度。

从雷诺数的物理含义可以得到，雷诺数大于 1 标志着流体流动的惯性作用大于黏性作用。很多学者通过实验研究提出了管流中流体的层流运动与湍流运动的雷诺临界值，然而对于多孔介质的渗流而言，不同孔隙结构的临界雷诺数具有很大差异。一些学者提出雷诺数是表示流体惯性力与内部剪切阻力关系的无量纲参数，造成多孔介质渗流偏离线性的原因是渗流路径的形状突变引起的形状阻力，而不是惯性阻力。因此，以雷诺数作为多孔介质渗流转捩的临界判据是不恰当的，所以，产生了描述多孔介质渗流中黏性阻力与形状阻力关系的无量纲参数——Forchheimer 数。

1.1.5.2　Forchheimer 数的物理含义

Douglas Ruth 与 Huiping Ma 在他们 1992 年发表的文章中提出了描述多孔介质渗流特征的无量纲参数——Forchheimer 数。他们认为，当流速趋近于零时的渗透率为 Darcy 渗透率，那么将 Forchheimer 方程进行整理可得：

$$\frac{\Delta p}{L} = \frac{1}{k_{\mathrm{app}}}\mu v,\ \frac{1}{k_{\mathrm{app}}} = \left(1 + \frac{\rho\beta k_{\mathrm{Darcy}} v}{\mu}\right)\frac{1}{k_{\mathrm{Darcy}}} \tag{1.1.67}$$

式中　k_{Darcy}——Darcy 渗透率；

k_{app}——视渗透率。

将 Forchheimer 数定义为：

$$Fo = \frac{k_{Darcy}\beta\rho v}{\mu} \tag{1.1.68}$$

Fo 代表微观惯性效应，当微观惯性效应为零时，式（1.1.67）就变成了 Darcy 定律。

实质上，Fo 等于 Forchheimer 方程中速度二次项与一次项之比。它代表了形状阻力与黏性阻力之比，代表宏观介质中惯性效应的比率。分别将表 1.1.1 中三组渗透率与非 Darcy 因子的表达式带入式（1.1.68），可以得到三组 Fo 数表达式：

$$Fo_{capillary} = \frac{K_1(\phi d_m)^2}{K_0\varepsilon\tau^2}\frac{\zeta}{L}\frac{\rho v}{\mu} \tag{1.1.69}$$

$$Fo_{drag} = \frac{3}{8}\frac{\phi_s d_{vs}}{\varepsilon}\frac{\rho v}{\mu} \tag{1.1.70}$$

$$Fo_{analysis} = \frac{3\xi\phi d}{2K_2\tau(1-\varepsilon)}\frac{\rho v}{\mu} \tag{1.1.71}$$

式中，$Fo_{capillary}$ 为根据毛细管模型推导得到的，Fo_{drag} 为根据流动阻力模型推导得到的，$Fo_{analysis}$ 为通过模型分析得到的 Forchheimer 数。从所得结果可以看出，流动产生的形状阻力（或微观惯性效应）高度依赖于孔隙结构特征，是各种几何参数共同作用的结果。

1.1.6 多孔介质中细颗粒运动的力学行为

通过上述对两种渗流阻力从理论公式和物理本质两个方面的深入分析，我们可以知道，当颗粒处于层流流体中时，流体会围绕颗粒表面均匀流动，流动的压力等值线和流线在颗粒的前部和尾部均表现出对称特征。当颗粒对水流产生形状阻力时，在固体颗粒的尾部将产生旋涡，出现一个反向的流动，那么会产生一个将尾部漩涡区域中的流体质点推离固体颗粒的力，发生边界层分离。在颗粒群介质中，如果一个较大颗粒尾部堆积了细小颗粒，则这些细小颗粒会随着尾涡流动；当流动偏离线性时，涡开始生长，一些颗粒则可能脱离尾涡进入主流区，随水流迁移，当流速进一步增大，尾涡持续生长，更大的颗粒起动，进入主流，从而形成水沙两相渗流。

1.2 交叉裂隙非线性流动特性

虽然裂隙网络纵横交错，十分复杂，但是总可将其分解成单裂隙和裂隙交叉区域两部分。所以研究和认识裂隙交叉区域复杂非线性渗流特性是评估整个裂隙网路渗流特征的基础，具有重要的工程意义。本节首先建立简化的平面光滑单裂隙数值模型，裂隙对应开度分别为 4mm、6mm、8mm、10mm、12mm；并应用 COMSOL 软件对裂隙中的 Navier-Stokes 流动进行数值求解，从宏观上研究水力梯度与流速的对应关系，获得不同开度裂隙渗流转捩的临界雷诺数 Re 和非 Darcy 渗流的两个重要参数（渗透率 k 和非 Darcy 因子 β），以及它们之间的相互关系。其次，建立考虑局部压力损失的交叉裂隙非 Darcy 渗流计算模型，把流体运动的宏观现象与细观特征相联系，研究裂隙交叉点处局部压力损失的产生机理以及流量分配规律。

1.2.1　单裂隙非 Darcy 渗流的数值模拟

1.2.1.1　单裂隙中流态转捩的识别方法

渗流转捩是流体从一种运动状态向另一种运动状态过渡的过程，是对细观裂隙结构中渗流阻力发展变化的宏观体现。流动阻力包括黏性阻力和惯性阻力，黏性阻力起限制流体质点发生紊乱的作用，惯性阻力起保持或加剧流体质点紊乱程度的作用。雷诺数的物理意义是流体惯性力与黏性力的比值，所以能判别流态，其表达式为[14]：

$$Re=\frac{2\rho bv}{\mu} \tag{1.2.1}$$

式中　ρ——流体密度；
b——裂隙宽度；
v——流体速度；
μ——动力黏滞系数。

通过 J-v 曲线可知，当渗流速度一定时，随着隙宽的减小，水力梯度不断增加，表明隙宽越小，流动阻力越大。对于同一种隙宽，随着流速的逐渐增加曲线的斜率不断增大，渗流速度与水力梯度明显偏离线性。从小开度裂隙到大开度裂隙，Darcy 层流到非 Darcy 层流的临界水力梯度基本随着隙宽的增加而减小，而临界流速却越来越大，表明小裂隙中流体损失的能量更多，相对于大开度裂隙更不容易产生非 Darcy 流动。对于 $4\leqslant b\leqslant 12$mm 的光滑单裂隙，其从 Darcy 流到非 Darcy 流转捩的临界水力梯度 $J=1\times10^{-4}$，这与刘日成等的研究结果相同[13]。不同宽度裂隙渗流转捩的雷诺数[Re(4mm) = 7，Re(6mm) = 26，Re(8mm) = 59，Re (10mm) = 113，Re(12mm) = 183] 如图 1.2.1 和图 1.2.2 所示。

1.2.1.2　非 Darcy 因子与渗透率的关系

渗透率 k 和非 Darcy 因子 β 均是表征岩体裂隙过流能力大小的参数，属于其

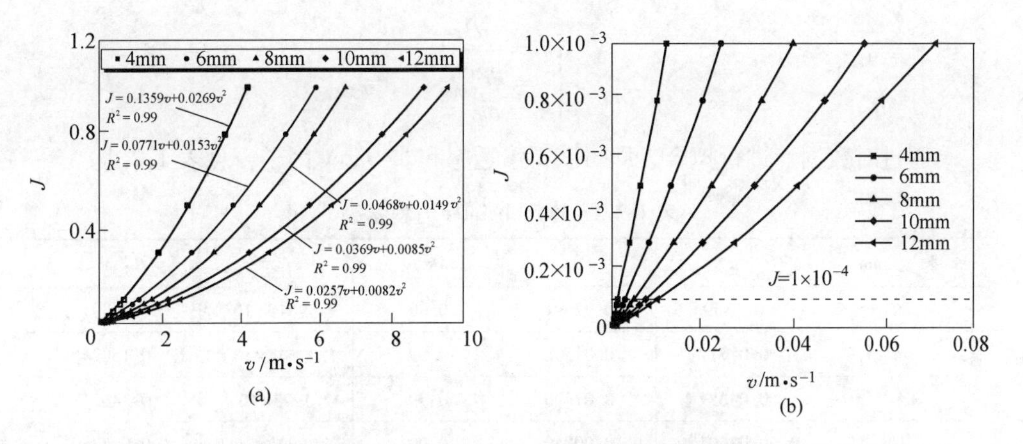

图 1.2.1　水力梯度 J 与流速 v 变化曲线

（a）$J=0\sim1.2$；（b）$J=0\sim0.001$

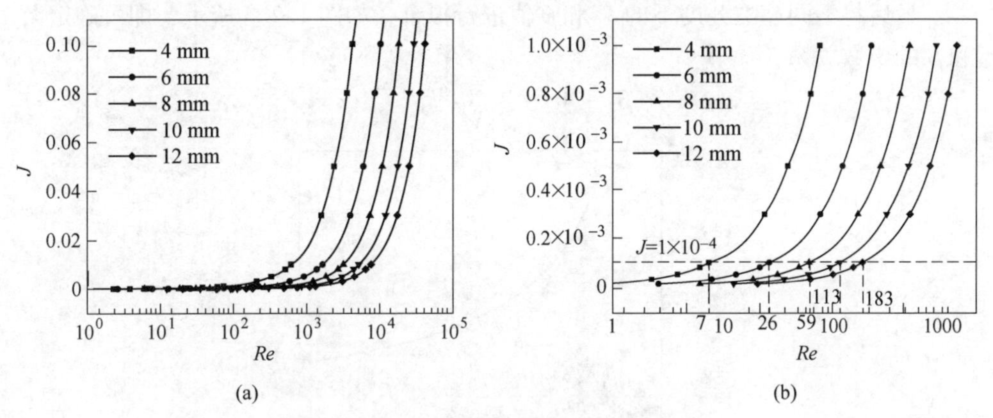

图 1.2.2　水力梯度 J 和雷诺数 Re 关系曲线

（a）$J=0\sim1.2$；（b）$J=0\sim0.001$

固有属性，其大小与裂隙的开度、表面粗糙度、曲折率和连通性等因素有关，与裂隙中流体的性质无关。渗透率 k 和非 Darcy 流影响系数 β 可通过细观分析的方法进行求解，通常是采用最小二乘法对平面直角坐标系中非 Darcy 层流段的水力梯度与流速实测数据点进行二次多项式拟合，并将拟合方程与 Forchheimer 方程进行对比（式（1.2.2））。该方法要求流态划分准确，否则对结果影响很大。

$$\begin{cases} J = av + bv^2 \\ J = \dfrac{\mu}{\rho g k_{\mathrm{f}}}v + \dfrac{\beta_{\mathrm{f}}}{g}v^2 \end{cases} \tag{1.2.2}$$

根据式（1.2.2），岩体裂隙的渗透率和非 Darcy 因子可由拟合方程的系数表示为：

$$\begin{cases} k_f = \dfrac{\mu}{\rho g a} \\ \beta_f = bg \end{cases} \tag{1.2.3}$$

通过对数据点进行拟合，即可获得渗透率和非 Darcy 因子，见表 1.2.1。

表 1.2.1　Forchheimer 方程参数

隙宽/mm	a	b	R^2	k_f/m^2	β_f/m^{-1}
4	0.1359	0.02691	0.99	7.57819×10^{-7}	0.26391
6	0.07712	0.01532	0.99	1.33542×10^{-6}	0.15024
8	0.04687	0.01496	0.99	2.1973×10^{-6}	0.14671
10	0.03691	0.00849	0.99	2.79024×10^{-6}	0.08326
12	0.02567	0.00822	0.99	4.01199×10^{-6}	0.08061

最后将不同裂隙开度下的 k_f 和 β 值进行拟合，如图 1.2.3 所示，即可确定 k_f 和 β 的函数关系：

$$\beta_f = 8.64 \times 10^{-6} k_f^{-0.73} \tag{1.2.4}$$

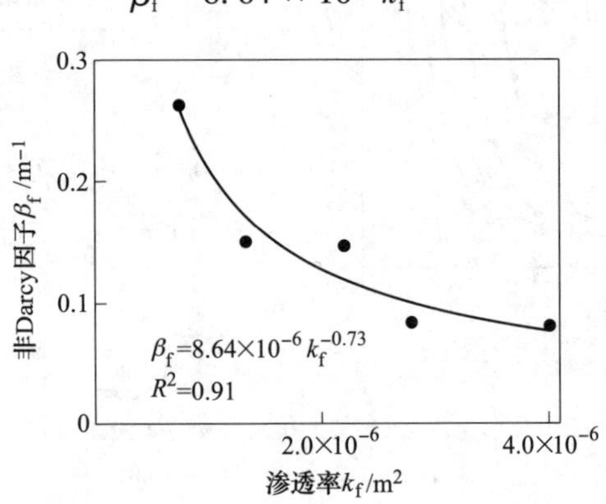

图 1.2.3　渗透率与非 Darcy 因子拟合曲线

1.2.2　不计局部压力损失的交叉裂隙非 Darcy 渗流模型

不计局部压力损失方法基于以下假定：（1）水流通过交叉点的额外压力损失忽略不计；（2）裂隙交叉区域水流运动特性与交叉角 θ 无关；（3）单裂隙段水流运动满足 Forchheimer 方程，不考虑裂隙粗糙度的影响。为了方便表述，将各单一裂隙段定义为 1 号、2 号、3 号和 4 号裂隙。在此前提下，已知 1 号、3 号为宽裂隙，$b_1 = b_3 = b_w$，2 号、4 号为窄裂隙，$b_2 = b_4 = b_s$，各裂隙段的长度为 $L_i(i=1、2、3、4)$，裂隙深度均为 M，1 号、2 号为水流入口，3 号、4 号为水流出口，裂隙交叉角度为 θ，模型其余参数如图 1.2.4 所示。各裂隙段水流运动满足 Forchheimer 方程，根据求根公式可得各裂隙段水的流速：

$$\begin{cases} v_1 = \dfrac{1}{\beta_{f1}}\sqrt{\dfrac{\mu^2}{4\rho^2 k_{f1}^2} + \beta_{f1}\dfrac{p_1 - p_0}{\rho L_1}} - \dfrac{\mu}{2\beta_{f1}\rho k_{f1}} \\ v_2 = \dfrac{1}{\beta_{f2}}\sqrt{\dfrac{\mu^2}{4\rho^2 k_{f2}^2} + \beta_{f2}\dfrac{p_2 - p_0}{\rho L_2}} - \dfrac{\mu}{2\beta_{f2}\rho k_{f2}} \\ v_3 = \dfrac{1}{\beta_{f3}}\sqrt{\dfrac{\mu^2}{4\rho^2 k_{f3}^2} + \beta_{f3}\dfrac{p_0 - p_3}{\rho L_3}} - \dfrac{\mu}{2\beta_{f3}\rho k_{f3}} \\ v_4 = \dfrac{1}{\beta_{f4}}\sqrt{\dfrac{\mu^2}{4\rho^2 k_{f4}^2} + \beta_{f4}\dfrac{p_0 - p_4}{\rho L_4}} - \dfrac{\mu}{2\beta_{f4}\rho k_{f4}} \end{cases} \tag{1.2.5}$$

式中，k_{fi}（$i=1, 2, 3, 4$）和 β_{fi}（$i=1, 2, 3, 4$）分别为各裂隙段的渗透率和非 Darcy 因子。

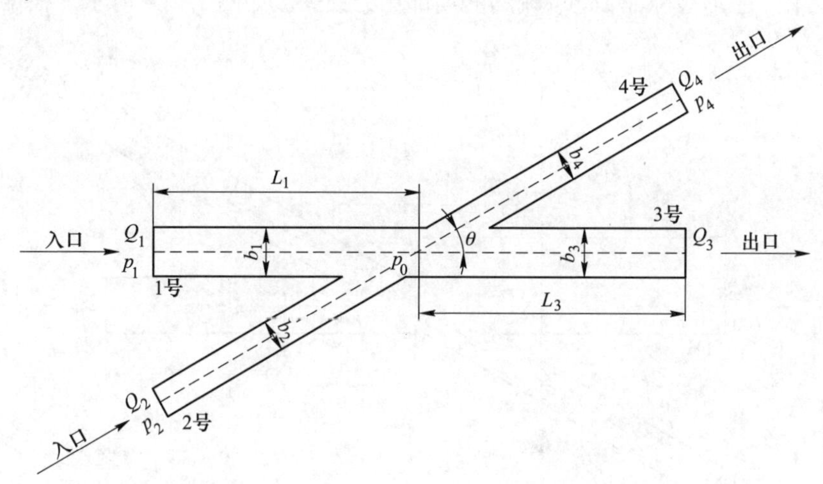

图 1.2.4 “十”字形交叉裂隙渗流模型

由水流的连续性条件得到：

$$\begin{aligned} & Mb_1\left(\frac{1}{\beta_{f1}}\sqrt{\frac{\mu^2}{4\rho^2 k_{f1}^2} + \beta_{f1}\frac{p_1 - p_0}{\rho L_1}} - \frac{\mu}{2\beta_{f1}\rho k_{f1}}\right) + Mb_2\left(\frac{1}{\beta_{f2}}\sqrt{\frac{\mu^2}{4\rho^2 k_{f2}^2} + \beta_{f2}\frac{p_2 - p_0}{\rho L_2}} - \frac{\mu}{2\beta_{f2}\rho k_{f2}}\right) \\ = {} & Mb_3\left(\frac{1}{\beta_{f3}}\sqrt{\frac{\mu^2}{4\rho^2 k_{f3}^2} + \beta_{f3}\frac{p_0 - p_3}{\rho L_3}} - \frac{\mu}{2\beta_{f3}\rho k_{f3}}\right) + Mb_4\left(\frac{1}{\beta_{f4}}\sqrt{\frac{\mu^2}{4\rho^2 k_{f4}^2} + \beta_{f4}\frac{p_0 - p_4}{\rho L_4}} - \frac{\mu}{2\beta_{f4}\rho k_{f4}}\right) \end{aligned} \tag{1.2.6}$$

通过方程（1.2.6）可以求得裂隙交叉区域的流体压力 p_0，进而计算出各支段裂隙流量：

$$\begin{cases} Q_1 = Mb_1\left(\dfrac{1}{\beta_{f1}}\sqrt{\dfrac{\mu^2}{4\rho^2k_{f1}^2} + \beta_{f1}\dfrac{p_1 - p_0}{\rho L_1}} - \dfrac{\mu}{2\beta_{f1}\rho k_{f1}}\right) \\ Q_2 = Mb_2\left(\dfrac{1}{\beta_{f2}}\sqrt{\dfrac{\mu^2}{4\rho^2k_{f2}^2} + \beta_{f2}\dfrac{p_2 - p_0}{\rho L_2}} - \dfrac{\mu}{2\beta_{f2}\rho k_{f2}}\right) \\ Q_3 = Mb_3\left(\dfrac{1}{\beta_{f3}}\sqrt{\dfrac{\mu^2}{4\rho^2k_{f3}^2} + \beta_{f3}\dfrac{p_0 - p_3}{\rho L_3}} - \dfrac{\mu}{2\beta_{f3}\rho k_{f3}}\right) \\ Q_4 = Mb_4\left(\dfrac{1}{\beta_{f4}}\sqrt{\dfrac{\mu^2}{4\rho^2k_{f4}^2} + \beta_{f4}\dfrac{p_0 - p_4}{\rho L_4}} - \dfrac{\mu}{2\beta_{f4}\rho k_{f4}}\right) \end{cases} \tag{1.2.7}$$

1.2.3　考虑局部压力损失的交叉裂隙非 Darcy 渗流模型

本节参考速宝玉等[14]基于立方定律分析裂隙渗流中局部水头损失的方法，计算“十”字形裂隙非 Darcy 流动的局部压力损失。如图 1.2.5 所示，根据水力

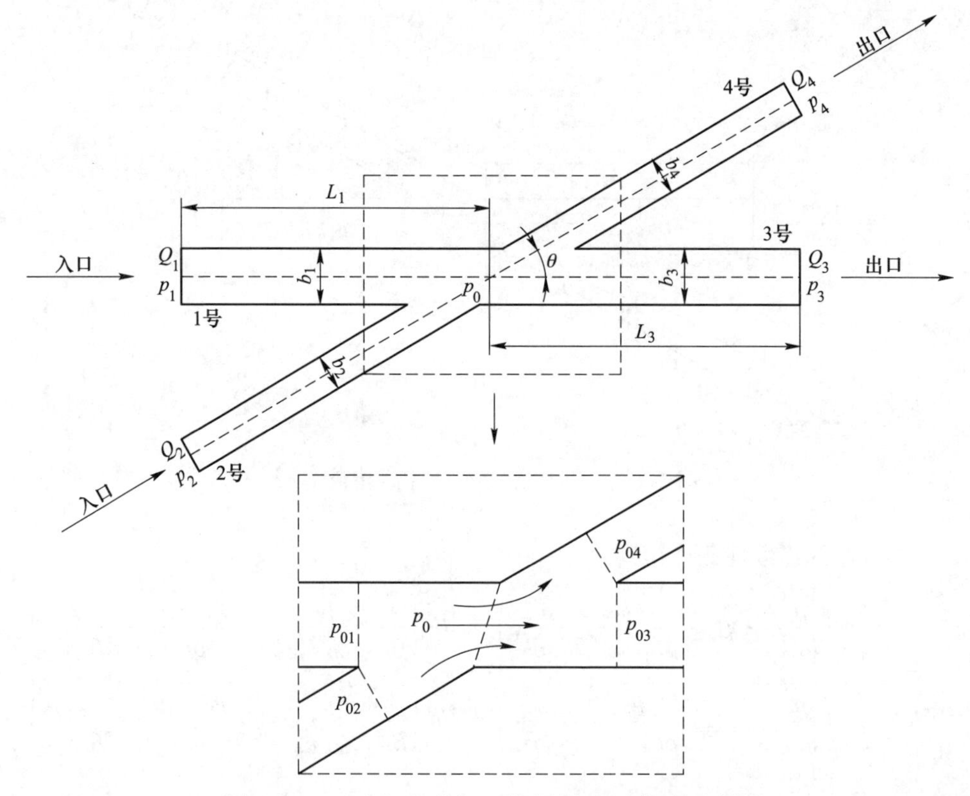

图 1.2.5　“十”字形交叉裂隙局部压力损失示意图

学原理，每个截面上单位质量流体的能量由压力能、势能和动能三部分组成，分流前后流体的速度发生了很大变化，所以必须考虑流体动能的影响，若忽略势能的影响，可得流体由1号、2号裂隙进入3号、4号裂隙的局部压力损失。

由1号裂隙到4号裂隙的局部压力损失为：

$$\Delta p_{14} = \alpha_1 \rho \frac{v_4^2}{2}\left[1 + \frac{v_1^2}{v_4^2} - 2\frac{v_1}{v_4}\cos\theta\right] \tag{1.2.8}$$

由1号裂隙到3号裂隙的局部压力损失为：

$$\Delta p_{13} = \alpha_2 \rho \frac{v_3^2}{2}\left[1 - \frac{v_1^2}{v_3^2} + 2\frac{b_s}{b_w}\frac{v_4^2 - v_2^2}{v_3^2}\cos\theta\right] \tag{1.2.9}$$

由2号裂隙到3号裂隙的局部压力损失为：

$$\Delta p_{23} = \alpha_3 \rho \frac{v_3^2}{2}\left[1 + \frac{v_2^2}{v_3^2} - 2\frac{v_1^2}{v_3^2} + 2\frac{b_s}{b_w}\frac{v_4^2 - v_2^2}{v_3^2}\cos\theta\right] \tag{1.2.10}$$

式中　α_1，α_2，α_3——均为综合修正系数，可由试验确定；

b_s——窄裂隙宽度；

b_w——宽裂隙宽度。

假定裂隙交叉区域存在虚拟分界面，各裂隙段水流在交点处的水压力分别为p_{01}、p_{02}、p_{03}、p_{04}，则根据交叉点处各裂隙段压力的相互衔接有：

$$\begin{cases} p_{01} = p_{01} \\ p_{02} = p_{01} - \Delta p_{13} + \Delta p_{23} \\ p_{03} = p_{01} - \Delta p_{13} \\ p_{04} = p_{01} - \Delta p_{14} \end{cases} \tag{1.2.11}$$

此时，考虑局部压力损失时各分支流量为：

$$\begin{cases} Q_1 = Mb_1\left(\dfrac{1}{\beta_{f1}}\sqrt{\dfrac{\mu^2}{4\rho^2 k_{f1}^2} + \beta_{f1}\dfrac{p_1 - p_{01}}{\rho L_1}} - \dfrac{\mu}{2\beta_{f1}\rho k_{f1}}\right) \\ Q_2 = Mb_2\left(\dfrac{1}{\beta_{f2}}\sqrt{\dfrac{\mu^2}{4\rho^2 k_{f2}^2} + \beta_{f2}\dfrac{p_2 - p_{01} + \Delta p_{13} - \Delta p_{23}}{\rho L_2}} - \dfrac{\mu}{2\beta_{f2}\rho k_{f2}}\right) \\ Q_3 = Mb_3\left(\dfrac{1}{\beta_{f3}}\sqrt{\dfrac{\mu^2}{4\rho^2 k_{f3}^2} + \beta_{f3}\dfrac{p_{01} - \Delta p_{13} - p_3}{\rho L_3}} - \dfrac{\mu}{2\beta_{f3}\rho k_{f3}}\right) \\ Q_4 = Mb_4\left(\dfrac{1}{\beta_{f4}}\sqrt{\dfrac{\mu^2}{4\rho^2 k_{f4}^2} + \beta_{f4}\dfrac{p_{01} - \Delta p_{14} - p_4}{\rho L_4}} - \dfrac{\mu}{2\beta_{f4}\rho k_{f4}}\right) \end{cases} \tag{1.2.12}$$

根据流量的连续性条件，可得：

$$
\begin{aligned}
& Mb_1\left(\frac{1}{\beta_{f1}}\sqrt{\frac{\mu^2}{4\rho^2 k_{f1}^2}+\beta_{f1}\frac{p_1-p_{01}}{\rho L_1}}-\frac{\mu}{2\beta_{f1}\rho k_{f1}}\right)+ \\
& Mb_2\left(\frac{1}{\beta_{f2}}\sqrt{\frac{\mu^2}{4\rho^2 k_{f2}^2}+\beta_{f2}\frac{p_2-p_{01}+\Delta p_{13}-\Delta p_{23}}{\rho L_2}}-\frac{\mu}{2\beta_{f2}\rho k_{f2}}\right) \\
= & Mb_3\left(\frac{1}{\beta_{f3}}\sqrt{\frac{\mu^2}{4\rho^2 k_{f3}^2}+\beta_{f3}\frac{p_{01}-\Delta p_{13}-p_3}{\rho L_3}}-\frac{\mu}{2\beta_{f3}\rho k_{f3}}\right)+ \\
& Mb_4\left(\frac{1}{\beta_{f4}}\sqrt{\frac{\mu^2}{4\rho^2 k_{f4}^2}+\beta_{f4}\frac{p_{01}-\Delta p_{14}-p_4}{\rho L_4}}-\frac{\mu}{2\beta_{f4}\rho k_{f4}}\right)
\end{aligned}
\tag{1.2.13}
$$

利用 Matlab 软件对非线性方程组式（1.2.4）、式（1.2.8）~式（1.2.13）进行迭代求解，即可求得 Q_1、Q_2、Q_3、Q_4、Δp_{13}、Δp_{14}、Δp_{23}。

为了检验 Matlab 求解程序的正确性，带入表 1.2.2 中模型参数进行求解并与速宝玉计算的结果进行对比，结果见表 1.2.3。根据 Forchheimer 方程的物理意义，当流速很小时，黏性作用占优，惯性作用可以忽略不计，Forchheimer 方程简化为线性 Darcy 定律。所以，本节基于 Forchheimer 方程的计算结果与速宝玉基于立方定律的计算结果十分接近，可以证明 Matlab 求解程序是准确可行的。

表 1.2.2　流体力学计算参数

参数	数值	参数	数值	参数	数值	参数	数值
L_1/m	0.65	b_1/m	5×10^{-3}	p_1/Pa	823.70	α_1	0.98
L_2/m	0.65	b_2/m	1×10^{-3}	p_2/Pa	842.34	α_2	0.93
L_3/m	0.65	b_3/m	5×10^{-3}	p_3/Pa	758.00	α_3	0.97
L_4/m	0.65	b_4/m	1×10^{-3}	p_4/Pa	757.02	M/m	0.5
μ/Pa·s	1.01×10^{-3}	ρ/kg·m^{-3}	1000	g/m·s^{-2}	9.806	θ/(°)	60

表 1.2.3　计算结果对比

参量	速宝玉计算结果		本节计算结果	
	不计局部压力损失	计局部压力损失	不计局部压力损失	计局部压力损失
Q_1/m^3	2.61×10^{-4}	2.60×10^{-4}	2.54×10^{-4}	2.53×10^{-4}
Q_2/m^3	3.27×10^{-6}	3.60×10^{-6}	3.26×10^{-6}	3.57×10^{-6}
Q_3/m^3	2.62×10^{-4}	2.62×10^{-4}	2.55×10^{-4}	2.55×10^{-4}
Q_4/m^3	2.16×10^{-6}	1.84×10^{-6}	2.15×10^{-6}	1.85×10^{-6}
Δp_{13}/Pa	—	0.063	—	0.0614
Δp_{14}/Pa	—	5.05	—	4.85
Δp_{23}/Pa	—	−5.16	—	−4.88

续表 1.2.3

参量	速宝玉计算结果		本节计算结果	
	不计局部压力损失	计局部压力损失	不计局部压力损失	计局部压力损失
p_0/Pa	790.92		790.93	
p_{01}/Pa	—	791.00	—	790.99
p_{02}/Pa	—	785.77	—	786.04
p_{03}/Pa	—	790.93	—	790.93
p_{04}/Pa	—	785.95	—	786.14

1.2.4 模型结果分析

从上述分析可知，影响交叉裂隙局部压力损失的主要因素有隙宽比（b_s/b_w）、交叉角度以及流动状态，下面将就各个影响因素对“十”字形交叉裂隙渗透特性的作用规律及影响程度进行逐一探讨，并利用 COMSOL 软件求解 Navier-Stokes 方程，模拟交叉裂隙中流体的流动特性。

1.2.4.1 雷诺数对“十”字形交叉裂隙渗透特性的影响

令 $L_i = 0.3\text{m}$（$i = 1、2、3、4$），$b_1 = b_3 = b_w = 0.01\text{m}$，$b_2 = b_4 = b_s = 0.004\text{m}$，$M = 0.04\text{m}$，$\theta = 60°$，选取不同水力梯度对模型进行赋值运算，计算结果见表 1.2.4。

表 1.2.4 雷诺数对交叉裂隙非 Darcy 渗流特性的影响

Re	$Q_1/10^{-6}\text{m}^3$	$Q_2/10^{-6}\text{m}^3$	$Q_3/10^{-6}\text{m}^3$	$Q_4/10^{-6}\text{m}^3$	Δp_{13}/Pa	Δp_{14}/Pa	Δp_{23}/Pa
130	6.35	0.49	6.51	0.34	0.005	0.111	−0.116
194	9.45	0.81	9.79	0.45	0.017	0.249	−0.249
258	12.49	1.15	13.10	0.53	0.040	0.441	−0.421
314	15.11	1.47	15.95	0.60	0.067	0.649	−0.604
372	17.79	1.84	18.96	0.64	0.110	0.909	−0.813
602	28.37	3.45	30.96	0.63	0.391	2.382	−1.891
854	39.72	5.61	44.35	0.22	0.969	4.864	−3.347
923	42.92	6.23	48.02	0.04	1.147	5.743	−3.851

图 1.2.6 所示为三种不同模型中压力梯度对交叉裂隙流量的影响，从图中可以看出，随着水力梯度的增加，交叉裂隙总渗流量均升高，但三者之间的流量偏差越来越大。不考虑局部压力损失的立方定律模型中，渗流量与压力梯度呈现出很好的线性关系，而另外两个模型中表现出明显的非线性规律。不考虑局部压力

损失的 Forchheimer 模型中，压力梯度与流量的非线性关系是由流体的惯性力占优导致整个渗流过程的压力损失；而考虑局部压力损失的 Forchheimer 模型中，压力的损失主要包括两部分，即裂隙交叉处偏流导致的局部压力损失和惯性力引起的全程压力损失，所以该模型计算的裂隙总渗流量最小。

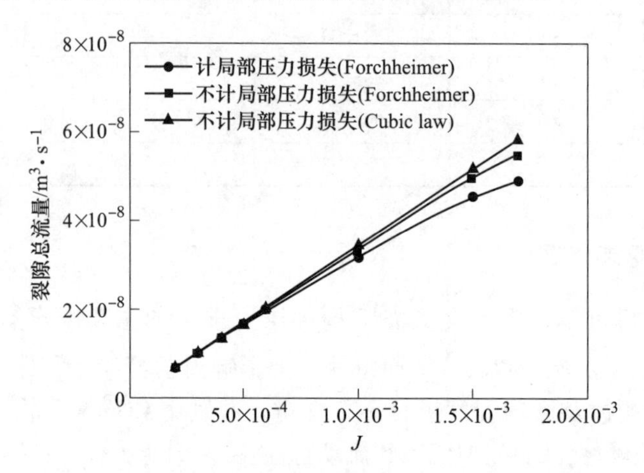

图 1.2.6　水力梯度对交叉裂隙渗流流量的影响

从图 1.2.7 可以看出，水流经过裂隙交叉区域进入各裂隙段产生的局部压力损失均随着雷诺数的升高而增加，压力损失的主要来源是水流由宽裂隙（1 号）进入窄裂隙（4 号）产生的（Δp_{14}）。值得注意的是 Δp_{23} 是负值，说明流体从窄裂隙流经裂隙交叉区域进入到宽裂隙的过程中不仅不会产生局部压力损失，而且会造成有利于渗流通过的条件，这类似于土力学中的优势入渗通道。从流体力学的角度解释，由 1 号裂隙流出的流体由于流量大、流速快、惯性作用强，对 2 号裂隙流出的流体有一定的“携带”作用，使 2 号裂隙的水流更容易进入 3 号裂隙。雷诺数越大、惯性力越大，导致 $-\Delta p_{23}$ 越大。

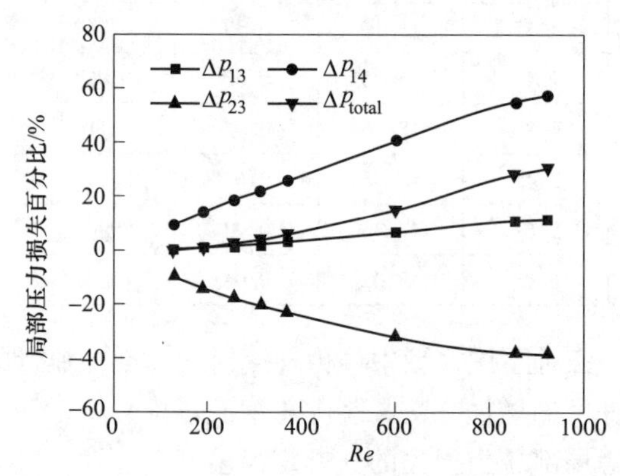

图 1.2.7　雷诺数对交叉裂隙局部压力损失的影响

图 1.2.8 所示为雷诺数与流量分配比（Q_4/Q_3）的关系曲线，随着雷诺数不断增加，Forchheimer 方程中惯性项与黏滞项的比值也越来越大，流体惯性作用越来越显著，导致进入 4 号裂隙的流量越来越少，流量分配比逐渐减小。

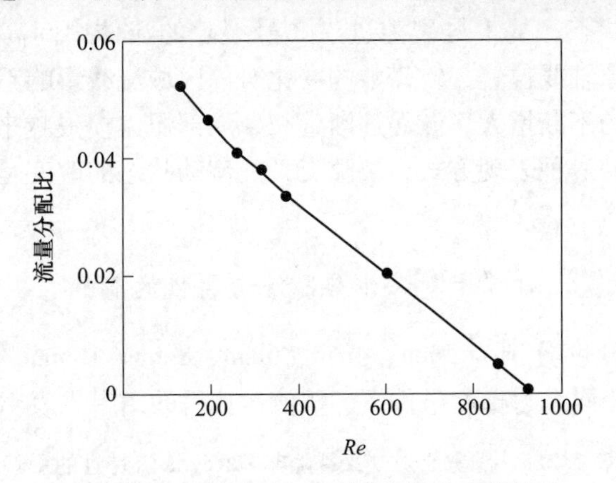

图 1.2.8 雷诺数对交叉裂隙流量分配的影响

图 1.2.9 所示为雷诺数在 129~923 范围内交叉裂隙内部流体流线的模拟结果，其中颜色代表流速大小，红色表示流速最大，蓝色表示流速最小。由图可知，1 号裂隙的流体流过交叉位置进入 4 号裂隙时，会在 4 号裂隙入口附近产生

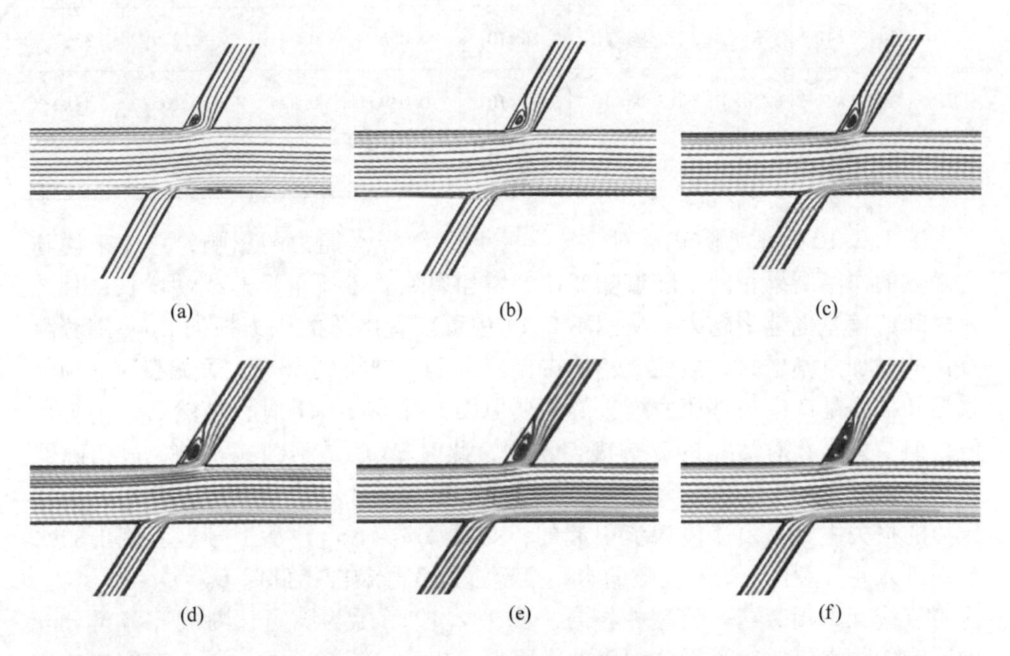

图 1.2.9 交叉裂隙在不同雷诺数条件下的流体流线分布（扫描书前二维码看彩图）

（a）$Re=129$；（b）$Re=258$；（c）$Re=372$；（d）$Re=602$；（e）$Re=854$；（f）$Re=923$

流体涡旋，出现一个反向流动，流体漩涡的影响范围会随着雷诺数的进一步增大而逐渐扩大，导致 4 号裂隙漩涡区域附近流线被压缩，从而使流体速度升高。随着流体远离交叉位置，流动速度逐渐减小，流线慢慢扩张，并恢复到非充填单裂隙内的正常流动状态。从 1 号裂隙进入 3 号裂隙的流体中间高流速区域向上转移，偏离 3 号裂隙轴线位置，雷诺数的变化对该区域流线影响不明显。

随着雷诺数的不断增大，漩涡逐渐生长，局部压力损失越来越大，可见漩涡是流体能量耗散的一种表现方式。裂隙交叉处流动状态的改变是局部压力损失的根源。

1.2.4.2　隙宽比对“十”字形裂隙渗透特性的影响

令窄裂隙的开度分别为 2mm、4mm、6mm、8mm、10mm，宽裂隙的开度保持 10mm 不变，相同水力梯度条件下，赋值运算后的结果见表 1.2.5。

表 1.2.5　隙宽比对交叉裂隙非 Darcy 渗流特性的影响

b_s/b_w	Q_1/m^3	Q_2/m^3	Q_3/m^3	Q_4/m^3	Δp_{13}/Pa	Δp_{14}/Pa	Δp_{23}/Pa	Re
0.2	12.76×10^{-6}	0.14×10^{-6}	12.83×10^{-6}	0.06×10^{-6}	0.005	0.497	−0.501	197
0.4	12.49×10^{-6}	1.15×10^{-6}	13.10×10^{-6}	0.53×10^{-6}	0.040	0.441	−0.421	258
0.6	11.77×10^{-6}	3.35×10^{-6}	12.94×10^{-6}	2.16×10^{-6}	0.056	0.341	−0.279	335
0.8	11.71×10^{-6}	6.76×10^{-6}	13.05×10^{-6}	5.40×10^{-6}	0.039	0.324	−0.165	445
1	10.05×10^{-6}	10.05×10^{-6}	10.02×10^{-6}	10.02×10^{-6}	0	0.314	0.314	496

图 1.2.10 所示为隙宽比对“十”字形裂隙导水能力的影响，总体来说与雷诺数的作用结果相同，随着隙宽比的增加裂隙总渗流量呈非线性增长，且二者之间的偏差也越来越大。从图 1.2.11 中可以看出总的压力损失 Δp_{total} 随着隙宽比的增加急剧增大，然而 Δp_{14} 所占比例由 21%减小到 13%，可见裂隙的局部收缩和扩张是产生局部压力损失的主要原因。在 $b_s/b_w<1$ 时，虽然 Δp_{23} 仍为负值，但与雷诺数对 Δp_{23} 的影响规律不同，此时 $-\Delta p_{23}$ 是不断减小的，表明隙宽比越接近于 1，宽裂隙对窄裂隙的“携带”能力越小；直到 $b_s/b_w=1$ 时，局部压力的损失主要是由流体偏流引起的，此时 $\Delta p_{14}=\Delta p_{23}$，从 1 号裂隙流出的水全部进入 4 号裂隙，2 号裂隙的水则全部进入 3 号裂隙，此时 $Q_1=Q_2=Q_3=Q_4$，这与流线互不相交这一公理相符合。图 1.2.12 所示为隙宽比对裂隙流量分配的影响，与雷诺数对流量分配比的作用结果相反，流量分配比随着隙宽比的增加呈非线性增长。

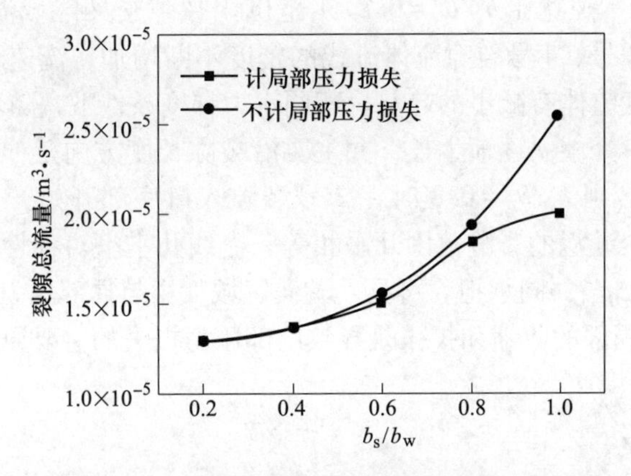

图 1.2.10 隙宽比对交叉裂隙渗流流量的影响

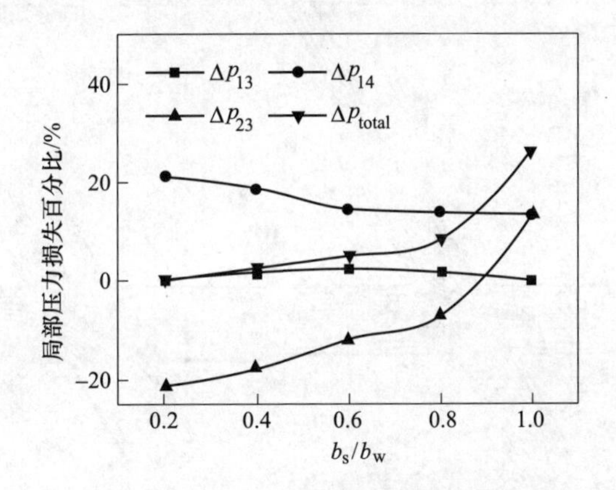

图 1.2.11 隙宽比对交叉裂隙局部压力损失的影响

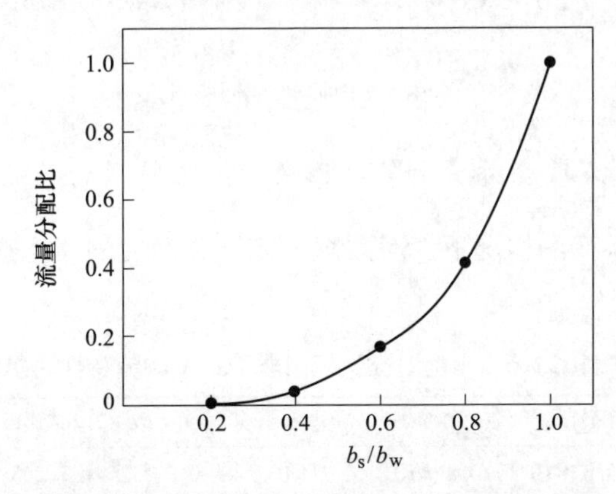

图 1.2.12 隙宽比对交叉裂隙流量分配的影响

图 1.2.13 所示隙宽比 $b_s/b_w=0.2\sim1$ 范围内裂隙交叉区域流体流线形态图。通过观察发现，2 号、4 号裂隙流体流线的密度不断增加，流速不断增大；1 号、3 号裂隙流体速度整体有减小的趋势。相同水力梯度条件下，随着 b_s/b_w 的不断增加，2 号裂隙入口处漩涡逐渐生长，并主要沿裂隙长度方向延伸，其长度远远大于 2 号裂隙宽度。当 $b_s/b_w=0.8$ 时在 3 号裂隙入口底部开始产生流体漩涡；当 $b_s/b_w=1$ 时，两个漩涡的影响范围几乎相等，流线几乎呈对称性分布。局部压力的损失由 Δp_{23} 和 Δp_{14} 共同承担。可见，漩涡区域大小与局部压力损失变化规律具有一致性，裂隙局部的收缩和扩张是导致局部压力损失的主要原因。

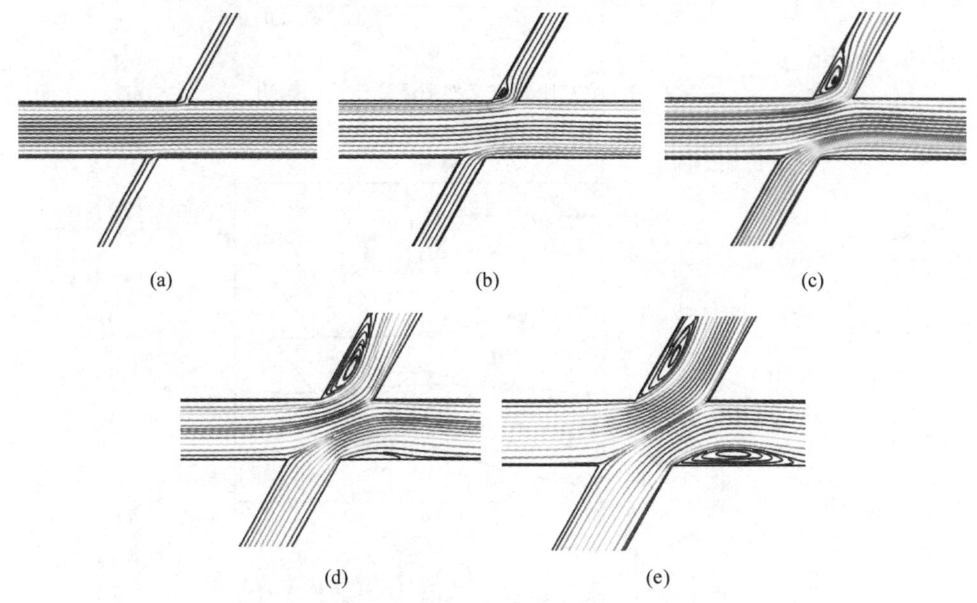

图 1.2.13　交叉裂隙在不同隙宽比条件下的流体流线分布

(a) $b_s/b_w=0.2$；(b) $b_s/b_w=0.4$；(c) $b_s/b_w=0.6$；

(d) $b_s/b_w=0.8$；(e) $b_s/b_w=1$

(扫描书前二维码看彩图)

1.2.4.3　交叉角度对“十”字形裂隙渗透特性的影响

在其他参数不变的情况下，对裂隙不同交叉角度的模型进行赋值运算，计算结果见表 1.2.6。

表 1.2.6　角度对交叉裂隙非 Darcy 渗流特性的影响

θ/(°)	Q_1/m³	Q_2/m³	Q_3/m³	Q_4/m³	Δp_{13}/Pa	Δp_{14}/Pa	Δp_{23}/Pa	Re
30	28.43×10^{-6}	3.37×10^{-6}	30.87×10^{-6}	0.71×10^{-6}	0.305	2.263	−1.998	602
60	28.37×10^{-6}	3.45×10^{-6}	30.96×10^{-6}	0.63×10^{-6}	0.391	2.382	−1.891	602

续表 1.2.6

θ/(°)	Q_1/m³	Q_2/m³	Q_3/m³	Q_4/m³	Δp_{13}/Pa	Δp_{14}/Pa	Δp_{23}/Pa	Re
90	27.65×10^{-6}	3.37×10^{-6}	30.21×10^{-6}	0.58×10^{-6}	0.462	2.396	−1.704	587
120	27.17×10^{-6}	3.31×10^{-6}	29.66×10^{-6}	0.59×10^{-6}	0.524	2.437	−1.569	576
150	24.61×10^{-6}	3.26×10^{-6}	27.00×10^{-6}	0.80×10^{-6}	0.479	2.176	−1.205	533

由图1.2.14的关系曲线可知，当裂隙交叉角度由30°增加到150°时，裂隙总流量偏差由5.3%升高到17%，表明相同水力梯度条件下，交叉裂隙的导水能力随着角度的不断增加而逐渐减小。与裂隙总流量的变化趋势不同，角度θ对流量分配比的影响在［π/6，5π/6］近似呈对称形状，在$\theta=\pi/2$时流量分配比相对最小，这与宋良通过数值模拟得出的结论相一致。同时，在以$\theta=\pi/2$为对称轴的θ与$\theta+\pi/2$的两对称点，$\theta+\pi/2$的流量分配比要比θ大（图1.2.15）。与其他影响因素相比，角度对流量分配比的影响很小。

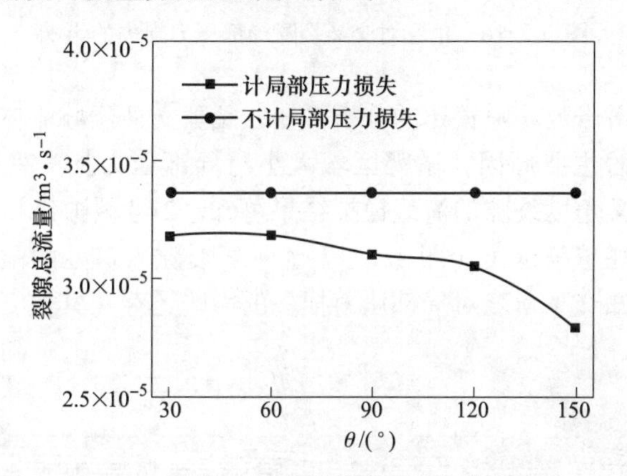

图1.2.14 交叉角度对裂隙渗流流量的影响

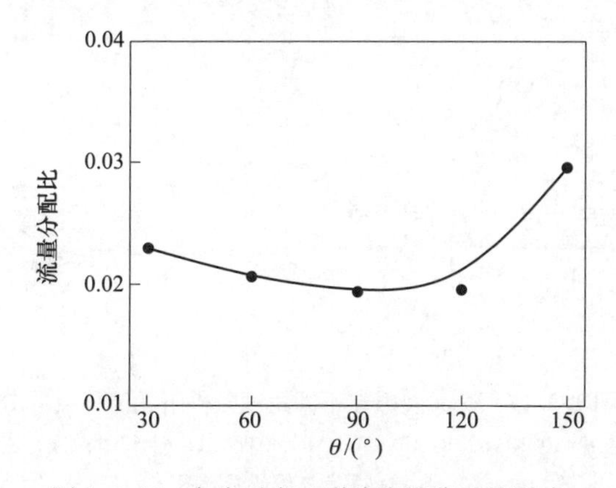

图1.2.15 角度对交叉裂隙流量分配的影响

总体来说，在水力梯度相同的条件下，交叉角度变化引起的局部压力损失差别较小，局部压力损失百分比一直介于 10%~20%之间（图 1.2.16）。随着角度的增加，2 号裂隙的水流进入 3 号裂隙越来越困难，Δp_{23}所占比例由 34%减小到 20%。

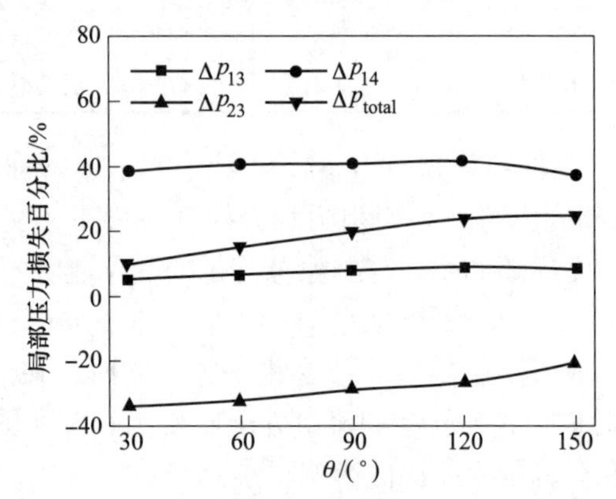

图 1.2.16　角度对交叉裂隙局部压力损失的影响

通过前面对雷诺数和隙宽比的分析可知，裂隙交叉区域流体流态的改变是产生局部压力损失的主要原因，漩涡区域大小与局部压力损失变化规律具有一致性。对比不同交叉角度裂隙的流线模拟结果可知：2 号裂隙出口处的流线随着角度的增加转弯半径越来越大（图 1.2.17），4 号裂隙入口处的漩涡变化不是很明显。由此对比可知交叉角度对局部压力损失的影响还存在其他复合作用，有待进

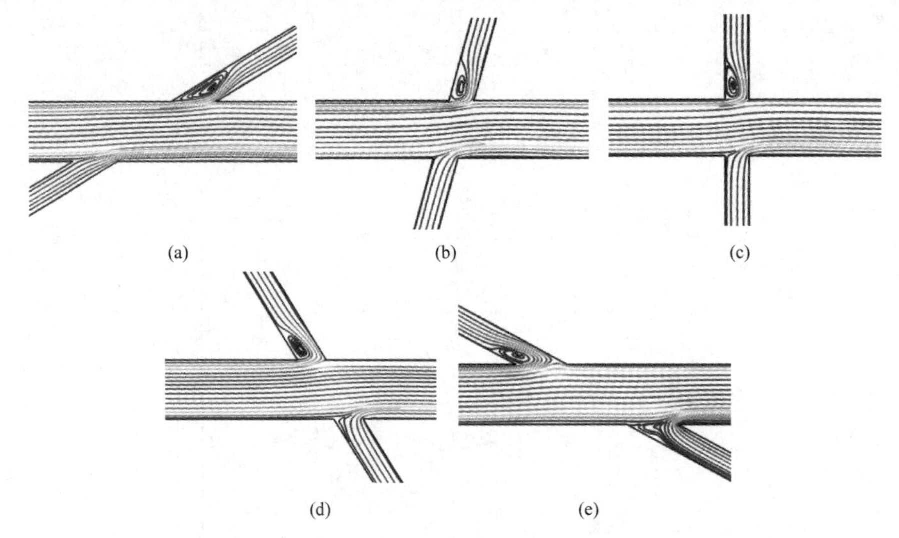

图 1.2.17　交叉裂隙在不同角度条件下的流体流线分布

（a）θ=30°；（b）θ=60°；（c）θ=90°；（d）θ=120°；（e）θ=150°

（扫描书前二维码看彩图）

一步深入研究[15]。

为了量化局部压力损失程度，定义局部压力损失系数ξ如下：

$$\xi = \frac{\Delta p_{\text{total}}}{\Delta p} \tag{1.2.14}$$

式中 Δp_{total}——总局部压力损失；

Δp——裂隙进出口压力差。

通过对雷诺数、隙宽比和交叉角度对“十”字形交叉裂隙渗透特性影响程度的对比分析可知，隙宽比和交叉角度的变化均伴随着裂隙中流体雷诺数的改变（表1.2.5、表1.2.6）。在其他参数和条件均保持不变的情况下，单一因素角度θ对ξ的影响如图1.2.18（a）所示；隙宽比b_s/b_w对ξ的影响如图1.2.18（b）所示；雷诺数Re对ξ的影响如图1.2.18（c）所示。对比三个图可知，在相同雷诺数条件下，隙宽或角度变化引起的ξ变化不大，其最大变化不超过9%，可以只考虑雷诺数的影响。工程裂隙网络渗流计算时，为了计算简便可近似采用图1.2.18（c）进行求解，用线性拟合得到：

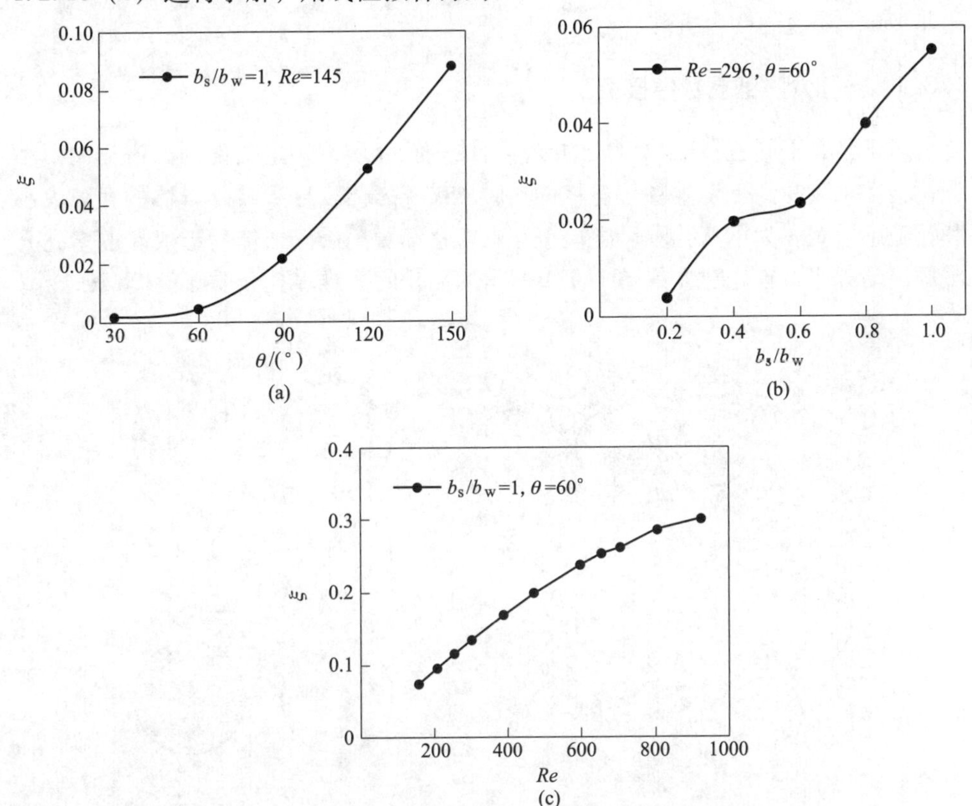

图1.2.18 角度θ、隙宽比b_s/b_w和雷诺雷诺数Re与ξ的关系

（a）θ与ξ的关系；（b）b_s/b_w与ξ的关系；（c）Re与ξ的关系

$$
\begin{cases} \xi = 0, & Re \leqslant 150 \\ \xi = 0.0003Re + 0.04, & Re > 150 \end{cases} \tag{1.2.15}
$$

1.3　多孔介质非 Darcy 渗流的细观模拟

破碎岩体的岩块组成、孔隙结构、连通情况等非常复杂，不同样本的孔隙形态更是千差万别，但是根本上仍然属于多孔介质，多孔介质中流体的运动在宏观上表现为多孔介质渗流，细观上表现为流体在多孔介质孔隙中的自由流动。细观上研究水流质点在破碎岩体介质中的运动规律，能够弥补室内实验测定参数对细观流动认识的不足，对于查明孔隙通道中水流分布、追踪水流运动路径、解释宏观上压力梯度与流速之间的影响规律具有重要的参考意义。随着高精度建模及高性能计算技术的发展，微细观层面研究多孔介质渗流问题已经成为当前国际上多孔介质流动领域的前沿课题。本节通过建立简化的平面多孔介质细观数值模型，应用 COMSOL 软件开展数值模拟，细观上研究孔隙中流体的流动特性，宏观上研究压力梯度与流速的对应关系，把渗流宏观现象与细观流体流动相联系，研究高速非 Darcy 渗流的产生机理。

1.3.1　多孔介质细观数值模型

对于具有不同粒径颗粒组成的破碎岩体多孔介质，一定条件的渗流作用下小颗粒会在水流驱动下发生颗粒迁移逐渐脱离破碎岩体，导致破碎岩体的孔隙大小和孔隙率增大。为了从孔隙尺度模拟小颗粒逐渐脱离破碎岩体后形成新的多孔介质的流动规律，首先建立如图 1.3.1 所示的简化的二维多孔介质数值模型，该模

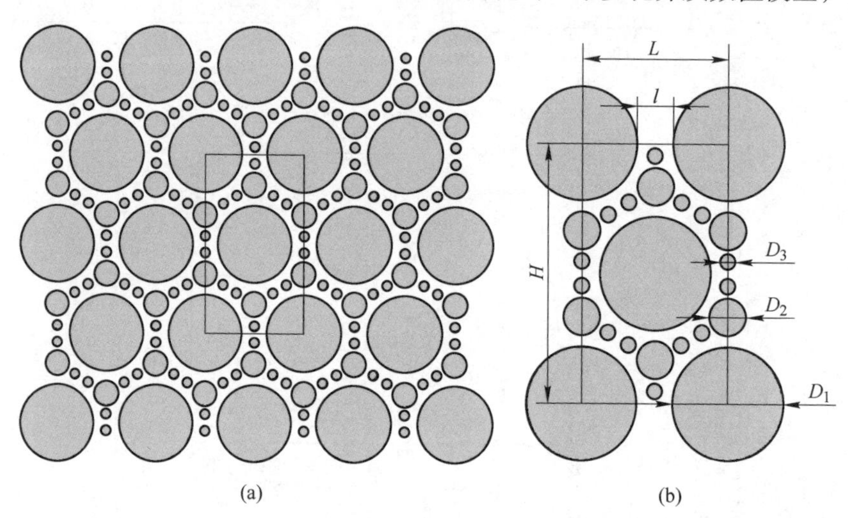

图 1.3.1　多孔介质数值模型及特征单元

（a）多孔介质数值模型；（b）特征单元

型由三种不同粒径的圆形颗粒规则排列而成，假设流体流动方向从上往下而且只发生在竖直方向上，那么图中矩形区域可视为该多孔介质的一个特征单元。单元宽为 $L=8\text{mm}$，高为 $H=8\sqrt{3}\,\text{mm}$，水流入口宽度为 $l=2\text{mm}$，三种粒径从大到小依次为 $D_1=6\text{mm}$、$D_2=2\text{mm}$ 和 $D_3=0.8\text{mm}$。然后通过依次去除小粒径颗粒得到三个具有不同孔隙率的多孔介质试样，如图 1.3.2 所示。其中试样 S1 包含 D_1、D_2和D_3三种粒径颗粒，孔隙率为 $\phi_{S1}=0.322$，试样 S2 包含 D_1和 D_2两种粒径颗粒，孔隙率为 $\phi_{S2}=0.377$，试样 S3 仅包含 D_1一种粒径颗粒，孔隙率为 $\phi_{S1}=0.49$。由于试样在流动方向上几何对称，为了计算方便，取试样的一半进行数值模拟。

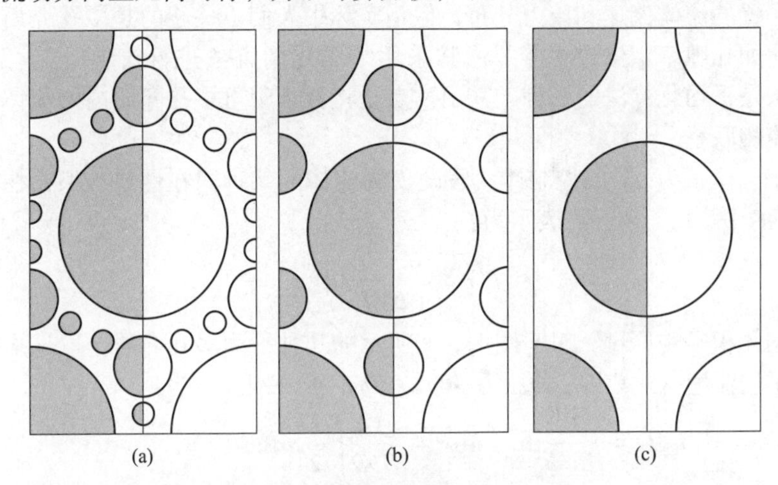

图 1.3.2　多孔介质数值计算模型

(a) 试样 S1；(b) 试样 S2；(c) 试样 S3

1.3.2　数值模拟方法

Navier-Stokes 方程是描述黏性不可压缩牛顿流体的动量守恒方程，是黏性流体流动的基本力学规律。对于多孔介质渗流，水流只是在多孔介质孔隙连接组合而成的通道中流动，因此，通道中水流的运动可用 Navier-Stokes 方程进行计算，稳态情况下水流在孔隙通道中流动的运动方程和质量守恒可表示为：

$$\begin{cases}\rho(\boldsymbol{u}\cdot\nabla)\boldsymbol{u}=\boldsymbol{F}-\nabla p+\mu\nabla^2\boldsymbol{u}\\ \nabla\cdot\boldsymbol{u}=0\end{cases} \tag{1.3.1}$$

式中　$\boldsymbol{u}$——孔隙通道中的流速；

p——压力；

$\boldsymbol{F}$——体积力；

μ——动力黏度。

对于图 1.3.2 所示的几种多孔介质数值计算模型，假设水流均由上端流入下端流出，上端入口为给定流速边界，下端出口为零压力边界，两侧竖直边界均为对称边界，即所有竖直边界的法线方向流速均为零，颗粒的外边界均为壁面边界，即流速为零。本节通过改变入口的流速，模拟研究不同流速条件下孔隙通道的流动规律。数值模拟采用的是 COMSOL 有限元软件，早在 2003 年 Sanya 和 Arturo[16] 就曾应用 COMSOL 有限元软件模拟微观尺度上孔隙中的流动，取得了良好效果。

1.3.3 体积平均法

通过数值模拟可以得到不同压力梯度或者不同流速条件下多孔介质孔隙通道中任意位置的流体流速和压力分布，但是实际中人们更关心的是多孔介质的宏观参数，比如孔隙率、渗透率等，通常采用平均化的方法进行宏观研究[17,18]。体积平均法是平均化方法的一种，其出发点是将微细观下多孔介质内的流体流动和宏观渗流相联系。

对于总体积为 ΔV 的控制体，假设 ψ 为流体的某种内在性质，那么在控制体 ΔV 上 ψ 的平均值 $\langle\psi\rangle$ 可表示为：

$$\langle\psi\rangle = \frac{1}{\Delta V}\int_{\Delta V}\psi \mathrm{d}V \tag{1.3.2}$$

根据体积平均原理，对于图 1.3.2 所示的几种平面多孔介质，取试样的一半为例，平均流速 $\langle u\rangle$ 和平均压力梯度 $\langle\nabla p\rangle$ 可分别表示为：

$$\begin{cases}\langle \boldsymbol{u}\rangle = \dfrac{1}{\Omega}\displaystyle\int_{\Omega}\boldsymbol{u}\mathrm{d}\Omega = \dfrac{1}{HL/2}\int_{H}\mathrm{d}y\int_{L/2}\boldsymbol{u}\mathrm{d}x = \dfrac{1}{HL/2}\int_{H}\dfrac{l}{2}\boldsymbol{u}\mathrm{d}y = \dfrac{l}{L}\boldsymbol{u} \\ \langle\nabla p\rangle = \nabla\left[\dfrac{1}{\Omega}\displaystyle\int_{\Omega}p\mathrm{d}\Omega\right] = \dfrac{1}{H}\dfrac{1}{\phi HL/2}\int_{\Omega}[p(x,\ y+H)-p(x,\ y)]\mathrm{d}\Omega = -\dfrac{\Delta p}{H}\end{cases} \tag{1.3.3}$$

式中 $\boldsymbol{u}$——入口处孔隙通道的平均流速；

Δp——入口端和出口端之间的压差。

如果将特征单元的宽度 L 作为多孔介质的特征长度，那么一定流速条件下，多孔介质渗流的雷诺数 Re_{L} 可由平均流速表示为：

$$Re_{\mathrm{L}} = \frac{\rho L\langle u\rangle}{\mu} = \frac{\rho l u}{\mu} \tag{1.3.4}$$

由此可知，给定入口边界的流速就相当于给定了多孔介质渗流的雷诺数 Re_L。

1.3.4 渗流参数确定

宏观上，对于图 1.3.2 所示的多孔介质渗流问题，如果渗流满足 Darcy 定律，那么压力梯度和流速的关系可表示为：

$$-\langle\nabla p\rangle = \frac{\mu}{k_{\mathrm{D}}}\langle u\rangle \tag{1.3.5}$$

式中　k_D——多孔介质的 Darcy 渗透率。

如果渗流满足 Forchheimer 定律，那么压力梯度和流速的关系可表示为：

$$-\langle \nabla p \rangle = \frac{\mu}{k_F}\langle u \rangle + \beta\rho\langle u \rangle^2 \tag{1.3.6}$$

式中　k_F——多孔介质的 Forchheimer 渗透率；

β——非 Darcy 因子（或惯性因子）。

基于 Darcy 定律引入视渗透率 k_{app}（或等效 Darcy 渗透率）的概念，则有：

$$-\langle \nabla p \rangle = \frac{\mu}{k_{app}}\langle u \rangle \tag{1.3.7}$$

当渗流表现为 Darcy 渗流时

$$-\langle \nabla p \rangle = \frac{\mu}{k_{app}}\langle u \rangle = \frac{\mu}{k_D}\langle u \rangle，\text{即 } k_{app} = k_D \tag{1.3.8}$$

当渗流表现为非 Darcy Forchheimer 渗流时

$$-\langle \nabla p \rangle = \frac{\mu}{k_{app}}\langle u \rangle = \frac{\mu}{k_F}\langle u \rangle + \beta\rho\langle u \rangle^2，\text{即 } k_{app} = \frac{\mu k_F}{\mu + k_F\beta\rho\langle u \rangle} \tag{1.3.9}$$

根据式（1.3.9），k_{app}也可以称为依赖于流速的等效渗透率[19]，反映了多孔介质允许流体通过的能力，而且流速越大时等效渗透率越小。从流动阻力角度来讲，k_{app}同时受到流体黏滞阻力和惯性阻力的影响，能够反映出流体流动过程中总阻力的大小，k_{app}越大表明流体流动总阻力越小，反之流动总阻力越大。

定义无量纲参数 k^*，令 $k^* = k_{app}/k_D$，则有：

$$\begin{cases} k^* = 1，\text{Darcy 渗流} \\ k^* < 1，\text{非 Darcy 渗流} \end{cases} \tag{1.3.10}$$

雷诺数作为判定流动是否满足线性渗流的重要参数，通常是一个区间范围，不同的渗流介质对应的临界雷诺数不同，学者们采用不同的雷诺数判定渗流的非 Darcy 行为，各有优劣[20]。从雷诺数的定义出发，Comiti 等[21]根据不同的要求提出了两种判别非 Darcy 流动的方法：（1）从工程角度，认为由黏滞阻力导致的压力损失不足整体压降的 95%，流动为非 Darcy 渗流；（2）考虑精确性，认为由黏滞阻力导致的压力损失不足整体压降的 99%，流动为非 Darcy 渗流。本节选取方法（1）判别流动的非线性行为，即认为 k^* 不低于 0.95 时，渗流为 Darcy 渗流，反之为非 Darcy 渗流。

1.3.5　细观结果分析

图 1.3.3~图 1.3.5 所示分别为试样 S1、S2 和 S3 在不同雷诺数条件下孔隙内部流体流线的模拟结果，其中颜色代表流速大小，红色表示流速最大，蓝色表示流速最小。从图中可以看出，对于试样 S1（$\phi_{S1} = 0.322$），雷诺数对流线的影响大体可分为两种情况：第一种，雷诺数小于 10，雷诺数在该范围内变化时，孔

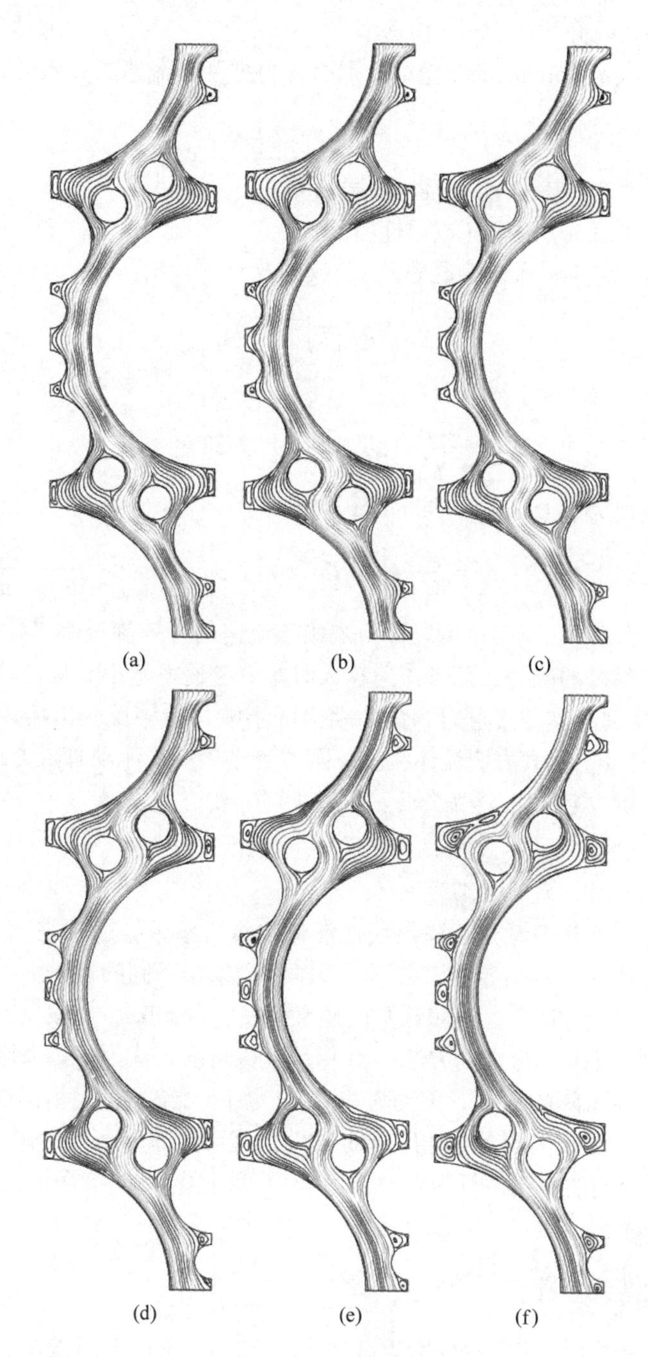

图 1.3.3　试样 S1 在不同雷诺数条件下的流体流线分布

（a）$Re_{\mathrm{L}}=0.1$；（b）$Re_{\mathrm{L}}=1$；（c）$Re_{\mathrm{L}}=10$；（d）$Re_{\mathrm{L}}=40$；（e）$Re_{\mathrm{L}}=100$；（f）$Re_{\mathrm{L}}=200$

（扫描书前二维码看彩图）

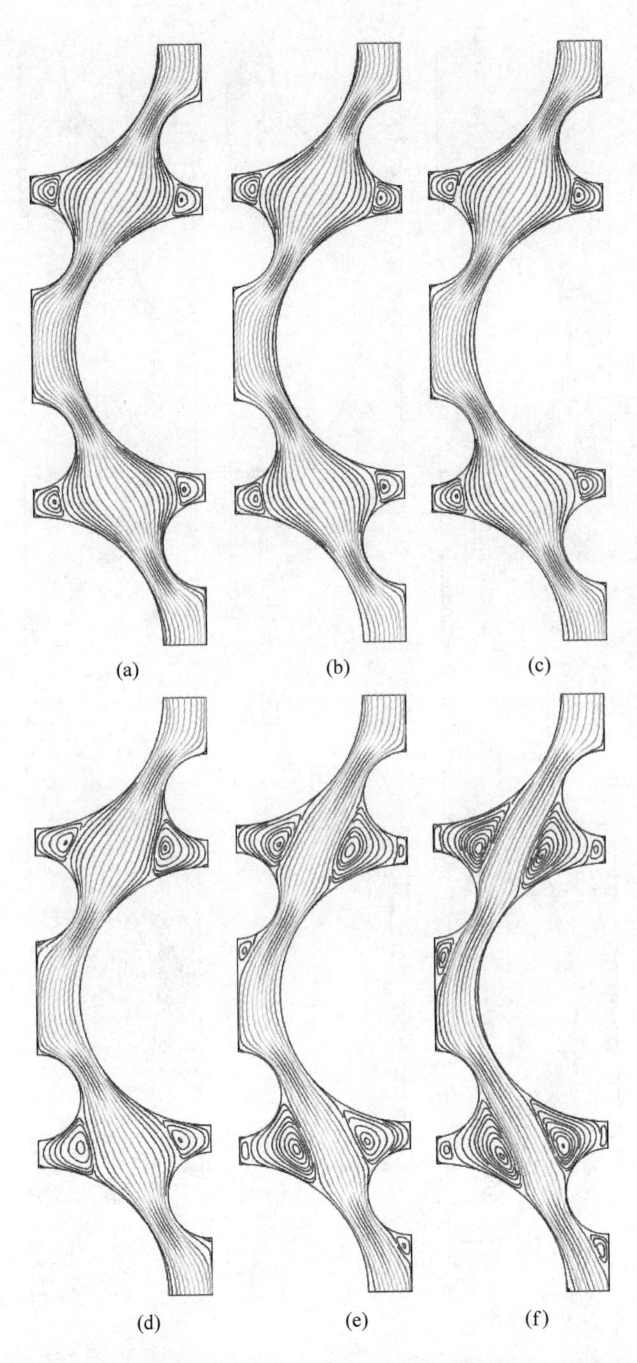

图 1.3.4 试样 S2 在不同雷诺数条件下的流体流线分布

(a) $Re_L=0.1$；(b) $Re_L=1$；(c) $Re_L=10$；(d) $Re_L=40$；(e) $Re_L=100$；(f) $Re_L=200$

（扫描书前二维码看彩图）

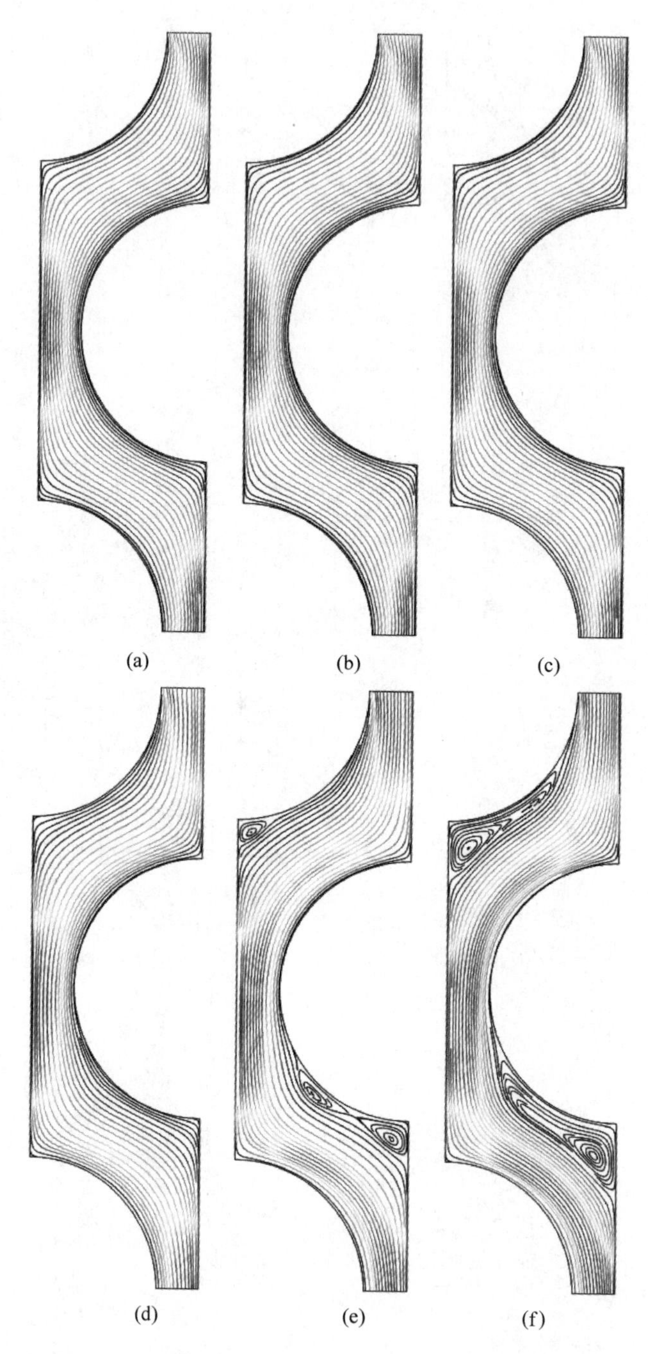

图 1.3.5　试样 S3 在不同雷诺数条件下的流体流线分布

（a）$Re_{\mathrm{L}}=0.1$；（b）$Re_{\mathrm{L}}=1$；（c）$Re_{\mathrm{L}}=10$；（d）$Re_{\mathrm{L}}=40$；（e）$Re_{\mathrm{L}}=100$；（f）$Re_{\mathrm{L}}=200$

（扫描书前二维码看彩图）

隙内部流体流线分布基本保持不变，雷诺数的变化对流线影响不明显，虽然局部边界处有小漩涡产生，但漩涡的影响范围非常有限，如图 1.3.3（a）~（c）所示；第二种，雷诺数大于 10，对流体流线的影响逐渐显著，表现为随着雷诺数的进一步增大，流体漩涡的影响范围会逐渐扩大，漩涡的数量相比低雷诺数情况下也会增多，如左侧边界的中间位置处在雷诺数为 40 时开始有漩涡出现，漩涡产生的位置主要集中在颗粒的后缘，如图 1.3.3（d）~（f）所示。对于试样 S2（$\phi_{S2}=0.377$），直观上看，流体流线分布与试样 S1 具有相同的变化规律，但是试样 S2 相比试样 S1 少了粒径为 D_1 的小颗粒，孔隙通道比 S1 通畅，同样大小的雷诺数条件下，试样 S2 的流体漩涡数量较试样 S1 少，但漩涡的影响范围较试样 S1 大得多；雷诺数为 40 时，左侧中间位置颗粒后缘有极小的漩涡出现，如图 1.3.4（d）所示。对于试样 S3（$\phi_{S3}=0.49$），雷诺数小于 10 仍然对流线影响不明显，流线关于中间横截面呈对称分布；当雷诺数达到 40 时，虽然孔隙内没有漩涡产生，但是流线关于中间横截面对称分布规律已经被打破，中间高流速区域向下转移；随着雷诺数的进一步增大，颗粒后缘位置逐渐产生漩涡，如图 1.3.5（e）所示。

对比试样 S1、S2 和 S3 流线的模拟结果可知，对于同一个多孔介质，存在一个临界的雷诺数 Re_{cr}，雷诺数小于该临界值时对流线影响不明显，当雷诺数超过该临界值，对流线的影响逐渐明显，不仅会有新的漩涡产生，而且随着雷诺数的进一步增大，漩涡的影响范围也会逐渐增大，且孔隙通道越大、越畅通，临界雷诺数越大，对于这三个试样有 $Re_{cr}(S1) < Re_{cr}(S2) < Re_{cr}(S3)$，如图 1.3.6 所示。

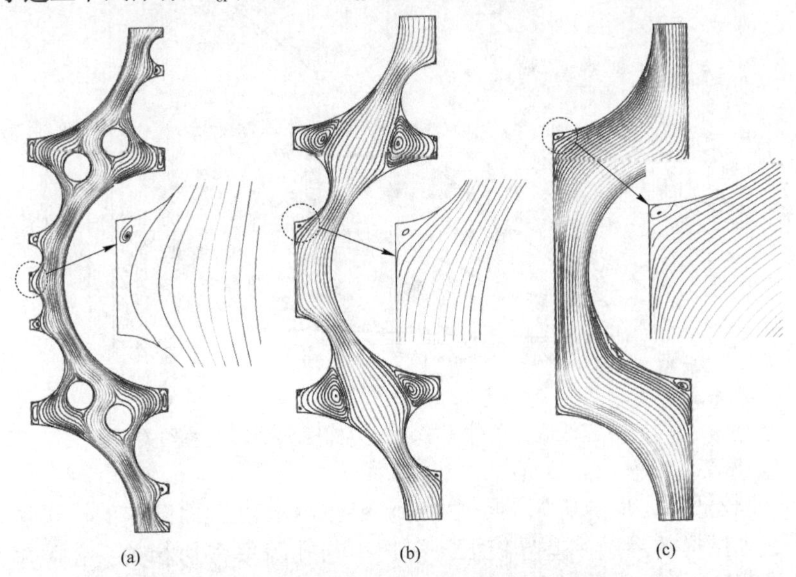

图 1.3.6 不同试样产生新流体漩涡时的流线分布

（a）试样 S1，$Re_L=20$；（b）试样 S2，$Re_L=50$；（c）试样 S3，$Re_L=70$

（扫描书前二维码看彩图）

1.3.6　平均压力梯度与平均流速的关系

图 1.3.7 所示为雷诺数在 0~0.1 范围内三个试样的平均压力梯度与平均流速的模拟结果，图 1.3.8 所示为雷诺数在 0~200 范围内三个试样的平均压力梯度与平均流速的模拟结果。由图可知，当雷诺数在 0~0.1 范围内变化时，渗流为低速渗流，平均压力梯度与平均流速具有较好的线性关系，符合 Darcy 渗流定律；雷诺数在 0~200 之间变化时，整体上看随着平均流速的不断增大，三种试样的平均压力梯度均呈现非线性增长趋势，曲线为上凹曲线，平均压力梯度与平均流速的关系用二项式方程拟合效果较好，符合 Forchheimer 渗流定律。

本节多孔介质孔隙流动数值模拟采用 Navier-Stokes 方程。该方程同时包含了流体的黏滞阻力影响和惯性阻力影响，也就是说宏观上平均压力梯度和平均流速的关系无论是线性（图 1.3.7）还是非线性（图 1.3.8），多孔介质内流体的惯性作用都是一直存在的，只不过当流速较小时流体惯性作用相比黏滞作用可以忽略不计，渗流近似满足 Darcy 定律；而流速较高时，流体惯性作用的影响越来越显著，逐渐由 Darcy 渗流转为 Forchheimer 渗流，因此可以说 Darcy 定律是 Forchheimer 定律在低流速情况下的近似。

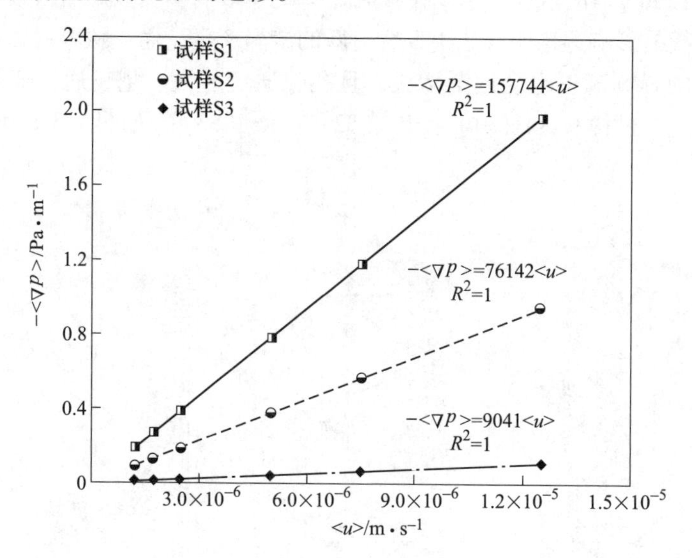

图 1.3.7　低流速条件下平均压力梯度和平均流速的关系

当流速较低时，$Re_L<0.1$，根据 Darcy 定律可求得三种试样的渗透率，见表 1.3.1。三个试样的渗透率差异较大，渗透率与孔隙率密切相关，孔隙率大的试样对应的渗透率也较大。试样 S1 的 Darcy 渗透率约为 $6.34\times10^{-9}\mathrm{m}^2$，较试样 S3 约小 2 个数量级。由此可知，对于由多种不同粒径颗粒组成的多孔介质，小粒径颗粒脱离试样后，孔隙率增大的同时渗透性显著提高。

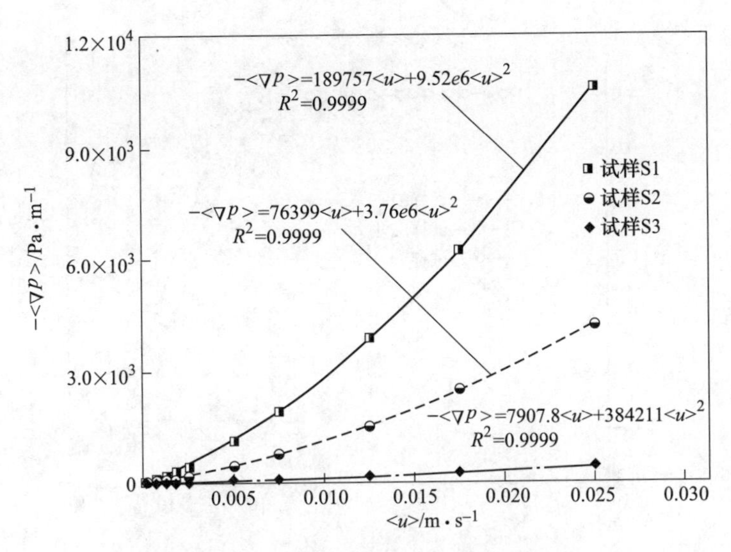

图 1.3.8 平均压力梯度与平均流速的关系

表 1.3.1 Darcy 渗透率计算结果

试样编号	孔隙率	渗透率 k_D/m^2
S1	0.322	6.34×10^{-9}
S2	0.377	1.31×10^{-8}
S3	0.49	1.11×10^{-7}

图 1.3.9 所示为三种试样从 Darcy 渗流过渡到非 Darcy 渗流过程中无量纲参数 k^* 与雷诺数 Re_L 的对应关系。根据非 Darcy 渗流的判别方法（$k^*<0.95$），可以得到 S1、S2 和 S3 三个试样从 Darcy 渗流转为非 Darcy 渗流时的临界雷诺数 Re'_{cr}（$k^*=0.95$ 时对应的雷诺数）分别为 $Re'_{cr}(S1)=6$，$Re'_{cr}(S2)=14$，$Re'_{cr}(S3)=23$。以 Re'_{cr} 为界限，可以将曲线分为两个阶段：第一阶段雷诺数较小，使得 $k^*>0.95$，为 Darcy 渗流，雷诺数的变化对 $k*$ 的影响基本可以忽略；第二阶段雷诺数较大，使得 $k^*<0.95$，为非 Darcy 渗流，随着雷诺数的增大，k^* 不断减小。从流动阻力角度来说，渗流进入非 Darcy 渗流阶段后，随着雷诺数的不断增大，流体受到的流动阻力会越来越大，等效 Darcy 渗透率越来越小。根据产生非 Darcy 渗流的临界雷诺数大小有 $Re'_{cr}(S1)<Re'_{cr}(S2)<Re'_{cr}(S3)$，该结果与上文提到的临界雷诺数 Re_{cr} 的变化规律具有较好的一致性，但是数值明显变小。由此可知，随着雷诺数的不断增大，宏观上多孔介质产生非 Darcy 渗流在先，细观上流线发生变化在后，对于不同的多孔介质，先产生非 Darcy 渗流的多孔介质优先产生新的流体漩涡。

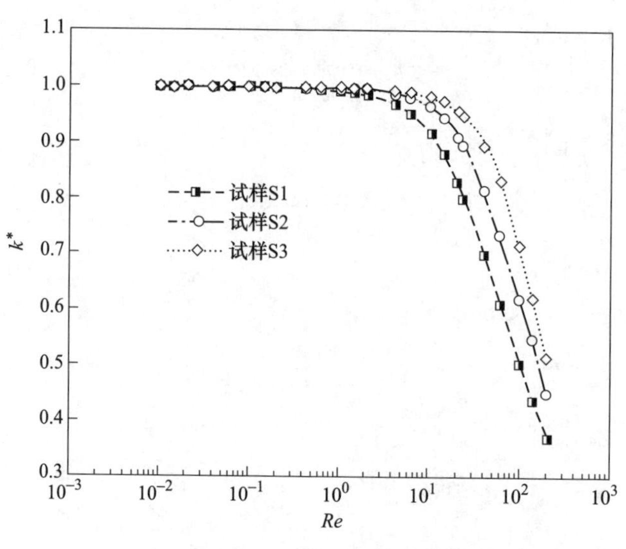

图 1.3.9　k^* 与 Re_L 的对应关系

综上可知，非 Darcy 渗流的产生是细观上流体的惯性作用发展到一定阶段时的宏观响应，漩涡是流体能量耗散的一种表现方式，在大雷诺数情况下表现得较明显。产生漩涡的渗流并不一定都是非 Darcy 渗流，如试样 S1 产生非 Darcy 渗流的临界雷诺数为 Re'_{cr}（S1）= 6，而试样 S1 在雷诺数为 0.1 时已经产生流体漩涡（如图 1.3.3（a））；非 Darcy 渗流时也不一定都有漩涡产生，如试样 S3 产生非 Darcy 渗流的临界雷诺数为 23，而试样 S3 在雷诺数为 40 时仍然没有漩涡出现（图 1.3.5（d）），因此可以将非 Darcy 渗流的产生归因于细观上流体的惯性作用，但不能归因于漩涡的出现。

1.4　孔隙、裂隙结构中的渗流方程和适应条件

Darcy 定律作为最基本、最简单的渗流定律，在地下水渗流工程实践中应用广泛。但是并非所有的地下水渗流问题都可以用 Darcy 定律进行描述，许多研究者都曾指出，随着流速增大，水力梯度与流速的关系会逐渐偏离线性，Darcy 定律将不再适用。Darcy 定律的上限常用临界雷诺数 *Re* 来表示，由于颗粒大小、形状和排列方式等不同，导致实验得出的临界雷诺数存在差异，没有一个完全精确的临界点，通常认为 Darcy 定律成立的上限为临界雷诺数不超过 1~10 之间的某个值。

采用类似管流的分析方法，人们发现可以将多孔介质中的流动表示为摩擦因数和 *Re* 之间的关系，Fanning 曾提出用水力半径表示摩擦因数：

$$f = \frac{1}{2}dJ(\gamma/\rho \boldsymbol{u}^2) \tag{1.4.1}$$

式中 d——管子直径；

J——水力梯度；

ρ——流体密度；

$\boldsymbol{u}$——流速。

多孔介质流动的实验结果表示成 Fanning 摩擦系数 f 和 Re 之间的关系曲线，如图 1.4.1 所示。该曲线的直线部分可表示为 $f=\mathrm{const}/Re$，随着 Re 增大，曲线逐渐偏离线性。整个曲线大致可分为三段[21]：

第一段层流区，$Re<5$ 左右（不同的介质略有不同），为一直线段，该区域为低雷诺数流动区域，黏滞力起主要作用，线性 Darcy 定律成立。

第二段过渡区，大约为 $5<Re<100$，为一个二次曲线过渡段，随着雷诺数的增大会出现一个过渡区，在该区域前段，从黏滞力起主要作用逐渐变为惯性力起支配作用，流动仍然为层流；在该区域的后段，流动逐渐转变为紊流状态。惯性力起主要作用的层流区一般称为非线性层流区。

第三段紊流区，也叫湍流区，$Re>100$，表现为一个水平直线段或有一定的倾斜角。

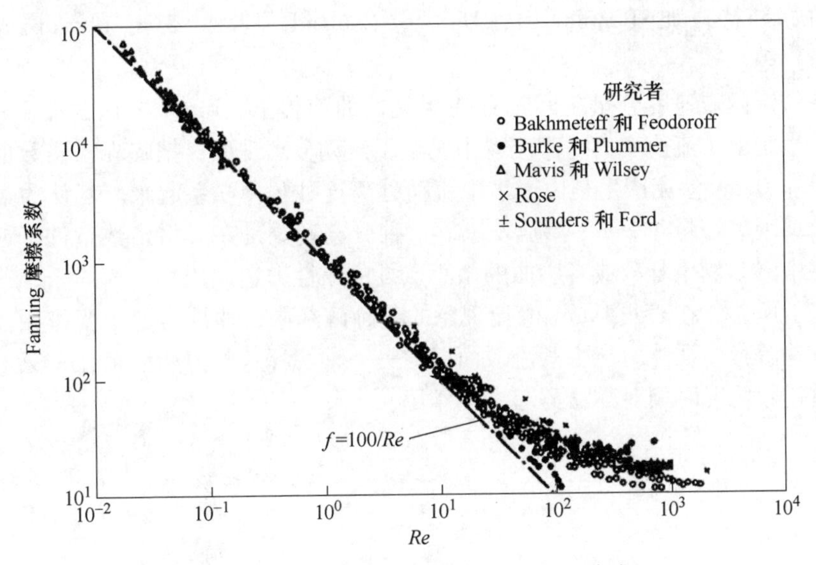

图 1.4.1 Fanning 摩擦系数和 Re 关系曲线

早在 1901 年，法国学者 Forchheimer 开展了非 Darcy 渗流运动的研究，并首次提出大雷诺数条件下水力梯度和流速的非线性关系：

$$J = aq + bq^2 \tag{1.4.2}$$

式中 a，b——均为常数。

该方程为非 Darcy 渗流研究奠定了基础，也可称之为 Forchheimer 非 Darcy 渗流定律，或者 Forchheimer 定律。但是对非 Darcy 渗流现象的解释存在多样性。管流理论研究表明，在粗管子的紊流中水头梯度与速度的平方成正比关系，基于此似乎可将 Forchheimer 方程中的二次项归因于紊流出现这一说法。不过，渗流与管流流动相比存在一些基本的区别：（1）在通过管子的紊流中，方程中的一次项 aq 并不出现；（2）在通过管子的流动中层流向紊流的转变是突变而不是渐变；（3）在管子中，流动发生转换的临界雷诺数要比在多孔介质中大几个数量级。

大多数多孔介质渗流试验研究表明紊流发生的雷诺数介于 60~150 之间，比紊流开始产生的临界雷诺数小 2~3 个量级。这些结果表明，非 Darcy 渗流的产生不能归因于紊流。许多研究者认为，非 Darcy 渗流现象是由惯性力引起的，惯性力与速度的二次方成正比，而与黏滞力无关，在低雷诺数时，惯性力相比黏滞力可以忽略不计，或者可以说线性 Darcy 渗流是非 Darcy 渗流在低流速情况下的近似[21]。Hubbert[23]曾在忽略惯性力的条件下通过平均 Navier-Stokes 方程得到了 Darcy 定律，并因此认为，大雷诺数时发现的非 Darcy 渗流现象是由惯性力引起的。Barak[24]通过研究不同雷诺数条件下孔隙中漩涡的形成和流线的弯曲变化，将非 Darcy 渗流现象归因于细观上流体的惯性力作用，该观点得到了其他一些学者们的支持，如 Panfilov[25]、Du[26]、Coulaud 等[27]、Mei 和 Auriault[28]、Kundu[28]等。

在假定微观速度分量之间不存在相关性的前提下，Irmay[30]认为非 Darcy 渗流的产生是由于流速变大时，流场中发生了流动分离现象，把临界雷诺数的概念和认为非 Darcy 渗流产生是由于出现流动分离这种解释联系起来。其认为可以用流动分离现象解释非 Darcy 渗流现象。这种分离现象是在大雷诺数条件下，由孔隙空间中流动发生分散或者弯曲的微小点处的惯性力造成的。

综上所述，在对非 Darcy 渗流现象的各种解释中，惯性力起主要作用。但是根据一些解释，惯性力产生紊流，而根据另一种解释这些力始终存在，只不过是在大雷诺数情况时相对黏滞力起主要作用。

参 考 文 献

[1] 庄礼贤，尹协远，马晖扬. 流体力学［M］. 2 版. 合肥：中国科学技术大学出版社，2009.

[2] 周亨达. 工程流体力学［M］. 北京：北京钢铁学院，1980.

[3] 吴金随，胡德志，郭均中，等. 多孔介质中迂曲度和渗透率的关系［J］. 华北科技学院学报，2016，13（4）：56~59.

[4] Ozahi E，Gundogdu M Y，Carpinlioglu M Ö. A Modification on Ergun's Correlation for Use in Cylindrical Packed Beds With Non-spherical Particles［J］. Advanced Powder Technology，2008，19（4）：369~381.

[5] Li L, Ma W. Experimental Study on the Effective Particle Diameter of a Packed Bed with Non-Spherical Particles [J]. Transport in Porous Media, 2011, 89 (1): 35~48.

[6] Macdonald I, El-Sayed M, Mow K, et al. Flow through porous media-the Ergun equation revisited [J]. Industrial & Engineering Chemistry Fundamentals, 1979, 18 (3): 199~208.

[7] Niven R K. Physical insight into the Ergunand Wen & Yu equations for fluid flow in packed and fluidised beds [J]. Chemical Engineering Science, 2002, 57 (3): 527~534.

[8] Carman P C. Fluid flow through granular beds [J]. Chemical Engineering Research & Design, 1937, 75 (1): S32~S48.

[9] Ergun S. Fluid flow through packed columns [J]. Chemengprog. 1952. 48 (2): 89~94.

[10] Irmay S. Theoretical models of flow through porousmedia [M]. 1964.

[11] Fand R M, Kim B Y K, Lam A C C, et al. Resistance to the Flow of Fluids Through Simple and Complex Porous Media Whose Matrices Are Composed of Randomly Packed Spheres [J]. Journal of Fluids Engineering, 1987, 109 (3): 268~273.

[12] Comiti J, Renaud M. A new model for determining mean structure parameters of fixed beds from pressure drop measurements: application to beds packed with parallelepipedal particles [J]. Chemical Engineering Science, 1989, 44 (7): 1539~1545.

[13] Kovács G. Seepage Hydraulics [M]. Amsterdam, Oxford, New York: Elsevier Scientific Publishing Company, 1981.

[14] 速宝玉，詹美礼，郭笑娥，交叉裂隙水流的模型实验研究 [J]. 水利学报，1997，(5): 2~7.

[15] 王媛，顾智刚，倪小东，等．光滑裂隙高流速非达西渗流运动规律的试验研究 [J]. 岩石力学与工程学报，2010，29 (7): 1404~1408.

[16] Sanya S, Arturo K. Transport of colloids in saturated porous media: A pore-scale observation of the size exclusion effect and colloid acceleration [J]. Water Resources Research, 2003, 39 (39): 1255~1256.

[17] Kundu P, Kumar V, Mishra I M. Experimental and numerical investigation of fluid flow hydrodynamics in porous media: Characterization of Darcy and non-Darcy flow regimes [J]. Powder Technology, 2016, 303: 278~291.

[18] Whitaker S. The equations of motion in porous media [J]. Chemical Engineering Science, 1966, 21 (3): 291~300.

[19] Ma H, Ruth D W. The microscopic analysis of high forchheimern umber flow in porous media [J]. Transport in Porous Media, 1993, 13 (2): 139~160.

[20] Comiti J, Sabiri N, Montillet A. Experimental characterization of flow regimes in various porous media——III: Limit of Darcy's or creeping flow regime for Newtonian and purely viscousn on-Newtonian fluids [J]. Chemical Engineering Science, 2000, 55 (15): 3057~3061.

[21] Bear J. Dynamics of fluids in porous media [M]. North Chelmsford: Courier Corporation, 2013.

[22] Hubbert M K. Darcy's law and the field equations of the flow of underground fluids [J]. International Association of Scientific Hydrology. Bulletin, 1956, 2 (1): 23-59.

[23] Barak A Z. Comments on 'high velocity flow in porous media' by Hassanizadeh and Gray [J]. Transport in Porous Media, 1987, 2 (6): 533~535.

[24] Panfilov M, Fourar M. Physical splitting of nonlinear effects in high-velocity stable flow through porous media [J]. Advances in water resources, 2006, 29 (1): 30-41.

[25] Du Plessis J P, Masliyah J H. Mathematical modelling of flow through consolidated isotropic porous media [J]. Transport in Porous Media, 1988, 3 (2): 145-161.

[26] Coulaud O, Morel P, Caltagirone J P. Numerical modelling of nonlinear effects in laminar flow through a porous medium [J]. Journal of Fluid Mechanics, 1988, 190: 393~407.

[27] Mei C C, Auriault J L. The effect of weak inertia on flow through a porous medium [J]. Journal of Fluid Mechanics, 2006, 222: 647~663.

[28] Kundu P, Kumar V, Mishra I M. Experimental and numerical in vestigation of fluid flow hydrodynamics in porous media: Characterization of Darcy and non-Darcy flow regimes [J]. Powder Technology, 2016, 303: 278~291.

[29] Irmay S. On the theoretical derivation of Darcy and Forchheimer formulas [J]. Eos, Transactions American Geophysical Union, 1958, 39 (4): 702~707.

2 矿山采动岩体非线性渗流突水溃沙特征和模式

破碎岩体突水灾害的发生表明破碎岩体已经成为沟通含水层和巷道水力联系的突水通道,突水通道的形成有两种情况：其一，巷道围岩地质结构存在与水源沟通的固有突水通道，如断层、陷落柱、围岩破碎带等，当其被采掘工作揭穿时，即可产生突破性的大量涌水，构成突水事故；其二，巷道围岩不存在这种固有的突水通道，但是在原岩应力、采动应力以及地下水共同作用下，沿着围岩结构和水文地质结构中原有的薄弱环节发生形变、蜕变与破坏，形成新的贯穿性强渗透通道而诱发突水。根据突水水流“从哪里来”到“哪里去”的流动过程，将突水发生必须具备的空间条件概括为三个部分：充足的水源空间、强渗流导水通道以及容纳突水的井巷空间，三者缺一不可。

2.1 采动破碎岩体渗流突水特征

地下水在岩土介质中的渗流运动一般用 Darcy 定律来描述，通常情况下，现场通过水文地质测试、试验、观测等手段确定的水文地质模型和参数也都是在 Darcy 定律基础上进行的，但矿山开采后围岩破坏形成破碎岩体突水通道（包括导水破碎带、导水断层和岩溶陷落柱等三种类型的导水通道），导通了含水层与井巷空间的水力联系引发突水，往往不满足 Darcy 渗流定律。由破碎岩体组成的导水通道渗流特性总结如下。

2.1.1 突水通道的非 Darcy 渗流特性

突水通道的非 Darcy 渗流特性：根据 Skjetne 的研究[1]，水在复杂多孔介质中的流动机制可分为六种：（1） Darcy 层流；（2） 小惯性流；（3） 小惯性流到大惯性流；（4） 大惯性流；（5） 大惯性流到紊流；（6） 紊流。通常，地下水在含水层中的流动符合多孔介质 Darcy 层流规律，在采空区巷道中为非恒定紊流，但是由于在导水通道（采动岩体破碎带）中具有孔隙度大、渗透性强等特点，因此其流动状态既不是线性 Darcy 层流，也不是自由的紊流，而是惯性力占主导的高速非 Darcy 流[2,3]，渗流服从 Ahmed-Sunada（Forchheimer） 关系[4~8]，既包含 Darcy 渗流黏滞项，又包含惯性项，渗流系统的非线性特征反映的是含水层到巷道突水的中间状态。所以，用 Darcy 渗流理论预测不同采动围岩突水水量大小，分析潜在的突水灾害程度，不符合实际。

2.1.2　三种流场动力学系统的统一性

采动岩体破坏突水过程中，水流经历了含水层中的 Darcy 层流、破碎岩体中的非 Darcy 高速流以及在巷道中的 Navier-Stokes 紊流三个物理过程，各个流场之间的流体压力和流速是一个相互调和、时变的物理过程，流体流动是一个统一的有机整体，不可分割。采动岩体破碎带作为联系含水层（Darcy 渗流）和巷道（流体紊流）之间的过渡区域，经历了地下水从含水层线性层流过渡并急剧增大进入采空区形成紊流的动态变化过程，可见割裂突水来源的入口和涌水通道的出口的渗流区域，单独研究中间破碎岩体的渗流特征，渗流状态和边界条件难以确定，计算结果不易收敛。

2.1.3　导水通道介质的复杂性

导水通道包括断层带、陷落柱或采动破碎带，块体组成分布和孔隙、裂隙结构复杂，其孔隙结构一方面随着采动应力作用引起的二次或多次破碎而不断调整；另一方面在高速水流的不断冲刷作用下，含泥沙等细小颗粒逐渐流失，非线性渗流参数（孔隙率、迂曲度、渗透率、非 Darcy 因子等）时空演化复杂，室内实验难以全面测试到渗透特性。更为复杂的是这种孔隙介质的渗流-应力耦合作用符合经典的 Biot 渗流固结理论，在围压和孔隙水压作用下存在体应变变化引起的超静孔隙水压消散固结作用[9,10]。

2.2　突水模式

复杂的水文地质条件决定了突水方式的多样性，根据突水通道类型可将突水方式分为断层致突型、陷落柱致突型和采动裂隙致突型；根据突水水源类型可将突水模式划分老空水致突型、大气降水及地表水致突型和高压含水层致突型。

我国煤矿重大突水事故以老空水致突型、陷落柱致突型和顶板采动裂隙致突型等 3 种类型为主[11]。其中，老空水致突型水害一般发生于开采时间较长的老矿区，易发多发。据统计[12]，老空水致突型水害事故占总突水事故的 80%左右，其中山西省尤为突出，2001~2016 年，山西省煤矿发生较大以上老空水害事故 53 起，死亡 464 人，占较大以上水害事故的 86.9%和 91.7%。陷落柱主要分布于我国北方石炭二叠系煤矿区[13]，其中华东较少，山西、河北较多，尤以汾河、太行山两侧煤田较多，开滦、焦作、皖北、徐州、邢台等矿区都发生过特大陷落柱突水淹井事故。近年来，随着鄂尔多斯盆地侏罗纪煤炭资源的高强度开采，内蒙古、陕西、宁夏等省（区）深受顶板采动裂隙致突型水害的威胁[11]。而从突水通道分析，断层引发的水害事故最多，我国已发生的煤层底板突水事故的80%是由于断层等构造缺陷引起的[14]。

2.2.1 断层致突型

断层突水模式以断层为主要导水通道，依据断层规模及其与地层的空间关系，大致可将断层突水细分为大中型断层直接对接含水层突水模式、断层处隔水层厚度变薄型突水模式和小型断层突水模式3种类型[15]。

2.2.1.1 大中型断层直接对接含水层突水模式

大中型断层由于落差较大，可直接错断煤层底板隔水层，使煤层与下伏含水层直接对接，当采煤工作面接近或揭露断层时，极易发生突水事故，如图2.2.1所示。如1973年4月15日，河南省焦作市王封矿东下10号巷道掘进时，遇王封断层而诱发突水淹井，突水量达1500m³/h，总突水量191461m³，水源为中奥陶统石灰岩岩溶水。突水原因[16]：王封断层落差110m，北降南升，北部上盘的东下10号巷道掘进直接沟通南部下盘的奥灰含水层。

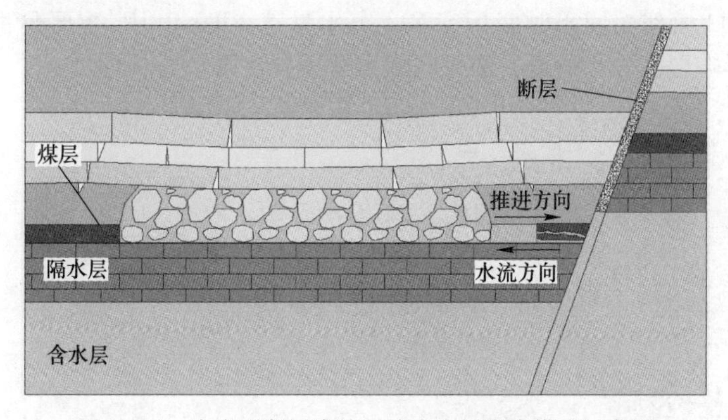

图2.2.1 大中型断层直接对接含水层突水模式示意图

2.2.1.2 大中型断层处隔水层厚度变薄型突水模式

大中型断层使煤层底板隔水层厚度变薄，如图2.2.2所示，当采煤工作面接近或揭露断层时，在开采扰动和承压含水层高水压力的共同作用下，底板岩体产生破坏，形成裂隙发育、贯通程度不同的散面区域，沟通含水层与巷道的水力联系，造成突水淹井事故。如1971年10月17日，河南平顶山八矿北石门掘进放炮时诱发底板突水，突水量达4300m³/h，突水点水压3.3MPa。突水原因[16]：北石门底部15~20m为太原组L7灰岩含水层，30m处有寒武系灰岩含水层；两条相交的断层形成天然导水通道，爆破振动作用下底板破坏加剧，高压水经由导水断层及底板破坏带进入作业区域。

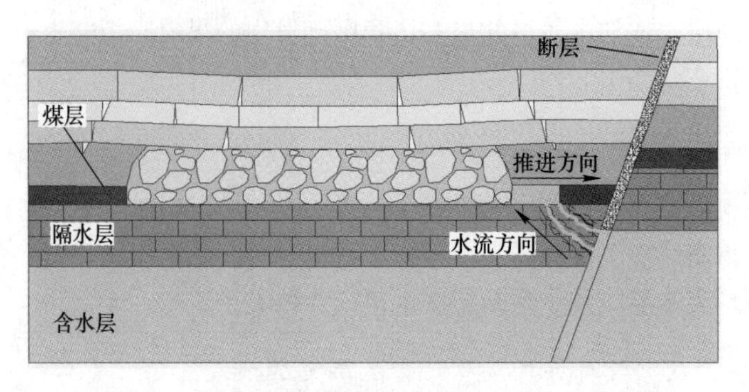

图 2.2.2 断层处隔水层厚度变薄型突水模式示意图

2.2.1.3 小型断层突水模式

当采煤工作面接近或揭露落差不大的隐伏断层时，在开采扰动和承压含水层高水压力的共同作用下，诱发断层活化，含水层高压水突破断层充填物涌入井巷空间，形成突水灾害，如图 2.2.3 所示。如 2013 年 4 月 16 日，河南省洛阳市孟津煤矿 11011 工作面回采时底板突水，突水量达 1780m³/h，主要是由于隐伏断层受采动影响形成导水通道，沟通底部高承压含水层。

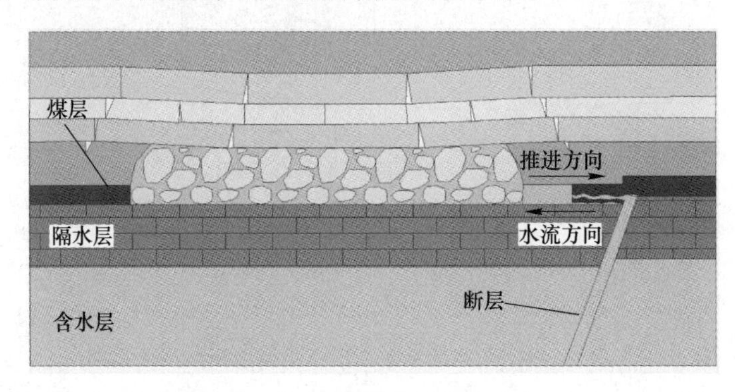

图 2.2.3 小型断层突水模式示意图

2.2.2 陷落柱致突型

岩溶陷落柱是中国北方型石炭二叠系煤田的一种特殊岩溶塌陷，是奥灰突水的主要通道之一，其内部结构多由煤系地层各种垮落的破碎岩体组成，突水具有隐蔽性、突发性[17]，如图 2.2.4 所示。根据陷落柱与采煤工作面的空间关系，可将陷落柱突水模式分为顶底部突水模式和侧壁突水模式两种模式[18]。如 2010 年 3 月 1 日，内蒙古乌海市骆驼山煤矿+870 水平回风大巷掘进工作面发生特大突水事故，突水量高达 72000m³/h，突水水源为奥陶系石灰岩岩溶含水层，奥灰水压力约 4.1MPa，突水通道为奥灰导水岩溶陷落柱[19]。

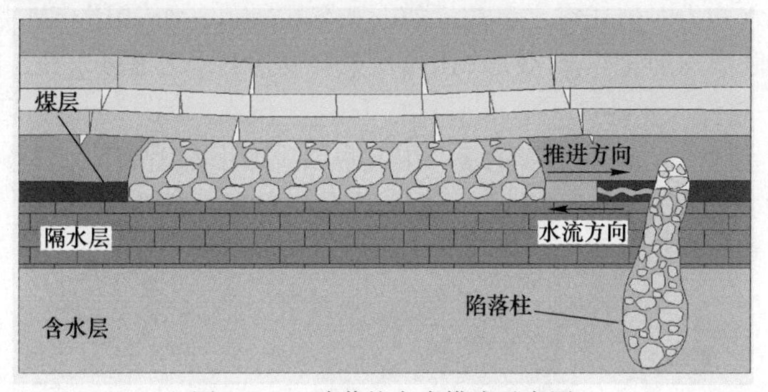

图 2.2.4 陷落柱突水模式示意图

2.2.3 采动裂隙致突型

2.2.3.1 底板采动裂隙致突型

受采动的影响，在煤层底板会形成破坏带，当其与承压水压裂扩容作用下在采空区底板以下一定距离形成的若干垂直原位张裂隙相互导通时，沟通了含水层与巷道空间的水力联系，就会形成管涌，发生突水灾害，如图 2.2.5 所示。如 2003 年 9 月 2 日，河南洛阳市奋进煤矿黄村井 10111 回采面发生底板突水事故，16 人死亡。突水原因[20]：工作面位于背斜轴部，底板张性裂隙发育，高达 2.5MPa 的寒武系灰岩承压水冲破底板岩层诱发水害。

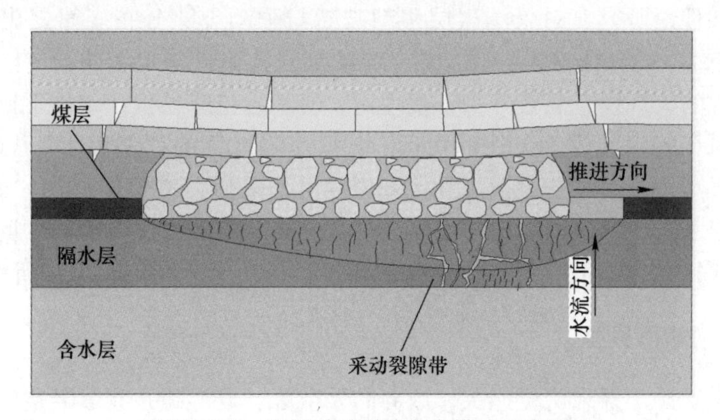

图 2.2.5 底板采动裂隙突水模式示意图

2.2.3.2 顶板采动裂隙致突型

煤层开采引起上覆岩层变形破坏，覆岩中形成的采动裂隙发育至基岩含水层、松散层含水层或地表水时导致地下（表）水的漏失，破坏水体的涌水量大于工作面排水能力时造成突水事故，如图 2.2.6 所示。如 2016 年 4 月 25 日，陕西铜川市黄陇煤田照金煤矿 ZF202 工作面采场发生突水、溃砂事故，瞬时溃入水量 3817m^3，总溃入泥砂量 2292m^3，死亡 11 人。突水原因[21]：综放回采 7m 厚的 4^{-2}煤层时，导水裂隙波及上方的洛河组含水层，地下水沿裂隙进入延安-直罗组泥岩层（含大量高岭石和伊利石）使其泥化、崩解，覆岩关键层复合破断时，水、泥岩破碎体沿切顶冒落通道溃入工作面，造成事故。

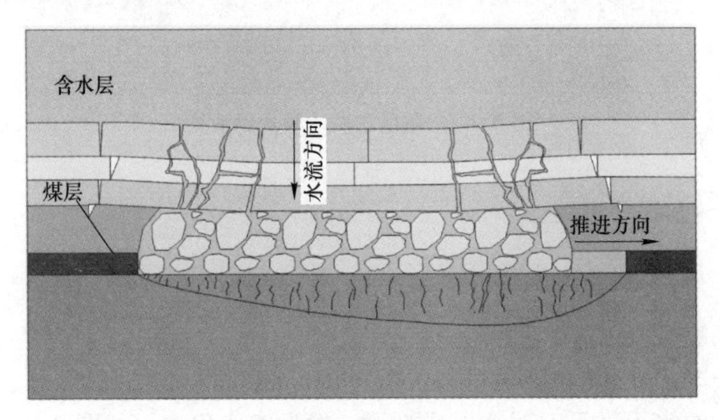

图 2.2.6　顶板采动裂隙突水模式示意图

顶板导水裂隙发育受采高、工作面尺寸、采煤方法、覆岩岩性和构造等因素影响[22]。刘天泉院士等[23]对我国煤矿开采岩层破坏与导水裂隙分布特征作了大量的实测和理论研究，对采场岩层移动破断与采动裂隙分布规律提出了“横三区”“竖三带”的总体认识，并应用于煤矿煤岩柱留设与水害防治。随着我国西部煤炭资源的大规模、高效开采，浅埋深、薄基岩与厚风积沙条件下矿井水害防治和保水采煤等问题成为关注的焦点。与厚基岩地区的“马鞍形”导水裂隙形态（图 2.2.7（a））相比，浅埋、薄基岩煤层回采后，覆岩仅存在“两带”，导水裂隙贯穿基岩发育至地表，最明显、最宽的裂隙出现在工作面正中间，松散层潜水和基岩风化裂隙水成为矿井直接充水含水层，如图 2.2.7（b）所示。

2.2.4　老空水致突型

我国煤矿井工开采历史悠久，废弃的采空区、老窑和井巷等老空储存大量地下水，当采掘活动波及或揭露时，老空积水突然溃出，造成安全事故。超层越界与盲目采掘导致防隔水煤岩柱尺寸不足（大多小于 10m）是老空水害事故的重要诱因，其突水地点、老空位置和老空类型分别以掘进工作面、同层、老巷为主。

基于采掘区域与老空相对位置关系可将老空水害划分为 4 大类，即同层老空积水型、顶板老空积水型、底板老空积水型和防水隔离设施型。在此基础上，根

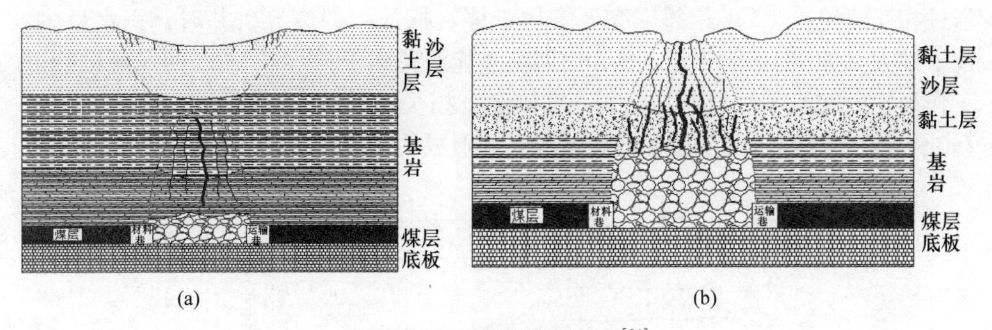

图 2.2.7 导裂带发育形态[24]

（a）厚基岩区导裂带发育形态；（b）浅埋薄基岩区导裂带发育形态

据积水老空类型划分为同层采空区、同层老巷、顶板采空区、顶板老巷、底板采空区和底板老巷等 6 个亚类，根据导水通道类型划分为同层煤柱破坏、同层导水裂隙带沟通、同层含水层沟通、顶板导水裂隙带沟通、顶板构造活化沟通和顶板钻孔沟通等 6 个亚类，如图 2.2.8 所示。

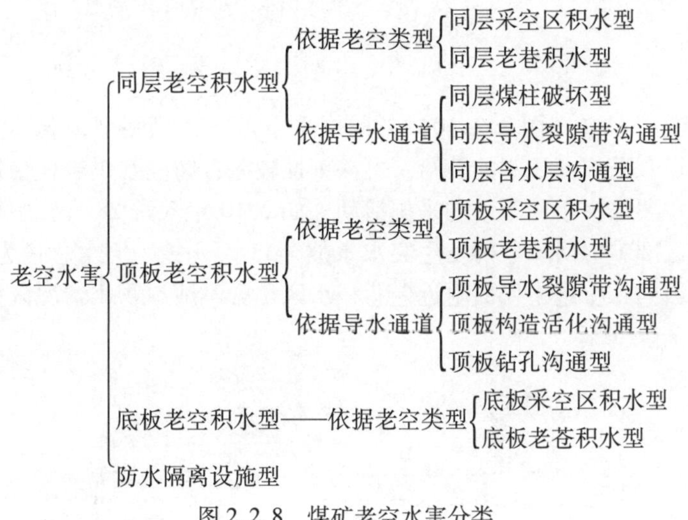

图 2.2.8 煤矿老空水害分类

2.2.4.1 同层老空积水型水害

A 同层采空区积水型

同层采空区积水型指采掘活动受侧向临近的同煤层采空区积水的威胁，如图 2.2.9 所示。水文地质结构特点主要是：（1）积水采空区通过导水裂隙、不良钻孔等接受含水层、地表水和大气降水的补给，排泄途径主要是依靠自身重力汇入标高较低处和人工探放等；（2）待采煤层与采空区位于同一煤层，以防隔水煤岩柱相互隔绝；（3）相邻采空区隶属于停止探放水的废弃矿井时，积水量多、危害性大。如 2016 年 7 月 2 日，山西沁和能源集团中村煤矿 2405 回风顺槽掘进工作面发生突水事故，4 人死亡，直接经济损失 1502. 2 万元。突水原因：不足 2m 厚的煤体难以承受矿压和同层越界开采形成的老空积水水压。

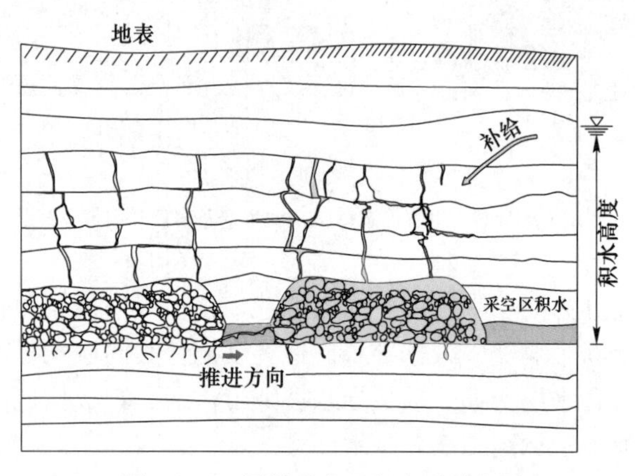

图 2. 2. 9　同层采空区积水型示意图

B　同层老巷积水型

同层老巷积水型（图 2. 2. 10）与同层采空区积水型相似，老巷主要接受与之沟通的巷道、采空区积水的补给，可探查性较差；防隔水煤岩柱稳定性受老巷影响较小，主要取决于回采区的采掘活动。如 2010 年 3 月 28 日，中煤集团王家岭矿北翼盘区 20101 回风顺槽发生突水事故，38 人死亡，突水总量为 31. 5 万立方米。突水原因：掘进工作面附近老巷积水区位置不清、积水情况未探明，老空积水溃破巷道煤壁。

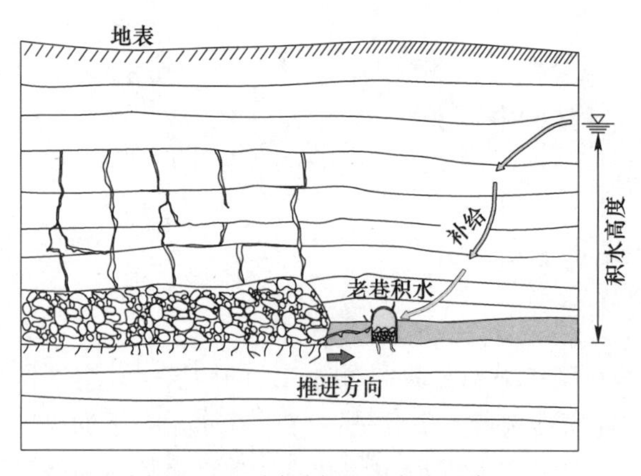

图 2. 2. 10　同层老巷积水型示意图

C 同层煤柱破坏型

煤柱在长期浸水和重复采动下流变弱化直至失效，临近采空区（矿井）的老空积水由煤柱破坏通道进入待采区形成水害，如图 2.2.11 所示。工程实践中，煤柱经历了初次采动损伤、水压作用下重复采动损伤、采后长期浸水流变损伤等复杂的渐进破坏过程[25]，此类水害需揭示并掌握长期浸水和重复采动下煤柱流变弱化规律与失稳条件。如 2007 年 6 月 24 日，河津市原子沟煤矿 2204 回采工作面推进至 130m 时发生突水事故，9 人死亡，突水总量为 1.8 万立方米，主要原因为该矿越界开采导致防隔水煤柱不足，煤体在东南部上山采空区积水和矿压作用下溃破。

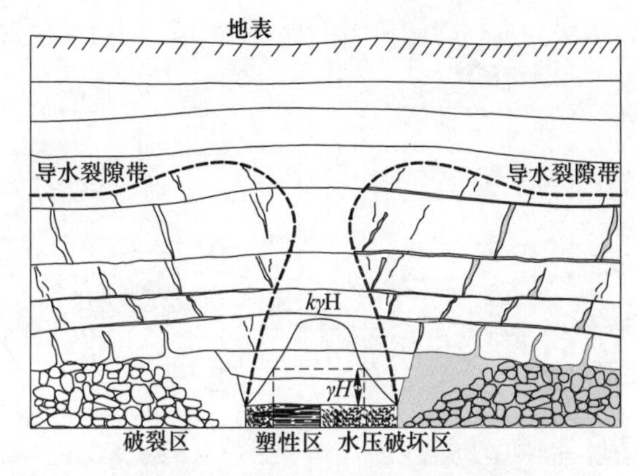

图 2.2.11 同层煤柱破坏型示意图

D 同层导水裂隙带沟通型

重复采动下，回采工作面和临近采空区的导水裂隙交汇形成导水通道，侧向高水位的采空区积水进入回采工作面诱发水害事故，如图 2.2.12 所示。防隔水

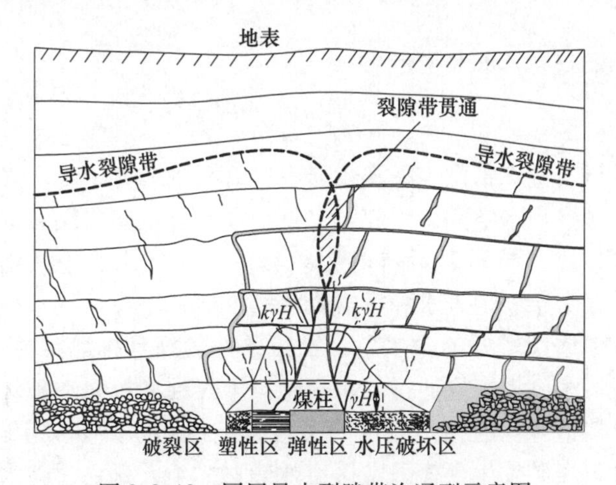

图 2.2.12 同层导水裂隙带沟通型示意图

煤岩柱留设时需防止导水裂隙带范围内的岩柱裂隙互相贯通，即确定覆岩岩性、采高等因素影响下导水裂隙的形态（马鞍形、梯形等）[26]和横向波及范围[27]。如2001年6月24日，阳泉三矿K8101工作面推进到与81009回风巷对应位置时，煤柱上方导水裂隙交汇、沟通81009工作面采空区积水，诱发突水事故。

E　同层含水层沟通型

待采煤层导水裂隙波及范围内赋存天然补给量少的含水层，重复采动下，含水层裂隙发育、突水性能增强，临近采空区（矿井）高水位积水持续补给含水层，并通过含水层进入待采区，如图2.2.13所示。如2019年7月5日，黄岩汇煤矿一采区15102工作面发生突水事故，原因为：相邻的乐平煤业150103工作面采空积水通过K2、K3灰岩含水层导水裂缝向黄岩汇煤矿15102工作面采空区充水。

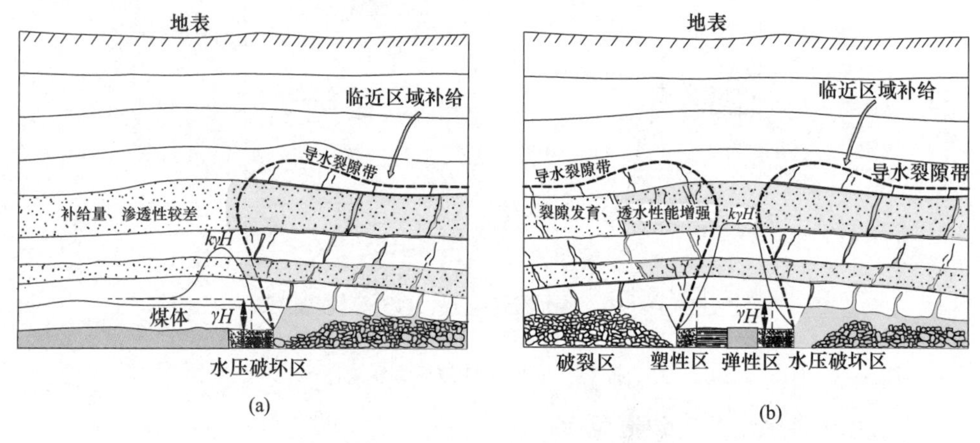

图2.2.13　同层含水层沟通型示意图

（a）重复采动前采空区充水；（b）重复采动后透水

2.2.4.2　顶板老空积水型水害

A　顶板采空区积水型

顶板采空区积水型水害发生于多煤层下行开采的矿井中，上煤层采空区因受外来水源补给而形成积水空间，下煤层采掘活动破坏层间岩层并沟通上覆采空区积水时形成突水事故，如图2.2.14所示。该类水害的水文地质结构特点：（1）上煤层采空区受含水层、地表水和大气降水等补给，上煤层导水裂隙带范围内一般赋存富水性或渗透性较好的含水层，补给条件较好且排泄路径不畅；（2）上下煤层间距一般较小，下煤层通过导水裂隙与上煤层底板采动破坏带相贯通，或通过钻孔、活化构造等沟通相距较远的上覆采空区积水。如2010年1月15日，山西省晋中市灵石煤矿发生顶板采空区突水事故，4人死亡，突水总量为1.5万立方米。事故直接原因是：该矿未按照安全技术规程对破碎离层的顶板先行加固，造成顶板冒落，引发顶板采空区积水突然倾泄，导致事故发生。

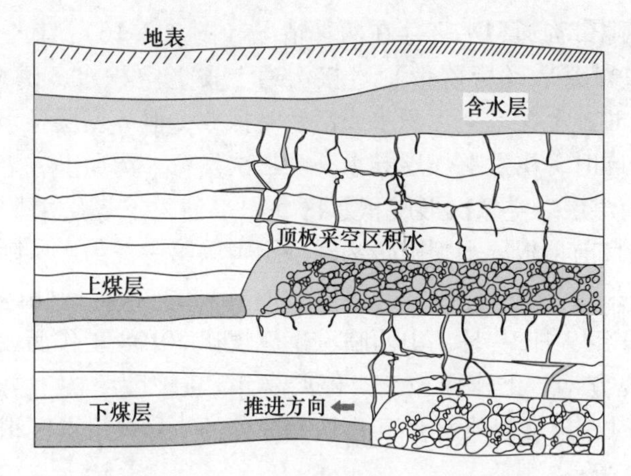

图 2.2.14 顶板采空区积水型示意图

B 顶板老巷积水型

顶板老巷积水型（图 2.2.15）与顶板采空区积水型相似，其水文地质结构特点为：（1）上煤层老巷受与之沟通的临近巷道、采空区等积水区域的补给，或通过不良钻孔等接受上部含水层的补给；（2）层间岩层稳定性主要受下煤层采掘活动影响，若下煤层垮落带波及老巷积水，危害性更大。如 2015 年 4 月 19 日，山西省大同市姜家湾煤矿 8 号煤层 8446 综采煤工作面发生顶板老巷突水事故，突水总量为 1.2 万立方米，峰值突水量达 5.7 万立方米/h，21 人死亡，直接经济损失 1641 万元。突水原因：8446 综采工作面上方 12.7m 处存在两条老巷，沟通 7 号煤老空积水；支架前移过程中，机尾段支架后方 16.5m 的悬顶在上覆岩体和老空水体共同压力作用下发生突然垮落，导致上方老空水瞬间溃出。

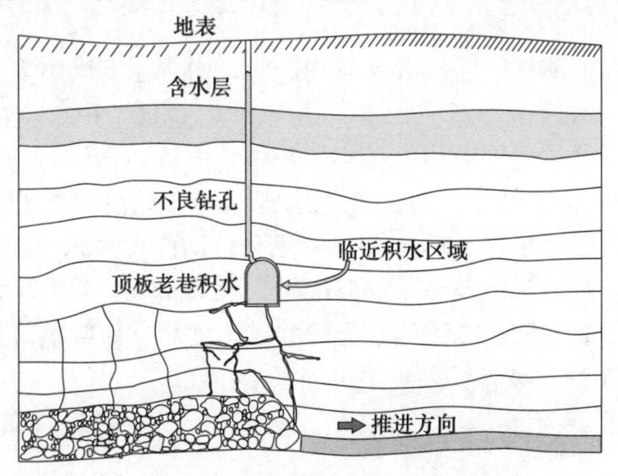

图 2.2.15 顶板老巷积水型示意图

C　顶板导水裂隙带沟通型

顶板导水裂隙带沟通型水害存在两种情况（图 2. 2. 16）：其一，下煤层采掘活动形成的导水裂隙带（垮落带）直接沟通上覆老空积水，诱发突水；其二，下煤层采掘作业时，上覆老空无积水或已及时探放，但下煤层导水裂隙沟通上煤层底板破坏带的同时，诱发上煤层导水裂隙二次发育，沟通上方老空水、含水层或地表水[28]，上煤层老空二次形成积水区，积水涌入下煤层采掘工作面后方导致滞后型突水。目前顶板导水裂隙带沟通型水害以第一类为主，随着煤矿采掘深度逐渐加大和回采煤层（老空）的层数增加，第二类水害威胁逐渐加大，应引起重视。如 2009 年 9 月 19 日，山西临汾生辉煤矿 20108 工作面发生突水，突水总量为 40. 0 万立方米，工作面被淹，停产半年。原因为：放顶煤开采 7m 厚的 9+10+11号煤层时，导水裂隙发育至上方 73m 处的 2 号煤采空区积水。

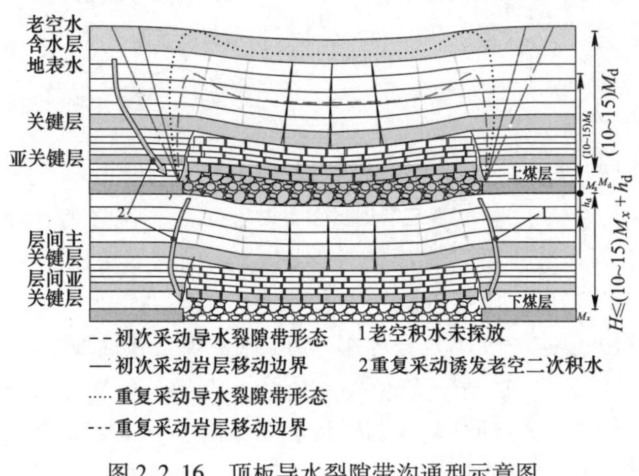

图 2. 2. 16　顶板导水裂隙带沟通型示意图

D　顶板构造活化沟通型

层间岩层赋存陷落柱、断层等地质构造时，构造在下煤层重复采动影响下活化形成导水通道，沟通上部老空积水，诱发水害，如图 2. 2. 17 所示。陷落柱导水性能主要取决于柱体内充填物的压实、胶结情况[29]，断层突水受断距、倾角、力学性质和导水特性影响[30]。对于此类水害，应掌握在重复采动、水压作用下构造的裂隙扩展及导通规律。2016 年 5 月 5 日，山西省太原市西曲矿 18404 综采工作面发生突水事故，最大突水量 853m^3/h，突水总量 14. 3 万立方米。事故原因：顶板初次垮落时，E14X2 陷落柱充填物结构破坏，引起陷落柱活化，形成导水通道，导致上覆 2+3 号煤层采空积水涌入工作面。

2. 2. 4. 3　底板老空积水型水害

底板采空区积水型水害多发生于多煤层上行开采的矿井中，下煤层采空区受

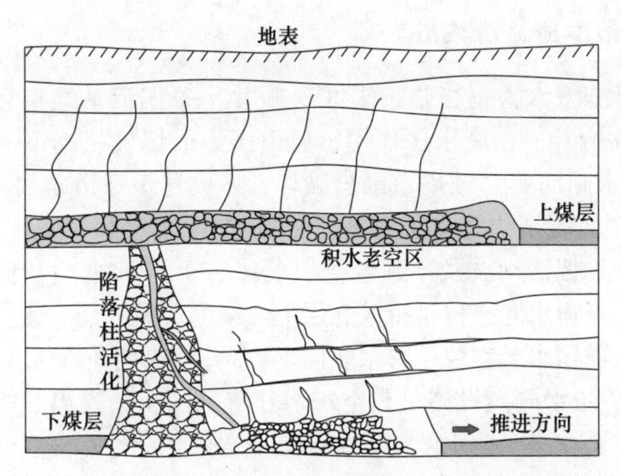

图 2.2.17 构造活化沟通型示意图

与之相连的临近积水老空或底板承压含水层等补给，积水具有一定承压性，上煤层采掘活动破坏了隔水的层间岩层，诱发水害，如图 2.2.18（a）所示。此类水害的水文地质结构特点主要是：（1）待采煤层与下煤层采空区距离较近，两者之间相对独立，基本无水力联系；（2）下煤层采空区一般无自由水面，承压性较大；（3）下煤层一般采用房柱式、仓房式、巷道式等采煤方法，下煤层采空区顶板较完整；（4）倾斜煤层，采空区积水线高于待回采煤层标高，形成压差。底板老巷积水型与底板采空区积水型相似，但更难探查，如图 2.2.18（b）所示。2017 年 5 月 22 日，山西省太原市东于煤矿 03304 鉴定巷发生突水事故，总透水量 5100m^3，6 人死亡。事故原因：03304 鉴定巷处于向斜轴部，隔水层在下伏 2 号煤承压老空积水和重复采动下形成集中导水通道。

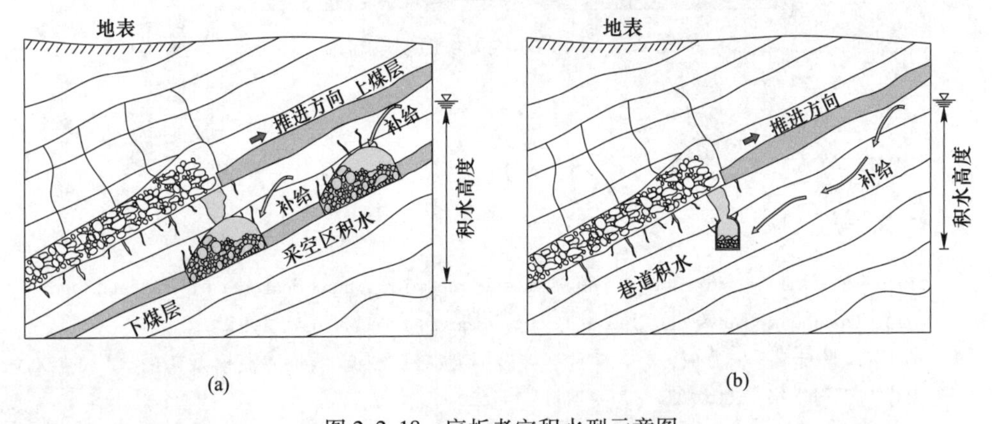

图 2.2.18 底板老空积水型示意图

（a）底板采空区积水；（b）底板巷道积水

2.2.4.4　防水隔离设施型水害

防水隔离设施型水害是指临近采区（矿井）采掘活动结束后，老空在周围水源补给下水位抬升，在高水压作用、矿山压力或爆破扰动下，防水隔离设施（防水闸门、防水闸墙等）或硐室围岩破坏，形成导水通道，如图 2.2.19 所示。此类水害的水文地质结构特点主要是：（1）老空积水和待采区通过巷道相连，一般相距较远，采掘活动波及不到老空积水；（2）积水老空与回采煤层不受空间位置的限制，当积水老空位于待采煤层上方或同层时，老空水主要靠重力作用溃入作业区域，当积水老空位于待采煤层下方时，老空水依靠其自身承压性溃入作业区域；（3）防水隔离设施是老空积水和待采区相互隔离的唯一介质，老空积水是否溃出主要取决于防水隔离设施及其围岩的稳定性和隔水性。如 2006 年 3 月 18 日，山西省吕梁市樊家山坑口南 5 左掘进头发生水害事故，28 人死亡。事故原因：爆破落煤导致 5 号煤层西南上山南 5 掘进工作面左侧掘进头处挡水结构产生突发式破坏。

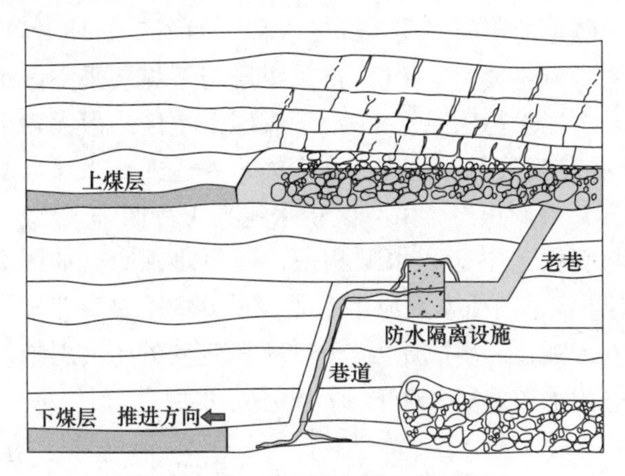

图 2.2.19　防水隔离设施型示意图

参 考 文 献

[1] Skjetne E. High velocity flow in porous media: analytical, numerical and experimental studies [D]. Trondheim: Norwegian University of Sciences and Technology, 1995.

[2] 杨天鸿，陈仕阔，朱万成，等．矿井岩体破坏突水机理及非线性渗流模型初探［J］，岩石力学与工程学报，2008，27（7）：1411～1416.

[3] Thauvin F, Mohanty K K. Network modeling of non-Darcy flow through porous media [J]. Transpot in Porous Media, 1998, 31: 19～37.

[4] 缪协兴，陈占清，茅献彪，等．峰后岩石非 Darcy 渗流的分岔行为研究 [J]．力学学报，2003，35 (6)：660~667.
[5] 黄先伍，唐平，缪协兴，等．破碎砂岩渗透特性与孔隙率关系的试验研究 [J]．岩土力学，2005，26 (9)：1385~1388.
[6] 程宜康，陈占清，缪协兴，等．峰后砂岩非 Darcy 流渗透特性的试验研究 [J]．岩石力学与工程学报，2004，23 (12)：2005~2009.
[7] 孙明贵，黄先伍，李天珍，等．石灰岩应力-应变全过程的非 Darcy 流渗透特性 [J]．岩石力学与工程学报，2006，25 (3)：484~491.
[8] 胡大伟，周辉，谢守益，等．峰后大理岩非线性渗流特征及机制研究 [J]．岩石力学与工程学报，2009，28 (3)：451~458.
[9] 张有天．岩石水力学与工程 [M]．北京：中国水利水电出版社，2005.
[10] Oshita H, Tanabe T. Water migration phenomenon in concrete in post peak region [J]. Journal of Engineering Mechanics, 2000, 126 (6): 573~581.
[11] 靳德武，刘英锋，刘再斌，等．煤矿重大突水灾害防治技术研究新进展 [J]．煤炭科学技术，2013，41 (1)：25~29.
[12] 虎维岳，田干．我国煤矿水害类型及其防治对策 [J]．煤炭科学技术，2010，38 (1)：92~96.
[13] 武强，董书宁，张志龙．矿井水害防治 [M]．徐州：中国矿业大学出版社，2007.
[14] 缪协兴，刘卫群，陈占清．采动岩体渗流理论 [M]．北京：科学出版社，2004.
[15] 董东林，孙录科，马靖华，等．郑州矿区突水模式及防治对策研究 [J]．采矿与安全工程学报，2010，27 (3)：363~369.
[16] 王永红，沈文．中国煤矿水害预防及治理 [M]．北京：煤炭工业出版社，1996.
[17] 尹尚先，武强，王尚旭．华北煤矿区岩溶陷落柱特征及成因探讨 [J]．岩石力学与工程学报，2004，23 (1)：120~123.
[18] 尹尚先．煤矿区突（涌）水系统分析模拟及应用 [D]．北京：中国矿业大学（北京），2002.
[19] 杨天鸿，师文豪，刘洪磊，等．基于流态转捩的非线性渗流模型及在陷落柱突水机理分析中的应用 [J]．煤炭学报，2017，42 (2)：315~321.
[20] 史宗保．煤矿事故调查技术与案例分析 [M]．北京：煤炭工业出版社，2009.
[21] 郭小铭，董书宁，刘英锋，等．深埋煤层开采顶板泥砂溃涌灾害形成机理 [J]．采矿与安全工程学报，2019，36 (5)：889~897.
[22] 许家林．岩层采动裂隙演化规律与应用 [M]．徐州：中国矿业大学出版社，2016.
[23] 煤炭科学研究院北京开采研究所．煤矿地表移动与覆岩破坏规律及其应用 [M]．北京：煤炭工业出版社，1981.
[24] 郑磊．薄基岩采动裂隙发育规律及应用研究 [D]．徐州：中国矿业大学，2018.
[25] 邓广哲，江万刚，郝珠成．基于统计损伤的综放区段煤柱变形时间相关性分析 [J]．采矿与安全工程学报，2009，26 (4)：413~417.
[26] 师修昌．煤炭开采上覆岩层变形破坏及其渗透性评价研究 [D]．北京：中国矿业大学（北京），2016.

[27] 徐光，许家林，吕维赟，等．采空区顶板导水裂隙侧向边界预测及应用研究［J］．岩土工程学报，2010，32（5）：724~730.

[28] 金志远．浅埋近距煤层重复扰动区覆岩导水裂隙发育规律及其控制［D］．徐州：中国矿业大学，2015.

[29] 尹尚先，武强，王尚旭．北方岩溶陷落柱的充水特征及水文地质模型［J］．岩石力学与工程学报，2005，24（1）：77~82.

[30] 李连崇，唐春安，梁正召，等．含断层煤层底板突水通道形成过程的仿真分析［J］．岩石力学与工程学报，2009，28（2）：290~297.

3 非线性渗流试验装备与试验方法

3.1 一维水沙高速渗流试验系统

3.1.1 设备研制的目的与意义

突水溃沙灾害中，地下水渗流经过由含水层和岩体构成的多孔介质，往往包含泥沙、碎石等不同岩性材料，颗粒组成十分复杂，渗透性差异很大。尤其我国西部地区第四纪冲击层含水层，由沙、土、砾石等堆积而成多孔介质，孔隙率大，渗透率高，是良好的储水层，在煤矿开采作用中极易形成突水灾害。当地下水渗流速度较大时，松散的冲积层大量沙粒将会被水流裹挟着共同运动，造成溃沙、地面沉降、管涌等工程灾害。现有的成熟试验设备，如岩土介质中单、多相渗流试验装置，无法满足大流量、高流速的水沙混合流体渗流试验需要。

为了研究松散颗粒堆积形成的多孔介质中单相、多相流体渗流特征，分析水流带动沙粒运移的临界起动与两相相互作用规律，本书提出一种水、沙分相流速测量方法，并研制了测量装置，实现了在水沙分离基础上分相流速的高精度实时测量。结合一维高速渗流试验系统，满足室内高流速、大流量以及水流裹挟大量细颗粒材料运动的试验需要。

一维高速渗流试验装置主要部分及满足试验所需的关键技术指标包括：（1）试样筒尺寸的设计；（2）多孔板的设计；（3）大容量恒速恒压水泵的技术指标及大容积稳压器的设置。此外，在试样两端设置高精度压力传感器，单个传感器的精度可达0.1%，保证了压力测量的精度，提高整体装置压力测量精度至1%。同时，在整个试验流程最末端设置背压装置，通过恒容积分液器施加的背压为6000Pa，保证了流动的平稳。试验装置如图3.1.1所示，试验流程如图3.1.2所示。

3.1.2 试样筒尺寸设计

试验设备的核心构件为试样筒（图3.1.3（a））。为了避免边壁效应，试样筒的内径与长度要大于所填颗粒材料粒径的10倍。内径为60mm，壁厚7mm，长度可配备多种型号，现有长度包括320mm、230mm、200mm三种尺寸。试样筒的两端由锥形连接头（图3.1.3（b））与管路相连。

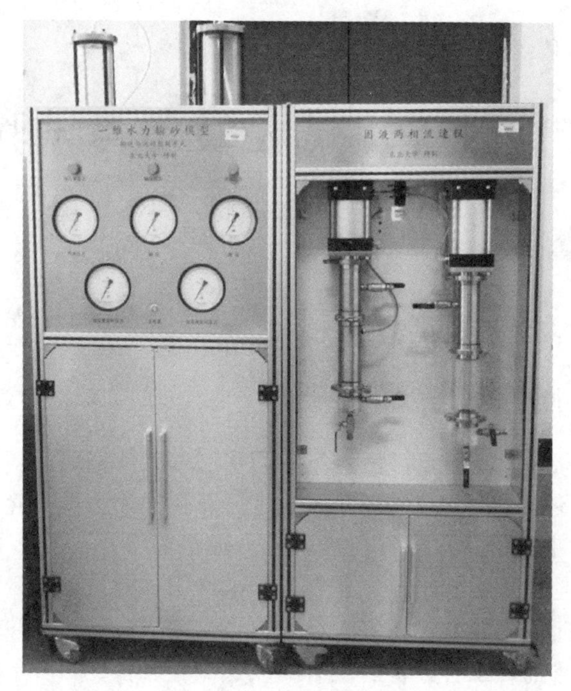

图 3.1.1　试验装置图

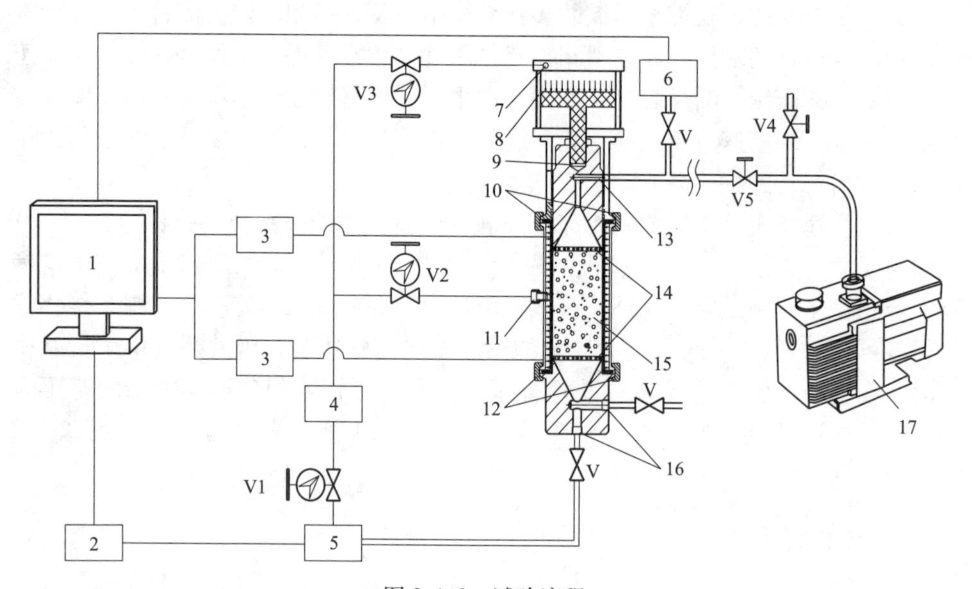

图 3.1.2　试验流程

1—计算机；2—伺服电动机；3—压力传感器；4，5—恒速、恒压泵；6—电子天平；7—轴压入口；8—轴压加载气缸；9—轴压加载柱塞；10，12—锁紧卡箍；11—围压入口；13，16—入（出）水孔；14—多孔板；15—砂样；17—真空泵；

V—截止阀；V1～V3—调压阀；V4—抽空阀；V5—放空阀

3.1.3 多孔板设计

多孔板（图 3.1.3（c））位于试样两端，可以固定在锥形连接头上，将待测沙样紧紧固定于试样筒之中。多孔板的设计，在将对水的阻力以及颗粒运动的阻力尽量降至最低的同时，可满足容许大流量水流通过、限制粗颗粒的运动及容许并保证细颗粒流动的畅通等条件。

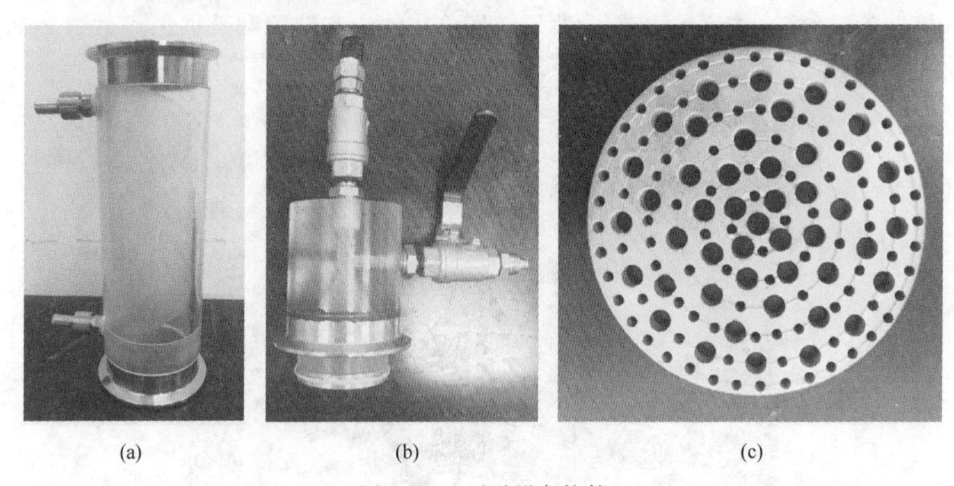

(a) (b) (c)

图 3.1.3 试验设备构件

（a）试样筒；（b）锥形连接头；（c）多孔板

3.1.4 恒流恒压泵技术指标

大流量恒流恒压水泵可提供的最大流量约为 8L/min，可控精度为 0.01L/min。对粗颗粒骨架（粒径范围 4.75~9.5mm）渗流的雷诺数最大可达 600~700，对细颗粒骨架（粒径范围 0.15~0.3mm 和 0.3~0.6mm）渗流的雷诺数最大约为 400。相比之下，传统岩土渗流试验机雷诺数基本在 1~10 之间，远小于试验所需。岩土渗流试验由于岩体渗透率小，一次出液量在几毫升到几十毫升，因此注液泵的容积大多为 200mL。而一次突水溃沙试验用水量高达 3000mL 以上。因此，为满足试验要求试验装置采用的高压力恒压水泵容积为 8000mL，并采用大容量稳压器稳定压力，实现大流量下的水流平稳。恒压泵可以提供的最大上游水压为 0.6MPa，产生的压力梯度超过了大部分试验装置，可以满足对实际工程条件中高水力梯度模拟的需要，可控精度为 0.005MPa。大雷诺数水沙输送试验装置为高速渗流、突水溃沙的实验研究提供了物质条件。

3.2 平面水力输沙试验系统

裂隙网络的渗流特征对地下开挖工程有着十分重要的意义，前人已经开展了卓有成效的研究工作。但是，裂隙网络的非 Darcy 渗流特性以及渗流过程中充填物的颗粒流失导致孔隙率和渗透性增大的现象尚未得到应有的重视。本节针对该研究现状，自主设计研发了平面水力输沙试验系统，为研究颗粒流失作用下裂隙网络的渗流特性、水沙两相运移特征，揭示裂隙网络渗流灾变机理提供了一种新的测试手段。

平面水力输沙试验系统主要包括供水系统（恒流、恒压泵）、裂隙网络渗流模型、旋转台、分相测量装置、背压装置、在线饱和装置和数据采集系统七部分。试验装置及试验原理如图 3. 2. 1 和图 3. 2. 2 所示。

图 3. 2. 1 试验装置

3. 2. 1 设备研制的目的与意义

关于一维破碎岩体变质量流动，已有许多学者对此进行了大量的理论与试验分析。尤其是中国矿业大学团队[1]在 MTS815. 02 型岩石力学试验系统和 CMT5305 电子万能试验机的基础上，通过配置金属管浮子流量计、压力变送器、无纸记录仪、颗粒分离装置、渗透仪等零部件，研制了变质量破碎岩石渗透试验系统。而岩体裂隙网络中泥沙颗粒运移机理的研究鲜有文献报道。现有的成熟试验设备自身都存在有一定的缺点和局限性：

（1）渗透仪的局限性。传统的渗透仪只能实现一维圆柱渗流试验，宋良[2]进行了创新性研究，渗透仪采用带三道沟槽交叉结构的钢板，在沟槽内填充快干水泥，虽然实现了裂隙隙宽的控制以及裂隙的简单交叉，但是无法满足裂隙网络渗流测试的需求，且试样尺寸较小。

（2）注液泵的局限性。由于泵的容积比较小，大多为 200 ~ 300mL，故难以在高压下产生持续高速稳定的水流。

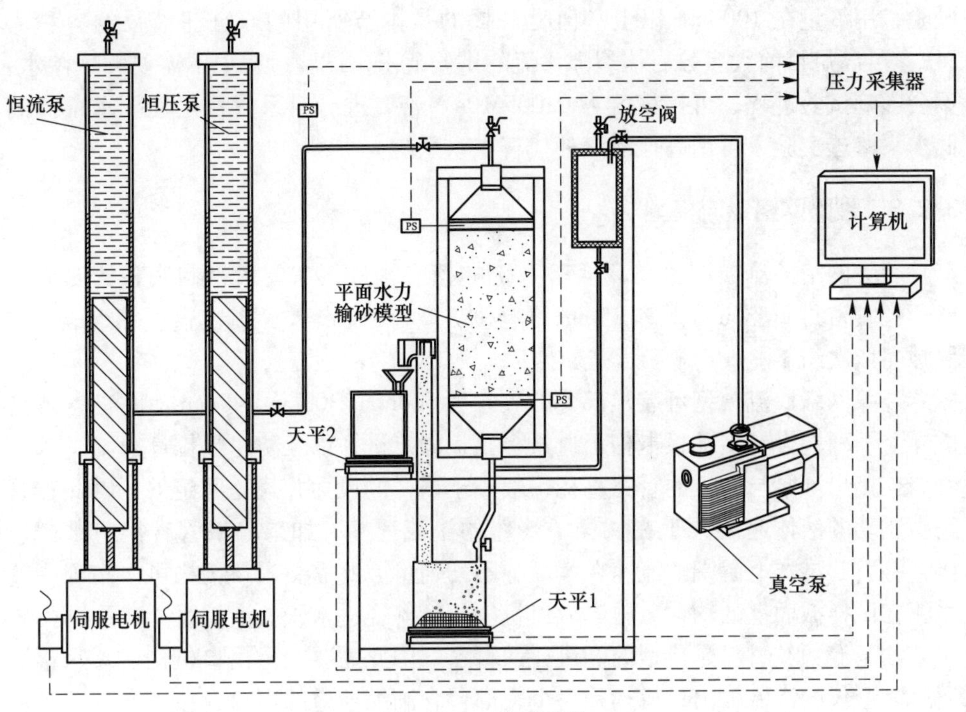

图 3.2.2 试验原理

(3) 颗粒收集装置存在缺陷。现有的变质量渗流试验设备均是每隔一段时间(如 60s)对迁移出的颗粒进行收集称量，无法实现颗粒的实时收集。

(4) 不可视化。由于渗透仪要求的密封条件比较苛刻，一般采用非透明材料制作而成，无法实现颗粒迁移过程中的可视化需求。

为了对充填裂隙网络进行更为有效的研究，东北大学杨天鸿团队克服了高压力下产生持续高速稳定水流的困难，掌握了流程压力损失特性与模型耐压特性，突破了裂隙网络密封的技术瓶颈，设计了一套可满足更大压力、流量和高浓度携沙流动实验要求的可视化平面水力输沙试验系统。

3.2.2 供水系统

现有的变质量渗流实验设备的最大流量一般为[1~4] 5000mL/min、6000mL/min 和 10000mL/min。本节的供水方式分为恒压供水和恒流供水两种，恒压供水可提供试样上游最大恒定水压 0.7MPa (70m 水柱)，产生的水力梯度超过了大部分实验设备，最大水流量为 48000mL/min；恒流供水可提供 20~24000mL/min 的稳定水流。

目前石油工程岩芯渗流试验采用的容积最大的注液泵是美国生产的 ISCO 泵，单泵容积可达到 1500mL。但是水、沙两相渗流是在高速流动情况下发生的一次试验，用液量在 1000mL 以上。值得一提的是本节所用的双缸注液泵的容积为 24L，可满足目前大多数岩体裂隙渗流的试验要求，试验过程中不需要频繁注水，不会影响试验进程，可控精度为 0. 005MPa。若要进行对系统稳定性要求很高的低水头渗透实验，可用高挂溢流杯代替供水系统。

3. 2. 3　裂隙网络渗流模型

裂隙网络渗流模型是整套实验系统的核心构件，主要由钢制底板、四周肋条、橡胶密封圈、6mm 厚和 35mm 厚有机玻璃盖板、镂空钢制上盖板等组成，按照顺序依次组装。

裂隙网络渗流模型可装样部分的尺寸为 600mm×300mm×40mm（长×宽×高），试样上下两端设有多孔板卡槽，通过多孔板固定试样以及防止颗粒骨架流失。

连接出液泵与试样的管路直径一般小于试样的尺寸并且是固定的，因此在管路中流动的液体速度大于在试样中液体的渗流速度，如果输液管直接与试样连接，将引起试样上游端的流速在截面上不均匀，因此需要入口机构可以实现高速水流在试样截面上的均匀分散，入口机构包括等径进水管、渐扩段、多孔板。

沙子等颗粒材料是典型的能量耗散材料，因此需要一个出口机构实现水、沙通过渗透仪的渗流。出口机构是一个内部包含渐缩通道的出口，在稳定流动条件下，流出试样的水沙混合流体由于通道截面的不断收缩，速度不断加速，提高了水携沙流动的能力，使得砂子不至于在试样的出口堆积，实现水沙混合流体通过充填裂隙网络的渗流。

长期使用过程中，透明有机玻璃板与试样直接接触会产生划痕，影响观察和拍摄，同时考虑到厚度是影响有机玻璃板抵抗水压加载条件下凸起变形的关键因素，以及兼顾节约实验经费的原则，有机玻璃板分为 6mm 厚和 35mm 厚两块，让 6mm 的有机玻璃板直接与试样接触。

为了提高有机玻璃板抗变形的能力和平面模型整体的密封性，在 35mm 厚有机玻璃板上铺设镂空钢制上盖板，既要尽量减小有机玻璃板在高水压作用下的变形，又要保证实验过程中全程可视化。经过多次前期试验以及周密的计算，镂空钢制上盖板预留 9 个观察窗。

以上各部件通过高强度螺栓紧固、密封和组装，如图 3. 2. 3 所示。

3. 2. 4　在线饱和装置

根据分相测量装置的原理，如果沙颗粒表面存在气泡将会导致置换出的水的体积大于沙的体积，同时试样中、管路里、连接阀处的封存气泡对于水流动和沙子的运移也有很大影响。因此，为保证测试精度，驱替浸润颗粒间的气泡，对充填好的试样配备在线饱和装置。待试样装填完毕后，首先对试样进行抽真空，时

图 3.2.3 裂隙网络渗流模型组装图

刻观察真空泵压力表读数的变化（图 3.2.4）。当试样内部的气压降低到 10Pa 左右时，打开进水截止阀，使水缓慢进入试样。进水过程中保持真空泵运转以维持真空度不变，直到试样内部充满水，关闭进水阀和真空泵。该方法可使试样的饱和度达到 95%以上。

图 3.2.4 真空泵

3.2.5 数据采集系统

数据采集系统用于试验数据的记录与分析，采样时间可自由设置（如 1s、10s、30s、60s 等），主要包括工控机、电子天平和水压力传感器。压力传感器的型号为 Q/JL015—2009，量程为 0~1.38MPa，精度为 1%，具有精度高、稳定性好等优点。

根据出水口处水流量的大小分别采用德国赛多利斯公司生产的量程为2100g、精度为0.1g（型号：TE 2101-L），量程为12000g、精度为1g（型号：TE 12000-L）和量程为0~150kg、精度为0.01kg的天平进行测量，并通过数据采集系统实时记录和观察流动情况。图3.2.5所示为流量及水压测量装置。

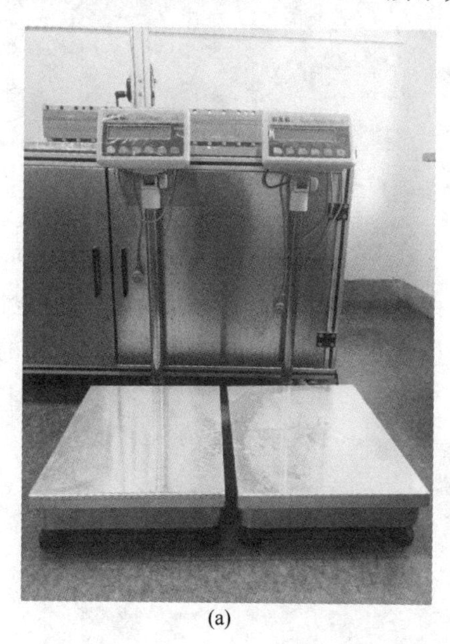

(a)

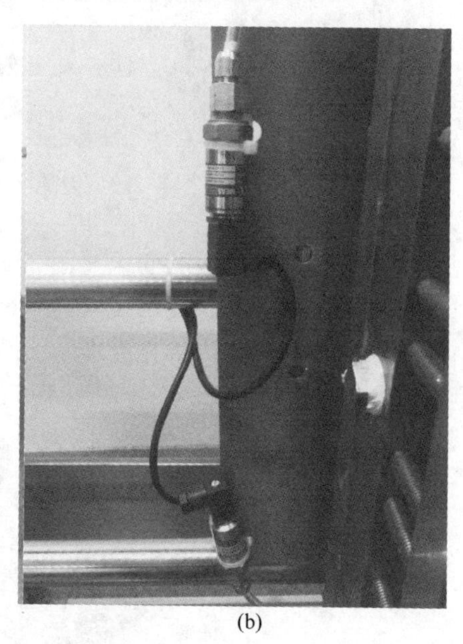

(b)

图3.2.5　流量及水压测量装置

（a）流量测量装置；（b）压力测量装置

（1）试样上端流体压力的测量。水、沙混合流体的渗流只有在高速渗流的条件下才能发生，比如对于粒径为0.6~1mm的沙子，流体速度在cm/s的量级才能实现水流裹挟沙子的渗流，此时在试样上端流程中水流速度可达10~40cm/s，在如此大的速度下，流程中黏性阻力和惯性阻力的影响无法忽略，从注液泵出口到试样上端的压力损失很大，在这种情况下只有在试样上端测出流体压力才能代表作用在试样上游的流体压力，此时上游压力的测点布置在多孔板的直接上游。

（2）试样下端流体压力的测量。液体柱高度产生的背压并不等于试样下游的压力，因为流体柱中可能混有颗粒材料，难以获取液体柱比重的准确值；同时在高速流动条件下出口机构（收口机构）不仅会产生沿程阻力，直径的改变、流道转向、界面收缩还会产生局部阻力，这些因素造成的压力衰减不可忽略。由于出口机构是实现水沙两相流体混合渗流必不可少的部分，因此由此造成的压力衰减还是不可避免的。为了消除出口机构对试验的影响，可以将试样下端测到的压力作为试样下游压力，当流动稳定时试样下端的压力是稳定的，同时试样上游压力也是稳定的。采用这种方法测到的试样上下游的稳定压力和压差是水、沙两相混合渗流的真实的压力条件，由于水、沙的压缩性可以忽略，混合流体的流速不受出口机构的影响，这样就避免了出口机构对测量值的影响。

3.3 试验设备的关键技术——水沙分相测量装置

3.3.1 水、沙流速分相测量原理

水与沙的彻底分离是对水沙两相混合运动速度分相测量的前提。现有的各种固、液分离技术和装置都无法做到固、液彻底分离。大多数固液分离技术的目的是尽量去除固体颗粒材料中的水得到高浓度的固体物料。本节所提装置虽然没有提出从固相（沙颗粒）中彻底脱去（分离）液体（水）的方法；但是，提出了一种从被置换的水中彻底去除（分离）沙的方法，而另一部分水和沙为混合状态。用体积置换的方法精确测量溢出流体的流量，同时在保持水、沙混合流体总体积不变的情况下，精确测量水沙混合物质量的变化，以此实现水沙分相流速的精确测量。

3.3.2 技术方案的实施

因为目前测量质量的技术已达到很高的水平（例如赛多利斯公司生产的天平最小感量可达 10^{-8}g，而感量为 1mg 的天平已十分普遍），质量称量的精度很高。因此，通过质量称量计算求得的流速精度很高。但这样做的前提是事先知道沙粒和水的密度。沙粒密度的测量可以采用称重法进行，同样能够达到很高的精度，对风积沙密度的测量见 5.3 节。

分相测量是通过体积置换，用质量的精确测量代替流速的精确测量的方法。测量的关键是设置一个恒容积分液器。图 3.3.1 所示为分相测量装置，由恒容积分液器（容器 A）、盛液器（容器 B）和天平组构成。试验开始之前在恒容积分液器中预先盛满蒸馏水，至少量水从溢流口溢出；试验开始后，水、沙两相混合流体通过引流管进入恒容积分液器，由于存在密度差，沙粒沉降并堆积在容器 A 底部，置换出等体积的水，经过溢流管进入容器 B 中。恒容积分液器的容积不变且预先充满了液体，由于沙粒置换了原有的水，容器 A 质量不断增加。天平 A 读数的变化反映了进入容器 A 中沙粒质量与等体积水质量之差，天平 B 测量的是沙置换出的水与原混合流体中的水质量之和。通过两台天平的实时测量，即可求得沙与流体的分相流速。

3.3.3 分相流速的计算

记天平 A（恒容积分液器下方天平）测量的质量为 m_A，水沙混合流体中的水在进入恒容积盛液器后直接溢流至容器 B 中，而沙粒留在了容器 A 内。那么，

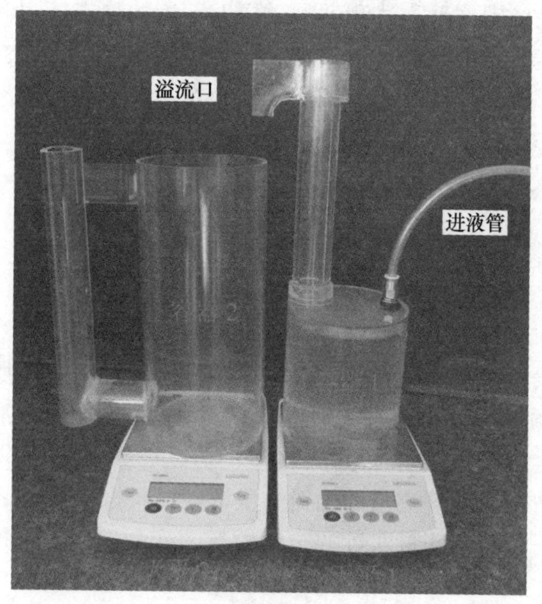

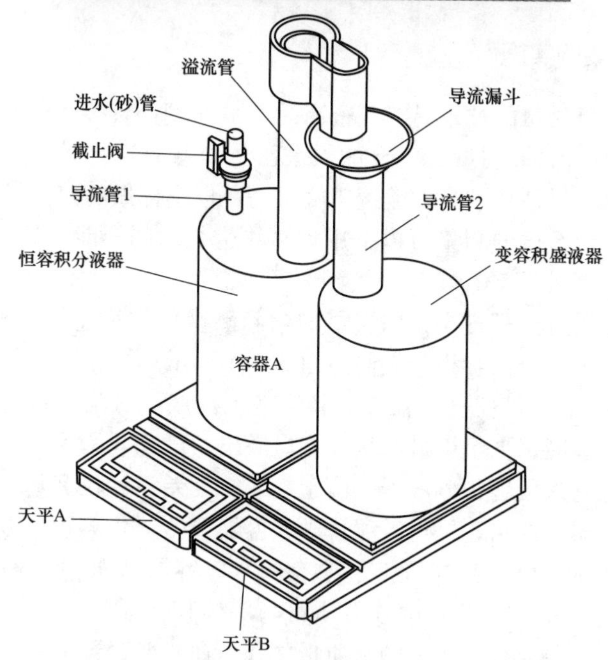

图 3.3.1　分相测量装置

天平 A 测得质量为：

$$m_A = m_s - m_{out} \tag{3.3.1}$$

式中　m_s——进入容器 A 中的沙粒的质量；

m_{out}——置换出去的水的质量。

进入的沙粒将排出等体积的水。如果记进入容器 A 中的沙粒体积为 V_s，排出水的体积为 V_{out}，则有：

$$V_s = V_{out} \tag{3.3.2}$$

又，$m_s = \rho_s V_s$，$m_{out} = \rho_w V_{out}$，则可列等式：

$$m_A = \rho_s V_s - \rho_w V_{out} = (\rho_s - \rho_w) V_s \tag{3.3.3}$$

得到水沙混合流体中沙粒的总体积为：

$$V_s = \frac{m_A}{\rho_s - \rho_w} \tag{3.3.4}$$

记天平 B（容器 B 下方天平）测量的质量为 m_B，其由两部分组成，第一部分是原水沙混合流体中的水，经由容器 A 溢出，流入容器 B；第二部分是由沙粒置换出的水。因此，

$$m_B = m_1 + m_{out} \tag{3.3.5}$$

式中　m_1——水沙混合流体中流体的质量。

记这部分流体的体积为 V_1，那么可以得到：

$$m_B = \rho_w V_1 + \rho_w V_{out} = \rho_w (V_1 + V_{out}) \tag{3.3.6}$$

水沙混合流体中水的总体积为：

$$V_1 = \frac{m_B}{\rho_w} - \frac{m_A}{\rho_s - \rho_w} \tag{3.3.7}$$

按照水的密度为 1g/cm³计算，设 A 表示试样的截面面积，t 为试验时间，则可以求得沙粒的体积流速为：

$$u_s = \frac{V_s}{At} = \frac{1}{At}\frac{m_A}{\rho_s - \rho_w} = \frac{m_A}{(\rho_s - 1)At} \tag{3.3.8}$$

水的流速为：

$$u_1 = \frac{V_1}{At} = \frac{1}{At}\left(m_B - \frac{m_A}{\rho_s - 1}\right) \tag{3.3.9}$$

3.3.4 提高测量精度的技术措施

3.3.4.1 恒容积分液器的标定

恒容积分液器是指图 3.1.3 所示导流管下端至溢流嘴的流程。将恒容积分液器及相关阀件干燥后称重，然后从溢流嘴处缓慢注入蒸馏水，直至引流管中液体溢出关闭截止阀，再注水至水从溢流嘴流出为止。擦干附着在恒容积分液器表面的水，再次称重。两次称重之差除以蒸馏水的密度即为恒容积分液器的容积。

3.3.4.2　防止悬浮细颗粒从溢流嘴流失的方法

用机械的方法从沙颗粒中彻底分离水得到纯固体是难以做到的，但采取一定的技术措施从水中彻底分离沙颗粒，得到纯液体是可以做到的。由于存在密度差，粒径较大的沙粒在分液器中容易沉降。但是当泥沙颗粒中包含粒径小于50μm 的极细颗粒时，它们在分液器中的沉降需要很长时间，造成溢流水中包含悬浮细颗粒，呈混浊液体，既影响液相流速的测量精度，又影响固相速度测量精度。如果悬浮细颗粒的含量极少，可以忽略它对液相和固相称量精度的影响；如果悬浮细颗粒含量较多，其对液相和固相速度测量精度的影响难以忽略。由于极细颗粒总是悬浮在分液器的上部，如果分液器溢流管与进水（沙）管的出口在同一水平，则来不及沉降的极细颗粒可以经水平运动，进入溢流管，跟随流体运动进入盛液器（容器 B），如图 3.3.2 所示。

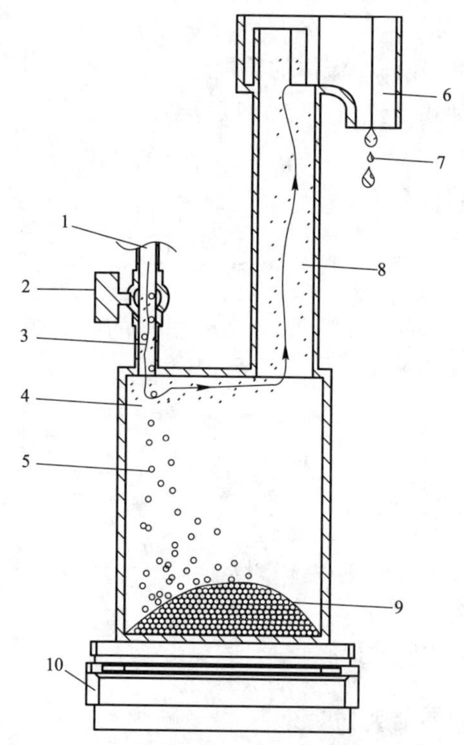

图 3.3.2　悬浮的极细颗粒进入非内伸式溢流管

1—进水（沙）管；2—截止阀；3—导流管；4—悬浮细颗粒；5—沉降粗颗粒；6—溢流嘴；7—溢流浑水；8—非内伸式溢流管；9—粗颗粒；10—天平 A

实际设计的分液器通过将溢流管伸入到分液器本体内一定深度 h_1，阻断悬浮的极细颗粒水平运动进入溢流管的通路，称为“内伸式溢流管”。内伸式溢流管设计原则为：沉降深度能够达到h_1的颗粒都有足够大的粒径，是可以沉降到分液器底部的粗颗粒。高度h_2的设计需要满足一次试验堆积在分液器底部的颗粒物质的高度不会达到溢流管底部，并尚有足够的距离s。在内伸液流管的入口固定一个滤网，进一步阻止细颗粒混入溢流水。采用这样的设计，在分液器顶部是含有极细颗粒的混浊液体，在中部是澄清液体，在底部堆积有粗颗粒。只有澄清液体能够进入分液器的内伸式溢流管中。

内伸式溢流管设计如图3.3.3所示。

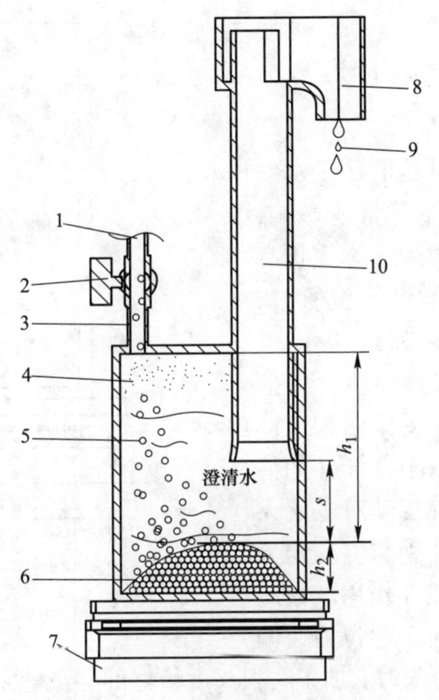

图3.3.3　内伸式溢流管设计图

1—进水（沙）管；2—截止阀；3—导流管；4—悬浮细颗粒；5—沉降粗颗粒；6—粗颗粒；7—天平A；8—溢流嘴；9—溢流水；10—内伸式溢流管

3.3.4.3　避免水沙混合流体对天平冲击的方法

对于水、沙混合流体，只有当水的流速较大时，才能携带粗颗粒运动。此种情况水、沙混合流体的流量较大，如果进水/沙管与恒容积分液器之间没有水力联系，两相混合流体直接下落到分液器中，产生的冲击对天平的读数有一定影响，如图3.3.4所示。采取以下措施可以消除冲击影响。

进水/沙管与恒容积分液器相连接，如图3.3.4所示。（水、沙）混合流体经进水/沙管与导流管，进入恒容积分液器。试验开始前先将导流管饱和，并与分液器连接。由于分液器（包括截止阀和进水/沙管）已经用蒸馏水饱和，这样从试验段下游经进水/沙管、截止阀，至恒容积分液器均已在试验开始前被蒸馏水饱和。由于试验段和恒容积分液器建立了水力联系，从试验流出的混合流体顺流而下进入分液器，消除了冲击。

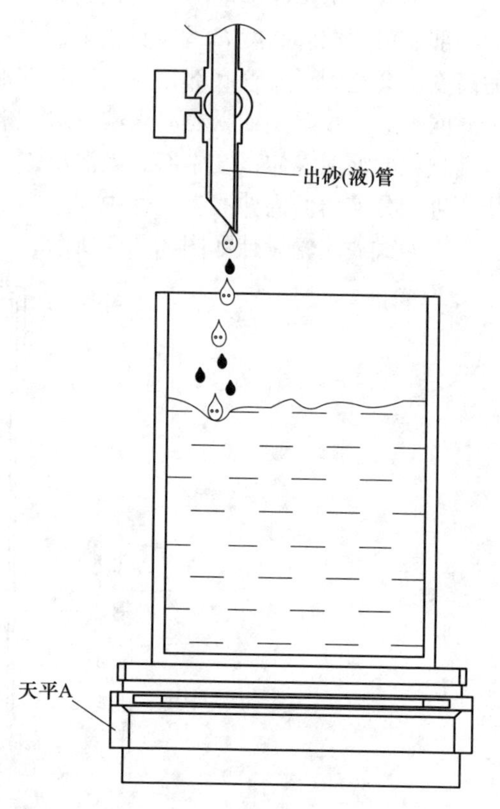

图 3.3.4　水、沙混合流体冲击对天平称重的影响

3.3.4.4　消除连接附加力的方法

采用上面的方法虽然消除了水沙两相流体的冲击对天平称量的影响，但连接产生的附加力对天平称重仍有影响。两相流体流过柔性导流管时，产生轻微摆动（上下运动），影响电子天平的称量结果。进水/沙管的摆动是由于导流管倾斜，受到两相流体重力作用引起的。采用刚性管（如薄壁不锈钢管）可以消除摆动对电子天平称量的影响，但刚性管与恒容积分液器之间有静态力的相互作用。偏短将对分液器产生一个向上的拉力，偏长则会产生一个向下的压力。加工一根长度恰好的导流管完全消除其与分液器之间力的相互作用，在技术上是不可能的。

为避免导流管的长度对天平称重的影响，将天平置于高低位置可以微调的平台上，如图3.3.5所示。调整天平A的高度。当天平A高于平衡位置时，天平读数大于零；低于平衡位置时，天平读数为负；当高度处于平衡位置时，读数为零。因此，通过微调平台调整天平的高度至其读数为零，可消除进水/沙管与分液器刚性连接产生的附加力对天平A称量的影响。

在实际操作中，当天平的读数（将充满水的恒容积分液器放置于天平上后将读数清零）远远小于恒容积分液器初始重量时（比如0.01%或0.001%）就可以认为消除了连接附加力对称重的影响。

3.3.4.5　颗粒物质的表面湿润与在线饱和

分相测量采用沙等体积置换的方法，通过测量水的质量流量计算水与沙的流

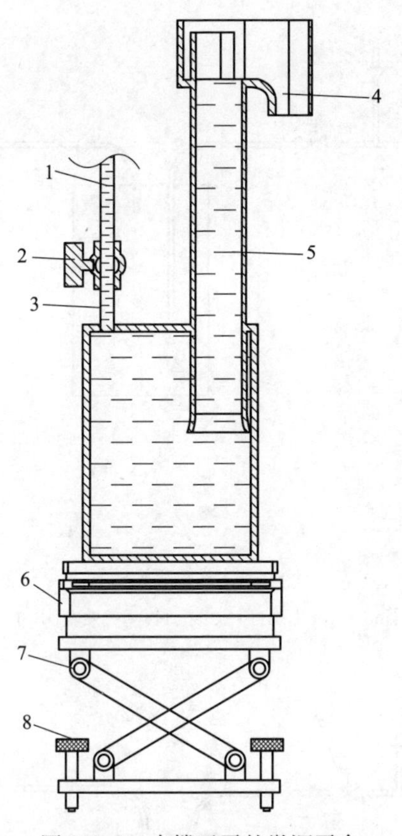

图 3.3.5 支撑天平的微调平台

1—进水（砂）管；2—截止阀；3—导流管；4—溢流嘴；5—内伸式溢流管；6—天平；7—微调平台；8—微调螺钉

速。对于细颗粒或表面极为粗糙的沙颗粒，可能有气泡附着于颗粒孔隙间或者颗粒表面的凹陷处，造成被置换出水的体积大于沙的体积，既影响水的速度的测量精度，也影响沙的速度的测量精度。

为了消除粗糙颗粒表面的气泡，可以将待测沙粒样置于密闭容器中，对其抽真空 15min，容器内的气压可低到 10Pa 左右，然后打开进水截止阀，令蒸馏水缓慢地进入容器。在进水过程中保持真空泵运转以维持真空度不变，当水没过颗粒材料 5cm 左右关闭进水阀。最后，真空泵持续运转 15min 左右后再行关闭，以保证沙颗粒间的空气和沙粒表面的气泡完全被水置换，颗粒表面被水完全浸润。

对于均匀沙或其他颗粒材料的试验，可以将待测沙样（试样）先填装到装样筒中，然后对其进行在线饱和，重复上述操作，饱和度可达 95%。颗粒材料浸润的装置如图 3.3.6 所示，试样的在线饱和的方法如图 3.3.7 所示。

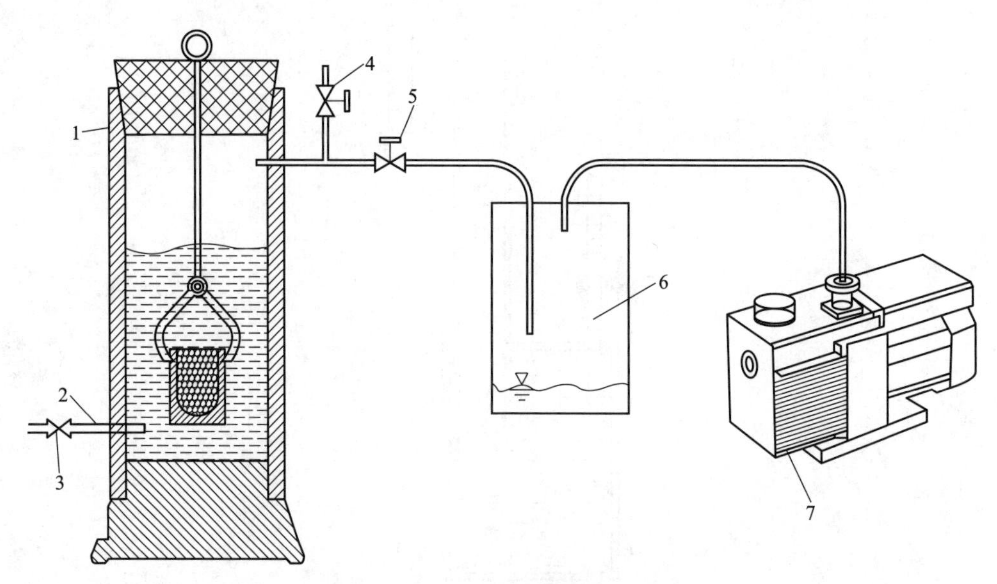

图 3.3.6　颗粒浸润

1—抽空阀；2—进水管；3—截止阀；4—放空阀；5—抽空阀；6—集液杯；7—真空泵

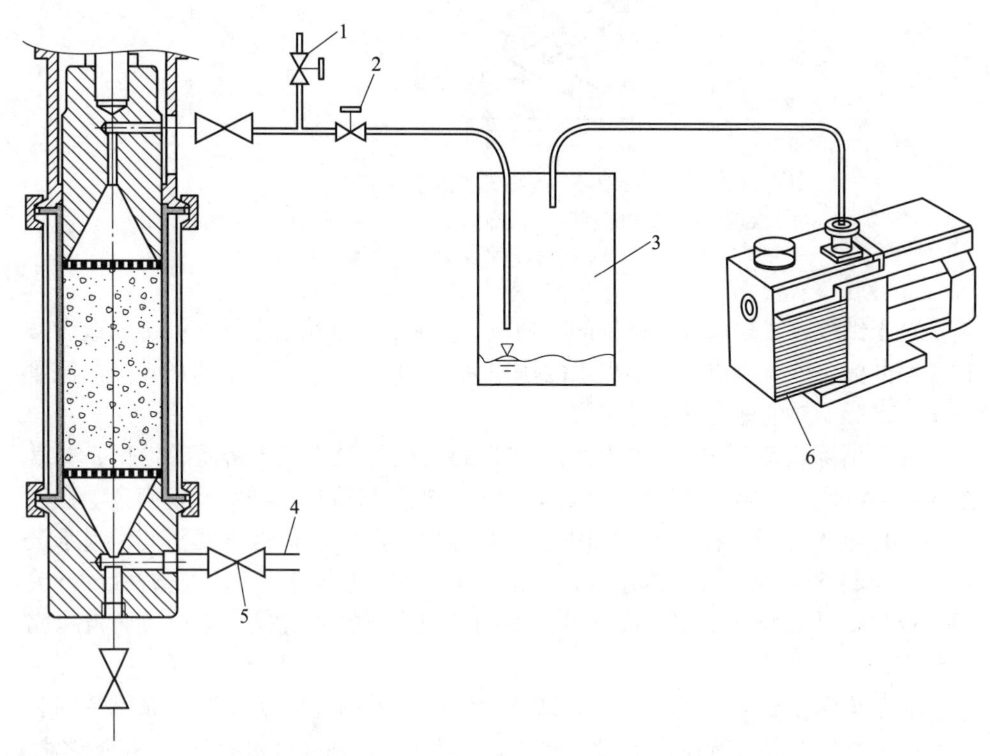

图 3.3.7　沙样的在线饱和

1—放空阀；2—抽空阀；3—集液杯；4—进水管；5—截止阀；6—真空泵

3.3.4.6 溢流嘴的设计

水流携带粗沙颗粒运动总是在较高速度下发生，因此多数情况下速度较高。当溢流管的出口为圆孔并且过狭时，溢出的水将在溢流管中上升到一个高出溢流嘴的水平，影响沙速度的测量精度，对水速度的测量精度也有影响，如图3.3.8所示。

将圆形的溢孔流孔改为通过溢流管的宽大缺口和宽大溢流嘴，可以适应大流量溢流，并提高测量精度，如图3.3.9所示。

在液体携带的颗粒较细小，水、砂两相混合流体的速度不大的情况下可以出现两相流动。此时由于毛细力与表面张力的作用，溢流管中的液面高出溢流嘴一定高度才会溢出。不仅如此，当高出溢流嘴部分的液体溢出后，溢流会暂停，待水位再次升高到高出溢流嘴一定高度后才会继续溢流，即溢流是间歇性的，如图3.3.10所示。

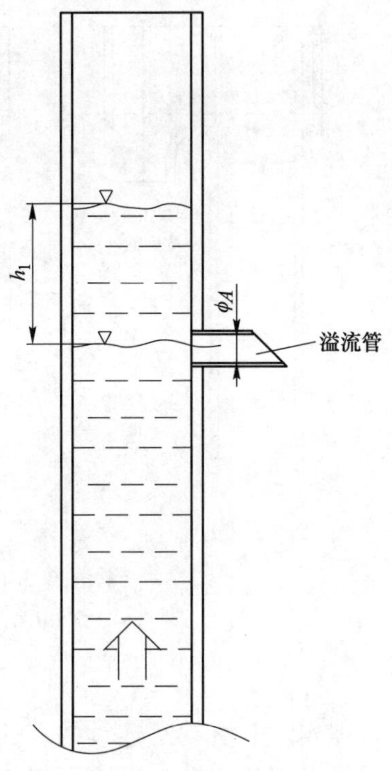

图3.3.8 溢流孔对溢流的影响

h_1—超压水位高；ϕA—溢流口直径

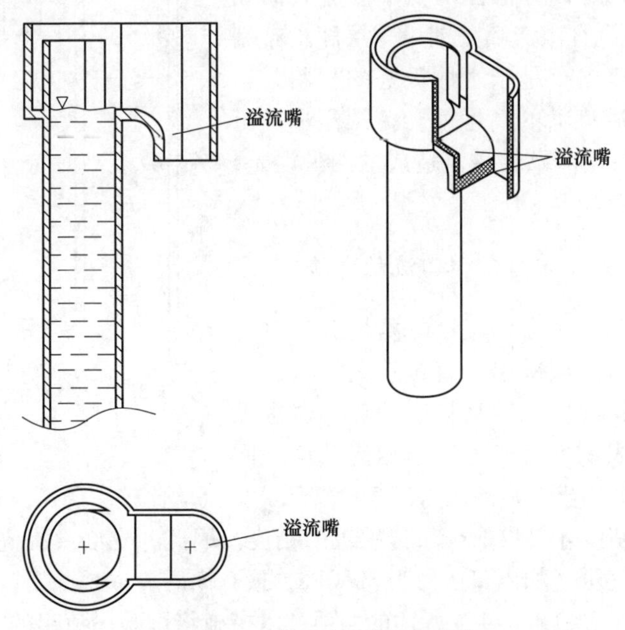

图3.3.9 改进后的宽大溢流嘴

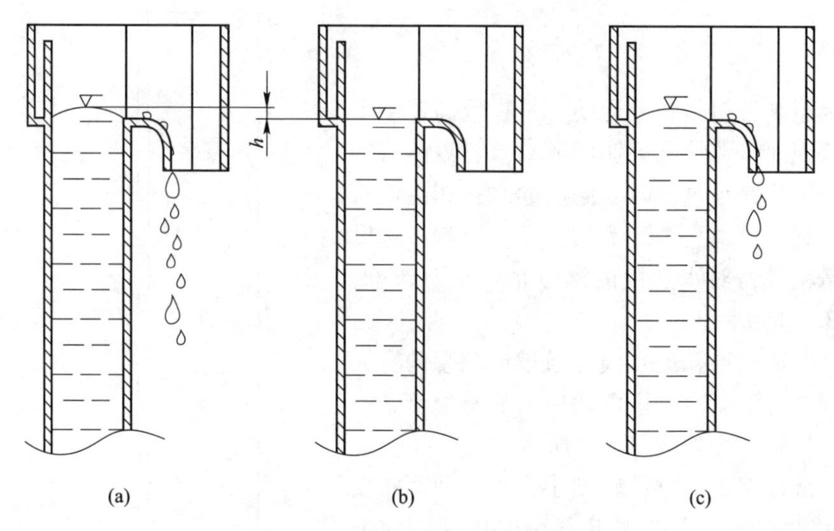

图 3.3.10　小流量下溢流的间歇性

（a）突然溢流；（b）停止溢流；（c）再次恢复流动

h—凸起液位高

但实际上流动是连续的，这种在小流量的情况下发生的间歇性溢流不仅影响液相速度的测量精度，也影响固相速度的测量精度。为了解决这一问题，可以令溢流嘴低于溢流管的缺口 1～2mm，并且在溢流嘴处铺设一层鹿皮布制作的多孔布。鹿皮布是亲水性极好的材料，当溢出的水达到溢流嘴的高度就会持续溢出，可解决小流量条件下间歇性溢流造成的测量误差，如图 3.3.11 所示。

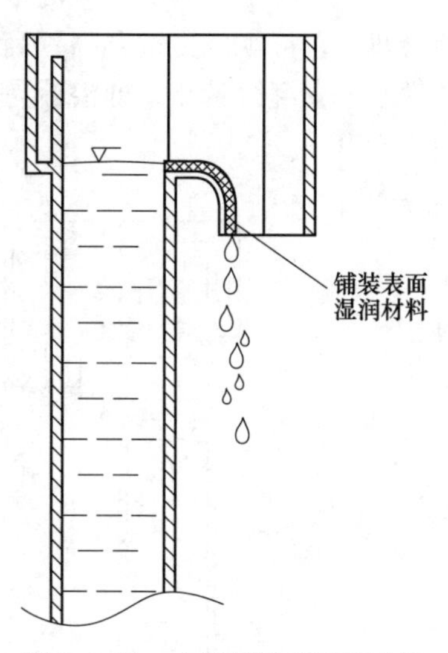

图 3.3.11　小流量溢流时的设计

3.3.4.7　防止出口气体回流的方法

在流动试验中，出口流量的测量总是在一定的压力下进行。如果出口直接连通大气，流动常常不平稳，即使采用高精度的传感器也无法提高压力测量的精度，对于两相流动这一问题更加严重。如果出口端的压力高于大气压，则流动比较平稳，只有在这种情况下流速测量的精度才仅仅取决于传感器的精度。因此，有必要提高出口端压力，使其略高于大气压（如出口压力为 3000Pa，或 0.3m），以消除出口流速的波动。

上面 3.3.4.3 和 3.3.4.4 所述的两项技术措施将试验段流出的混合流体与恒

容积分液器建立了水力联系，流动是否平稳与恒容积分液器本体的压力是否平稳直接相关。提高分液器溢流嘴的高度可以在其本体中产生稳定背压，保证出口流速的稳定。在本节装置中，为了提高稳压的效果，该溢流嘴的高度不仅高于分液器本体顶面，还高出试样出口一定高度，如图3.3.12所示。

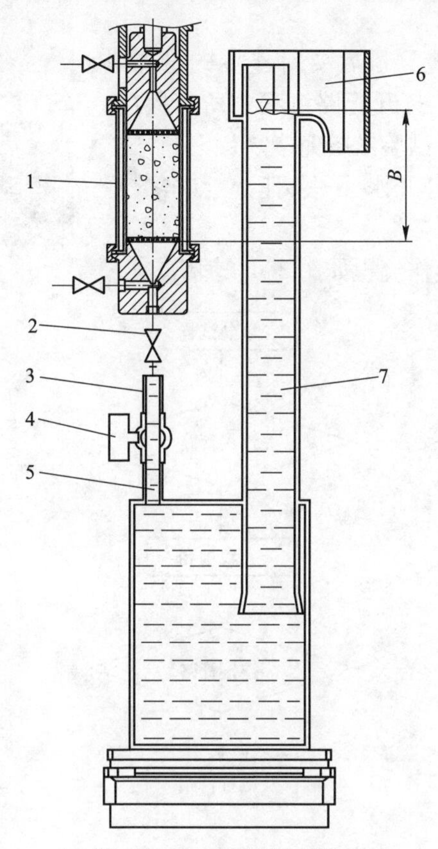

图3.3.12 提高出口背压

1—试验段；2—截止阀1；3—进水（砂）管；

4—截止阀2；5—导流管；6—溢流嘴；7—内伸式溢流管

B—背压水位高

3.4 孔隙、裂隙介质非线性渗流试验方法

孔隙、裂隙介质非线性渗流试验中包括以下5个要点：

（1）试样的填装。进行单纯渗流试验时，需将待测沙分层填装入有机玻璃填充柱内，每次填装相同质量的沙样，并用木槌（图3.4.1）逐层捣实，确保试样孔隙均匀。

（2）待测样品的饱和。为确保试验的精度，在试验前要对待测沙样进行抽

真空饱和。抽真空过程中注意关闭与水泵连接的阀门，以避免水流灌入真空泵。

(3) 管路排气。试验开始前要对管路进行排气，排气时注意关闭试样两端的截止阀，避免气泡进入试样。

(4) 管路连接核查。最后要对连接的管路进行核查，确定无误后，打开管路流程中所有阀门，只关闭水泵总阀。至此试验准备完毕。

(5) 开始试验，打开水泵总阀门，点击数据测量软件开始监测记录数据。

恒压力渗流试验操作流程如图 3.4.2 所示。

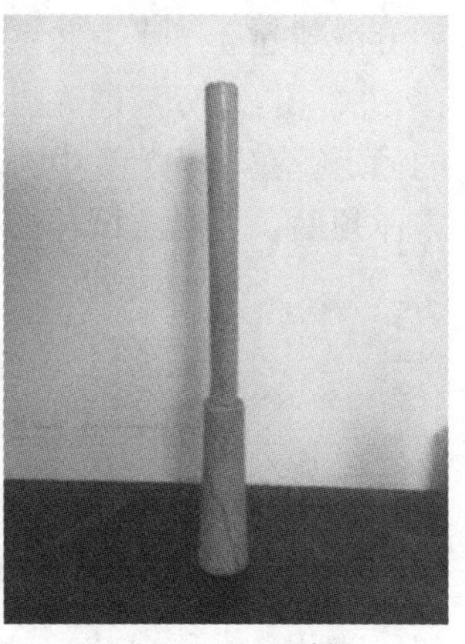

图 3.4.1　木槌

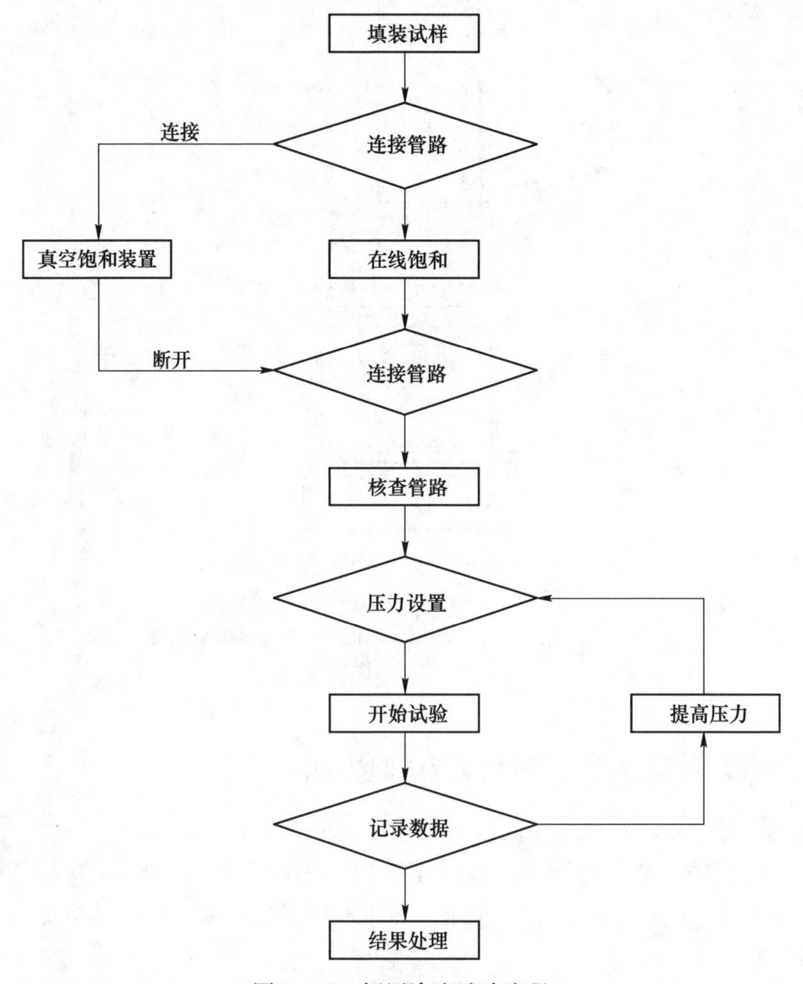

图 3.4.2　恒压渗流试验流程

3.5 试验系统的检测

3.5.1 一维水沙高速渗流试验系统检测

采用上述渗流装置进行水渗流试验，填装的颗粒材料为304不锈钢珠，粒径为1mm，填装后孔隙率为43.4%。得到时间与流量关系如图3.5.1所示。从图中可以看出，在较低和较高水压力条件下，流量与时间关系曲线的斜率基本保持不变，流动稳定。

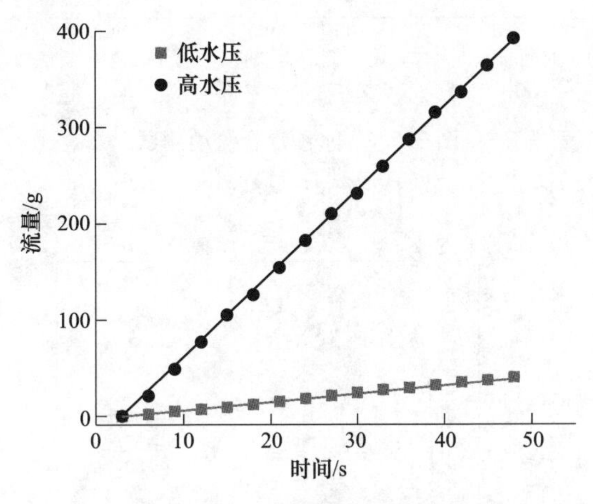

图3.5.1 水渗流试验结果

采用上述分相速度测量原理和技术方案，进行了水、砂混合流体运动分相速度测量的初步试验。试验用沙预先被水饱和，砂的孔隙度为36%~38%，接近于最致密状态，因此需要很大的水流速度才能实现水携带沙的流动。测试试验获得了如下结果曲线。从图3.5.2（a）、（b）和图3.5.3中可以看出，在总流速基本稳定的情况下，水和沙的分相速度均是波动的。当水流速度升高时，沙颗粒的运动速度降低。反之，当沙颗粒运动速度升高时水流速度降低。测量结果显示了水、沙两相混合并同时运动时，分相速度是不同的。因此，深入研究水沙两相混合流体的流动规律需要对分相流速进行精细的测量。

3.5.2 平面水力输沙试验系统监测

3.5.2.1 系统的密封性及传感器的稳定性

关闭裂隙网络渗流模型下端出水截止阀，利用柱塞泵在模型上端施加一定的水压，检查管路各接口和裂隙网络渗流模型的密封性、静水压力下压力传感器的稳定性。测试过程中，调节调压阀，开启压力，可以看到压力传感器测得的压力

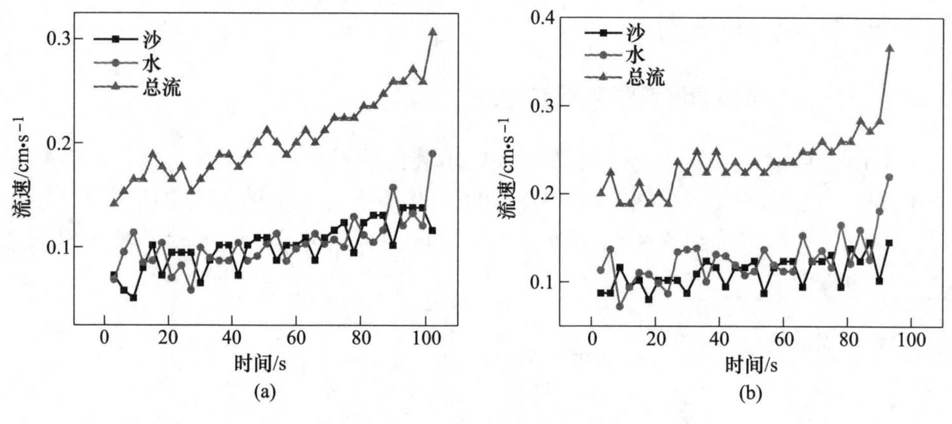

图 3.5.2　水沙混合流动测试

（a）测试 1；（b）测试 2

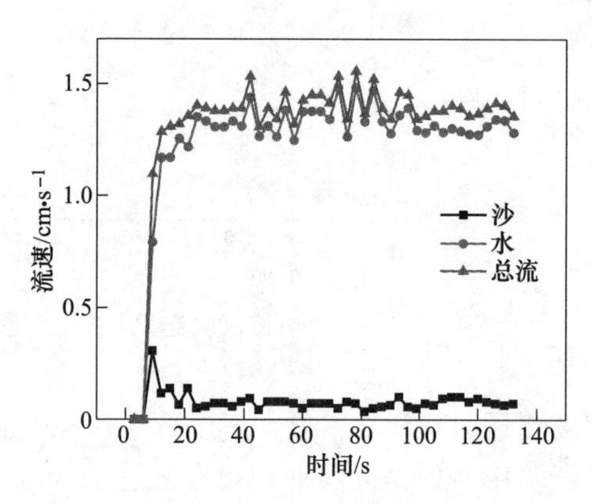

图 3.5.3　多孔介质中可移动细颗粒的流失

值与压力表读数相同，表明压力传感器能够正常工作。稳定一段时间后，继续提高进水压力，由图 3.5.4 水压与时间关系测试结果曲线可以看出，进水压力改变后压力传感器能够迅速达到稳定，波动很小。根据文献资料在水压加载到 7MPa 时，12mm 厚的有机玻璃板才会产生轻微凸起，沟槽之间出现串流。本节选用的是两块厚度为 6mm 和 35mm 厚的有机玻璃板，总厚度远超 12mm，且加载压力远小于 7MPa，所以有机玻璃板不会产生轻微凸起。同时通过对系统的密封性进行检测，发现在进水压力为 0.5MPa 的情况下，管路各接口以及裂隙网络渗流模型均无泄漏出现，有机玻璃板无凸起，即有机玻璃板与裂隙网络之间无缝隙，不会出现壁面流。本节所有试验加载水压均在 0.5MPa 以内，所以在课题研究范围内，系统密封性满足要求。本次测试持续了 25min，说明试验系统具有较好的连续工作能力。

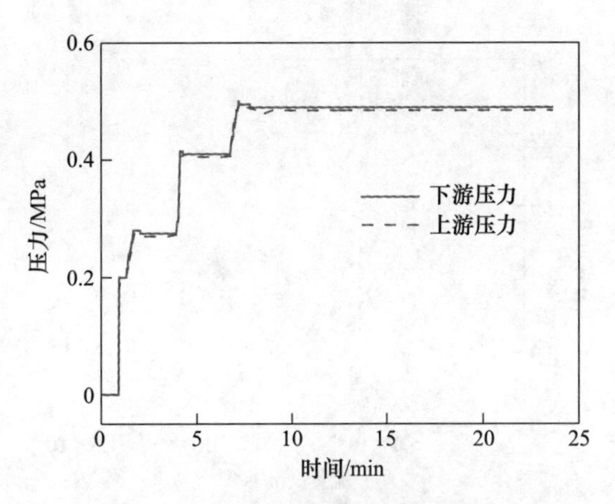

图 3.5.4　水压与时间关系测试结果曲线

3.5.2.2　数据采集系统的精准性

采用上述装置进行了初步的水渗流和水沙混合流动测试，测试结果如图 3.5.5 所示，从图 3.5.5（a）中可以看出，在低水压力条件下，渗流很快达到稳定；从图 3.5.5（b）中可以看出，在高水压力条件下，流动虽然有波动，但波动很小，在误差允许的范围内。

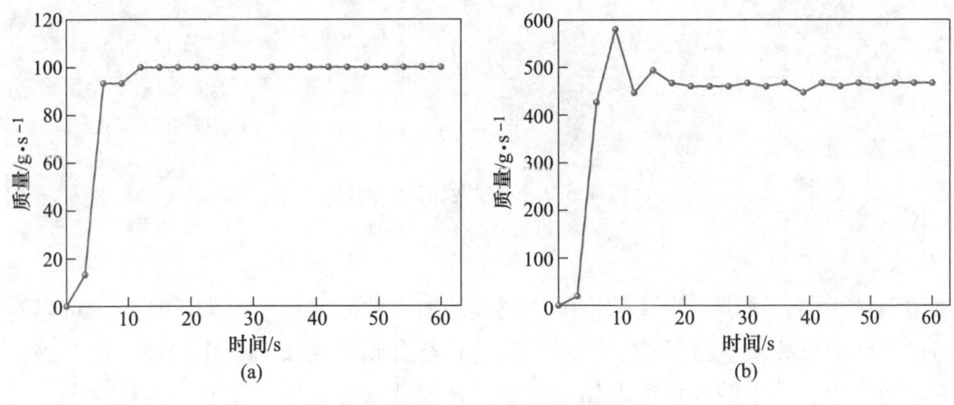

图 3.5.5　水渗流测试结果
（a）低水压渗流；（b）高水压渗流

对于光滑单裂隙（隙宽为 4mm）低流速阶段渗流，水流运动规律满足 Darcy 定律，可用立方定律对渗流量进行预测。图 3.5.6 所示为流量与压力梯度关系曲线，从图中可以看出实测值与理论值相差甚微，表明试验系统设计合理，测试方法可行。

图 3.5.7 所示为水沙分相测量装置测试结果，两组试样骨架的孔隙率相同，

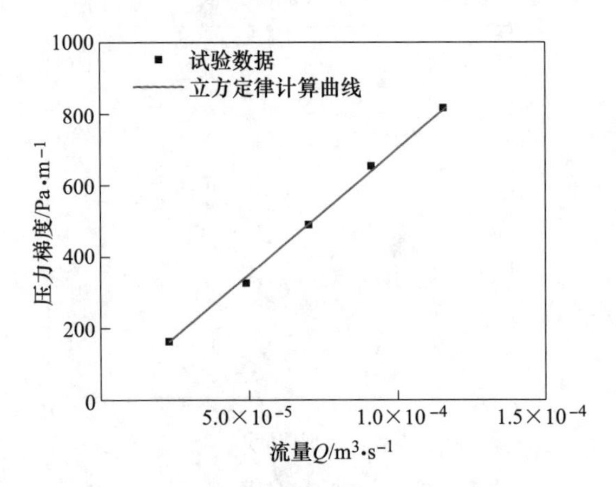

图 3.5.6　光滑单裂隙 Darcy 渗流测试

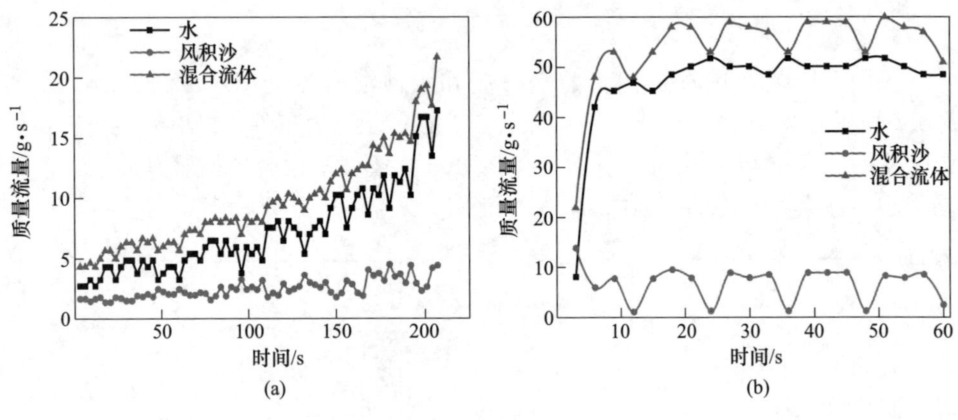

图 3.5.7　水沙两相流动测试

（a）高浓度；（b）低浓度

试验条件相同，区别在于孔隙空间中充填的细颗粒浓度相差很大。从图中可以看出水和沙的分相质量流量均呈周期性波动且符合此消彼长的变化趋势，即当水的流速增大时，沙子的迁移速度相对减小，在较低浓度条件下，波动相对较小。

上述试验结果表明，自主研发的平面水力输沙试验系统设计合理，测试方法可行，且具有一定的精准性，能够满足本书的研究要求。

参 考 文 献

[1] 王路珍．变质量破碎泥岩渗透性的加速试验研究［D］．北京：中国矿业大学，2014.

[2] 宋良．裂隙含沙渗流模型与应用研究［D］．北京：中国矿业大学，2013.

[3] 姚邦华．破碎岩体变质量流固耦合动力学理论及应用研究［D］．北京：中国矿业大学，2012.

[4] 杜锋．破碎岩体水沙两相渗透特性试验研究［D］．北京：中国矿业大学，2013.

4　散体颗粒介质渗流阻力演化规律

4.1　颗粒形状与排列对渗流阻力的影响

4.1.1　光滑球形颗粒非 Darcy 渗流阻力演化特征

粒径是描述多孔介质结构特征的关键参数之一，与孔隙率、颗粒球度/粗糙度和曲折度等因素共同作为影响渗透率与惯性因子的组成因素[1,2]。因此，粒径的改变对渗流特征产生显著影响。Kozeny-Carman 方程将粒径与孔隙率作为线性渗流系数的两个基本变量[3]，著名的 Ergun 方程，在 Kozeny-Carman 方程基础上添加了惯性项，惯性项系数依然采用粒径与孔隙率为描述孔隙结构的两个变量[4]。同时，粒径与孔隙率之间也存在函数关系[5]。由此可见，粒径在多孔介质渗流中扮演着极其重要的角色。下面就以粒径作为切入点，分析渗透率、非 Darcy 因子与流动转捩临界参数与粒径之间的关系。

4.1.1.1　试验材料与方案

为研究粒径对渗流阻力的影响，本试验选择表面光滑的 304 不锈钢钢珠作为渗透介质，填充于内径 $D=60$mm，长度为 $L=200$mm 有机玻璃装样筒中。试验材料如图 4.1.1 所示。填装好试样的物理性质与试验方案见表 4.1.1。

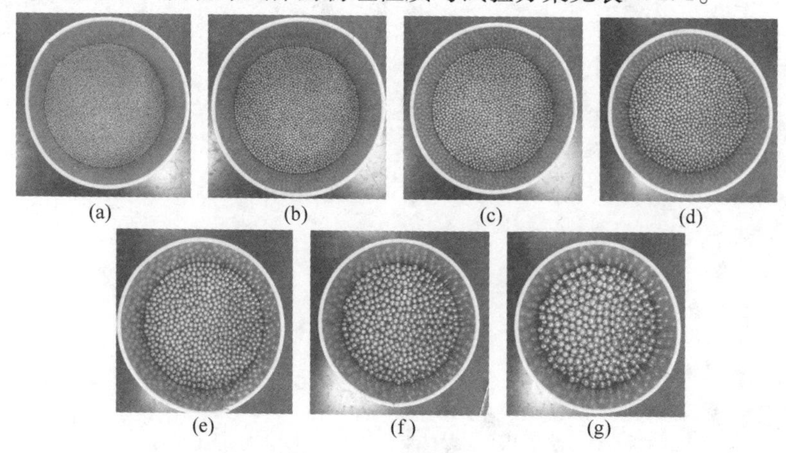

图 4.1.1　钢珠样品

(a) $d=1.0$mm；(b) $d=1.5$mm；(c) $d=2.0$mm；(d) $d=2.5$mm,；(e) $d=3.0$mm；(f) $d=4.0$mm；(g) $d=5.0$mm

表 4.1.1　钢珠填充体属性与试验方案

试验编号	试验材料	粒径/mm	填装后孔隙率	压差梯度范围/Pa · m^{-1}
S-1	304 不锈钢钢珠	1.0	0.4345	1471.05~716447.23
S-2		1.5	0.4345	1471.05~737024.86
S-3		2.0	0.4345	1471.05~728795.51
S-4		2.5	0.4345	1471.05~708212.22
S-5		3.0	0.4345	1471.05~712330.01
S-6		4.0	0.4345	1471.05~712330.01
S-7		5.0	0.4345	1471.05~728795.51

为降低壁面效应对渗流的影响，所选钢珠的最大直径 d_{max} 应小于装样筒内径 D 的 1/10。本次试验选用钢珠粒径分别为 0.1mm、0.15mm、0.2mm、0.25mm、0.3mm、0.4mm、0.5mm。304 不锈钢钢珠的密度为 7930kg/m^3，各组填充钢珠的总质量相同，保证每组试样的孔隙率相同，分层填装于装样筒之中，保证填装均匀，填充后孔隙率为 43.45%。试验开始前对试样进行抽真空饱和。每个试样进行 63/64 次渗流。由于最小颗粒为 1.0mm，小于多孔板孔径，因此在多孔板中夹持滤布以防止颗粒漏出。

4.1.1.2　渗流流态的划分

渗流转捩是宏观黏性阻力与宏观惯性阻力相互转化的结果。完全由黏性阻力主导的流动为线性层流，完全由惯性阻力主导的流动为湍流。在多孔介质中，由形状阻力引起的细观微惯性阻力是导致渗流偏离线性开始向湍流转捩的原因。在不同的流动状态，流体的流动表现出不同的特征，描述流动的方程也不相同，因此流态划分是对各参数深入分析的基础。同时，通过对宏观渗流流态进行划分，分析渗流转捩发生时黏性阻力与惯性阻力的定量关系，从而进一步分析粒径对渗流阻力的转化的影响。

对于室内渗流实验研究，学者普遍采用绘制函数关系曲线的方法进行流态划分。函数曲线包括流速与水力梯度（压力梯度）关系曲线、双对数坐标下摩擦系数（f）与雷诺数（Re）关系曲线和根据 Forchheimer 方程整理的压力降与流速（或雷诺数）函数关系曲线等，其中后两种方法理论清晰、可操作性强，得到了学者们广泛的认可和采用，因此本次研究采用两种方法进行对比分析，以求得到更为可靠的划分结果。

A　Moody-type 曲线划分流态

摩擦系数与雷诺数关系曲线又称为 Moody-type 曲线，采用 Moody-type 曲线对流动状态进行划分的结果如图 4.1.2 所示，根据 7 组等径钢珠试验数据

绘制的 *Re-f* 曲线。从曲线可以看出，渗流过程经历了线性 Darcy 流、非 Darcy 层流以及湍流三个阶段。非 Darcy 层流到湍流间的转换存在明显的不连续数据点，曲线中黑色填充的数据点分别为层流的下限临界点与湍流的上限临界点。

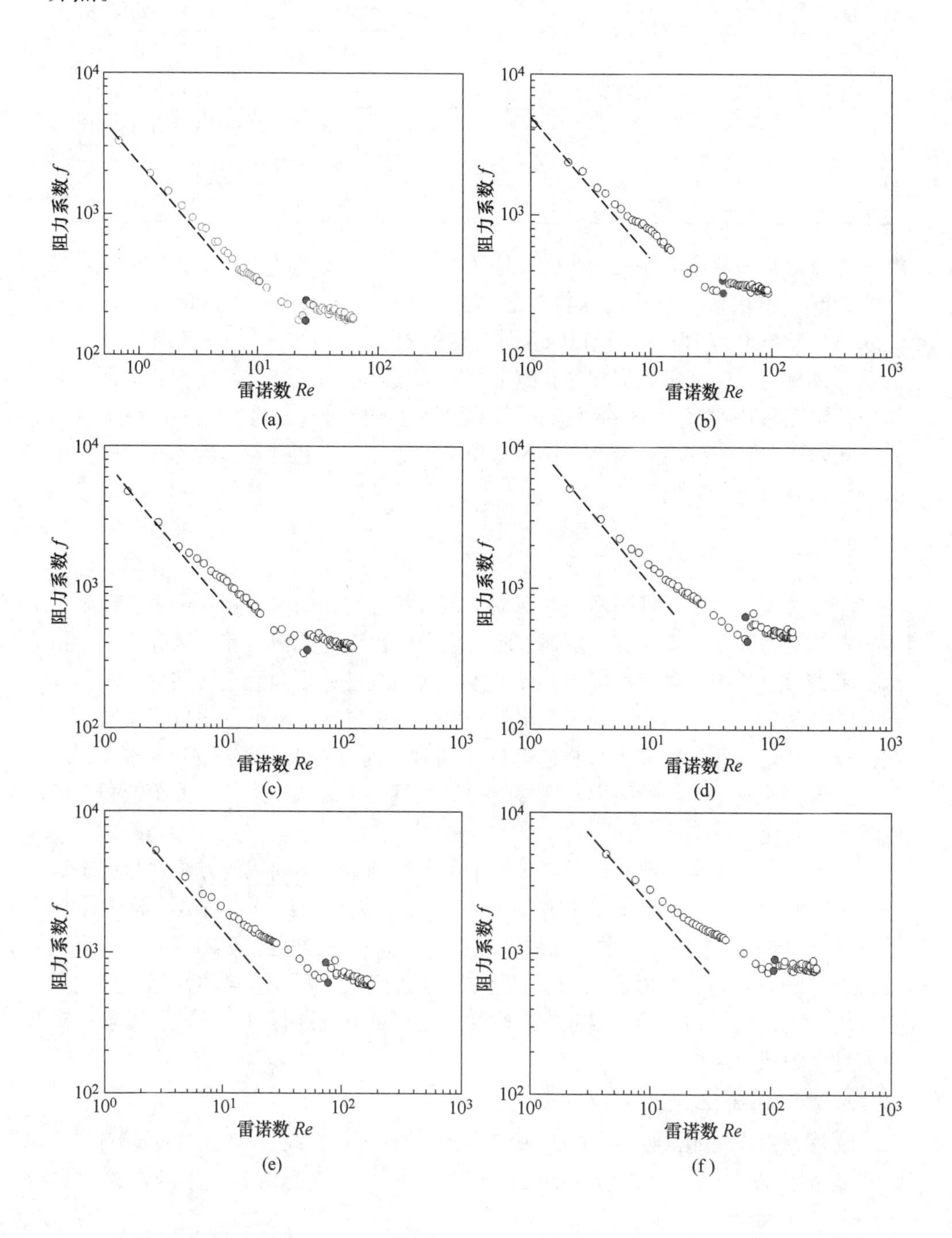

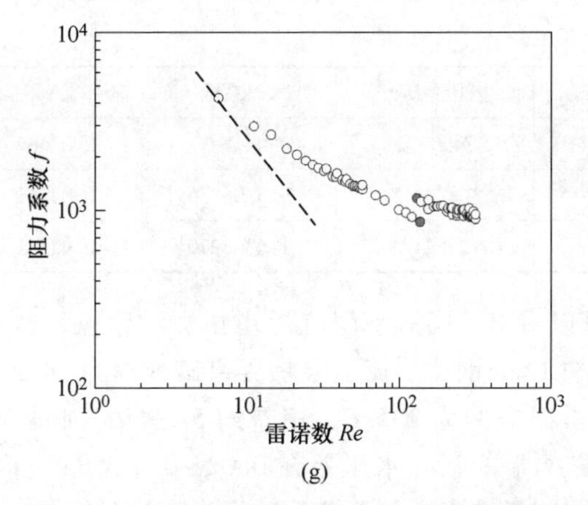

图 4.1.2 七组钢珠填充床 Moody-type 曲线流态

（a）d=1.0mm；（b）d=1.5mm；（c）d=2.0mm；（d）d=2.5mm；（e）d=3.0mm；（f）d=4.0mm；（g）d=5.0mm

室内渗流试验是在不同压力级下进行多组流动测试，获得离散的数据点。因此，在实际的试验中无法保证所选定的压力值恰巧在流动转捩的临界点上。同时，层流到湍流的转捩也是在一定参数范围内发生的逐步转化，层流下限临界值与湍流的上限临界值分别见表 4.1.2a，表 4.1.2b。

表 4.1.2a 等径钢珠填充床渗流层流下限临界数据点参数

试样编号	粒径/mm	雷诺数 Re_c	摩擦系数 f	流速 v/m · s^{-1}	压力差 Δp/MPa
S-1	1	24.9174	176.1078	0.02492	0.0219
S-2	1.5	39.5056	281.8437	0.02634	0.0261
S-3	2	51.7642	357.7895	0.02588	0.0240
S-4	2.5	63.4836	423.9177	0.02539	0.0219
S-5	3	77.3430	607.2067	0.02578	0.0269
S-6	4	106.0785	765.1396	0.02652	0.0269
S-7	5	135.6452	856.9151	0.02713	0.0252

表 4.1.2b 等径钢珠填充床渗流湍流上限临界数据点参数

试样编号	粒径/mm	雷诺数 Re_c	摩擦系数 f	流速 v/m · s^{-1}	压力差 Δp/MPa
S-1	1	25.2025	244.8223	0.02520	0.0311
S-2	1.5	38.9243	346.3941	0.02595	0.0311
S-3	2	52.4003	453.0641	0.02620	0.0311
S-4	2.5	61.2246	630.7137	0.02449	0.0303

续表 4.1.2b

试样编号	粒径/mm	雷诺数 Re_c	摩擦系数 f	流速 v/m · s^{-1}	压力差 Δp/MPa
S-5	3	74.0572	848.0908	0.02469	0.0345
S-6	4	108.4218	915.08856	0.02711	0.0336
S-7	5	129.2421	1163.6970	0.02585	0.0311

从表 4.1.2a 可以看出，层流下限临界雷诺数和摩擦系数均随着粒径的增大而增大，粒径最小的 1mm 钢珠层流下限临界雷诺数约为 24.9，粒径最大的 5mm 钢珠层流下限临界雷诺数约为 135.6，相差约 5.19 倍；临界流速值基本保持在 2.5~2.7cm/s；试样两端的临界水压差在 0.02~0.03MPa 之间。从表 4.1.2b 可以看出，湍流的上限临界雷诺数与摩擦系数也均随粒径的增大而增大，最小粒径 1mm 钢珠湍流上限临界雷诺数约为 25.2，最大粒径 5mm 钢珠湍流上限临界雷诺数约为 129.2，二者相差约为 5.38 倍；临界流速值为 0.024~0.026m/s，试样两端水压差基本相同，其中 4 组渗流试验的临界水压差为 0.0311MPa，其余 3 组临界压差在 0.0303~0.0345MPa 范围内。

流态转捩的临界流速没有明显的随粒径变化的规律，这是由于所选颗粒粒径差别较小，同时颗粒的排列是随机排列，随机排列的试样曲折度不同，对流动阻力也存在一定影响。无量纲的临界雷诺数更能体现转捩临界值随粒径变化的规律。雷诺数表示惯性阻力与黏性阻力之比。试验结果表明，更大粒径颗粒组成的多孔介质，从层流到湍流转捩的发生需要更大的惯性能量。

B RPD 曲线划分流态

RPD 曲线是基于渗流基本方程推导得到的无量纲压力（dimensionless pressure drop）与雷诺数曲线[6]或压力梯度降（reduce pressure drop）与流速（或雷诺数）关系曲线[7]。当流动服从 Darcy 定律时，$\Delta p/(Lv)=-\mu/k_0$，k_0 为 Darcy 渗透率，是常数，流体黏度为常数，那么压力降为一条水平直线；当流动服从 Forchheimer 方程时，Forchheimer 方程可改写为 $\Delta p/(Lv)=-\mu/k_0+\beta\rho v$，其中非 Darcy 因子与流体密度均为常数，可以得到压力降是速度的一次函数，RPD 曲线为随流速增大的斜线。在 Forchheimer 流与湍流两个阶段，RPD 曲线为两段斜率不同直线，由于 RPD 函数关系没有改变，两段直线斜率相差不大，在对一些试验结果的处理中与 log(Re-f) 曲线相比，较难辨别出临界点[6~8]。log(Re-f) 曲线与 RPD 曲线相比各具优势，前者能够清晰识别出 Darcy、Forchheimer 与湍流三种流态，但很难识别出 pre-Darcy 渗流状态，RPD 曲线恰好弥补了这点不足。因此，采用两种曲线对比分析划分渗流状态更为准确。采用压力降与雷诺数关系曲线进行流态划分，7 组钢珠的渗流结果如图 4.1.3 所示。

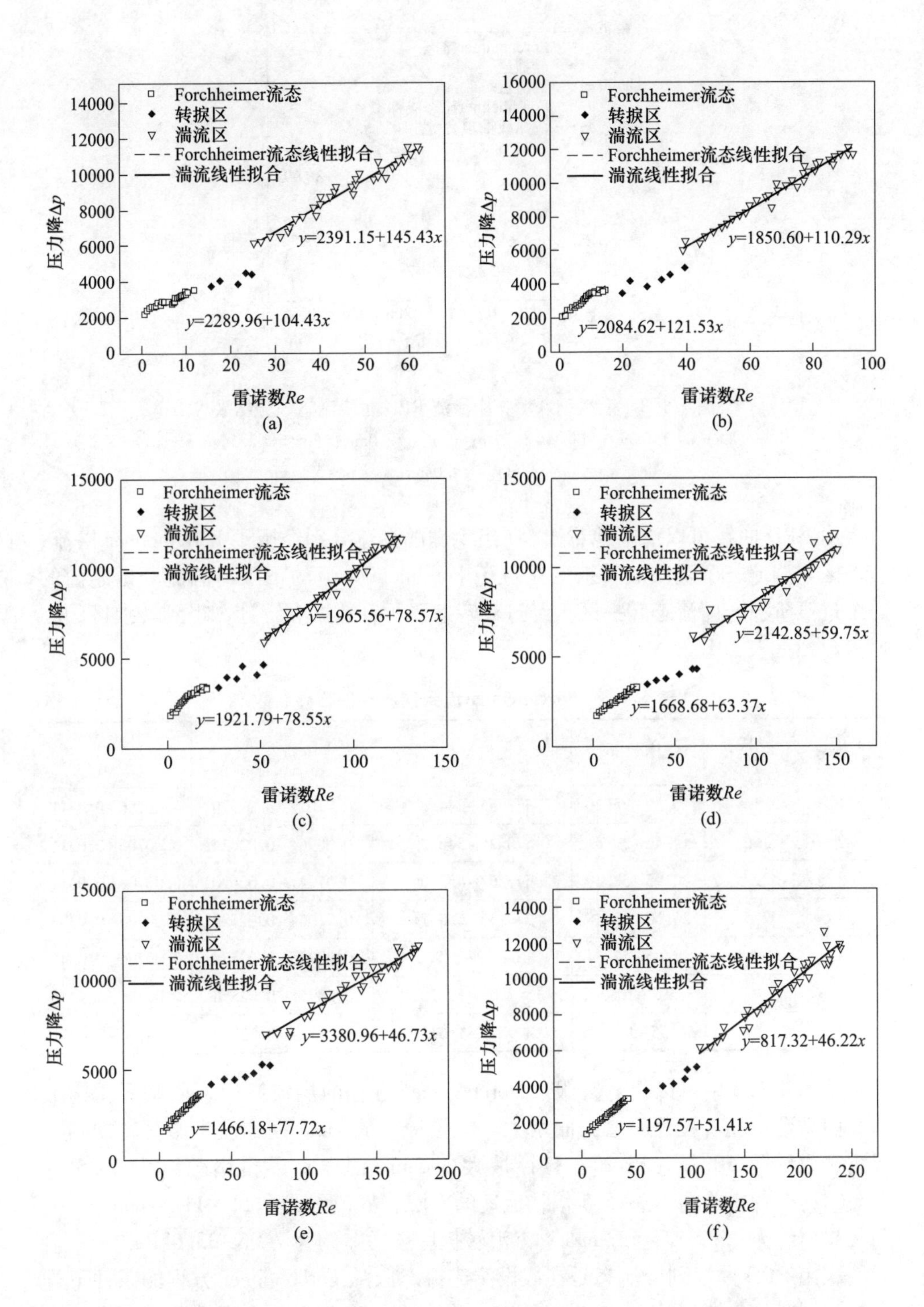

Forchheimer流态
转捩区
湍流区
Forchheimer流态线性拟合
湍流线性拟合
压力降Δp
雷诺数Re
y=2391.15+145.43x
y=2289.96+104.43x
(a)
y=1850.60+110.29x
y=2084.62+121.53x
(b)
y=1965.56+78.57x
y=1921.79+78.55x
(c)
y=2142.85+59.75x
y=1668.68+63.37x
(d)
y=3380.96+46.73x
y=1466.18+77.72x
(e)
y=817.32+46.22x
y=1197.57+51.41x
(f)

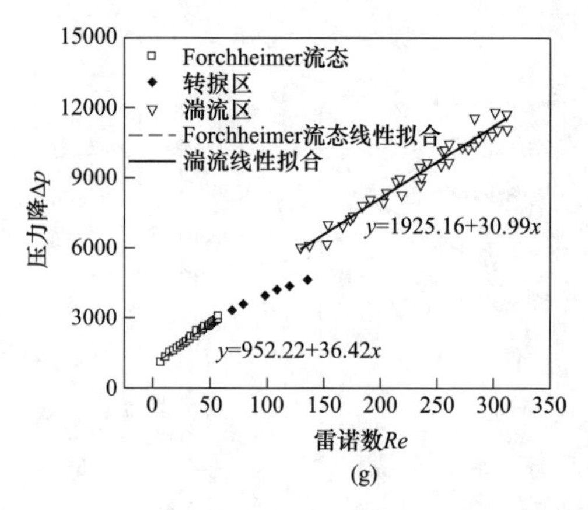

图 4.1.3　七组钢珠填充床渗流 RPD 曲线流态划分结果

(a) d=1.0mm；(b) d=1.5mm；(c) d=2.0mm；(d) d=2.5mm；(e) d=3.0mm；(f) d=4.0mm；(g) d=5.0mm

由 RPD 曲线可以清晰地看出，7 组钢珠的渗流分别经历了 Forchheimer 层流、转捩区与湍流三个阶段。转捩区是位于 Forchheimer 流的下限与湍流开始之前的一个过渡阶段，即流态转捩区。经过对转捩区所有数据点统计，得到转捩区的临界参数，见表 4.1.3。

表 4.1.3　Forchheimer 流到湍流转捩临界参数

试样编号	粒径 d/mm	雷诺数 Re_c	摩擦系数 f	流速 v/m·s^{-1}	压力降 Δp/MPa
S-1	1	10.29~25.20	333.56~244.82	0.01029~0.02520	0.00706~0.0311
S-2	1.5	14.46~39.51	570.26~346.39	0.00964~0.02634	0.00706~0.0311
S-3	2	20.95~52.40	643.62~453.06	0.01047~0.02620	0.00706~0.0311
S-4	2.5	26.60~63.48	779.36~630.71	0.01064~0.02539	0.00706~0.0303
S-5	3	28.66~77.34	1160.32~848.09	0.00955~0.02578	0.00706~0.0345
S-6	4	38.22~108.42	1547.09~1011.52	0.00955~0.02578	0.00706~0.0336
S-7	5	56.55~135.65	1379.94~1163.70	0.01131~0.02713	0.00706~0.0311

从表 4.1.3 中可以得到，服从 Forchheimer 方程的层流阶段下限临界雷诺数与摩擦系数均随着粒径的增大而增大，粒径最小的 1mm 钢珠发生渗流转捩的临界雷诺数约为 10.25~25.20，粒径最大的 5mm 钢珠临界雷诺数约为 56.55~135.65，二者相差约 5.3~5.5 倍；流速的下限临界值约为 9.55~11.31mm/s，上限临界值约为 25.2~27.13mm/s；渗流转捩区压力差约为 7.06~33.6kPa。

采用 RPD 曲线划分流态是在假设湍流流态服从 Forchheimer 方程的条件下进行的，同时认为湍流流态与 Forchheimer 流态下的渗透率与非惯性因子不同，因此对两种不同流态数据点进行线性拟合将得到两组不同系数。分别对 Forchheimer 流与湍流数据点进行线性拟合，可以得到两种流态下的拟合方程。拟合系数见表 4.1.4。从表中可以看出，Forchheimer 流态下线性拟合得到的常数项与速度一次项系数均随粒径的增大而减小，同时湍流流态下拟合得到的速度一次项系数也随着粒径的增大而减小。

表 4.1.4 RPD 曲线拟合方程系数

试样编号	粒径/mm	Forchheimer 流拟合系数 $\Delta p/(Lv) = A + Bv$		湍流拟合系数 $\Delta p/(Lv) = A' + B'v$	
		A	B	A'	B'
S-1	1	2289.96	104.43	2391.15	145.43
S-2	1.5	2084.62	121.53	1850.60	110.29
S-3	2	1921.79	78.55	1965.56	78.57
S-4	2.5	1668.68	63.37	2142.85	59.75
S-5	3	1466.18	77.72	3380.96	46.73
S-6	4	1197.57	51.41	817.32	46.22
S-7	5	952.22	36.42	1925.16	30.99

通过上述两种流态划分方法对 7 组等径钢珠的渗流数据进行流态划分的结果可以得到，粒径与临界雷诺数、Forchheimer 流和湍流流态的线性拟合系数之间均存在规律性关系。下面针对粒径对各参数的影响进一步分析。

4.1.1.3 粒径对渗透率和非 Darcy 因子的影响

A 渗透率与非 Darcy 因子的实测值与理论值

渗透率和非 Darcy 因了是描述多孔介质容许流体通过能力的几何结构表征参数，一般认为在 Darcy 流动下的渗透率是多孔介质的固有属性[9]，其值为常数。很多学者通过渗流试验提出了以结构参数描述的渗透率表达式，其中最为著名的是 Carman（1937）在 Kozeny 研究基础上进一步分析并提出的 Kozeny-Carmen 方程[3]。Carman 逐一分析了影响黏滞阻力的因素，包括颗粒粒径、固体表面形状、孔隙率和渗流路径等，Kozeny-Carman 方程是在 Darcy 流的前提下推导得出的，不包含速度平方项。Ergun（1952）在 Kozeny-Carman 方程的基础上提出了 Forchheimer 类型的 Ergun 方程，Ergun 方程保留了 Kozeny-Carman 方程中对黏性阻力项的表达，并给出了以结构参数描述的速度二次项系数表达式，同样采用了粒径与孔隙率进行描述[4,10]。Kozeny-Carman 方程与 Ergun 方程是基于球体颗粒填充柱渗流理想状态获得的，一些学者通过不同渗透介质实验对方程的系数进行了修正[5,11~14]，得到的渗透率与非 Darcy 因子的经验公式见表 4.1.5。

表 4.1.5 渗透率与非 Darcy 因子经验表达式

学者	Permeability k/m^2	non-Darcy factory β/m^{-1}
Ergun（1952）	$k=\dfrac{\varepsilon^3 d^2}{150(1-\varepsilon)^2}$	$\beta=\dfrac{1.75(1-\varepsilon)}{\varepsilon^3 d}$
Ward（1964）	$k=\dfrac{d^2}{360}$	$\beta=\dfrac{10.44}{d}$
Irmay（964）	$k=\dfrac{\varepsilon^3 d^2}{180(1-\varepsilon)^2}$	$\beta=\dfrac{0.6(1-\varepsilon)}{\varepsilon^3 d}$
Kovács（1981）	$k=\dfrac{\varepsilon^3 d^2}{144(1-\varepsilon)^2}$	$\beta=\dfrac{2.4(1-\varepsilon)}{\varepsilon^3 d}$
Fand and Thinakaram（1990）	$k=\dfrac{\varepsilon^3 d^2}{214(1-\varepsilon)^2\left[1+\dfrac{2}{3}\dfrac{d}{D(1-\varepsilon)}\right]^2}$	$\beta=\dfrac{1.57(1-n)}{\varepsilon^3 d}\left[1+\dfrac{2}{3}\dfrac{d}{D(1-\varepsilon)}\right]$
Kadlec and Knight（1996）	$k=\dfrac{\varepsilon^{3.7} d^2}{255(1-\varepsilon)}$	$\beta=\dfrac{2(1-\varepsilon)}{\varepsilon^3 d}$

将试验测得的 7 组等径钢珠填充柱的渗透率与非 Darcy 因子，与表 4.1.5 中所列公式计算结果进行对比，结果见表 4.1.6a 和表 4.1.6b。

表 4.1.6a 渗透率 k 的测量结果与计算结果 （m^2）

粒径/mm	Current work	Ergun (1952)	Ward (1964)	Irmay (1964)	Kovács (1981)	Fand、Thinakaram (1990)	Kadlec、Knight (1996)
1	4.544×10^{-10}	1.710×10^{-9}	2.778×10^{-9}	1.425×10^{-9}	1.781×10^{-9}	1.153×10^{-9}	3.174×10^{-10}
1.5	4.811×10^{-10}	3.848×10^{-9}	6.250×10^{-9}	3.206×10^{-9}	4.008×10^{-9}	2.545×10^{-9}	7.141×10^{-10}
2	5.372×10^{-10}	6.840×10^{-9}	1.111×10^{-8}	5.700×10^{-9}	7.125×10^{-9}	4.439×10^{-9}	1.270×10^{-9}
2.5	5.791×10^{-10}	1.069×10^{-8}	1.736×10^{-8}	8.907×10^{-9}	1.113×10^{-8}	6.806×10^{-9}	1.984×10^{-9}
3	6.236×10^{-10}	1.539×10^{-8}	2.500×10^{-8}	1.283×10^{-8}	1.603×10^{-8}	9.620×10^{-9}	2.856×10^{-9}
4	7.306×10^{-10}	2.736×10^{-8}	4.444×10^{-8}	2.280×10^{-8}	2.850×10^{-8}	1.649×10^{-8}	5.078×10^{-9}
5	8.920×10^{-10}	4.275×10^{-8}	6.944×10^{-8}	3.563×10^{-8}	4.453×10^{-8}	2.484×10^{-8}	7.935×10^{-9}

表 4.1.6b 非 Darcy 因子 β 的测量结果与计算结果

粒径/mm	Current work	Ergun (1952)	Ward (1964)	Irmay (1964)	Kovács (1981)	Fand、Thinakaram (1990)	Kadlec、Knight (1996)
1	230955.75	12064.28	10440.00	4136.32	16545.29	12301.32	13787.75
1.5	204505.02	8042.85	6960.00	2757.55	11030.20	8279.89	9191.83

续表 4.1.6b

粒径/mm	Current work	Ergun (1952)	Ward (1964)	Irmay (1964)	Kovács (1981)	Fand、Thinakaram (1990)	Kadlec、Knight (1996)
2	177684.03	6032.14	5220.00	2068.16	8272.65	6269.18	6893.87
2.5	155709.08	4825.71	4176.00	1654.53	6618.12	5062.75	5515.10
3	141098.70	4021.43	3480.00	1378.77	5515.10	4258.47	4595.92
4	117074.03	3016.07	2610.00	1034.08	4136.32	3253.11	3446.94
5	116045.50	2412.86	2088.00	827.26	3309.06	2649.90	2757.55

图 4.1.4 所示为渗透率的计算值与实测值对比。结果表明，渗透率随着粒径的增大而增大。从图 4.1.4 中可以看出，经验公式计算所得结果过高地估计了渗透率。上述 6 组经验公式中，由 Ward（1964）公式计算所得结果与实测值的差距最大，相比之下根据 Fand、Thinakaram（1990）和 Kadlec、Knight（1996）提出的公式计算的结果与实测值的差距最小。造成这个结果的原因是，表 4.1.5 中所列公式均为基于假定与简化的几何模型条件推导半经验公式，通过第 2 章对渗透率与非 Darcy 因子的分析已经知道，渗透率与非 Darcy 因子受到多种孔隙结构参数的影响，在最简单的等径毛细管模型中，渗透率是孔隙率与粒径的函数，而在简单立方体排列的球体颗粒模型中，渗透率还要受到比表面积的影响。

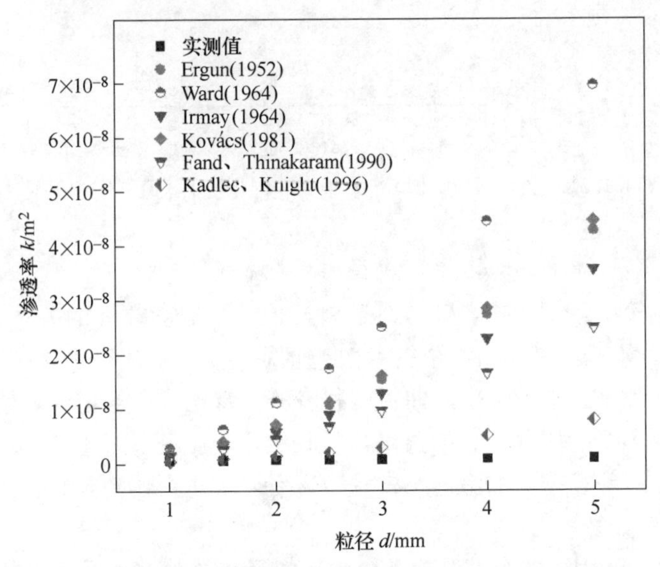

图 4.1.4　七组等径钢珠填充床渗透率计算值与实测值对比

Ward（1964）提出的公式中仅包含了粒径 d 这一项孔隙结构参数，根据单一结构参数所获得经验方程的误差相应较大，所以采用 ward 公式计算所得结果与实测值相差较大，拟合度最低。相比之下，Fand、Thinakaram（1990）提出的公式不但考虑了孔隙率与粒径两个基本孔隙结构参数影响，同时还考虑了粒径与填装容器尺寸的比值关系，因此，应用 Fand 和 Thinakaram 提出的公式计算结果与实测值较为接近。同时，Kadlec 和 Knight（1996）所提公式与其余公式相比，在考虑了孔隙率、粒径和经验常数修正的基础上，对孔隙率的指数取了经验值，因此具有更好的拟合度。

图 4. 1. 5 所示为非 Darcy 因子的计算结果与实测结果对比。结果表明非 Darcy 因子随着粒径增大而减小，经验公式过低地估计了非 Darcy 因子。通过表 4. 1. 5 可以发现渗透率 k 与非 Darcy 因子 β 二者基本为反比关系，如果孔隙介质的渗透率增大，那么在相同水力条件下的非 Darcy 因子将降低；反之，孔隙介质的渗透率降低，非 Darcy 因子将有所升高。

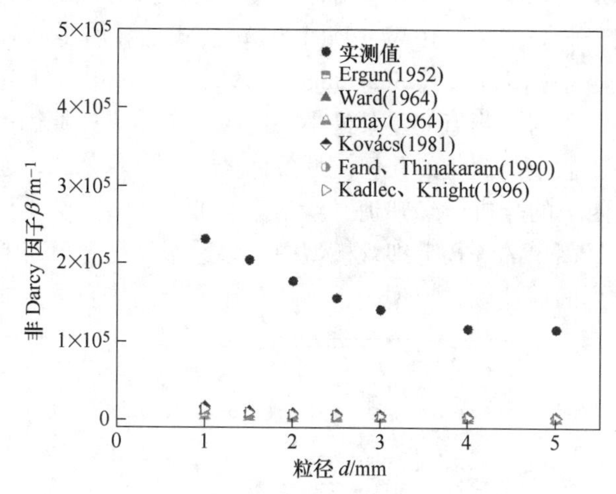

图 4. 1. 5　七组等径钢珠填充床非 Darcy 因子计算值与实测值对比

B　渗透率、非 Darcy 因子与粒径的函数拟合

在本书的第 1 章中，作者针对渗透率与孔隙结构参数间的关系进行了分析。研究表明，影响渗透率的孔隙结构参数包括粒径、孔隙率、颗粒形状、曲折度等。其中，孔隙率、颗粒形状、曲折度和多颗粒修正系数等均为无量纲参数。在孔隙结构固定不变的情况下，渗透率与粒径的平方成正比，量纲为［L^2］；通过试验测得了 7 组等径钢珠的渗透率，对渗透率与 d^2 进行函数拟合，所得结果如图 4. 1. 6 所示。

影响非 Darcy 因子的孔隙结构参数包括粒径、孔隙率、颗粒形状、多颗粒修正系数等结构参数。在孔隙结构固定不变的情况下，非 Darcy 因子与粒径的倒数成正比，量纲为［L^{-1}］。通过对试验数据的拟合与计算，得到了 7 组钢珠试样的非 Darcy 因子，非 Darcy 因子与粒径倒数的拟合关系如图 4. 1. 7 所示。

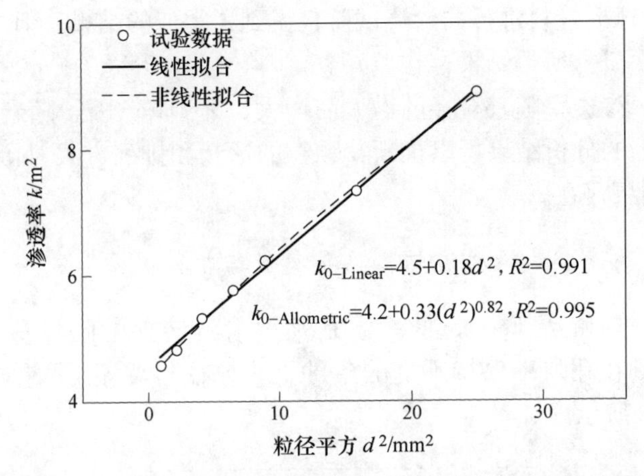

图 4.1.6 七组等径钢珠填充床渗透率与粒径平方拟合关系

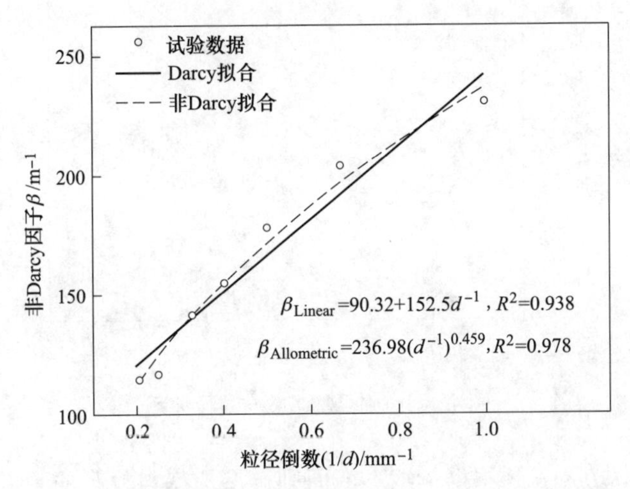

图 4.1.7 七组等径钢珠填充床非 Darcy 因子与粒径倒数拟合关系

Huang（2013）等通过填充柱渗流试验证明了球体颗粒以简单立方体排列时渗透率（k）与粒径的平方（d^2）成正比，并且 k 随着 d^2 的增大呈线性增加；非 Darcy 因子（β）与粒径的倒数（$1/d$）成正比，且随着 $1/d$ 的增大呈线性增加[10]。从图 4.1.6 渗透率的拟合结果可以看出，线性拟合的相关系数为 0.991，幂数函数拟合得到的相关系数为 0.995。显然，后者的相关系数较高。与 Huang 等试验相比，本次试验所用的球体颗粒随机排列于装样筒之中，与简单立方体排列结构相比有较大的曲折度。曲折度会对试样的渗透率产生影响。类似地，图 4.1.7 中对非 Darcy 因子的拟合结果表明，β 与 $1/d$ 进行幂函数拟合得到的相关系数为 0.978，线性拟合得到的相关系数为 0.938，显然幂函数拟合度更高。

Sedghi-Asl 等对球形骨料进行的渗流试验也得到了类似的结果，但拟合得到的$1/d$项的指数与本次研究所得结果存在差异[15]。

综上所述，渗透率随着粒径的增大而增大，非 Darcy 因子随着粒径的增大而减小。根据以上的分析结果可以推断，颗粒的形状和排列方式对函数关系 k-d^2 和 β-$1/d$ 的拟合结果存在影响。

4.1.1.4　高速非线性渗流转捩临界参数与粒径关系

临界雷诺数与临界 Forchheimer 数是判别渗流转捩的临界参数。由渗透率 $k \propto d^2$ 可以得到在孔隙率保持不变的条件下，粒径与湍流上限临界雷诺数的关系，如图 4.1.8 所示。

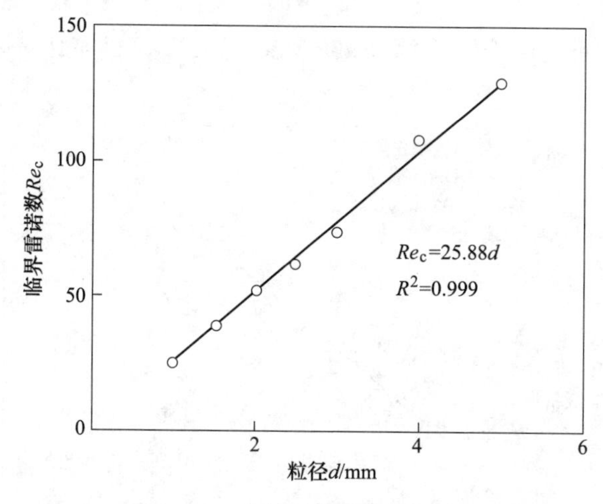

图 4.1.8　临界雷诺数与粒径关系

由于 $Fo = k_0\beta\rho v/\mu$，根据量纲不变原则，渗透率与粒径的平方成正比，$k \propto d^2$，且非 Darcy 因子与粒径的倒数成正比，$\beta \propto 1/d$，因此可以得到 $Fo \propto (\rho v/\mu)d$。在渗流转捩发生的临界点处，流速、流体密度和流体的动力黏度均为常数，因此 Fo 数与粒径成正比。对 Fo 与粒径进行线性拟合得到如图 4.1.9 所示结果。

结果表明，在孔隙率相同的条件下，较大颗粒组成的介质渗流流态转化为湍流产生的惯性损失更大，也就是说随着粒径的增大，产生湍流流动需要的动能越高，孔隙结构产生的阻力也越大。由此可推断，在较大的单个孔隙空间中，更容易形成漩涡，流体流动的惯性也越强烈。

4.1.1.5　试验结论

通过对 7 组表面光滑的钢珠填充床的渗流试验，得到了流体在高速非线性渗

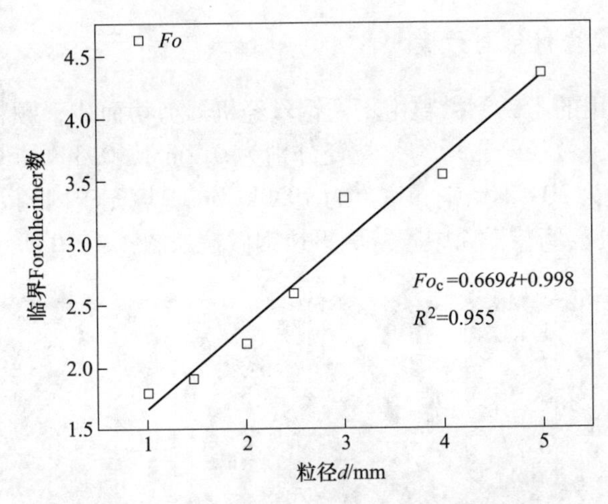

图 4.1.9 临界 Forchheimer 数与粒径关系

流数据，通过分析粒径与渗透率与非 Darcy 因子之间的函数拟合关系以及粒径尺寸与渗流转捩临界参数的影响，得到了高速非线性渗流条件下，粒径的大小与渗流阻力转化规律的关系。

(1) 在光滑等径圆球填充床的渗流中，渗透率随着粒径的增大而增大，非 Darcy 因子随着粒径的增大而减小。渗透率与粒径的平方、非 Darcy 因子与粒径的倒数均呈线性关系，由于颗粒为随机排列，渗流路径的曲折性对渗透率与非 Darcy 因子产生影响，因此对两组数据分别采用幂函数进行拟合得到的相关系数更高。

(2) 在光滑等径球体填充床的渗流中，随着粒径的增大，渗流状态从 Forchheimer 流向湍流转捩的临界雷诺数（Re_c）呈线性增大，对应的临界 Forchheimer 数也基本呈线性增大。

(3) 在孔隙率相等的条件下，较大颗粒构成的等径光滑球体颗粒填充床在渗流发生转捩时，运动流体本身具有更高的惯性，宏观多孔介质中的惯性作用占比也更高。在较大的孔隙空间中流体更容易发生湍流，惯性作用更强。

4.1.2 微不锈钢颗粒低速渗流阻力演化特征

通过 4.1.1 小节所列试验结果可以看出，光滑钢珠填充床的渗流试验中，Forchheimer 流（非线性层流）与湍流流态更为普遍，对应的 Re 数范围也更为广泛。而想要获得 pre-Darcy 流和 Darcy 流状态的渗流数据，分析 pre-Darcy 流到 Darcy 流与 Darcy 流到 Forchheimer 流的转捩特征，则需要进行更低流速下的渗流试验。在本小节的研究中，采用 0.2~0.6mm 不锈钢微粒材料进行渗流试验，可以将流速控制在最佳测量范围内的同时获得 pre-Darcy 流和 Darcy 流的特征参数。

4.1.2.1　试验材料与方案

试验材料选用的不锈钢微粒由不锈钢丝经机器剪切而成，颗粒微小，个体形状类似于圆柱体，粒径分布均匀，粒径分别为0.2mm、0.3mm、0.4mm、0.5mm和0.6mm。材料为304不锈钢，密度为7930kg/m³。填充于内径D=60mm、长度L=200mm的有机玻璃装样筒中。待测不锈钢微粒如图4.1.10所示。

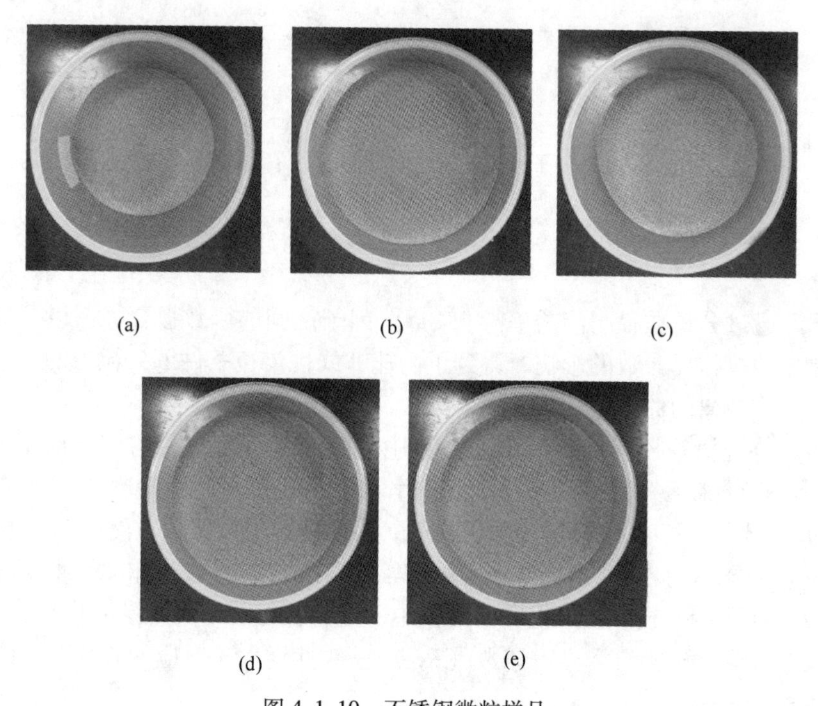

图4.1.10　不锈钢微粒样品
（a）0.2mm；（b）0.3mm；（c）0.4mm；（d）0.5mm；（e）0.6mm

填充容器的内径与微钢颗粒直径的比值为D/d=100～300，因此，可以忽略边壁效应对试验结果的影响。不锈钢微粒分层填入装样筒后，对其进行抽真空饱和，由于颗粒微小，填充体孔隙微小，与光滑钢珠相比气体较难排净，饱和时间视实际观察到的情况相应延长，以确保试样中气体排除彻底，达到预设饱和度（≥95%）。填充试样的物理性质和试验方案见表4.1.7。

4.1.2.2　渗流流态的划分

A　Moody-type曲线划分流态

对5组不锈钢微粒颗粒填充床渗流试验数据进行流态划分，如图4.1.11所示。

表 4.1.7 不锈钢微粒填充床性质与试验方案

试样编号	试验材料	粒径/mm	填装后孔隙率	压差梯度范围/Pa · m^{-1}
U-1	304 不锈钢微珠	0.2	0.3415	84361.29 ~ 1.476×10^6
U-2		0.3	0.3412	105451.61 ~ 1.450×10^6
U-3		0.4	0.3535	9227.016 ~ 1.239×10^6
U-4		0.5	0.3539	47453.23 ~ 1.113×10^6
U-5		0.6	0.3554	79088.71 ~ 1.094×10^6

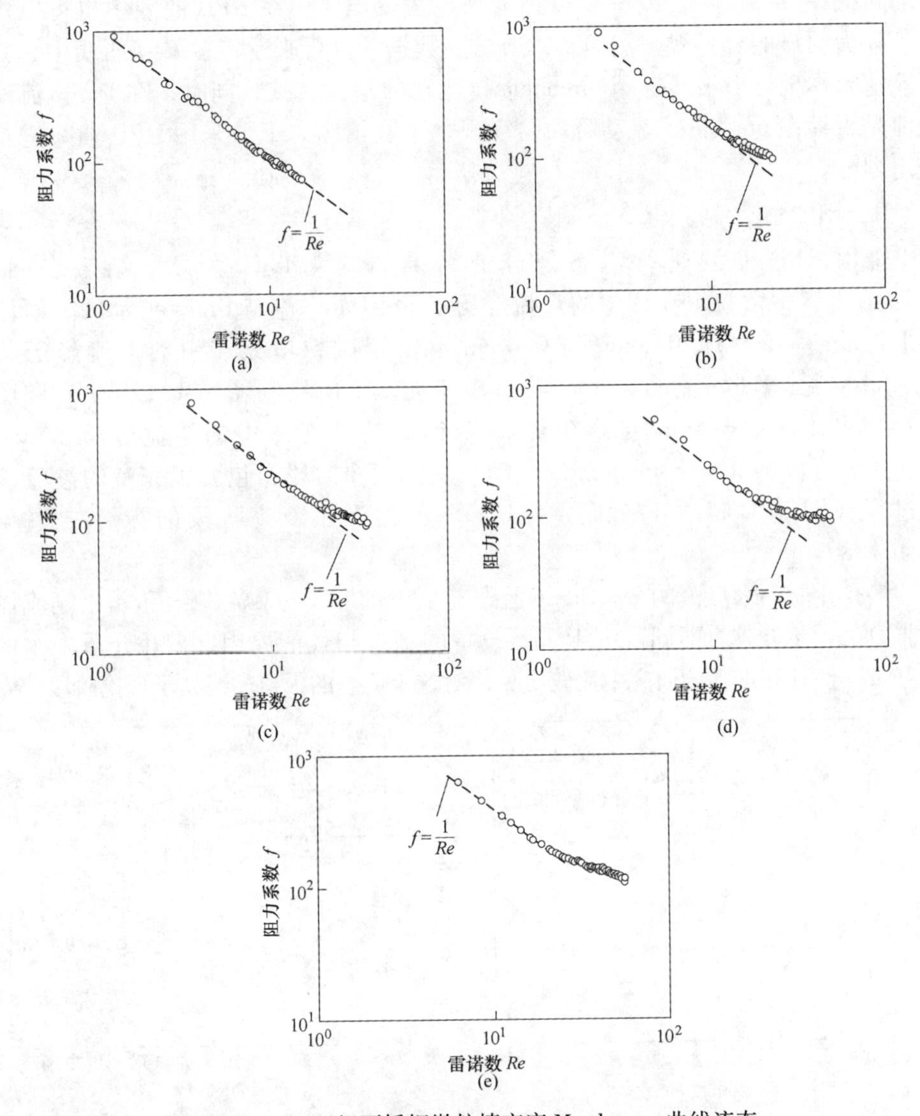

图 4.1.11 五组不锈钢微粒填充床 Moody-type 曲线流态

(a) 0.2mm; (b) 0.3mm; (c) 0.4mm; (d) 0.5mm; (e) 0.6mm.

首先分析在 Moody-type 图中的流态的变化规律，标注的虚线代表摩擦阻力与雷诺数为倒数关系，当数据服从这个函数关系时为 Darcy 流动。图 4.1.11（a）中，数据点基本落在 $f=1/Re$ 线上，少数前部分数据点偏离虚线。在图 4.1.11（b）、（c）和（d）中，前部少数与后部大部分数据点均偏离 $f=1/Re$ 线。与 4.1.1 小节中偏重于非线性的流态试验数据相比，此次试验获得的数据明显更偏重于低速的 Darcy 流态。

通过 4.1.2.1 节对 7 组钢珠流态转捩的分析可以发现，Forchheimer 流到湍流的转捩在 Re-f 关系曲线中可以很清晰地表现出来，在 RPD 曲线中也可以观察到较为明显的分界线。然而从本节试验数据的分析来看，在 Re-f 曲线中，并不能清晰体现出 Darcy 流与 Forchheimer 流动的渗流转捩，同时，在 Darcy 流动之前是否存在 pre-Darcy 流动阶段，表现也不甚清晰。下面采用 RPD 曲线进行流态划分。

B　RPD 曲线划分流态

采用 RPD 曲线进行流态划分的结果如图 4.1.12 所示。结果表明，0.2mm 不锈钢微粒填充床中的渗流经历了 pre-Darcy 流与 Darcy 流动两个阶段（图 4.1.12（a）），0.3mm 与 0.4mm 不锈钢微粒填充床中的渗流经历了 pre-Darcy 流、Darcy 流动与 Forchheimer 流动三个阶段（图 4.1.12（b）和图 4.1.12（c）），0.5mm 与 0.6mm 不锈钢微粒填充床中的渗流经历了 pre-Darcy 流、Darcy 流、Forchheimer 流动与湍流四个阶段，包含了完整的渗流演变过程（图 4.1.12（d）和图 4.1.12（e））。各渗流阶段的拟合结果见表 4.1.8。

多孔介质中水渗流的 pre-Darcy 流态与低渗前非 Darcy 流[16,17]和非牛顿流体前非 Darcy 流动[18,19]不同，由于试验设备的精度与性能原因，多孔介质中水的 pre-Darcy 流动在以往的研究中比较罕见，对这个流态的报道始终处于理论阶段[20]，

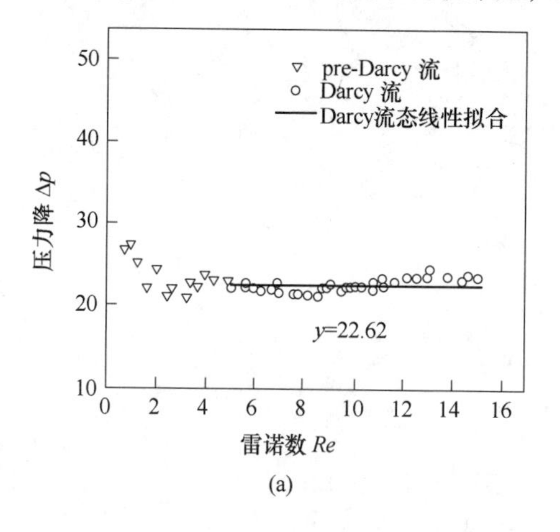

(a)

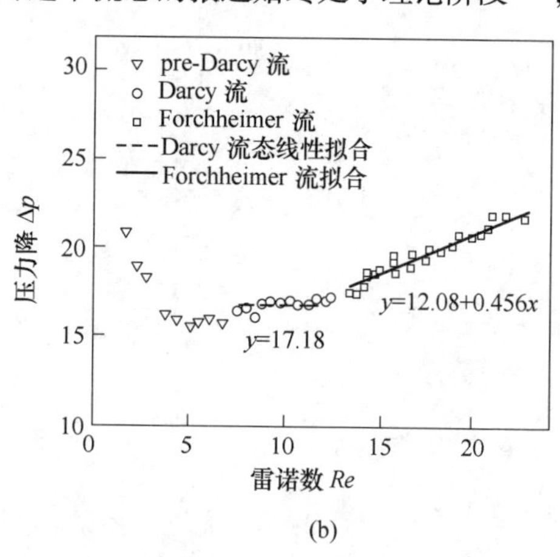

(b)

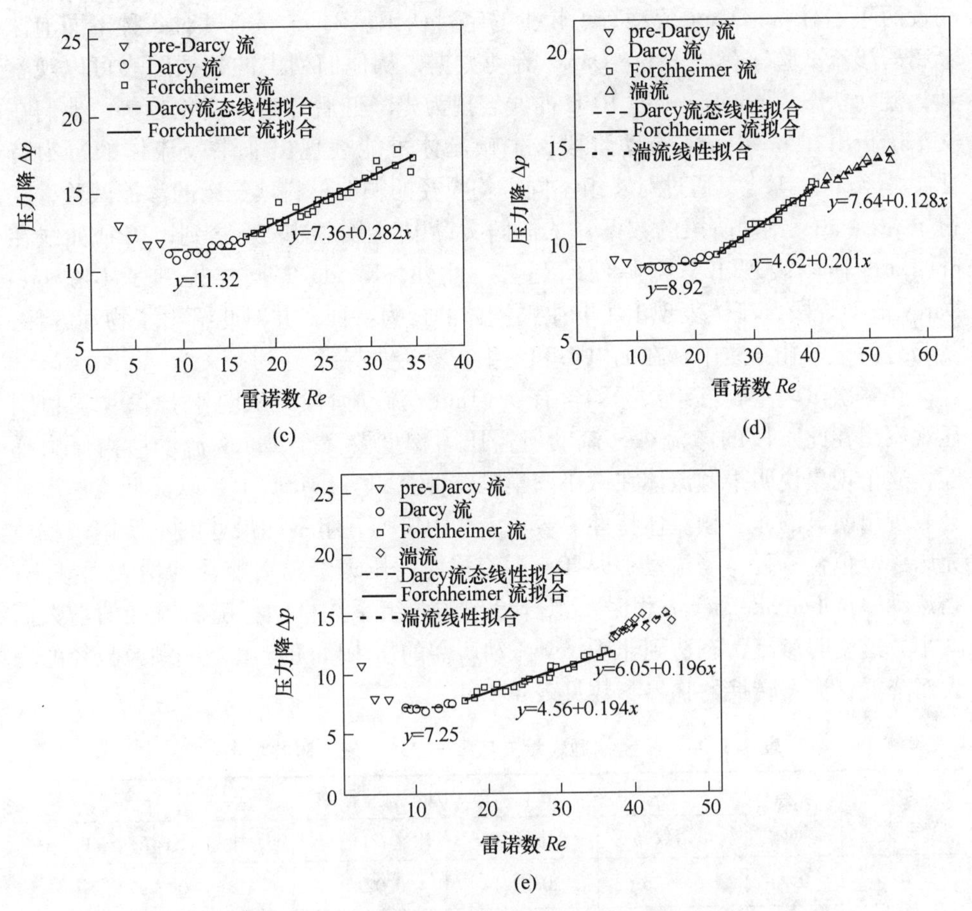

图 4.1.12 五组不锈钢微粒填充床 RPD 曲线流态

(a) 0.2mm; (b) 0.3mm; (c) 0.4mm; (d) 0.5mm; (e) 0.6mm

表 4.1.8 RPD 曲线拟合方程系数

试样编号	粒径/mm	Darcy 流拟合系数 $\Delta p/(Lv) = C$	Forchheimer 流拟合系数 $\Delta p/(Lv) = A + Bv$	
		C	A	B
U-1	0.2	22.62	—	—
U-2	0.3	17.18	12.08	0.456
U-3	0.4	11.32	7.36	0.282
U-4	0.5	8.92	4.62	0.201
U-5	0.6	7.25	4.56	0.194

在近两年才对 pre-Darcy 流动有了较少的定量认识。Bagci 等通过对 3 种不同泡沫金属的渗流试验，获得了 pre-Darcy 流动数据，从他们列出的数据图表可以观察到，流动状态为 pre-Darcy 时 RPD 曲线表现为先降低后升高的变化趋势，他们在文章中指出在 pre-Darcy 流动阶段，牛顿流体可能表现出非牛顿流体的行为特征[25]；Kundu 等[7,21]通过对 4 组不同平均粒径的颗粒材料填充床的渗流试验，获得了 pre-Darcy 流动阶段的数据，从他们文章中列出的图表观察到，RPD 曲线在 pre-Darcy 阶段表现出急剧降低的趋势。此外，Kundu 等同样提到了不在 pre-Darcy 流动阶段，流体表现出了非牛顿流体的行为特征，并对此给出了物理解释，认为是由于多孔介质中存在的电渗和毛细管渗透力导致。

在本次试验中，五组数据均含有 pre-Darcy 流动阶段，从图 4. 1. 12 中可以明显观察出在此阶段的渗流中，流动所需压力梯度要高于 Darcy 流动所需压力梯度，这个现象说明牛顿流体在微小密集颗粒填充的多孔介质中，以极低流速渗流会表现出明显的非牛顿流体特性。表 4. 1. 8 中所列五组不同尺寸的不锈钢微粒填充床渗流拟合方程，当流动服从 Darcy 定律时，压力降随着粒径的增大而减小；当流动服从 Forchheimer 方程时，拟合得到的两组系数也同样随着粒径的增大而减小。这说明渗流状态达到非-Darcy 流动所需的压力降随着填充床颗粒粒径的增大而降低，流态转捩的临界参数见表 4. 1. 9。

表 4. 1. 9a　不锈钢微粒填充床 pre-Darcy 流下限临界参数

试样编号	粒径 /mm	pre-Darcy 流下限临界值			
		雷诺数 Re	摩擦系数 f	流速 v/m · s^{-1}	压力梯度（$\Delta p/L$）/MPa · m^{-1}
U-1	0. 2	5. 1126	208. 2214	0. 02135	0. 07972
U-2	0. 3	7. 5292	228. 8083	0. 02200	0. 06201
U-3	0. 4	8. 5644	247. 3449	0. 01788	0. 03322
U-4	0. 5	8. 7156	248. 7892	0. 01456	0. 01772
U-5	0. 6	12. 0754	307. 9387	0. 01681	0. 02436

表 4. 1. 9b　不锈钢微粒填充床 Darcy 流下限临界参数

试样编号	粒径 /mm	Darcy 流下限临界值				
		雷诺数 Re	摩擦系数 f	流速 v/m · s^{-1}	压力梯度（$\Delta p/L$）/MPa · m^{-1}	Forchheimer 数
U-2	0. 3	13. 388	136. 979	0. 03912	0. 1174	—
U-3	0. 4	16. 809	138. 691	0. 03510	0. 0718	—
U-4	0. 5	18. 037	133. 610	0. 03013	0. 0408	—
U-5	0. 6	23. 755	170. 712	0. 03307	0. 0523	—

表 4.1.9c 不锈钢微粒填充床 Forchheimer 流下限临界参数

试样编号	粒径/mm	Forchheimer 流下限临界值				
		雷诺数 *Re*	摩擦系数 *f*	流速 v/m·s^{-1}	压力梯度 $(\Delta p/L)$/MPa·m^{-1}	Forchheimer 数
U-2	0.3	13.751	133.265	0.04018	0.1205	0.142
U-3	0.4	17.632	133.838	0.03681	0.0762	0.133
U-4	0.5	18.513	137.846	0.03092	0.0443	0.122
U-5	0.6	24.669	167.696	0.03434	0.0554	0.101

4.1.2.3 低速渗流粒径对临界参数的影响

A 粒径对临界压力梯度的影响

从表 4.1.9a 中 pre-Darcy 流到 Darcy 流转捩临界参数可以看出，随着粒径增大临界压力梯度存在降低的趋势。在微小颗粒密集排列的多孔介质中，渗流路径往往更为曲折，同时具有更大的固体与液体的接触面积。在相同孔隙率条件下，小颗粒填充床的比表面积要大于大颗粒填充床的比表面积。这就造成了更大的黏性阻力（由固体表面对液体产生的无滑移阻力）。因此，更小的颗粒填充床往往需要更大的压力梯度来实现流体的运动。颗粒越小，所需维持流体流动的压力梯度就越大。所以，在 pre-Darcy 下限临界值，颗粒越小所需压力梯度越大。

B 粒径对临界流速的影响

与压力梯度变化趋势相同的是，从 pre-Darcy 到 Darcy 流动转捩的临界流速随着粒径越大表现出了降低的趋势。同样，小颗粒填充床黏性渗流阻力大，需要的水压越大，起动之后也更容易获得较大的流速。相比较下，较大颗粒填充床比表面积较小，固体表面对流体造成的黏性阻力小，更容易达到稳定的层流状态。

C 粒径对临界雷诺数和临界 Forchheimer 数的影响

孔隙率相近的均匀颗粒填充床，由小粒径构成的孔隙结构单个孔隙较小，孔隙个数较多；由大颗粒构成的孔隙结构单个孔隙较大，孔隙个数较少。雷诺数代表细观孔隙中纯流体的惯性强度，Forchheimer 数代表宏观整体的惯性效应比率。由表 4.1.9 可以看出，从 pre-Darcy 到 Darcy 流以及从 Darcy 到 Forchheimer 流的两次流动转捩临界雷诺数均随着粒径的增大而增大，这说明从细观孔隙尺度来说，在较大的单体孔隙空间中发生渗流转捩时水流的惯性效应更强，而在较小的单体孔隙空间中渗流转捩产生所需的惯性作用稍弱。从宏观角度来看，虽然在较大孔隙中流动转捩时流体的惯性更强，但是多孔介质整体惯性效应（或者可以说是局部形阻效应）所占总渗流阻力的比率确实是随着粒径的增大而减小的。

粒径与雷诺数、粒径与 Forchheimer 数的关系分别如图 4.1.13 和图 4.1.14 所示。

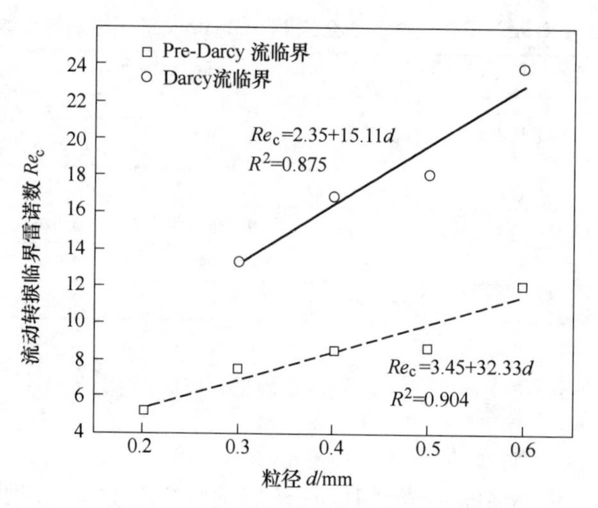

图 4.1.13　临界雷诺数与粒径关系

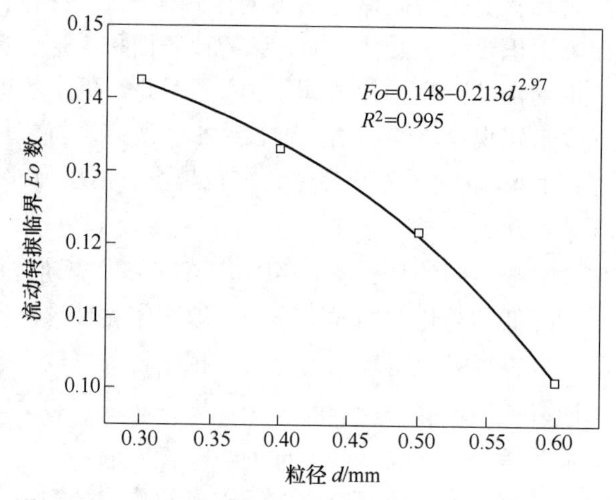

图 4.1.14　Forchheimer 流上限临界 Fo 数与粒径的关系

通过对粒径与雷诺数、粒径与 Forchheimer 数分析可以得到拟合方程：$Re_c = 2.35 + 15.11d$，$Re_c = 3.45 + 32.33d$ 和 $Fo = 0.148 - 0.213d^{2.97}$。

4.1.2.4　粒径与渗透率的关系

A　渗透率的实测值与理论值对比

除表 4.1.5 中所列常见渗透率半经验表达式外，Sidiropoulou（2007）等经过对 300 余组数据的总结分析，提出了 Forchheimer 型经验公式，其中速度一次项系数为 $A = 0.00333d^{-1.5}\varepsilon^{0.06}$，速度二次项系数为 $B = 0.1943d^{-1.265}\varepsilon^{-1.1414}$。由此

可以得到渗透率的经验公式 $k = \mu/A$。渗透率的经验值与试验测得值对比见表 4.1.10。

表 4.1.10 渗透率 k 的测量结果与计算结果

粒径/mm	Current work	Ergun（1952）	Ward（1964）	Irmay（1964）	Kovács（1981）	Fand、Thinakaram（1990）	Kadlec、Knight（1996）	Sidiropoulou（2007）
0.2	3.76×10^{-11}	2.45×10^{-11}	1.11×10^{-10}	2.04×10^{-11}	2.55×10^{-11}	1.71×10^{-11}	4.47×10^{-12}	9.06×10^{-7}
0.3	5.61×10^{-11}	5.49×10^{-11}	2.50×10^{-10}	4.58×10^{-11}	5.72×10^{-11}	3.81×10^{-11}	1.00×10^{-11}	1.66×10^{-6}
0.4	7.83×10^{-11}	1.13×10^{-10}	4.44×10^{-10}	9.39×10^{-11}	1.17×10^{-10}	7.79×10^{-11}	2.07×10^{-11}	2.56×10^{-6}
0.5	9.68×10^{-11}	1.77×10^{-10}	6.94×10^{-10}	1.47×10^{-10}	1.84×10^{-10}	1.22×10^{-10}	3.25×10^{-11}	3.57×10^{-6}
0.6	1.12×10^{-10}	2.59×10^{-10}	1.00×10^{-9}	2.16×10^{-10}	2.70×10^{-10}	1.78×10^{-10}	4.77×10^{-11}	4.70×10^{-6}

对比结果如图 4.1.15 所示。从结果可以看出，Ergun（1952），Ward（1964），Irmay（1964），Kovács（1981）和 Fand、Thinakaram（1990）等半经验公式高估了渗透率，其中 Ward（1964）公式计算结果与实测结果误差最大。而 Kadlec、Knight（1996）提出的经验公式低估了渗透率的值。Fand、Thinakaram 和 Kadlec、Knight 两组半经验公式的计算值与实测结果最为接近。此外，由图可以看出，实测值与计算值的误差随着粒径的增大而增大。

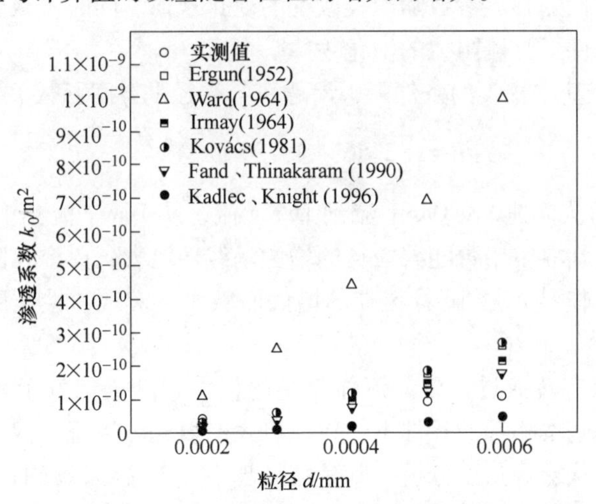

图 4.1.15 五组均匀不锈钢微粒填充床渗透率计算值与实测值对比

B 渗透率与粒径的函数拟合

拟合渗透率与粒径平方的函数关系可得到如图 4.1.16 所示结果。结果表明，由均匀非球形微粒组成的填充床，渗透率与粒径平方之间为幂函数关系，随着粒径增大，渗透率的值呈幂函数形式增加，粒径平方的指数取值在 0~1 之间。

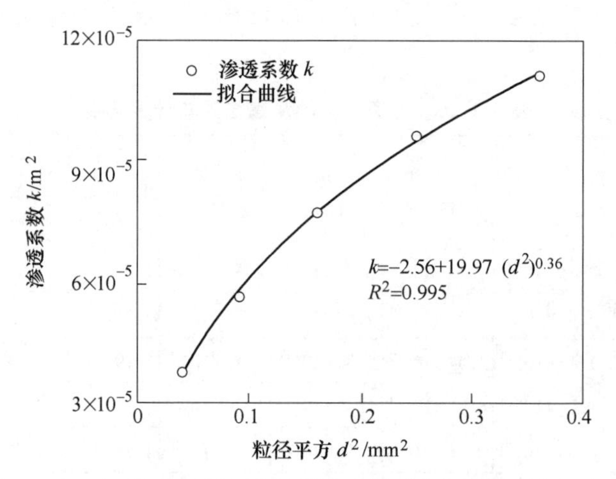

图 4.1.16　五组均匀不锈钢微粒填充床渗透率与粒径平方拟合关系

4.1.2.5　试验结论

本节实验研究了均匀不锈钢微粒填充床的低速渗流特征。通过对渗透率与非 Darcy 因子经验估计值与实测值的对比，分析了半径验公式的适用性与原因。得到了低速渗流转捩的临界参数随粒径改变的变化规律。同时，得到了在微小颗粒填充体低流动条件下渗流阻力的演化规律。

（1）孔隙率基本相等的条件下，渗透率与粒径平方间函数关系为：

$$k = -2.56 + 19.97\,(d^2)^{0.36} \tag{4.1.1}$$

（2）在流动从低速 pre-Darcy 流到 Darcy 流，从 Darcy 流到 Forchheimer 流两次转捩过程中，临界雷诺数随着粒径的增大呈线性增大，单个孔隙空间中流体本身的惯性更强。临界 Fo 数随着粒径的增大而减小，宏观惯性作用的强度随着粒径的增大而降低。

（3）低速流态转捩过程中，流体自身的惯性强度仍依赖于单个孔隙空间的大小。在孔隙率基本相等的条件下，粒径更大的填充床渗流转捩时流体自身的惯性作用更强。但从宏观角度分析，则是粒径越小，渗流路径越曲折，越容易产生形阻涡流，宏观惯性作用越强。

4.1.3　粗糙颗粒渗流阻力演化特征分析

4.1.2 节主要讨论了粒径对渗流特征参数的影响。颗粒的形状也对渗流阻力的演化特征有重要影响。为研究颗粒形状对渗流阻力的影响，下面选择表面粗糙的沙粒材料进行渗流试验，以与表面光滑的钢珠进行对比。

4.1.3.1 试验材料与方案

本次研究选用由3种不同颗粒材料筛分而成的9组不同粒径沙粒材料，分别进行渗流试验。其中0~0.6mm沙粒材料为取自我国西部榆林矿区小纪汗煤矿的地下含水层风成沙；0.6~2.36mm为取自辽宁鞍山地区的河沙；2.36~4.75mm为石英碎石。将三种材料经过高频振筛机的筛分，得到0~0.075mm、0.075~0.15mm、0.15~0.3mm、0.3~0.6mm四组风成沙试样；0.6~10mm、1.0~2.0mm和2.0~3.36mm三组河沙试样；2.36~4.75mm和4.75~9.5mm两组石英碎石。共计9组。试验材料如图4.1.17所示。

本次试验选择长度230mm有机玻璃装样筒。将沙粒（或碎石）分层填装入装样筒内，分5~8次填装，每次填装试样的质量相同，并用木槌捣实。在多孔板中夹持滤布，防止细小沙粒被水流冲出。装样筒安装于试验装置主体后，对试样加微小轴压，以固定散体颗粒。试验开始前首先进行抽真空饱和，由于颗粒表面粗糙，故抽真空时间略长于钢珠试样。9组试样填装后物理性质与试验方案见表4.1.11。

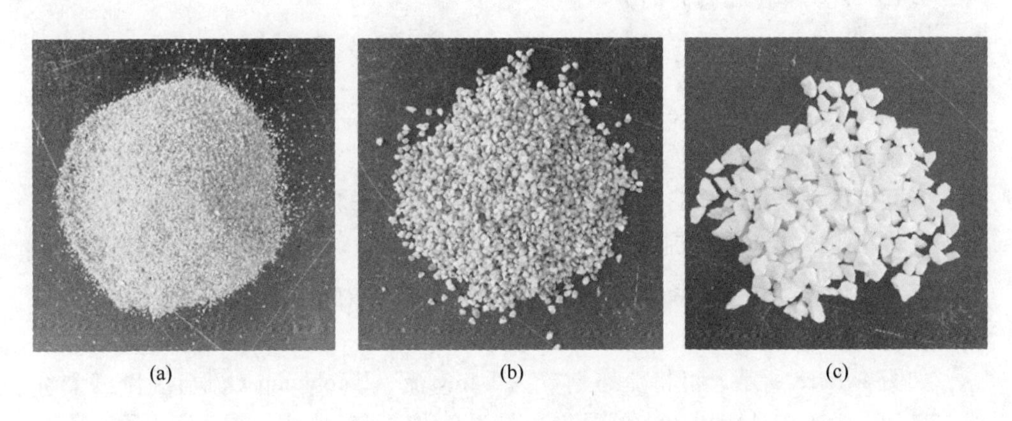

(a) (b) (c)

图4.1.17 试样材料
（a）风成沙；（b）河沙；（c）石英碎石

表4.1.11 沙粒与碎石填充床性质与试验方案

试样编号	试验材料	粒径范围/mm	平均粒径 d_m/mm	材料密度/kg·m^{-3}	孔隙率/%	压差梯度范围/Pa·m^{-1}
M-1	风成沙	0~0.075	0.0375	2620	35.19	267857.14~545238.10
M-2		0.075~0.15	0.1125	2620	35.33	29761.90~357142.86
M-3		0.15~0.3	0.225	2620	35.56	29761.90~357142.86
M-4		0.3~0.6	0.45	2620	35.94	29761.90~422619.05

续表 4.1.11

试样编号	试验材料	粒径范围 /mm	平均粒径 d_m/mm	材料密度 /kg · m^{-3}	孔隙率 /%	压差梯度范围/Pa · m^{-1}
M-5	河沙	0.6~1.0	0.8	2650	44.78	29761.90~422619.05
M-6		1.0~2.0	1.5	2650	44.28	29761.90~422619.05
M-7		2.0~2.36	2.18	2650	44.58	29761.90~380952.38
M-8	石英碎石	2.36~4.75	3.555	2820	45.06	29761.90~380952.38
M-9		4.75~9.5	7.125	2820	44.63	29761.90~380952.38

需要说明的是，本次试验所用风成沙取自小纪汗煤矿所在地的含水层，预设水力梯度范围在 0~50 之间。但在试验过程中发现，粒径范围 0~0.075mm 填充柱在水力梯度低于 25 时流速十分微小，现有设备很难精确测量。因此，试验中提高了 0~0.075mm 粒径试样水力梯度，使其流速达到可测量的最佳流速范围。

4.1.3.2 渗流流态的划分

A Moody-type 曲线流态划分

首先，采用 Moody-type 曲线对 9 组筛分沙粒与碎石材料的渗流状态进行划分。由于试验所用材料为连续级配沙颗粒与石英碎石经高频振筛机筛分获得的，是在实际工程现场取得的自然界中材料，与粒径统一的等径钢珠试样不同，很难精确获得在每一级粒径范围内的颗粒分布情况，因此，在雷诺数与摩擦系数的计算中，与平均粒径相比，Ward（1964）提出的 $\sqrt{k}$ 作为特征长度更具代表性[22]。Moody-type 曲线流态划分的结果如图 4.1.18 所示。

如图 4.1.18 所示，可将流态划分为 Darcy 流、Forchheimer 流与湍流三个阶段。最初，学者们认为 Re-f 曲线是一个单调变化的函数曲线，在层流阶段摩擦系数 f_k 随着雷诺数 Re_k 的增加而单调递减，在流动发展为湍流后，摩擦系数随着雷诺数增大不再发生改变。然而最近几年的研究结果表明，摩擦系数并非始终随着雷诺数的增大而单调递减，在渗流转捩阶段存在摩擦系数随着雷诺数增大而增大的现象[23~25]。在图 4.1.18 所示试验数据中恰恰包括这个摩擦系数随雷诺数增大而增大的转捩区域。因此，选择 Re-f 曲线的峰值数据点（驻点）为湍流的上限临界点。

Moody-type 曲线可以清晰划分出层流与湍流的临界，然而难于区别线性的 Darcy 流动阶段与非线性的 Forchheimer 流动阶段临界点。下面通过 RPD 曲线对渗流流态进行更进一步的分析。

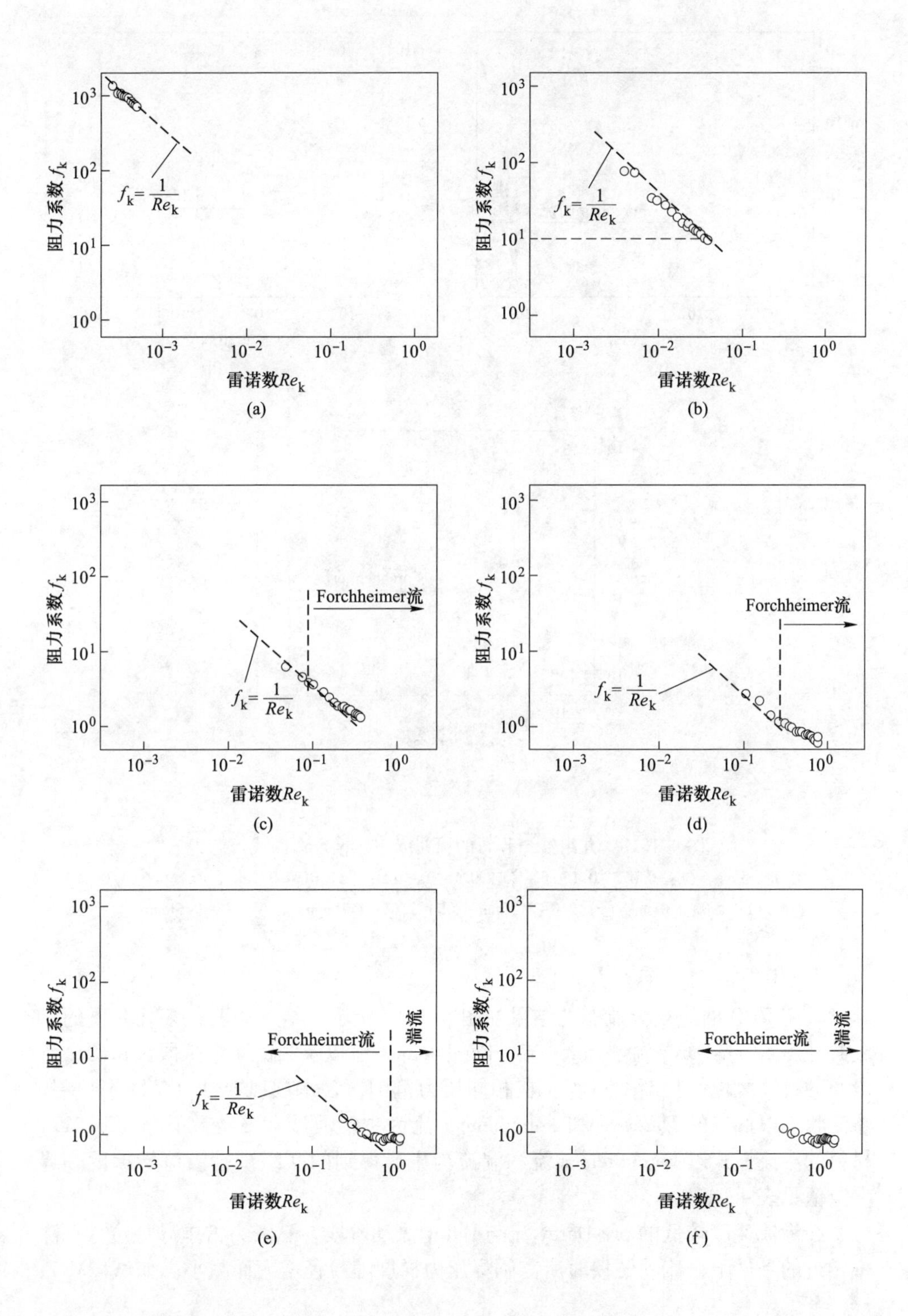
阻力系数 f_k
雷诺数 Re_k
$f_k = \frac{1}{Re_k}$
Forchheimer流
湍流
(a)
(b)
(c)
(d)
(e)
(f)

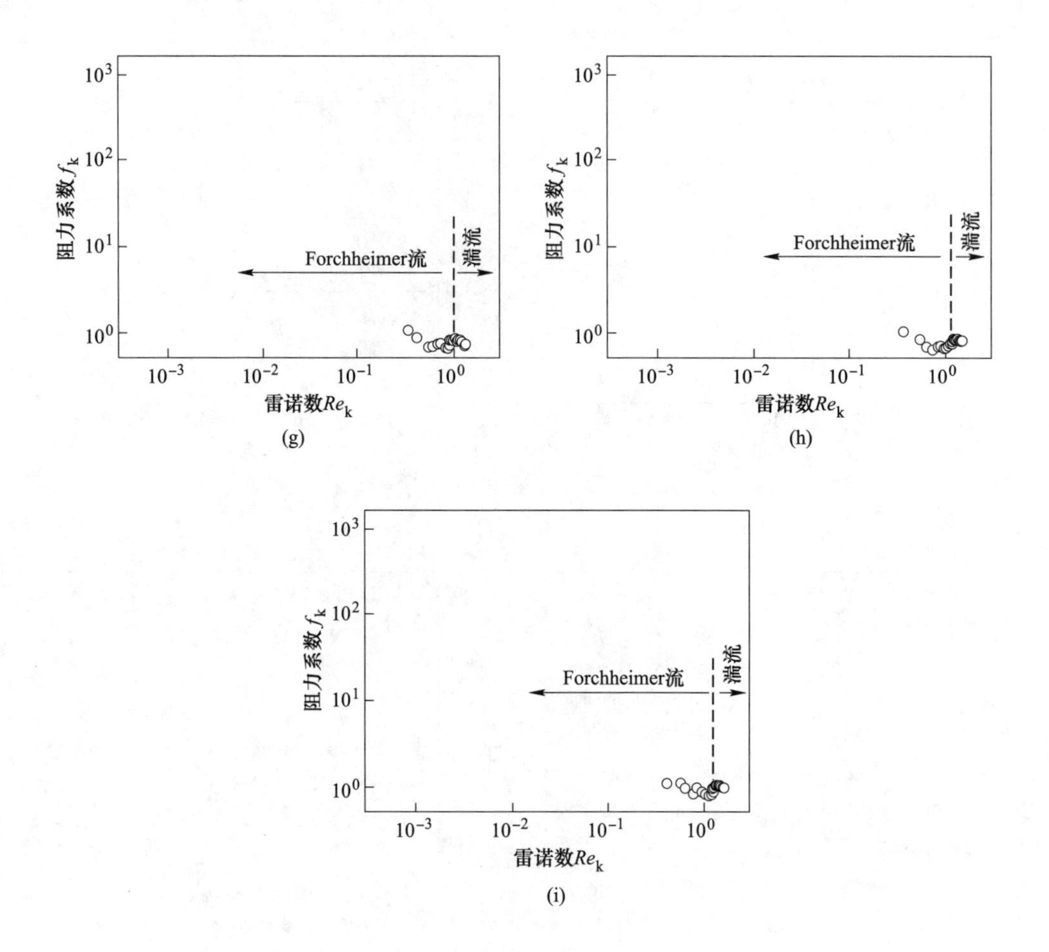

图 4.1.18　九组沙与碎石的填充床 Moody-type 曲线流态

(a) 0~0.075mm；(b) 0.075~0.15mm；(c) 0.15~0.3mm；(d) 0.3~0.6mm；(e) 0.6~1.0mm；(f) 1.0~2.0mm；(g) 2.0~2.36mm；(h) 2.36~4.75mm；(i) 4.75~9.5mm

B　RPD 曲线流态划分

采用 RPD 曲线划分流态的结果如图 4.1.19 所示。结果表明，多孔介质的渗流共经历了 pre-Darcy 流、Darcy 流、Forchheimer 流以及湍流 4 个阶段，每两个阶段间的过渡区域都是渐变过程。在相同压力范围，含水层风成沙（M1~M4）的渗流状态以低速的 Darcy 流和 Forchheimer 流为主；河沙和石英碎石（M5~M9）材料的渗流模式以 Forchhiemer 流和湍流为主。得到的 9 组试验渗流转捩的临界参数值见表 4.1.12。

在渗流速度较低的 pre-Darcy 流与 Darcy 流动阶段，黏滞力占主导地位。孔隙率相近的条件下，流动转捩时所需临界压力梯度随粒径增大而减小。如试样M-1、

M-2 和 M-3 所示，孔隙率为 0.35±0.01，其中粒径较大的 M-3 试样临界压力梯度为 74404.76Pa/m，其次为试样 M-2，临界压力梯度为 104166.67Pa/m，最小颗粒试样 M-1 的临界压力梯度为 484523.81Pa/m。随着流速增大，渗流模式由 Darcy 流向 Forchheimer 流转捩，惯性-黏性交替影响，惯性逐步占主导地位。M-3 和 M-4试样的临界压力梯度均为 0.03MPa。M-5～M-9 试样由 Darcy 流向 Forchheimer 流转捩的临界压差为 178571.43Pa/m，达到完全湍流的临界压降均为 267857.14Pa/m，黏性力可忽略不计。

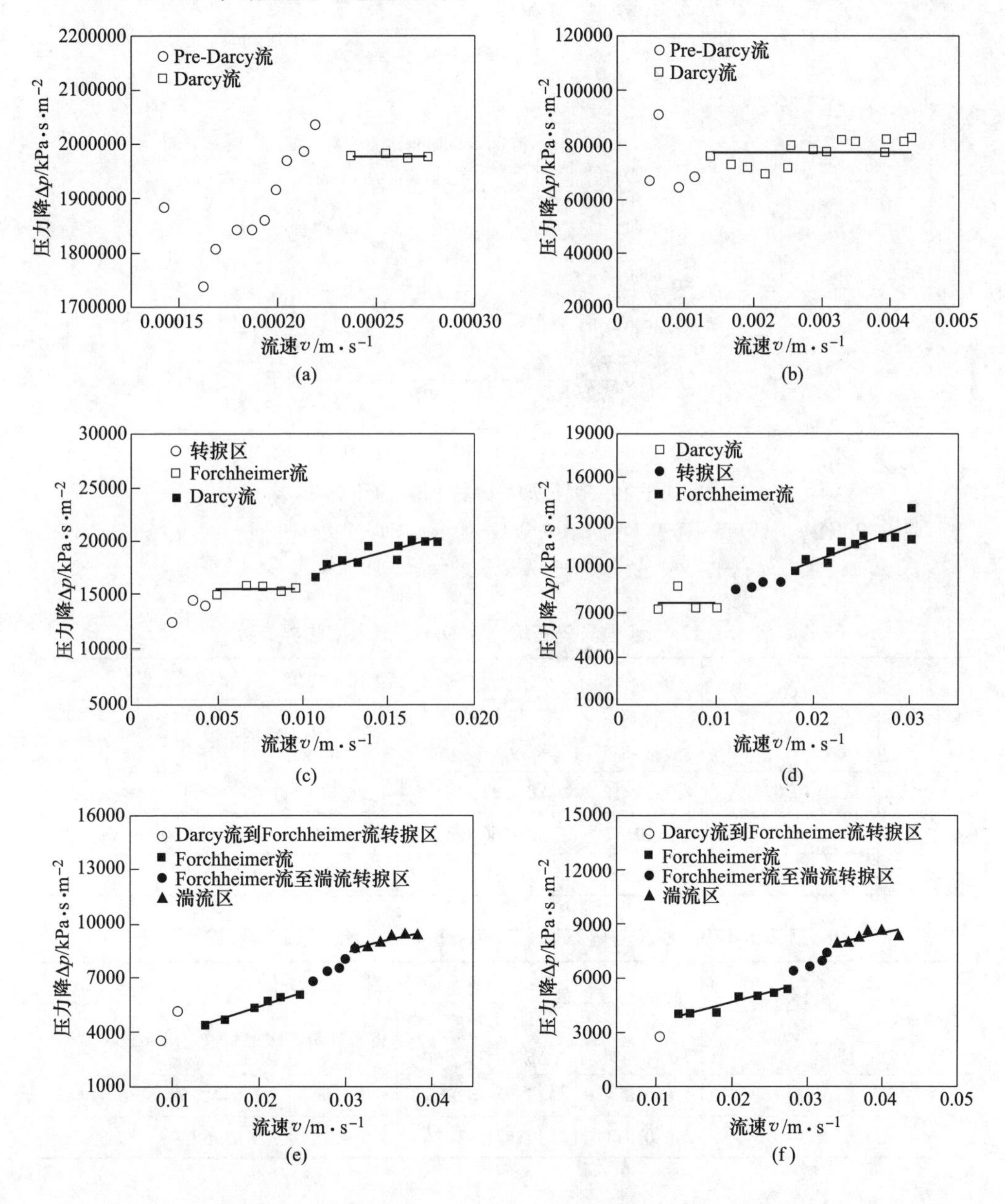

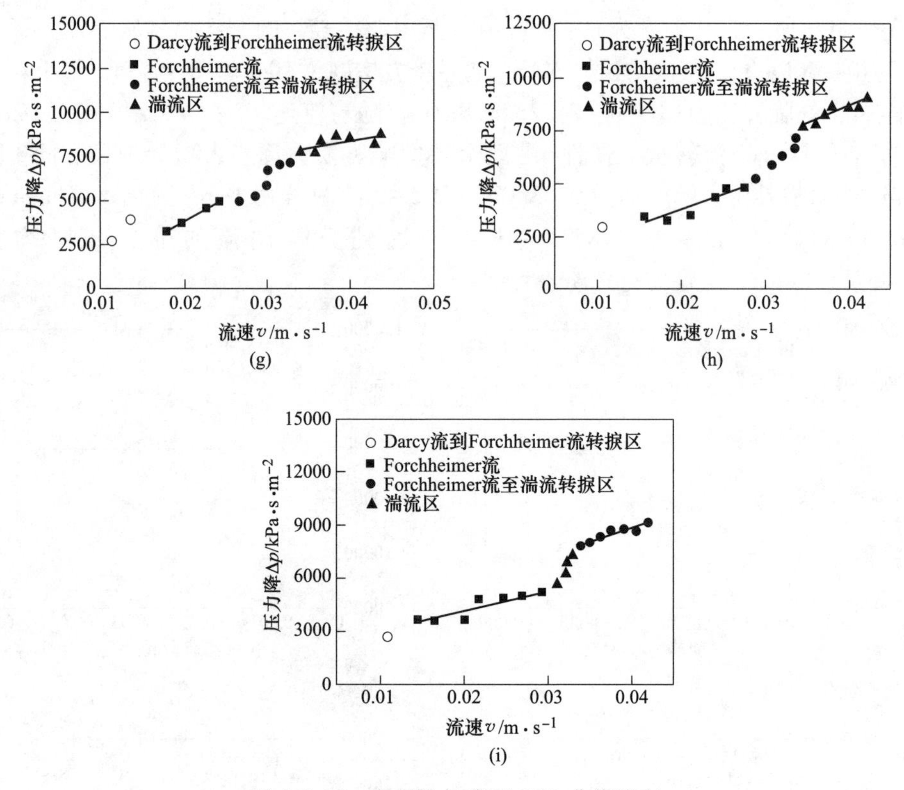

图 4. 1. 19 九组沙与碎石 RPD 曲线流态

(a) 0~0.075mm；(b) 0.075~0.15mm；(c) 0.15~0.3mm；(d) 0.3~0.6mm；(e) 0.6~1.0mm；(f) 1~2mm；(g) 2~2.36mm；(h) 2.36~4.75mm；(i) 4.75~9.5mm

表 4. 1. 12a 沙粒与碎石填充床 Darcy 流上限临界参数

试样编号	粒径范围 /mm	Darcy 流上限临界值				
		流速 v/m · s^{-1}	压力梯度 $(\Delta p/L)$/Pa · m^{-1}	雷诺数 Re_k	摩擦系数 f_k	Forchheimer 数
M-1	0~0.075	2.3918×10^{-4}	484523.8095	4.2567×10^{-4}	1145.94969	—
M-2	0.075~0.15	0.00137	104166.6667	0.0121	28.0546	—
M-3	0.15~0.3	0.00495	74404.7619	0.1012	3.6594	—

表 4. 1. 12b 沙粒与碎石填充床 Forchheimer 流上限临界参数

试样编号	粒径范围 /mm	Forchheimer 流上限临界值				
		流速 v/m · s^{-1}	压力梯度 $(\Delta p/L)$/Pa · m^{-1}	雷诺数 Re_k	摩擦系数 f_k	Forchheimer 数
M-3	0.15~0.3	0.01080	178571.42857	0.2209	1.8441	0.41
M-4	0.3~0.6	0.01811	178571.42857	0.4698	0.8596	0.39

表 4.1.12c 沙粒与碎石填充床湍流上限临界参数

试样编号	粒径范围 /mm	湍流上限临界值				
		流速 v/m · s^{-1}	压力梯度 $(\Delta p/L)$/Pa · m^{-1}	雷诺数 Re_k	摩擦系数 f_k	Forchheimer 数
M-5	0.6~1.0	0.03109	267857.1429	0.84903	0.89056	0.87
M-6	1.0~2.0	0.03387	267857.1429	1.04483	0.81907	1.09
M-7	2.0~2.36	0.03411	267857.1429	1.06605	0.83511	1.1
M-8	2.36~4.75	0.03452	267857.1429	1.16603	0.85042	1.36
M-9	4.75-9.5	0.03414	267857.1429	1.28665	1.00902	2.13

三次渗流转捩（pre-Darcy 流到 Darcy 流，Darcy 流到 Forchheimer 流以及 Forchheimer 流到湍流）的临界雷诺数与临界 Forchheimer 数随粒径的增大而增大，这与 Sedghi-Asl and Rahimi 碎石填充柱渗流试验得到规律相吻合。他们认为由于粒径增大使孔隙和颗粒边缘的棱角增大，导致阻力增大[26]，当惯性力占优时，流体在填充柱孔隙中形成的涡开始扩展，是发生渗流转捩的标志[21,27]，由于孔隙中涡的生长导致流动通道的直径减小，由此产生了更大的阻力[28~30]。本次试验中 M-5~M-9 五组填充柱孔隙率基本相同，也就是说总的孔隙体积相等，那么较大颗粒组成的多孔介质的孔隙个数也相对较少，使得形成的单个孔隙的空间较大，在相同初始压力条件下容易获得更大的流速。试验得到较大颗粒填充床的渗流转捩的临界雷诺数更大，同时具有更大粒径与流速的填充床惯性作用更强，因此对应湍流转捩临界 Forchheimer 数的值也更大。

综上所述，在流速较低的 pre-Darcy 流与 Darcy 流阶段，相同孔隙率填充柱渗流转捩的临界压降随着粒径增大而降低，阻力系数随粒径增大而减小；在流速较高的 Forchheimer 流到湍流阶段，惯性力逐步占支配地位，相同孔隙率条件下粒径越大，相同压降获得的流速更大，渗流转捩的临界雷诺数与对应 Forchheimer 数也越大。下面逐一分析渗流转捩中渗透率、惯性因子、雷诺数与 Forchheimer 数等参数与粒径的关系，从而进一步说明粒径对孔隙结构与渗流转捩的影响。

4.1.3.3 粗糙颗粒平均粒径对渗透率、非 Darcy 因子的影响

A 平均粒径与渗透率和非 Darcy 因子经验值的关系

本次试验获得了 9 组颗粒材料的渗透率与非 Darcy 因子，将渗透率的实测值与表 4.1.5 中所列公式计算得到的经验值进行对比。所得结果与光滑钢珠的试验结果相类似，渗透率的半经验公式过高估计了 Darcy 渗透率，结果如图 4.1.20 所示。

粒径范围 0~0.6mm 的 3 组风成沙填充柱，孔隙率 $n = 0.35(\pm 0.01)$，颗粒表面较为光滑，形状接近球形（图 4.1.17（a）），实测结果与计算结果误差最

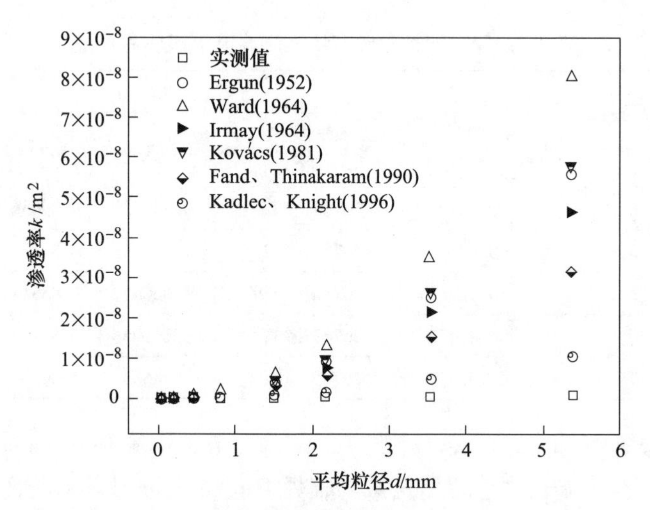

图 4. 1. 20　九组沙粒/碎石渗透率计算值与实测值对比

小；粒径范围 0. 6~2. 36mm 的河沙填充柱与粒径范围 2. 36~9. 5mm 的石英碎石填充柱，孔隙率 n = 0. 45(± 0. 01)，颗粒表面较为粗糙，形状不规则（图 4. 1. 17（b）、（c）），实测值与计算值误差随粒径增大逐步增加。Ergun、Irmay、Kovács 与 Fand、Thinakaram 等方程均基于球体填充床或简化的几何模型获得，因此风成沙填充柱渗透率的计算值与实测值最为接近，颗粒表面粗糙，形状不规则的石英碎石填充床的误差越大。

图 4. 1. 21 所示为试验测得的非 Darcy 因子与经验公式计算结果对比，与等径钢珠渗流试验的结果类似，经验公式过低估计了非 Darcy 因子的值。惯性因子与

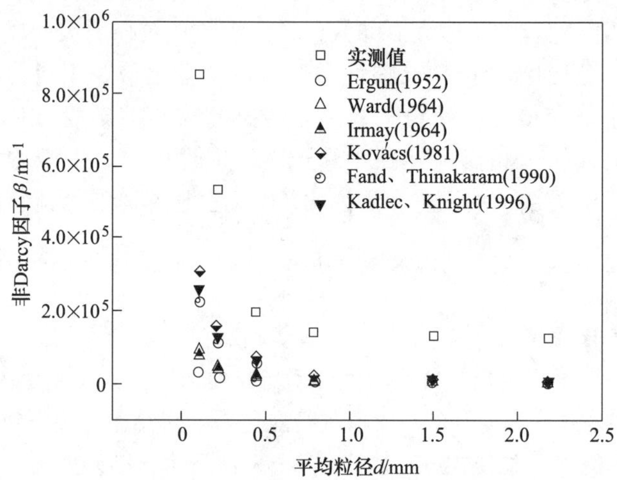

图 4. 1. 21　九组沙粒/碎石非 Darcy 因子计算值与实测值对比

渗透率（或渗透率的函数）呈反比关系[31,32]，随着渗透率增大，惯性因子相应减小。表4.1.5中所列半经验公式，是在对模型进行简化与假设的前提下获得的。因此，光滑颗粒、不规则排列和粗糙颗粒不规则排列都会对渗透率造成折减，那么采用半经验经验公式计算所得结果必然高于渗透率的实测值。同样地，颗粒的形状与排列提高了非Darcy因子的值，计算结果也必然低于实测值。

渗透率与非Darcy因子的计算与实测值见表4.1.13。

表4.1.13a 渗透率 k 的测量结果与计算结果

粒径范围/mm	Current work	Ergun (1952)	Ward (1964)	Irmay (1964)	Kovács (1981)	Fand、Thinakaram (1990)	Kadlec、Knight (1996)
0~0.075	1.19×10^{-12}	9.73×10^{-13}	3.91×10^{-12}	8.11×10^{-13}	1.01×10^{-12}	6.81×10^{-13}	1.78×10^{-13}
0.075~0.15	1.66×10^{-11}	8.90×10^{-12}	3.52×10^{-11}	7.41×10^{-12}	9.27×10^{-12}	6.21×10^{-12}	1.63×10^{-12}
0.15~0.3	9.07×10^{-11}	3.65×10^{-11}	1.41×10^{-10}	3.05×10^{-11}	3.81×10^{-11}	2.54×10^{-11}	6.72×10^{-12}
0.3-0.6	1.49×10^{-10}	1.53×10^{-10}	5.63×10^{-10}	1.27×10^{-10}	1.59×10^{-10}	1.05×10^{-10}	2.81×10^{-11}
0.6~1.0	2.57×10^{-10}	1.26×10^{-9}	1.78×10^{-9}	1.05×10^{-9}	1.31×10^{-9}	8.53×10^{-10}	2.33×10^{-10}
1.0~2.0	3.20×10^{-10}	4.19×10^{-9}	6.25×10^{-9}	3.50×10^{-9}	4.37×10^{-9}	2.77×10^{-9}	7.77×10^{-10}
2.0~2.36	3.33×10^{-10}	9.14×10^{-9}	1.32×10^{-8}	7.62×10^{-9}	9.52×10^{-9}	5.88×10^{-9}	1.69×10^{-9}
2.36~4.75	3.80×10^{-10}	2.55×10^{-8}	3.51×10^{-8}	2.13×10^{-8}	2.66×10^{-8}	1.56×10^{-8}	4.72×10^{-9}
4.75~9.5	4.86×10^{-10}	5.58×10^{-8}	8.03×10^{-8}	4.65×10^{-8}	5.82×10^{-8}	3.19×10^{-8}	1.03×10^{-8}

表4.1.13b 非Darcy因子的测量结果与计算结果

粒径范围/mm	Current work	Ergun (1952)	Ward (1964)	Irmay (1964)	Kovács (1981)	Fand、Thinakaram (1990)	Kadlec、Knight (1996)
0.075~0.15	858196.87	28473.76	92800.00	78211.51	312846.04	228557.83	260705.04
0.15~0.3	525306.99	14094.49	46400.00	38215.45	152861.81	111894.16	127384.84
0.3~0.6	197947.69	6931.61	23200.00	18398.88	73595.53	54082.26	61329.61
0.6~1.0	142247.45	2697.49	13050.00	4612.17	18448.68	13668.71	15373.90
1.0~2.0	131810.72	1468.08	6960.00	2567.13	10268.53	7711.43	8557.11
2.0~2.36	126972.76	997.95	4788.99	1721.64	6886.54	5240.91	5738.78

B 平均粒径与渗透率和非Darcy因子的关系

分别对渗透率与粒径平方、非Darcy因子与粒径倒数进行函数拟合，得到的结果分别如图 4. 1. 22，图 4. 1. 23 所示。从图中可以看出，与等径钢珠和均匀不锈钢微粒相同，渗透率随着粒径平方增大而增大，非 Darcy 因子随着粒径增大而减小。渗透率与粒径平方、非 Darcy 因子与粒径的倒数均表现出明显的非线性，呈幂函数形式变化。其中，渗透率 k 随着 d^2 增大先迅速增大，后增加减缓，呈明显的非线性变化，对应粒径平方项的指数远小于 1，粗糙的颗粒表面对渗透率形成了较强的“折减”的效果。非 Darcy 因子 β 与粒径倒数 $1/d$ 拟合的结果表明，由于粗糙表面造成其较高的曲折度，对惯性因子形成了较强的“加乘”的效果。渗透率与粒径平方的拟合结果表明，在粒径很小时，渗透率的变化剧烈，当粒径较大时，渗透率的变化比较平缓。

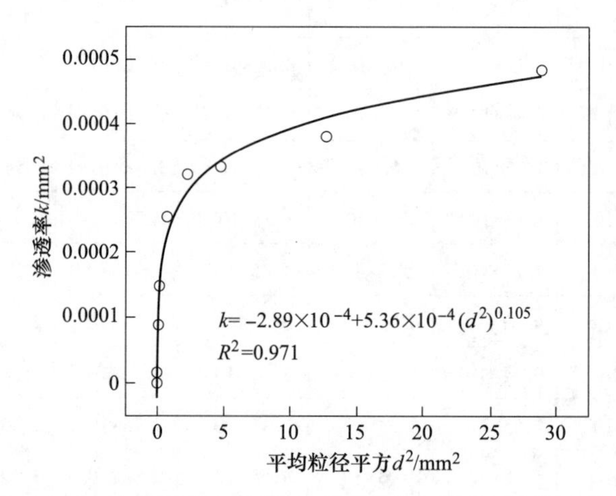

图 4. 1. 22　九组沙粒/碎石 Darcy 渗透率与粒径平方拟合关系

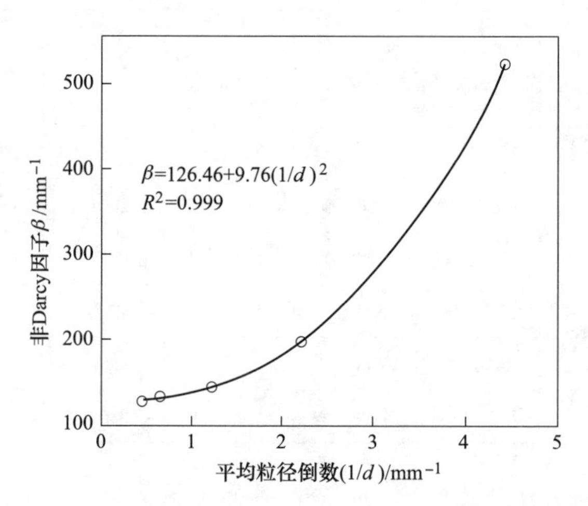

图 4. 1. 23　九组沙粒/碎石非 Darcy 因子与粒径倒数拟合关系

综上所述，渗透率随粒径的增大而增大，惯性因子随粒径的增大而减小。渗透率和惯性因子是代表孔隙结构对黏滞项和惯性项的影响，*Re* 数与 Forhheimer 数分别从微观与宏观角度表示渗流过程中黏滞项与惯性项的关系，是反映渗流转捩的标志参数，下面对其进行分析。

4.1.3.4 平均粒径与临界雷诺数、Forhheimer 数的关系

图 4.1.24 所示为 M-5~M-9 五组渗流试验的雷诺数与阻力系数关系。试验结果表明，在相同孔隙率条件下，渗流转捩临界雷诺数随粒径增大而增大，当流动状态为发展完全的湍流时，阻力系数逐渐趋于常数，并且随粒径增大而增大。Venkataraman、Rao（1998）[33] 和 Sedghi-Asl、Rahimi（2011）[26] 也曾得到与如图所示的情况类似的结果。

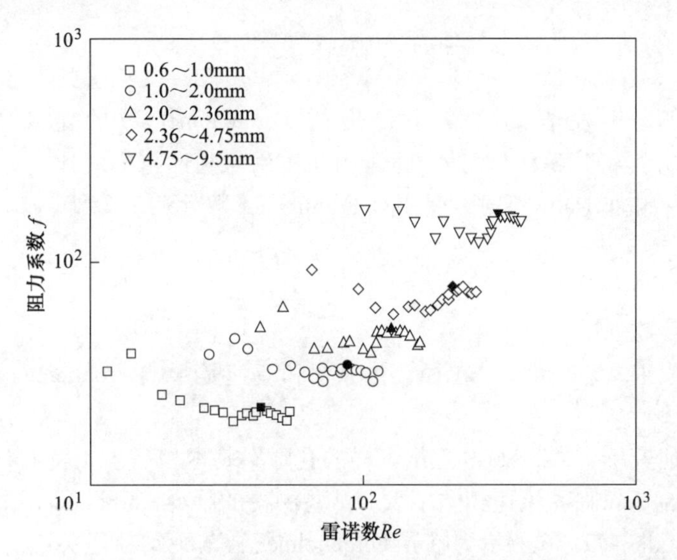

图 4.1.24 九组沙粒/碎石材料以平均粒径为特征参数的雷诺数与摩擦系数关系

在 4.1.3.3 节对光滑颗粒的研究中，临界雷诺数与粒径之间存在较为明显的线性拟合关系。Li 等[34] 通过不同粒径石英砂颗粒的渗流试验得到了 4 组粒径为 1.075mm、1.475mm、1.85mm 和 2.5mm，分别对应的非 Darcy 临界雷诺数为 *Re* = 3.90、7.08、9.1 和 10.78。显然，粒径与临界雷诺数之间是单调递增的关系，但二者之间并不是线性关系。在本次试验中，M-5~M-9 五组试样基于平均粒径求解的湍流上限的临界雷诺数分别为 42.39、87.59、127.32、212.64、322.55。对湍流上限临界雷诺数与平均粒径进行函数拟合，可以得到，随着粒径的增大，临界雷诺数呈非线性增大。结果如图 4.1.25 所示。

上述关于渗流阻力的转化特征也可以通过 Forchheimer 数来说明。根据 Ruth

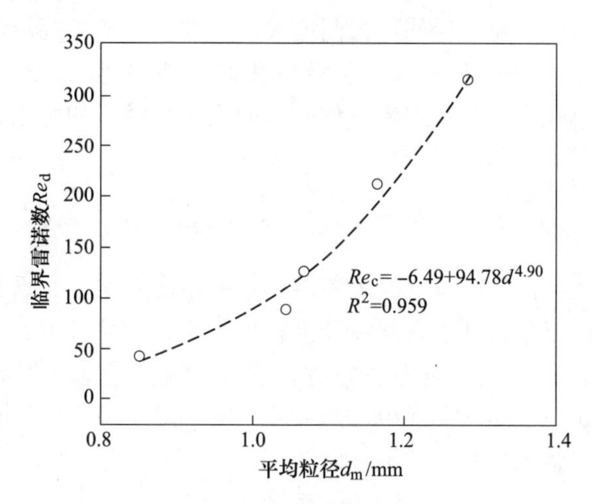

图 4.1.25 湍流临界雷诺数与粒径关系

和 Ma 在 1992 年发表的文章中提出的 Forchheimer 数的定义，可以通过 Forchheimer 方程将其解释为流体-固体相互作用与黏性阻力之比[35]。根据 Ergun 方程对渗透率和非 Darcy 因子的表达，Forhheimer 数（Fo）写为：

$$Fo = C\frac{d}{1-\varepsilon}\frac{\rho v}{\mu} \tag{4.1.2}$$

式中，C 为常数。

根据式（4.1.2）可知，粒径、孔隙率和流速是影响 Forhheimer 数的 3 个关键参数。

在本次研究中，M-5～M-9 五组试样的孔隙率基本相等，如表 4.1.12 中所列，五组试样湍流上限临界流速相差不大。试验测得的临界 Forhheimer 数随着粒径的增大而增大。图 4.1.26 所示为临界 Forchheimer 数与平均粒径关系。本次试验中 M-5～M-9 五组试样 Forchheimer 流到湍流的临界 Fo 数约为 0.87、1.09、1.1、1.36 和 2.13。数据表明，渗流转捩临界 Forhheimer 数随着结构的改变而发生变化，在恒定孔隙率条件下，湍流上限临界 Forhheimer 数随着粒径的增大而增大。这个结果与前两个系列所得结果吻合，粒径越大的填充柱在发生渗流转捩时的惯性效应越明显。

4.1.3.5 平均粒径与黏-惯性效应关系

图 4.1.27 所示为 9 组不同粒径范围的颗粒材料，在压力梯度范围基本相同条件下的渗流中，表现出的黏性效应与惯性效应的转化关系。通过以上分析可以看出，随着粒径的增大，惯性效应越来越强，相应地，黏性效应逐渐减弱。在细颗粒构成的多孔介质中，湍流发生时的临界雷诺数更小，对应的 Forhheimer 数也

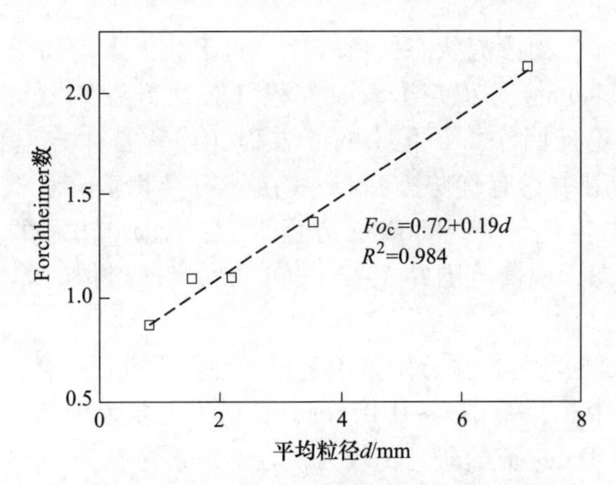

图 4.1.26　平均粒径与湍流临界 Fo 数关系

更小。这也许是因为较小的孔隙空间更有助于涡流的形成。当涡流遍布整个多孔介质的孔隙时，微观惯性力转为宏观惯性效应，渗流发生转捩[30,36]。涡的出现与生长使渗流通道变窄，间接增大了固体表面积，流动阻力增大[27,28]。更大的雷诺数与 Fo 数意味着更强的惯性效应，与细颗粒组成的多孔介质相比，在大颗粒组成的多孔介质中，湍流发生时的惯性能量更大。黏性效应与惯性效应之间的转化标志着渗流特征的改变，从图 4.1.27 中可以看出不同粒径的黏性效应与惯性效应的变化特征。

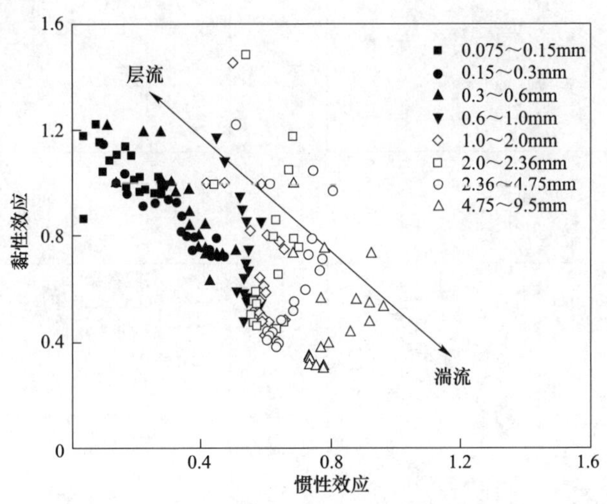

图 4.1.27　黏性效应与惯性效应变化特征

4.1.3.6　渗流方程的确定

当多孔介质中的渗流状态为线性层流时，服从著名的 Darcy 定律。这在学界得到了广泛认同。当渗流状态偏离线性，对于流体运动的描述出现了两种不同观点，即 Forchheimer 方程与 Izbash 方程（幂律方程）。虽然 Forchheimer 方程已有完整的理论证明[37,38]，但 Izbash 方程（或称幂律方程）在试验结果拟合与实际工程应用中具有优势[39]，尤其在碎石堆积填充柱高速渗流条件下，Izbash 方程的拟合度优于 Forchheimer 方程[40,41]。Izbash 方程的幂指数很大程度上依赖于渗流形态，取值范围在 1～2 之间[39,42~46]，当指数等于 2.0 时渗流为完全湍流。

对 9 组渗流试验所得数据分别采用上述三种方程进行拟合，得到的结果如图 4.1.28 所示。其中粒径范围 0～0.075mm 填充柱主要表现为 pre-Darcy 流特征，迄今为止有关 pre-Darcy 流的研究仍较为缺乏，Fand 等认为 pre-Darcy 流的上限小于 10^{-5}[47]；Kececioglu、Jiang（1994）[6] 认为 pre-Darcy 流态与 Darcy 流态相比有更广泛的 *Re* 数适用范围；Özer Bağcl 和 Kundu 等分别进行了不同粒径规则球形颗粒填充柱渗流试验，得到了 pre-Darcy 流态的下限，但 pre-Darcy 流态上限与计算公式至今没有定论。因此，本次研究暂用 Darcy 定律描述 pre-Darcy 流动。

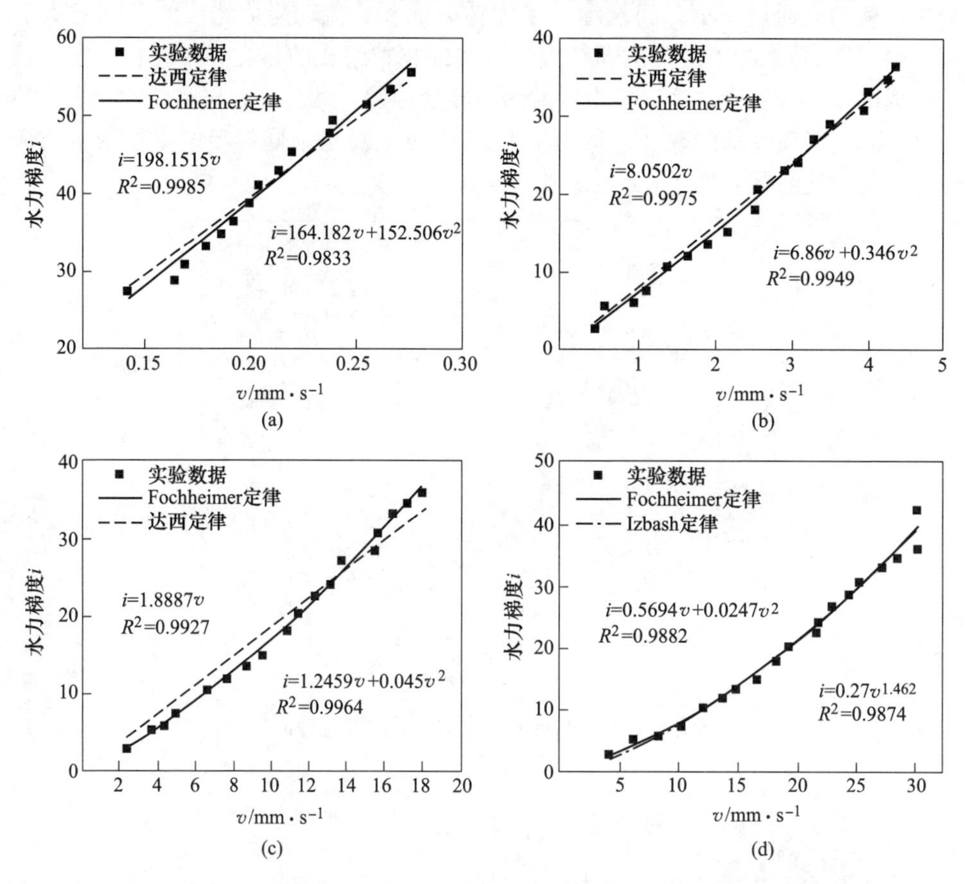

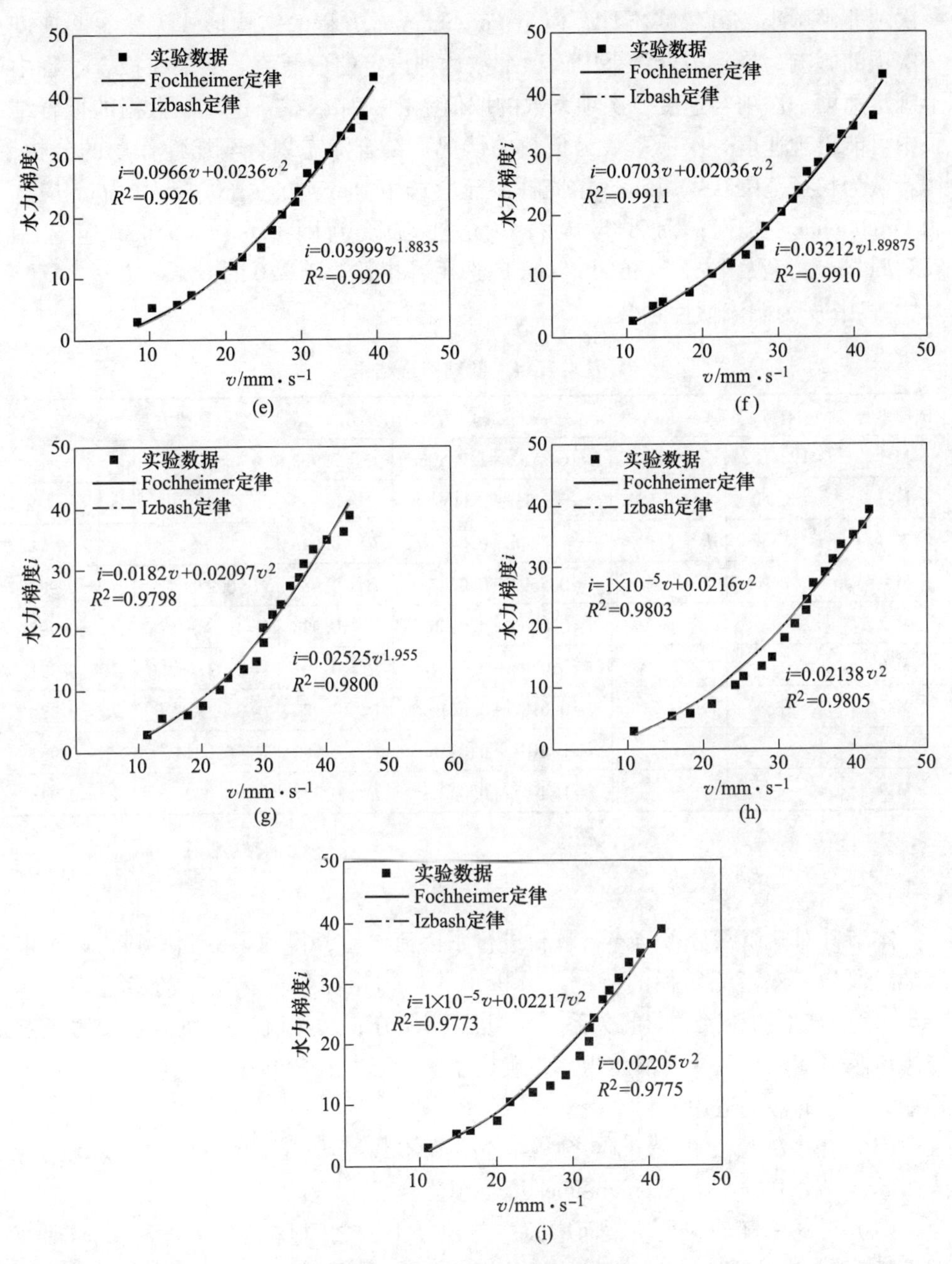

图 4.1.28 渗流方程的拟合

（a）0~0.075mm；（b）0.075~0.15mm；（c）0.15~0.3mm；（d）0.3~0.6mm；（e）0.6~1.0mm；（f）1~2mm；（g）2~2.36mm；（h）2.36~4.75mm；（i）4.75~9.5mm

拟合结果见表 4. 1. 14。从方程的拟合结果可以看出，高速流动条件下 Izbash 的拟合度略高于 Forchheimer 方程，这是因为在湍流阶段，代表黏性阻力的速度一次项非常微小，可忽略不计，但是 Forchheimer 方程的结构形式无法忽略速度一次项的影响，导致拟合结果中该项系数达到设定的最低值。如果在拟合过程中不规定速度一次项与速度二次项系数的取值范围，那么在高速流动数据的拟合结果中可能出现速度一次项系数为负数的情况。结合流态划分与惯性作用的分析，作者认为粒径范围 0~0. 15mm 填充柱渗流应选用 Darcy 方程；0. 15~0. 3mm 应选用 Forchheimer 方程；河沙与碎石填充柱粒径范围 0. 6 ~ 2. 36mm 应选用 Forchheimer 方程，粒径 2. 36~9. 5mm 应选用幂指数等于 2. 0 的 Izbash 方程，$\Delta P = \psi v^2$，式中 ψ 为湍流惯性系数。

表 4. 1. 14　数据拟合结果

试样编号	Darcy 定律 $i=Kv$		Forchheimer 方程 $i=Av+Bv^2$		幂律方程 $i=\alpha v^m$	
M-1	$i=198.152v$	$R^2=0.999$	$i=164.182v+152.506v^2$	$R^2=0.983$	—	—
M-2	$i=8.05v$	$R^2=0.998$	$i=6.86v+0.346v^2$	$R^2=0.995$	—	—
M-3	$i=1.889v$	$R^2=0.993$	$i=1.246v+0.045v^2$	$R^2=0.996$	—	—
M-4	—	—	$i=0.5694v+0.0247v^2$	$R^2=0.988$	$i=0.27v^{1.462}$	$R^2=0.987$
M-5	—	—	$i=0.0966v+0.0236v^2$	$R^2=0.993$	$i=0.040v^{1.884}$	$R^2=0.992$
M-6	—	—	$i=0.0703v+0.0204v^2$	$R^2=0.991$	$i=0.0321v^{1.899}$	$R^2=0.991$
M-7	—	—	$i=0.0182v+0.0210v^2$	$R^2=0.980$	$i=0.0253v^{1.955}$	$R^2=0.980$
M-8	—	—	$i=1\times10^{-5}v+0.0216v^2$	$R^2=0.980$	$i=0.0214v^2$	$R^2=0.981$
M-9	—	—	$i=1\times10^{-5}v+0.0222v^2$	$R^2=0.977$	$i=0.0221v^2$	$R^2=0.978$

4. 1. 3. 7　试验结论

本节针对 9 组筛分沙与碎石颗粒进行了渗流试验，得到了由低速到高速 4 个流动阶段与三次渗流转捩的特征。分析了非均匀粗糙颗粒填充床的渗透率、非 Darcy 因子与平均粒径之间的关系，得到了粒径分布对渗流转捩临界参数的影响与渗流阻力随粒径改变的演化规律，确定了不同颗粒在相同压力梯度下与实际工程最为贴近的渗流适用方程。

（1）在多种尺度粗糙介质之中，运动流体共经历了 4 个不同的流动状态：pre-Darcy 流、Darcy 流、Forchheimer 流与湍流。

（2）渗透率随着粒径增大而增大，与粒径平方之间呈幂函数关系。非 Darcy 因子随着粒径的增大而减小，与粒径的倒数之间呈幂函数关系。

（3）得到了试验室条件下的各流态参数范围。基于流速与粒径关系得到的流速范围为：Darcy 流动阶段流速在 0~0. 02m/s 之间，Forchheimer 流动阶段流速在0.02~0.035m/s，湍流流动阶段流速大于0.035m/s。基于压力梯度与粒径关系得到压力梯度范围为：平均粒径小于0.45mm填充床Forchheimer流场上限压力梯度为0.03MPa；平均粒径在0.45~7.125mm的填充床Forchheimer流场上限压力梯度为0.009~0.01MPa，湍流流场上限压力梯度为0.045MPa。

4.2 堆积孔隙率对渗流阻力的影响

4.2.1 多孔介质参数确定方法

4.2.1.1 孔隙率确定

孔隙率即体孔隙率是多孔介质骨架的基本性质，属于宏观的介质参数。对于均匀填装的多孔介质试样，孔隙率定义为多孔介质孔隙空间的体积 V_1 与总体积 V_0 之比。将多孔介质试样中固体骨架的体积记作 V_2，则孔隙率 ϕ 可表示为：

$$\phi = \frac{V_1}{V_0} = \frac{V_0 - V_2}{V_0} = 1 - \frac{m_2}{\rho_2}\frac{1}{AL} \tag{4.2.1}$$

式中 m_2——固体骨架的质量，即试样的质量；

ρ_2——组成骨架的颗粒材料的密度；

A——试样的横截面面积；

L——试样的高度。

4.2.1.2 渗透率和非Darcy因子确定

渗透率 k 和非Darcy因子 β 均是表征多孔介质本身传导流体能力大小的参数，属于多孔介质的固有属性，其大小与多孔介质的孔隙率、孔隙大小、颗粒形状、颗粒排列方式和孔隙连通性等因素有关，与多孔介质中流体的性质无关。

A 线性Darcy渗流

通常，流体在低雷诺数（$Re<1\sim10$）情况下通过多孔介质的层流流动可用Darcy定律描述，方程中仅包含一个多孔介质参数，即渗透率。对于这种流动模式，在实验室内可采用定水头渗透仪测量多孔介质的渗透率[48]，由水头差和流量表示的Darcy定律为：

$$\rho g\frac{\Delta H}{L} = \frac{\mu}{k}\frac{Q}{A} \tag{4.2.2}$$

式中 ρ——流体密度；

g——重力加速度；

ΔH——试样入口端和出口端的水头差；

μ——流体黏度；

Q——单位时间的流量；

k——渗透率。

根据 Darcy 定律，通过计算可以得到多孔介质的渗透率：

$$k = \frac{\mu LQ}{\rho gA\Delta H} \tag{4.2.3}$$

对于线性 Darcy 渗流，理论上只需要进行一组实验即可测得其渗透率，但是实际中通常采用多次测量取平均值的方法以减小实验误差。

B　非线性 Forchheimer 渗流

流体在大雷诺数（$Re>10$）情况下的层流流动会逐渐偏离 Darcy 定律，可用 Forchheimer 方程描述，方程中同时包含多孔介质的渗透率和非 Darcy 因子，可表示为：

$$\frac{\Delta p}{L} = \frac{\mu}{k}\frac{Q}{A} + \beta\rho\left(\frac{Q}{A}\right)^2 \tag{4.2.4}$$

对于这种流动模式，采用稳定渗流的试验方法测定其渗透率时，理论上至少需要两组实验数据，表示为：

$$\begin{cases} \dfrac{\Delta p_1}{L} = \dfrac{\mu}{k}\dfrac{Q_1}{A} + \beta\rho\left(\dfrac{Q_1}{A}\right)^2 \\ \dfrac{\Delta p_2}{L} = \dfrac{\mu}{k}\dfrac{Q_2}{A} + \beta\rho\left(\dfrac{Q_2}{A}\right)^2 \end{cases} \tag{4.2.5}$$

式中　Δp_1，Δp_2——分别为第一组和第二组试验中试样两端的压力差。

求解式（4.2.5）可以同时得到多孔介质的渗透率和非 Darcy 因子：

$$\begin{cases} k = \dfrac{\mu LQ_1Q_2(Q_2 - Q_1)}{A(Q_2^2\Delta p_1 - Q_1^2\Delta p_2)} \\ \beta = \dfrac{A^2(Q_2\Delta p_1 - Q_1\Delta p_2)}{\rho LQ_1Q_2(Q_1 - Q_2)} \end{cases} \tag{4.2.6}$$

实际上，在确定非 Darcy 方程参数时，由于误差的存在，两组试验数据是远远不够的，通常需进行多次试验，得到一系列不同压力梯度条件下的流量数据，绘制在压力梯度与流速的平面直角坐标系中，采用最小二乘法对试验数据进行二次多项式拟合，将拟合方程与 Forchheimer 方程进行系数比照，结果如下：

$$\begin{cases} -\nabla p = au + bu^2 \\ -\nabla p = \dfrac{\mu}{k}u + \beta\rho u^2 \end{cases} \tag{4.2.7}$$

式中　a，b——分别为拟合方程的一次项系数和二次项系数。

根据式（4.2.7），多孔介质的渗透率和非 Darcy 因子可由拟合方程的系数表示为：

$$\begin{cases} k = \dfrac{\mu}{a} \\ \beta = \dfrac{b}{\rho} \end{cases} \tag{4.2.8}$$

4.2.2　试验材料与方案

破碎岩体高速渗流过程中，由于水流的潜蚀、磨蚀、冲刷等物理作用，破碎岩体中的充填物小颗粒会随着水流一起运动，这种固体小颗粒在水流作用下表现出类似于流体的现象，可称为固体颗粒流态化。破碎岩体中充填物小颗粒的流态化必然造成破碎岩体孔隙率、渗透性参量的改变，因此在颗粒流态化的过程中破碎岩体的渗流具有非稳定特征。

在实验室进行非稳定渗流的物理模拟试验，可以实时测量流出的充填物颗粒的质量，通过数学反算可得到颗粒流态化过程中孔隙率的时间序列，但是并不能准确测量每一时刻的多孔介质渗流参数，原因是采用非 Darcy 方程测量多孔介质渗流参数至少需要两组试验数据，而非稳定流动过程中每个时刻只能提取一组压力与流速数据。马丹[49,50]等采用了间隔一段时间取样测量方法测定非稳定渗流过程中的渗透率和非 Darcy 因子等物理量的变化规律，该方法虽然可以近似给出渗透参数的演化规律，但是归根结底仍然属短时间内的平均参数，并不能真正反映每一时刻的参数情况。陈占清等[51]建立了一种基于压力梯度和渗流速度时间序列提取破碎岩体渗透性参量（渗透率、非 Darcy 因子）的方法，这种方法是以孔隙率为基本变量，假定破碎岩体渗透率、非 Darcy 因子与孔隙率之间存在一定的对应关系，通过计算的方法得到破碎岩体的渗透性参数，但要求准确给定函数关系的系数参考值，否则会导致计算结果与试验数据不吻合。

由于这种时变的多孔介质，宏观上具有孔隙率从小到大不断演化的本质特征，因此，本节采用稳态渗流试验方法，首先制备不同孔隙率的破碎岩体试样，并对每个试样开展不同压力梯度条件下的渗流试验，获取对应的流速数据；然后基于 Forchheimer 方程得到不同孔隙率试样的渗流参数，建立渗流参数与孔隙率的关系表达式。试验方案如下。

以破碎灰岩颗粒为材料，灰岩密度为 2630kg/m^3，将其筛分为 4 种不同粒径范围，分别为 0.075～0.3mm、0.3～1.0mm、1.0～2.36mm、2.36～4.75mm，如图 4.2.1 所示。通过不同粒径颗粒相混合，得到 14 种具有不同孔隙率的破碎岩体试样。试样共分为 4 类：第 1 类只包含一种粒径（2.36～4.75mm），共 3 个试样，编号 S1～S3；第 2 类包含两种粒径（1.0～2.36mm、2.36～4.75mm），共 3 个试样，编号 S4～S6；第 3 类包含三种粒径（0.3～1.0mm、1.0～2.36mm、2.36～4.75mm），共 3 个试样，编号 S7～S9；第 4 类包含四种粒径（0.075～

0.3mm、0.3~1.0mm、1.0~2.36mm、2.36~4.75mm)，共5个试样，编号S10~S14。试样具体组成见表4.2.1。

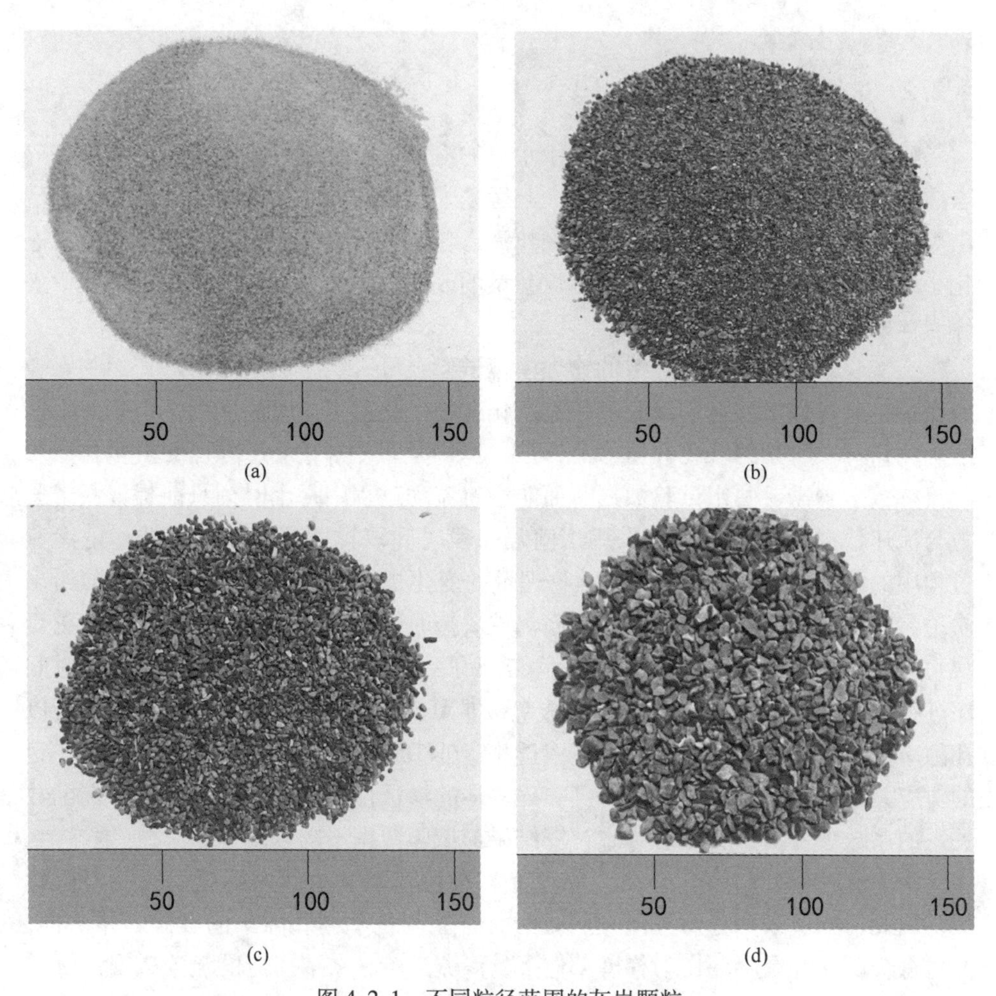

图4.2.1　不同粒径范围的灰岩颗粒

(a) 粒径0.075~0.3mm；(b) 粒径0.3~1.0mm；(c) 粒径1.0~2.36mm；(d) 粒径2.36~4.75mm

为了确保填装试样的均匀性，试样填装时采用分层填装，每次填装高度为50mm，平整处理之后进行下一次填装，直至试样充满整个渗流管段。对于同一类别的试样，为了得到不同的孔隙率，在试样填装过程中可适当进行压实处理。采用圆柱形渗流管段制备试样，其截面直径为60mm，高为180mm，如图4.2.2所示。对于每一种试样，通过改变入口端的水压力，分别进行20次渗流试验。

表 4.2.1 试样基本属性

试样编号	每种粒径的质量/g				试样质量/g	d_{50}/mm	孔隙率
	2.36~4.75	1.0~2.36	0.3~1.0	0.075~0.3			
S1	738	—	—	—	738	3.56	0.449
S2	758	—	—	—	758	3.56	0.434
S3	763	—	—	—	763	3.56	0.430
S4	528	260	—	—	788	3.56	0.412
S5	546	266	—	—	812	3.56	0.394
S6	574	278	—	—	852	3.56	0.363
S7	458	223	220	—	901	2.36	0.327
S8	480	230	236	—	946	2.36	0.293
S9	507	244	238	—	989	2.36	0.261
S10	414	200	205	195	1014	1.68	0.242
S11	421	199	201	204	1025	1.68	0.234
S12	437	205	204	210	1056	1.68	0.211
S13	329	231	268	257	1085	1.0	0.189
S14	330	244	265	279	1118	1.0	0.165

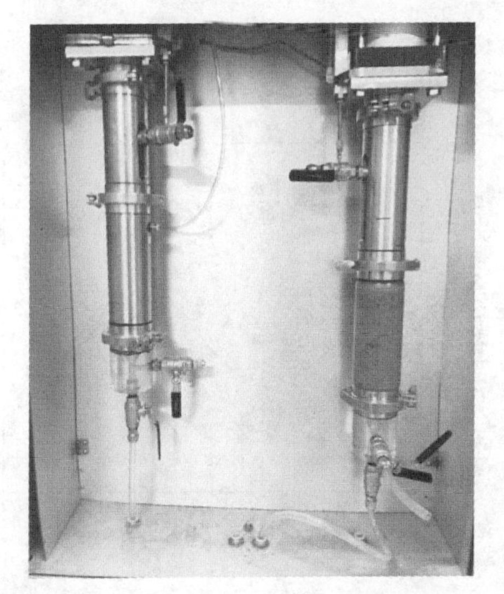
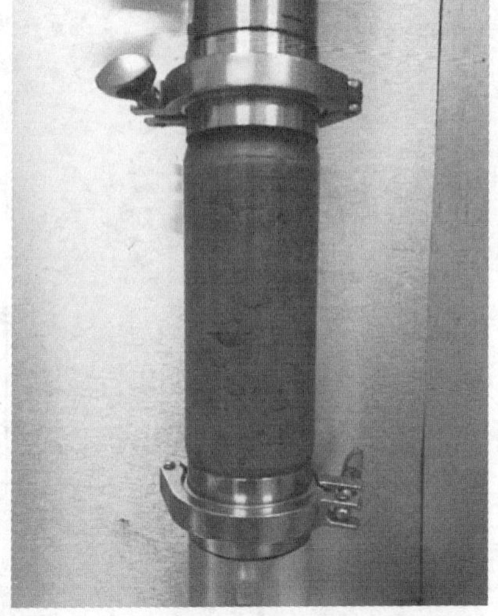

图 4.2.2 破碎岩体非 Darcy 渗流试验

4.2.3　试验结果及分析

4.2.3.1　压力梯度与流速的关系

通过试验得到了 14 种不同孔隙率试样压力梯度与流速的对应关系，均采用 Forchheimer 方程对其进行数据拟合，如图 4.2.3 所示。由图可以看出采用 Forchheimer 方程拟合压力梯度和流速的对应关系拟合效果较好。从图中还可以看出，当压力梯度在 0~1.11MPa/m 范围内变化时，随着孔隙率不断减小，采用 Forchheimer 方程拟合的压力梯度与流速的关系会由上凹形曲线逐渐转变为趋近于直线，这表明多孔介质中渗流模式由非线性 Forchheimer 渗流逐渐转向线性 Darcy 渗流，也就是说，同等压力梯度条件下，孔隙率越大的多孔介质越容易产生非 Darcy 渗流。

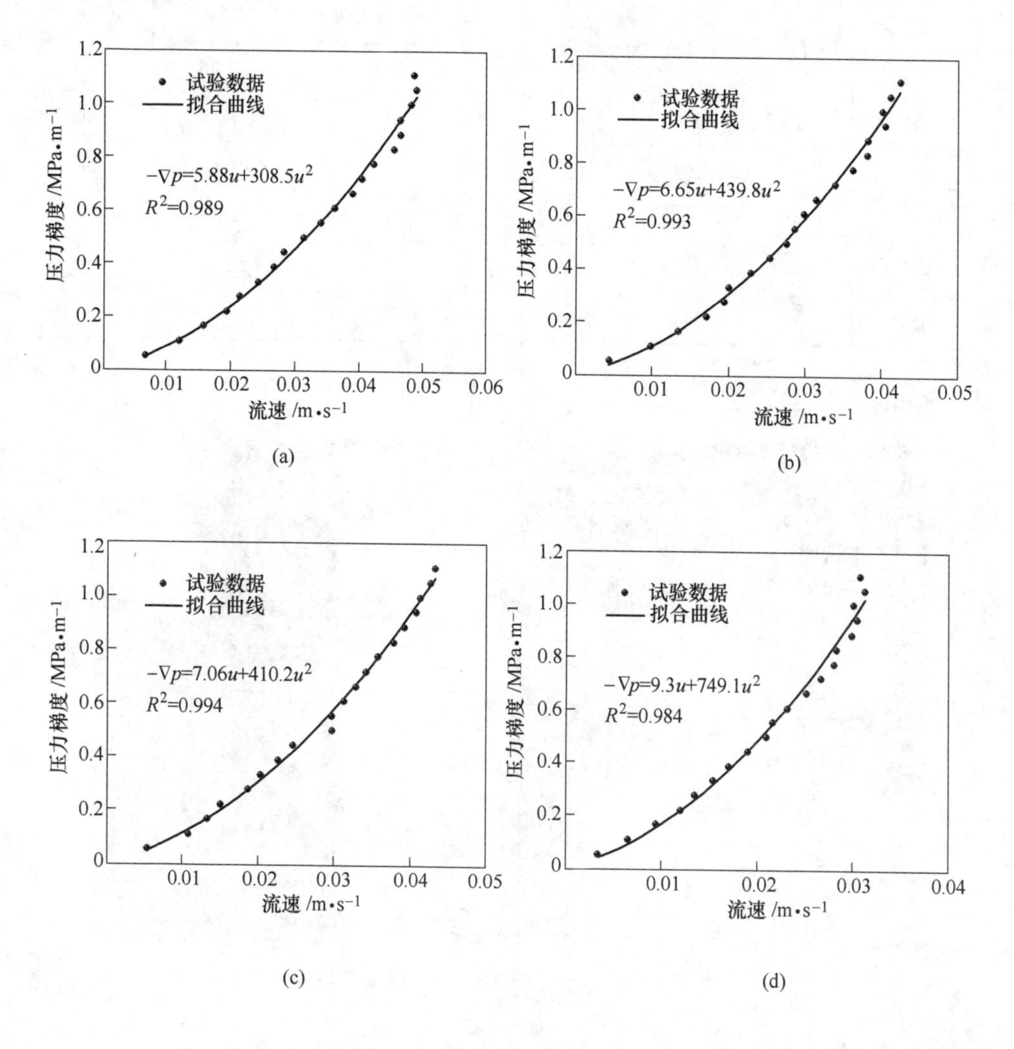

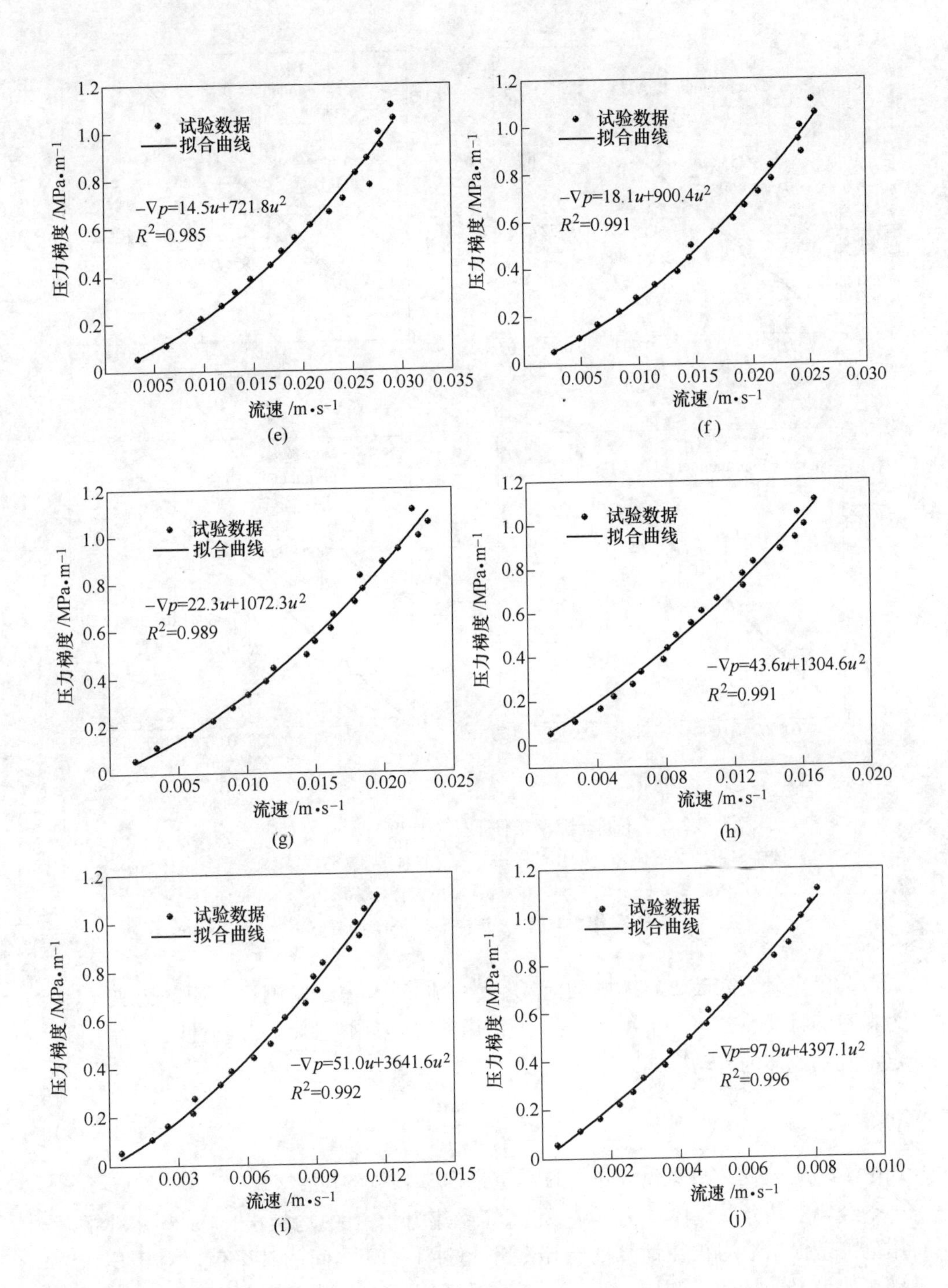
试验数据
拟合曲线
$-\nabla p=14.5u+721.8u^2$
$R^2=0.985$
压力梯度 /MPa·m⁻¹
流速 /m·s⁻¹
(e)
$-\nabla p=18.1u+900.4u^2$
$R^2=0.991$
(f)
$-\nabla p=22.3u+1072.3u^2$
$R^2=0.989$
(g)
$-\nabla p=43.6u+1304.6u^2$
$R^2=0.991$
(h)
$-\nabla p=51.0u+3641.6u^2$
$R^2=0.992$
(i)
$-\nabla p=97.9u+4397.1u^2$
$R^2=0.996$
(j)

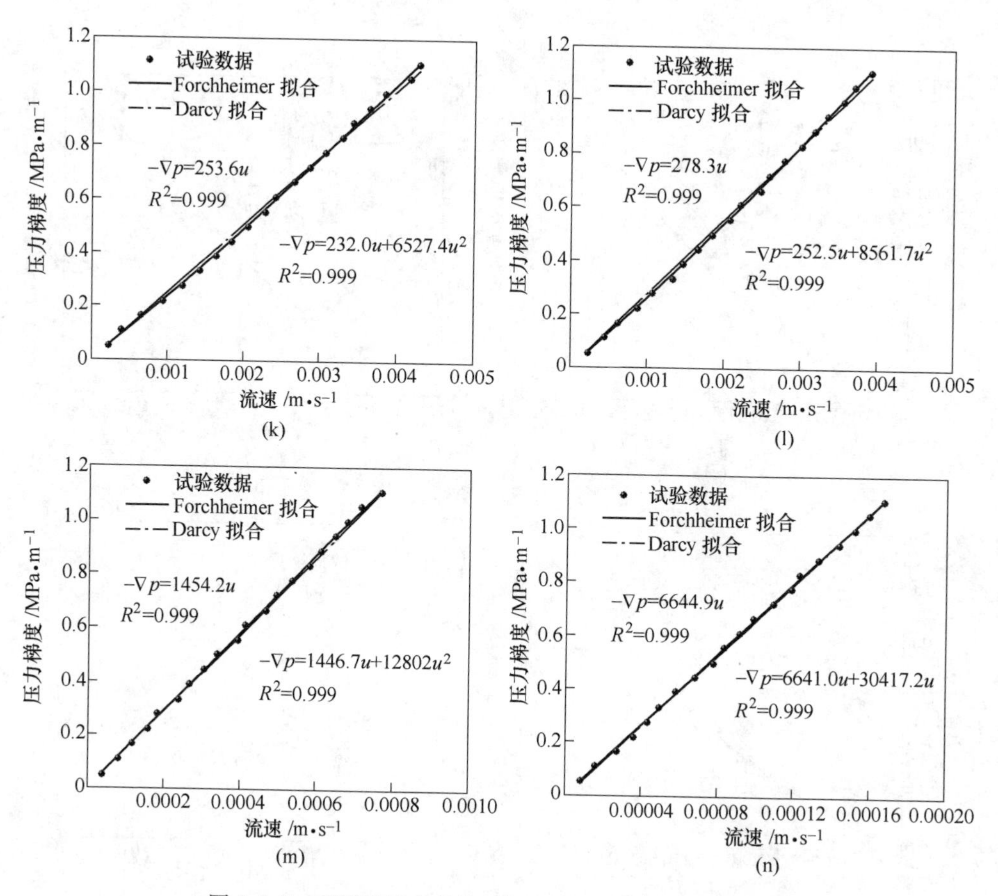

图 4.2.3　不同孔隙率条件下压力梯度与流速的对应关系

(a) 试样 S1；(b) 试样 S2；(c) 试样 S3；(d) 试样 S4；(e) 试样 S5；(f) 试样 S6；(g) 试样 S7；(h) 试样 S8；(i) 试样 S9；(j) 试样 S10；(k) 试样 11；(l) 试样 S12；(m) 试样 S13；(n) 试样 S14

为了定量研究破碎岩体中的流动行为，同时考虑试验测试方便，选取 d_{50} 作为颗粒的特征粒径，并采用 d_{50} 表示的雷诺数 Re_{d50}（惯性阻力与黏性阻力的比值）定量判别流体的流动模式[40]：

$$Re_{d_{50}} = \frac{\rho u d_{50}}{\mu} \tag{4.2.9}$$

式中　d_{50}——超过按重量计占颗粒总重量 50%颗粒的粒径。

经典多孔介质流体动力学[48]和高等渗流力学[52]中均指出，Darcy 定律的适用范围是根据平均粒径计算的雷诺数不超过 1～10 之间的某个值。对于层流流动，如果 Re 处于该范围内，Darcy 定律是适用的，黏滞力起主要作用；一旦 Re 超过这个范围，Darcy 定律将不再适用，流体逐渐过渡到黏滞阻力和惯性阻力并存或者惯性阻力占优，该范围内的渗流行为通常采用 Forchheimer 方程进行描述，也可称之为 Forchheimer 渗流定律。以 Re(1~10) 为标准可以粗略判断多孔介质中渗流的非线性特性。

图 4.2.4 所示为压力梯度与雷诺数 Re_{d50} 的对应关系。由图可知，对于 S13 和 S14 两个孔隙率不足 0.2 的试样，压力梯度在 0~1.11MPa/m 范围内变化时，雷诺数 Re 均小于 1，渗流属于线性 Darcy 渗流；对于 S11 和 S12 两个试样，压力梯度在 0~1.11MPa/m 范围内变化时，雷诺数 Re 均小于 10，同样满足 Darcy 定律的适用条件，用线性 Darcy 定律拟合压力梯度与流速的关系曲线同样能够取得较好的拟合效果，如图 4.2.3（m）、（n）所示。对于这 4 种具有相对较小孔隙率的多孔介质，虽然根据 Re_{d50} 判别指标为 Darcy 渗流，但本节仍然采用 Forchheimer 方程对其压力梯度与流速的对应关系进行拟合的原因有二：其一，即使在雷诺数 $Re<1\sim10$ 的条件下，地下水渗流呈现出随着雷诺数的增大水流阻力也逐渐增大，孔隙介质中的地下水渗流服从非线性渗流规律，Darcy 线性渗流定律只是对斜率变化不大的非线性渗流规律的近似表征[53]；其二，渗透率和非 Darcy 因子是多孔介质的固有属性，与渗流模式无关，采用 Darcy 方程拟合只能得到多孔介质的渗透率，而采用 Forchheimer 方程拟合可以同时得到多孔介质的渗透率和非 Darcy 因子。

对于其余 10 组试样（S1~S10），压力梯度在 0~1.11MPa/m 范围内变化时，出现不同程度雷诺数 $Re>10$ 的情况，表明渗流逐渐偏离线性 Darcy 定律的适用范围，转变为非线性 Forchheimer 渗流。由图 4.2.3 和图 4.2.4 不难看出，同等压力梯度条件下，孔隙率越大的多孔介质越容易产生非 Darcy 渗流，或者说压力梯度与流速的非线性程度越高。

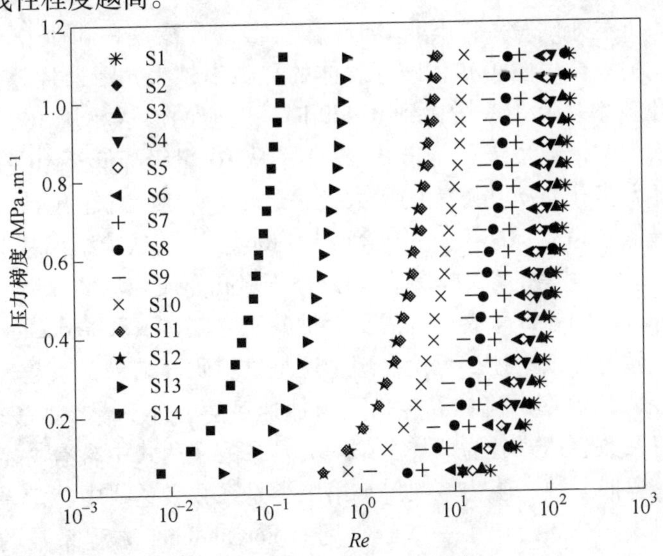

图 4.2.4 不同试样压力梯度与雷诺数的对应关系

4.2.3.2　非 Darcy 渗流参数与孔隙率的关系

根据图 4.2.5 给出的 14 组试样的 Forchheimer 方程拟合结果，可以求得不同孔隙率条件下多孔介质的渗透率和非 Darcy 因子，见表 4.2.2。

表 4.2.2　渗透率和非 Darcy 因子的试验结果

孔隙率 ϕ	系数 a	系数 b	R^2	$k/10^{-12}m^2$	$\beta/10^5m^{-1}$
0.449	5.88	308.5	0.989	170.07	3.09
0.434	6.65	439.8	0.993	150.38	4.40
0.430	7.06	410.2	0.994	141.64	4.10
0.412	9.3	749.1	0.984	107.53	7.49
0.394	14.5	721.8	0.985	68.97	7.22
0.363	18.1	900.4	0.991	55.25	9.00
0.327	22.3	1072.4	0.989	44.84	10.72
0.293	43.6	1304.6	0.991	22.94	13.05
0.261	51	3641.6	0.992	19.61	36.42
0.242	97.9	4397.1	0.996	10.21	43.97
0.234	232	6527.4	0.999	4.31	65.27
0.211	252.5	8561.7	0.999	3.96	85.62
0.189	1446.7	12802	0.999	0.69	128.02
0.165	6640	30417	0.999	0.15	304.17

图 4.2.5 所示为试验条件下非 Darcy 渗流参数（渗透率和非 Darcy 因子）随孔隙率的变化关系。由图可知，破碎岩体的孔隙率越大，渗透性越强，非 Darcy 因子越小。孔隙率从 0.165 增大到 0.449 时，对应的渗透率从 10^{-13} 量级增大至 10^{-10} 量级，增大两个数量级；而非 Darcy 因子从 10^7 量级降低至 10^5 量级，降低两个数量级；随着多孔介质孔隙率的增大，渗透率呈加速增长的趋势，而非 Darcy 因子呈减速降低的趋势，这与黄先伍等[54]、Ma 等[55]的试验结果基本一致。

Forchheimer 方程中的系数 a 和 b 均依赖于多孔介质和流体介质的性质。关于系数 a 和 b 的取值问题，学者们开展了大量的研究工作，Scheidegger[56]就曾对早期的研究成果做过详细论述。无论是理论还是试验研究结果，系数表达式大都包含有颗粒粒径、孔隙率、流体黏度、重力加速度等基本参数，除去这些基本参数，大致可将系数表达式分为两类：第一类是系数表达式中含有特定系数，如颗粒形状系数、弯曲系数、阻力系数等；第二类是系数表达式中特定系数的数值是精确给定的。表 4.2.3 给出了一些较常见的 Forchheimer 方程系数的表达式。这些公式中比较经典的为半理论半经验的 Ergun 公式[10]，一些学者对 Ergun 公式的

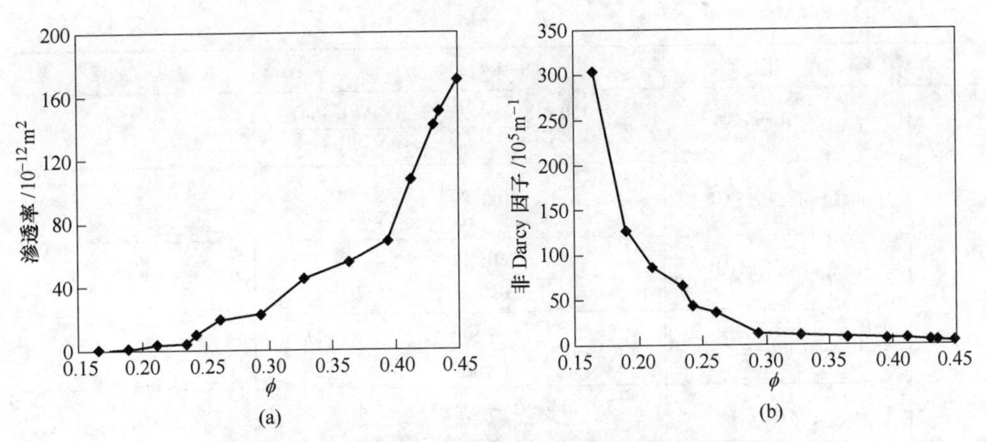

图 4.2.5 非 Darcy 渗流参数随孔隙率的变化曲线

（a）渗透率随孔隙率变化；（b）非 Darcy 因子随孔隙率变化

表 4.2.3 常见的 Forchheimer 方程系数的表达式

类别	作者（年份）	系数表达式	说　明
第一类	Ergun（1949）[4]	$a = 180\alpha\dfrac{\mu(1-\phi)^2}{gd^2\phi^3}$，$b = \dfrac{3\chi(1-\phi)}{4gd\phi^3}$	α、χ 为颗粒形状系数
	Irmay（1958）[57]	$a = \alpha\dfrac{\mu(1-\phi)^2}{gd^2(\phi-\phi_x)^3}$，$b = \chi\dfrac{1-\phi}{gd(\phi-\phi_x)^3}$	α、χ 为颗粒形状系数，ϕ_x 为无效孔隙率
	Scheidegger（1958）[56]	$a = C_1\dfrac{\mu T^2}{g\phi}$，$b = C_2\dfrac{T^3}{g\phi^2}$	C_1、C_2是依赖于粒径分布的系数，T是弯曲系数
	Blick（1966）[58]	$a = \dfrac{32\mu}{g\phi D^2}$，$b = \dfrac{C_D}{2Dg\phi^2}$	$D = 3(1-\phi)/\phi$ 为毛细管孔径；C_D为孔板阻力系数
	Mccorquodale 等（1978）[59]	$a = 2520\dfrac{\alpha^2\mu(1-\phi)^2}{gd^2\phi^3}$，$b = 4.86\dfrac{\alpha(1-\phi)}{gd\phi^{1.5}}$	α 为颗粒形状系数
	Fand 和 Thinakaran（1990）[12]	$a = 214\dfrac{M^2\mu(1-\phi)^2}{gd^2\phi^3}$，$a = 1.57\dfrac{M(1-\phi)}{gd\phi^3}$	M是依赖于管径与粒径比值的系数

续表 4.2.3

类别	作者（年份）	系数表达式	说　明
第二类	Ergun（1952）[10]	$a=\frac{150\mu(1-\phi)^2}{gd^2\phi^3}$，$b=\frac{1.75(1-\phi)}{gd\phi^3}$	
	Schneebeli（1955）[60]	$a=1100\frac{\mu}{gd^2}$，$b=\frac{12}{gd}$	
	Ward（1965）[14]	$a=\frac{360\mu}{gd^2}$，$b=\frac{10.44}{gd}$	
	Irmay（1964）[11]	$a=180\frac{\mu(1-\phi)^2}{gd^2\phi^3}$，$b=0.6\frac{1-\phi}{gd\phi^3}$	
	Kovács（1981）[5]	$a=\frac{144\mu}{gd^2}\frac{(1-\phi)^2}{\phi^3}$，$b=\frac{2.4}{gd}\frac{1-\phi}{\phi^3}$	
	KadlecKnight（1996）[13]	$a=\frac{255\mu(1-\phi)}{gd^2\phi^{3.7}}$，$b=\frac{2(1-\phi)}{gd\phi^3}$	

系数进行了修正，如 Ergun-Kovács 公式[5]、Ergun-Reichlet 公式[12] 等，Sidiropoulou 等[61]、Moutsopoulos 等[40] 和 Sedghi-Asl 等[15] 曾对部分常用的非线性方程进行了对比分析。从试验角度，Sidiropoulou 等[61] 认为 Kozeny-Carman 公式（可近似看作 Ergun 公式的特例）对系数 a 有较好的适用性，而 Kadlec 和 Knight 公式更适合确定系数 b。Sedghi-Asl 等[15] 则认为 Ergun-Kovács 公式对系数 a 的适用性较好，而 Ergun-Reichlet 公式更适合确定系数 b。究其原因可能与其试验采用的颗粒形状、颗粒排列方式、有效孔隙率等因素有关。

Ergun 公式以及 Ergun 修正公式均显示出系数 a 与$(1-\phi)^2/\phi^3$ 成正比关系，系数 b 与$(1-\phi)/\phi^3$ 成正比关系，可写作：

$$\begin{cases} a=\alpha_1\dfrac{(1-\phi)^2}{\phi^3} \\ b=\alpha_2\dfrac{1-\phi}{\phi^3} \end{cases} \tag{4.2.10}$$

将式（4.2.10）代入式（4.2.8）可将渗透率和孔隙率、非 Darcy 因子和孔隙率的关系表示为：

$$\begin{cases} k=\dfrac{\mu}{\alpha_1}\dfrac{\phi^3}{(1-\phi)^2}=k_{\mathrm{r}}\dfrac{\phi^3}{(1-\phi)^2} \\ \beta=\dfrac{\alpha_2}{\rho}\dfrac{1-\phi}{\phi^3}=\beta_{\mathrm{r}}\dfrac{1-\phi}{\phi^3} \end{cases} \tag{4.2.11}$$

式中，k_{r}、β_{r}均为独立于孔隙率的系数，与颗粒大小、颗粒级配、颗粒形状等因素有关，对于具体的渗透介质可通过试验进行测定。

根据式（4.2.11）通过数据拟合可以得到非 Darcy 渗流参数（渗透率和非

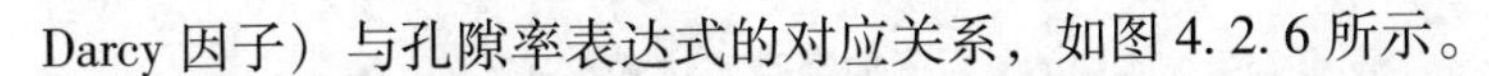
Darcy 因子）与孔隙率表达式的对应关系，如图 4.2.6 所示。

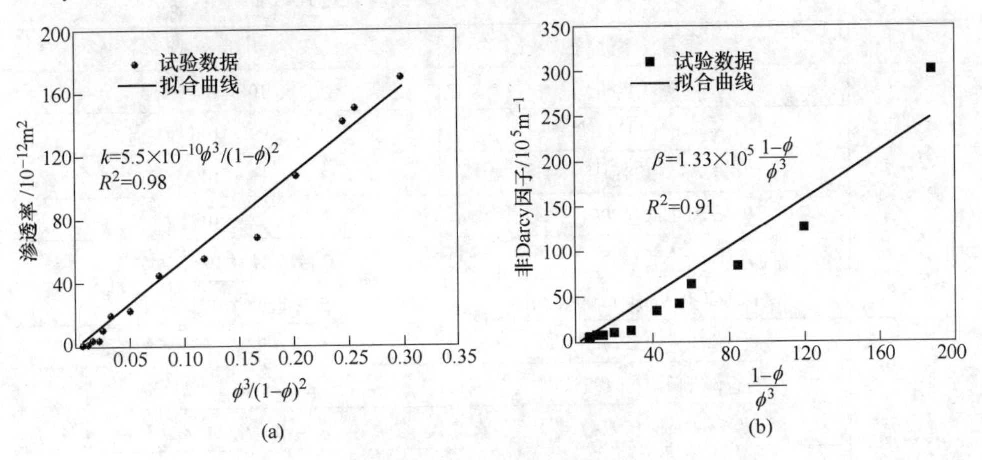

图 4.2.6 非 Darcy 渗流参数与孔隙率的对应关系

（a）渗透率与孔隙率的关系；（b）非 Darcy 因子与孔隙率的关系

由于 Ergun 公式描述的是单一粒径颗粒组成的堆积型多孔介质，孔隙率变化范围较小，本次试验采用的 14 组破碎岩体试样的孔隙率变化范围较大，基于 Ergun 公式的拟合结果表明，渗透率与孔隙率的拟合效果较好，而非 Darcy 因子与孔隙率的拟合效果相对较差，因此本文仅采用 Ergun 公式描述渗透率与孔隙率的对应关系：

$$k = k_r \frac{\phi^3}{(1-\phi)^2}, \quad k_r = 5.5 \times 10^{-10} \mathrm{m}^2 \tag{4.2.12}$$

下面将通过试验数据的进一步分析，建立描述非 Darcy 因子的定量表达式。

4.2.3.3 非 Darcy 因子与渗透率的关系

渗透率是地下水渗流问题中一个非常重要的水文地质参数，也是地下水涌水量预测、水害防治等工程实践的重要依据。一般多在实验室或者野外进行各种试验测得，已经形成了较为成熟的试验方法，更有详细的试验规程可供参考[62]。但是对非 Darcy 因子的测试并没有形成统一的认识，目前主要是通过试验建立非 Darcy 因子与多孔介质属性的关系式，主要可分为三类：第一类是完全由渗透率表示；第二类是由孔隙率和渗透率表示；第三类是由孔隙率、渗透率和迂曲度共同表示，见表 4.2.4。

理论上，在计算非 Darcy 因子时使用的多孔介质属性越多，得到的非 Darcy 因子越精确，但是工程实践越不方便，如第三类非 Darcy 因子表达式中迂曲度的确定，对于具有复杂孔隙结构的多孔介质，无论是采用物理实验还是数值模拟的方法在获取迂曲度上都存在较大困难。

表 4.2.4　非 Darcy 因子的经验表达式

类别	作者（年份）	表 达 式
第一类	Pascal 等（1980）[63]	$\beta = 1.10 \times 10^{-5}/k^{1.176}$
	Noman（1982）[64]	$\beta = 6.99 \times 10^{-15}/k^{1.73}$
	Jones（1987）[65]	$\beta = 1.13 \times 10^{-12}/k^{1.55}$
	Chen 和 dong（2001）[66]	$\beta = 9.42 \times 10^{-4}/k^{0.934}$
	Chen 等（2005）[67]	$\beta = 2.24 \times 10^{-10}/k^{1.3878}$
	Friededl 和 Voigt（2006）[68]	$\beta = 2.46 \times 10^{-6}/k^{1.11}$
第二类	Ergun（1952）[10]	$\beta = 0.134/(k^{0.5}\phi^{1.5})$
	Janicek 和 Katz（1955）[69]	$\beta = 3.24 \times 10^{-9}/(k^{1.25}\phi^{0.75})$
	J. Geertsma（1974）[70]	$\beta = 0.005/(k^{0.5}\phi^{1.5})$
	Macdonald 等（1979）[71]	$\beta = 0.143/(k^{0.5}\phi^{1.5})$
	Coles 和 Hartman（1998）[72]	$\beta = (1.15 \times 10^{-15}\phi^{0.537})/k^{1.79}$
	Li 等（2001）[73]	$\beta = 1.15 \times 10^{-6}/(k\phi)$
第三类	Liu（1995）[74]	$\beta = (8.91 \times 10^{-7}\tau)/(k\phi)$
	Thauvin 和 Mohanty（1998）[31]	$\beta = (3.55 \times 10^{-6}\tau^{3.35})/(k^{0.98}\phi^{0.2})$

根据式（4.2.10），非 Darcy 因子可由渗透率和孔隙率表示为：

$$\beta = \frac{C_r}{k^{0.5}\phi^{1.5}},\quad C_r = \beta_r k_r^{0.5} \tag{4.2.13}$$

式中，C_r包含了颗粒形状、迂曲度等因素的影响。该方程有一定的理论基础，研究表明该方程适用于孔隙率在 0.3~0.4 范围内变化的多孔介质[70]，对于大孔隙率范围的多孔介质的拟合效果相对较差，如图 4.2.7（a）所示。Geertsma[71] 从数据拟合角度将式（4.2.13）修正为$\beta = C_R/(k^{0.5}\phi^{5.5})$，把孔隙率的适用范围扩大为 0.1~0.45，由于该式是孔隙率的 5.5 次方，对孔隙率的变化异常敏感，适用于具有高精度孔隙率的多孔介质。另外一类由渗透率表示的非 Darcy 因子都是基于试验的纯经验公式，虽然工程适用方便，却忽略了量纲的一致性。

根据上述分析，本节基于量纲一致性原理，并兼顾工程适用性强的原则，提出采用如下形式的非 Darcy 因子与渗透率的关系方程：

$$\beta = \frac{C}{\sqrt{k}} \tag{4.2.14}$$

式中，C 为无量纲系数。

根据式（4.2.13）通过数据拟合得到非 Darcy 因子与渗透率的算术平方根的关系，可表示为：

$$\beta = \frac{11.76}{\sqrt{k}} \tag{4.2.15}$$

如图4.2.7（b）所示，拟合方程的相关系数 $R^2=0.983$，拟合效果好。

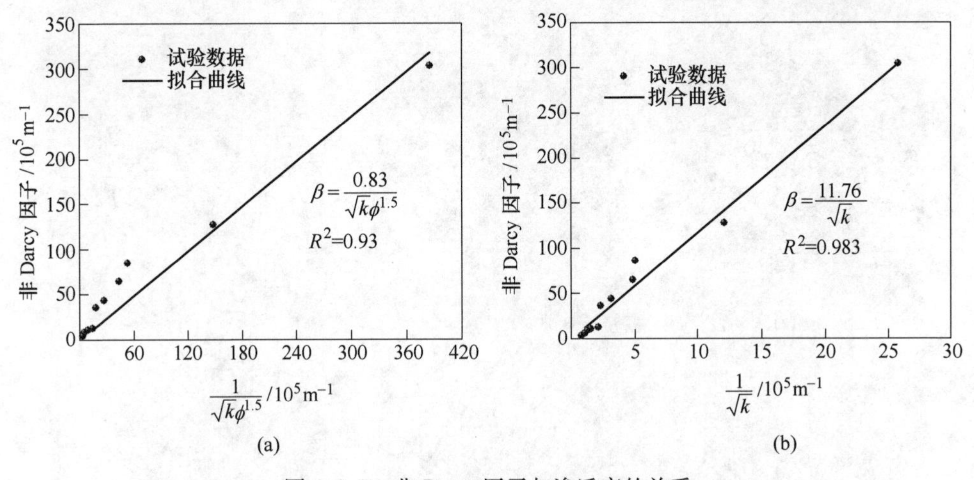

图4.2.7 非 Darcy 因子与渗透率的关系

（a）β 与 $1/(\sqrt{k}\phi^{1.5})$ 的关系；（b）β 与 $1/\sqrt{k}$ 的关系

4.3 颗粒级配对渗流阻力的影响

4.3.1 试验材料与方案

渗流发生时，颗粒填充型多孔介质与装样筒之间存在壁面效应。Holt 和 Gibbs 等通过实验研究发现，颗粒物质的最大直径 d_{max} 应小于装样筒内径 D 的 1/6~1/5。本节所用装样筒直径 $D=60$mm，所以选用的沙颗粒最大粒径 d_{max} 控制在 10mm 以下。

图4.3.1 高频振筛机

本节以不同粒径的风积沙、河沙和石英砂为材料，其中 0~0.6mm 的风积沙取自我国陕北侏罗系煤田小纪汗煤矿，密度 2620kg/m³；0.6~2.36mm 为取自辽宁鞍山地区的河沙，密度 2650kg/m³；2.36~9.0mm 为石英砂，密度 2820kg/m³。利用高频振筛机（图4.3.1）对三种颗粒材料进行筛分，得到 0~0.075mm、0.075~0.15mm、0.15~0.3mm、0.3~0.6mm、0.6~1.0mm、1.0~2.0mm、2.0~2.36mm、

2. 36~4. 75mm 和 4. 75~9. 0mm 共计 9 种粒径范围的沙样，如图 4. 3. 2 所示。

图 4. 3. 2　不同粒径范围的沙颗粒

（a）粒径 0~0. 075mm；（b）粒径 0. 075~0. 15mm；（c）粒径 0. 15~0. 3mm；
（d）粒径 0. 3~0. 6mm；（e）粒径 0. 6~1. 0mm；（f）粒径 1. 0~2. 0mm；
（g）粒径 2. 0~2. 36mm；（h）粒径 2. 36~4. 75mm；（i）粒径 4. 75~9. 0mm

鉴于细颗粒含量对渗流参数的本质影响，为了便于研究颗粒组成与渗流参数之间的相互关系，以有效粒径 d_{10} 作为特征粒径，通过引入颗粒组成相关参数，不均匀系数 C_u 和曲率系数 C_c。

$$C_u = \frac{d_{60}}{d_{10}} \tag{4.3.1}$$

$$C_c = \frac{d_{30}^2}{d_{10} \times d_{60}} \tag{4.3.2}$$

式中　d_x——小于该粒径的颗粒质量占总质量的 $x\%$ 的粒径，mm。

4.3.1.1　不均匀系数对渗透特性的影响

控制孔隙率 $\phi = 0.40$，特征粒径 $d_{10} = 0.15$mm，曲率系数 $C_c = 1.2$，使试样的不均匀系数从4增加到32。曲率系数表示颗粒的连续性情况，保持曲率系数不变使 C_u 成为唯一变量。各粒径区间的掺入量见表4.3.1，级配曲线如图4.3.3所示。

表4.3.1　不同不均匀系数各粒径区间含量　（%）

d/mm	$C_c = 1.2$				
	$C_u = 4$	$C_u = 7$	$C_u = 13$	$C_u = 16$	$C_u = 32$
9.0	100	100	100	100	100
4.75	97	93	88	80	60
2.36	90	85	78	60	50
2	80	75	60	50	40
1	70	60	45	40	32
0.6	60	43	30	28	20
0.3	27	20	18	15	12
0.15	10	10	10	10	10
0.075	0	0	0	0	0

4.3.1.2　曲率系数对渗透特性的影响

控制颗粒堆积体的孔隙率 $\phi = 0.40$，特征粒径 $d_{10} = 0.15$mm，不均匀系数 $C_u = 32$，使试样的曲率系数 C_c 从0.1变化到7.8。通过保持不均匀系数为定值来控制试样中颗粒的离散情况，使曲率系数 C_c 成为影响颗粒组成的唯一因素。各粒径范围的掺入量百分比见表4.3.2，级配曲线如图4.3.4所示。

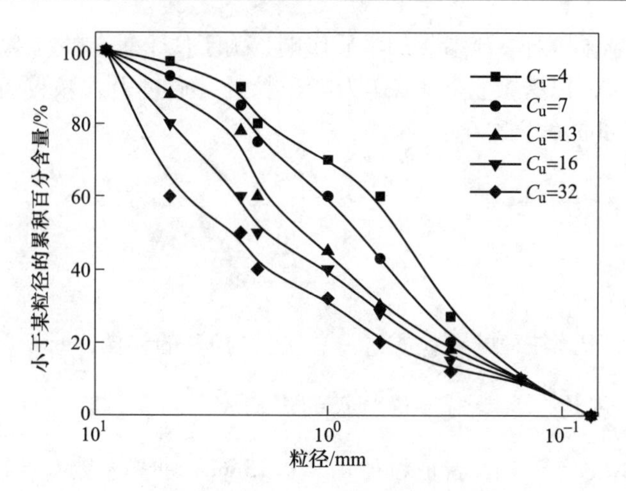

图 4.3.3　不同不均匀系数颗粒级配曲线

表 4.3.2　不同曲率系数各粒径区间含量值

d/mm	$C_u=32$				
	$C_c=0.1$	$C_c=0.5$	$C_c=1.4$	$C_c=5.6$	$C_c=7.8$
9.0	100	100	100	100	100
4.75	60	60	60	60	60
2.36	55	48	40	35	30
2	52	44	35	30	25
1	40	35	30	25	20
0.6	35	30	25	20	15
0.3	30	20	15	13	11
0.15	10	10	10	10	10
0.075	0	0	0	0	0

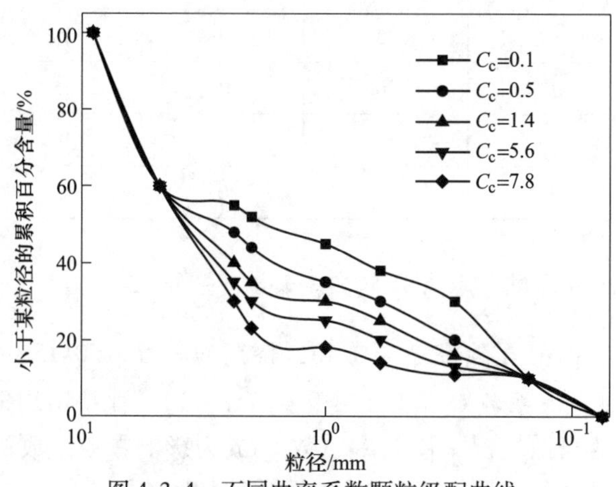

图 4.3.4　不同曲率系数颗粒级配曲线

试验方案见表4.3.3，共独立展开10组试验，对应编号P1~P10。对于每一种试样，通过改变入口端的水压力分别进行68次稳态渗流试验，共进行680次试验。

表4.3.3　试验方案

试验编号	不均匀系数 C_u	曲率系数 C_c	有效粒径 d_{10}/m	控制粒径 d_{60}/m	孔隙率 ϕ/%
P1	4	1.2	0.00015	0.00060	40.27
P2	7		0.00015	0.00100	40.52
P3	13		0.00015	0.00200	40.87
P4	16		0.00015	0.00236	40.78
P5	32		0.00015	0.00475	40.81
P6	32	0.1	0.00015	0.00475	40.14
P7		0.5	0.00015	0.00475	40.47
P8		1.4	0.00015	0.00475	40.80
P9		5.6	0.00015	0.00475	40.25
P10		7.8	0.00015	0.00475	40.49

4.3.2　试验结果及分析

4.3.2.1　流态的划分

由图4.3.5的 J-v 曲线可知，曲率系数 $C_c=1.2$，不均匀系数 C_u 从4增大到32时，对应的最大渗速从0.039m/s增加到0.091m/s。不均匀系数 $C_u=32$，曲率系数 C_c 从0.1增大到7.8时，对应的最大渗速从0.040m/s增加到0.139m/s，从 10^{-2} 量级增大至 10^{-1} 量级。随着不均匀系数 C_u 和曲率系数 C_c 的增大，流速的变化较为均匀，并没有出现陡变现象。随着流速的逐渐增加曲线的斜率不断增大，渗流速度与水力梯度明显偏离线性。

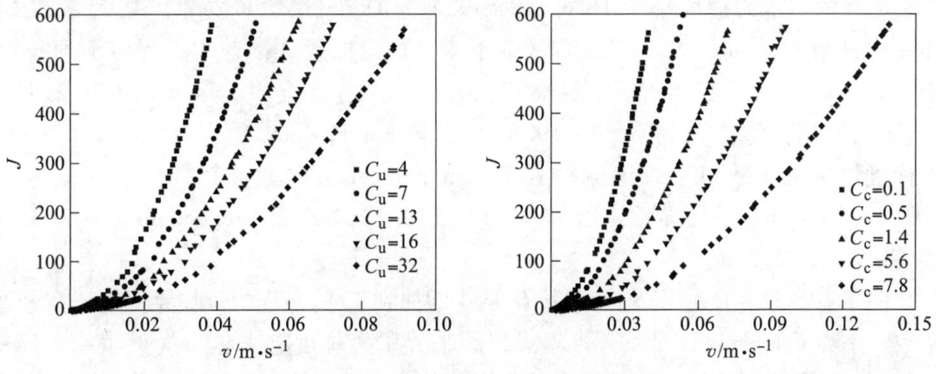

图4.3.5　水力梯度与流速关系曲线

根据 Skjetne[75] 的研究，水在复杂多孔介质中的流动机制可分为 6 种：（1）Darcy 层流；（2）小惯性流；（3）小惯性流到大惯性流；（4）大惯性流；（5）大惯性流到紊流；（6）紊流。通过 J-v 关系曲线（图 4.3.5）很难直观、有效地判断出渗流转捩的临界点，并通过对渗流方程的进一步处理，以期获得更为可靠的划分结果。

Darcy 层流-流动阻力主要为流体黏滞阻力，水力梯度与流速的一次方成正比，满足线性 Darcy 定律，可表示为：

$$-\frac{\mathrm{d}p}{\mathrm{d}x}=\frac{\mu}{k}v \tag{4.3.3}$$

大惯性流（即 Forchheimer 流动）-黏性流动与惯性流动相当，水力梯度与流速的关系满足 Forchheimer 方程，可表示为：

$$-\frac{\mathrm{d}p}{\mathrm{d}x}=\frac{\mu}{k}v+\beta\rho v^{2} \tag{4.3.4}$$

紊流-黏滞阻力的影响与惯性阻力相比可以忽略不计，水力梯度的损失完全是由速度的平方项引起的，可表示为：

$$-\frac{\mathrm{d}p}{\mathrm{d}x}=\psi\rho v^{2} \tag{4.3.5}$$

为了更直观地区分流态将 Darcy 方程、Forchheimer 方程、Turbulence 方程两端同时除以 μv，分别简化为式（4.3.6）~式（4.3.8）：

$$y=\frac{1}{k} \tag{4.3.6}$$

$$y=\frac{1}{k}+\beta x \tag{4.3.7}$$

$$y=\psi x \tag{4.3.8}$$

式中，$y=-(\mathrm{d}p/\mathrm{d}x)/\mu v$，$x=\rho v/\mu$；$\psi$ 为紊流因子，m^{-1}。

对 10 个渗流试验数据分别采用上述 3 个方程进行拟合，拟合结果如图 4.3.6 所示，水力梯度小于 1 时，渗流状态为 Darcy 层流；随着不均匀系数 C_{u} 和曲率系数 C_{c} 不断增大，孔隙率基本不变，而迂曲度逐渐减小，导致流速急剧增加，渗流状态转变为 Forchheimer 流，此时的临界流速为 $8.5\times10^{-4}\sim5.48\times10^{-3}\mathrm{m/s}$，临界雷诺数为 0.39~19.87，临界 Forchheimer 数为 0.19~1.38；水力梯度增加到 125 以后，渗流模式由 Forchheimer 流向紊流转捩，临界流速为 0.017~0.049m/s，临界雷诺数为 63.52~179.12，临界 Forchheimer 数为 3.82~12.78，见表 4.3.4。

曲率系数 $C_{\mathrm{c}}=1.2$，不均匀系数 C_{u} 从 4 增加到 32 的过程中，临界流速、临界雷诺数、临界 Forchheimer 数均逐渐增大，而临界水力梯度越来越小（见表 4.3.5a~c）。不均匀系数对渗流转捩临界参数的影响与曲率系数的影响规律基本一致。

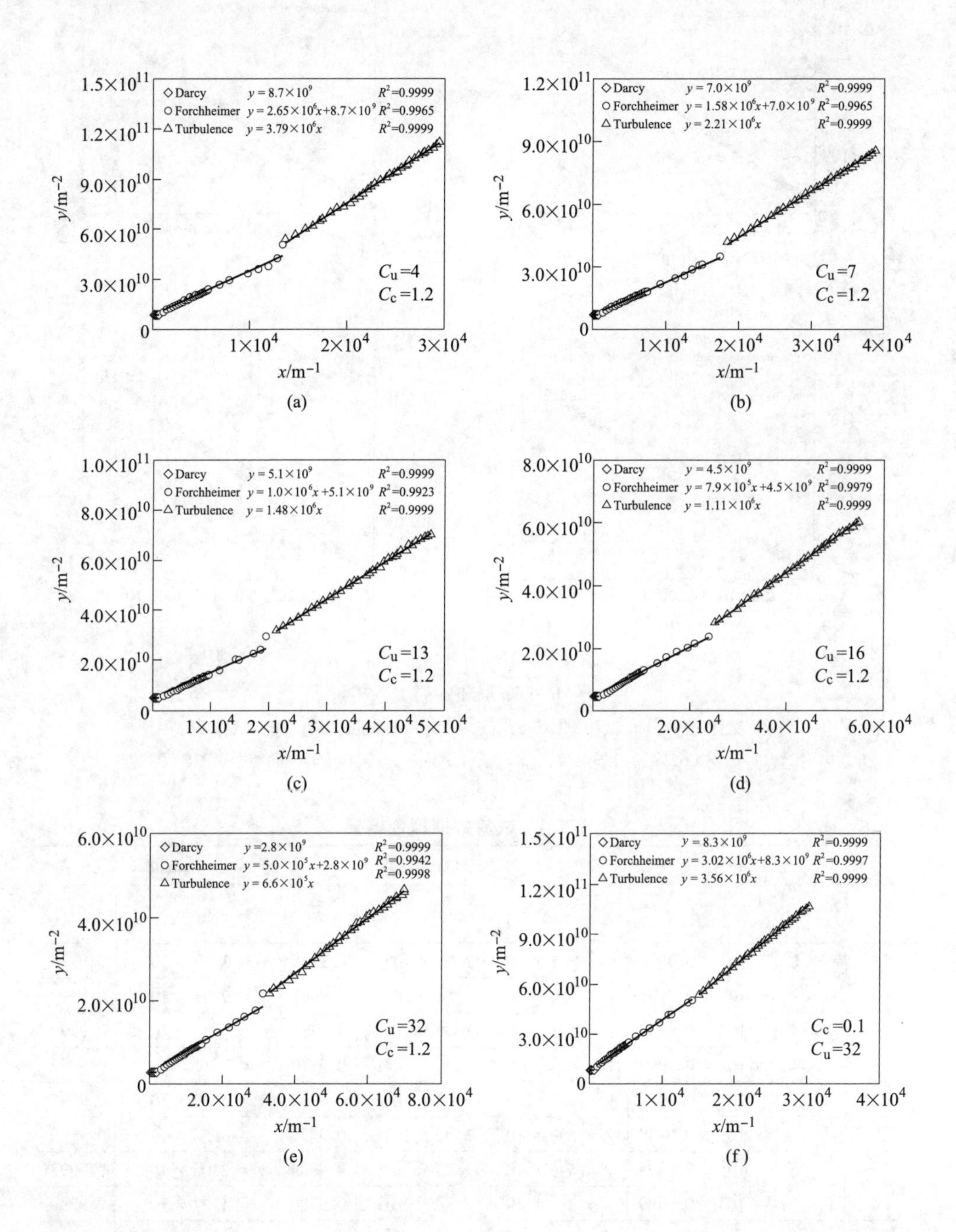

◇Darcy y = 8.7×10^9 R^2=0.9999
○Forchheimer y = 2.65×10^6x+8.7×10^9 R^2=0.9965
△Turbulence y = 3.79×10^6x R^2=0.9999
Cu=4
Cc=1.2
y/m^-2
x/m^-1
(a)
◇Darcy y = 7.0×10^9 R^2=0.9999
○Forchheimer y = 1.58×10^6x+7.0×10^9 R^2=0.9965
△Turbulence y = 2.21×10^6x R^2=0.9999
Cu=7
Cc=1.2
y/m^-2
x/m^-1
(b)
◇Darcy y = 5.1×10^9 R^2=0.9999
○Forchheimer y = 1.0×10^6x +5.1×10^9 R^2=0.9923
△Turbulence y = 1.48×10^6x R^2=0.9999
Cu=13
Cc=1.2
y/m^-2
x/m^-1
(c)
◇Darcy y = 4.5×10^9 R^2=0.9999
○Forchheimer y = 7.9×10^5x +4.5×10^9 R^2=0.9979
△Turbulence y = 1.11×10^6x R^2=0.9999
Cu=16
Cc=1.2
y/m^-2
x/m^-1
(d)
◇Darcy y =2.8×10^9 R^2=0.9999
○Forchheimer y = 5.0×10^5x+2.8×10^9 R^2=0.9942
△Turbulence y = 6.6×10^5x R^2=0.9998
Cu=32
Cc=1.2
y/m^-2
x/m^-1
(e)
◇Darcy y = 8.3×10^9 R^2=0.9999
○Forchheimer y = 3.02×10^6x+8.3×10^9 R^2=0.9997
△Turbulence y = 3.56×10^6x R^2=0.9999
Cc=0.1
Cu=32
y/m^-2
x/m^-1
(f)

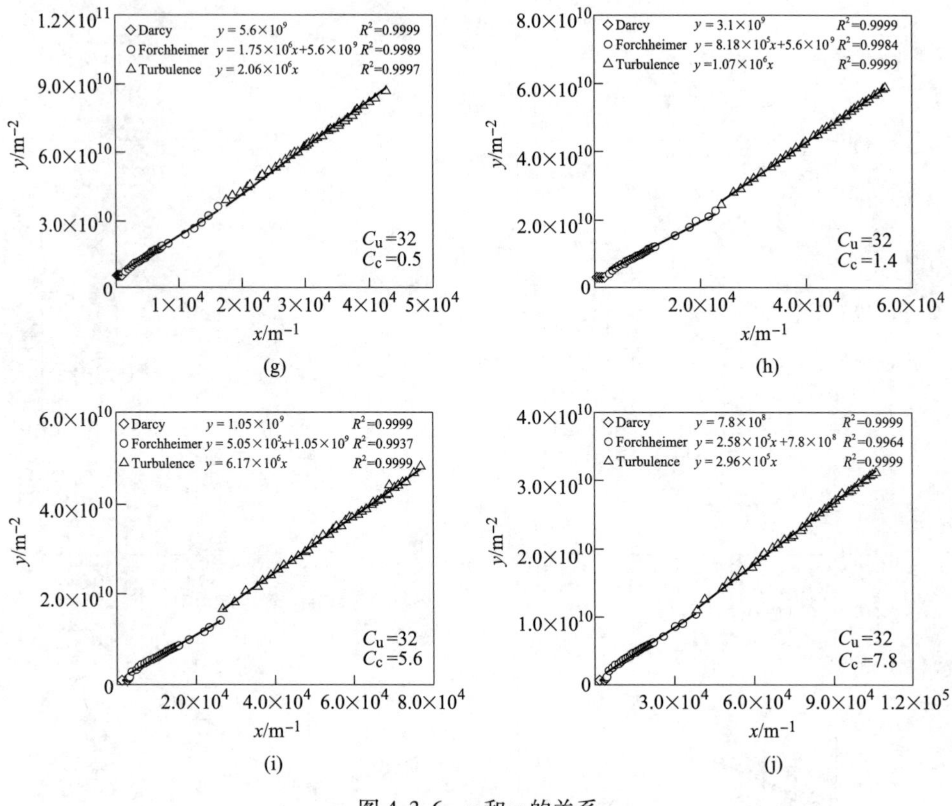

图 4.3.6　y 和 x 的关系

(a) 试样 P1；(b) 试样 P2；(c) 试样 P3；(d) 试样 P4；(e) 试样 P5；
(f) 试样 P6；(g) 试样 P7；(h) 试样 P8；(i) 试样 P9；(j) 试样 P10

表 4.3.4　试验数据拟合结果

试验编号	Darcy		Forchheimer		Turbulence	
	$y=\frac{1}{k}$	R^2	$y=\frac{1}{k}+\beta x$	R^2	$y=\psi x$	R^2
P1	$y=8.7\times10^9$	0.9999	$y=8.7\times10^9+2.65\times10^6x$	0.9965	$y=3.79\times10^6x$	0.9999
P2	$y=7.0\times10^9$	0.9999	$y=7.0\times10^9+1.58\times10^6x$	0.9995	$y=2.21\times10^6x$	0.9999
P3	$y=5.1\times10^9$	0.9999	$y=5.1\times10^9+1.00\times10^6x$	0.9923	$y=1.48\times10^6x$	0.9999
P4	$y=4.5\times10^9$	0.9999	$y=4.5\times10^9+7.90\times10^5x$	0.9979	$y=1.11\times10^6x$	0.9999
P5	$y=2.8\times10^9$	0.9999	$y=2.8\times10^9+5.00\times10^5x$	0.9942	$y=6.60\times10^5x$	0.9998
P6	$y=8.3\times10^9$	0.9999	$y=8.3\times10^9+3.00\times10^6x$	0.9997	$y=3.56\times10^6x$	0.9999
P7	$y=5.6\times10^9$	0.9999	$y=5.6\times10^9+1.75\times10^6x$	0.9989	$y=2.06\times10^6x$	0.9997
P8	$y=3.1\times10^9$	0.9999	$y=3.1\times10^9+8.18\times10^5x$	0.9984	$y=1.07\times10^6x$	0.9999
P9	$y=1.1\times10^9$	0.9999	$y=1.1\times10^9+5.05\times10^5x$	0.9937	$y=6.17\times10^5x$	0.9999
P10	$y=7.8\times10^8$	0.9999	$y=7.8\times10^9+2.58\times10^5x$	0.9964	$y=2.96\times10^5x$	0.9999

表 4.3.5a Darcy 流下限临界值

试验编号	流速 $v/10^{-3}m \cdot s^{-1}$	水力梯度 J	雷诺数 Re	Forchheimer 数 Fo
P1	0.65	0.75	0.25	—
P2	0.79	0.75	0.46	—
P3	1.11	0.75	1.13	—
P4	1.24	0.75	1.89	—
P5	1.99	0.75	3.59	—
P6	0.67	0.75	0.87	—
P7	1.0	0.75	2.11	—
P8	1.8	0.75	4.89	—
P9	3.5	0.5	10.13	—
P10	4.79	0.5	14.44	—

表 4.3.5b Forchheimer 流上限临界值

试验编号	流速 $v/10^{-3}m \cdot s^{-1}$	水力梯度 J	雷诺数 Re	Forchheimer 数 Fo
P1	0.85	1	0.33	0.19
P2	1.05	1	0.61	0.18
P3	1.49	1	1.51	0.22
P4	1.84	1	2.81	0.24
P5	2.67	1	4.81	0.36
P6	0.90	1	1.17	0.25
P7	1.34	1	2.82	0.32
P8	2.0	1	6.52	0.48
P9	3.9	0.75	10.96	1.37
P10	5.48	0.75	16.52	1.38

表 4.3.5c 湍流上限临界值

试验编号	流速 $v/10^{-3}m \cdot s^{-1}$	水力梯度 J	雷诺数 Re	Forchheimer 数 Fo
P1	17.25	118.83	6.82	4.07
P2	22.86	107.17	13.26	3.88
P3	25.55	101.00	25.94	3.82
P4	31.28	98.83	47.76	4.15
P5	38.38	90.50	69.14	5.22
P6	18.45	123.83	24.08	5.14
P7	21.27	102.17	44.81	5.08

续表 4. 3. 5c

试验编号	流速 $v/10^{-3}\mathrm{m}\cdot\mathrm{s}^{-1}$	水力梯度 J	雷诺数 Re	Forchheimer 数 Fo
P8	29. 83	90. 50	81. 06	6. 05
P9	35. 13	78. 83	101. 64	12. 78
P10	49. 40	68. 83	148. 95	12. 45

4. 3. 2. 2　不均匀系数对渗流参数的影响

10 个试样的孔隙率基本相同，均为 0. 4 左右，孔隙率相同只是说明同等体积试样内部孔隙的总体积相同，试样内部颗粒之间的孔隙形式以及形成的迂曲度存在多样性，导致试样内部流体的渗流路径和所受阻力大小存在较多的不确定性。

从表 4. 3. 6 可知，随着不均匀系数的增大，渗透率也随之增大，而非 Darcy 因子和紊流因子随之减小，但增大或减小幅度不超过一个数量级。由图 4. 3. 7 ~ 图 4. 3. 9 可知，渗透率与不均匀系数之间存在着较好的线性相关性，其相关度为 0. 9996。非 Darcy 因子、紊流因子分别与孔隙率近似为幂函数关系，幂指数为负。

表 4. 3. 6　渗透率和非 Darcy 因子的试验结果

试验编号	不均匀系数 C_u	曲率系数 C_c	$k/10^{-10}\mathrm{m}^2$	$\beta/10^5\mathrm{m}^{-1}$	$\psi/10^5\mathrm{m}^{-1}$
P1	4	1. 2	1. 15	26. 5	37. 9
P2	7		1. 41	15. 8	22. 1
P3	13		1. 96	10. 0	15. 0
P4	16		2. 20	7. 9	11. 0
P5	32		3. 57	5. 0	6. 6

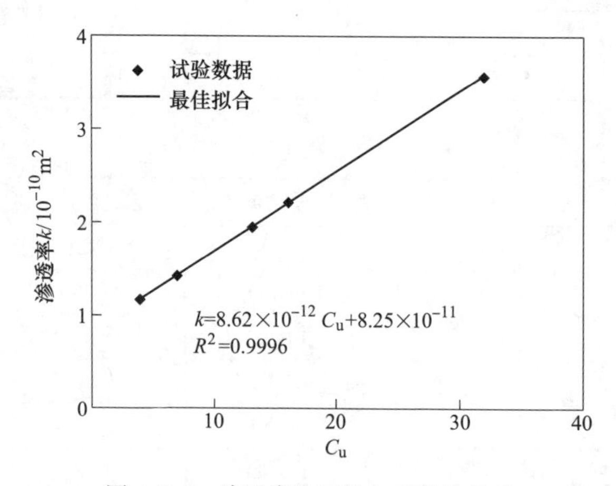

图 4. 3. 7　渗透率和不均匀系数的关系

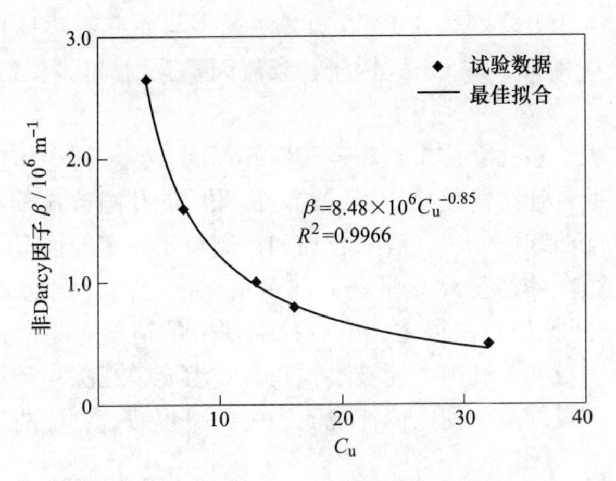

图 4.3.8 非 Darcy 因子和不均匀系数的关系

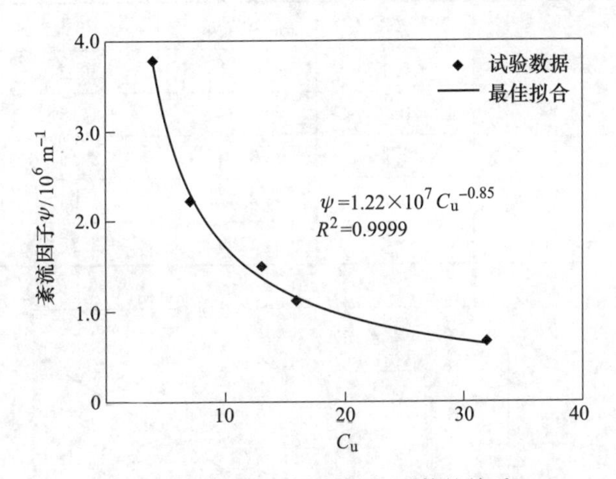

图 4.3.9 紊流因子和不均匀系数的关系

不均匀系数是量化多孔介质中颗粒离散程度的重要指标，不均匀系数越大，表示颗粒分布愈不均匀。由图 4.3.7 不同不均匀系数颗粒级配曲线可知，随着控制粒径 d_{60} 的增大，颗粒级配曲线变化要平缓，大颗粒含量相对增多，小颗粒含量相对减少；当孔隙率相同时，大粒径区间孔隙数量相对小粒径区间较少，但孔隙直径较大，孔隙断面尺寸的增大以及数量的减少使得流体绕流经过的路程缩短，迂曲度减小，流动阻力降低。

4.3.2.3 曲率系数对渗流参数的影响

从表 4.3.7 可知，渗透率随着曲率系数的增大呈增大的趋势，增加了一个数量级，非 Darcy 因子和紊流因子随之减小，但变化幅度不是很大，均在同一量级内变化，且由图 4.3.10～图 4.3.12 可知，渗透率与曲率系数具有良好的线性相关性，相关度为 0.9999，非 Darcy 因子、紊流因子分别与孔隙率为指数为负的幂函数关系。

曲率系数是表征多孔介质中颗粒连续性好坏的参数，同等体积试样中虽然总孔隙体积相同，但是连续性差异使得试样内部颗粒的孔隙形式千差万别。由不同曲率系数颗粒级配曲线可知，在有效粒径和控制粒径一定的情况下，随着曲率系数的增大，颗粒级配曲线变化愈平缓，甚至出现平台段（例如 $C_c=7.8$），表明控制粒径 d_{60} 与中间粒径相差很大，出现粒级缺失的情况。曲率系数愈大，小颗粒含量愈少，大颗粒间的孔隙不能被小颗粒有效填充，孔隙直径增大，孔隙断面尺寸的增大以及数量的减少使得流体绕流经过的路程缩短，迂曲度减小，流动阻力降低。

表 4.3.7　渗透率和非 Darcy 因子的试验结果

试验编号	不均匀系数 C_u	曲率系数 C_c	$k/10^{-10}m^2$	$\beta/10^5m^{-1}$	$\psi/10^5m^{-1}$
P6	32	0.1	1.21	30.2	35.6
P7		0.5	1.79	17.5	20.6
P8		1.4	3.25	8.18	10.7
P9		5.6	9.44	5.05	6.17
P10		7.8	12.8	2.58	2.96

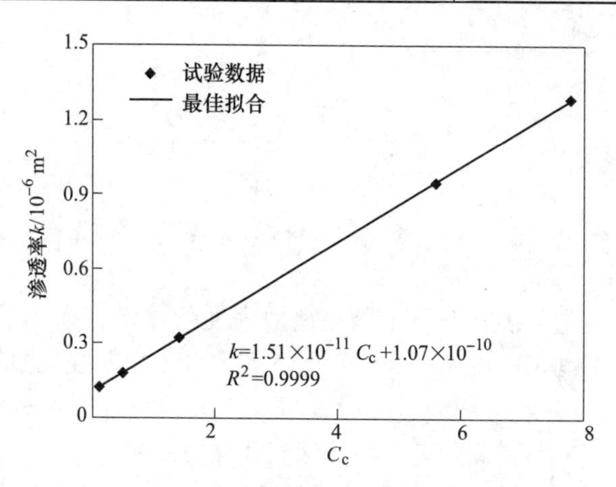

图 4.3.10　渗透率和曲率系数的关系

4.3.2.4　渗透率和非 Darcy 因子计算公式的修正

由渗透率分别与 C_u、C_c 线性正相关可想到，渗透率与 $C_u \times C_c$ 应线性正相关。通过对渗透率与 $C_u \times C_c$ 的线性分析发现，渗透率与 $C_u \times C_c$ 线性正相关，且相关系

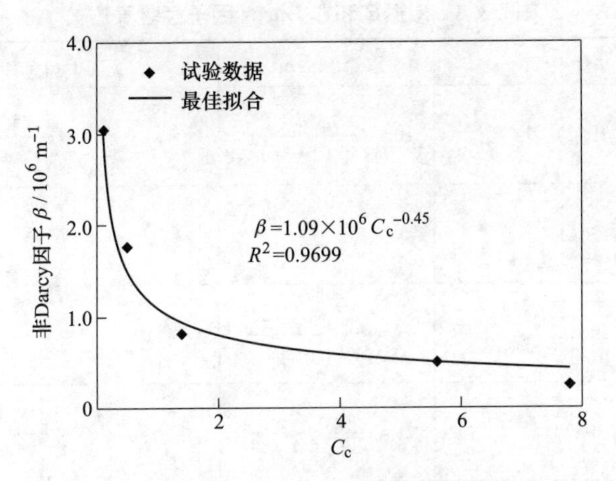

图 4.3.11 非 Darcy 因子和曲率系数的关系

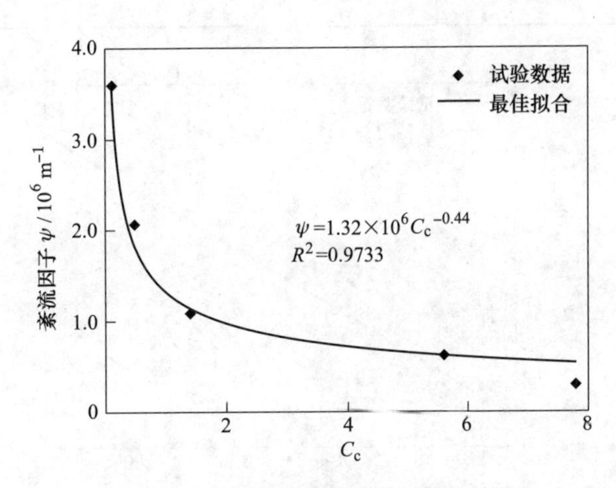

图 4.3.12 紊流因子和曲率系数的关系

数的平方可达到0.9960，如图4.3.13所示。渗透率 k 和非 Darcy 因子 β 均依赖于多孔介质的性质，关于 k 和 β 的取值问题，学者们开展了大量的研究工作，见表4.3.8，但表中公式未反映出其渗透率与颗粒组成的联系，可将其稍加修正，使其更加完善。可将渗透率与孔隙率、有效粒径的二次方、曲率系数、不均匀系数这4个参量拟合在同一公式中以表述渗透率的大小，作为经验公式用于工程实践中预测不同级配堆积体的渗透率，即可修改为：

$$k = c\frac{\phi^3}{(1-\phi)^2}d_{10}^2 C_u C_c \tag{4.3.9}$$

式中，c 为无因次系数。

表 4.3.8　渗透率和非 Darcy 因子经验表达式

作者（年份）	渗透率 k/m^2	非 Darcy 因子 β/m^{-1}
Ergun（1952）	$k=\dfrac{\phi^3 d^2}{150(1-\phi)^2}$	$\beta=\dfrac{1.75(1-\phi)}{\phi^3 d}$
Ward（1964）	$k=\dfrac{d^2}{360}$	$\beta=\dfrac{10.44}{d}$
Irmay（1964）	$k=\dfrac{\phi^3 d^2}{180(1-\phi)^2}$	$\beta=\dfrac{0.6(1-\phi)}{\phi^3 d}$
Kovács（1981）	$k=\dfrac{\phi^3 d^2}{144(1-\phi)^2}$	$\beta=\dfrac{2.4(1-\phi)}{\phi^3 d}$
Kadlec、Knight（1996）	$k=\dfrac{\phi^{3.7} d^2}{255(1-\phi)}$	$\beta=\dfrac{2(1-\phi)}{\phi^3 d}$

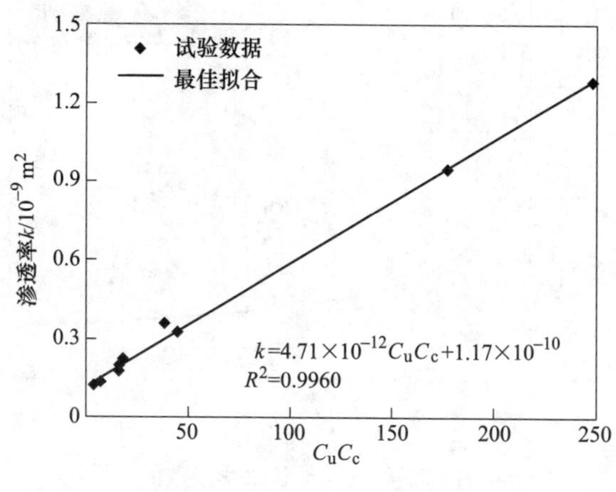

图 4.3.13　k 和 $C_c C_u$ 的关系

由图 4.3.14 对非 Darcy 因子与 $C_u C_c$ 的拟合分析发现，二者近似为幂函数关系，幂指数为负，相关系数为 0.9092。将非 Darcy 因子与孔隙率、有效粒径、曲率系数、不均匀系数这 4 个参量拟合在同一公式中以表述非 Darcy 因子的大小，其拟合结果如下：

$$\beta = a\frac{1-\phi}{\phi^3 d_{10}}(C_u C_c)^b \tag{4.3.10}$$

式中，a、b 为无因次系数。

随机取一组数据（例如 $C_u=32$，$C_c=1.2$）代入式（4.3.9）和式（4.3.10）中，求得无因次系数 $a=88.92$，$b=-0.64$，$c=2.13\times10^{-3}$。

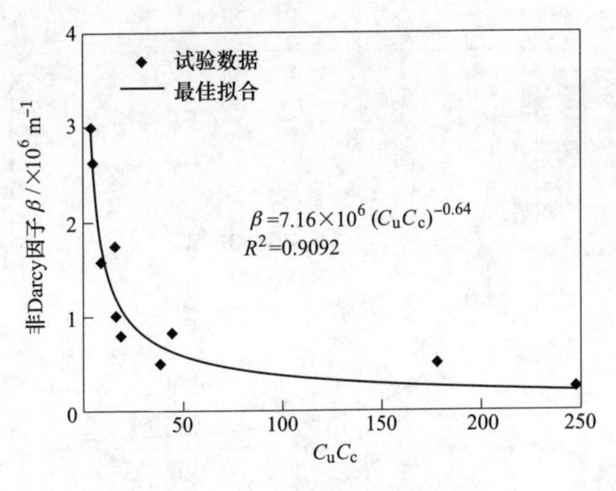

图 4.3.14　β 和 C_cC_u 的关系

为了检验方程式（4.3.9）、式（4.3.10）的质量，引入归一化目标函数、均方根误差公式和均值公式：

$$NOF=\frac{RMSE}{X} \tag{4.3.11}$$

$$RMSE=\sqrt{\frac{\sum_{i=1}^{N}(x_i-y_i)^2}{N}} \tag{4.3.12}$$

$$X=\frac{1}{N}\sum_{i=1}^{N}x_i \tag{4.3.13}$$

式中　x_i——通过实验测得的 k 或 β 值；

y_i——各公式的计算值；

N——观测次数。

NOF 值越接近0，说明计算值与实际值误差越小[15,40,61,76]。事实上只要 $NOF<1$，公式仍然是可靠的，并且具有充分的准确性[77,78]。将本章拟合公式计算值 $k(\beta)$、Ergun 公式计算值 $k(\beta)$、Ward 公式计算值 $k(\beta)$、Irmay 公式计算值 $k(\beta)$、Kovács 公式计算值 $k(\beta)$、Kadlec 和 Knight 公式计算值 $k(\beta)$ 与实测值的 NOF 列于表4.3.9和表4.3.10。经过比较可知，经不均匀系数、曲率系数修正得到的公式计算结果与实测值较为接近，与 Ergun 公式、Ward 公式、Irmay 公式等相比精确度得到较大程度的提高，具备作为实际工程中考虑颗粒级配多孔介质渗透率的预测条件，具有较高的实用性。图4.3.15所示为非 Darcy 因子随渗透率变化曲线。

表4.3.9和表4.3.10中各公式的 NOF 值各不相同，究其原因可能与其试验时采用的颗粒形状、颗粒排列方式、有效孔隙率等因素有关。渗透率和非 Darcy 因子是介质的固有属性，随着试样离散程度的增加、颗粒连续性的变化，试样内部颗粒的组成形式存在多样性和不确定性。

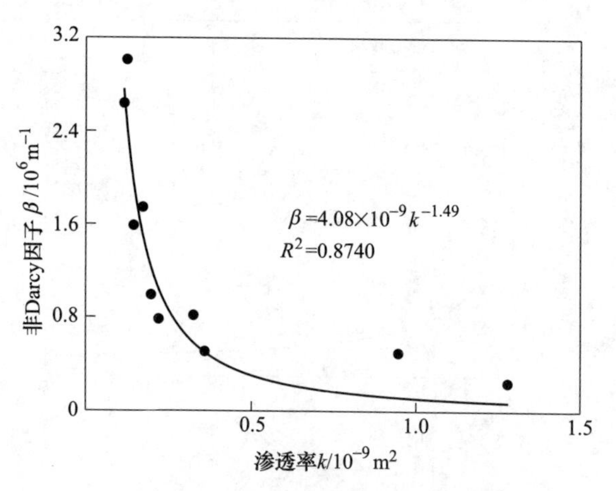

图 4.3.15　非 Darcy 因子随渗透率变化曲线

表 4.3.9　利用 *NOF* 对渗透率经验公式进行评价

$C_u C_c$	*NOF*					
	式（4.3.9）	Ergun (1952)	Ward (1964)	Irmay (1964)	Kovács (1981)	Kadlec、Knight (1996)
4	0.7146	0.7768	0.4825	0.8140	0.7675	0.9585
4.84	0.6293	0.7604	0.4563	0.8003	0.7504	0.9555
8.22	0.4751	0.8002	0.5562	0.8335	0.7918	0.9628
16	0.1954	0.8427	0.6506	0.8689	0.8361	0.9708
16	0.2337	0.8501	0.6812	0.8751	0.8439	0.9721
18.78	0.2079	0.8680	0.7162	0.8900	0.8625	0.9755
38.44	0.0000	0.9186	0.8250	0.9322	0.9152	0.9849
44.44	0.2714	0.9105	0.8076	0.9254	0.9068	0.9834
177.78	0.6575	0.9708	0.9338	0.9757	0.9696	0.9946
247.54	0.7370	0.9780	0.9512	0.9817	0.9771	0.9959

表 4.3.10　利用 *NOF* 对非 Darcy 因子经验公式进行评价

$C_u C_c$	*NOF*					
	式（4.3.10）	Ergun (1952)	Ward (1964)	Irmay (1964)	Kovács (1981)	Kadlec、Knight (1996)
4	0.2491	0.9641	0.9770	0.9877	0.9508	0.9590
4.84	0.2563	0.9598	0.9737	0.9862	0.9449	0.9541
8.22	0.1271	0.9339	0.9559	0.9773	0.9093	0.9244
16	0.4855	0.9403	0.9602	0.9795	0.9181	0.9318

续表 4.3.10

C_uC_c	NOF					
	式（4.3.10）	Ergun（1952）	Ward（1964）	Irmay（1964）	Kovács（1981）	Kadlec、Knight（1996）
16	0.1317	0.8992	0.9304	0.9654	0.8618	0.8848
18.78	0.0011	0.8713	0.9119	0.9559	0.8235	0.8529
38.44	0.0000	0.7966	0.8608	0.9303	0.7211	0.7676
44.44	0.4430	0.8757	0.9149	0.9574	0.8295	0.8579
177.78	0.6112	0.7893	0.8622	0.9278	0.7110	0.7592
247.54	0.3954	0.5950	0.7302	0.8611	0.4445	0.5371

4.4 多孔介质中水、沙两相渗流的起动与运移规律

4.4.1 沙粒的起动条件及临界参数

在多数情况下，谈及颗粒的起动是指泥沙颗粒的起动。王光谦院士在他与钟德钰、吴保生合作的著作《泥沙运动的动理学理论》中将泥沙的起动定义为“是静止河床表面或陆地表面的泥沙颗粒在水流或风力等外力作用下，由静止转换为运动状态的过程。”[79]然而，多孔介质中的可移动细颗粒的起动与河床和陆地表面的泥沙起动相比，二者之间有一定的联系，但也有较大差别。联系在于颗粒运动的能量都来自运动的水流，而差别主要体现在颗粒起动时所受到水流作用的机理不同。下面通过一组试验对多孔介质中颗粒起动的力学机理进行分析与讨论，同时对临界流速与颗粒粒径关系进行分析。

4.4.1.1 试验材料与方法

测试对象为榆林矿区含水层风成沙，密度为 2.62g/cm^3，将风成沙筛分为<0.075mm、0.075~0.15mm、0.15~0.3mm 和 0.3~0.6mm 4 组粒径范围分别进行试验。筛分后的沙样如图 4.4.1（a）~（d）所示。多孔介质骨架的材料选用粒径范围为 4.75~9.50mm 的白色石英碎石。石英碎石颗粒的密度为 2.82g/cm^3，烘干的石英碎石试样如图 4.4.1（e）所示。选择白色的石英碎石作为多孔骨架是为了与黄色的风成沙形成色差，方便清楚观察到石英碎石骨架的孔隙中风成沙的运动形态。

试验利用研制的一维水沙两相渗流试验系统，并通过分相测量装置测量水、沙分相的实时流速。采用恒压供水系统，由试样底部进水、顶部出水，并逐步提升上游压力试探沙粒在何时开始运动。试样的填装如图 4.4.2 所示。

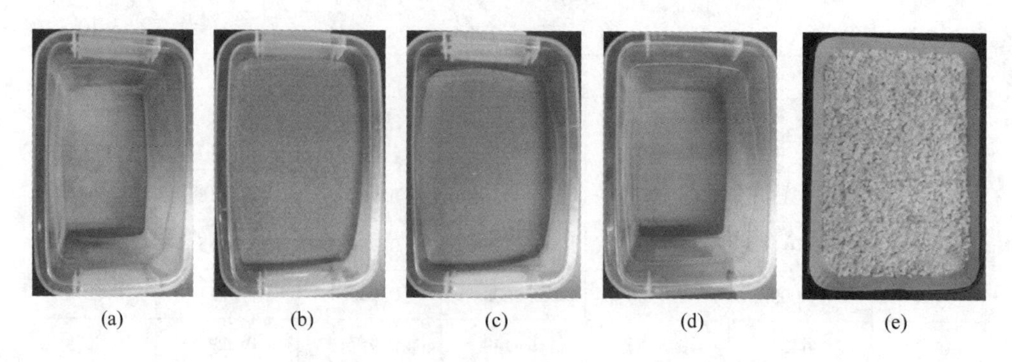

图 4.4.1　试验材料

（a）<0.075mm 风成沙；（b）0.075~0.15mm 风成沙；（c）0.15~0.3mm 风成沙；（d）0.3~0.6mm 风成沙；（e）4.75~9.5mm 石英碎石

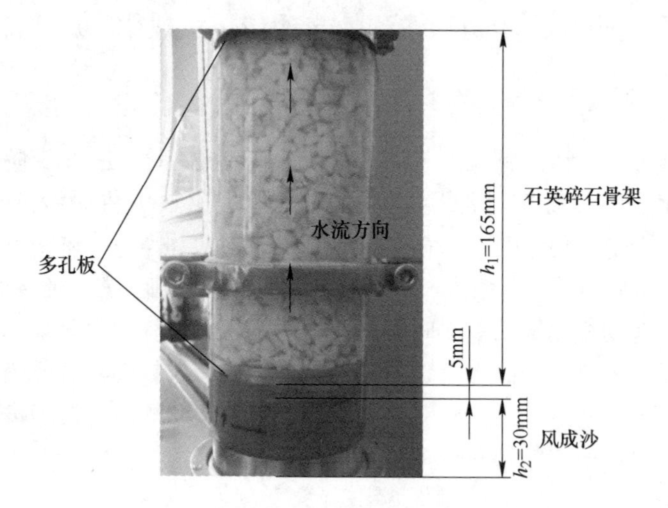

图 4.4.2　颗粒起动试验试样填装方式

沙粒起动试验按照图 4.4.1 所示分 4 组进行，分别填入长度 200mm 的有机玻璃管下部，填装高度为 30mm，填装分两次进行并压实，填装后孔隙率见表 4.4.1。上部填装石英碎石骨架，高度为 165mm，填装后孔隙率约为 44%~45%；石英碎石骨架两端安装有多孔板将其固定，确保试验进行中石英碎石骨架不会产生移动或变形。多孔板面有 4mm 和 2mm 两种孔呈环形排列，孔间有导流槽，引导水、沙流体在板面流动，以减小多孔板对流体与沙粒的阻力，并能有效防止板面上沙粒堆积。试验开始前先对风成沙与石英碎石骨架进行抽真空水饱和处理。为了更为清晰地观察颗粒起动情况，试验设定水流方向由下至上，从水力梯度 0.1 开始试验，逐步增加上游水压力直至沙粒群基本完全进入到石英碎石骨架中，试验停止。

表 4.4.1 试验材料性质与试验方案

试验编号	风成沙粒径范围/mm	填装高度/mm	填装后孔隙率/%
PS-1	<0.075	30	35.20
PS-2	0.075~0.150		35.38
PS-3	0.150~0.300		35.66
PS-4	0.300~0.600		35.88

4.4.1.2 沙粒起动的临界流速

突水溃沙、突泥、管涌等工程地质灾害是沙粒团在水流作用下起动并逐步发展形成高浓度水沙混合流的演化过程。在实际工程中，涌沙、突泥的发生存在两个临界速度：第一临界流速，即沙粒起动流速；第二临界流速，即形成高浓度水沙混合流的临界流速。当达到第一临界速度时，含水层风积沙流态化；当水流达到第二临界速度时，形成水沙两相流。两个临界速度是影响灾害能否发生的必要因素。

单个球体颗粒在理想状态下（风速/水流速度恒定不变，无其他各种因素干扰）的起动临界流速可以通过数学公式计算求解，但是自然界中存在的颗粒由于其几何形态的复杂性、所处环境的多变性，无法精确计算某一个颗粒的起动临界流速。泥沙的起动是典型的随机过程[79]，而所谓临界条件是指泥沙颗粒有较大概率起动的临界值。这是一个统计学上的概念，多孔介质中的渗流力学本身就是一门建立在“平均”概念上的科学，因此对于其孔隙中的颗粒起动问题自然也是针对颗粒群整体的运动形态与规律进行分析与讨论。虽然可以从细观的角度分析单个颗粒受力与运动，但是单个颗粒的运动特征不能代表整体。

通过对风成沙起动试验现象的观察可以发现，当水流速度很低时，风成沙颗粒不运动。随着上游水压力的增大，一些细小的颗粒首先开始运动。当流速达到沙粒团的起动临界值时，风成沙颗粒群的体积发生膨胀，沙粒在水流带动下开始旋转翻动（图 4.4.3）。风成沙颗粒群翻滚、体积膨胀是沙粒由静止转向流态化的标志。风成沙颗粒群体积充分膨胀，颗粒随水流运动进入石英碎石骨架中。当部分风成沙颗粒进入石英碎石孔隙后，如果不再增大上游水压，沙粒将停留在填充柱的底部，而进入到孔隙中的沙粒一部分沉降不动，另一部分在孔隙中做漩涡运动。如果继续增加上游水压力，一部分在孔隙中呈漩涡状运动的沙粒就将摆脱孔隙束缚继续向上运动一段距离，然后沉降于新的位置更高的孔隙中或在新孔隙中呈漩涡运动。

因此，根据对底部沙群的运动特征以及孔隙中颗粒运动情况的观察和分析，提出风成沙颗粒的起动临界流速为：从沙粒翻滚到涌入石英碎石孔隙中的流速范

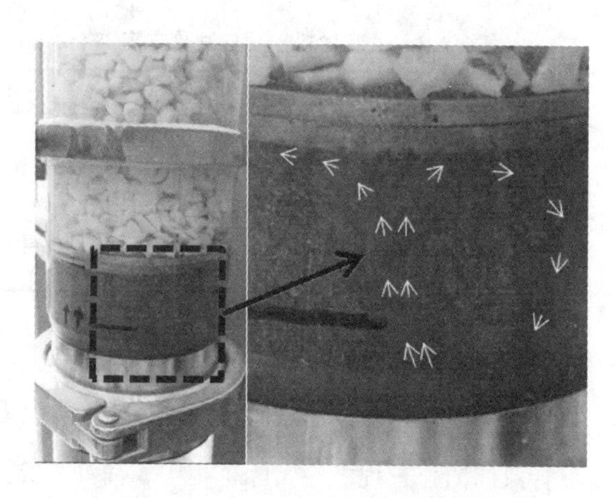

图 4.4.3　颗粒在水流作用下翻涌

围。单独颗粒发生翻滚运动不作为判定风成沙颗粒群起动的标准。本节测得 4 组不同粒径范围的风成沙颗粒起动临界流速见表 4.4.2，同时测得 4 组风成沙填充床渗流的非 Darcy 临界流速也列于表中。

表 4.4.2　风成沙颗粒起动临界流速

粒径范围/mm	临界流速/mm · s^{-1}	非 Darcy 临界流速/mm · s^{-1}
0.000～0.075	0.3279	0.253～0.264
0.075～0.150	0.3774～1.0215	
0.150～0.300	0.9224～1.2043	
0.300～0.600	0.9884～1.2621	

试验结果表明，颗粒起动临界流速大于非 Darcy 临界流速，并且随颗粒粒径增大而增大，颗粒越细临界流速越小。

4.4.1.3　沙粒起动的运动模式

本节试验采用了逐步增加上游水压的方式，根据沙粒的运动情况可以将整个渗流过程分为三个阶段。首先，在低压力条件下风成沙完全静止，此时的水流动属于定常流，也就是稳定的渗流，每个空间位置上的流速不随时间改变；其次，是风成沙开始翻滚、膨胀但并未大批进入石英碎石孔隙中的阶段，此时对于底部的风成沙填充段来说渗流为非定常流，并出现了流动最优通道；最后，在继续提升上游压力的条件下，风成沙大批进入石英碎石孔隙之中，此时流体不再是单纯的水，而是形成了初步的水、沙两相渗流。测得的 4 组不同粒径范围风成沙起动试验全过程流速与水力梯度关系如图 4.4.4 所示。从图 4.4.4 可以清晰地分辨出风成沙起动的3个阶段，对此3个阶段分别命名为：Ⅰ阶段——沙粒静止阶段，Ⅱ阶段——沙粒起动阶段，Ⅲ阶段——高速运移阶段。

如图4.4.4所示，Ⅰ阶段为稳定的层流流动，0.075~0.15mm、0.15~0.3mm两组粒径风成沙的流速与水力梯度呈明显的线性关系，而0.3~0.6mm粒径范围风成沙的流速与水力梯度则表现出非线性的特征，此时风积沙为静止状态。第Ⅱ阶段开始为非稳定渗流，流速与水力梯度曲线呈下凹形，在此阶段沙粒团起动，风积沙的体积膨胀导致孔隙率突然增大，渗透率也随之增大，速度也有一个明显的突增；随后沙粒运动进入石英碎石孔隙，并堆积在石英碎石柱下部，使得流动通道孔隙率降低，渗透率减小，继而流速的增加速率减缓，图中从沙粒开始翻滚到进入石英碎石孔隙之间存在明显的速度突增，而且粒径越小突变越明显。Ⅲ阶段为非稳定渗流，速度与水力梯度关系基本符合直线关系，较高的水压下，水流带动沙粒继续向上运动，使得局部颗粒密集区域得到释放，大部分风积沙进入石英碎石孔隙中，并均匀分布，同样存在明显速度增加。

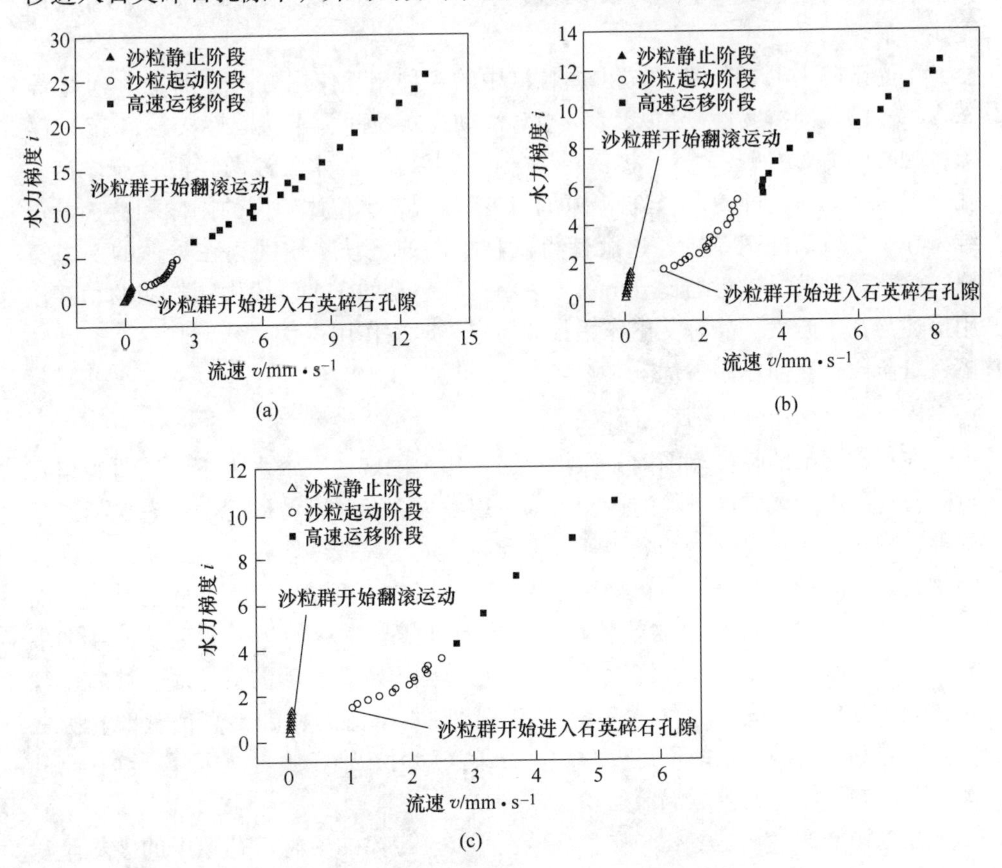

图4.4.4 沙粒起动试验流速与水力梯度关系

(a) 0.3~0.6mm；(b) 0.15~0.3mm；(c) 0.075~0.15mm

需要说明的是，0~0.075mm 风积沙颗粒非常细小，包含大量黏性微粒，稍有水流的扰动即在水中呈悬浮状态。因此，在很小的流速条件下便融入水流中并随之运动，是最先起动并流失的粒径组分，因此也无从区分运动阶段。

4.4.1.4　沙粒起动过程中的力学行为特征

A　固体颗粒间的力学作用

从宏观的角度分析颗粒的起动试验，可以将沙粒起动的 3 个阶段归纳为渗透率增大、减小、再增大的非稳态过程。首先在风成沙静止的Ⅰ阶段，风成沙填充段的孔隙率最小，流动阻力最大，此时渗透率主要受到风成沙填充段的影响；当风成沙颗粒群发生膨胀时，沙土流态化，对渗流的阻碍降低；当风成沙被水流带入石英碎石的孔隙之中，原本石英碎石的孔隙率为 44%~45%，但是，一部分风成沙颗粒沉降在石英碎石的孔隙之中，使其孔隙减小，渗透率降低。随着流动的沙量增加，流动模式从单纯的水渗流转变为水、沙两相渗流，沙粒间的相互作用逐步突显。

王光谦院士[80]在文献中提出颗粒群中的 4 种相互作用方式分别为：（1）静态支撑，颗粒间持续性接触；（2）相对滑动，颗粒间为半持续性接触；（3）碰撞，颗粒间瞬时接触；（4）扩散，颗粒间无接触。当水、沙两相混合流体在多孔介质中运动时，即使混合流体中的含沙率较低，单位体积内的固体颗粒含量仍维持在一个较高的范围内，这就使得两种不同的运动物质间存在类似的受力情况。将这两种情况进行类比分析，可以将沙粒起动的 3 个阶段中颗粒间的相互作用描述为：Ⅰ阶段，静态支撑作用；Ⅱ阶段，摩擦作用占优，沙粒间存在滚动摩擦；Ⅲ阶段，碰撞作用占优。

B　水流与沙粒间的相互作用

在沙粒起动的临界范围内，保持上游水压力固定在一个水平下，通过观察石英碎石孔隙中的风成沙颗粒的运动行为可以发现，此时颗粒的运动状态包括以下两种：静止，或呈涡旋运动。实际上，此时水流与风成沙颗粒间达到了某种平衡的状态。其中粒径较大的静止颗粒需要更大流速的水流作用于颗粒才会起动，而在孔隙空间中“打转儿”的粒径较小的颗粒则随着涡流的运动而运动。增加上游水压力使水流速度增大，当达到了该粒径范围内颗粒起动的流速时，沙粒由静止起动，并摆脱漩涡的束缚进入到流动区，随着水流运移到更高位置的孔隙之中。当更高位置的水动能不足以驱动其继续运移时，颗粒则再次沉降、静止于孔隙中或者在涡流区域内做涡流运动。

孔隙中涡的生长是多孔介质渗流偏离 Darcy 定律的标志。孔隙中的沙粒呈涡流运动表明水流在孔隙空间中已经形成了涡，并足以携带较小颗粒共同运动，但没有足够的动能将其送入流动区域。而当颗粒摆脱漩涡进入到水流的流动区，并被水流携带运移则表明一定存在涡的生长，涡流与流动区产生了动能交换，同时交换动能足以将颗粒裹挟入流动区。因此，至少在沙粒起动的临界点，水的流动一定是非线性的。同时，由于固体颗粒的运动，使得水流的流动也一定是非定常流。在泥沙动力学的研究中，传统上认为紊动扩散是造成悬移质运动的主要作用；而在多孔介质中，由形状阻力导致的涡流的生长是造成颗粒起动与运移的主要作用。

在上述过程中，首先是孔隙中的水动能通过涡流转化为风成沙颗粒的沙动能；随着涡的生长，不但有涡流区与流动区的水动能交换，同时水动能继续转化为沙动能。水流将风成沙颗粒带离涡流区进入到流动区，是水动能转化为沙动能的过程。因此，在沙粒的起动过程中，沙粒对水流能量产生的消耗包括两个方面：第一是沙粒运动消耗的能量，第二是风成沙颗粒之间、风成沙与石英碎石骨架之间的摩擦与碰撞消耗的能量。

4.4.1.5 沙粒起动的必要条件

通过上述试验，对沙粒、沙粒群的起动过程进行了定性的观察与定量的测量，装样筒底部的颗粒群可看作在较大尺寸多孔骨架孔隙中的可移动细颗粒群，而石英碎石中的孔隙较小，可观察获得细观尺度下单个颗粒的起动运动特征。

（1）从宏观的角度观察，沙粒群的起动首先会发生体积膨胀；从细观的角度观察，孔隙中可移动细颗粒的起动首先随孔隙中涡流进行涡流运动。因此，无论是宏观沙粒群起动还是细观孔隙中可移动细颗粒起动，都需要有足够的运动与膨胀的空间，这是沙粒起动的第一个必要条件。

（2）沙粒的起动需要足够的动能，水在流动过程中作用于沙粒将水动能转化为沙动能，是沙颗粒动能的主要来源。沙粒在获得了足够大的动能后才会起动。因此，达到沙粒群的临界起动流速就是沙粒起动的第二个必要条件。

无论从临界流速的测定结果，还是沙颗粒运动形态的分析都可以得到，在沙粒起动的临界状态下，水流的流动状态是非线性的。在黏性作用主导的线性的 Darcy 流动状态下颗粒群不会起动，水流对颗粒做绕流运动；非线性渗流状态下产生的涡流是带动沙颗粒运动的主要作用力，在孔隙空间内由形阻产生的涡流是颗粒起动的主要动能来源。

4.4.2 多孔骨架中细颗粒的流失

多孔骨架中细颗粒的流失试验，是沙颗粒从起动到含水层土体失稳流态化，进而形成水沙混合流体发生溃沙灾害的过渡阶段，也是灾害形成的重要临界阶段。在此阶段中包括水流、起动细颗粒和多孔骨架三者间质量、动量以及能量演化发展，产生了复杂物理行为。颗粒物质本身具有奇特性质，而通过 4.4.1 节的实验研究发现，高浓度水沙两相混合流体兼具颗粒流与纯流体的运动特征[81]。那么，处于过渡阶段的水、沙混合渗流作为一个复杂的物理过程，其发生与发展都带有很强的随机性。为了研究多孔骨架中水、沙两相渗流特征以及颗粒流失对骨架的影响，本节针对水、沙混合流体在粗颗粒（石英碎石）骨架中的运动进行实验研究。

4.4.2.1　试验材料与方法

多孔骨架中可移动细颗粒的流失试验通过建立包含可移动细沙粒的多孔骨架物理模型，利用水流的冲刷将其中可移动细颗粒运移出来，并利用水、沙分相测量系统对水、沙两相流速分别进行测量，从而获得固定骨架中细颗粒流失的规律。试验模拟了地下含水层中细颗粒流失的过程。试验材料中的可移动细颗粒采用粒径较小的风成沙，多孔骨架选用粒径较大的石英碎石。试验材料性质与方案见表4.4.3。

表4.4.3　试验材料与方案

试验编号	水流方向	上游压力/MPa	试样高度/mm	石英碎石粒径/mm	骨架孔隙率/%	风成沙粒径/mm	填充沙后孔隙率/%
PL-1	向上	0.12	200	4.75~9.5	45.83	0.3~0.6	21.62
PL-2		0.14			45.83		23.52
PL-3		0.16			45.83		25.19
PL-4		0.18			45.83		24.63
PL-5		0.20			45.83		21.79
PL-6		0.22			45.83		21.87
PL-7	向下	0.12	320	2.36~4.75	47.76	0.15~0.3	25.53
PL-8		0.12		2.36~9.5	39.87	混合	16.80

试样制备的步骤如下：

（1）首先将石英碎石分层填充入装样筒A中，确保骨架的孔隙均匀，在装样筒两端分别附有多孔板将骨架固定。其中，试样顶部的多孔板a未夹持滤布，其底部的多孔板b夹持滤布，多孔骨架填装好后进行抽真空饱和，记录填入碎石的质量。

（2）将饱和好的石英碎石顶部压头拆下，在装样筒顶部（多孔板没有夹持滤布的一端）连接另外一个装样筒B，并填满水，将饱和过的风成沙从装样筒B顶端填入，打开底部阀门，并持续向装样筒中注水并填入风成沙，利用水流作用将风成沙冲入石英碎石孔隙之中。

（3）当风成沙填满石英碎石孔隙且不再继续运动后，停止加沙与注水；小心拆去装样筒 B，去掉多孔板外残留风积沙，一并与剩余沙称重记录。

（4）将多孔板 a 换为夹持有滤布的多孔板，安装好后将试样倒置，用无滤布多孔板替换掉原底部夹持有滤布的多孔板 b。之后，将试样反转回来，并将顶部多孔板换回无滤布的多孔板 a。

（5）试样准备完毕可开始试验。

试样的制备示意图如图 4.4.5 所示。需要注意的是在第（4）步操作中，多孔板的替换与试样反转过程中需对两端压头进行排气作业，以防止气体进入试样之中，同时将多孔板 b 替换为无滤布多孔板后，将试样反转回来会有少量风成沙颗粒掉落，之后的操作要尽量避免震动，减少风成沙颗粒在重力作用下、试验开始前掉落。

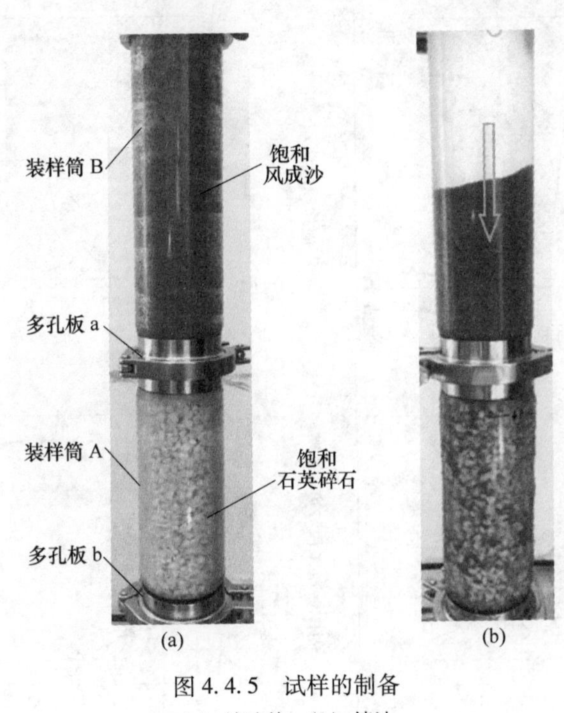

图 4.4.5　试样的制备

（a）填沙前；（b）填沙

4.4.2.2　细颗粒的流失的运移特征

试验测得了 6 组不同上游水压条件下颗粒流失特征，如图 4.4.6 所示。

从测得沙颗粒群起始流速及流速的变化角度来看，多孔介质中颗粒的运动表现出了很强的随机特征，造成的水流速度变化也表现出了很强的随机特性。然而，观察沙和水两相间的流速关系存在一定的规律。从结果图中可以看到，细颗粒在多孔介质中的输运过程中，水流的速度大于颗粒的输运速度，同时水流与颗

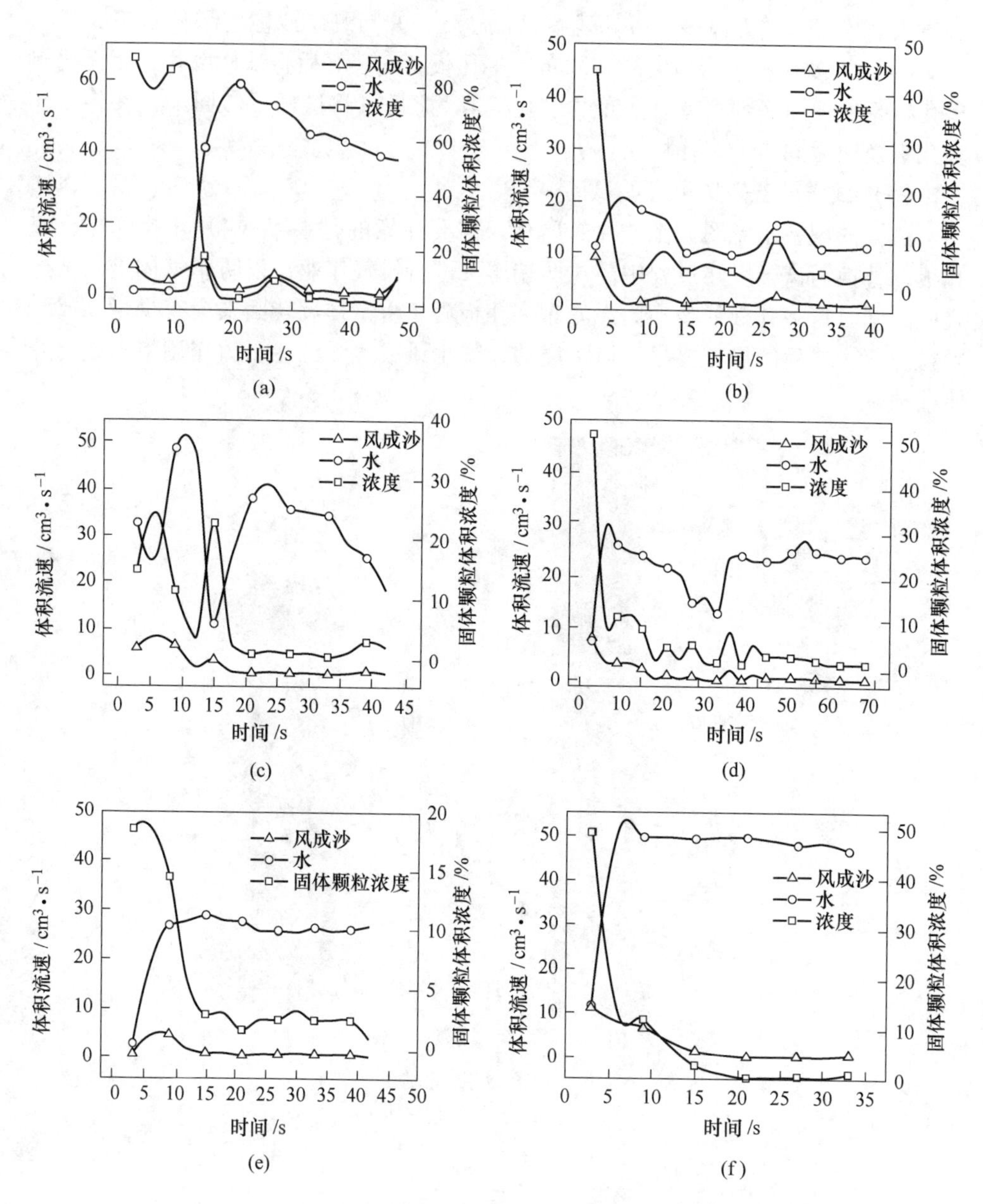

图 4.4.6　不同水压力条件下多孔填充床中可移动细颗粒流失特征
(a) 0.12MPa；(b) 0.14MPa；(c) 0.16MPa；(d) 0.18MPa；(e) 0.20MPa；(f) 0.22MPa

粒的流速均有较大的波动。当上游压力为 0.12MPa、0.14MPa、0.16MPa 和 0.18MPa 时，在整个沙颗粒输运过程中水流速度持续存在较大的波动。相比较之下，上游水压 0.20MPa 和 0.22MPa 的两组试验，初始阶段水流速度急剧增大后，保持较为平稳流动。上游水压为 0.16MPa 时，水流速度与浓度二者波动有明显周期性，同时，图 4.4.6（a）、（c）、（e）和（f）等 4 组试验中，水流速度与固体颗粒物浓度的变化趋势表现出与混合流动类似的“此消彼长”的变化特征，即当水流速度增大时，相应的固体颗粒物浓度降低，而水流速度降低时固体颗粒物的浓度增大。图 4.4.6（b）、（d）两组试验曲线中的水流速度与固体颗粒物浓度表现为部分“此消彼长”，部分“同步变化”的趋势。

根据试验结果可以推断，孔隙中颗粒运移过程中，当上游水压较大时高速水流携带沙颗粒运动出现颗粒堆积、阻塞的情况较少，而当上游水压较低时低速水流携带颗粒在运移过程易出现堆积和阻塞。尤其是对于分选性好的风成沙颗粒，颗粒群几乎在同一瞬间起动，这使得造成堵塞的概率大大增加。当颗粒堆积在多孔介质的孔喉处，即使填充体的平均孔隙率随着细颗粒的流失不断增大，但局部孔隙率突然降低对整体水流造成了阻碍，导致水流的平均速度降低，当阻塞颗粒被重新冲开后流速又升高，因而出现明显的波动。同时，由于水沙混合流体本身固有的“此消彼长”的特征与多孔介质中孔喉堵塞二者共同作用，使得水流速度与颗粒浓度出现无规律变化。多孔介质中由于可移动细颗粒含量较低，两相流体中固体颗粒浓度较小，流体特征占优，在高速水流带动下，沙颗粒主要分布于渗流的“流动区”中，多数避开了与多孔骨架的碰撞，因此表现出浓度与流速共同增大的行为，如图 4.4.6（b）、（d）两组曲线所示。

图 4.4.7 所示为两种不同孔隙率条件下，多孔填充床中的细颗粒流失特征，ε_{sk}表示骨架孔隙率，ε_{fine}表示填入细颗粒之后的最终孔隙率。从对比结果可以看出，在试验开始时有一段明显的水沙稳定输运区域，在水流和重力作用下可移动细沙，被水流带出后孔隙率增大，水流速度随之略有增加。在初始孔隙率较大的试验中（图 4.4.7（a）），颗粒输运速度较快，固体颗粒浓度较大。当细颗粒的流失达到一定的量之后，两组试验均存在一个明显的水流速度急剧增大的阶段。同时，试验（图 4.4.7（b））中伴随水流速度的急剧增大，沙粒流速也出现了陡增。此外，初始孔隙率较大的图 4.4.7（a）组试样水流增大出现的时间早于孔隙率较小的图 4.4.7（b）组试样。由于试验前预先填充的沙颗粒总量有限，而在实际工程中有些现场条件地下含水层上覆厚大松散沙层，如本研究中风成沙取样地点，那么在水沙的运动过程中不断有水流和沙流供给，推测将出现一段水、沙两相流速持续增大的现象，即发生溃沙的前兆。

4.4.2.3 颗粒流失过程中孔隙率变化规律

分析固体骨架孔隙率的演化特征可以得到如图 4.4.8（a）、（b）所示两种曲线。其中，曲线图 4.4.8（a）为向上出输沙试验，试样 PL-5，对应图 4.4.6（e）所示结果。曲线图 4.4.8（b）为向下输沙试验，试样 PL-6，对应图 4.4.7（a）所示结果。

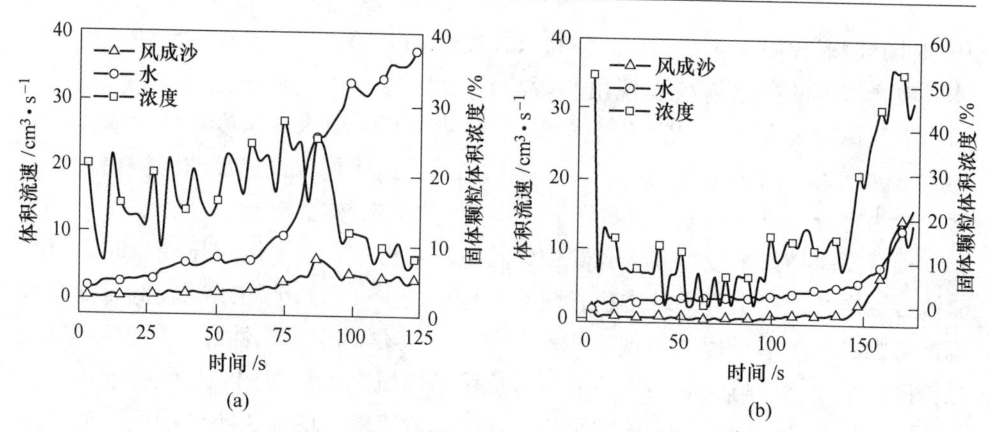

图 4.4.7　不同孔隙率条件下多孔填充床中可移动细颗粒流失特征

（a）$\varepsilon_{sk}=47.76\%$；$\varepsilon_{fine}=25.53\%$；（b）$\varepsilon_{sk}=39.87\%$；$\varepsilon_{fine}=16.80\%$

从图 4.4.8 可以看出，孔隙率的变化特征包括两种不同模式，并且两种模式均包含一个颗粒加速流失的阶段。其中图 4.4.8（a）所示试样 PL-5 由于填充柱长度较短并且具有较高的上游水压，沙颗粒被迅速运移出试样，孔隙率急剧增大；而当可移动颗粒数量减少后孔隙率的变化逐渐平稳，趋于多孔骨架的孔隙率（即预设的最大孔隙率）。图 4.4.8（b）所示试样在初始阶段水流与沙颗粒的输运较为平稳，孔隙率缓慢增加；而当细颗粒流失一定数量之后，水流速度突然增大，进入颗粒加速流失阶段，孔隙率变化明显。

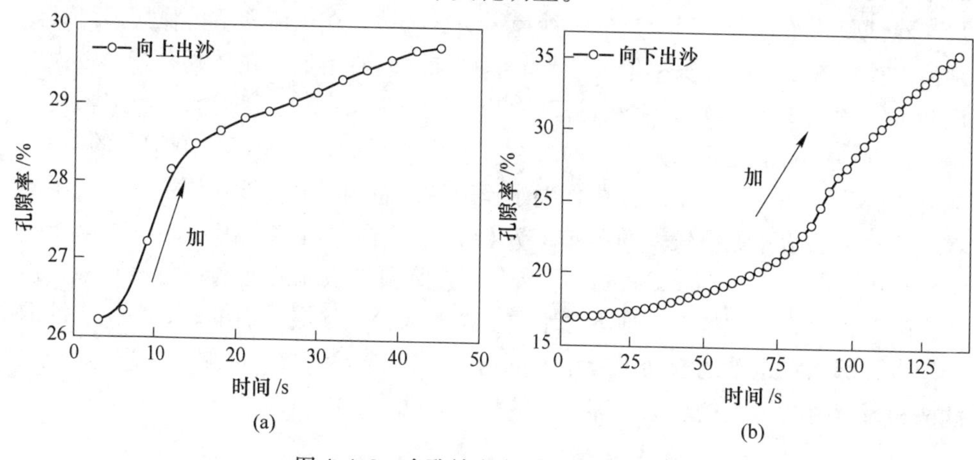

图 4.4.8　多孔填充床孔隙率变化规律

（a）向上出沙；（b）向下出沙

在试验的初始阶段，试样中孔隙分布均匀，上游水压力固定，单位长度试样两端的压力差基本相同。随着沙颗粒流失，孔隙率加速增大，流速随之增大，伴随着沙颗粒的大量涌出，水与沙的流动相互促进。通过对试验现象的观察与结果的分析可以推断，随着滞留于出口处的沙粒被水流冲出，出口处局部区域的孔隙率瞬间增大，产生了局部泄压作用，使得在与其相邻的上游位置出现局部高水压梯度，进而导致该区域同样出现沙粒瞬间涌出。这种局部高压逐步向上游方向发展，直至达到试样上游入口。图 4.4.8 所示孔隙率演化曲线展现的是平均的宏观整体的变化规律。通过上述分析知道，多孔骨架中细颗粒流失导致孔隙率的变化是从下游逐步拓展至上游，因此可以推断沙颗粒的大量涌出需要满足两个条件，即足够大的孔隙率和足够高的局部水压梯度。

4.4.2.4 细颗粒流失系数的拟合

H. A. Einstein 通过对 Sakthivadivel、Irmay 和 Sakthivadievel 工作整理与归纳，提出了以溶蚀系数描述松散颗粒堆积体在水流作用下孔隙率的演化方程：

$$\frac{\partial \varepsilon}{\partial t} = \lambda(1 - \varepsilon)Cq_{\mathrm{f}} \tag{4.4.1}$$

式中 λ——溶蚀系数，量纲为 $[L^{-1}]$，表示流体将颗粒堆积体骨架转变为可移动颗粒的能力，在此次实验研究中即为细颗粒流失系数；

C——混合流体中的固体颗粒体积分数；

q_{f}——流体平均渗流速度。

图 4.4.9 所示为溶蚀系数拟合曲线，其中固体颗粒浓度、孔隙率等参数为试验中通过对分相流速的测量计算得到的。细颗粒流失试验的原理是模拟了地下含水层非固结骨架的溶蚀过程，其中颗粒的运移服从溶蚀系数公式，对试验所得结果进行函数拟合可以得到溶蚀系数的拟合值为 0.0142。可以得到试验室条件下向

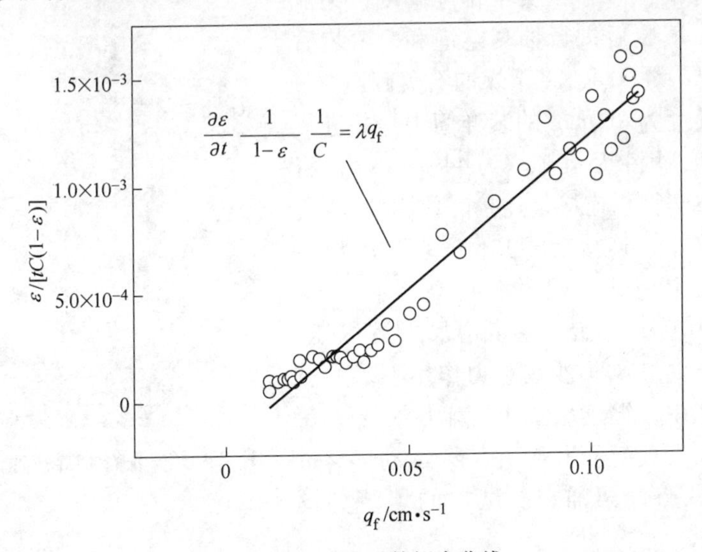

图 4.4.9 溶蚀系数拟合曲线

下渗流过程中孔隙率演化规律为：

$$\frac{\partial \varepsilon}{\partial t} = 0.0142(1 - \varepsilon)Cq_{\mathrm{f}} \tag{4.4.2}$$

上述孔隙率演化公式是在骨架颗粒固定的条件下求解获得的，由于试验条件的限制，颗粒堆积骨架存在一个孔隙率极大值 $\varepsilon_{\max}$，即石英碎石填充的孔隙率。因此，在求解过程中孔隙率的演化规律表达式中采用 $(\varepsilon_{\max} - \varepsilon)$ 代替 $(1 - \varepsilon)$。在实际工程中，$\varepsilon_{\max}$ 为容许最大孔隙率，当堆积体骨架的孔隙率超过 $\varepsilon_{\max}$ 时，骨架失稳、流态化，将发生溃沙灾害。不同的含水层介质的最大容许孔隙率不同。

4.4.3 涌沙临界流速与多孔骨架的塌落

4.4.3.1 试验材料与方法

多孔介质中涌沙临界条件与骨架塌落试验，是模拟含水层颗粒流失逐步累积，至发生涌沙的过程。同时，也是含水层骨架失稳塌落的过程。多孔骨架的失稳也是整个含水层土体流态化失稳的表征。试验通过观察与测量骨架失稳瞬间水、沙两相流体的运动规律，分析溃沙灾害的发生与发展过程中质量、动量、能量在水、沙和多孔骨架三者中的转化规律。

涌沙试验按照风积沙的粒径范围不同分 4 组进行。采用分层填装法，将风成沙分 6 次填装在长度为 320mm 的装样筒中，每次填装相同质量的风积沙并压实至相等高度，保证沙样均匀，填装后进行抽真空饱和，填装后的孔隙率见表 4.4.4；将干燥的石英碎石分 4 次填装入长度为 200mm 的装样筒中，并进行抽真空饱和，填装后孔隙率为 44%~45%。将两段有机玻璃管相连接，连接时风积沙在下，石英碎石在上，连接后将其倒置。试验设定水流方向由上至下（如图 4.4.10 所示），从水力梯度为 0.1 开始，逐步增加上游水压。试验初始，少量风积沙在重力作用下落入石英碎石孔隙中；继续增加上游水压力至大量风积沙进入石英碎石孔隙并持续运动，穿过石英碎石多孔骨架涌出。试样的填装如图 4.4.10 所示。

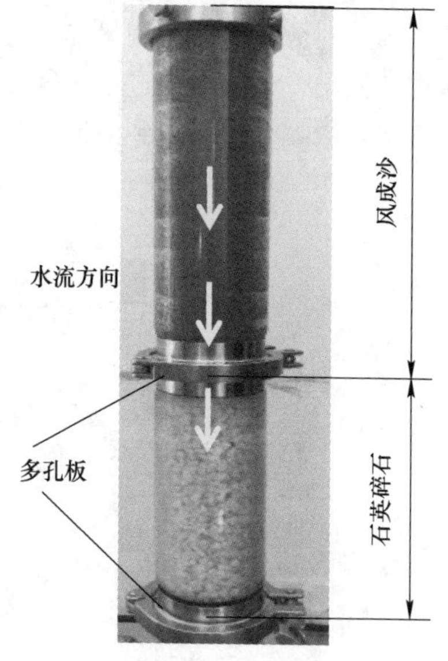

图 4.4.10　涌沙临界流速试样填装

多孔骨架的塌落试验采用长度为 320mm 的装样筒，可移动细颗粒与多孔骨架分层而置，装样筒下部填充混合粒径的风成沙，填装高度为160mm，孔隙率约为37.5%，上部填装粒径为4.75~9.5mm的石英碎石作为多孔骨架，填装高度为160mm，孔隙率约为45.5%，水流方向由下至上（如图4.4.11所示），当下部风成沙颗粒流失至不足以支撑上部多孔骨架时，多孔骨架将塌落。

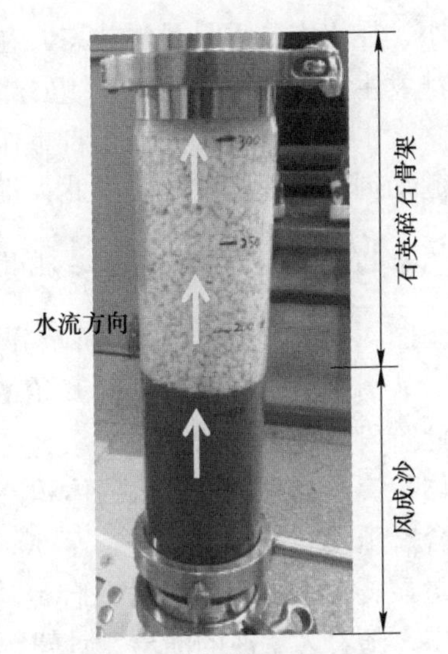

图4.4.11　可变形骨架中水、沙两相渗流试验试样填装

试样的准备步骤为：（1）将混合风成沙分层填入装样筒，至高度160mm，对其进行抽真空饱和；（2）向装有半筒饱和风成沙装样筒中加水至溢满，后向其中填入饱和过的石英碎石颗粒，至装满整个装样筒。需要注意的是在填装石英碎石颗粒时，要保持石英碎石的饱和状态，始终被水浸没，操作时按照少量多次的原则，尽量保证多孔骨架孔隙均匀。试验方案见表4.4.4。

表4.4.4　试验材料性质与试验方案

试验编号	水流方向	风成沙粒径范围/mm	填装高度/mm	填装后孔隙率/%
PR-1	向下	<0.075	320	35.19
PR-2		0.075~0.150		35.33
PR-3		0.150~0.300		35.56
PR-4		0.300~0.600		35.94
PR-5	向上	混合	160	37.5

4.4.3.2　涌沙临界流速

涌沙的临界判别条件为，当流速小于溃沙临界值时，少量沙粒在重力作用下落入石英碎石孔隙中；逐步增大上游水压至风积沙随水流大量涌出，此时视为溃沙的临界。在较低水压力溃沙试验中，部分风积沙在流动过程中堵塞形成力拱，在其受到水流扰动后，力拱失衡、破坏，风积沙再继续流动涌出。

测得0~0.075mm、0.075~0.15mm、0.15~0.3mm、0.3~0.6mm等4组不同粒径范围风成沙涌沙的临界流速分别为0.328~1.012mm/s、2.477~2.724mm/s、2.308~3.039mm/s、2.885~3.540mm/s。起动、溃沙临界流速随颗粒粒径增大而增大，颗粒越细越容易起动，也越容易发生溃沙。0~0.075mm风积沙颗粒非常细小，在水中几乎呈悬浮状态，在很小的流速条件下即可起动并随水流运动，是溃沙发生前最先流失的粒径组分。沙粒群的起动先产生体积膨胀，在实际工程中，含水层风积沙在围压与自重作用下紧密压实，细颗粒的流失为风积沙颗粒群的起动创造了膨胀空间，因此，细颗粒含量越高，越容易发生溃沙。

4.4.3.3　水沙输运至多孔骨架塌落演化特征

图 4.4.12、图 4.4.13 所示分别为水、沙分相的体积流量与质量流量关系曲线。从图中可以看出，试验开始的前 30s 内，水的体积流量大于沙的体积流量，在此阶段混合流体的主导关系为“水挟沙”流；试验开始的第 30s，单位时间沙的体积流量首次超过了水的体积流量，此阶段混合流体的主导关系转变为“水沙混合”流动；试验持续进行至 50s 左右时，输沙量出现急剧增大趋势，沙的体积流量显著大于水，此阶段混合流体的主导关系转变为“沙携水”流动。在此过程中，随着大量沙的涌出，骨架颗粒产生松动，并最终塌落至装样筒底部。整个过程中风成沙从量变积累转为质变，此时沙含量达 70%~90%。

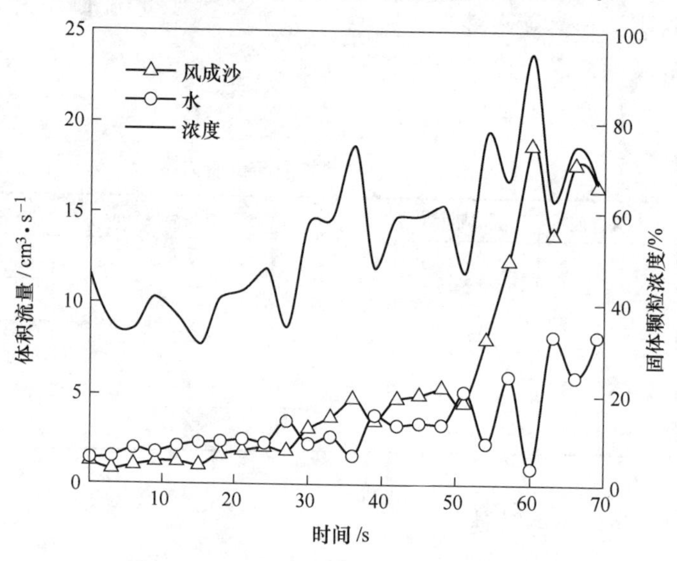

图 4.4.12　水、沙分相流量时变关系曲线

试验结果表明，高浓度水沙两相流的形成，是由最初的水流占优带动沙颗粒运动，发展到水与沙颗粒群共同作用、同时运动，再到沙粒群占优、带动水流运动的演化过程。两相流体间的相互作用关系也随之发生改变。在混合流体中水的质量流量大于沙流量的初始阶段，水流对沙颗粒的运动主要起到促进的作用；当沙颗粒流量完全占优后，能量主要以沙颗粒间的碰撞形式传递，而水流作为颗粒流中的间隙介质，对沙颗粒间的碰撞形成了阻碍。因此，在水沙两相流动的发展

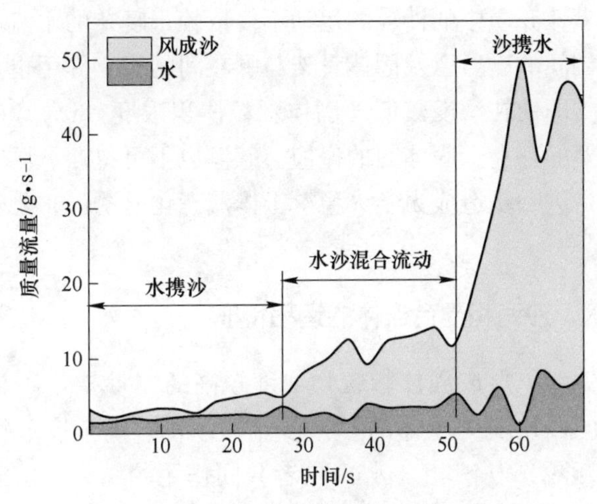

图 4.4.13　水、沙分相瞬时质量流量

过程中，两相流体之间表现出相互促进同时又相互制约的特征，在固体颗粒浓度很高的条件下构成了复杂的力链体系与固态-液态转变机制。

混合流体在多孔介质中运移是一个非常复杂的物理过程，是水、可移动沙颗粒以及多孔骨架三者之间相互作用的复杂问题。在地下水冲刷作用下逐步形成的多孔介质中的水、沙两相渗流，是从细颗粒起动到沙土整体失稳形成溃沙、突泥等灾害之间的一个过渡阶段。在泥沙运动学中所讨论的两相流动是水、沙两相间的质量、动量以及能量的交换，在传统研究中采用基于扩散理论的 Fick 定律描述泥沙浮选与所涉及的复杂物理过程，在低浓度条件下，如忽略颗粒间的碰撞与摩擦作用对能量的消耗，也可以将挟沙水流看作特殊的可压缩单相流体建立数学模型[79,82]。而通过 4.4.3 节对沙粒、沙粒群起动过程的研究可知，多孔介质中的水沙两相渗流是有关水、可移动细沙和固定骨架三者之间的能量的转化关系，如图 4.4.14 所示。

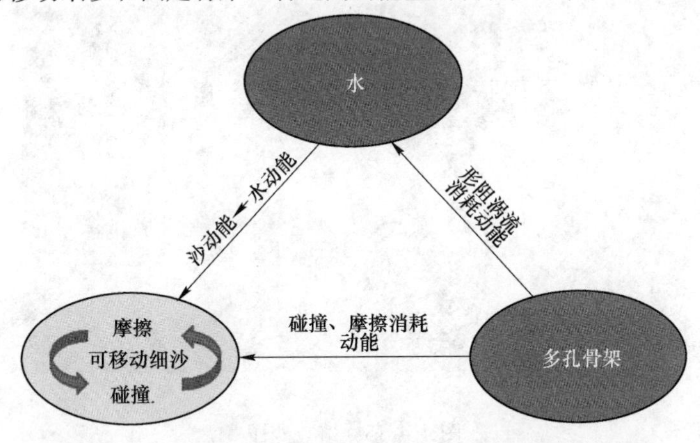

图 4.4.14　水、可移动细沙、固定骨架三者能量转化关系

综上所述，多孔介质中的沙粒的运动不仅依赖于复杂的水流紊动，固体颗粒自身的紊动、颗粒间的碰撞以及固体骨架与颗粒间的相互作用也是影响水沙混合流体运移的关键。即使在浓度较低（固体颗粒体积浓度<20%）的水沙两相流体中，由于多孔骨架的存在，固体间的碰撞与摩擦也不可忽略。同时，混合流体对骨架的冲击，也是进一步造成力学失稳、土体流态化的诱因，是灾害发展与临界状态的物理本质。

4.4.4　高浓度水、沙两相混合流体的运移特征

松散含水层失稳，形成固体颗粒物浓度较高的“沙挟水”流动，与泥沙动力学领域所研究的以水流为主体的“挟沙流”不同。高浓度沙携水流体的运移特征是固相（沙颗粒）与液相（水）二者共同作用的结果。由于混合流体中固体颗粒的含量较高，颗粒间的相互作用不可忽略，需要对水与沙进行分相监测，从而分析两者间相互作用与对整体运动特征的影响。本节试验针对高浓度水、沙两相混合流体的运移特征进行实验研究，分别测量混合流体运移过程中水和沙分相流速的变化规律，通过测量结果进一步分析高浓度水沙混合流体在运动过程中质量、动量和能量的转化机理。

4.4.4.1　试验材料与方法

水、沙两相混合流体的运移试验选用未经筛分的混合风成沙，分层填入长度为 320mm 的装样筒，试验设置水流方向为由下至上，共进行 10 组不同水力梯度条件下的水沙两相流动试验，10 组试验的水力梯度分别为 1. 14、1. 66、2. 17、2. 69、3. 20、3. 72、4. 23、4. 75、5. 26、5. 78。试验前对沙样进行抽真空饱和。沙样的填装如图 4. 4. 15 所示。

图 4. 4. 15　填装沙样

4.4.4.2　水、沙分相流速变化特征

如图 4.4.16 所示为水沙混合流体的分相瞬时流速时变曲线。从图中可以看出，两相混合流体在运移过程中，分相瞬时流速曲线表现出“峰谷相对”“相互消长”的明显的周期性变化。当水的流速增大时，沙的流速对应减小；当水流速

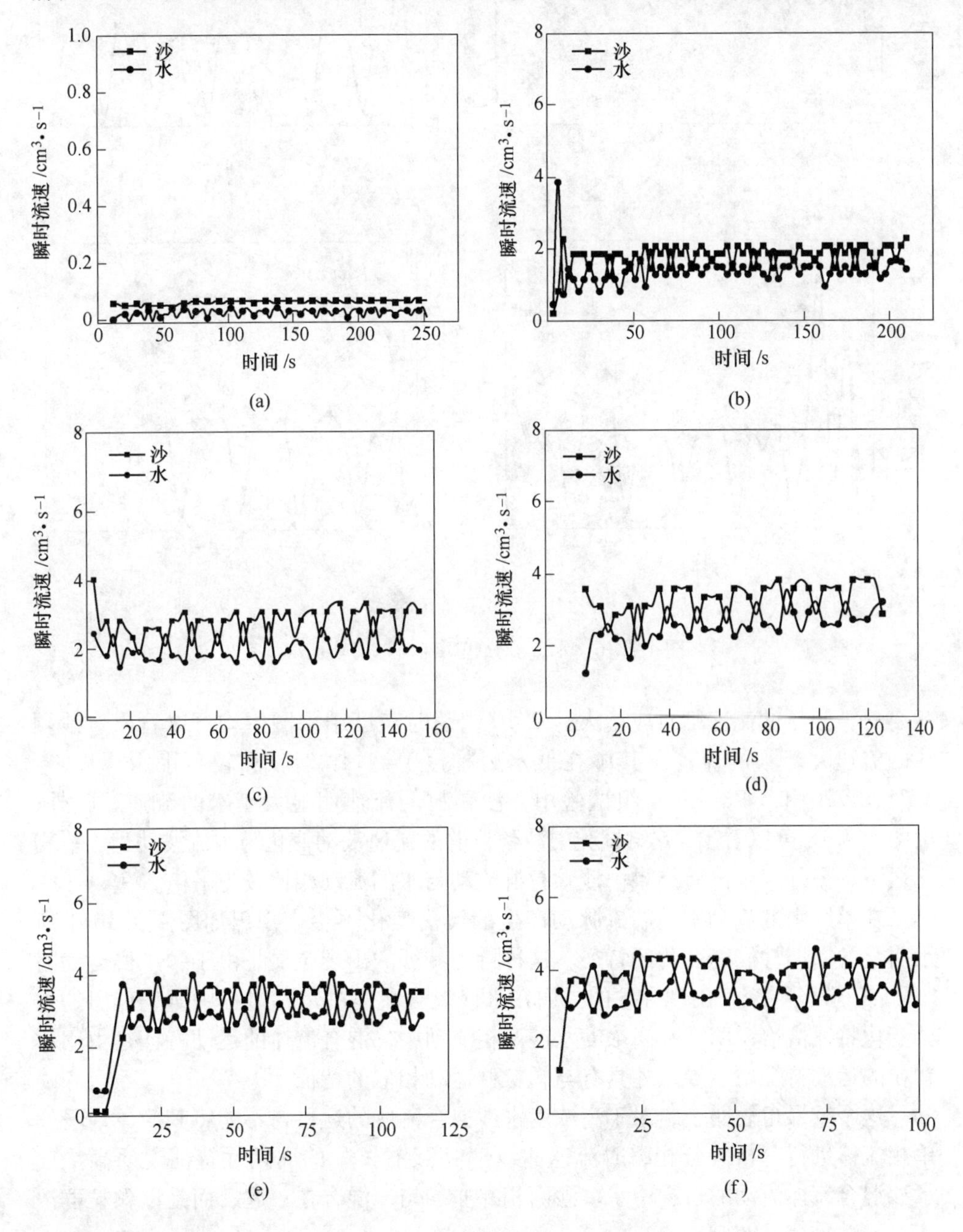

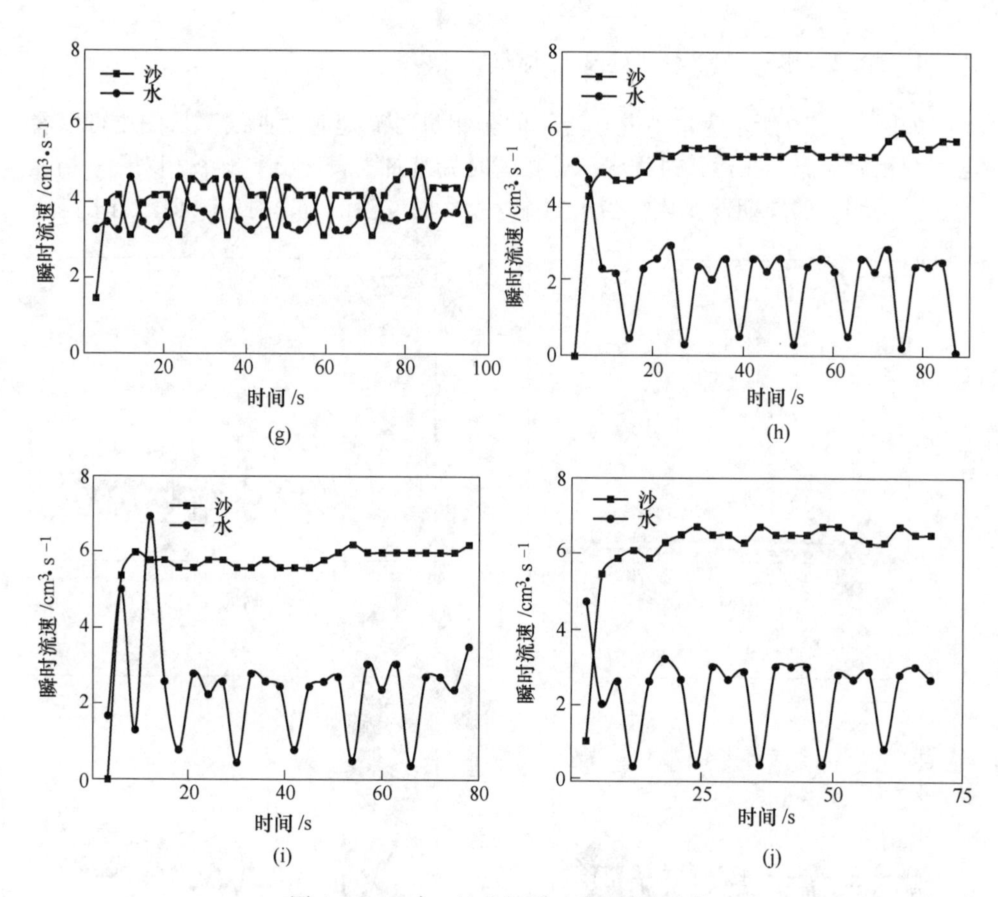

图 4.4.16　水、沙分相瞬时流速时变曲线

减小时，沙粒的流速则对应增大。从 10 组瞬时速度结果图中均可以看出，沙颗粒的流速大于水的流速。其中在低水力梯度 $i=1.14$ 时，和较高水力梯度 $i=4.75$，5.26 和 5.78，共 4 组试验中，沙颗粒的流速明显大于水的流速。此外，由图 4.4.16 可以看出，6 组试验中沙颗粒群的流速波动变化与水流波动相当；相比之下，另外 4 组试验结果中沙颗粒群流动与水的流动相比较为平稳。

在单纯水的流动中，湍流脉动产生的震荡变化不会表现出如图 4.4.16 中所示明显的周期性震荡变化的特征。这种行为特征的出现主要是由于颗粒群运动时“压缩—膨胀”交替出现导致的。而在水沙混合流体的运移过程中所表现出的这种变化特征恰恰说明了在高浓度水沙两相流动中，混合流体的运动特征是由固体颗粒的运动特征所主导，才具有与颗粒群运动相似的特征。

这个结果也表明了，对于高浓度水沙混合流体的运移，不能将其简单地看作单相流体进行分析。分相瞬时流速曲线“相互消长”的周期性特征说明高浓度水沙混合流体流动的过程中水、沙两相并非均匀地混合在一起，而是以颗粒群浓度波传播的形式运动。而颗粒间的碰撞作用，使得水与沙颗粒群之间出现流速差，从而导致离散的颗粒群表现出“压缩—膨胀”交替变化的特征。

在10组试验中，图4.4.16（b）～（g）6组的固相颗粒的流速略大于液相水的流速，图4.4.16（a）、（h）、（i）和（j）4组固相颗粒流速明显大于液相水的流速。由此可以推断，当高浓度水、沙两相混合流体形成时，固相的沙颗粒群是混合流动的主体，而水则为辅助相。当沙颗粒流速低于水流速时，由于上游压力恒定水作为促进沙颗粒运动的动能提供者；当沙颗粒运动速度大于水流速时，水对沙颗粒产生阻碍作用，为沙颗粒动能的消耗者。固-液两相间相辅相成，又彼此制约，维持整体流动的平衡。因此图4.4.16（b）～（g）6组试验中水、沙两相速度相差较小时流速的振幅相近；而高浓度水沙混合流体以较高流速运动时，由于沙颗粒密度是水的2.62倍，单位体积沙的质量为水的2.62倍，因此水的流速表现出了较大振幅的波动。高浓度水沙两相流与泥沙运动学研究的挟沙流相比，前者为“沙挟水”流，而后者为“水挟沙”流。水、沙之间的主要与次要关系取决于混合流体中固体颗粒物的含量。

4.4.4.3　混合流体中固体颗粒含量变化特征

含沙比表示水沙两相流动过程中单位时间输运沙的质量与单位时间输运水、沙的总质量之比[83]。通过计算可得初始水力梯度对水沙两相混合流体中含沙比的影响，如图4.4.17所示。从图中可以看出，10组不同水力梯度下混合流体的含沙比变化过程可分为上升阶段和稳定阶段。较高的初始水力梯度对应的含沙比的初始值未必最大，如水力梯度$i=5.78$时的含沙比为0.3676，而水力梯度$i=3.20$

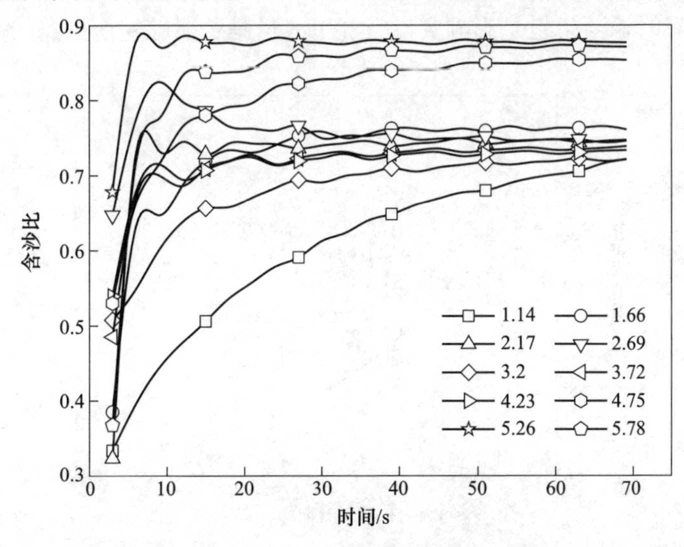

图4.4.17　不同水力梯度条件下水、沙两相混合流动含沙比变化曲线

时对应的含沙比为 0.5077。但是在上升阶段中，初始水力梯度越高，含沙比上升的速度越快。当达到稳定阶段，10 组试验的含沙比均可达 70%以上，当水力梯度在 4.75~5.78 之间时含沙比高达 85%~90%。

根据试验结果可以推断，初始水力梯度越大，溃沙发生越迅速、越快达到稳定输沙阶段。其中，水力梯度为 2.69 时含沙量出现先增、后减、再稳定的现象。引起这个现象的原因可能是由于试验开始的瞬间沙颗粒在多孔板处发生了部分堵塞，从而造成了局部高压，而当后续水流与沙颗粒输运到堵塞口出将阻滞颗粒冲开时，伴随泄压作用在颗粒浓度数据上表现出峰值。通过观察上升段斜率也可得到，该组数据含沙比的上升速度略小于其余几组试验（通过观察可以看出曲线斜率较小），多孔板部分堵塞使得截面上容许沙颗粒通过的截面积减小，从而导致含沙比增大速度小于其余组试验。当堵塞区域被水流冲开，滞留沙颗粒瞬间涌出，表现为含沙比瞬间增大。

4.4.4.4　高水压输沙的特征分析及输沙量预测

不同的水力梯度所对应的混合流体中固体颗粒物浓度上升速度不同，那么在相同时间内所输运沙的总量也将大大不同。在实际工程中，水利条件将直接影响灾害发生的程度。对不同水力梯度条件下输运沙量、输沙时间等关系分析如下。

图 4.4.18 所示为总沙量固定条件下，10 组不同水力梯度对应的输沙持续时间关系曲线。从图 4.4.18 可以看出，水力梯度越高所需的输运时间越短，二者间呈负指数函数关系。也就是说，在实际工程中，当发生溃沙、突泥灾害时，水力梯度越高，工作面巷道或山体中隧道将在越短时间内被掩埋。而对于此类快速地质灾害，瞬时输沙量也是影响突发状况下人员是否能够安全撤离的关键因素。

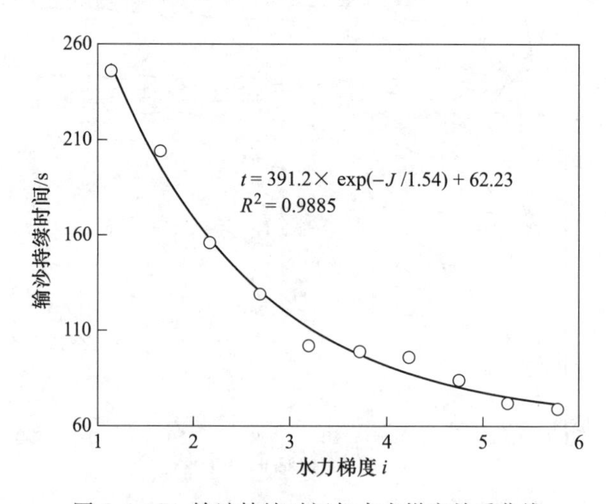

图 4.4.18　输沙持续时间与水力梯度关系曲线

对比 30s、60s 和 90s 内各水力梯度条件下的输沙量可知，当水力梯度为 1.14 时，30s 输沙量约为总输沙量的 9%，60s 内的输沙量约为总量的 19%，90s 时输沙量约为总量的 31%；当水力梯度在 3~4 之间时，30s 内输沙量约为总沙量的 15%~28%，60s 内为 34%~55%，90s 为 55%~83%；而当水力梯度达到 5 以上时，30s 的溃沙量为总沙量的 35%~40%，60s 可达 75%~86%，90s 之内输沙量可达总沙量的 95%以上。分析 30s、60s 以及 90s 内输沙量与水力梯度关系可以得到如图 4.4.19 所示关系。

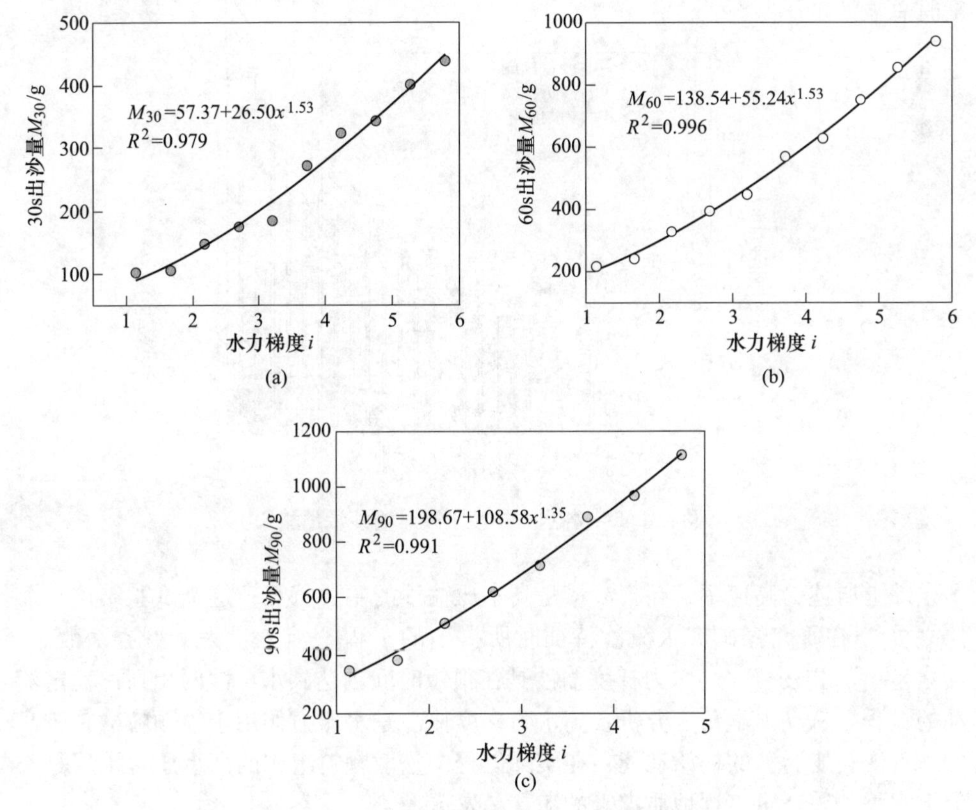

图 4.4.19 瞬时输沙量与水力梯度关系曲线

(a) 30s；(b) 60s；(c) 90s

由图 4.4.19 可以看出，当水、沙两相流形成后，瞬时输沙量与水力梯度为正相关，输沙量随水力梯度呈幂数函数关系增长。对水力梯度与输沙量的拟合结果为：30s 内输沙量与水力梯度的函数关系符合式 $y = 57.37 + 26.50x^{1.53}$，60s 对应结果为 $y = 138.54 + 55.24x^{1.53}$，90s 对应结果为 $y = 198.67 + 108.58x^{1.35}$。据此可以计算水力梯度范围在 1~40 时，30s、60s、90s 出沙量。60s 内输沙量约为 30s 内输沙量的 2.3~2 倍，90s 内输沙量的增幅随水力梯度增大而减小，其中当水力梯度为 1~5 时，90s 输沙量为 30s 内输沙量的 3. 6~3. 1 倍；而当水力梯度为 5~10 时，约为 3. 1~2. 7 倍；水力梯度为 11~40 时对应倍数约为 2. 7~2. 1。这也就是说，在最初的 1min 内，输沙量由零急速增长，出现一个峰值，而后逐渐趋于平稳。根据拟合结果预测输沙量增长趋势可得如图 4. 4. 20 所示关系。从图中可以明显看出，30s、60s、90s 内输沙量持续增大。水力梯度在 1~10 之间时，瞬时输沙量的增幅最明显；当水力梯度大于 10 之后，增幅逐渐减小。然而，随着水力梯度的增大输沙总质量急剧增加，造成的瞬时输沙量更是远远大于低水力梯度时总输沙量。

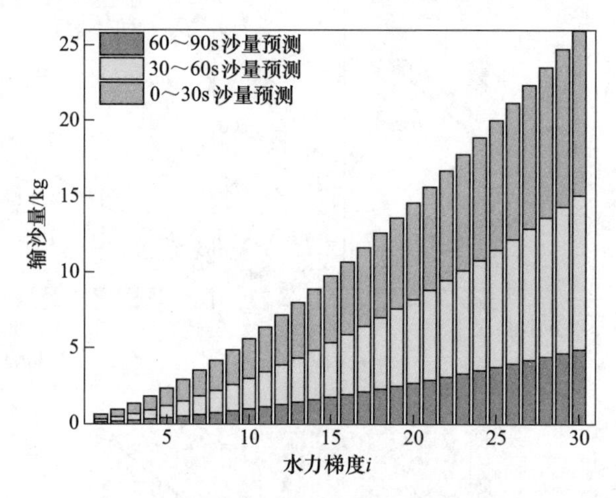

图 4. 4. 20　各水力梯度下瞬时输沙量预测

综上所述，高速率、高含沙量是高水压输沙的主要特点，这个试验结论与缪协兴等[84]在研究煤矿突水溃沙特征时所提出的工程“溃沙量大、渗透系数小、涌水量小”相吻合。高水力梯度输沙是在很短时间内达到水、沙两相高速稳定流动的过程。从动力学角度分析，高水力梯度输沙是水压力作用于沙颗粒群，较高的水动能转变为沙的初始动能，在实际工程中松散颗粒组成的高承压含水层是类似突水溃沙等严重工程地质灾害的潜在易发区域。

参 考 文 献

[1] Allen K G, Backström T W V, Kröger D G. Packed bed pressure drop dependence on particle shape size distribution, packing arrangement and roughness [J]. Powder Technology, 2013, 246 (9): 590~600.

[2] Macdonald I, El-Sayed M, Mow K, et al. Flow through porous media-the Ergun equation revisited [J]. Industrial & Engineering Chemistry Fundamentals, 1979, 18 (3): 199~208.

[3] Carman P C. Fluid flow through granular beds [J]. Chemical Engineering Research & Design, 1937, 75 (1): S32~S48.

[4] Ergun S, Orning A A. Fluid flow through randomly packed columns and fluidized beds [J]. Indengchem, 1949, 41 (6): 1179~1184.

[5] Kovács G. Seepage hydraulics [M]. Amsterdam, Oxford, New York: Elsevier Scientific Publishing Company, 1981.

[6] Kececioglu I, Jiang Y. Flow through porous media of packed spheres saturated with water [J]. Journal of Fluids Engineering, 1994, 116 (1): 164~170.

[7] Kundu P, Kumar V, Mishra I M. Experimental and numerical investigation of fluid flow hydrodynamics in porous media: Characterization of pre-Darcy, Darcy and non-Darcy flow regimes [J]. Powder Technology, 2016, 303: 278~291.

[8] Bağcl Ö, Dukhan N, Ozdemir M. Flow regimes in packed beds of spheres from Pre-Darcy to turbulent [J]. Transport in Porous Media, 2014, 104 (3): 501~520.

[9] Bear J. Dynamics of fluids in porous media [M]. American Elsevier Pub. Co, 1972.

[10] Ergun S. Fluid flow through packed columns [J]. Chem. Eng. Prog, 1952, 48: 89~94.

[11] Irmay S. Theoretical models of flow through porous media [M]. Bull. RILEM. 1964.

[12] Fand R M, Thinakaran R. The Influence of the Wall on Flow Through Pipes Packed With Spheres [J]. Journal of Fluids Engineering, 1990, 112 (1): 84~88.

[13] Kadlec R H, Wallace S D. Treatment wetlands [M]. 2nd ed. Boca Raton, London, New York: CRC press, 1996.

[14] Ward C J. Turbulent flow in porous media [J]. International Journal of Multiphase Flow, 1965, 5 (2): 1659~1686.

[15] Sedghi-Asl M, Rahimi H, Salehi R. Non-Darcy Flow of Water Through a Packed Column Test [J]. Transport in Porous Media, 2014, 101 (2): 215~227.

[16] 刘建军，刘先贵，胡雅衽．低渗透岩石非线性渗流规律研究 [J]. 岩石力学与工程学报，2003，22 (4)：556~561.

[17] 王恩志，韩小妹，黄远智．低渗岩石非线性渗流机理讨论 [J]. 岩土力学，2003，(S2)：120~124.

[18] 吕成远，王建，孙志刚．低渗透砂岩油藏渗流启动压力梯度实验研究 [J]. 石油勘探与开发，2002，29 (2)：86~89.

[19] 徐德敏，黄润秋，邓英尔，等．低渗透软弱岩非达西渗流拟启动压力梯度实验研究 [J]. 水文地质工程地质，2008，35 (3)：57~60.

[20] Soni J, Islam N, Basak P. An experimental evaluation of non-Darcian flow in porous media [J]. Journal of Hydrology, 1978, 38 (3~4): 231~241.

[21] Kundu P, Kumar V, Hoarau Y, et al. Numerical simulation and analysis of fluid flow hydrodynamics through a structured array of circular cylinders forming porous medium [J]. Applied Mathematical Modelling, 2016, 40 (23~24): 9848~9871.

[22] Ward J. Turbulent flow in porous media [J]. Journal of the Hydraulics Division, 1964, 90 (5): 1~12.

[23] Brackbill T P, Kandlikar S G. Application of Lubrication Theory and Study of Roughness Pitch During Laminar, Transition, and Low Reynolds Number Turbulent Flow at Microscale [J]. Heat Transfer Engineering, 2010, 31 (8): 635~645.

[24] Tsihrintzis V A, Madiedo E E. Hydraulic resistance determination in marsh wetlands [J]. Water Resources Management, 2000, 14 (4): 285~309.

[25] Tzelepis V, Moutsopoulos K N, Papaspyros J N E, et al. Experimental investigation of flow behavior in smooth and rough artificial fractures [J]. Journal of Hydrology, 2015, 521 (2) 108~118.

[26] Sedghi-Asl M, Rahimi H. Adoption of Manning's equation to 1D non-Darcy flow problems [J]. Journal of Hydraulic Research, 2011, 49 (6): 814~817.

[27] Chaudhary K, Cardenas M B, Deng W, et al. The role of eddies inside pores in the transition from Darcy to Forchheimer flows [J]. Geophysical Research Letters, 2011, 38 (24): 1~6.

[28] Fourar M, Radilla G, Lenormand R, et al. On the non-linear behavior of a laminar single-phase flow through two and three-dimensional porous media [J]. Advances in Water Resources, 2004, 27 (6): 669~677.

[29] Chai Z, Shi B, Lu J, et al. Non-Darcy flow in disordered porous media: A lattice Boltzmann study [J]. Computers & Fluids, 2010, 39 (10): 2069~2077.

[30] Panfilov M, Fourar M. Physical splitting of nonlinear effects in high-velocity stable flow through porous media [J]. Advances in Water Resources, 2006, 29 (1): 30~41.

[31] Thauvin F, Mohanty K K. Network Modeling of Non-Darcy Flow Through Porous Media [J]. Transport in Porous Media, 1998, 31 (1): 19~37.

[32] Wang S, Feng Q, Han X. A Hybrid Analytical/Numerical Model for the Characterization of Preferential Flow Path with Non-Darcy Flow [J]. PLoS One, 2013, 8 (12).

[33] Venkataraman P, Rao P R M. Darcian, transitional, and turbulent flow through porous media [J]. Journal of Hydraulic Engineering, 1998, 124 (8): 840~846.

[34] Li Z, Wan J, Huang K, et al. Effects of particle diameter on flow characteristics in sand columns [J]. International Journal of Heat and Mass Transfer, 2017, 104: 533~536.

[35] Zeng Z W, Grigg R. A criterion for non-Darcy flow in porous media [J]. Transport in Porous Media, 2006, 63 (1): 57~69.

[36] Macini P, Mesini E, Viola R. Laboratory measurements of non-Darcy flow coefficients in natural and artificial unconsolidated porous media [J]. Journal of Petroleum Science & Engineering, 2011, 77 (3~4): 365~374.

[37] Irmay S. On the theoretical derivation of Darcy and Forchheimer formulas [J]. Eos, Transactions American Geophysical Union, 1958, 39 (4): 702~707.

[38] Chen Z X, Lyons S L, Qin G. Derivation of the Forchheimer law via homogenization [J]. Transport in Porous Media, 2001, 44 (2): 325~335.

[39] Bordier C, Zimmer D. Drainage equations and non-Darcian modelling in coarse porous media or geosynthetic materials [J]. Journal of Hydrology, 2000, 228 (3): 174~187.

[40] Moutsopoulos K N, Papaspyros I N E, Tsihrintzis V A. Experimental investigation of inertial

flow processes in porous media [J]. Journal of Hydrology, 2009, 374 (3~4): 242~254.

[41] Wen Z, Huang G, Zhan H. Non-Darcian flow in a single confined vertical fracture toward a well [J]. Journal of Hydrology, 2006, 330 (3~4): 698~708.

[42] Yamada H, Nakamura F, Watanabe Y, et al. Measuring hydraulic permeability in a streambed using the packer test [J]. Hydrological Processes, 2005, 19 (13): 2507~2524.

[43] Skjetne E, Auriault J. New insights on steady, non-linear flow in porous media [J]. European Journal of Mechanics-B/Fluids, 1999, 18 (1): 131~145.

[44] Skjetne E, Auriault J L. High-Velocity Laminar and Turbulent Flow in Porous Media [J]. Transport in Porous Media, 1999, 36 (2): 131~147.

[45] Skjetne E, Hansen A, Gudmundsson J. High-velocity flow in a rough fracture [J]. Journal of Fluid Mechanics, 1999, 383 (383): 1~28.

[46] Moutsopoulos K N. Exact and approximate analytical solutions for unsteady fully developed turbulent flow in porous media and fractures for time dependent boundary conditions [J]. Journal of Hydrology, 2009, 369 (1~2): 78~89.

[47] Fand R M, Kim B Y K, Lam A C C, et al. Resistance to the Flow of Fluids Through Simple and Complex Porous Media Whose Matrices Are Composed of Randomly Packed Spheres [J]. Journal of Fluids Engineering, 1987, 109 (3): 268~273.

[48] Bear J. Dynamics of fluids in porous media [M]. North Chelmsford: Courier Corporation, 2013.

[49] Ma D, Miao X, Bai H, et al. Impact of particle transfer on flow properties of crushed mudstones [J]. Environmental Earth Sciences, 2016, 75 (7): 593.

[50] Ma D, Rezania M, Yu H S, et al. Variations of hydraulic properties of granular sandstones during water inrush: Effect of small particle migration [J]. Engineering Geology, 2016, 217: 61~70.

[51] 陈占清, 王路珍, 孔海陵, 等. 一种计算变质量破碎岩体渗透性参量的方法 [J]. 应用力学学报, 2014, (6): 927~932.

[52] 孔祥言. 高等渗流力学 [M]. 合肥: 中国科学技术大学出版社, 2010.

[53] 万军伟, 黄琨, 陈崇希. 达西定律成立吗 [J]. 地球科学 (中国地质大学学报), 2013 (6): 1327~1330.

[54] 黄先伍, 唐平, 缪协兴, 等. 破碎砂岩渗透特性与孔隙率关系的试验研究 [J]. 岩土力学, 2005, 26 (9): 1385~1388.

[55] Ma D, Miao X X, Jiang G H, et al. An experimental investigation of permeability measurement of water flow in crushed rocks [J]. Transport in Porous Media, 2014, 105 (3): 571~595.

[56] Scheidegger A E. The physics of flow through porous media [M]. 2nd ed. Toronto: University of Toronto Press, 1960.

[57] Irmay S. Extension of Darcy law to unsteady unsaturated flow through porous media [C]//Proceedings of the Darcy Symposium, 1956.

[58] Blick E F. Capillary-orifice model for high-speed flow through porous media [J]. Industrial & Engineering Chemistry Process Design and Development, 1966, 5 (1): 90~94.

[59] Mccorquodale J A, Hannoura A A, Nasser M S. Hydraulic conductivity of rockfill [J]. Journal

of Hydraulic Research, 1978, 16 (2): 123~137.

[60] Schneebeli G. Expériences sur la limite de validité de la loi de Darcy et l'apparition de la turbulence dans un écoulement de filtration [J]. La Houille Blanche, 2011, 10 (2): 141~149.

[61] Sidiropoulou M G, Moutsopoulos K N, Tsihrintzis V A. Determination of Forchheimer equation coefficients a and b [J]. Hydrological Processes, 2007, 21 (4): 534~554.

[62] 中华人民共和国水利部. SL 345-2007 水利水电工程注水试验规程 [S]. 北京: 中国水利水电出版社, 2007.

[63] Pascal H, Quillian R G. Analysis of vertical fracture length and non-Darcy flow coefficient using variable rate tests [C]. SPE Annual Technical Conference and Exhibition, 1980.

[64] Noman R, Shrimanker N, Archer J. Estimation of the coefficient of inertial resistance in high-rate gas wells [C]. SPE Annual Technical Conference and Exhibition, 1985.

[65] Jones S C. Using the inertial coefficient, b, to characterize heterogeneity in reservoir rock [C]. SPE Annual Technical Conference and Exhibition, 1987.

[66] Chen Y Q, Dong N Y. New method of determining turbulence factor and turbulence skin factor [J]. Fault-block Oil & Gas Field, 2001, 8 (1): 20~23.

[67] Chen Y Q, Guo E P, Zhang F. Application and comparison of method for determining high velocity turbulence flow coefficient of gas well [J]. Fault-Block Oil & Gas Field, 2005, 15 (5): 53~55.

[68] Friedel T, Voigt H D. Investigation of non-Darcy flow in tight-gas reservoirs with fractured wells [J]. Journal of Petroleum Science & Engineering, 2006, 54 (3, 4): 112~128.

[69] Janicek J D, Katz D L V. Applications of unsteady state gas flow calculations [C]// Proceedings of the University of Michigan Research Conference, 1955.

[70] Macdonald I F, El-Sayed M S, Mow K, et al. Flow through porous media—the Ergun equation revisited [J]. Ind. Eng. Chem. Fundamen, 1979, 18 (3).

[71] Geertsma J. Estimating the coefficient of inertial resistance in fluid flow through porous media [J]. Society of Petroleum Engineers Journal, 1974, 14 (14): 445~450.

[72] Coles M E, Hartman K J. Non-Darcy measurements in dry core and the effect of immobile liquid [M]. Society of Petroleum Engineers, 1998.

[73] Li D, Svec R K, Engler T W, Grigg R B. Modeling and simulation of the wafer non-Darcy flow experiments [C]. SPE Western Regional Meeting, 2001.

[74] Liu X, Civan F, Evans R. Correlation of the non-Darcy flow coefficient [J]. Journal of Canadian Petroleum Technology, 1995, 34 (10) .

[75] Skjetne E. High velocity flow in porous media; analytical, numerical and experimental studies [D]. Trondheim: Norwegian University of Sciences and Technology, 1995.

[76] Huang K, Wan J W, Chen C X, et al. Experimental investigation on water flow in cubic arrays of spheres [J]. Journal of Hydrology, 2013, 492 (144): 61~68.

[77] Hession W C, Shanholtz V O, Mostaghimi S. Uncalibrated performance of the finite element storm hydrograph model [J]. Transactions of the Asae, 1994, 37 (3): 777~783.

[78] Kornecki T S, Sabbagh G J, Storm D E. Evaluation of runoff, erosion, and phosphorus

modeling system-simple [J]. Jawra Journal of the American Water Resources Association, 1999, 35 (4): 807~820.

[79] 钟德钰, 王光谦, 吴保生. 泥沙运动的动理学理论 [M]. 北京: 科学出版社, 2015.

[80] 王光谦, 熊刚, 方红卫. 颗粒流动的一般本构关系 [J]. 中国科学: 技术科学, 1998 (3): 282~288.

[81] 倪晋仁, 黄湘江. 高浓度固液两相流的运动特性研究 [J]. 水利学报, 2002, 33 (7): 8~15.

[82] 钟德钰, 张磊, 王光谦. 泥沙运动力学研究进展和前沿 [J]. 水利水电科技进展, 2015, 35 (5): 52~58.

[83] 袁奇. 近松散层煤层开采突水溃砂实验研究 [D]. 北京: 中国矿业大学, 2015.

[84] 缪协兴, 王长申, 白海波. 神东矿区煤矿水害类型及水文地质特征分析 [J]. 采矿与安全工程学报, 2010, 27 (3): 285~291.

5 裂隙介质非 Darcy 渗流规律试验研究

5.1 裂隙网络非 Darcy 渗流特性试验研究

本节利用第 3 章研制的平面水力输沙试验系统，开展了裂隙网络非 Darcy 渗流试验研究，获得了水力梯度与流量的对应关系，并借助第 1 章提出的局部压力损失系数ξ，对裂隙网络两端的压力降进行修正，分析裂隙开度和角度对非 Darcy 渗流参数（渗透率和非 Darcy 因子）以及渗流转捩临界参数的影响，认识流体黏性阻力和惯性阻力之间的转化规律。一方面为揭示裂隙网络中充填物颗粒的起动与运移奠定基础，另一方面为充填裂隙网络渗透率和非 Darcy 因子的计算提供试验依据。

5.1.1 试验材料与方案

岩体中存在着纵横交错的各类地质结构面，现场取样具有随机性与不可重复性，导致试验结果产生偏差。此外，在现有技术手段条件下，在完整岩体上切割出想要的裂隙比较困难且成本较大。因此目前大多数学者采用快干水泥[1]、普通玻璃[2]和有机玻璃[3]等材料模拟基本不渗透的致密岩体，利用材料之间的缝隙模拟裂隙。本章采用有机玻璃板模拟岩石基体，在 600mm×300mm×40mm 的有机玻璃板上切割出不同开度、不同角度的裂隙网络。试样共分为 2 类：第 1 类裂隙开度相同（10mm），与进水方向的角度分别为 15°、30°、45°和 60°，共 4 个试样，编号 F1~F4；第 2 类角度相同（30°），裂隙开度分别为 4mm、6mm 和 8mm，共 3 个试样，编号 F5~F7，对于每一个试样，通过改变入口端的水压力，分别进行 30 次渗流试验，共计 210 次试验。试样如图 5.1.1 所示。

平面模型主要利用有机玻璃板之间的挤压进行密封，属于平面挤压型密封。由于有机玻璃板属于“刚性材料”，无论施加多大的外荷载也很难实现完全密封。如果渗透压力过大将会使有机玻璃板平面间发生渗漏，产生壁面流。可通过在有机玻璃板之间添加厚度为 3mm 的硅胶板，并在试样表面除去裂隙的部分均匀涂抹一层 RTV 硅橡胶，来克服这一缺陷，最后利用平面模型四周对称分布的 106 个内六角高强度螺栓进行平面模型的密封和组装。螺栓安装遵循“先四角后中间”的原则，并按顺时针或逆时针方向依次紧固 3 次。

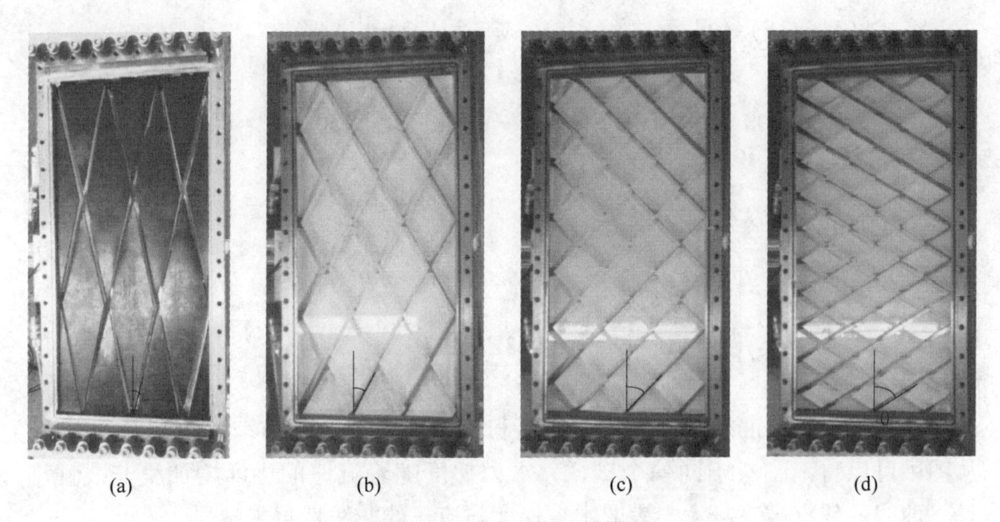

图 5.1.1　裂隙网络试验模型
(a) 试样 F1；(b) 试样 F2；(c) 试样 F3；(d) 试样 F4

5.1.2　试验结果及分析

5.1.2.1　水力梯度与流量的关系

首先定义 J 为裂隙网络上下游水头差与试样沿水流方向上下表面之间垂直距离的比值：

$$J = \frac{\nabla p}{\rho g L} \tag{5.1.1}$$

式中　L——试样沿水流方向上下表面之间的垂直距离。

裂隙网络渗流计算时，如果直接用∇p 进行计算，将会高估裂隙渗流流量，产生显著误差。所以采用第 3 章提出的局部压力损失系数 ξ 对水力梯度进行修正。如图 5.1.2 所示。随机取一列作为表征单元体，假设这一列上共有 n 个交叉点，第 n 个交叉点上下游的水压力分别为 p_n 和 p_{n+1}，则沿流动方向由于水流交汇产生的总压力损失∇p_{total}可表示为：

$$\nabla p_{\text{total}} = \xi_1(p_1 - p_2) + \xi_2(p_2 - p_3) + \cdots + \xi_{i-1}(p_{i-1} - p_i) \quad (i = 1,2,3,\cdots,n) \tag{5.1.2}$$

当水在隙宽相同、交叉角度相等的裂隙网络中流动时，压力损失系数 ξ 是只与渗流速度有关的变量，在稳定渗流情况下，近似认为整个裂隙网络交叉点处的渗流速度都相等，所以各个交叉点处的压力损失系数 ξ 都相同，式 (5.1.2) 可表示为：

$$\nabla p_{\text{total}} = \xi(p_1 - p_i) \quad (i = 1,2,3,\cdots,n) \tag{5.1.3}$$

将式（1.2.15）（见第1章）代入式（5.1.3），整理得：

$$\begin{cases}\nabla p_{\text{total}} = 0, & Re \leqslant 150 \quad (i = 1,2,3,\cdots,n) \\ \nabla p_{\text{total}} = (0.0003Re + 0.04) \times (p_1 - p_i) & Re > 150 \quad (i = 1,2,3,\cdots,n)\end{cases} \tag{5.1.4}$$

修正后的水力梯度可表示为：

$$\begin{cases} J = \dfrac{\nabla p}{\rho g L}, & Re \leqslant 150 \\ J = \dfrac{(0.96 - 0.0003Re)\ \nabla P}{\rho g L}, & Re > 150 \end{cases} \tag{5.1.5}$$

通过试验获得的裂隙网络渗流速度和压力梯度的变化结果如图 5.1.3 所示。从图中可以看出，对于同一个试样，水力梯度随着流速的逐渐增加呈非线性增长，曲线的斜率越来越大，表明水力梯度与流速的非线性越来越强。

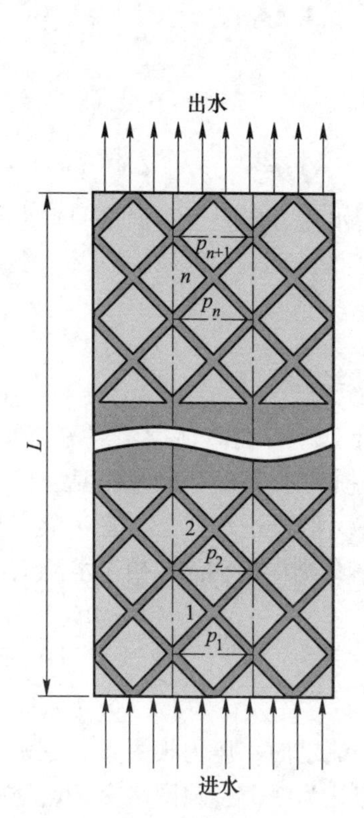

图 5.1.2　考虑局部压力损失的裂隙网络渗流模型

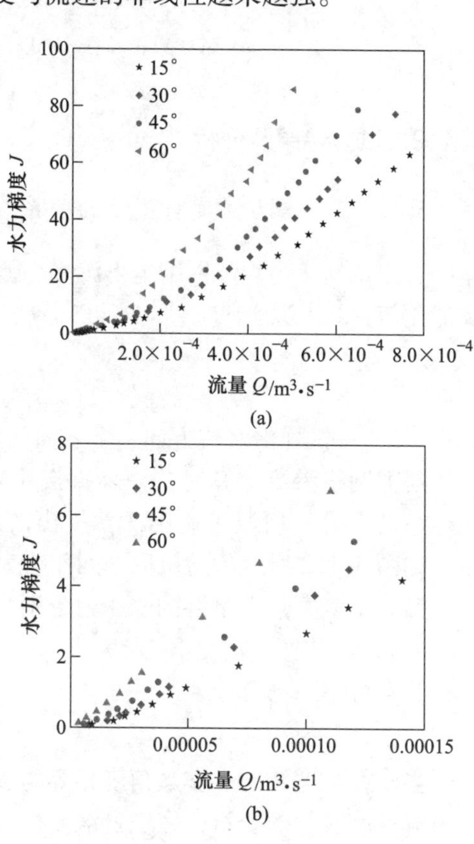

图 5.1.3　不同交叉角度条件下压力梯度与流量的对应关系

（a）$J=0\sim100$；（b）$J=0\sim8$

随着裂隙交叉角度的增加，裂隙与进（出）水方向的夹角不断增大，流动阻力增强，过流量不断减小；同时，曲线的斜率也不断减小，表明水力梯度与流量的非线性关系不断减弱。随着裂隙开度的增加，过流面积不断增大，表明水力梯度与流量的非线性关系不断增强。非 Darcy 流动产生的主要原因是，随着流速的不断增大，水流的惯性作用越来越强，从而需要更多的能量来克服由惯性力导致的压力损失。图 5.1.4 所示为不同交叉角度条件下压力梯度与流量的对应关系。

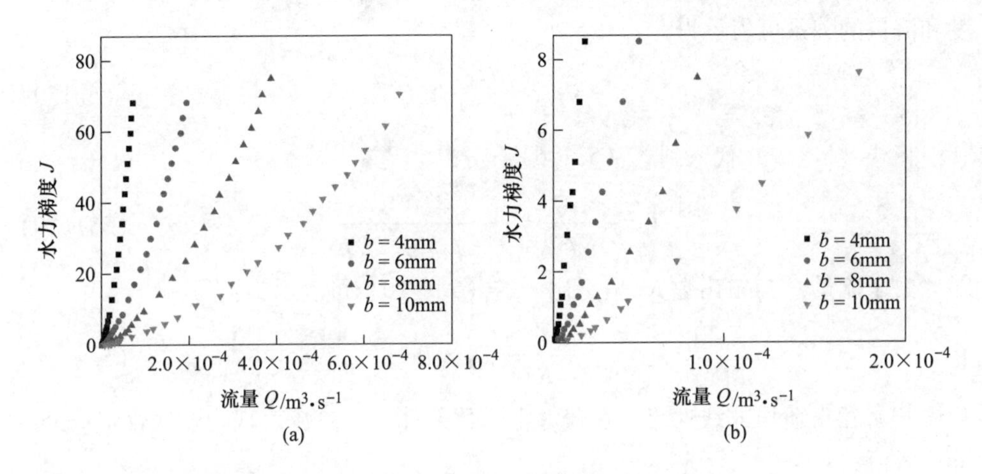

图 5.1.4 不同交叉角度条件下压力梯度与流量的对应关系

（a）$J=0\sim100$；（b）$J=0\sim8$

5.1.2.2 渗流流态的划分

渗流转捩是流体黏滞阻力与惯性阻力之间转化的宏观体现。处于不同运动状态的流体，具有不同的流动特征，流体运动的控制方程也完全不同。当黏滞阻力起主要作用时，控制方程可选立方定律；当惯性阻力占主导地位时，控制方程应该选紊流方程；当黏滞阻力和惯性阻力并存或者惯性阻力占优时，可采用 Forchheimer 方程或 Izbash 方程描述裂隙内流体流动。因此渗流流态的确定是其他研究的基础。

Zimmerman 等人[4]认为随着雷诺数的增加，水在裂隙中流动将会表现出三种不同的运动状态。

（1）第一阶段线性流。在雷诺数足够小的情况下，裂隙的体积流量与压力梯度呈正比：

$$\nabla p = -\frac{\mu Q}{TM} \tag{5.1.6}$$

此时导水系数 T 是与 Re 无关的量，随着 Re 的增加，T 基本上保持定值：

$$T = -\frac{\mu Q}{\nabla PM} = T_0 = c_1 \tag{5.1.7}$$

式（5.1.7）可进一步整理为：

$$\frac{T_0/T - 1}{Re} = 0 \tag{5.1.8}$$

（2）第二阶段过渡流。随着雷诺数的增大会出现一个过渡区，此时压力梯度和流量的关系可表示为[5]：

$$-\nabla p = \frac{\mu Q}{MT_0} + c_2 Q^3 \tag{5.1.9}$$

将式（5.1.9）代入到式（5.1.6），得：

$$T = -\frac{\mu Q}{\nabla pM} = \frac{T_0}{1 + c_2 MQ^2 T_0/\mu} \tag{5.1.10}$$

由于流量 Q 与雷诺数 Re 呈正比，式（5.1.10）可表示为：

$$\frac{T_0/T - 1}{Re} = c_3 Re \tag{5.1.11}$$

（3）第三阶段非线性流。在较大雷诺数条件下，渗流表现为非线性 Forchheimer 渗流：

$$-\nabla p = \frac{\mu Q}{MT_0} + c_4 Q^2 \tag{5.1.12}$$

将式（5.1.12）代入到式（5.1.6），得：

$$T = -\frac{\mu Q}{\nabla pM} = \frac{T_0}{1 + c_4 MQT_0/\mu} \tag{5.1.13}$$

由于流量 Q 与雷诺数 Re 呈正比，式（5.1.13）可表示为：

$$\frac{T_0/T - 1}{Re} = c_5 \tag{5.1.14}$$

式中，c_1、c_2、c_3、c_4、c_5为无量纲常数。

图 5.1.5 所示为不同交叉角度的裂隙网络试样渗流过程中$\frac{T_0/T-1}{Re}$与 Re 的对应关系。从曲线可以看出，渗流过程经历了线性 Darcy 流、过渡流以及非线性层流三个阶段。由于本试验是在不同进水压力条件下进行的多组稳态流动测试，从而获得一系列离散的数据点，所以从线性流到非线性流的转捩应该是一定参数范围内发生的逐步转化。裂隙网络 Darcy 流下限临界值和 Forchheimer 流上限临界值分别见表 5.1.1 和表 5.1.2。

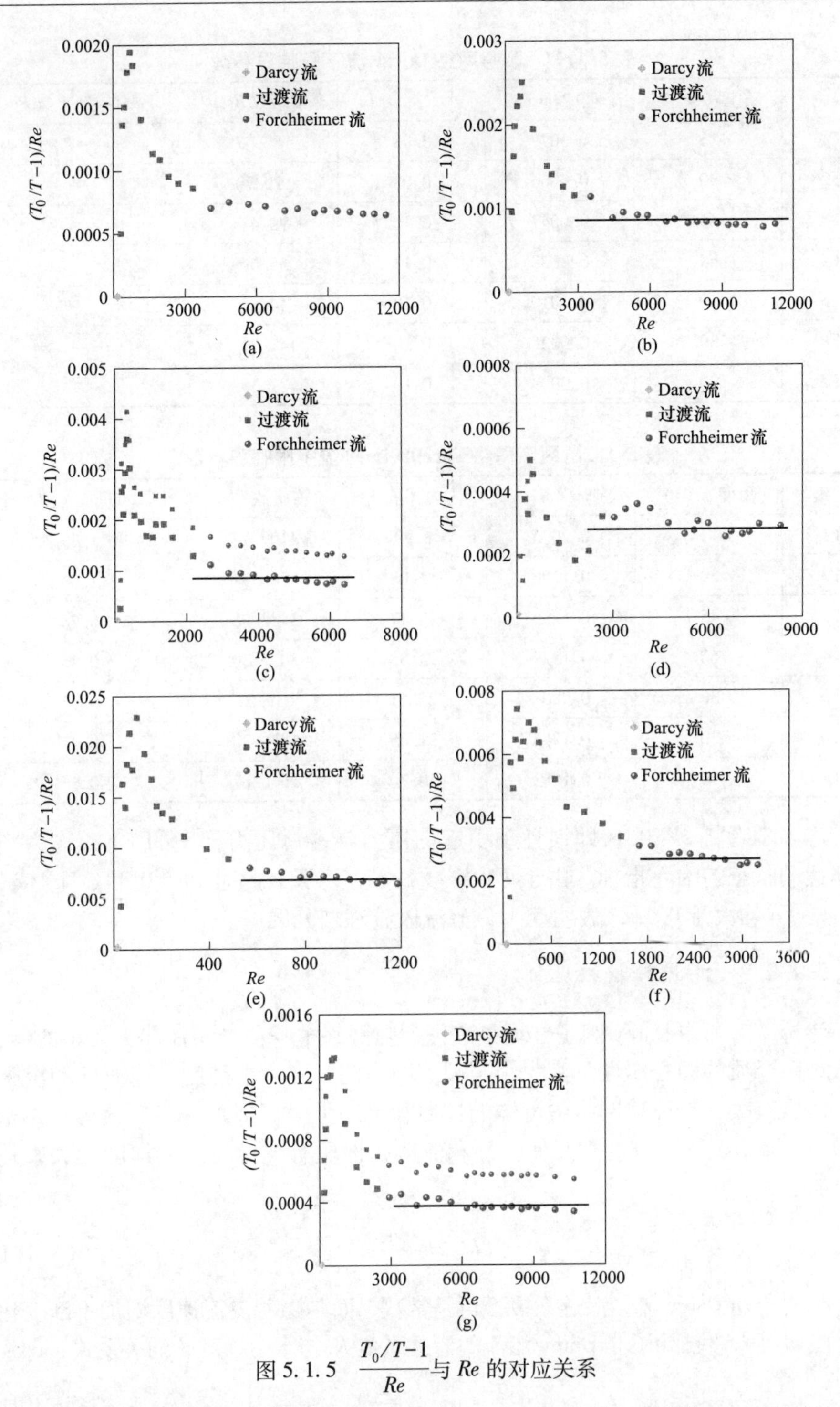

图 5.1.5 $\frac{T_0/T-1}{Re}$ 与 Re 的对应关系

(a) 试样 F1；(b) 试样 F2；(c) 试样 F3；(d) 试样 F4；(e) 试样 F5；(f) 试样 F6；(g) 试样 F7

表 5.1.1　裂隙网络 Darcy 流下限临界参数

试验编号	角度 θ/(°)	流速 v_c/m · s^{-1}	水力梯度 J_c	雷诺数 Re_c	Forchheimer 数 Fo_c
F1	15	0.0077	0.08	151.57	—
F2	30	0.0066	0.08	129.70	—
F3	45	0.0047	0.10	92.41	—
F4	60	0.0028	0.13	55.00	—
F5	30	0.0019	0.10	14.83	—
F6	30	0.0035	0.10	41.71	—
F7	30	0.0049	0.10	77.36	—

表 5.1.2　裂隙网络 Forchheimer 流上限临界参数

试验编号	角度 θ/(°)	流速 v_c/m · s^{-1}	水力梯度 J_c	雷诺数 Re_c	Forchheimer 数 Fo_c
F1	15	0.2075	8.99	4109.17	1.29
F2	30	0.1790	11.02	3545.21	1.04
F3	45	0.1736	12.17	3438.95	0.96
F4	60	0.1529	14.53	3025.30	0.75
F5	30	0.0808	25.51	639.57	0.17
F6	30	0.1243	21.25	1476.30	0.27
F7	30	0.1683	18.70	2666.67	0.66

许多学者将 $E=0.1$，即惯性项引起的压力降占总压力梯度的 10%，作为判别流体运动状态的临界指标。由于 $E=Fo/(1+Fo)$，那么此时 $Fo=0.11$，上述试验所得的 Fo 均大于 0.11，表明 5.1.2 节流体流态划分准确。

5.1.2.3　渗流转捩机理

渗透率 k 和非 Darcy 因子 β 均是表征裂隙网络本身传导流体能力大小的参数，属于裂隙介质的固有属性，其大小与裂隙网络的开度、粗糙度、连通性和交叉角度等因素有关，与裂隙网络中流体的性质和流态无关。裂隙网络等效渗透系数 K 在 Darcy 流情况下只与裂隙几何特性和流体的性质有关，与水力梯度无关，是一个常数，即：

$$K_D=\frac{\rho g k_f}{\mu}\tag{5.1.15}$$

但对于非 Darcy 流，渗透系数不再是常数，而是随着渗流速度增加不断变化的量。王媛等人[6]推导了非 Darcy 渗流的渗透系数 K_F 与水力梯度 J 的关系式，即：

$$K_F=J^{-1}\left\{-\frac{\mu}{2k_f\rho\beta}+\left[\left(\frac{\mu}{2k_f\rho\beta}\right)^2+\frac{g}{\beta}J\right]^{1/2}\right\}\tag{5.1.16}$$

图 5.1.6 所示为等效渗透系数与水力梯度的对应关系。由图可知，同等水力梯度条件下，裂隙开度越大角度越小，等效渗透系数越大。从流动阻力的角度来分析，K_F同时受到流体黏滞阻力和惯性阻力的影响，能够反映出流体渗流过程中总阻力的大小以及流动阻力的发展与转化特征，K_F越小表明流体流动总阻力越大；反之，流动总阻力越小。渗流过程中流动阻力的变化与裂隙交叉点内的流动形态有着必然的联系，由本书第 1 章可知，随着雷诺数的不断增大，裂隙交叉点处伴随着涡旋的产生、扩展过程。当水力梯度较小时，流线的形状与流速之间互不影响，裂隙网络中流速与压力具有相同的分布形式，即流线和压力等值线对称分布，此时流体的黏滞阻力占主导地位，相比之下受裂隙交叉处几何形状的影响导致渗流路径的改变从而产生的阻力可忽略不计，等效渗透系数不变，属于 Darcy 流动区域。随着水力梯度的不断增加，对称性被打破，在裂隙交叉处会产生明显的漩涡，使过流断面的面积减小，导致过流量减少，等效渗透系数降低，此时惯性阻力开始发挥作用，为 Darcy 流向非 Darcy 流转捩的过渡区域（弱惯性区域）。Forchheimer 数持续增大，涡旋的个数不增多，尺度不断生长，沿流动方向不断拉伸，影响范围逐渐扩展，导致等效渗透系数急剧减小，此时惯性阻力逐步占优，为强惯性区域。Chaudhary 等人[7]认为漩涡的生长过程既是惯性力逐步占优的宏观体现，也是流动转捩的标志。

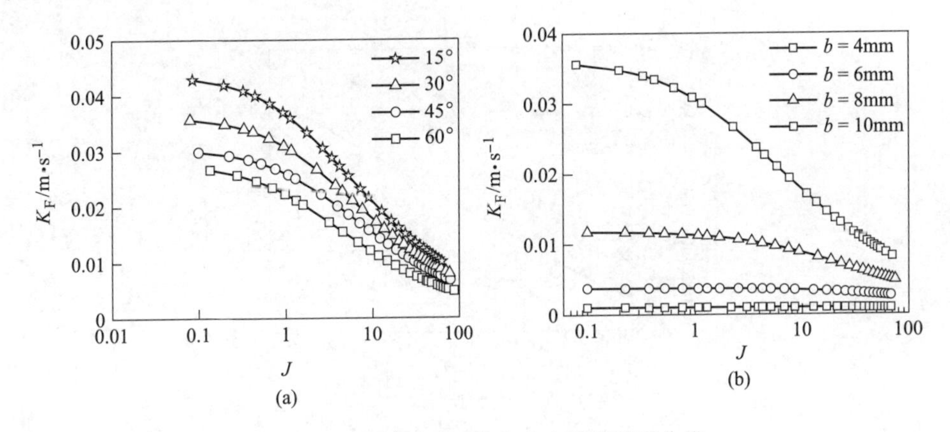

图 5.1.6 等效渗透系数和水力梯度关系曲线

（a）角度不同；（b）裂隙开度不同

从能量的角度分析，由于漩涡的出现，使流线产生了变形，水压力不再单纯地完全转化为流体动能，造成了部分黏性能耗散，Panfilov 等人[8]将这种由惯性力引起的流线变形并伴随着黏性能耗散的过程称为惯-黏性交替效应。随着水力梯度的不断增加，惯性阻力的作用越来越明显，涡旋个数和尺度不断发展，能量损失越来越多，导致过流量逐渐减少，等效渗透系数不断降低。

5.1.2.4　角度和开度对渗流转捩临界参数的影响

A　Forchheimer 流上限临界参数与角度关系

图 5.1.7 所示为 Forchheimer 流上限临界参数与角度关系。从表 5.1.2 和图 5.1.7 可以看出，Forchheimer 流上限临界雷诺数和 Forchheimer 数基本随着角度的增大而减小，临界水力梯度呈相反的变化趋势。由此可以推断，流动转捩临界参数随着角度的改变而发生变化，在裂隙开度相同的条件下，角度越小越容易发生流态转捩，水流本身的惯性作用也越强。

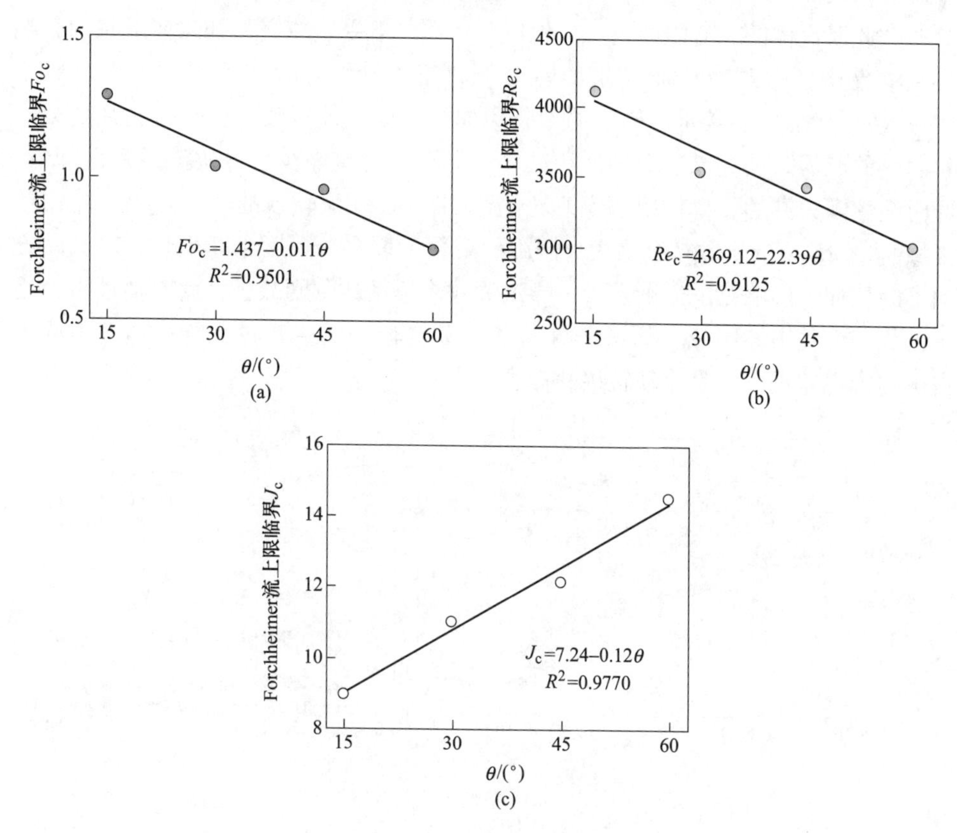

图 5.1.7　Forchheimer 流上限临界参数随角度的变化曲线

（a）临界 Forchheimer 数随角度变化；（b）临界 *Re* 数随角度变化；（c）临界水力梯度随角度变化

B　Forchheimer 流上限临界参数与开度关系

Forchheimer 数 *Fo* 是渗流转捩的标志性参数，其定义为固液相互作用与黏滞力的比值[9]，即 Forchheimer 方程中二次项与一次项的比值，可表示为：

$$Fo = \frac{k_F \beta_F \rho v}{\mu} \tag{5.1.17}$$

其中 $[k_F]=L^2$，$[\beta_F]=L^{-1}$，且 $[b^2]=L^2$，$[1/b]=L^{-1}$，根据量纲一致性原理推测渗透率与裂隙开度的平方成正比，非 Darcy 因子与裂隙开度的倒数成正比，流体密度、动力黏滞系数和转捩点处的速度均为常数，因此 Fo 与 b 成正比。

Forchheimer 流上限临界参数与裂隙开度的关系如图 5.1.8 所示。从图 5.1.8 中可以看出，随着裂隙开度的不断增加，临界 Forchheimer 数和临界雷诺数呈线性递增，临界水力梯度呈线性递减。刘日成等人[2]基于 FLUENT 平台，通过求解 Navier-Stokes 方程，对不同等效水力隙宽的岩体裂隙网络模型进行数值模拟，得到了临界水力梯度随着等效水力隙宽的增加呈幂函数递减的关系。两结果之间的差异，可能是试验模型、方法的不同或试验误差造成的，但是临界水力梯度随着裂隙开度的增加呈降低的大体趋势是一致的。表明角度相同时，在较宽的裂隙网络中流体更容易发生流态转捩，流体流动的惯性也越强烈。

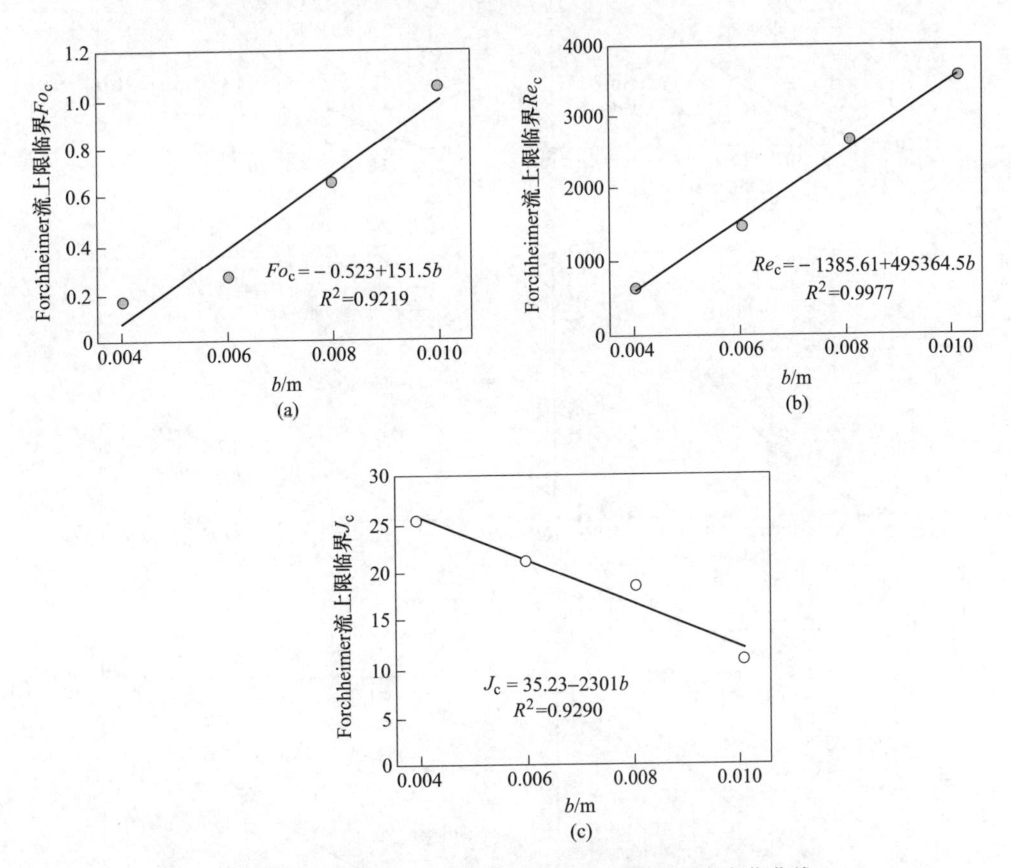

图 5.1.8 Forchheimer 流上限临界参数随裂隙开度变化曲线

(a) 临界 Forchheimer 数随裂隙开度变化；(b) 临界 Re 数随裂隙开度变化；

(c) 临界水力梯度随裂隙开度变化

5.1.2.5　非线性渗流方程的确定

目前，国内外对于裂隙中线性渗流的描述均是采用著名的 Darcy 定律。然而，对于裂隙非线性渗流的描述并没有形成统一的认识，主要可分为两类：第一类是采用 Forchheimer 方程；第二类是利用 Izbash 方程。两种方程各具优势，Forchheimer 方程具有完整的理论基础[10]，Izbash 方程对试验结果以及实际工程的拟合度较高[11]。王媛等人[6]通过对裂隙开度为 8mm 的光滑单裂隙进行渗流试验研究，发现对于这种大开度裂隙 Forchheimer 方程仍然适用。对 6 组裂隙网络渗流试验所得数据分别采用上述两种方程进行拟合，得到的结果如图 5.1.9 和表 5.1.3 所示。

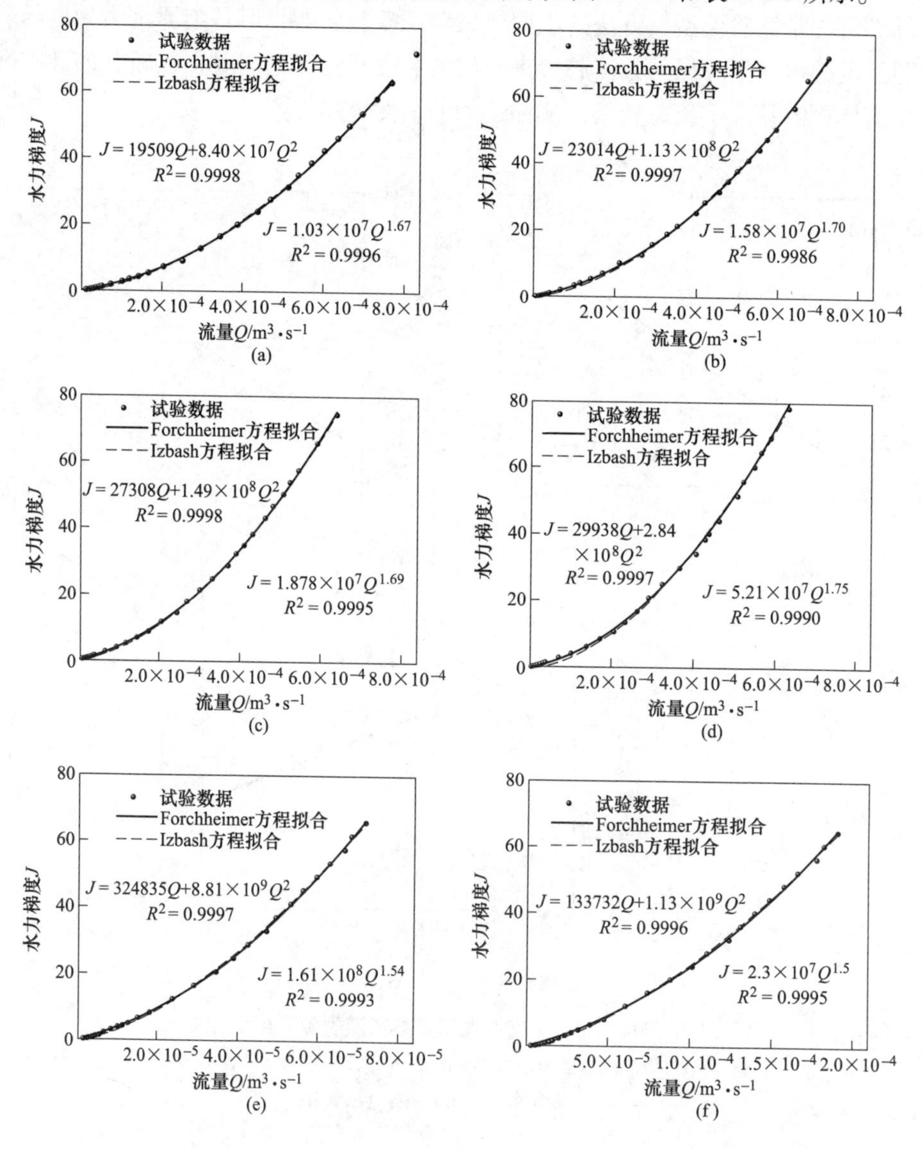

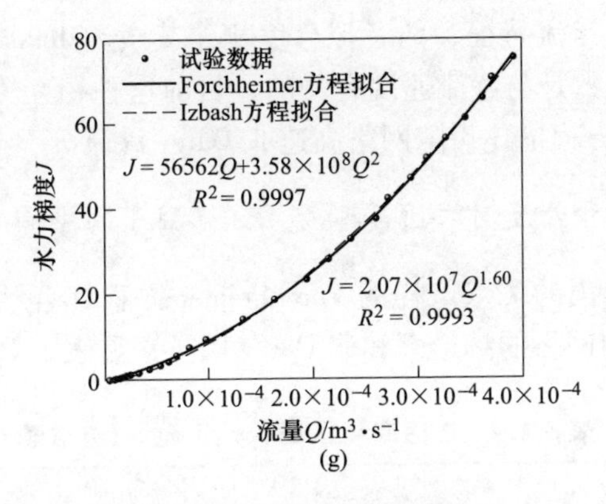

(g)

图 5.1.9　渗流方程的拟合

(a) 试样 F1；(b) 试样 F2；(c) 试样 F3；(d) 试样 F4；(e) 试样 F5；(f) 试样 F6；(g) 试样 F7

表 5.1.3　数据拟合结果

试验编号	角度/(°)	开度/m	Forchheimer 方程拟合		Izbash 方程拟合	
F1	15	0.01	$J=19509Q+8.40\times10^7Q^2$	$R^2=0.9998$	$J=1.03\times10^7Q^{1.67}$	$R^2=0.9996$
F2	30	0.01	$J=23014Q+1.13\times10^8Q^2$	$R^2=0.9997$	$J=1.58\times10^7Q^{1.7}$	$R^2=0.9986$
F3	45	0.01	$J=27308Q+1.49\times10^8Q^2$	$R^2=0.9998$	$J=1.88\times10^7Q^{1.69}$	$R^2=0.9995$
F4	60	0.01	$J=29938Q+2.84\times10^8Q^2$	$R^2=0.9997$	$J=5.21\times10^7Q^{1.75}$	$R^2=0.9990$
F5	30	0.004	$J=324835Q+8.81\times10^9Q^2$	$R^2=0.9997$	$J=1.61\times10^8Q^{1.75}$	$R^2=0.9993$
F6	30	0.006	$J=133732Q+1.13\times10^9Q^2$	$R^2=0.9997$	$J=2.3\times10^7Q^{1.75}$	$R^2=0.9995$
F7	30	0.008	$J=56563Q+3.58\times10^8Q^2$	$R^2=0.9997$	$J=2.07\times10^7Q^{1.60}$	$R^2=0.9993$

图 5.1.10 所示为分别采用 Forchheimer 方程和 Izbash 方程对试验数据进行回归分析的 R^2 值。由图 5.1.10 可知，Forchheimer 方程和 Izbash 方程都能精准地描

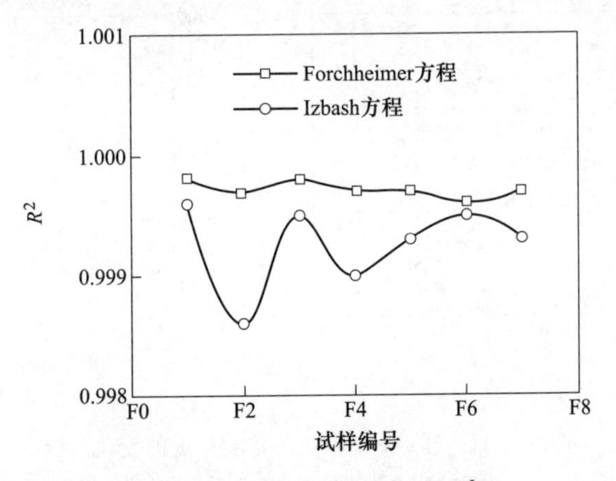

图 5.1.10　试验数据回归分析 R^2 值

述裂隙网络非 Darcy 渗流特征，两者拟合度相差甚微。Moutsopoulos 等人[11]认为 Izbash 方程的两个系数是与渗流速度有关的，目前这种相互关系仍在研究中。本节选用 Forchheimer 方程描述裂隙网络高速非 Darcy 渗流。

5.1.2.6　角度和开度对渗透率和非 Darcy 因子的影响

根据表 5.1.3 给出的 7 组试样的 Forchheimer 方程拟合结果，可以求得不同交叉角度条件下裂隙网络的渗透率和非 Darcy 因子，见表 5.1.4。

表 5.1.4　渗透率和非 Darcy 因子的试验结果

编号	角度/(°)	隙宽 b/m	$k/10^{-10}\mathrm{m}^2$	$\beta/10^3\mathrm{m}^{-1}$
F1	15	0.01	45.06	1.18
F2	30	0.01	37.32	1.59
F3	45	0.01	31.45	2.10
F4	60	0.01	28.69	5.01
F5	30	0.004	12.15	3.25
F6	30	0.006	3.85	5.74
F7	30	0.008	1.06	19.90

图 5.1.11 所示为试验条件下非 Darcy 渗流参数（渗透率和非 Darcy 因子）随角度的变化关系。由图可知，随着角度的增加，裂隙网络渗透率呈现逐渐降低的趋势，非 Darcy 因子逐渐增大。角度从 15°增大到 60°时，渗透率降低了 36.33%，非 Darcy 因子增加了 2.39 倍。渗透率和非 Darcy 因子变化幅度不大，均在同一数量级内。这种变化趋势主要是由裂隙交叉角度与连通性的复合作用导致的。

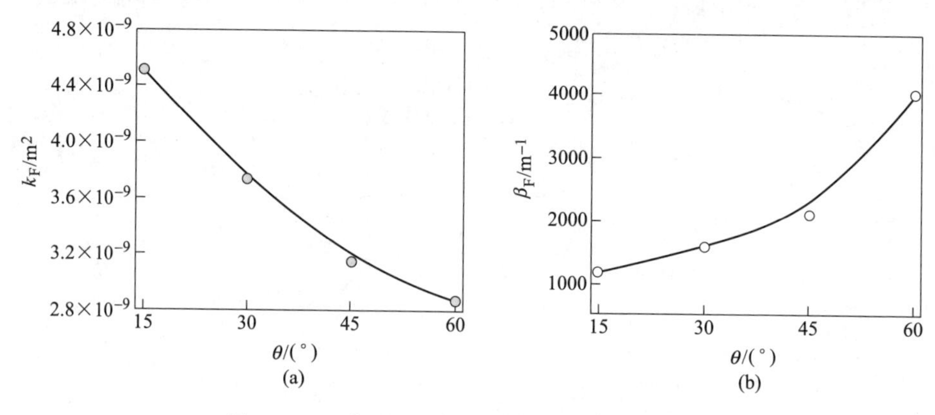

图 5.1.11　非 Darcy 渗流参数随角度的变化曲线

(a) k 与 θ 的关系；(b) β 与 θ 的关系

基于量纲一致性原理，渗透率与裂隙开度的平方、非 Darcy 因子与裂隙开度的倒数关系曲线分别如图 5.1.12（a）、（b）所示。由图可知，渗透率 k_F 与裂隙开度的平方 b^2、非 Darcy 因子 β_F 与裂隙开度的倒数 $1/b$ 均呈幂函数关系，裂隙开度越大，渗透率越大，非 Darcy 因子越小。其中，k_F 与 b^2 的指数、β_F 与 $1/b$ 的指数均大于 1，这是因为裂隙的相互连通使单裂隙的导水能力大大增强，同时也使渗流路径更曲折了，所以裂隙网络对渗透率和非 Darcy 因子均形成了较强的“加乘”效果。渗透率与非 Darcy 因子呈幂函数关系，随着渗透率的增加，非 Darcy 因子逐渐减小。图 5.1.13 所示为非 Darcy 因子随渗透率变化曲线。

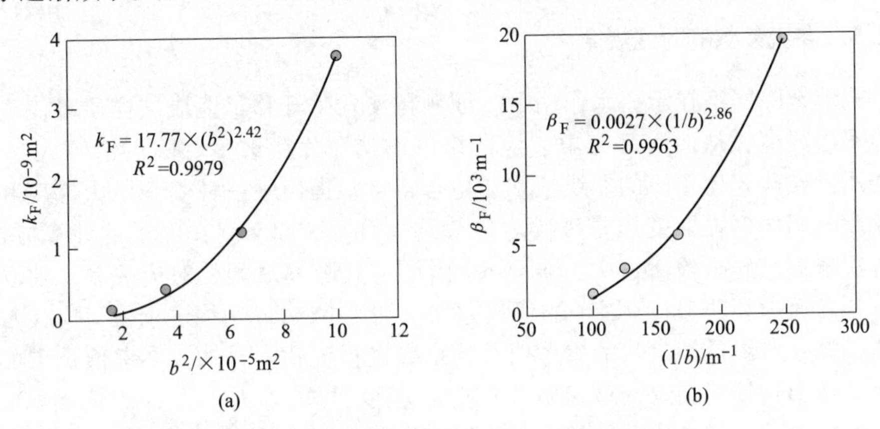

图 5.1.12　非 Darcy 渗流参数随裂隙开度的变化曲线

（a）渗透率与裂隙开度的关系；（b）非 Darcy 因子与裂隙开度的关系

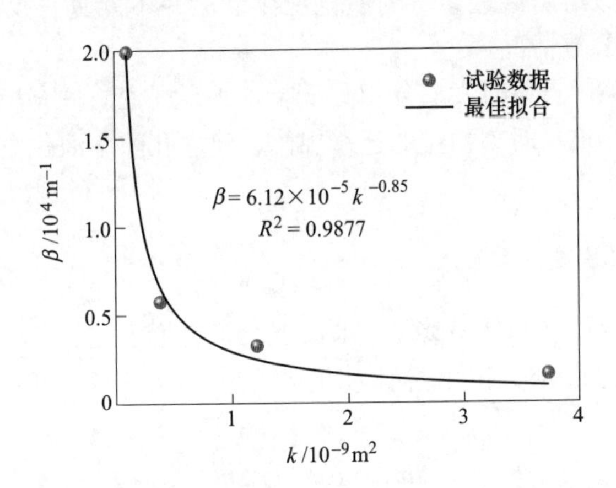

图 5.1.13　非 Darcy 因子随渗透率变化曲线

5.2　充填裂隙网络非 Darcy 渗流特性试验研究

裂隙网络突水通道的充填物多为颗粒堆积体，比如由构造作用、风化作用或地下水作用形成的角砾、砂土和石灰石，以及地震、开采扰动等使原岩破坏产生的破碎岩体。在高速水流的不断冲刷作用下，充填裂隙中细小颗粒不断流失，属于变质量非 Darcy 渗流，非 Darcy 渗流参数（孔隙率、渗透率、非 Darcy 因子等）时空演化复杂[12]，可通过室内试验进行研究。本节利用第 3 章研制的试验装置，开展了考虑颗粒流失特性的充填裂隙网络渗流试验研究，分析裂隙网络中充填物颗粒的起动和运移规律、渗漏通道的形成机理、颗粒流失引起的孔隙率变化以及水沙两相运移特征，为建立变质量导水裂隙带突水非 Darcy 流模型奠定试验基础。

5.2.1　渗流参数的时变规律

充填裂隙网络在承压水作用下，细颗粒沙发生迁移，造成试样质量流失及孔隙率的改变，从而引起充填裂隙网络的渗透率发生改变。陈占清等人[13]基于变质量破碎岩体渗流的非线性和非稳态特点，提出了一种基于压力梯度和渗流速度时间序列提取变质量破碎岩体渗透率和非 Darcy 流 β 因子的计算方法。该方法根据破碎岩体渗透率、非 Darcy 因子与孔隙率之间的对应关系，建立采样时刻渗透率和非 Darcy 因子的代数方程，利用 Newton 切线法求得对应代数方程的根，并对渗透性参量的参考值及幂指数进行优化。显然，参考值选取的不同会直接影响计算结果与试验数据的吻合程度。Ma 等人[14,15]采用每隔 60s 对迁移的细小砂岩或风积沙颗粒进行收集，烘干后称出质量，间接测定非稳定渗流过程中的孔隙率、渗透率和非 Darcy 因子的时变规律的方法。该方法通过短时间内的平均近似给出渗透参量的演化规律，但并不能真正反映非稳定渗流过程中每一瞬间的参数情况。

因此，本节采用自主研发的分相测量装置，开展变质量充填裂隙网络非稳定渗流试验，以获取每一时刻颗粒的迁移规律，建立孔隙率演化方程，反映每一时刻的参数情况。

5.2.1.1　质量流失特征

如图 3.3.1 所示（见第 3 章），水沙混合流体首先进入盛满水的容器 1 中，沙颗粒沉淀到容器底部，排出等体积的水，所以天平 1 的质量增量 Δm_1 可表示为：

$$\Delta m_1 = \Delta m_s - \Delta m_w \tag{5.2.1}$$

又由于容器 1 中进入的沙颗粒体积 V_s 与排出水的体积 V_w 相等，所以：

$$\Delta m_1 = V_s(\bar{\rho}_s - \rho_w) \tag{5.2.2}$$

式中　$\bar{\rho}_s$——沙的平均密度。

水沙混合流体中沙粒的总体积为：

$$V_s = \frac{\Delta m_1}{\bar{\rho}_s - \rho_w} \tag{5.2.3}$$

每隔一定时间 Δt（如 3s）内迁移出的沙粒质量为：

$$\Delta m_{sti} = \bar{\rho}_s V_s = \bar{\rho}_s \frac{\Delta m_{1i}}{\rho_s - \rho_w} \quad (i = 1,2,3,\cdots,n) \tag{5.2.4}$$

可得到 $t_i = i\Delta t$ 时刻颗粒流失的总质量 m_{sti}：

$$m_{sti} = \Delta m_{st1} + \Delta m_{st2} + \Delta m_{st3} + \cdots + \Delta m_{sti} \quad (i = 1,2,3,\cdots,n) \tag{5.2.5}$$

以及时间 $[(i-1)\Delta t, i\Delta t]$ 内试样的质量流失率平均值 m'_{sti}：

$$m'_{sti} = \frac{\Delta m_{sti}}{\Delta t} \quad (i = 1,2,3,\cdots,n) \tag{5.2.6}$$

天平 2 的质量增量包括两部分，一是容器 1 中置换出的等体积水的质量 m_w；二是水沙混合流体中水的质量 m'_w：

$$\Delta m_2 = \Delta m_w + \Delta m'_w \tag{5.2.7}$$

水沙混合流体中水的总体积 V'_w 可表示为：

$$V'_w = \frac{\Delta m_2}{\rho_w} - \frac{\Delta m_1}{\bar{\rho}_s - \rho_w} \tag{5.2.8}$$

5.2.1.2 孔隙率动态变化规律

试验前，先用水测法测出裂隙网络的总体积 V_f，然后将按特定级配配置的沙搅拌均匀后填入裂隙网络内，通过装样前后的两次称量，得出填入的沙质量 m_s，故试样初始孔隙率为：

$$\phi_0 = \frac{V_f - V_{ps}}{V_f} = 1 - \frac{m_s}{\bar{\rho}_s V_f} \tag{5.2.9}$$

式中 V_{ps}——填入的沙的总体积。

根据 t_i 时刻颗粒流失的总质量 m_{sti} 可以得到试样 t_i 时刻孔隙率 ϕ_{ti}：

$$\phi_{ti} = \phi_0 + \frac{\Delta m_{st1} + \Delta m_{st2} + \Delta m_{st3} + \cdots + \Delta m_{sti}}{\bar{\rho}_s V_f} \quad (i = 1,2,3,\cdots,n) \tag{5.2.10}$$

则 $[(i-1)\Delta t, i\Delta t]$ 时间段内孔隙率变化率 ϕ' 可表示为：

$$\phi'_{ti} = \phi_0 + \frac{\phi_{ti} - \phi_{t(i-1)}}{\Delta t} \quad (i = 1,2,3,\cdots,n) \tag{5.2.11}$$

5.2.1.3 充填裂隙网络渗透率和非 Darcy 因子的确定

如图 5.2.1 所示，建立充填裂隙渗流分析模型，裂隙的长度为 L，开度为 b，深度为 M。假设充填物为粒径非均匀的球体，堆积孔隙率为 ϕ。充填物的体

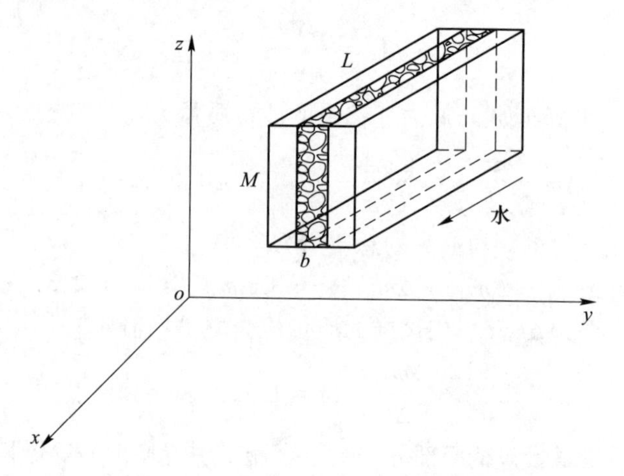

图 5.2.1　充填裂隙渗流分析示意图

积为：

$$V_s = LMb(1-\phi) \tag{5.2.12}$$

目前，国际上普遍选用 d_{10} 或 d_{20} 作为非均匀粒径颗粒材料渗流的特征粒径参数，则裂隙内充填的颗粒数目可表示为：

$$N = \frac{6LMb(1-\phi)}{\pi d_{20}^3} \tag{5.2.13}$$

因此裂隙水流运动的固体边界总表面积可表示为：

$$S = \frac{6LMb(1-\phi)}{d_{20}} + 2LM \tag{5.2.14}$$

Karman 和 Kozeny 将水力半径定义为总的孔隙体积与水流固体边界总表面积之比，即：

$$R = \frac{\phi b}{2\left[1 + \frac{3b(1-\phi)}{d_{20}}\right]} \tag{5.2.15}$$

根据明滋关于雷诺数和阻力系数的定义可得：

$$Re = \frac{\rho R v}{\phi \mu} = \frac{\rho b v}{2\left[1 + \frac{3b(1-\phi)}{d_{20}}\right]\mu} \tag{5.2.16}$$

$$\lambda = \frac{gR\phi^2 J}{v^2} = \frac{g\phi^3 bJ}{2\left[1 + \frac{3b(1-\phi)}{d_{20}}\right]v^2} \tag{5.2.17}$$

陶同康和于龙等人[16,17]通过充填裂隙水力学试验，认为 Re 和 λ 存在如下关系：

$$\lambda = \frac{A}{Re} + B \tag{5.2.18}$$

式中，A 和 B 可通过试验获得。

将式（5.2.16）和式（5.2.17）同时代入式（5.2.18）可得：

$$J = \frac{4\mu A\left[1 + \frac{3b(1-\phi)}{d_{20}}\right]^2}{\rho g \phi^3 b^2} v + \frac{2B\left[1 + \frac{3b(1-\phi)}{d_{20}}\right]}{g\phi^3 b} v^2 \tag{5.2.19}$$

将式（5.2.19）与 Forchheimer 方程

$$J = \frac{\mu}{\rho g k} v + \frac{\beta}{g} v^2 \tag{5.2.20}$$

进行比较，可得到充填裂隙的渗透率 k_{ff} 和非 Darcy 因子 β_{ff} 的表达式：

$$k_{ff} = \frac{\phi^3 b^2}{4A\left[1 + \frac{3b(1-\phi)}{d_{20}}\right]^2} \tag{5.2.21}$$

$$\beta_{ff} = \frac{2B\left[1 + \frac{3b(1-\phi)}{d_{20}}\right]}{\phi^3 b} \tag{5.2.22}$$

从式（5.2.21）和式（5.2.22）可以看出，充填裂隙的渗透率和非 Darcy 因子与充填介质的颗粒级配、充填介质的孔隙率、裂隙网络的几何特征等因素有关。若将渗透率的关系式改写为：

$$k_{ff} = \frac{b^2}{12} \frac{3\phi^3}{A\left[1 + \frac{3b(1-\phi)}{d_{20}}\right]^2} \tag{5.2.23}$$

则当充填裂隙中流体的运动状态为层流，且 $b/d_{20}>10$ 时，$A=5.1$，有：

$$k_{ff} = \frac{b^2}{12} \frac{\phi^3}{1.7\left[1 + \frac{3b(1-\phi)}{d_{20}}\right]^2} \tag{5.2.24}$$

式（5.2.24）与文献［18］的研究结果一致。

由于球形颗粒孔隙介质的渗透率与颗粒粒径和孔隙率之间存在如下关系[18,19]：

$$k_p = \frac{d^2\phi^3}{184(1-\phi)^2} \tag{5.2.25}$$

式（5.2.24）和式（5.2.25）相比可得：

$$\frac{k_{ff}}{k_p} = 9.02\left(\frac{b}{d_{20}}\right)^2 \frac{(1-\phi)^2}{\left[1 + \frac{3b(1-\phi)}{d_{20}}\right]^2} \tag{5.2.26}$$

由式（5. 2. 26）可知充填裂隙网络渗透率与多孔介质渗透率的差别主要是由 b/d_{20} 决定的，即壁面效应对多孔介质中渗流特性的影响。当 b/d_{20} 足够大时，壁面效应可以忽略，其具体范围有待通过试验进一步确定。

5. 2. 2　试验材料与方案

5. 2. 2. 1　试样制备

充填物对裂隙的渗流有重要的影响，从级配角度研究颗粒流失规律和渗漏通道的形成过程是未来研究发展的趋势[20]。根据试验需要将粒径为 2. 0~2. 36mm、2. 36~4. 75mm、4. 75~9. 0mm 的粗沙按不同比例配置构成骨架颗粒，选用粒径为 0. 075~0. 15mm、0. 15~0. 3mm、0. 3~0. 6mm、0. 6~1. 0mm、1. 0~2. 0mm 的细沙按不同比例配置构成可动颗粒。试样的级配曲线如图 5. 2. 2 所示，由于沙粒的最大粒径为 9. 0mm，所以选用裂隙开度为 40mm 的裂隙网络，填装后的试样如图 5. 2. 3 所示。

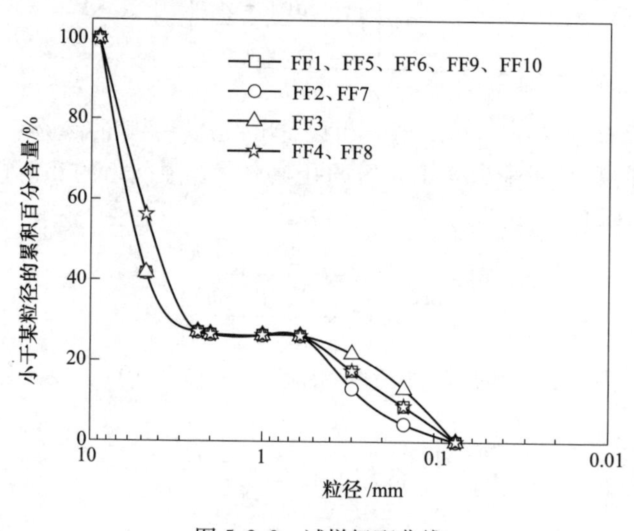

图 5. 2. 2　试样级配曲线

5. 2. 2. 2　试验方案

充填裂隙网络高速渗流过程中，固体颗粒流态化是一个渗流与潜蚀相互耦合的非线性动态过程。为了分析该过程中粗颗粒骨架和可动细颗粒级配、裂隙网络交叉角度以及初始水压力对裂隙-粗颗粒骨架-可动细颗粒三者之间耦合效应的影响，制定如下试验方案：

（1）骨架的级配保持不变，可动细颗粒的配比设为 3 种，对应试验编号分别为 FF1、FF2、FF3。采用逐渐增加上游水压力的方式研究可动颗粒本身的级配对颗粒的起动条件、流失特点以及溃沙通道的形成过程的影响。

(2) 可动颗粒的级配保持不变，骨架的配比设为 2 种，对应试验编号分别为 FF1、FF4。采用逐渐增加上游水压力的方式研究骨架颗粒级配对颗粒的起动条件、流失特点以及溃沙通道的形成过程的影响。

(3) 骨架颗粒和可动颗粒的级配均保持不变，裂隙网络交叉角度设为两种，分别为 30°和 45°，对应试验编号为 FF1 和 FF5。采用逐渐增加上游水压力的方式研究裂隙网络交叉角度对颗粒的起动条件、流失特点以及溃沙通道的形成过程的影响。

图 5.2.3 充填裂隙网络

(4) 骨架的级配保持不变，可动细颗粒的配比设为两种，对应试验编号分别为 FF6、FF7。根据两组试验结果研究恒定上游水压（0.2MPa）作用下可动颗粒本身级配对渗流潜蚀机制以及水沙两相运移特征的影响。

(5) 可动颗粒的级配保持不变，骨架的配比设为两种，对应试验编号分别为 FF6、FF8。根据两组试验结果研究恒定上游水压（0.2MPa）作用下骨架的配比对渗流潜蚀机制以及水沙两相运移特征的影响。

(6) 骨架颗粒和可动颗粒的级配均保持不变，上游恒定水压力设为两种，分别为 0.2MPa 和 0.15MPa，对应试验编号为 FF6 和 FF9。根据两组试验结果研究上游水压力对渗流潜蚀机制以及水沙两相运移特征的影响。

(7) 骨架颗粒和可动颗粒的级配均保持不变，裂隙网络交叉角度设为两种，分别为 30°和 45°，对应试验编号为 FF6 和 FF10。根据两组试验结果研究恒定上游水压（0.2MPa）作用下裂隙网络的交叉角度对渗流潜蚀机制以及水沙两相运移特征的影响。

(8) 保持其他试验条件均相同，迁移颗粒粒径设为 4 种，分别为 0~0.075mm、0.075~0.15mm、0.15~0.3mm、0.3~0.6mm，对应试验编号分别为 FF11~FF14。根据 4 组试验结果探索可动颗粒粒径对潜蚀系数以及水沙两相运移特征的影响。

试验方案见表 5.2.1。

表 5.2.1　试验方案

试验编号	试验方式	角度/(°)	上游压力/MPa	骨架孔隙率/%	填充沙后孔隙率/%	可动颗粒含量/%	不均匀系数 C_u	曲率系数 C_c
FF1	变水压力试验	30	—	43.71	21.14	26.56	37.94	11.90
FF2		30	—	43.71	21.14	26.56	24.28	7.62
FF3		30	—	43.71	21.14	26.56	46.70	14.82
FF4		30	—	43.71	21.14	26.56	31.50	9.72
FF5		45	—	43.71	21.14	26.56	37.94	11.90
FF6	恒水压力试验	30	0.2	43.71	21.14	26.56	37.94	11.90
FF7		30	0.2	43.71	21.14	26.56	24.28	7.62
FF8		30	0.2	43.71	21.14	26.56	31.50	9.72
FF9		30	0.15	43.71	21.14	26.56	37.94	11.90
FF10		45	0.2	43.71	21.14	26.56	37.94	11.90

试验编号	上游压力/MPa	角度/(°)	石英砂粒径/mm	骨架孔隙率/%	风积沙粒径/mm	平均粒径/mm	填充沙后孔隙率/%
FF11	0.2	30	2.36~9.0	43.71	0.000~0.075	0.0375	21.14
FF12					0.075~0.150	0.1125	
FF13					0.150~0.300	0.225	
FF14					0.300~0.600	0.45	

5.2.3　试验方法与步骤

试验流程如图 5.2.4 所示。充填裂隙网络非 Darcy 渗流特性试验过程分为试样制备与填装、在线饱和、系统调试、数据采集和卸料等五个环节。

（1）试样制备与填装。按照特定的级配称量出各个粒径范围所需沙的质量，并做好记录。添加适量的水，把颗粒表面润湿，搅拌均匀后充填到有机玻璃裂隙网中。填装的过程中为了保证试样的均匀性，必须分层填装，每次填装相同的质量，并逐层捣实。

（2）试样饱和。对组装好的渗透仪进行在线饱和，注意观察真空泵压力表的变化情况，如果经过 10min 以后试样内的压力没有下降或变化甚微，则渗透仪或管路存在漏气的地方，需排除故障，重新抽真空饱和。

（3）系统调试。试验开始前检查管路连接是否正确，阀门是否开启，压力传感器、电子天平和数据采集器是否正常工作，并架好相机。

（4）数据采集。试样总长为 60cm，依次在 0、15cm、30cm、45cm 及 60cm

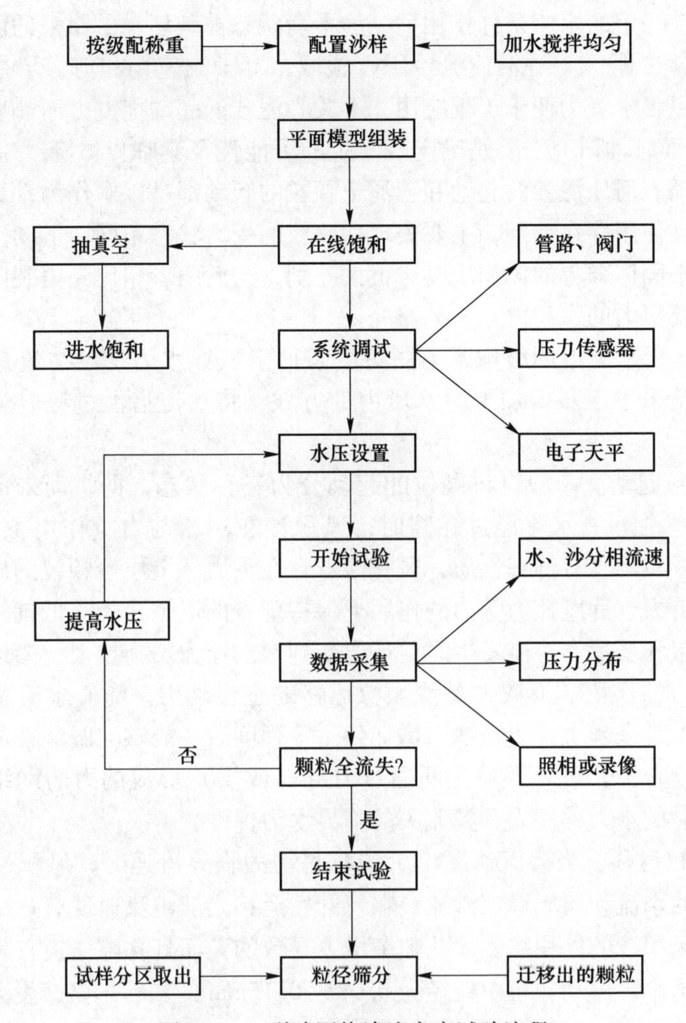

图 5.2.4 裂隙网络渗流突变试验流程

处设 5 个重点数据采集区和现象观察区。通过数据测量软件监测记录数据，包括水、沙分相流速和压力分布，并做好拍照或录像。

(5) 卸料。试验结束后，关闭注液泵出水截止阀，并断开平面模型与注液泵、分相测量装置的管路接口。依次取下螺栓、镂空钢盖板、有机玻璃板等，将试样分区取出，并进行筛分称重。

5.2.4 试验结果与分析

5.2.4.1 颗粒的运移规律

颗粒起动的临界条件是突水溃沙现象研究中的一个重要问题。所谓的颗粒起动就是颗粒在一定的水流条件作用下，静平衡状态被破坏，由原来的静止变为运动状态的力学过程[21]。在河流泥沙研究领域，鉴于流速场和剪力场之间存在着一定关系，更多学者为便于工程应用，不关心泥沙的起动拖曳力而热衷于推求起动流速[22]。而管涌研究主要是确定其发生的可能性及其临界坡降[23]。裂隙中充填颗粒的起动、河床泥沙的起动和管涌土颗粒的起动都是以水作为动力源，但三者和水的相互作用存在差别，主要表现在颗粒的受力状态不同、运动空间不同以及混合流体中固体颗粒的体积浓度有很大差别，与后两者相比充填裂隙中颗粒的起动可能需要更大的水动力。

图 5.2.5 所示为不同级配、不同角度条件下试样水力梯度与流速的对应关系。本次试验采用逐步增加上游水压力的方式，将渗流潜蚀过程分为以下四个阶段：

（1）颗粒起动。一般可将颗粒的起动分为三种状态，即将动未动、少量动和普遍动[24]。在没有水流经过孔隙时，风积沙在围压与自重作用下紧密压实，此时风积沙颗粒堆具有静态性质，风积沙颗粒在重力、上层沙颗粒的压力、下层沙颗粒的支持力、静摩擦力等力的作用下保持现有的形态，能够抵抗一定的应力而不发生屈服和变形。渗流发生时，还要受到水的浮力、拖拽力、渗透压力以及动摩擦力等力的作用。拖拽力是沙颗粒运移的主要动力，随着水流速度逐渐增大，拖拽力也越来越大，当拖拽力增加到一定程度后，能够克服颗粒的有效重力和颗粒间的咬合力，破坏颗粒之间通过力链（或拱）形成的力的网络，颗粒开始起动，此时的水力梯度为颗粒流失的临界水力梯度。

（2）颗粒运移。当渗流速度小于颗粒起动的临界流速时，风积沙颗粒完全静止，此时的水流动属于稳定渗流。颗粒开始运移之前渗流速度有一个明显的突增，这是由风积沙的体积膨胀使孔隙率增大导致的，而且孔隙通道直径越大、裂隙网络角度越小、可动颗粒中粒径为 0. 075~0. 15mm 的颗粒越多，发生突变时的水力梯度越小。起动的颗粒具有沿着水流流动方向运移的趋势，当临近孔隙直径大于起动颗粒的粒径时，颗粒进入临近孔隙；当临近孔隙直径小于起动颗粒的粒径时，起动的颗粒就会停止迁移并与骨架形成更小的孔隙。

（3）局部通道的贯穿。在水流拖拽力的持续作用下，最细颗粒不断被冲刷走，形成孔径较小的贯穿通道，并产生优势流，即使之后该通道又被稍大粒径的颗粒堵塞，看似阻碍了颗粒的运移，但堵塞的颗粒会使流经该处的水流发生偏转，带走周边的细颗粒并形成新的渗漏通道，同样存在明显的速度突增。

（4）形成稳定的渗漏通道。在堵塞—贯穿交替作用下，小通道贯穿成大通道，部分颗粒会重新排列，局部颗粒密集区域得到释放，沙颗粒出现大范围逃窜，涌沙区域不断向上游潜蚀，直至试样内部细颗粒被全部冲出，形成稳定的渗漏通道。

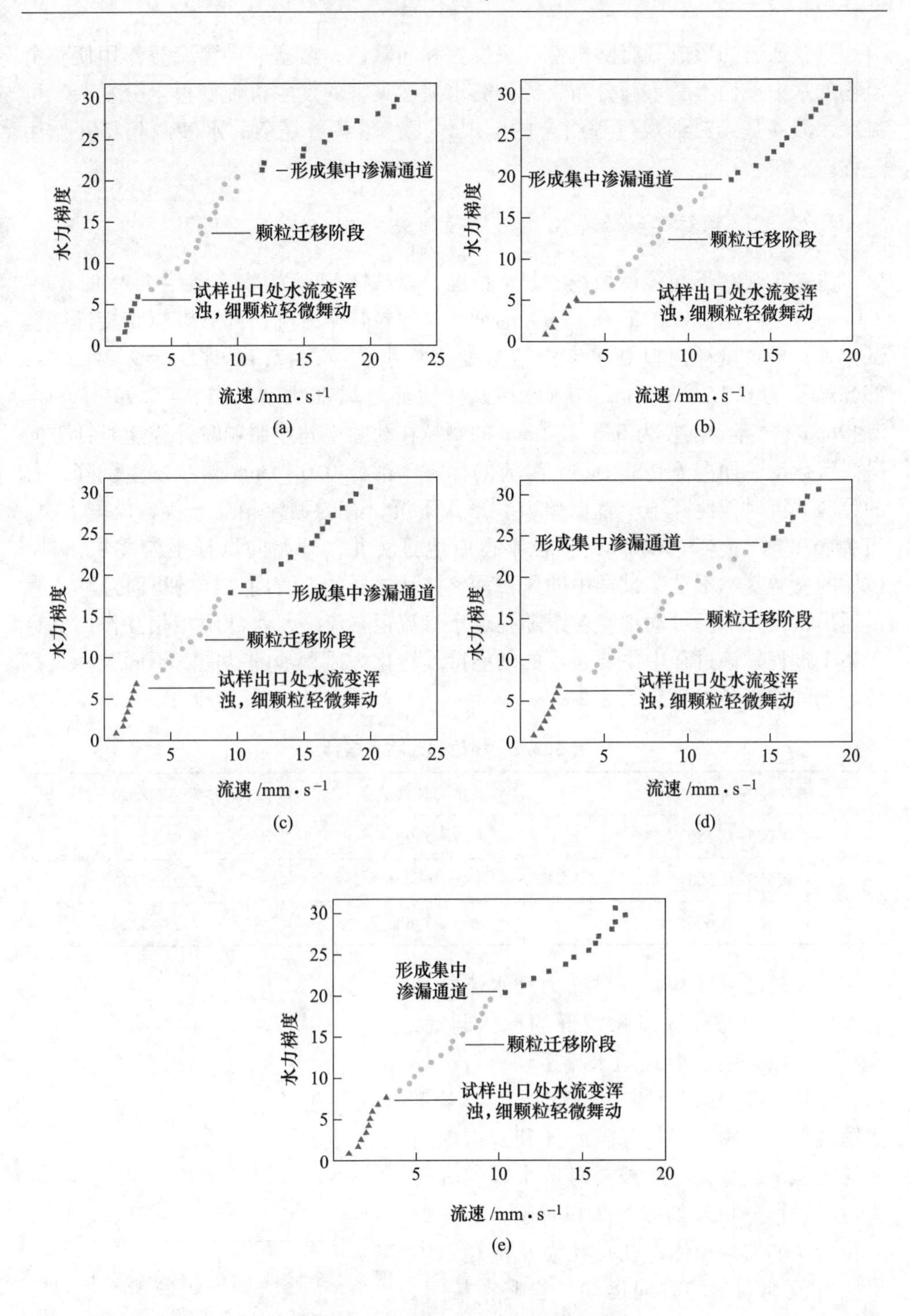

图 5.2.5 水力梯度与流速的对应关系

(a) 试样 FF1；(b) 试样 FF2；(c) 试样 FF3；(d) 试样 FF4；(e) 试样 FF5

贯穿通道的形成具有随机性、突发性和间歇性，堵塞—贯穿交替作用使整个流场的水力条件不断重新分布，导致突水溃沙灾害的发生机理变得十分复杂。可见突水溃沙是无数细观过程组合的宏观体现，蕴藏着复杂的水沙两相相互作用过程。

5.2.4.2　颗粒起动临界流速与粒径的关系

进一步观察不同粒径颗粒的起动情况，以试样 FF1 为例，当 $J=4.25$ 时，$v=2.0\text{mm/s}$，粒径为 0.075~0.15mm 的细沙与颗粒骨架分离，部分颗粒直接迁移至试样外，导致试样出口处水流由清水变为浑水。当 $J=5.10$ 时，$v=2.24\text{mm/s}$，部分粒径为 0.15~0.3mm 的颗粒在试样顶部与局部跳动。当 $J=5.90$ 时，$v=2.49\text{mm/s}$，部分粒径为 0.3~0.6mm 的颗粒在孔隙空间按照顺时针或逆时针方向呈涡流运动，而涡流是非 Darcy 渗流的标志，部分 0.6~1mm 颗粒发生沉降，有的颗粒下沉时彼此互不干扰以单颗粒形式下沉，有的颗粒相互干扰，成群下沉。当 $J=6.8$ 时，$v=3.5\text{mm/s}$，颗粒不再原地打转儿，开始向试样下游逐层潜蚀，试样的骨架基本不动，试样中的风积沙整体从试样的上游向试样的下游迁移，直至迁出试样外部。可动细颗粒跟随孔隙水渗流运移流失，水沙两相相互作用贯穿于整个过程，该过程中主要是水的动能持续转化为风积沙的动能。不同粒径风积沙起动的临界条件见表 5.2.2。

表 5.2.2　颗粒起动临界条件

粒径范围/mm	临界水力梯度 J_c	临界流速 v_c/mm · s^{-1}
0.075~0.150	3.40~5.90	1.96~2.35
0.150~0.300	4.25~6.80	2.21~2.70
0.300~0.600	5.10~7.60	2.28~3.20

对于较细的颗粒，在黏结力和水流脉动的作用下，颗粒往往以颗粒群的形式起动，起动后仍以单颗粒形式随水流运动；对于较粗的颗粒，都是以单颗粒形式起动[24]。渗流潜蚀既然是细颗粒穿越孔隙或（和）裂隙通道的搬运，那么，自然需要对单个颗粒的受力情况进行分析。如图 5.2.6 所示，现假设直径为 d 的均匀球体，在孔径为 d_0 的通道中沿实际流速为 v 的方向运动，忽略颗粒间、颗粒与通道壁的相互碰撞。忽略 Basset 力、Magnus 力、Saffman 力、附加质量力以及颗粒间的黏结力等对颗粒运动的影响[25]，只考虑 3 种基本力，则颗粒在水

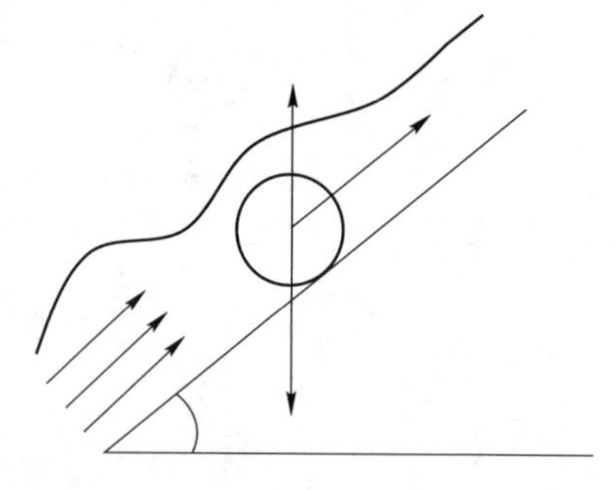

图 5.2.6　颗粒在孔隙道中的受力分析

中主要受重力 G、浮力 F_b 和拖拽力 F_d 的作用:

$$G = \frac{1}{6}\pi d^3 \gamma_s \tag{5.2.27}$$

$$F_b = \frac{1}{6}\pi d^3 \gamma_w \tag{5.2.28}$$

$$F_d = \frac{1}{2}\rho u^2 c_d \pi \left(\frac{d}{2}\right)^2 \tag{5.2.29}$$

式中 c_d——无因次拖拽力系数;

γ_s, γ_w——分别为砂粒和水的重度;

u——颗粒相对于流体的速度。

当 $F_d - (G - F_b)\sin\theta - \mu_f(G - F_b)\cos\theta > 0$ 时，颗粒沿着水流方向加速运动，其加速度为$\frac{\partial u}{\partial t}$，根据牛顿第二定律有:

$$F_d - (G - F_b)\sin\theta - \mu_f(G - F_b)\cos\theta = m\frac{\partial u}{\partial t} \tag{5.2.30}$$

式中 μ_f——摩擦系数;

θ——颗粒运动方向与水平方向的夹角。

整理得:

$$\frac{1}{2}\rho_w u^2 c_d \pi \left(\frac{d}{2}\right)^2 - (\sin\theta + \mu_f\cos\theta)\frac{\gamma_s - \gamma_w}{6}\pi d^3 = \frac{1}{6}\pi d^3 \rho_s \frac{\partial u}{\partial t} \tag{5.2.31}$$

当 $F_d - (G - F_b)\sin\theta - \mu_f(G - F_b)\cos\theta = 0$ 时，颗粒匀速运动，其加速度$\frac{\partial u}{\partial t} = 0$，则颗粒起动临界流速可表示为:

$$u_c = \sqrt{\frac{4}{3}(\sin\theta + \mu_f\cos\theta)\frac{(\gamma_s - \gamma_w)d}{c_d\rho_w}} \tag{5.2.32}$$

如果用一个系数 $c_c = \sqrt{\dfrac{\frac{4}{3}(\sin\theta + \mu_f\cos\theta)}{c_d}}$ 代换，则式（5.2.32）可进一步简化为:

$$u_c = c_c\sqrt{\frac{(\gamma_s - \gamma_w)d}{\rho_w}} \tag{5.2.33}$$

式中，c_c 可根据大量试验资料得到。

图 5.2.7 所示为颗粒起动临界流速 u_c 与 $\sqrt{d}$ 的关系。由图 5.2.7 可知颗粒起动临界流速随着粒径的增大而增大。通过颗粒起动临界流速与粒径分析可以得到拟合方程:

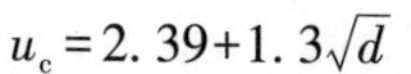

$$u_c = 2.39 + 1.3\sqrt{d}$$

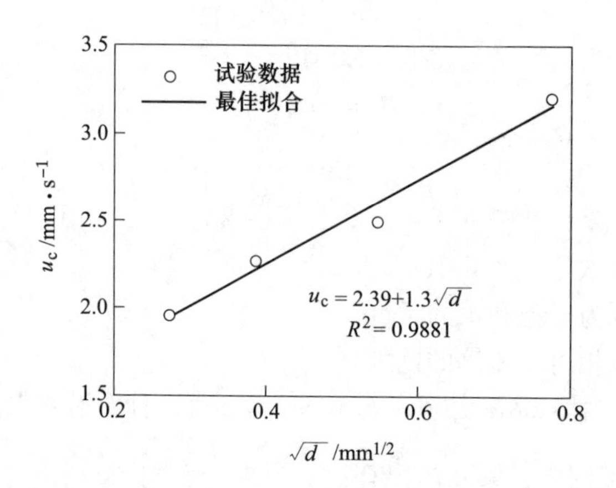

图 5.2.7　颗粒起动临界流速与粒径的关系

5.2.4.3　渗漏通道的形成机理

试验结束后，将平面模型中剩余的沙样分 4 次依次取出，烘干后利用高频振筛机进行颗分试验。图 5.2.8 所示为试验前后试样的级配变化情况，FF1～FF5 表示试样的初始级配，其下标代表试验后不同高度处的试样，从试样顶端算起 0～15cm 记为第 1 层，15～30cm 记为第 2 层，30～45cm 记为第 3 层，45～60cm 记为第 4 层。图 5.2.9 所示为各组试样颗粒流失量随深度变化情况。由图 5.2.8 和图 5.2.9 可知，由于粒径大于 4.75mm 的颗粒组成了充填介质的骨架，没有发生颗粒流失的情况，所以该部分颗粒级配曲线在试验前后基本保持不变，而级配曲线上粒径 4.75mm 以下的部分试验前后及不同深度处都存在明显差异，这是试样内部可动颗粒流失的结果。

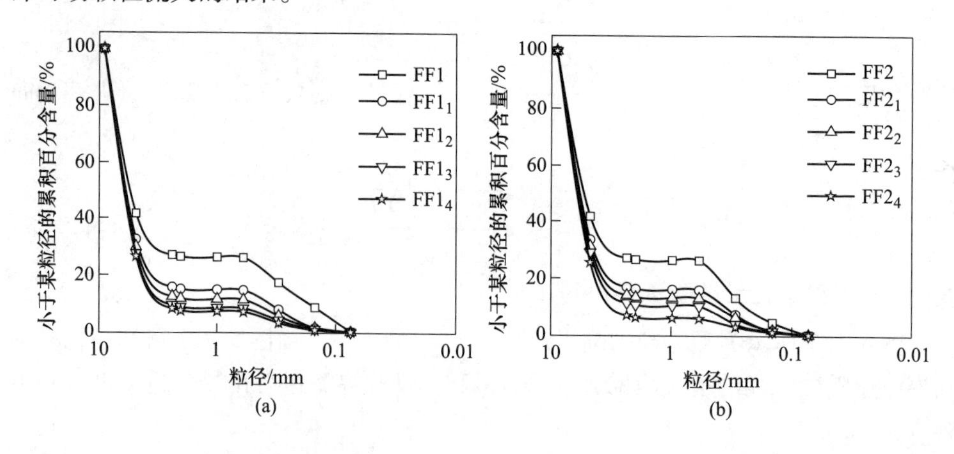

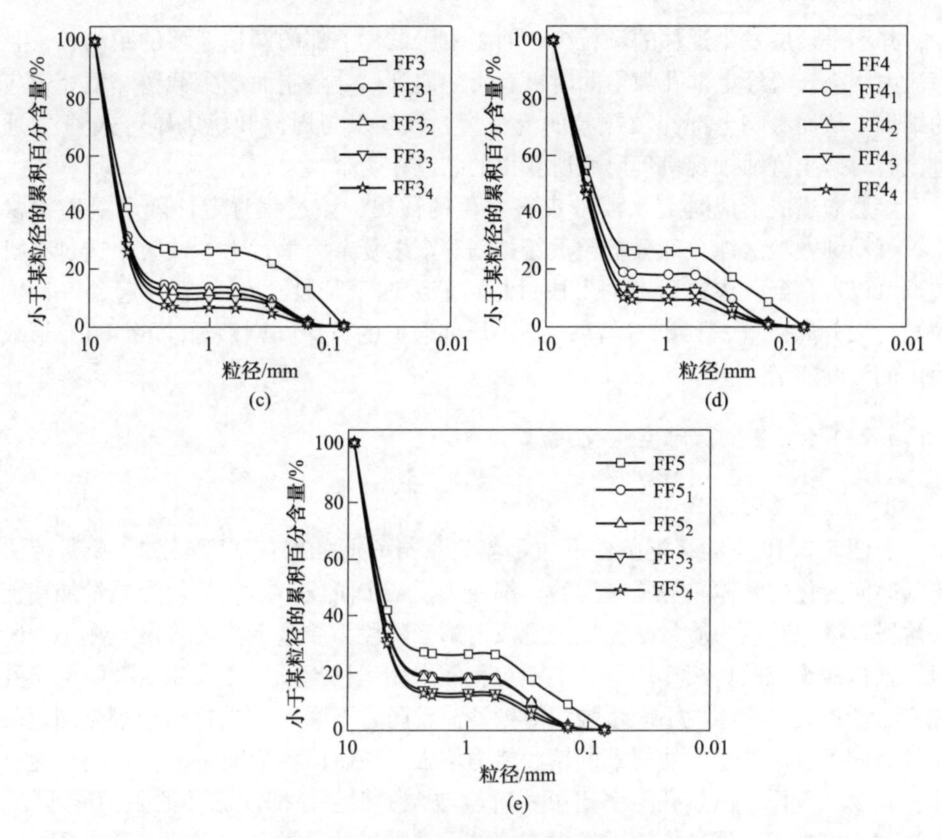

图 5.2.8 各试样试验前后级配变化情况

（a）试样 FF1；（b）试样 FF2；（c）试样 FF3；（d）试样 FF4；（e）试样 FF5

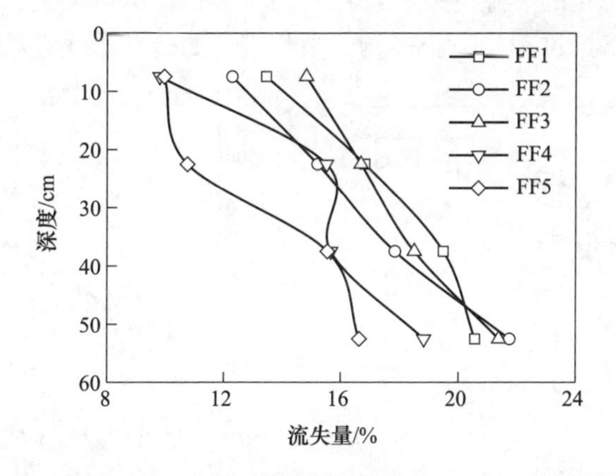

图 5.2.9 各试样流失量随深度变化情况

5 组试样可动颗粒含量大约为 27%，流失量约为 13%~18%，占可动颗粒含量的 50%~70%，可见流失相对充分。越靠近水流出口的位置颗粒的流失量越少，并不是该层发生迁移的颗粒少，而是由于试样下部的颗粒迁移的距离长，且渗流力较小，流经上部孔隙空间时极有可能遇到尺寸限制而产生截留、填充效应的结果，从而影响上部充填颗粒的流失量。该结果与周健和姚志雄等人[26~28]通过试验对砂土管涌细观机理研究所获得的结论相吻合。

渗透通道的形成是突水溃沙灾害发生的前提，该过程肯定伴随着裂隙水渗流、可动细颗粒潜蚀、部分颗粒重新排列等众多复杂力学行为。试验中透过有机玻璃可以观察到，渗透通道的形成过程可分为四个阶段：（1）颗粒起动（细颗粒与骨架分离）；（2）颗粒运移；（3）局部通道的贯穿（剧烈涌沙）；（4）形成稳定的渗漏通道。

5.2.4.4　渗流场时空演化规律

A　质量流失特征

由图 5.2.10 不同级配条件下质量流失量与时间的对应关系可知，质量流失量随时间变化的整体趋势是一样的，都经历了三个阶段：第一阶段为质量加速流失阶段，第二阶段为质量减速流失阶段，第三阶段为质量不流失阶段。在第一阶段，在携沙水流的持续作用下，细颗粒相随水相运移流失，导致充填裂隙网络孔隙率不断扩大、渗透性不断增强，对携沙流动阻力下降，造成有利于水流加速的条件，渗流速度的增大使得水的挟沙能力增强，该阶段流失质量多，且流失速度快。在第二阶段，虽然孔隙率比第一阶段增大了很多，携沙流动的阻力减小了，渗流速度增大了，但是由于试样中充填的可动颗粒的含量是一定的，随着质量的不断流失，可动颗粒含量越来越少，所以为质量减速流失阶段。在第三阶段，当只剩下不能被流态化的裂隙网络和颗粒骨架时，颗粒不再流失，此时为单纯的水渗流。因此渗流潜蚀过程是一个多场、多相耦合的高度非线性动态过程。

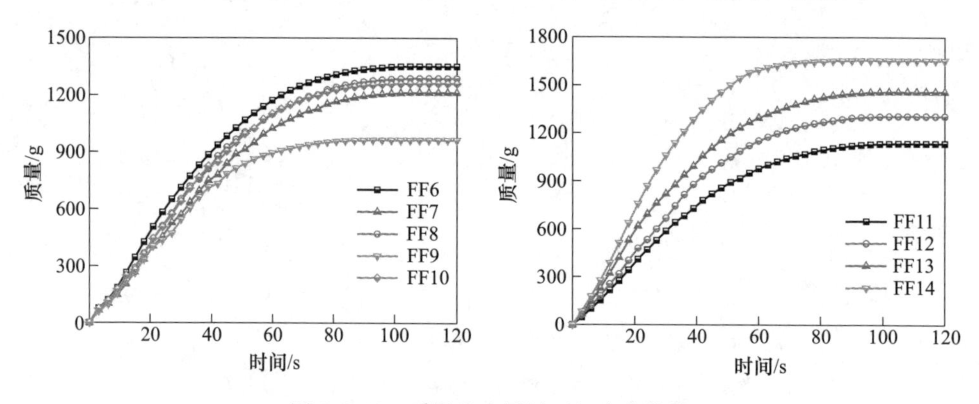

图 5.2.10　质量流失量随时间变化曲线

在 0~120s 时间段内，FF6 试样的流失量约为 20%，占到可动颗粒总量的

74.11%；FF7 试样的流失量约为 17.78%，占到可动颗粒总量的 66.54%；FF8 试样的流失量约为 18.87%，占到可动颗粒总量的 70.65%；FF9 试样的流失量约为 14.10%，占到可动颗粒总量的 52.77%；FF10 试样的流失量约为 15.31%，占到可动颗粒总量的 69.17%；FF11 试样的流失量约为 16.53%，占到可动颗粒总量的 62.25%；FF12 试样的流失量约为 19.02%，占到可动颗粒总量的 71.58%；FF13 试样的流失量约为 21.25%，占到可动颗粒总量的 80.00%；FF14 试样的流失量约为 24.12%，占到可动颗粒总量的 90.76%。详细的试验结果见表 5.2.3。

表 5.2.3　颗粒流失情况

试验编号	不均匀系数 C_u	曲率系数 C_c	有效粒径 d_{10}/mm	控制粒径 d_{60}/mm	流失颗粒的最大粒径/mm	可动颗粒含量/%	流失量/%
FF6	37.94	11.90	0.16	6.07	0.6	26.56	20.00
FF7	24.28	7.62	0.25	6.07	0.6	26.56	17.78
FF8	31.50	9.72	0.16	5.04	0.6	26.56	18.87
FF9	37.94	11.90	0.16	6.07	0.6	26.56	14.10
FF10	37.94	11.90	0.16	6.07	0.6	26.56	15.31
FF11					0.6	26.56	16.53
FF12					0.3	26.56	19.02
FF13					0.15	26.56	21.25
FF14					0.075	26.56	24.12

下面具体分析级配、上游水压力、裂隙网络角度以及迁移颗粒粒径等因素对试样质量流失特征的影响。

（1）可动颗粒级配对质量流失特征的影响。对比 FF6 和 FF7 试样可以发现，在上游水压力相同、骨架级配相同、初始孔隙率相同、可动颗粒含量相同的情况下，粒径为 0.075～0.15mm 的颗粒所占的比重越多，相同时间内颗粒流失量越大，这是因为细颗粒的流失，为大颗粒的运动创造了膨胀空间，使其快速流失。但可动颗粒本身的级配并不影响最终流失量。

（2）骨架级配对质量流失特征的影响。对比 FF6 和 FF8 试样可以发现，在上游水压力相同、可动颗粒相同、初始孔隙率相同、骨架含量相同的情况下，骨架中 4.75～9.0mm 的颗粒含量越多，相同时间内颗粒流失的越严重。这是因为大颗粒含量越多，孔隙个数越少，孔隙直径越大，流动阻力越小，有利于颗粒迁移。

（3）颗粒级配对质量流失特征的影响。对比 FF6、FF7 和 FF8 试样可以发现颗粒流失量总体上随着不均匀系数和曲率系数的增大而增大，这与文献［26］观察到的现象一致。这是因为在初始孔隙率相同的情况下，不均匀系数大的试样，骨架颗粒形成的孔隙数目少、孔隙直径大，对携沙水流流动的阻力小，所以颗粒流失的速度快，流失颗粒占可动颗粒含量的百分比大。虽然，不均匀系数小的试样细颗粒的含量多，但由于孔隙直径小，致使细颗粒更不容易流失。

（4）上游水压力对质量流失特征的影响。对比 FF6 和 FF9 试样可以发现，在上游不同水压力的作用下，相同时间内颗粒的流失量相差很大。由式（5.2.29）可知，拖拽力与速度的平方呈正比，当上游水压力较大时，水流的携沙能力较强，出现截留、阻塞的情况较少；而当上游水压力较小时，低速水流携沙运动时出现阻塞堆积的概率大大增加。

（5）裂隙网络角度对质量流失特征的影响。对比 FF6 和 FF10 试样可以发现，裂隙与竖直方向的夹角越大，颗粒的流失量越少。这与本书第 2 章、第 4 章的结论相吻合，交叉角度越大，流体能量损失的越严重。

（6）可动颗粒粒径对质量流失特征的影响。通过对比 F11～F14 试样质量流失量变化曲线可以看到，迁移颗粒的粒径不仅对试样最大质量流失量有影响，还对迁移速率有显著影响，试样的最大质量流失量和迁移速率随迁移颗粒粒径的增加而减小。这是因为粒径较小的颗粒在迁移过程中出现颗粒堆积、阻塞的情况较少，而粒径较大的颗粒在输运过程中极易出现堆积和阻塞，部分阻塞颗粒被重新冲开，部分成为骨架的一部分。

B　孔隙率的演化规律

图 5.2.11 所示为 9 组试样孔隙率随时间变化的曲线。由图可知，在前 40s，各试样孔隙率加速增长，表明该时间段内颗粒的质量流失率不断增大；在 $t=40$s 到 $t=80$s 时间段内，各试样孔隙率减速增长，表明流失的颗粒越来越少；$t=80$s 以后，孔隙率逐渐趋于稳定，表明基本没有颗粒流失。

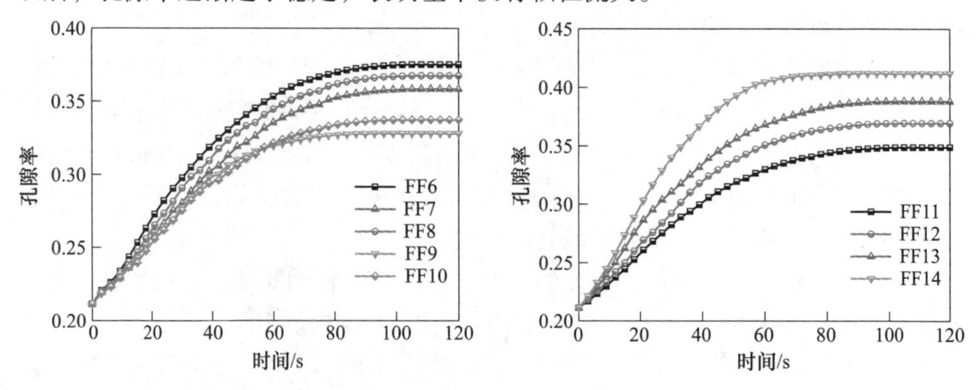

图 5.2.11　孔隙率随时间变化曲线

不均匀系数和曲率系数越大，孔隙率增加幅度越大。如，FF6 试样初始孔隙率 ϕ_0=0.2114，最终孔隙率 ϕ_{max}=0.3751，增大了 77.44%；FF7 试样初始孔隙率 ϕ_0=0.2114，最终孔隙率 ϕ_{max}=0.3584，增大了 69.53%。

迁移颗粒粒径越小，孔隙率增加速度越快、增大幅度越大。如，FF11 试样经过大约 100s 的时间，孔隙率从 0.2114 增加到 0.3489；而 FF14 试样孔隙率从 0.2114 增加到 0.4118，仅用了大约 70s 的时间。

充填介质中的可动颗粒在水流的持续潜蚀作用下不断流失，直接导致充填裂隙网络孔隙率的变化。Sakthivadivel 等人[29]曾提出了水流潜蚀作用下松散介质孔隙率的演化方程：

$$\frac{\partial \phi}{\partial t} = \lambda(1 - \phi)cv \tag{5.2.34}$$

式中 λ——潜蚀系数，其量纲为长度的倒数，可通过室内试验获得；

c——混合流体中固体颗粒的体积分数。

充填裂隙网络的颗粒流失与松散介质的颗粒运移不同，裂隙网络中的充填颗粒并不能全部被流态化，粗颗粒作为骨架保持不动，只有部分小粒径的充填颗粒发生流态化，因此充填裂隙网络的孔隙率存在一个极大值 ϕ_{max}，可将孔隙率演化方程进行修正：

$$\frac{\partial \phi}{\partial t} = \lambda(\phi_{max} - \phi)cv \tag{5.2.35}$$

事实上，只有在颗粒发生流失的前提下，即流体的渗流速度达到颗粒起动的临界速度 v_c时方程（5.2.35）才成立，故有：

$$\begin{cases} \dfrac{\partial \phi}{\partial t} = \lambda(\phi_{max} - \phi)cv, & v > v_c \\ \dfrac{\partial \phi}{\partial t} = 0, & v \leqslant v_c \end{cases} \tag{5.2.36}$$

从拟合结果图 5.2.12 中可以看出，5 组试样的孔隙度变化率整体的变化趋势是一致的，即先增大到极值，然后缓慢减小，最后趋于 0。区别在于每个试样在不同的时间点出现了不同程度的波动，这是可动颗粒在运移的过程中不断被堵塞-冲开交替作用的结果。孔隙率演化方程（5.2.36）的拟合结果与试验结果十分吻合，表明式（5.2.36）能够精准描述充填裂隙网络在水流潜蚀作用下孔隙率的演化规律。

九组试样的潜蚀系数 λ 存在明显差异，可见孔隙通道的几何结构、可动颗粒级配和粒径大小、裂隙网络角度等因素对系数 λ 的取值有很大影响。因此有必要对潜蚀系数 λ 的参数敏感性进行分析。图 5.2.13 所示为潜蚀系数与迁移颗粒平均粒径的对应关系。从图中可以看出，潜蚀系数与迁移颗粒平均粒径呈幂函数关系，随着迁移颗粒平均粒径的增大，潜蚀系数呈非线性减小。

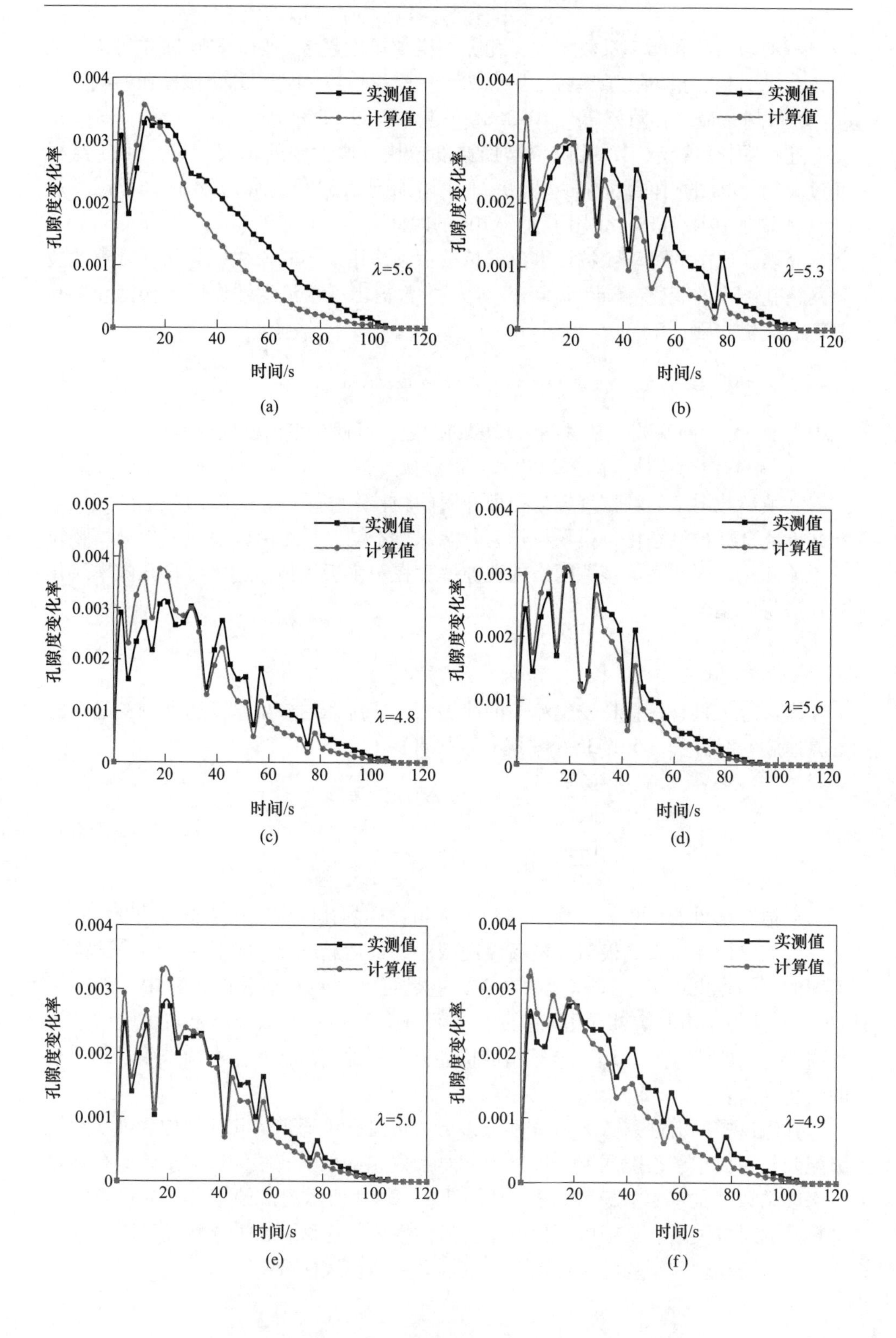
实测值
计算值
孔隙度变化率
时间/s
λ=5.6
(a)
λ=5.3
(b)
λ=4.8
(c)
λ=5.6
(d)
λ=5.0
(e)
λ=4.9
(f)

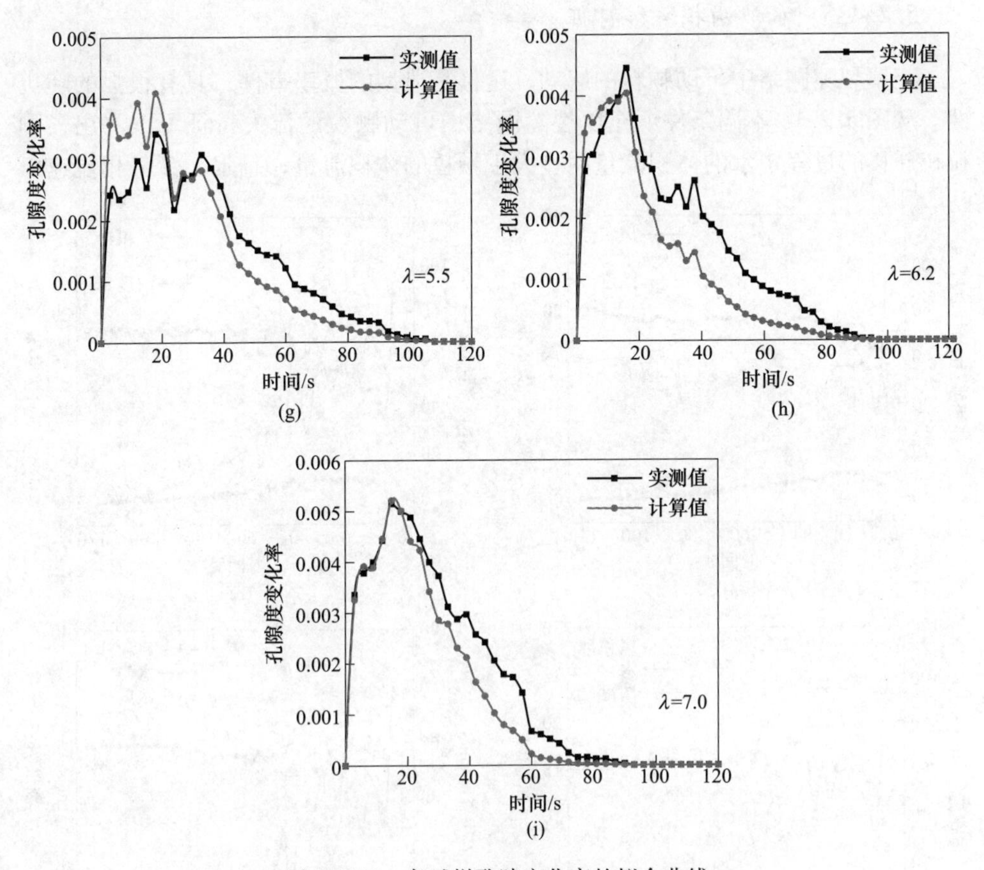

图 5.2.12 各试样孔隙变化率的拟合曲线

(a) 试样 FF6;(b) 试样 FF7;(c) 试样 FF8;(d) 试样 FF9;(e) 试样 FF10;
(f) 试样 FF11;(g) 试样 FF12;(h) 试样 FF13;(i) 试样 FF14

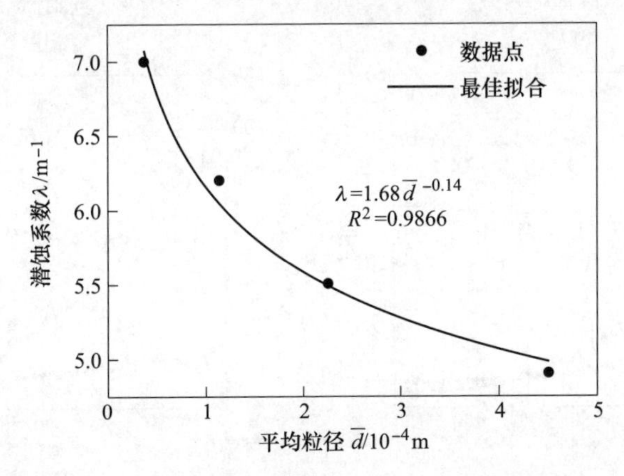

图 5.2.13 潜蚀系数与迁移颗粒平均粒径的对应关系

5.2.4.5　水沙两相运移特征

充填裂隙网络中可动颗粒的起动、运移是典型的概率事件，具有很强的随机性。从图 5.2.14 不同条件下充填裂隙网络中可动颗粒的流失特征可以看出，颗粒在迁移的过程中水的体积流量明显大于颗粒的体积流量，且水、沙分相流速以

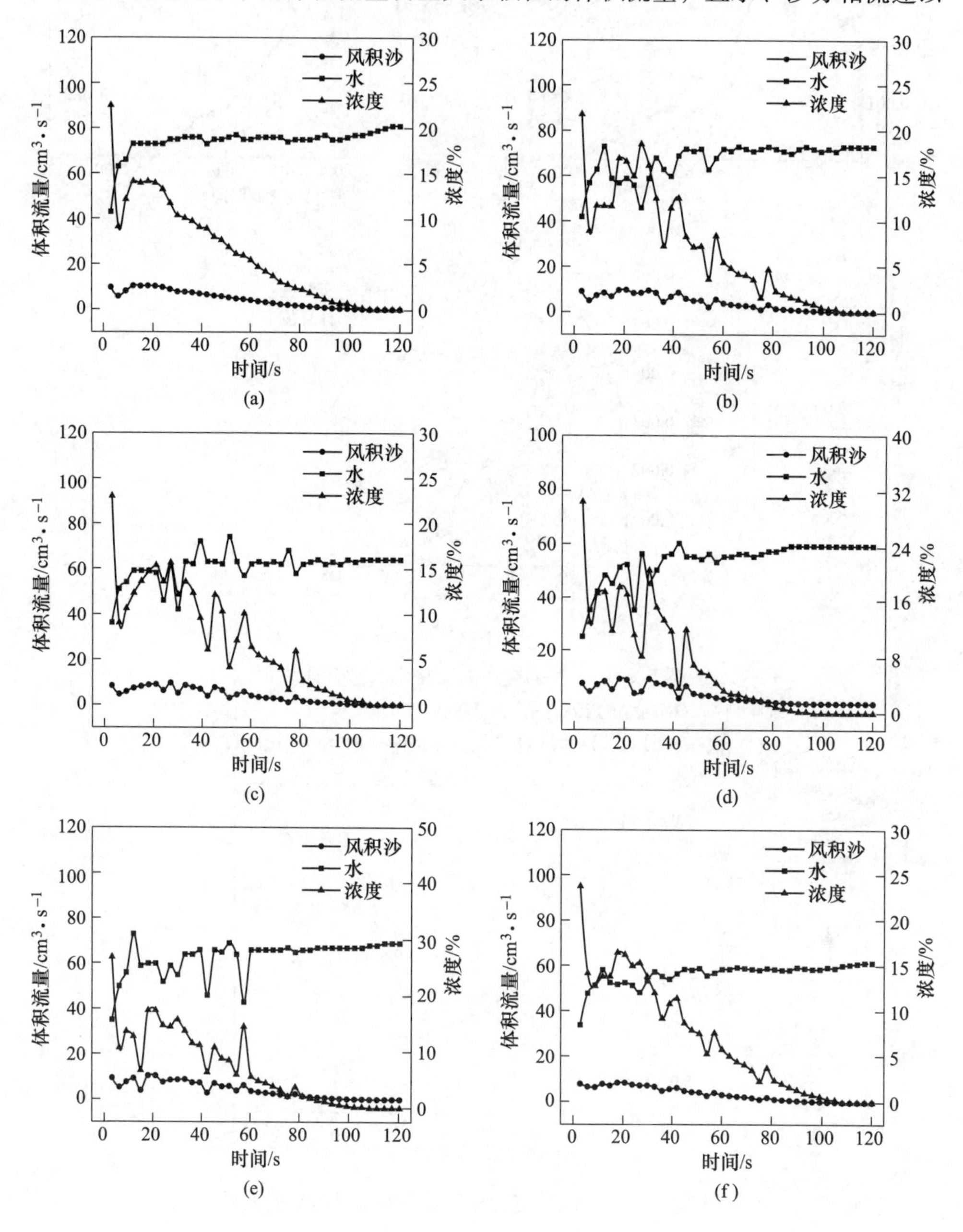

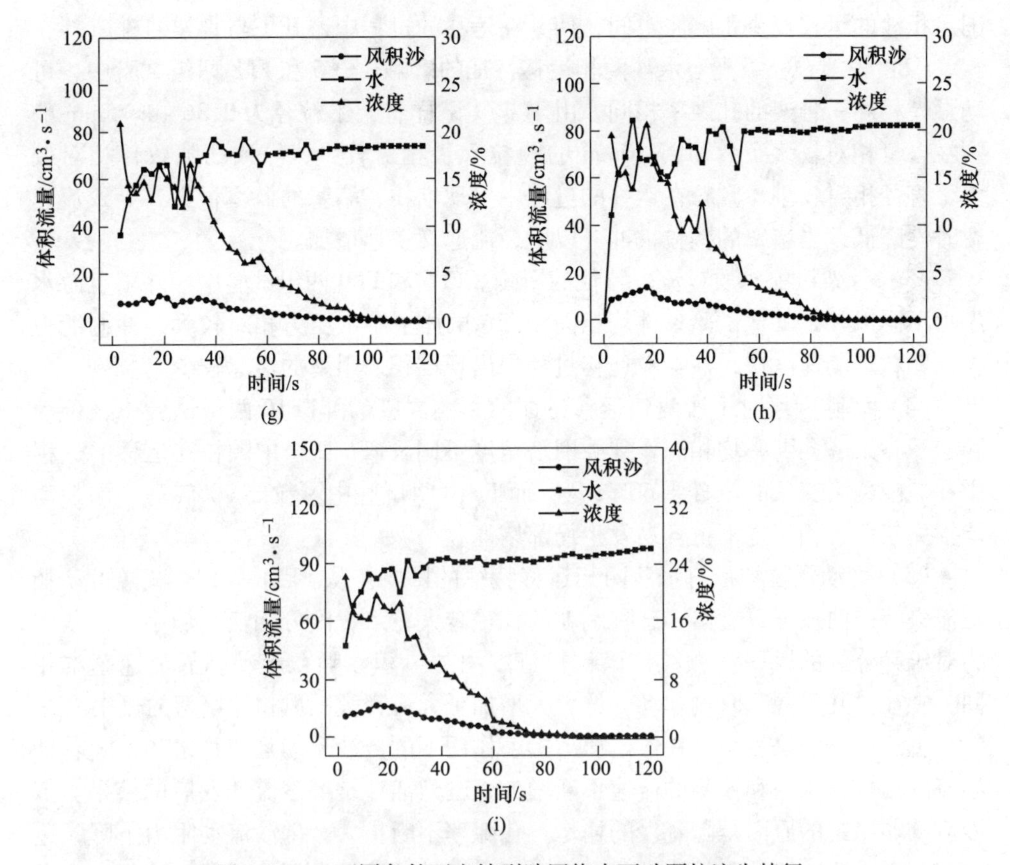

图 5.2.14 不同条件下充填裂隙网络中可动颗粒流失特征

(a) 试样 FF6；(b) 试样 FF7；(c) 试样 FF8；(d) 试样 FF9；(e) 试样 FF10；
(f) 试样 FF11；(g) 试样 FF12；(h) 试样 FF13；(i) 试样 FF14

及浓度具有明显的波动性，瞬时的波动是由于可动颗粒的迁移、堵塞交替作用导致的。这是因为随着颗粒的不断迁移、流失，充填裂隙网络整体的宏观平均孔隙率持续增大，但是当迁移颗粒堵塞在孔喉处时会导致局部孔隙率降低，从而使水流的平均流速暂时性的降低，当堵塞的颗粒被重新冲开后，流体流速又快速升高，所以水、沙分相流速以及浓度存在明显的波动性。相比之下，FF6 组试验水、沙分相流速能够保持相对平稳运动。

下面具体分析级配、上游水压力、裂隙网络角度以及迁移颗粒粒径等因素对试样水沙两相运移特征的影响。

(1) 可动颗粒级配对水沙两相运移特征的影响。FF6 和 FF7 两组试验中，骨架相同，FF6 试样中粒径为 0.075~0.15mm 的颗粒含量最多，陆坤权[30]认为局部颗粒堆积密度的降低即体积膨胀是颗粒流动的前提，渗流潜蚀过程中，0.075~0.15mm 粒径范围的风积沙在水流的作用下先发生迁移，为 0.15~0.6mm 粒径范围风积沙的运移提供了膨胀空间，使其在运移的过程中避开了与骨架的碰撞。

（2）骨架颗粒级配对水沙两相运移特征的影响。FF6 和 FF8 两组试验中，可动颗粒相同，骨架的孔隙率相同，由于 FF9 试样骨架中粒径为 2.36～4.75mm 的颗粒含量相对较多，4.75～9.0mm 的颗粒含量相对较少，导致孔隙数目相对较多、直径相对较小，颗粒在运移的过程中出现堆积、堵塞的概率很大，导致流速暂时性降低，当堵塞的颗粒被冲开以后，流速又快速增加。

（3）骨架级配对质量流失特征的影响。FF6 和 FF9 两组试验中，除了上游水压力不同以外，其他试验条件均相同，FF6 试样上游水压力相对较大，冲刷能力强，颗粒运动速度快，沙颗粒迁移过程中出现堆积、阻塞的情况较少。

（4）裂隙网络对水沙两相运移特征的影响。FF6 和 FF10 两组试验中，可动颗粒、骨架、孔隙率均相同，裂隙网络角度不同，FF6 试样中颗粒在运移的过程中在裂隙网络交叉的位置要 60°转弯，而 FF10 组试验中颗粒要 90°转弯，颗粒动能损失较多，相比之下更容易发生局部堵塞。

（5）可动颗粒粒径对水沙两相运移特征的影响。从 FF11～FF14 试样可动颗粒流失特征曲线可以看出，迁移颗粒的粒径越大，水、沙分相流速越小。这是因为对于筛分好的风积沙颗粒，该粒径范围内的风积沙颗粒起动临界流速基本相同，颗粒群几乎同一时刻起动，这大大增加了大粒径范围风积沙堵塞的概率。

上述试验结果表明，在恒定压力梯度作用下的携沙流动是非稳定的，随着携沙流的出现，水相和沙相的流速不断增大，剧烈涌沙是携沙流动发展的结果。携沙流动非稳定的原因是随着沙的输运，孔隙率不断扩大，携沙流动阻力下降，造成有利于水流加速的条件，高速水流反过来又带动更大的颗粒迁移，这是一个相互作用的变质量过程，直至颗粒全部流失，孔隙率达到稳定。因此，颗粒的运移和水流加速是相互促进的正反馈过程，是引发裂隙网络渗流突变的关键因素。

5.2.4.6　充填介质对裂隙网络渗流特性的影响

充填介质对裂隙的渗流起着重要的控制作用。王甘林等人[31]通过对充填泥沙裂隙岩石的渗流特性进行实验研究，发现裂隙中充填的泥沙能够使裂隙岩石渗透率明显减小。陈金刚等人[32]通过现场观测发现充填物的膨胀效应会使裂隙的渗透性显著提高。充填介质对裂隙渗透性的正负效应与裂隙特征、充填介质变异性、充填介质孔隙率、充填介质的颗粒粒度组成等因素有显著关系。将第 4 章表 4.3.3 中编号为 P2、P4、P5、P6、P10 级配的沙样，分别充填在裂隙开度为 10mm，角度为 30°的裂隙网络中，试样上下游用带有滤网的多孔板固定，防止颗粒流失，进行单纯的渗流试验。本次试验裂隙网络特征固定，充填介质孔隙率基本相同为 0.40 左右，充填的沙粒在水力作用下物理、力学等性质变异性较小，所以主要是研究充填介质的颗粒粒度组成对裂隙网络渗流特性的影响。

为了定量分析充填介质的颗粒粒度组成对裂隙网络渗流特性的影响，在此定义相对渗透率误差 δ 为：

$$\delta = \frac{k_p - k_{ff}}{k_p} \times 100\% \tag{5.2.37}$$

式中 k_{ff}——充填裂隙网络渗透率；

k_p——充填介质渗透率。

图 5.2.15 所示为不同 b/d_{20} 条件下，误差分析结果。当 $b/d_{20}=7$ 时，$\delta=16\%$；当 $b/d_{20}=33$ 时，$\delta=3\%$。结果表明，随着 b/d_{20} 增大，充填裂隙网络渗透率与充填介质渗透率的相对误差逐渐减小，当 $b/d_{20}>33$ 以后，充填介质的渗透率与充填裂隙网络渗透率几乎相等，同时由于渗透率和非 Darcy 因子之间存在幂函数关系，可用多孔介质的非线性渗流参数来表征充填裂隙的渗透性能。该结果还表明，对于水这种流体来说，充填裂隙网络的渗透性要小于充填物本身，该结果与文献［33］的结论一致。

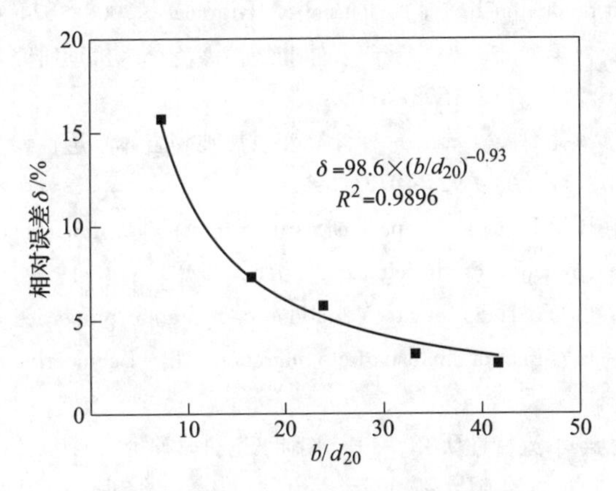

图 5.2.15 相对渗透率误差结果分析

参 考 文 献

［1］宋良．裂隙含沙渗流模型与应用研究［D］．北京：中国矿业大学，2013.

［2］刘日成，李博，蒋宇静，等．等效水力隙宽和水力梯度对岩体裂隙网络非线性渗流特性的影响［J］．岩土力学，2016，37（11）：3165~3174.

［3］刘日成，李博，蒋宇静，等．三维交叉裂隙渗流特性的实验和数值模拟研究［J］．岩石力学与工程学报，2016，35（S2）：3813~3821.

［4］Zimmerman R W，Al-Yaarubi A，Pain C C，et al. Non-linear regimes of fluid flow in rockfractures［J］. International Journal of Rock Mechanics and Mining Sciences，2004，41：163~169.

[5] Skjetne E, Hansen A, Gudmundsson J S. High-velocity flow in a rough fracture [J]. Journal of Fluid Mechanics, 2000, 383 (383): 1~28.
[6] 王媛，秦峰，夏志皓，等．深埋隧洞涌水预测非达西流模型及数值模拟 [J]. 岩石力学与工程学报，2012，31 (9)：1862~1868.
[7] Chaudhary K, Cardenas M B, Deng W, et al. Pore geometry effects on intrapore viscous to inertial flows and on effective hydraulic parameters [J]. Water Resources Research, 2013, 49 (2): 1149~1162.
[8] Panfilov M, Fourar M. Physical splitting of nonlinear effects in high-velocity stable flow through porous media [J]. Advances in Water Resources, 2006, 29 (1): 30~41.
[9] Deng Z, Carlson T J. Editorial: Time for green certification for all hydropower? [J]. Journal of Renewable & Sustainable Energy, 2012, 4 (2): 14~90.
[10] Chen Z X, Lyons S L, Qin G. Derivation of the Forchheimer law via homogenization [J]. Transport in Porous Media, 2001, 44: 325~335.
[11] Moutsopoulos K N, Papaspyros I N E, Tsihrintzis V A. Experimental investigation of inertial flow processes in porous media [J]. Journal of Hydrology, 2009, 374 (3, 4): 242~254.
[12] 杨天鸿，师文豪，李顺才，等．破碎岩体非线性渗流突水机理研究现状及发展趋势[J]. 煤炭学报，2016，41 (7)：1598~1609.
[13] 陈占清，王路珍，孔海陵，等．一种计算变质量破碎岩体渗透性参量的方法 [J]. 应用力学学报，2014，31 (6)：927~932，998.
[14] Ma D, Miao X, Bai H, et al. Impact of particle transfer on flow properties of crushed mudstones [J]. Environmental Earth Sciences, 2016, 75 (7): 1~19.
[15] Ma D, Rezania M, Yu H S, et al. Variations of hydraulic properties of granular sandstones during water inrush: effect of small particle migration [J]. Engineering Geology, 2016, 217: 61~70.
[16] 陶同康．充填裂隙水流特性研究 [J]. 水利水运科学研究，1995 (1)：23~32.
[17] 于龙，陶同康．岩体裂隙水流的运动规律 [J]. 水利水运科学研究，1997 (3)：208~218.
[18] 速宝玉，詹美礼．充填裂隙渗流特性实验研究 [J]. 岩土力学，1994 (4)：46~52.
[19] 陈金刚，张莉红，张俊萌，等．充填裂隙水力特性研究述评 [J]. 人民黄河，2011，33 (3)：134~136.
[20] 毛昶熙．管涌与滤层的研究：管涌部分 [J]. 岩土力学，2005 (2)：209~215.
[21] 王光谦．河流泥沙研究进展 [J]. 泥沙研究，2007 (2)：64~81.
[22] 张红武．泥沙起动流速的统一公式 [J]. 水利学报，2012，43 (12)：1387~1396.
[23] 毛昶熙，段祥宝，冯玉宝．管涌与滤层的研究（Ⅱ）：滤层 [J]. 岩土力学，2005，26 (5)：680~686.
[24] 窦国仁．再论泥沙起动流速 [J]. 泥沙研究，1999 (6)：1~9.
[25] 姚邦华．破碎岩体变质量流固耦合动力学理论及应用研究 [D]. 北京：中国矿业大学，2012.
[26] 周健，姚志雄，白彦峰，等．砂土管涌的细观机理研究 [J]. 同济大学学报（自然科学

版)，2008，36（6）：733~737.

[27] 姚志雄，周健，张刚．砂土管涌机理的细观试验研究［J］．岩土力学，2009，30（6）：1604~1610.

[28] 姚志雄，周健，张刚，等．颗粒级配对管涌发展的影响试验研究［J］．水利学报，2016，47（2）：200~208.

[29] Sakthivadivel R，Irmay S. A review of filtration theories［M］. University of California，Hydraulic Engineering Laboratory，College of Engineering，1966.

[30] 陆坤权，刘寄星．颗粒物质（上）［J］．物理，2004（9）：629~635.

[31] 王甘林，刘卫群，陶煜，等．充填泥沙裂隙岩石渗流特性的实验研究［J］．力学与实践，2010，32（5）：14~17.

[32] 陈金刚，张景飞．充填物的力学响应对裂隙渗流的影响［J］．岩土力学，2006（4）：577~580.

[33] 田开铭，陈明佑，王海林．裂隙水偏流［M］．北京：学苑出版社，1989.

6 断层物质级配特征对渗流状态和非 Darcy 渗流参数影响规律的试验研究

断层突水是威胁矿山安全生产的重大灾害之一，统计结果[1]显示，60%的矿井事故与地下水作用有关，全国600余座国有重点煤矿中受水害威胁的矿井达285座，约占47.5%，受水害威胁的储量达2.5×10^{11}t。因此，对矿井突水机理研究和对突水的评估预防一直是渗流力学领域的热门课题[2~6]。

杨天鸿等[3,5]通过建立连接含水层Darcy层流、破碎岩体导水通道非Darcy高速流和巷道Navier-Stokes紊流的矿山岩体破坏突水非Darcy渗流模型，揭示了矿井突水是高水压含水层和巷道之间形成了由破碎岩体组成的高渗透率导水通道所致。地下水在导水通道中的运动状态由黏滞力和惯性力共同作用，呈现非Darcy流特征，符合Forchheimer方程，Hou等[3]进行了类似的研究；李天珍等[7]研究了破碎岩体在三轴加载条件下的渗流参数变化规律，得到了破碎岩体渗流特性的统计指标（均值、均方差、变异系数）与轴向应变呈二次多项式拟合关系，指出影响岩石渗透性的主要因素为裂隙的分布特征，即方向、大小、密度及连通情况等；秦峰等[8]总结了目前非Darcy渗流的研究进展，指出低速和高速非Darcy渗流普遍存在的事实，并给出了两种非Darcy渗流状态的运动方程；王媛等[9]利用光滑平行板模拟岩体裂隙，研究了宽裂隙在高水力梯度下的非Darcy渗流规律，建立了流速与水力梯度的非线性关系曲线，探讨了单裂隙高速非Darcy渗流运动特点及判别准则等问题；张文娟等[10]运用数值模拟方法分析了Forchheimer型非Darcy渗流参数，得出了非Darcy影响因子β与渗流速度之间呈反比关系，发现了非Darcy效应与多孔介质渗透性密切相关；Huang等[11]通过原位水注射试验对泥岩、砂岩、泥煤岩和泥灰岩进行了水力传导性测试，得出了随着注射井水压的等梯度增加，观察井中的水压变化呈“S”形变化的规律，通过计算发现随着注射压力的增加，岩石的水力传导率存在突变现象；Ni X等[12]通过对比砂岩峰前和峰后非Darcy渗流参数的变化，分析了峰后渗透率明显增大的原因是裂隙的贯穿和产生了新裂隙。这些研究工作表明，由高速渗流引起的突水事故与由破碎岩体组成的导水通道（断层、陷落柱、破碎带等）的渗透特性密切相关，然而针对导水通道中颗粒物的粒径大小以及不同颗粒的配比对渗流状态的影响鲜有文献做出说明。

因此，本章在前人大量的研究基础上利用自主研发的一维非 Darcy 渗流试验系统分别对单一和混合粒径级配下的渗透规律进行试验研究，并利用数值仿真软件 COMSOL Multiphysics 5.3 对试验结果作进一步验证，通过对试验数据处理分析，得出断层颗粒粒径和级配对渗流参数（介质渗透率、非 Darcy 影响因子等）的影响规律，通过计算不同条件下的 Forchheimer 数并分析 Fanning 摩擦系数与 Reynolds 数的关系曲线得到产生 Forchheimer 型非 Darcy 流的临界条件，为进一步揭示突水机理提供依据。

6.1 渗流理论方程

6.1.1 Darcy 方程

1856 年法国工程师 Darcy 通过均质砂柱渗透试验总结出了地下水在含水层中的 Darcy 方程[13]，发现了水力梯度与流速之间的线性关系。Darcy 方程可表示为：

$$-\frac{\partial p}{\partial x}=\frac{\mu}{k}v \tag{6.1.1}$$

式中 p——流体压力，Pa；

x——渗流路径，m；

k——介质渗透率，m^2；

μ——流体动力黏度系数，Pa · s；

v——渗流速度，m/s。

6.1.2 Forchheimer 方程

Forchheimer 方程由法国学者 Forchheimer（1901）提出，后来 Cornell 和 Katz（1953）[14]针对高速气体通过多孔介质的流动特征，将 Forchheimer 方程中的黏滞项和惯性项系数具体化，使其具有明确的理论研究和物理意义。Forchheimer 方程可表示为：

$$-\frac{\partial p}{\partial x}=\frac{\mu}{k}v+\rho\beta v^2 \tag{6.1.2}$$

式中 p——流体压力，Pa；

x——渗流路径，m；

k——介质渗透率，m^2；

μ——流体动力黏度系数，Pa · s；

v——渗流速度，m/s；

ρ——流体密度，kg/m^3；

β——非 Darcy 影响因子，m^{-1}。

6.1.3　Reynolds 数 Re 和 Fanning 摩擦系数 f

Stephenson[15]、胡去劣等[16]在总结了多人的试验结果后，针对由不同尺寸松散石块组成的堆积破碎岩体定义了堆积体的渗流 Reynolds 数和 Fanning 摩擦系数：

$$Re = \frac{vd}{n\nu} = \frac{vd\rho}{n\mu} \tag{6.1.3}$$

$$f = \frac{Jgdn^2}{v^2} \tag{6.1.4}$$

式中　v——渗流速度，m/s；

d——石块的尺寸，m；

n——堆积体的孔隙度；

ν——流体的运动黏度系数，m^2/s；

ρ——流体密度，kg/m^3；

μ——流体动力黏度系数，Pa · s；

J——压力梯度，$J=-\partial p/\partial x$，Pa/m。

6.1.4　Forchheimer 数 Fo

Ma 和 Ruth[17]根据发散-收敛模型，用数值软件模拟非 Darcy 渗流行为，提出了非 Darcy 渗流的判别准则 Forchheimer 数：

$$Fo = \frac{\rho\beta v^2}{\frac{\mu}{k}v} = \frac{k\beta\rho v}{\mu} \tag{6.1.5}$$

式中　k——介质渗透率，m^2；

β——非 Darcy 影响因子，m^{-1}；

ρ——流体密度，kg/m^3；

v——渗流速度，m/s；

μ——流体动力黏度系数，Pa · s。

6.2　研究方法

为了研究断层颗粒粒径和不同粒径的级配关系对渗流参数的影响规律和产生非 Darcy 流的临界条件，试验小组利用一维非 Darcy 渗流试验系统按预定试验方案开展试验，并通过数值仿真软件 COMSOL 对试验结果进行验证，得到了一致性的试验规律。

6.2.1　室内试验方法

为了避免试验数据离散，用不同粒径的钢珠作为试样代替断层物质进行试验，钢珠的密度为 7930kg/m³，钢珠颗粒直径依次为 0.3mm、0.5mm、1mm、2mm、3mm 和 5mm，如图 6.2.1 所示。首先分别对这 6 种不同粒径的钢珠单独进行渗流试验，由式（6.2.1）计算出的 6 组试样孔隙度见表 6.2.1。

$$n = \left(1 - \frac{V_s}{V}\right) \times 100\% = \left(1 - \frac{m_s/\rho_s}{V}\right) \times 100\% \qquad (6.2.1)$$

式中 n——试样的孔隙度,%；

V_s——试样体积（不包括空隙体积），m^3；

V——料筒容积，m^3；

m_s——试样质量，kg；

ρ_s——钢珠的密度，kg/m^3。

图 6.2.1 不同粒径的钢珠试样

表 6.2.1 单一粒径试样的孔隙度

粒径/mm	0.3	0.5	1	2	3	5
孔隙度/%	27	33	34	35	35	38

然后用这 6 种粒径的钢珠进行不同的配比组成 9 种混合试样，分别进行试验，颗粒级配曲线如图 6.2.2 所示。由级配曲线可知，从第 1 组到第 9 组，细颗粒占比逐渐减小，粗颗粒反之。根据每组配比方案可计算出试样的平均粒径、孔隙度和细度模数，计算结果见表 6.2.2。其中，细度模数反映了不同的级配特征，其计算方法见式（6.2.2）：

$$M = \frac{A_{0.15} + A_{0.3} + A_{0.6} + A_{1.18} + A_{2.36} - 5A_{4.75}}{100 - A_{4.75}} \qquad (6.2.2)$$

式中 M——细度模数；

$A_{0.15}$——颗粒粒径在 0. 15mm 以上的累计筛余百分率,%。

其他以此类推。

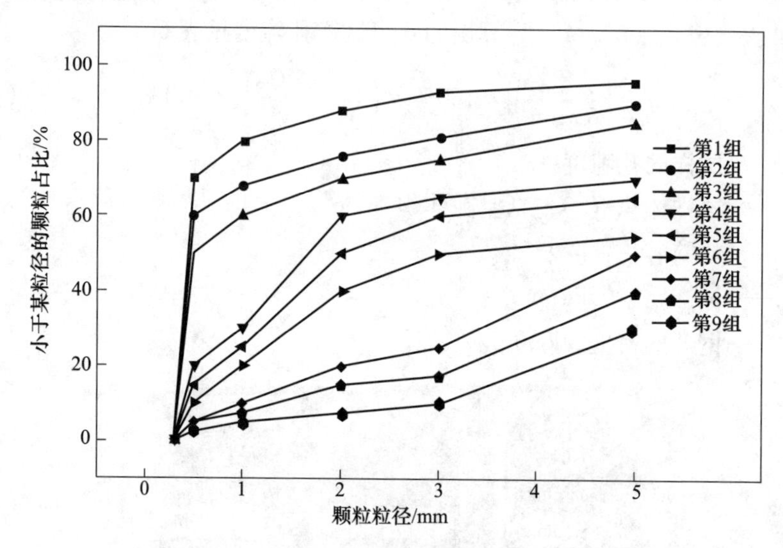

图 6. 2. 2　颗粒级配曲线

表 6. 2. 2　不同颗粒级配下的平均粒径和孔隙度

组别	第 1 组	第 2 组	第 3 组	第 4 组	第 5 组	第 6 组	第 7 组	第 8 组	第 9 组
平均粒径 /mm	0. 73	1. 17	1. 45	2. 16	2. 45	2. 88	3. 49	3. 83	4. 20
孔隙度 /%	18	21	23	24	24	27	27	33	35
细度模数	1. 55	1. 83	2. 00	2. 50	2. 69	2. 82	3. 80	3. 88	4. 17

6. 2. 2　数值仿真

由于室内试验可能受搅拌不均、装料不实等因素的影响，试验结果会有不同程度的误差，因此，必须通过数值模拟工具对相同条件下的试验进行仿真，验证试验结果的可信度。

6. 2. 2. 1　模型建立

建模过程如图 6. 2. 3 所示，首先根据试样的级配曲线利用程序语言 Fish 在离散元 PFC2D 平台上建立钢珠颗粒流模型，然后编写 AutoLISP 程序，将颗粒流模型数据写入 AutoCAD2007 中并建立实体模型，最后将实体模型导入 COMSOL Multiphysics 5. 3 中建立二维渗流模型。

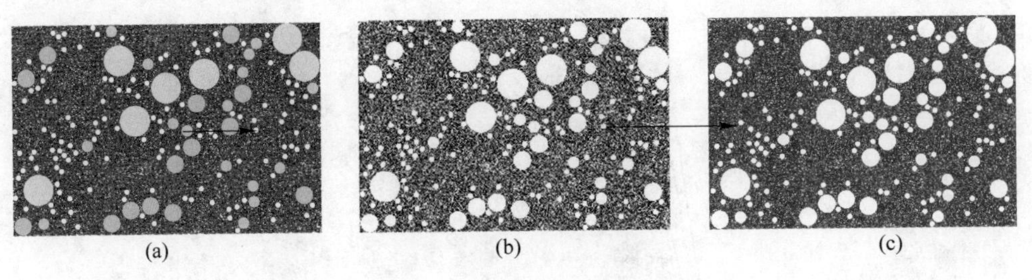

图 6.2.3 渗流模型的建立过程
(a) PFC2D：颗粒流模型；(b) AutoCAD：实体模型；(c) COMSOL：二维渗流模型

6.2.2.2 参数设置

图 6.2.3（c）中，渗流模型的长度等于料筒的内直径 60mm，宽度等于装样高度 40mm。模型上下边界分别为流体的入口和出口，左右边界以及所有的圆周均为隔水壁。流体属性参数见表 6.2.3，模型上下边界压力采用室内试验实测数据，渗流速度根据模型下边界流速分布加权平均求得。

表 6.2.3 流体属性参数设置

流体属性参数	密度/kg·m^{-3}	动力黏度/Pa·s
值	1000	1.01×10^{-3}

6.3 结果与讨论

6.3.1 颗粒粒径对渗流参数的影响

颗粒粒径对 *J-v* 曲线的影响规律如图 6.3.1 所示（为了便于观察，只展示粒径为 0.5mm、2mm 和 5mm 的试验结果）。由 *J-v* 曲线可知，对于同一组试验，随着压力梯度的增加，渗流速度呈现明显的增加趋势，二者的关系可用二次多项式拟合。断层物质粒径会对渗流特性曲线产生显著影响，即颗粒粒径越大，*J-v* 曲线越平缓。这是因为颗粒粒径越大，颗粒间的空隙就会越大，试样的渗透性就会越强，因此在相同压力梯度下的渗流速度增量就会增大。对比室内试验结果和仿真模拟结果可知，当流速较小时二者能够较好吻合；但随着渗流速度逐渐增加，两条曲线的偏离程度随之增大。这可能是恒压泵在高压力下压力输出不稳定或二维模型与实际试样的三维渗流状态不一致所致。

通过对图 6.3.1 渗流特征曲线进行二次拟合，利用式（6.1.2）计算出非 Darcy 渗流参数，即介质渗透率 k 和非 Darcy 影响因子 β，结果见表 6.3.1 和图 6.3.2。可以看出，随着颗粒粒径增大，介质渗透率和非 Darcy 影响因子均呈现明显的增长趋势，说明断层物质的颗粒尺寸越大，渗透性就越强，渗流行为偏离线性流的程度越明显。另外，从图 6.3.2 中也可以看出试验和仿真结果具有很好的一致性。

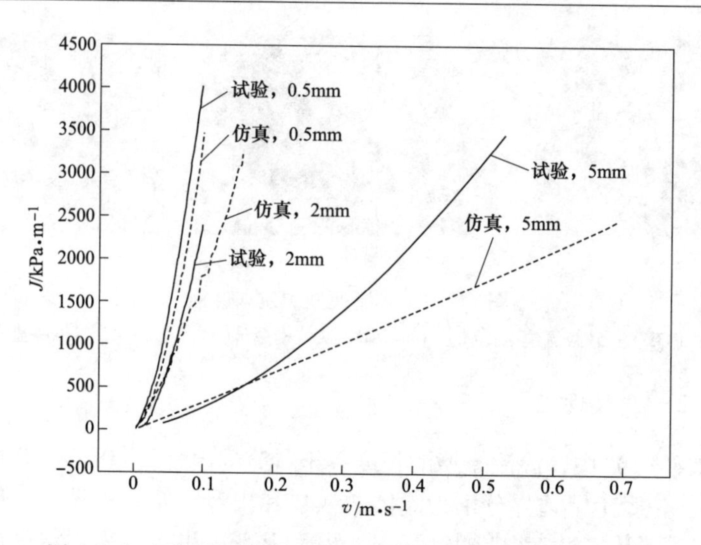

图 6.3.1　不同颗粒粒径的压力梯度与渗流速度的关系曲线

表 6.3.1　颗粒粒径对渗流参数的影响规律

d/mm	$k/10^{-10}\mathrm{m}^2$		$\beta/10^5\mathrm{m}^{-1}$	
	试验	仿真	试验	仿真
0.3	0.47	0.25	1.77	0.01
0.5	0.89	0.82	2.33	0.03
1	1.26	1.22	2.47	0.33
2	1.29	3.00	2.48	0.81
3	1.38	4.07	2.63	1.10
5	1.59	4.20	2.97	1.45

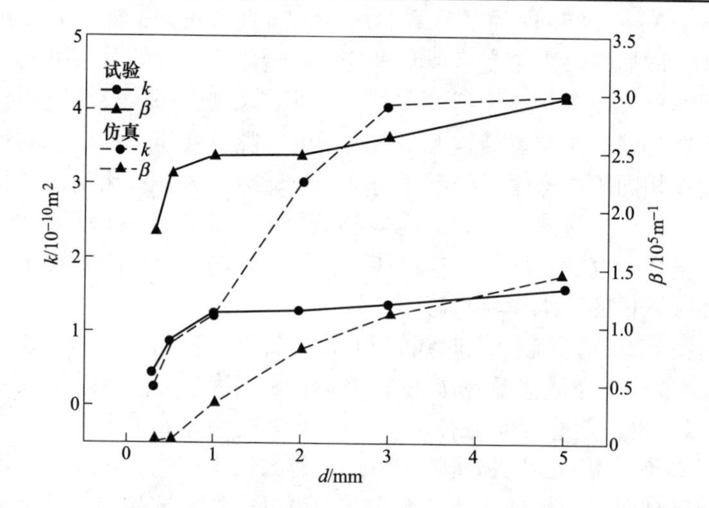

图 6.3.2　颗粒粒径对渗流参数的影响规律

6.3.2 颗粒级配对渗流参数的影响

不同颗粒级配下的渗流特征曲线如图 6.3.3 所示（为了便于观察，只展示第 3 组、第 6 组和第 9 组的试验结果）。根据 *J-v* 曲线可知，不同颗粒配比下的渗流曲线和同一粒径时相似，即压力梯度与渗流速度之间服从 Forchheimer 方程，表现出较为明显的非 Darcy 流特征。同时还可以看出，随着试样中的粗颗粒的增多，*J-v* 曲线逐渐变缓，说明随着试样配比中粗颗粒的增多，试样的孔隙率逐渐增大，介质的渗透性增强，因此，在相同压力梯度条件下渗流速度有所增加。同样，室内试验结果与数值仿真结果具有很强的吻合性。

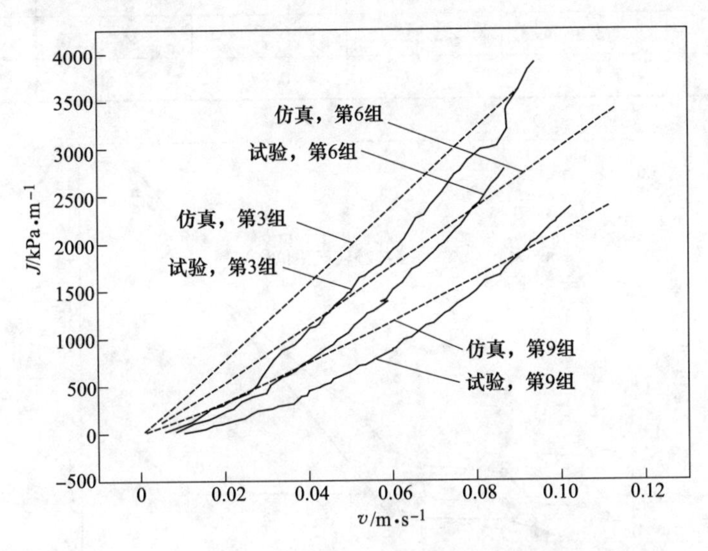

图 6.3.3 不同颗粒级配下的压力梯度与渗流速度的关系曲线

对 9 组 *J-v* 曲线进行二次拟合，代入式（6.2.2）中计算出不同配比下试样的渗流参数如表 6.3.2 和图 6.3.4 所示。可以看出，随着配比中粗颗粒的占比逐渐增大，即随着试样的细度模数逐渐增大，试样的渗透率和非 Darcy 效应逐渐增强。这是因为试样中的粗骨料占比增大时，细颗粒不足以填充粗颗粒之间的空隙，导致试样整体渗透性增强，而且当粗颗粒占比的增大到一定值时，细颗粒（粒径小于 1mm）受到的约束力可能会消失。因此，当流速增大到某一值时，细颗粒会产生位移，试样孔隙结构在时间和空间上产生动态变化，如图 6.3.5 所示。当细度模数为 3.8，即粒径在 3mm 以上的颗粒占比达到 60%以上时，试样渗透率和非 Darcy 影响因子出现突变，随即产生突水现象。而仿真中采用的是静态模型，因此不会出现这一现象。

表 6.3.2　颗粒级配对渗流参数的影响规律

组别	M	$k/10^{-10}\text{m}^2$		$\beta/10^5\text{m}^{-1}$	
		试验	仿真	试验	仿真
第 1 组	1.55	0.43	0.18	1.81	-0.11
第 2 组	1.83	0.44	0.21	1.86	0.68
第 3 组	2.00	0.69	0.25	2.01	1.10
第 4 组	2.50	0.75	0.34	2.13	1.24
第 5 组	2.69	0.89	0.45	2.19	1.39
第 6 组	2.82	1.08	0.53	2.44	2.89
第 7 组	3.80	2.20	0.56	2.48	13.47
第 8 组	3.88	2.51	0.57	2.60	15.65
第 9 组	4.17	2.87	0.87	2.80	18.78

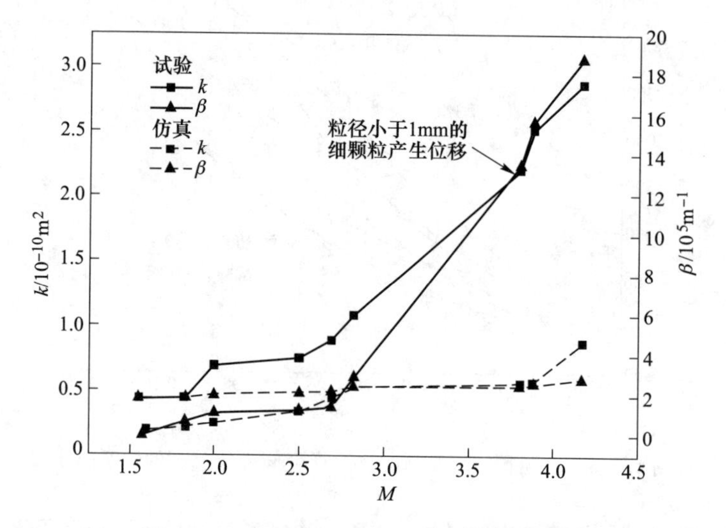

图 6.3.4　颗粒级配对渗流参数的影响规律

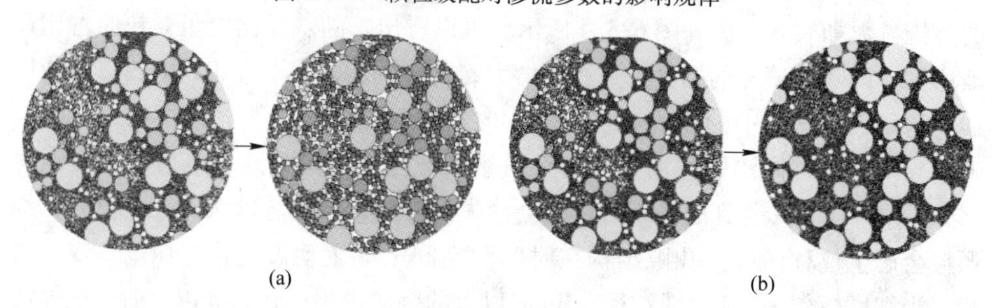

图 6.3.5　试样空隙结构的动态变化过程

（a）试样上部空隙结构变化；（b）试样下部空隙结构变化

6.3.3 产生非 Darcy 流的临界条件

6.3.3.1 不同颗粒粒径条件下产生非 Darcy 流的临界条件

根据式（6.1.3）、式（6.1.4）分别计算出粒径为 0.5mm、2mm 和 5mm 的 Fanning 摩擦系数与雷诺数，二者之间的关系曲线如图 6.3.6 所示。可以看出，在颗粒粒径为 0.5mm、雷诺数小于 10 的条件下，Fanning 摩擦系数与雷诺数之间有很强的线性关系，说明此时渗流状态为线性 Darcy 流；之后随着雷诺数的增加，曲线逐渐偏离线性关系，进入非 Darcy 渗流状态。另外，从图 6.3.6 中可知，当颗粒粒径大于 2mm 时即使在雷诺数很小时也很难产生线性流，说明非 Darcy 流的产生是渗流速度与渗流介质特性共同作用的结果。当雷诺数大于 500 时，粒径为 5mm 的曲线出现上升趋势，说明此时渗流状态已经由 Forchheimer 型高速流向紊流转变。

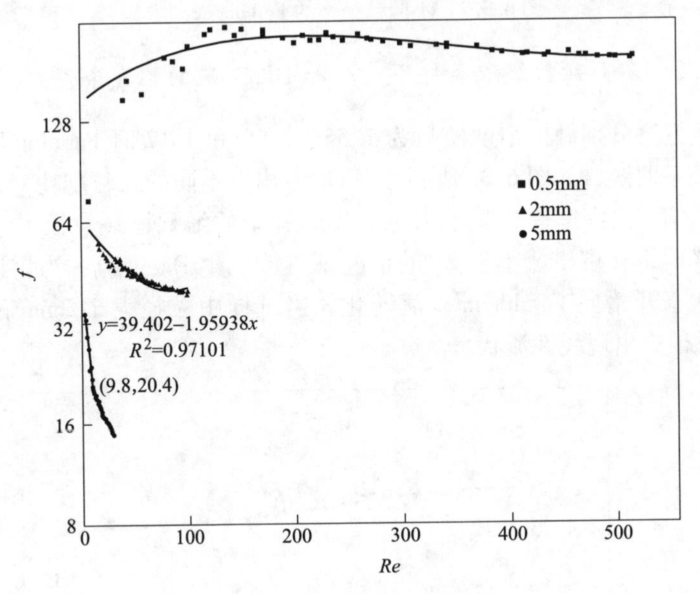

图 6.3.6 Fanning 摩擦系数与雷诺数的关系曲线

为了进一步分析产生非 Darcy 流的临界条件，利用式（6.1.5）计算 Forchheimer 数 Fo，统计出雷诺数分别为 10、50 和 100 时的 Forchheimer 数 Fo，如图 6.3.7 所示。可以看出，在雷诺数相同的情况下，Forchheimer 数随颗粒粒径的增大呈现降低趋势，说明在相同流速条件下，颗粒粒径越大，惯性项的比重越小，流动状态逐渐向线性流发展。当粒径小于 1mm 时，即使在很高的压力下也很难出现高速非 Darcy 流，此时流动状态受黏滞项控制；当粒径大于等于 1mm 时，是否出现非 Darcy 流取决于流速的大小和颗粒尺寸。

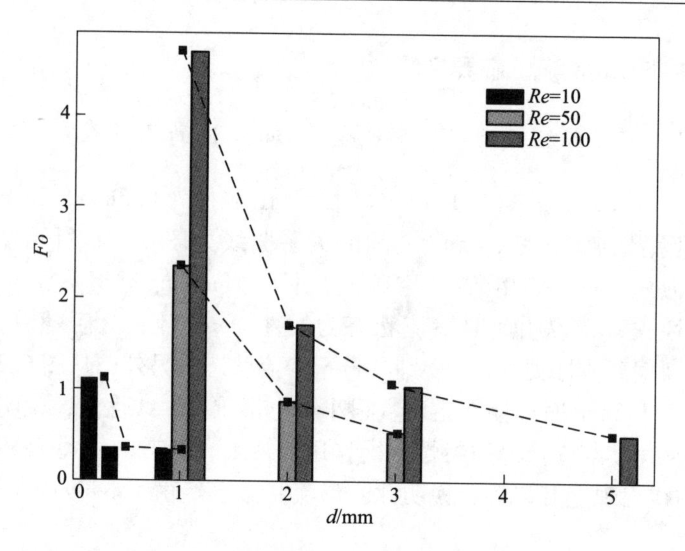

图 6.3.7　不同粒径下的 Forchheimer 数

6.3.3.2　不同颗粒级配条件下产生非 Darcy 流的临界条件

用上述方法分别做出细度模数为 1.55、2.69 和 4.17 时 Fanning 摩擦系数随雷诺数的关系曲线，如图 6.3.8 所示。可以看出，不同的颗粒配比对渗流状态会产生很大影响，当细度模数等于 1.55，即试样中的细颗粒（粒径小于 1mm）占比大于 80%时，在雷诺数小于 21 的情况下可能产生 Darcy 流；当雷诺数继续增大时渗流状态开始向 Forchheimer 流转化。当试样中粒径大于 2mm 的颗粒占到 50%以上时很难出现线性流状态。

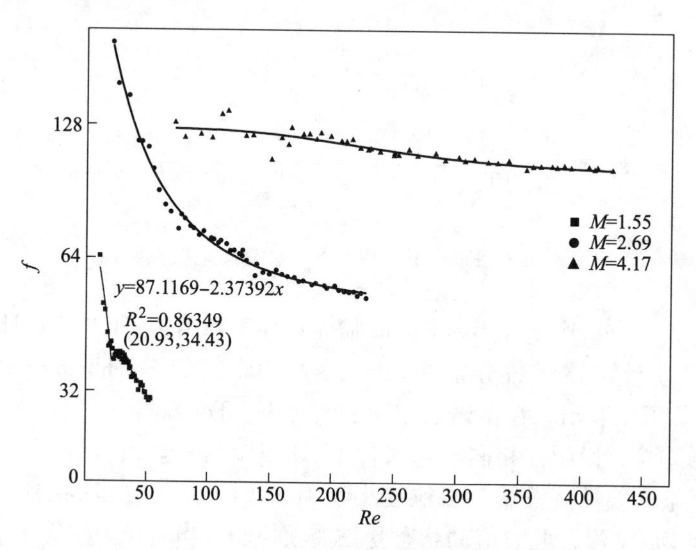

图 6.3.8　Fanning 摩擦系数与雷诺数的关系曲线

为进一步说明不同颗粒级配下产生非 Darcy 流的临界条件，分别计算出雷诺数为 10、50、100 时不同级配下的 Forchheimer 数，结果如图 6.3.9 所示。可以看出，在细度模数小于等于 2.0 时表现出与单一粒径同样的规律，即在相同的雷诺数条件下，Forchheimer 数随细度模数的增大而减小，此时的渗流状态受流速和级配共同制约；但是当细度模数大于 2.0 时 Forchheimer 数的变化没有明显的规律可循，这是因为当试样中粒径为 3mm 和 5mm 的颗粒占到 60%以上时粗颗粒之间的细颗粒受到的约束力可能消失，出现质量流失现象，引发突水事故，此时渗流特征不再简单的服从 Forchheimer 方程，这和图 6.3.6 中曲线出现的突变现象相符，此时的渗流状态需要展开进一步研究。

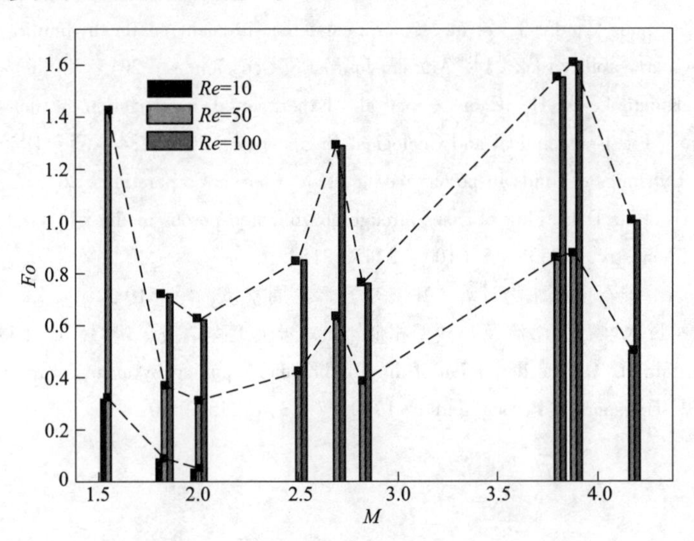

图 6.3.9 不同颗粒级配下的 Forchheimer 数

参 考 文 献

[1] 仵彦卿，张倬元．岩体水力学导论［M］．成都：西南交通大学出版社，1995.

[2] Xu H，Bu W. Analysis of water-inrush for deep coal floor in a coal mine［J］. Electronic Journal of Geotechnical Engineering，2015，20（10）：4189~4196.

[3] Hou X G，Shi W H，Yang T H. A non-linear flow model for the flow behavior of water inrush induced by the karst collapse column［J］. RSC Advances，2018，8（3）：1656~1665.

[4] 杨天鸿，陈仕阔，朱万成，等．矿井岩体破坏突水机制及非线性渗流模型初探［J］．岩石力学与工程学报，2008，27（7）：1411~1416.

[5] 师文豪，杨天鸿，刘洪磊，等．矿山岩体破坏突水非达西流模型及数值求解［J］．岩石力学与工程学报，2016，35（3）：446~455.

[6] 杨天鸿，师文豪，李顺才，等．破碎岩体非线性渗流突水机理研究现状及发展趋势［J］．煤炭学报，2016，41（7）：1598~1609.

[7] 李天珍，李玉寿，马占国．破裂岩石非达西渗流的试验研究［J］．工程力学，2003，20（4）：132~135.

[8] 秦峰，王媛．非达西渗流研究进展［J］．三峡大学学报（自然科学版），2009，31（3）：25~29.

[9] 王媛，顾智刚，倪小东，等．光滑裂隙高流速非达西渗流运动规律的试验研究［D］. 2010.

[10] 张文娟，王媛，倪小东．Forchheimer 型非达西渗流参数特征分析［J］．水电能源科学，2014，32（1）：52~54.

[11] Huang Z，Jiang Z，Fu J，et al. Experimental measurement on the hydraulic conductivity of deep low-permeability rock［J］. Arabian Journal of Geosciences，2015，8（8）：5389~5396.

[12] Ni X，Kulatilake P H，Chen Z，et al. Experimental investigation of non-darcy flow in sandstone［J］. Geotechnical and Geological Engineering，2016，34（6）：1835~1846.

[13] Bear J. Dynamics of fluids in porous media［M］. Courier Corporation，2013.

[14] Cornell D，Katz D L. Flow of gases through consolidated porous media［J］. Industrial & Engineering Chemistry，1953，45（10）：2145~2152.

[15] Stephson D. 堆石工程水力计算［M］. 李开运，周家苞，译．1984.

[16] 胡去劣．过水堆石体渗流及其模型相似［J］．岩土工程学报，1993，15（4）：47~51.

[17] Ruth D，Ma H. On the derivation of the Forchheimer equation by means of the averaging theorem［J］. Transport in Porous Media，1992，7（3）：255~264.

7 围压作用下破碎岩体渗流试验

采掘活动往往导致围岩处于松散破碎状态,渗透性大大提高，形成渗流突水通道，围岩应力状态重新分布。与完整致密岩体相比，破碎岩体抵抗变形能力低，受应力影响程度大，孔隙结构更加复杂多变，因此破碎岩体的渗透性受应力作用的影响也极大。本章针对破碎岩体介质在不同应力条件下进行非 Darcy 渗流实验研究，分析不同应力状态对破碎岩体渗流规律的影响。

7.1 试验方案

破碎岩体渗流特性受孔隙结构影响很大，并且不同孔隙结构的破碎岩体对应力变化引起的变形等响应也不相同，这些因素综合导致了应力对破碎岩体渗流影响的复杂性。因此，本章对不同孔隙率的破碎细砂岩试样在不同围压作用下的渗流规律进行研究。

本章实验选取的试样粒径大小、颗粒级配等与第 6 章相同，孔隙率为 0.25、0.275、0.3、0.35 和 0.4，对各个孔隙率的破碎细砂岩试样在不同围压条件下进行高速渗流实验，围压分级施加，分为 0.1MPa、0.2MPa、0.3MPa、0.4MPa、0.5MPa 五级，共进行 25 组实验，每组实验在固定围压条件下进行多次渗流实验。通过控制进出水口的水压力得到不同压力梯度下的渗流结果，得到对应孔隙率和对应围压条件下的渗流实验曲线，并以此为依据分析孔隙率与应力状态对渗流规律的影响，为破碎岩体非 Darcy 渗流-应力耦合问题研究提供实验基础。

7.2 试验结果

固定试样的围压，在指定围压下控制进水压力梯度在 0.1~1.2MPa/m 的高压力梯度范围内依次升高，进行多次渗流实验，在稳定的渗流状态下得到对应压力梯度的渗流流速，改变围压和试样孔隙率，完成方案中所有实验。由第 3 章得到的实验规律可知，在本章采用的试样和水压力情况下，渗流状态符合二次 Forchheimer 方程，故本章不再对实验结果的渗流状态方程进行判别，直接以 Forchheimer 方程形式对实验点进行拟合，实验曲线如图 7.2.1~图 7.2.5 所示。

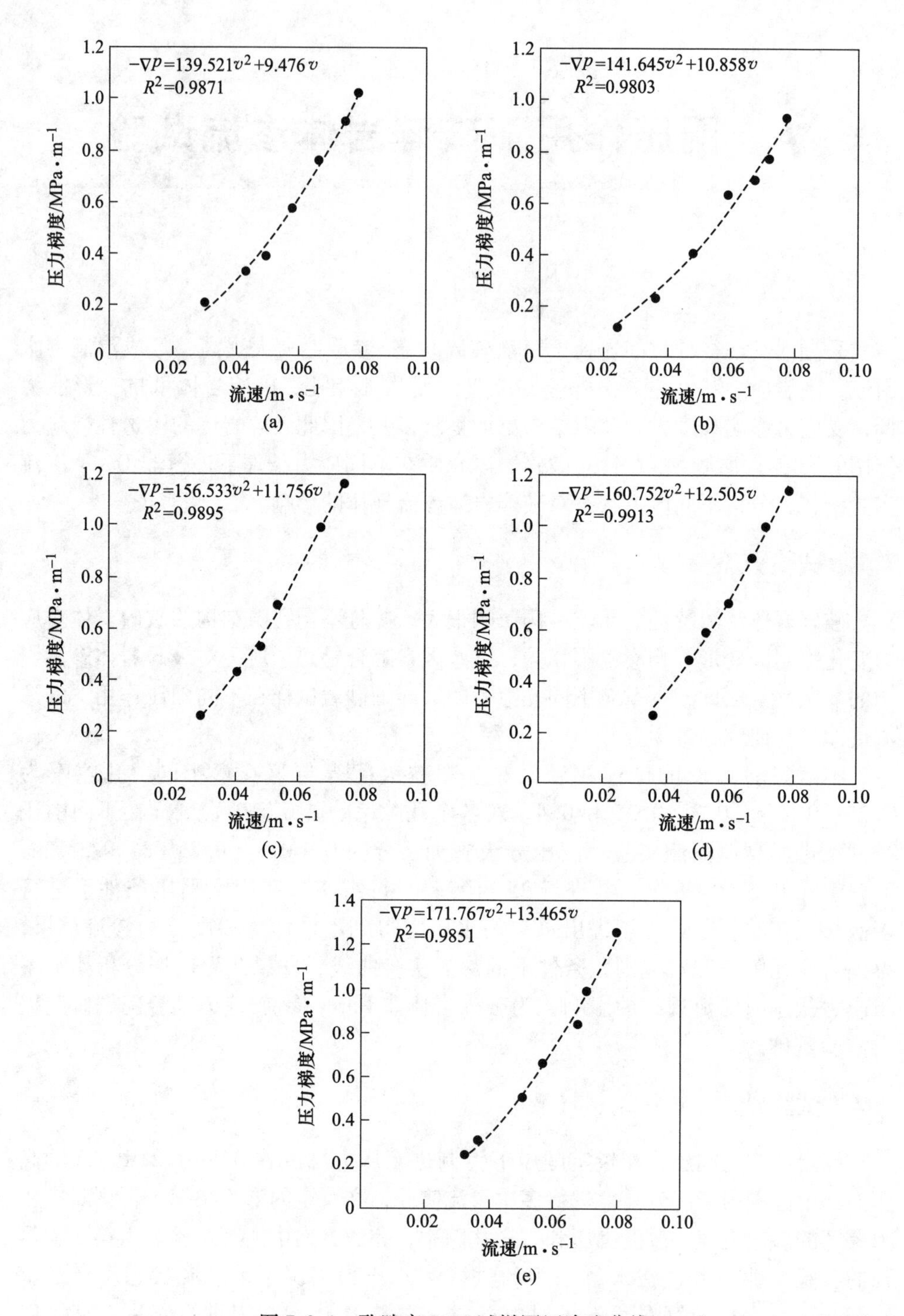

图 7.2.1　孔隙率 0.25 试样围压渗流曲线

（a）围压 0.1MPa；（b）围压 0.2MPa；（c）围压 0.3MPa；（d）围压 0.4MPa；（e）围压 0.5MPa

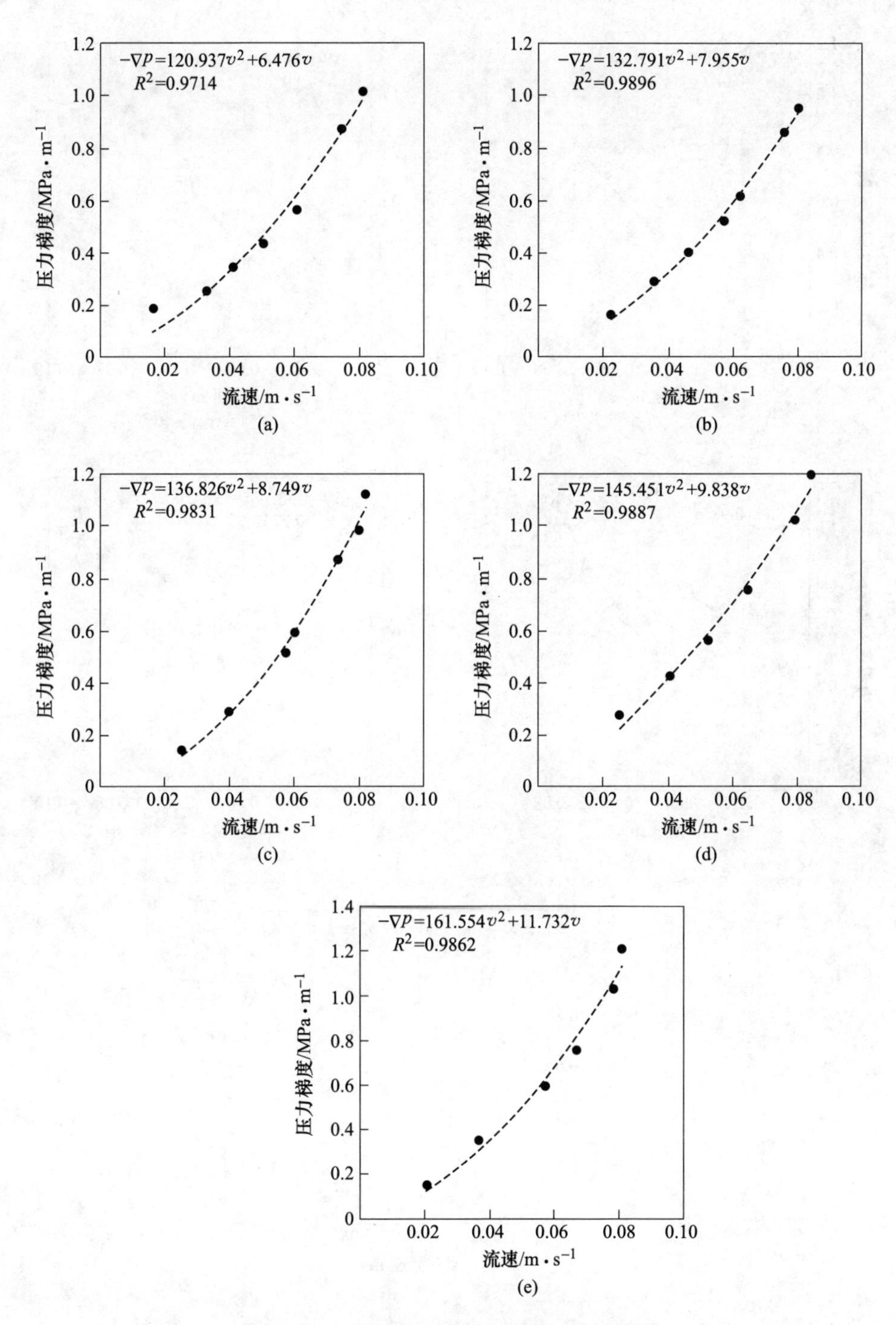

图 7.2.2　孔隙率 0.275 试样围压渗流曲线

（a）围压 0.1MPa；（b）围压 0.2MPa；（c）围压 0.3MPa；（d）围压 0.4MPa；（e）围压 0.5MPa

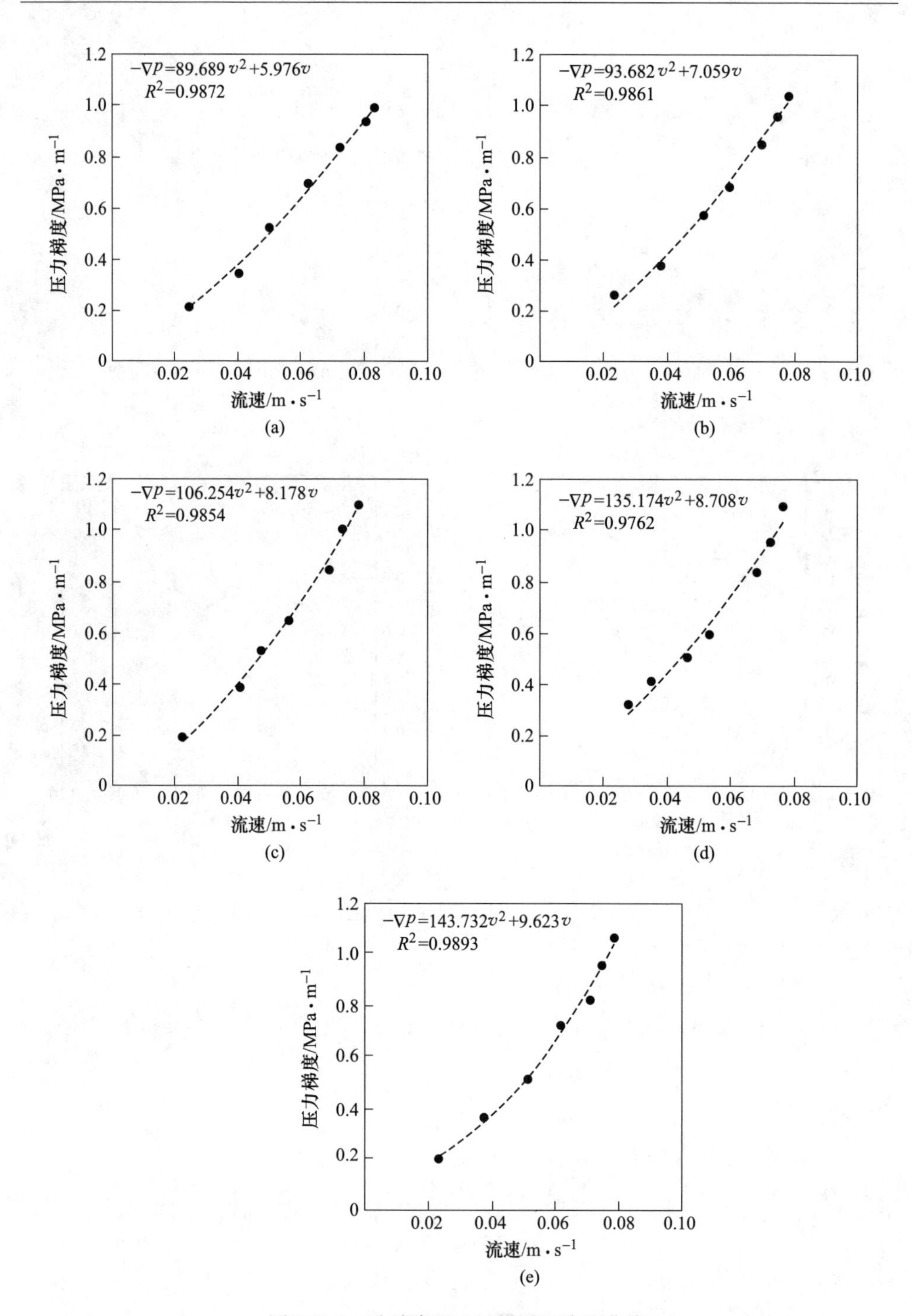

图 7.2.3　孔隙率 0.3 试样围压渗流曲线

（a）围压 0.1MPa；（b）围压 0.2MPa；（c）围压 0.3MPa；（d）围压 0.4MPa；（e）围压 0.5MPa

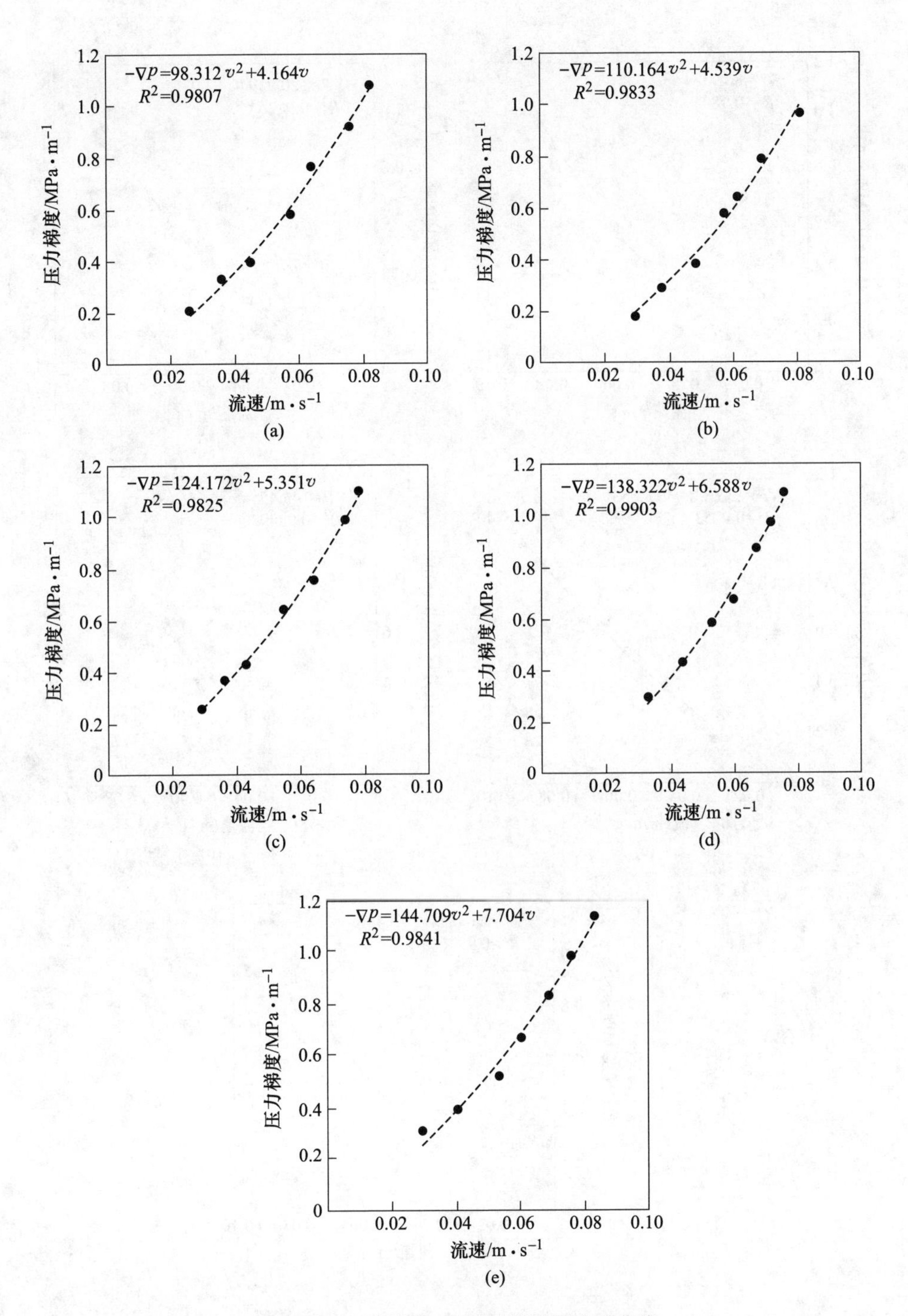

图 7.2.4 孔隙率 0.35 试样围压渗流曲线

(a) 围压 0.1MPa; (b) 围压 0.2MPa; (c) 围压 0.3MPa; (d) 围压 0.4MPa; (e) 围压 0.5MPa

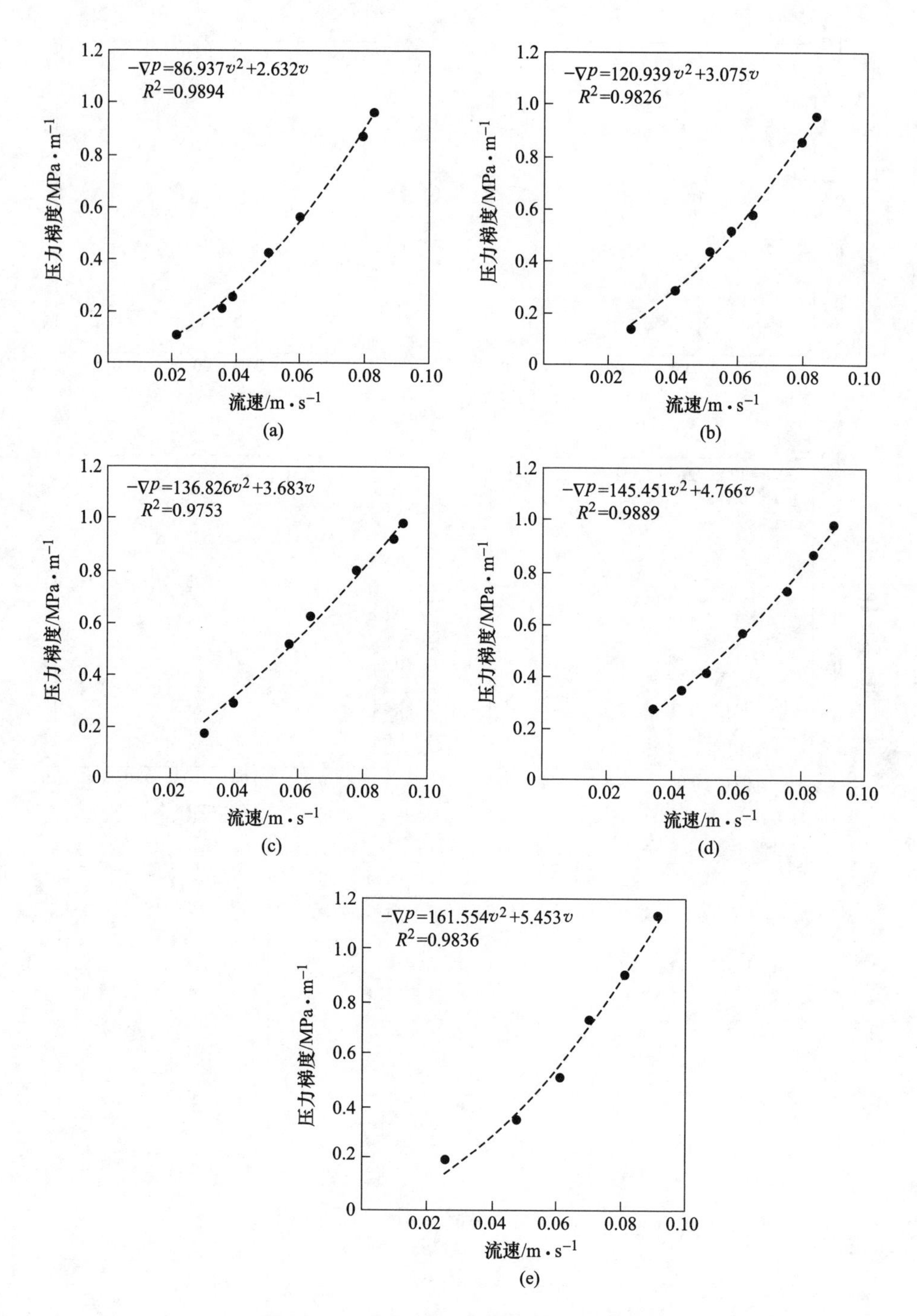

图 7.2.5　孔隙率 0.4 试样围压渗流曲线

（a）围压 0.1MPa；（b）围压 0.2MPa；（c）围压 0.3MPa；（d）围压 0.4MPa；（e）围压 0.5MPa

从图 7.2.1~图 7.2.5 中可以看出实验数据点符合上凹形曲线，以 Forchheimer 方程形式拟合的结果良好，R^2均大于 0.97，渗流状态为非 Darcy 渗流。同时还可以看出，在供水系统和进水泵压力保持相同、孔隙率相同条件下，各组实验的最高压力梯度值随着围压的增大而增大，这也充分体现出在围压应力作用下，破碎岩体试样固体颗粒骨架变形移动，导致孔隙结构发生改变，渗流孔隙通道形状变化和尺度变小，整体渗透性降低，破碎岩体的渗透性受到了围压应力的影响。这说明破碎岩体非 Darcy 渗流的研究必须考虑其所处的应力状态。计算出各孔隙率试样在不同围压作用下的非 Darcy 渗透率 k_F 和非 Darcy 因子 β 见表7.2.1~表 7.2.5。

表 7.2.1 孔隙率 0.25 试样实验结果

围压/MPa	系数 a	系数 b	R^2	$k_F/\times10^{-10}m^2$	$\beta/\times10^5m^{-1}$
0	7.639	121.813	0.9819	1.309	1.218
0.1	9.476	139.521	0.9907	1.055	1.395
0.2	10.858	142.645	0.9873	0.921	1.427
0.3	11.756	156.533	0.9915	0.854	1.565
0.4	12.505	160.752	0.9933	0.801	1.608
0.5	13.465	171.767	0.9891	0.743	1.718

表 7.2.1 为孔隙率 0.25 试样的实验结果，可以看出随着围压的增大，渗透率降低，非 Darcy 因子增大。这是因为破碎岩体试样在渗流过程中受到围压作用，在水压力与围压共同作用下发生颗粒移动、破碎等，孔隙空间被挤压减小，孔隙率降低。孔隙率为 0.25 试样的围压从 0MPa 增长到 0.5MPa，渗透率从 $1.309\times10^{-10}m^2$降低到 $0.743\times10^{-10}m^2$，降低为原来的 56.77%，非 Darcy 因子由 $1.218\times10^5m^{-1}$增大到 $1.718\times10^5m^{-1}$，增为原来的 1.41 倍。应力引起的渗透性变化非常大，破碎岩体渗流研究不能抛开应力的影响。

表 7.2.2 孔隙率 0.275 试样渗透率与非 Darcy 因子

围压/MPa	系数 a	系数 b	R^2	$k_F/\times10^{-10}m^2$	$\beta/\times10^5m^{-1}$
0	6.214	102.815	0.9878	1.609	1.028
0.1	6.476	120.939	0.9749	1.544	1.209
0.2	7.955	132.791	0.9876	1.257	1.328
0.3	8.749	136.826	0.9831	1.214	1.368
0.4	9.838	145.451	0.9887	1.059	1.455
0.5	11.732	161.554	0.9906	0.932	1.616

表 7.2.2 为孔隙率 0.275 试样的实验结果，可以看出变化规律与孔隙率 0.25 试样的渗流变化规律相似。试样围压从 0MPa 增大到 0.1MPa，相对应的渗透率从 $1.609\times10^{-10}m^2$降低到 $1.544\times10^{-10}m^2$，降低为原来的95.96%，非 Darcy 因子增大为原来的 1.176 倍；围压从 0.3MPa 增大到 0.4MPa，相对应的渗透率从 1.214×

$10^{-10}m^2$降低到 1. 059×$10^{-10}m^2$，降低为原来的 87. 232%，非 Darcy 因子增大为原来的 1. 064 倍，可以看出，渗透率与非 Darcy 因子随围压增大并非简单的线性变化。

表 7. 2. 3 孔隙率 0. 3 试样渗透率与非 Darcy 因子

围压/MPa	系数 a	系数 b	R^2	$k_F/\times10^{-10}m^2$	$\beta/\times10^5m^{-1}$
0	4. 509	81. 95	0. 9865	2. 218	0. 819
0. 1	5. 976	89. 689	0. 9952	1. 673	0. 897
0. 2	7. 059	93. 682	0. 9863	1. 417	0. 973
0. 3	8. 178	106. 254	0. 9864	1. 223	1. 093
0. 4	8. 708	135. 174	0. 9912	1. 1484	1. 292
0. 5	0. 9623	143. 732	0. 9938	1. 0390	1. 413

表 7. 2. 3 为孔隙率 0. 3 试样的实验结果，可以看出变化规律与孔隙率 0. 25 和 0. 275 试样的渗流变化规律基本相同，但变化程度更大。围压仅从 0MPa 增长到围压 0. 1MPa，相对应的渗透率从 2. 218×$10^{-10}m^2$降低到 1. 673×$10^{-10}m^2$，降低为原来的 75. 428%，增长到 0. 5MPa 时渗透率降低为 1. 039×$10^{-10}m^2$，仅为原来的 46. 844%；围压从 0MPa 增长到围压 0. 5MPa，非 Darcy 因子由 0. 819×10^5m^{-1}增大到 1. 413×10^5m^{-1}，增大为原来的 1. 73 倍，变化也更加明显。

表 7. 2. 4 孔隙率 0. 35 试样渗透率与非 Darcy 因子

围压/MPa	系数 a	系数 b	R^2	$k_F/\times10^{-10}m^2$	$\beta/\times10^5m^{-1}$
0	3. 788	71. 272	0. 9819	2. 739	0. 693
0. 1	4. 164	98. 312	0. 9907	2. 476	0. 913
0. 2	4. 623	110. 164	0. 9873	2. 163	1. 072
0. 3	5. 35	124. 172	0. 9915	1. 869	1. 231
0. 4	6. 588	138. 322	0. 9933	1. 518	1. 313
0. 5	7. 704	144. 709	0. 9891	1. 298	1. 447

表 7. 2. 4 为孔隙率 0. 35 试样的实验结果，试样围压从 0MPa 增大到围压 0. 5MPa，相对应的渗透率从 2. 739×$10^{-10}m^2$降低到 1. 298×$10^{-10}m^2$，降低为原来的 46. 39%；围压从 0MPa 增长到围压 0. 4MPa 时，非 Darcy 因子由 0. 693×10^5m^{-1}增大到 1. 231×10^5m^{-1}，约为原来的 2 倍，受应力作用变化很明显。

表 7. 2. 5 孔隙率 0. 4 试样渗透率与非 Darcy 因子

围压/MPa	系数 a	系数 b	R^2	$k_F/\times10^{-10}m^2$	$\beta/\times10^5m^{-1}$
0	2. 176	66. 229	0. 9878	4. 596	0. 662
0. 1	2. 632	86. 937	0. 9749	3. 799	0. 839
0. 2	3. 075	120. 939	0. 9876	3. 252	0. 927
0. 3	3. 683	136. 826	0. 9831	2. 715	1. 041
0. 4	4. 766	145. 451	0. 9887	2. 098	1. 275
0. 5	5. 453	161. 554	0. 9906	1. 834	1. 492

表7.2.5为孔隙率0.4试样的实验结果，可以看出变化规律比前几组试样的渗流变化程度更大。试样围压从0MPa增大到围压0.4MPa时，相对应的渗透率从$4.596\times10^{-10}\,m^2$降低到$2.098\times10^{-10}\,m^2$，比原来的一半还低，围压增大到0.5MPa时，渗透率仅为原来的39.90%；围压从0MPa增大到围压0.5MPa，非Darcy因子由$0.662\times10^5\,m^{-1}$增大到$1.492\times10^5\,m^{-1}$，变为原来的2.25倍，渗透率与非Darcy因子受围压作用的影响很大。

从表7.2.1~表7.2.5可以看出，各孔隙率试样渗流结果随围压的增大，均表现出渗透率增大、非Darcy因子减小的规律，不同孔隙条件的试样在相同围压条件下的影响程度不同。破碎岩体非Darcy渗流受应力影响作用十分明显，渗透率与非Darcy因子随应力的变化十分明显。在分析破碎岩体渗流规律时必须考虑应力及其变化对渗流的影响。

7.3 结果分析

从7.2节可以看出，随着试样围压的增大，渗透率减小而非Darcy因子增大，各试样的变化规律相似，但受应力影响的程度不同。破碎岩体的孔隙结构不同，在相同应力条件下其结构的变化规律也不同，对渗流的影响规律及程度也不同，因此在研究应力对破碎岩体渗透性的影响时，必须考虑不同孔隙结构对应下的变化规律。不同孔隙结构的试样，其渗流特性受应力的影响程度不同，即不同孔隙结构的破碎岩体渗透性受应力影响的敏感程度不同。本节对不同孔隙率的破碎岩体试样渗流受应力影响的敏感性进行分析，考虑到渗流为非Darcy流，分别对非Darcy渗透率k_F和非Darcy因子β受应力影响的敏感性进行分析。

7.3.1 渗透率敏感性分析

进一步分析表7.2.1~表7.2.5中各孔隙率试样在围压作用下非Darcy渗透率k_F的变化规律，作非Darcy渗透率k_F与围压的变化规律曲线，如图7.3.1所示，实验数据点均可拟合为负指数方程，与已有的研究结果相符合。破碎岩体渗透性主要受其孔隙结构的影响，随着破碎岩体孔隙率的减小，渗透率非线性降低。渗流实验中随着围压的逐渐增大，破碎岩体试样固体颗粒发生变形、破碎和移动，试样被压密，破碎岩体内部的渗流通道尺度变小，渗流路径曲折程度增大，即渗透性随着围压的增大呈现出降低规律。

随着围压的增大，破碎岩体被逐渐压实，固体颗粒的变形、破碎和移动使破碎岩体颗粒之间变得更加紧密，孔隙率逐渐降低；随着围压增大试样逐渐密实，抵抗压缩变形的能力也增强，即破碎岩体变形模量逐渐增大，从文献[128-130]中也可以看出，破碎岩体在压缩变形过程中的变形模量也是非线性变化的。因此，在实验过程中随着围压的增大，破碎岩体的压缩变形也为非线性的。所以，图7.3.1中渗透率随围压的增大呈负指数规律减小，是破碎岩体随围压非线性压

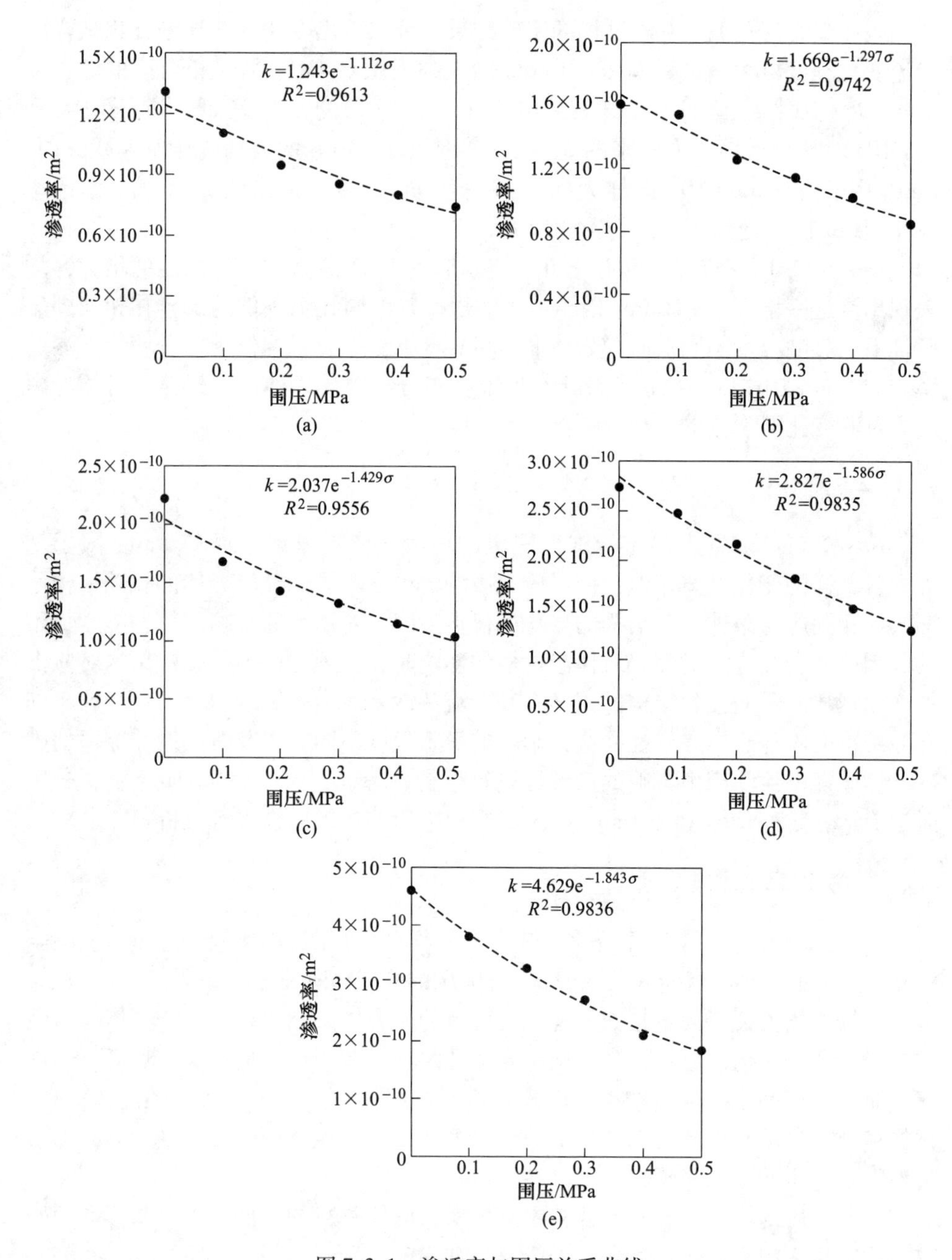

图 7.3.1　渗透率与围压关系曲线

（a）孔隙率 0.25 试样；（b）孔隙率 0.275 试样；（c）孔隙率 0.3 试样；（d）孔隙率 0.35 试样；（e）孔隙率 0.4 试样

缩变形和渗透率随孔隙率非线性变化的综合作用的结果。

图 7.3.1 中渗透率与围压的负指数关系均符合式（7.3.1）。式（7.3.1）中，k_0 为无围压作用时的初始渗透率，σ 为实验围压（MPa）。从图 7.3.1 中可以看出，随着试样孔隙率的增大，拟合方程的指数 α 增大，因此，本节定义 α 为非 Darcy 渗透率 k_F 受应力影响的敏感因子，即不同孔隙结构的破碎岩体渗透率受应力影响的敏感程度，α 越大渗透率 k_F 受应力影响越明显。

$$k_F = k_0 e^{-\alpha\sigma} \tag{7.3.1}$$

表 7.3.1 渗透率应力敏感因子

孔隙率	$k_0/\times10^{-10}m^2$	敏感因子 α	R^2
0.25	1.243	1.112	0.9613
0.275	1.669	1.297	0.9803
0.3	2.037	1.429	0.9556
0.35	2.827	1.586	0.9835
0.4	4.629	1.843	0.9836

渗透率敏感因子 α 由破碎岩体的固体骨架和孔隙决定，与岩体种类、颗粒粒径 d、孔隙率 ϕ、迂曲度 τ 等有关。表 7.3.1 为各孔隙率试样的渗透率应力敏感因子。从表 7.3.1 中可以看出，敏感因子 α 随着初始孔隙率的增大而增大，即破碎岩体孔隙率越大，渗透性受应力影响程度越大。这是因为破碎岩体孔隙率越大，在围压应力作用下被压缩变形越大，渗透性受应力影响越大。

分析敏感因子 α 与初始孔隙率的关系，作敏感因子 α 与初始孔隙率 ϕ_0 的关系曲线，如图 7.3.2 所示。从图 7.3.2 中可以看出，渗透率受应力作用的敏感因子 α 随孔隙率 ϕ_0 增大的趋势可由线性方程拟合（式（7.3.2））。线性项系数与破碎岩体试样在应力作用下的变形特性有关，与破碎岩体渗流介质的固体骨架岩体种类、孔隙率、粒径大小、颗粒级配等有关。

$$\alpha = 4.6321\phi_0 \tag{7.3.2}$$

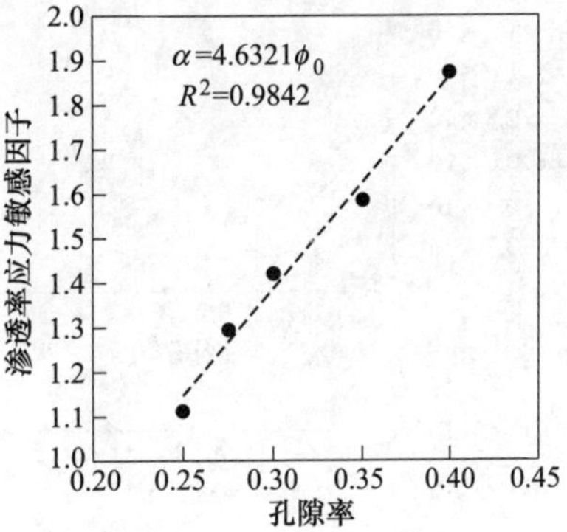

图 7.3.2 渗透率敏感因子 α 与孔隙率关系

把式（7.3.2）代入式（7.3.1），可以得到本次实验选取试样的渗透率在围压作用下的变化规律，见式（7.3.3）。式（7.3.3）中反映了破碎岩体非 Darcy 渗透率 k_F 与孔隙结构及所处的应力状态均有关，因此在对破碎岩体渗流进行分析研究时，既要考虑破碎岩体的结构特性，又要考虑渗流介质受应力作用的影响，即应力作用下的渗流规律研究。

$$k_F = k_{F_0} e^{-4.6321\varphi_0\sigma} \tag{7.3.3}$$

7.3.2　非 Darcy 因子敏感性分析

随着围压逐渐增大，破碎岩体骨架颗粒发生变形、破碎和移动，试样被压缩压密，破碎岩体内部渗流通道变窄，渗流路径更加曲折，导致渗流的非 Darcy 因子 β 增大。作渗流非 Darcy 因子 β 与实验围压的关系曲线，如图 7.3.3 所示，可以看出非 Darcy 因子 β 随着围压的增大而增大，由拟合关系建立如式（7.3.4）所示的函数关系式。

$$\beta = \beta_0 + \gamma\sigma \tag{7.3.4}$$

式中　β_0——围压为零时的非 Darcy 因子；

σ——实验围压，MPa；

γ——围压与非 Darcy 因子的拟合系数。

从图 7.3.3 中可以看出，破碎岩体试样的初始孔隙率越大，系数 γ 越大，这表明非 Darcy 因子受应力作用的影响也越大。与渗透率受应力作用的敏感因子相同，定义 γ 为非 Darcy 因子受应力影响的敏感因子，即渗流的非 Darcy 性受应力的影响程度。在围压应力作用下试样孔隙结构变化越大，对渗透性改变越大，渗流非 Darcy 因子受应力影响越大，即敏感因子 γ 也越大。

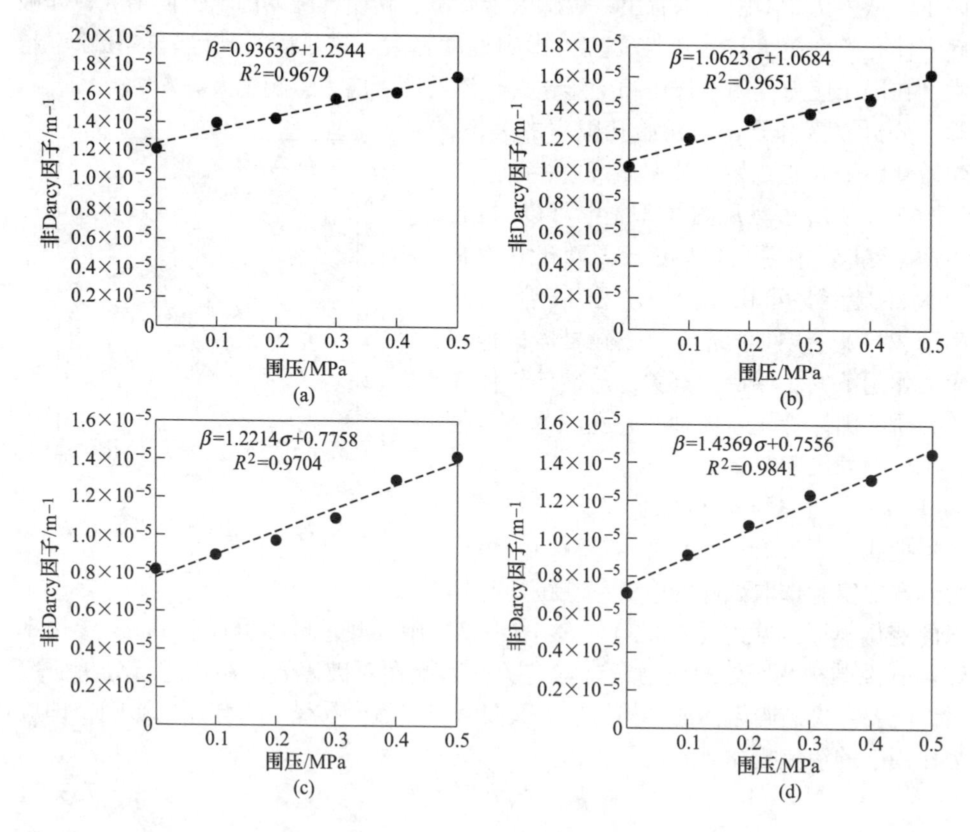

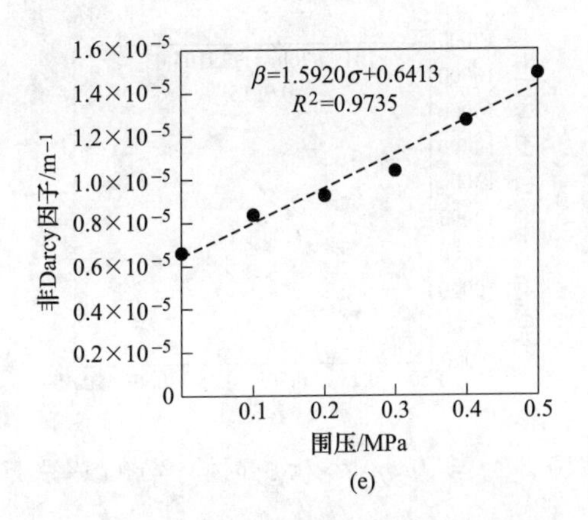

图 7.3.3 非 Darcy 因子与围压关系曲线

(a) 孔隙率 0.25 试样；(b) 孔隙率 0.275 试样；(c) 孔隙率 0.3 试样；(d) 孔隙率 0.35 试样；(e) 孔隙率 0.4 试样

表 7.3.2 为不同初始孔隙率试样的非 Darcy 因子受应力作用影响的敏感因子 γ。从表中可以看出，敏感因子 γ 的变化规律与 α 因子相似，随着初始孔隙率的增大而增大。破碎岩体试样孔隙率越大，在围压应力作用下孔隙结构变形越大，渗流通道变形越明显，渗流的非 Darcy 因子的变化也越明显，所以非 Darcy 因子受应力作用影响的敏感因子 γ 也越大。

表 7.3.2 非 Darcy 因子受应力作用敏感因子

孔隙率	$\beta_0/\times10^5\text{m}^{-1}$	敏感因子 γ	R^2
0.25	1.2544	0.9363	0.9679
0.275	1.0684	1.0623	0.9651
0.3	0.7758	1.2214	0.9704
0.35	0.7556	1.4369	0.9841
0.4	0.6413	1.5920	0.9735

考虑非 Darcy 因子受应力作用影响的敏感因子 γ 与破碎岩体孔隙结构的关系，作 γ 因子与初始孔隙率 ϕ_0 的关系曲线，如图 7.3.4 所示。从图 7.3.4 中可以看出敏感因子 γ 也随初始孔隙率 ϕ_0 的增大而增大，拟合结果见式（7.3.5），γ 因子与 ϕ_0 为对数函数关系。当孔隙率较小时，孔隙率的微小变化对破碎岩体孔隙结构变化影响较大，破碎岩体内的渗流路径变化也较明显，所以在初始孔隙率较低时 γ 因子随孔隙率 ϕ_0 变化较大，表现为对数函数关系式。式中系数大小也与破碎岩体颗粒的岩体种类、粒径大小、级配曲线、孔隙率等有关。

$$\gamma = 14199.76\ln\phi_0 + 29104.03 \tag{7.3.5}$$

把式（7.3.5）代入式（7.3.4），得到非 Darcy 因子 β 与初始孔隙率 ϕ_0 和围

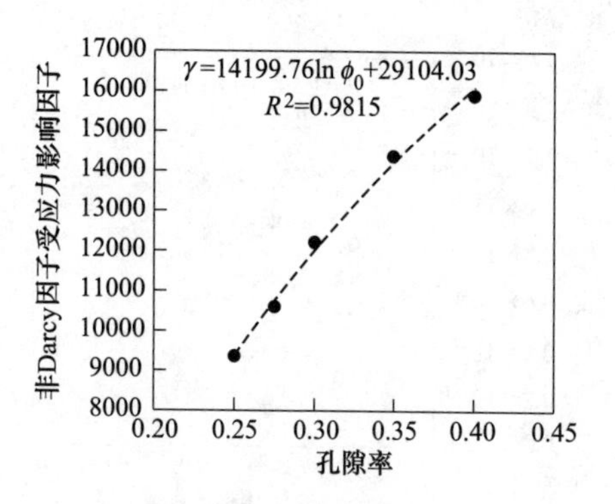

图 7.3.4　非 Darcy 因子敏感因子 γ 与孔隙率关系

压应力 σ 的关系方程（式（7.3.6）），式（7.3.6）表明非 Darcy 因子 β 与破碎岩体孔隙结构和所处的应力状态均有关。

$$\beta = \beta_0 + 14199.76\sigma\ln\phi_0 + 29104.03\sigma \tag{7.3.6}$$

式中初始非 Darcy 因子 β_0 可由实验得到，最终得出非 Darcy 因子的关系方程，见式（7.3.7），非 Darcy 因子与破碎岩体的孔隙率和所处的应力情况等有关，其中破碎岩体的初始渗透率 k_{F_0} 由实验测出。式（7.3.7）表明，对破碎岩体非 Darcy 渗流问题进行研究时，需要综合考虑渗流介质的孔隙结构及其所受的应力条件，进行非 Darcy 渗流-应力耦合研究。

$$\beta = 0.3529k_{F_0}^{-0.5585} + 14199.76\sigma\ln\phi_0 + 29104.03\sigma \tag{7.3.7}$$

8 孔隙、裂隙介质非 Darcy 渗流突水力学模型

破碎岩体骨架在一定条件的渗流作用下，其中的充填物颗粒会被潜蚀，产生流态化现象，流态化颗粒随着水流不断流失导致孔隙率增大，从而增强破碎岩体的渗透性；渗透性的增强会导致渗流速度的增大，渗流速度的增大进一步加剧了破碎岩体的潜蚀，该过程不断循环发生，直到最后只剩下不能被潜蚀的破碎岩体骨架，此时孔隙率达到稳定的最大值，同时水流速度也达到最大，诱发突水灾害。因此潜蚀与渗流之间存在着耦合效应，两者相互促进、相互影响，而孔隙率是贯穿整个耦合过程的纽带。本章运用连续介质力学理论，从单相流角度出发，将流态化的充填物颗粒（以下简称为流态化颗粒）与水形成的混合流体作为单相流体，建立破碎岩体混合流体非 Darcy 渗流模型，通过数值模拟研究充填物颗粒流态化（以下简称为颗粒流态化）过程中各物理参量的演化规律，为建立破碎岩体突水非 Darcy 渗流模型奠定模型基础。

8.1 突水通道混合流体非 Darcy 渗流模型

为了建立破碎岩体非 Darcy 渗流模型，首先作如下假设：

（1）破碎岩体是由岩石块体和泥沙等充填物颗粒组成的多孔介质，孔隙率为有效孔隙率，即不连通的孔隙均视为固体介质；

（2）一定流速条件下，充填物颗粒会表现出流态化现象，颗粒流态化前后体积不发生变化，且流态化颗粒与水的速度始终保持一致；

（3）水流与流态化颗粒组成的混合流体为单相牛顿流体；

（4）岩石块体作为固体骨架的一部分不发生变形，且在颗粒流态化过程中岩石块体之间无相对运动；

（5）渗流过程中，破碎岩体始终处于饱和状态。

8.1.1 基本方程

8.1.1.1 基本物理量的数学描述

取体积为 ΔV，质量为 ΔM 的破碎岩体微元体，如图 8.1.1 所示，该微元体可分为固体骨架（solid skeleton）和孔隙（pore）两部分，其中固体骨架由岩石

块体（rock）和泥沙等充填物颗粒（fillings）共同构成，孔隙被水流（water）和流态化颗粒（fluidized fillings）组成的混合流体充满。

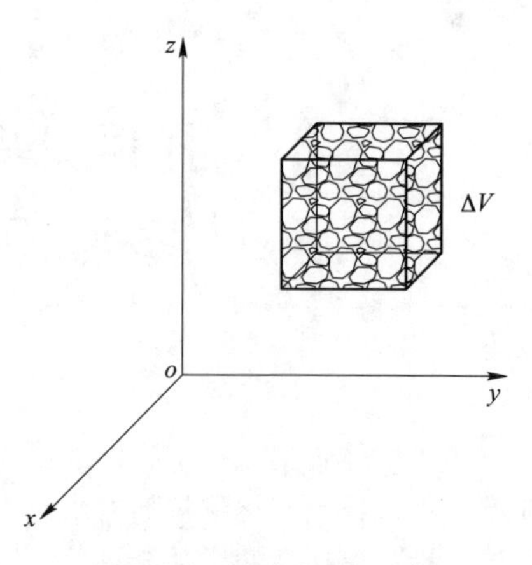

图 8.1.1　多孔介质微元体

设微元体中固体骨架的质量为 ΔM_s，体积为 ΔV_s；孔隙中混合流体的质量为 ΔM_p，体积为 ΔV_p，其中水流的质量为 ΔM_w，体积为 ΔV_w，流态化颗粒的质量为 ΔM_{ff}，体积为 ΔV_{ff}，则有：

$$\begin{cases}\Delta M = \Delta M_s + \Delta M_p \\ \Delta M_p = \Delta M_w + \Delta M_{ff}\end{cases},\begin{cases}\Delta V = \Delta V_s + \Delta V_p \\ \Delta V_p = \Delta V_w + \Delta V_{ff}\end{cases} \tag{8.1.1}$$

混合流体的密度 ρ 可表示为：

$$\rho = \frac{\Delta M_w + \Delta M_{ff}}{\Delta V_w + \Delta V_{ff}} \tag{8.1.2}$$

根据假设（2），颗粒流态化后的密度 ρ_{ff} 与流态化前的密度 ρ_f 相同，可表示为：

$$\rho_{ff} = \frac{\Delta M_{ff}}{\Delta V_{ff}} = \rho_f \tag{8.1.3}$$

水流的密度可表示为：

$$\rho_w = \frac{\Delta M_w}{\Delta V_w} \tag{8.1.4}$$

混合流体中流态化颗粒的体积浓度（以下简称为浓度）c 可表示为：

$$c = \frac{\Delta V_{ff}}{\Delta V_p} \tag{8.1.5}$$

将式（8.1.3）、式（8.1.4）和式（8.1.5）同时代入式（8.1.2）可得混合流体的密度为：

$$\rho = \frac{(\Delta V_p - \Delta V_{ff})\rho_w + \Delta V_{ff}\rho_f}{\Delta V_p} = (1 - c)\rho_w + c\rho_f \tag{8.1.6}$$

8.1.1.2　混合流体的连续性方程

根据质量守恒的基本原理[1]，破碎岩体中混合流体的连续性方程可表示为：

$$\frac{\partial(\rho\phi)}{\partial t} + \nabla\cdot(\rho \boldsymbol{u}) = I_f \tag{8.1.7}$$

式中　ρ——混合流体的密度，与流态化颗粒的浓度有关，见式（8.1.6）；

$\boldsymbol{u}$——混合流体的平均流速；

ϕ——破碎岩体的孔隙率；

I_{f}——单位时间、单位体积破碎岩体中因潜蚀作用新增加的混合流体的质量，也就是增加的流态化颗粒的质量，$\mathrm{kg^3/(m^3 \cdot s)}$，即颗粒的潜蚀速率或颗粒流态化的速率，是混合流体的质量源项。

对于图 8.1.1 所示的微元体，经过 Δt 时间后，由于渗流潜蚀作用，微元体的孔隙率变为 $\phi+\frac{\partial\phi}{\partial t}\Delta t$，孔隙率相比潜蚀作用前增大了 $\frac{\partial\phi}{\partial t}\Delta t$，孔隙体积相应增大了 $\frac{\partial\phi}{\partial t}\Delta t\Delta V$；$\Delta t$ 时间内，该微元体新增加的流态化颗粒的总体积可由颗粒的潜蚀速率表示为 $(I_{\mathrm{f}}/\rho_{\mathrm{f}})\Delta t\Delta V$。根据假设（2），颗粒流态化前后体积不发生变化，那么微元体孔隙体积的变化量应该等于流态化颗粒的体积变化量，即：

$$\frac{\partial\phi}{\partial t}\Delta t\Delta V=\frac{I_{\mathrm{f}}}{\rho_{\mathrm{f}}}\Delta t\Delta V,\ \text{即}\ I_{\mathrm{f}}=\rho_{\mathrm{f}}\frac{\partial\phi}{\partial t} \tag{8.1.8}$$

将式（8.1.8）代入式（8.1.7），可将混合流体的连续性方程表示为：

$$\begin{cases}\dfrac{\partial(\rho\phi)}{\partial t}+\nabla\cdot(\rho\boldsymbol{u})=\rho_{\mathrm{f}}\dfrac{\partial\phi}{\partial t}\\ \rho=(1-c)\rho_{\mathrm{w}}+c\rho_{\mathrm{f}}\end{cases} \tag{8.1.9}$$

8.1.1.3 混合流体的运动方程

由于突水流体在高速流动情况下不满足 Darcy 定律，可以用同时考虑流体黏性阻力和惯性阻力影响的 Forchheimer 方程描述，表示为：

$$-\nabla p=\frac{\mu}{k}\boldsymbol{u}+\beta\rho|\boldsymbol{u}|\boldsymbol{u} \tag{8.1.10}$$

式中 μ——混合流体的动力黏度；

k——多孔介质渗透率；

β——非 Darcy 因子；

ρ——混合流体的密度；

$\boldsymbol{u}$——混合流体的平均流速。

根据第 3 章破碎岩体非 Darcy 渗流试验结果，渗透率可由孔隙率表示为：

$$k=k_{\mathrm{r}}\frac{\phi^3}{(1-\phi)^2} \tag{8.1.11}$$

式中 k_{r}——与颗粒粒径、形状等有关的系数，可以通过试验测定。

非 Darcy 因子 β 与渗透率 k 的关系可表示为：

$$\beta=\frac{C}{\sqrt{k}} \tag{8.1.12}$$

根据爱因斯坦导出的水沙混合流体相对黏滞系数的理论公式[2]，可以将水流和充填物颗粒等组成的混合流体黏度粗略地表示为：

$$\mu = \mu_0(1 + 2.5c) \tag{8.1.13}$$

式中　μ_0——不含颗粒的水流的动力黏度。

8.1.1.4　流态化颗粒的浓度传输方程

流态化颗粒的浓度传输过程可近似由不可压缩流体的对流扩散方程进行描述，然而对于多孔介质的高速渗流运动，通常情况下对流作用要远大于扩散作用，因此高速渗流情况下可以忽略扩散作用，将流态化颗粒的浓度传输方程表示为：

$$\frac{\partial(c\phi)}{\partial t} + \nabla\cdot(c\boldsymbol{u}) = \frac{I_\mathrm{f}}{\rho_\mathrm{f}} \tag{8.1.14}$$

式中，右端项 $I_\mathrm{f}/\rho_\mathrm{f}$表示单位时间、单位体积破碎岩体中因潜蚀作用新增加的流态化颗粒的体积，即由体积浓度表示的颗粒的潜蚀速率。

将式（8.1.8）代入式（8.1.14），可将流态化颗粒的浓度传输方程表示为：

$$\frac{\partial(c\phi)}{\partial t} + \nabla\cdot(c\boldsymbol{u}) = \frac{\partial\phi}{\partial t} \tag{8.1.15}$$

8.1.1.5　孔隙率演化方程

水流的机械潜蚀作用导致充填物颗粒的流态化，充填物颗粒在流态化前属于固体骨架的一部分，流态化后则属于混合流体的一部分，因此充填物颗粒的流态化直接导致破碎岩体孔隙率的变化。根据多孔介质中无黏性颗粒的过滤试验和理论研究，Sakthivadivel 等[3,4]曾给出了一个描述散体介质在水流作用下的孔隙率演化方程，该方程在破碎岩体渗流、管涌等方面广泛应用[5~7]，可表示为：

$$\frac{\partial\phi}{\partial t} = \lambda(1 - \phi)c|\boldsymbol{u}| \tag{8.1.16}$$

式中　λ——潜蚀系数，表示水流将固体颗粒流态化的能力，可通过试验进行测定。

试验研究表明，一般情况下，水流并不能将组成破碎岩体的所有颗粒物质全部流态化，只能将部分小粒径的充填物颗粒流态化，因此破碎岩体的孔隙率存在一个极大值 ϕ_m，可以将破碎岩体孔隙率演化方程表示为[8]：

$$\frac{\partial\phi}{\partial t} = \lambda(\phi_\mathrm{m} - \phi)c|\boldsymbol{u}| \tag{8.1.17}$$

实际上，潜蚀作用的产生与流体流速密切相关，只有当流速足够大，达到固体颗粒启动的临界流速 $\boldsymbol{u}_\mathrm{cr}$时，潜蚀作用才会发生。写成数学表达式为：

$$\begin{cases} \dfrac{\partial \phi}{\partial t} = \lambda(\phi_m - \phi) c |\boldsymbol{u}|, & \boldsymbol{u} > \boldsymbol{u}_{cr} \\ \dfrac{\partial \phi}{\partial t} = 0, & \boldsymbol{u} \leqslant \boldsymbol{u}_{cr} \end{cases} \tag{8.1.18}$$

为了简化问题，本节研究的混合流体渗流均为颗粒启动后的渗流，即流速已经超过了颗粒启动的临界流速。

8.1.1.6 破碎岩体混合流体非 Darcy 渗流模型方程汇总

破碎岩体混合流体非 Darcy 渗流模型由以上所述的连续性方程、运动方程、浓度传输方程和孔隙率演化方程等共同构成，基本方程汇总如下。

混合流体的连续性方程：

$$\frac{\partial(\rho\phi)}{\partial t} + \nabla \cdot (\rho \boldsymbol{u}) = \rho_f \frac{\partial \phi}{\partial t} \tag{8.1.19}$$

高速非 Darcy 运动方程：

$$-\nabla p = \frac{\mu}{k}\boldsymbol{u} + \beta\rho |\boldsymbol{u}| \boldsymbol{u} \tag{8.1.20}$$

流态化颗粒的浓度传输方程：

$$\frac{\partial(c\phi)}{\partial t} + \nabla \cdot (c\boldsymbol{u}) = \frac{\partial \phi}{\partial t} \tag{8.1.21}$$

孔隙率演化方程：

$$\frac{\partial \phi}{\partial t} = \lambda(\phi_m - \phi) c |\boldsymbol{u}| \tag{8.1.22}$$

参数辅助方程：

$$\rho = (1 - c)\rho_w + c\rho_f \tag{8.1.23}$$

$$k = k_r \frac{\phi^3}{(1-\phi)^2} \tag{8.1.24}$$

$$\beta = \frac{C}{\sqrt{k}} \tag{8.1.25}$$

$$\mu = \mu_0(1 + 2.5c) \tag{8.1.26}$$

式中 $\boldsymbol{u}$——混合流体的平均流速；

p——流体压力；

c——混合流体中流态化颗粒的体积浓度；

ϕ，ϕ_m——分别为破碎岩体的孔隙率和最大孔隙率；

ρ，ρ_w，ρ_f——分别为混合流体、水流和颗粒的密度；

k——渗透率；

k_r——与颗粒粒径、形状等有关的参数；

β——非 Darcy 因子或惯性因子；

C——无量纲系数；

μ，μ_0——分别为混合流体和水的动力黏度；

λ——潜蚀系数；

t——时间。

模型共包含 8 个方程、8 个未知变量，其中有 p、c、$\boldsymbol{u}$ 和 ϕ 四个基本变量，k、ρ、β、μ 四个衍生变量，方程个数与未知变量个数一致，方程封闭。

该模型考虑了破碎岩体高速非 Darcy 渗流过程中的渗流潜蚀作用，模型中的方程之间存在耦合关系，因此高速渗流过程中破碎岩体多孔介质参数（孔隙率、渗透率、非 Darcy 因子）与流体参数（混合流体密度、黏度）以及渗流场（流速、压力）相互促进又相互制约。方程的耦合关系如图 8.1.2 所示。

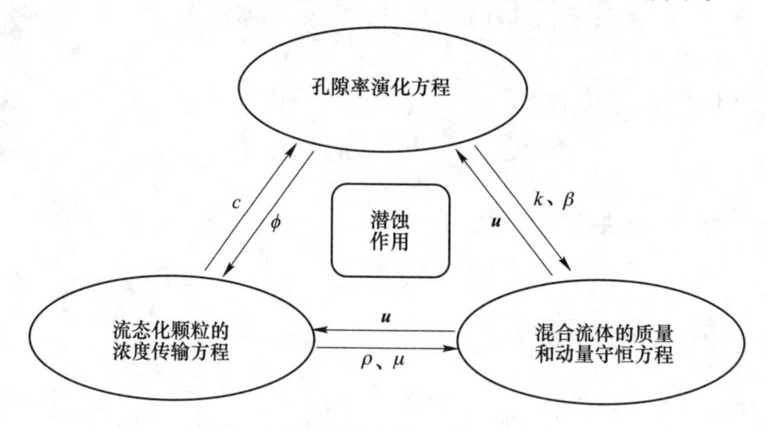

图 8.1.2　模型中方程的耦合关系

8.1.2　基于 FELAC 软件的模型数值求解

8.1.2.1　FELAC 软件简介

FELAC 软件是有限元语言及其编译器（finite element language and it's compiler）的简称，是由中国科学院数学与系统科学研究院梁国平先生开发的通用有限元软件平台，可用于生成有限元问题的计算源程序，是求解有限元问题的一个有力工具。

A　FELAC 软件的基本思想与应用模式

FELAC 的目标是通过输入微分方程表达式和算法之后，就可以得到所有有限元计算的程序代码。其核心采用元件化思想来实现有限元计算的基本工序，采用自定义的有限元语言作为脚本代码语言，使用户以一种类似于数学公式书写和推导的方式，表达待解问题的微分方程表达式和算法表达式，由生成器解释并产生完整的有限元计算程序[9]。

FELAC 的有限元计算程序主要由 6 个元件程序组成，包括有限元计算过程中的初始化程序 START、单元计算程序 E、线性代数方程组求解程序 SOLV、后处理计算程序 U、时间更新程序 BFT 和显示算法程序 EXP，每个元件程序完成相应单一的功能。FELAC 通过内置的主程序将各个元件程序组织起来，即可自动生成相应的有限元计算源程序。

FELAC 作为一个有限元程序开发平台，是基于有限元方法的一般数学原理开发的，具有本质的通用性，但对于具体的有限元问题生成与之匹配的有限元计算程序，能够解决的数学模型也是固定的，因此其应用模式也是单一的。图 8.1.3 所示为 FEPG 系统和前后处理软件界面以及应用模式。

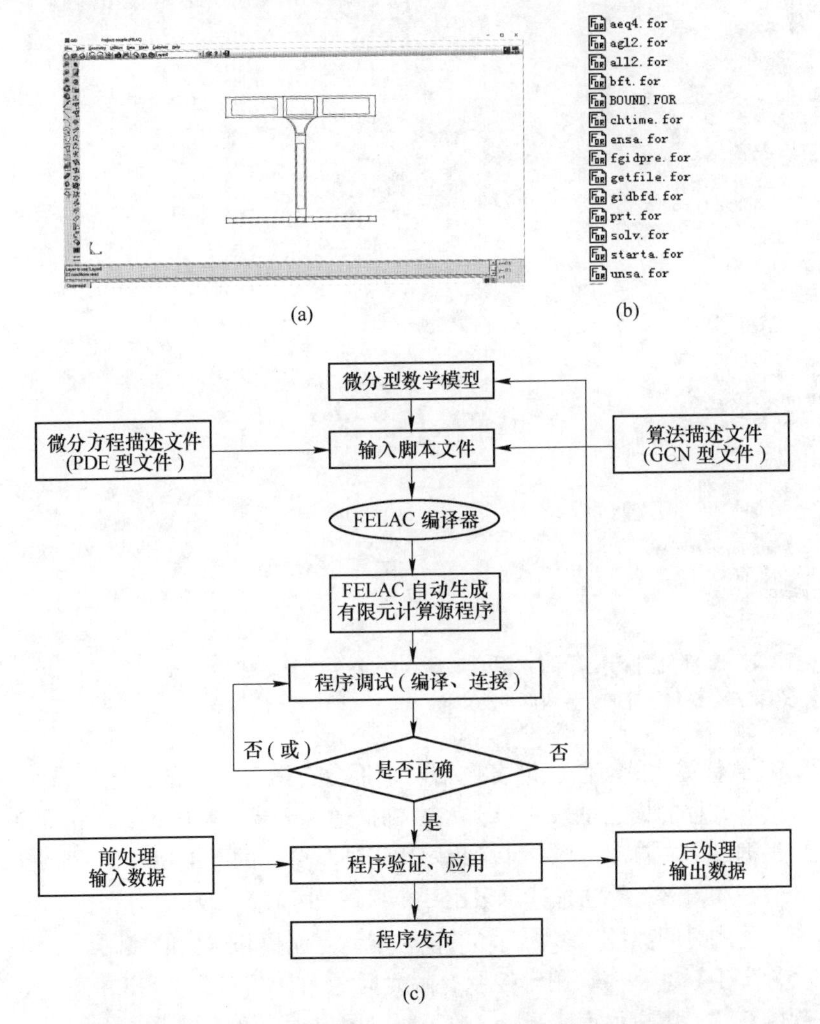

图 8.1.3　FEPG 系统和前后处理软件界面以及应用模式

(a) Gid 前后处理界面；(b) Fortran 源文件；(c) FELAC 典型应用模式

B　有限元语言

有限元语言是一种采用有限元方法和有限体积法求解偏微分方程的模型语言[10]。采用这种语言编写有限元和有限体积程序，主要工作是书写偏微分方程表达式及其有限元/有限体积法的具体算法，然后由该语言的编译器自动产生某种高级语言（如 Fortran、C/C++等）的有限元/有限体积计算程序。图 8.1.4 所示为部分自行推导的方程，编译算法文件以及生成的 Fortran 程序源代码。

```
disp u,v,p
coor x,y
func ux uy vx vy cu cv div px py
coef un,vn,pn
shap %1 %2
gaus %3
mass %1 (rou*vol) (rou*vol) 0
$c6 dimension gun(2,2)
\
mate rou yita fx fy 998.0;1.0e-3;0.0;0.0;

func
$c6  h2=abs(coorr(2,1)-coorr(2,4))
$c6  h1=abs(coorr(1,1)-coorr(1,2))
$c6  h2a=abs(coorr(2,1)-coorr(2,2))
$c6  h1a=abs(coorr(1,1)-coorr(1,4))
$c6  if(h2.eq.0.0) then
$c6     h2=h2a
$c6    endif
$c6  if(h1.eq.0.0) then
$c6     h1=h1a
$c6    endif
$c6 unorm=sqrt(un*un+vn*vn)
$c6 if(unorm.eq.0.0) then
$c6   taps=rou*h2**2/yita/3.0
$c6 else
$c6   udni1=(un/h1+vn/h2)
$c6   udni2=(un/h1-vn/h2)
$c6   udni=2.0*(abs(un/h1+vn/h2)+abs(un/h1-vn/h2))
$c6   hugn=2.0*unorm/udni
$c6   pe=0.5*rou*unorm*hugn/yita
$c6   if(pe.lt.0.1) then
$c6     fnpe=pe*4.0/3.0
$c6   else
```

```
      subroutine aeq4(coorr,coefr,
     & prmt,estif,emass,edamp,eload,num)
c .... coorr ---- nodal coordinate value
c .... coefr ---- nodal coef value
      implicit real*8 (a-h,o-z)
      dimension estif(12,12),elump(12),emass(12),
     & eload(12)
      dimension prmt(*),coef(3),coefr(4,3),
     & eux(12),euy(12),evx(12),evy(12),
     & ecu(12),ecv(12),ediv(12),epx(12),
     & epy(12),coorr(2,4),coor(2)
      common /raeq4/ru(4,12),rv(4,12),rp(4,12),
     & cu(4,3),cv(4,3),cp(4,3)
c .... store shape functions and their partial derivatives
c .... for all integral points
      common /vaeq4/rctr(2,2),crtr(2,2),coefd(3,5),coefc(3,5)
      common /daeq4/ refc(2,4),gaus(4),
     & nnode,ngaus,ndisp,nrefc,ncoor,nvar,
     & nvard(3),kdord(3),kvord(12,3)
c .... nnode ---- the number of nodes
c .... nrefc ---- the number of numerical integral points
c .... ndisp ---- the number of unknown functions
c .... nrefc ---- the number of reference coordinates
c .... nvar ---- the number of unknown varibles var
c .... refc ---- reference coordinates at integral points
c .... gaus ---- weight number at integral points
c .... nvard ---- the number of var for each unknown
c .... kdord ---- the highest differential order for each unknown
c .... kvord ---- var number at integral points for each unknown
      dimension gun(2,2)
      rou=prmt(1)
      yita=prmt(2)
      fx=prmt(3)
      fy=prmt(4)
      time=prmt(5)
      dt=prmt(6)
      imate=prmt(7)+0.5
      ielem=prmt(8)+0.5
      nelem=prmt(9)+0.5
      it=prmt(10)+0.5
      nmate=prmt(11)+0.5
      itime=prmt(12)+0.5
```

图 8.1.4　部分自行推导的方程，编译算法文件以及生成的 Fortran 程序源代码

（a）部分自行推导的方程弱形式及其 pre 文件；（b）生成的部分 Fortran 程序源代码

FELAC 软件提供的有限元语言包括两个部分：微分方程的描述语言和算法描述语言。微分方程的描述是采用 PDE 型文件描述基于弱解形式的微分方程表达式，编译系统根据该文件自动生成单元子程序用于计算单元的刚度矩阵、质量矩阵、阻尼矩阵和载荷向量等；算法描述是采用 GCN 型文件描述非 Darcy 偏微分方程的线性化、瞬态问题的时间离散、多物理场的耦合、计算流程和迭代的控制等，编译系统根据该文件产生算法程序，用于控制有限元问题的计算流程。FELAC 内置了三类微分方程的算法，用户可直接调用，也可以参照建立自己的算法文件。

椭圆型偏微分方程：　　　　$\boldsymbol{LU}+\boldsymbol{F}=0$

抛物型偏微分方程： $$M\frac{\partial \boldsymbol{u}}{\partial \boldsymbol{t}}=\boldsymbol{LU}+\boldsymbol{F}$$

双曲型偏微分方程： $$\boldsymbol{M}\frac{\partial^2 \boldsymbol{u}}{\partial \boldsymbol{t}^2}+C\frac{\partial \boldsymbol{u}}{\partial \boldsymbol{t}}=\boldsymbol{LU}+\boldsymbol{F}$$

C 前后处理

FELAC 软件主要用于生成求解的源程序，对于实际问题，完整的求解还需要有前后处理，即建立几何模型、施加边界和初始条件、参数赋值、网格划分等（称为前处理），计算结果的可视化分析等（称为后处理）。FELAC 的前后处理是采用第三方软件 GID 完成的，该软件已经被集成在 FELAC 软件中，命名为 FELAC. GID，作为 FELAC 的前后处理器一起发布安装。GID 是一款通用的计算内核程序的前后处理软件，从 GID 角度，任何需要前后处理的计算核心程序，即用户问题的求解器都可以嵌入到 GID 软件中，其前处理功能可以生成用户程序所需格式的输入数据文件，用户程序计算完毕后的结果文件也可以用 GID 的后处理功能进行可视化表达。图 8.1.5 所示为 GID 与用户开发的计算程序之间的关系。

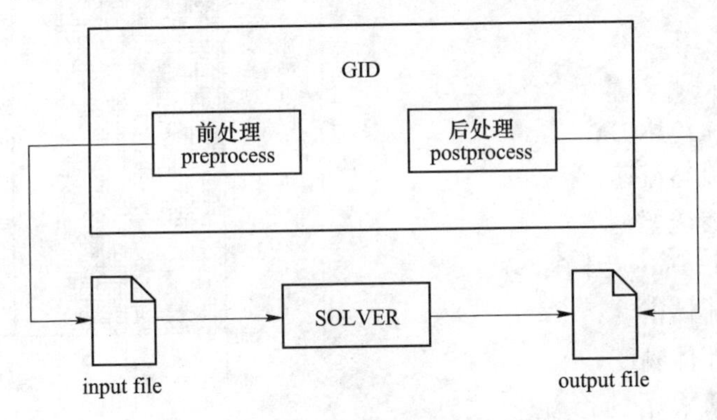

图 8.1.5 GID 与计算程序之间的关系

D “FELAC 场”与耦合

物理场在数学上表现为以时间和空间为变量的物理量函数，数学上对场的定义为“如果在全部空间或部分空间里的每一点，都对应着某个物理量的一个确定值，就说在这空间里确定了该物理量的一个场[11]”。“FELAC 场”所指的就是这种数学意义上的场，而且对场的命名需遵循以下约定：各场按 a、b、c 的方式进行命名，各物理场之间不分顺序，即哪一个场取为 a 没有任何关系。FELAC 目前支持同时求解 26 个“FELAC 场”方程。

场之间是可以耦合的，从概念上讲，“耦合”是指两个或者两个以上的体系或运动形式之间通过各种相互作用而彼此影响、依赖甚至联合起来的现象。当这种自然现象用数学模型加以刻画时，耦合就表现为不同数学表达式的变量之间相互影响和彼此依赖的关系。他们之间没有先后之分，也很难分清因果关系，一个量的变化对应着另一个量的同时变化。

8.1.2.2　基于 FELAC 软件的 Forchheimer 方程数值求解

本节应用 FELAC 软件，以一维稳定非 Darcy Forchheimer 渗流问题为例，通过对比数值解与解析解，验证 FELAC 求解非线性渗流问题的可行性。

A　问题描述

研究如图 8.1.6 所示的多孔介质数值试样，尺寸为 $W \times H = 60\text{mm} \times 180\text{mm}$。试样被水完全饱和，水流从试样下端流入，上端流出，两侧为隔水边界，稳态条件下的渗流满足非 Darcy Forchheimer 方程。对试样下端施加恒定的流体压力 p_1，上端流体压力 $p_2 = 0$。那么该问题可表示为

$$
\begin{cases}
-\dfrac{\partial p}{\partial y} = \dfrac{\mu}{k}\boldsymbol{u} + \beta\rho\,|\boldsymbol{u}|\,\boldsymbol{u}, & \text{in } \Omega \\
\nabla \cdot \boldsymbol{u} = 0, & \text{in } \Omega \\
p_{y=0} = p_1, & \text{on } \Gamma \\
p_{y=H} = p_2, & \text{on } \Gamma
\end{cases}
\tag{8.1.27}
$$

式中　p——流体压力；

$\boldsymbol{u}$——流体流速；

k——渗透率；

β——非 Darcy 因子；

ρ——流体密度；

μ——流体黏度。

数值计算采用的渗流参数见表 8.1.1。

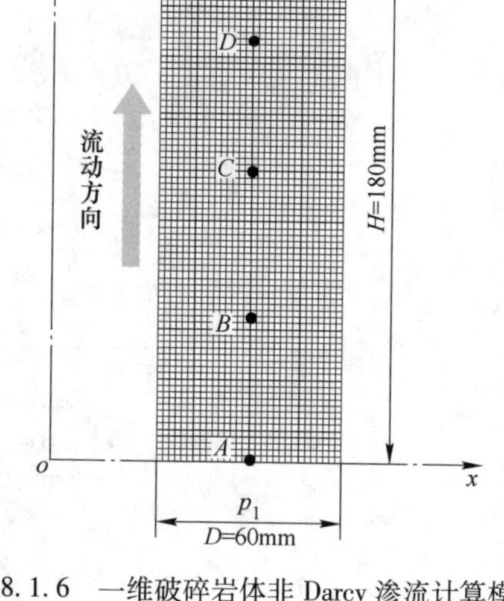

图 8.1.6　一维破碎岩体非 Darcy 渗流计算模型

表 8.1.1　计算采用的渗流参数

变量名/单位	渗透率 k/m^2	非 Darcy 因子 β/m^{-1}	密度 $\rho/\text{kg}\cdot\text{m}^{-3}$	黏度 $\mu/\text{Pa}\cdot\text{s}$
数值	1.0×10^{-10}	1.0×10^{6}	1000	1.0×10^{-3}

B　弱形式的推导

虚位移原理是构造微分方程有限元格式的数学基础之一。FELAC 采用了虚位移原理建立有限元格式。应用 FELAC 软件生成有限元计算程序，首先就是利用虚位移原理建立微分方程的弱解积分形式（简称弱形式）。

一般情况下，采用有限元方法求解非线性问题需要将其线性化。Forchheimer 方程为非线性方程，因此在推导其弱形式之前必须明确线性化方案。对于该问题采用简单迭代法对 Forchheimer 方程中速度的二次方项进行线性化处理，根据迭

代步将速度的二次方 $\boldsymbol{u}^2$ 分解为上一迭代步的速度的数值（$|\boldsymbol{u}_n|$，n 表示第 n 迭代步）与本次迭代步的速度（$\boldsymbol{u}_{n+1}$）的乘积，即 $\boldsymbol{u}^2=|\boldsymbol{u}_n|\boldsymbol{u}_{n+1}$，对于第 $n+1$ 迭代步而言，$|\boldsymbol{u}_n|$是已知的常量。于是，可以将 Forchheimer 方程写为：

$$-\frac{\partial p}{\partial y}=\frac{\mu}{k}\boldsymbol{u}_{n+1}+\beta\rho|\boldsymbol{u}_n|\boldsymbol{u}_{n+1} \tag{8.1.28}$$

由压力表示速度为：

$$\boldsymbol{u}_{n+1}=-\frac{1}{\dfrac{\mu}{k}+\beta\rho|\boldsymbol{u}_n|}\frac{\partial p}{\partial y} \tag{8.1.29}$$

将式（8.1.29）代入连续性方程 $\nabla\cdot\boldsymbol{u}=0$ 得：

$$\nabla\cdot\left(-\frac{1}{\dfrac{\mu}{k}+\beta\rho|\boldsymbol{u}_n|}\frac{\partial p}{\partial y}\right)=0 \tag{8.1.30}$$

根据虚位移原理，将式（8.1.30）方程两边同时乘以压力的虚位移 δp 得：

$$\nabla\cdot\left(-\frac{1}{\dfrac{\mu}{k}+\beta\rho|\boldsymbol{u}_n|}\frac{\partial p}{\partial y}\right)\delta p=0 \tag{8.1.31}$$

然后将方程两边同时对求解域 Ω 进行积分，将 Forchheimer 方程的微分形式变成积分形式：

$$\int_{\Omega}\nabla\cdot\left(-\frac{1}{\dfrac{\mu}{k}+\beta\rho|\boldsymbol{u}_n|}\frac{\partial p}{\partial y}\right)\delta p\mathrm{d}\Omega=0 \tag{8.1.32}$$

利用分部积分公式将压力的二阶导数、虚位移的零阶导数变成压力的一阶导数、虚位移的一阶导数，通过提高虚位移的可微性来降低压力的可微性要求，得到原来微分方程的近似解（也叫弱解），即线性化的压力控制方程的弱形式：

$$-\int_{\Omega}\left(-\frac{1}{\dfrac{\mu}{k}+\beta\rho|\boldsymbol{u}_n|}\frac{\partial p}{\partial y}\right)\frac{\partial\delta p}{\partial y}\mathrm{d}\Omega+\int_{\Gamma}\left(-\frac{1}{\dfrac{\mu}{k}+\beta\rho|\boldsymbol{u}_n|}\frac{\partial p}{\partial y}\right)\delta pn_y\mathrm{d}\Gamma=0 \tag{8.1.33}$$

整理得：

$$\int_{\Omega}\left(\frac{1}{\dfrac{\mu}{k}+\beta\rho|\boldsymbol{u}_n|}\frac{\partial p}{\partial y}\right)\frac{\partial\delta p}{\partial y}\mathrm{d}\Omega-\int_{\Gamma}\left(\frac{1}{\dfrac{\mu}{k}+\beta\rho|\boldsymbol{u}_n|}\frac{\partial p}{\partial y}\right)\delta pn_y\mathrm{d}\Gamma=0 \tag{8.1.34}$$

式中　n_y——边界 Γ 上外法线方向的单位向量。

已知压力，再根据式（8.1.29）计算流速，其弱形式为：

$$\int_{\Omega} \boldsymbol{u}_{n+1} \delta \boldsymbol{u}_{n+1} \mathrm{d}\Omega = \int_{\Omega} \left(-\frac{1}{\rho\beta |\boldsymbol{u}_n| + \dfrac{\mu}{k}} \frac{\partial p}{\partial x} \right) \delta \boldsymbol{u}_{n+1} \mathrm{d}\Omega \tag{8.1.35}$$

得到了问题的积分形式后，剩下的就是应用 FELAC 软件，按照系统要求采用有限元语言书写脚本文件，自动生成一维稳定非 Darcy Forchheimer 渗流的有限元计算程序。脚本文件编写等属于软件的具体操作问题，在此不进行详述，可参考 FELAC 软件使用说明。

该模型包含两个物理场，分别为压力场和速度场。压力场用于求解压力，采用椭圆算法进行求解，并耦合速度场中的流速；速度场用于求解速度，采用非线性椭圆算法，并耦合压力场中的压力。非线性迭代容许误差设置为 10^{-8}，即容许误差 $\varepsilon = |\boldsymbol{u}_{n+1} - \boldsymbol{u}_n| / |\boldsymbol{u}_n| \leqslant 10^{-8}$。

C　结果与误差分析

对于表 8.1.1 给定的渗流力学参数，压力梯度与流速的关系方程可表示为 $-\nabla p = 10\boldsymbol{u} + 1000\boldsymbol{u}^2$（压力梯度单位：MPa/m，流速单位：m/s）。设置入口压力 $p_1 = 0.36\text{MPa}$，通过数值计算得到的流体压力和流速分布如图 8.1.7 所示。图中显示在压力梯度为 $(p_1 - p_2)/h = (0.36 - 0)/0.18 = 2\text{MPa/m}$ 的情况下，数值计算得

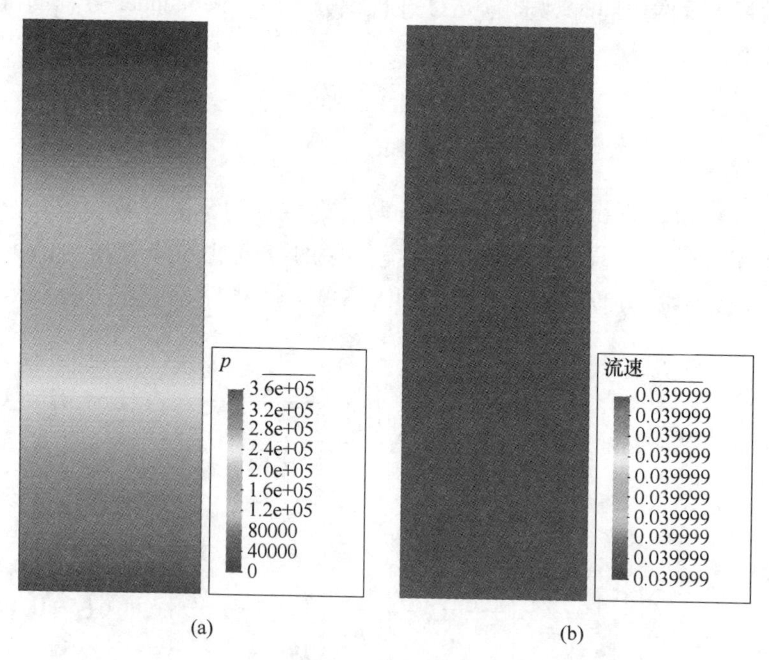

图 8.1.7　一维破碎岩体非线性渗流模拟结果

（a）压力分布（单位：Pa）；（b）流速分布（单位：m/s）

（扫描书前二维码看彩图）

到的流速为 0.039999m/s，而理论解为 0.04m/s，数值解与理论解的相对误差为 2.5×10^{-5}，完全可以忽略不计。改变入口压力 p_1，通过数值计算可得不同压力梯度条件下的流速分布，如图 8.1.8 所示。由图可知，对于任一给定的压力梯度，数值计算得到的流速与理论解均基本吻合，验证了数值求解方法的正确性，同时表明基于 FELAC 软件求解非线性 Forchheimer 渗流问题是可行的。

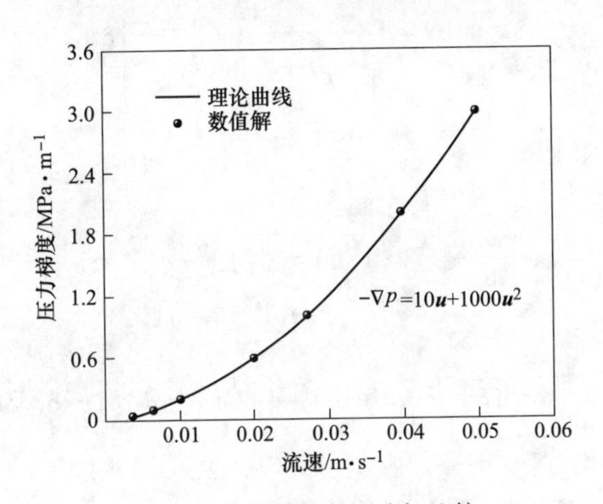

图 8.1.8 数值解与理论解比较

8.1.2.3 破碎岩体混合流体非 Darcy 渗流模型的数值求解

基于 FELAC 软件，通过构造破碎岩体混合流体非 Darcy 渗流模型的弱形式，采用有限元方法实现模型的数值求解。

A 方程的弱形式

a 连续性方程和运动方程

为了便于计算，对模型进行化简，将式（8.1.23）代入式（8.1.19）得：

$$\frac{\partial\{[(1-c)\rho_{\mathrm{w}}+c\rho_{\mathrm{f}}]\phi\}}{\partial t}+\nabla\cdot\{[(1-c)\rho_{\mathrm{w}}+c\rho_{\mathrm{f}}]\boldsymbol{u}\}=\rho_{\mathrm{f}}\frac{\partial\phi}{\partial t}\tag{8.1.36}$$

整理得

$$\frac{\partial(\phi c)}{\partial t}+\nabla\cdot(c\boldsymbol{u})-\frac{\partial\phi}{\partial t}+\frac{\rho_{\mathrm{w}}}{(\rho_{\mathrm{f}}-\rho_{\mathrm{w}})}\nabla\cdot\boldsymbol{u}=0\tag{8.1.37}$$

由式（8.1.21）和式（8.1.37）可得：

$$\frac{\rho_{\mathrm{w}}}{(\rho_{\mathrm{f}}-\rho_{\mathrm{w}})}\nabla\cdot\boldsymbol{u}=0\tag{8.1.38}$$

即：

$$\nabla\cdot\boldsymbol{u}=0\tag{8.1.39}$$

根据式（8.1.33）运动方程中压力控制方程的弱形式可表示为：

$$\iint_{\Omega}\left(\frac{1}{\frac{\eta}{k}+\beta\rho\left|\boldsymbol{u}_{n}\right|}\frac{\partial p}{\partial y}\right)\frac{\partial\delta p}{\partial y}\mathrm{d}\Omega-\iint_{\Gamma}\left(\frac{1}{\frac{\eta}{k}+\beta\rho\left|\boldsymbol{u}_{n}\right|}\frac{\partial p}{\partial y}\right)\delta p n_{y}\mathrm{d}\Gamma=0 \quad (8.1.40)$$

求得压力后，采用最小二乘法求解流速，流速控制方程的弱形式为：

$$\int_{\Omega}\boldsymbol{u}_{n+1}\delta\boldsymbol{u}_{n+1}\mathrm{d}\Omega=\iint_{\Omega}\left(-\frac{1}{\rho\beta\left|\boldsymbol{u}_{n}\right|+\frac{\mu}{k}}\frac{\partial p}{\partial x}\right)\delta\boldsymbol{u}_{n+1}\mathrm{d}\Omega \quad (8.1.41)$$

b　浓度传输方程

将式（8.1.22）代入式（8.1.21）得：

$$\frac{\partial(c\phi)}{\partial t}+\nabla\cdot(c\boldsymbol{u})=\lambda(\phi_{\mathrm{m}}-\phi)c\left|\boldsymbol{u}\right| \quad (8.1.42)$$

写成弱形式为：

$$\int_{\Omega}\phi\frac{\partial c}{\partial t}\delta c\mathrm{d}\Omega+\int_{\Omega}\frac{\partial c}{\partial y}\boldsymbol{u}\delta c\mathrm{d}\Omega=\int_{\Omega}\lambda(\phi_{\mathrm{m}}-\phi)c\left|\boldsymbol{u}\right|\delta c\mathrm{d}\Omega \quad (8.1.43)$$

c　孔隙率演化方程

将孔隙率演化方程式（8.1.31）整理为：

$$\frac{\partial\phi}{\partial t}+\lambda\phi c\left|\boldsymbol{u}\right|=\lambda\phi_{\mathrm{m}}c\left|\boldsymbol{u}\right| \quad (8.1.44)$$

写成弱形式为：

$$\int_{\Omega}\frac{\partial\phi}{\partial t}\delta\phi\mathrm{d}\Omega+\int_{\Omega}\lambda\phi c\left|\boldsymbol{u}\right|\delta\phi\mathrm{d}\Omega=\int_{\Omega}\lambda\phi_{\mathrm{m}}c\left|\boldsymbol{u}\right|\delta\phi\mathrm{d}\Omega \quad (8.1.45)$$

B　方程的离散格式

上述方程是在求解域内的积分，实际计算上需要对求解域进行单元剖分，也就是单元（网格）划分或空间离散，也就是将上述积分公式改为在每个单元上的积分，然后再求和。

采用瞬态问题的半离散化方案将空间变量和时间变量进行分开求解，选取单元插值基函数，从微分方程的弱解形式出发，应用 FELAC 软件即可自动生成待求单元质量、单元刚度、单元荷载矩阵元素的通式形式：

$$\boldsymbol{M}^{(\mathrm{e})}\frac{\mathrm{d}U^{(\mathrm{e})}(t)}{\mathrm{d}t}+S^{(\mathrm{e})}U^{(\mathrm{e})}(t)=F^{(\mathrm{e})} \quad (8.1.46)$$

式中，单元质量矩阵 $M^{(\mathrm{e})}=[M_{ij}^{(\mathrm{e})}]$，单元刚度矩阵 $S^{(\mathrm{e})}=[S_{ij}^{(\mathrm{e})}]$，单元荷载项 $F^{(\mathrm{e})}=\{f_j\}$。

采用有限差分法完成时间离散化，在单元分析的同时对时间进行离散化，然后再进行总体方程的合成。时间离散化采用全隐式向后差分格式：

$$M^{(e)} \frac{U_{t+\Delta t}^{(e)} - U_{t}^{(e)}}{\Delta t} + S^{(e)} U_{t+\Delta t}^{(e)} = F_{t+\Delta t}^{(e)} \tag{8.1.47}$$

C 程序设计

基于 FELAC 软件，从脚本填写的角度，将破碎岩体混合流体非 Darcy 渗流模型分为 4 个“FELAC”场进行求解，分别为 a 场求解压力，b 场求解速度，c 场求解浓度，d 场求解孔隙率，按照 a—b—c—d 的顺序依次求解。计算流程如图 8.1.9 所示。

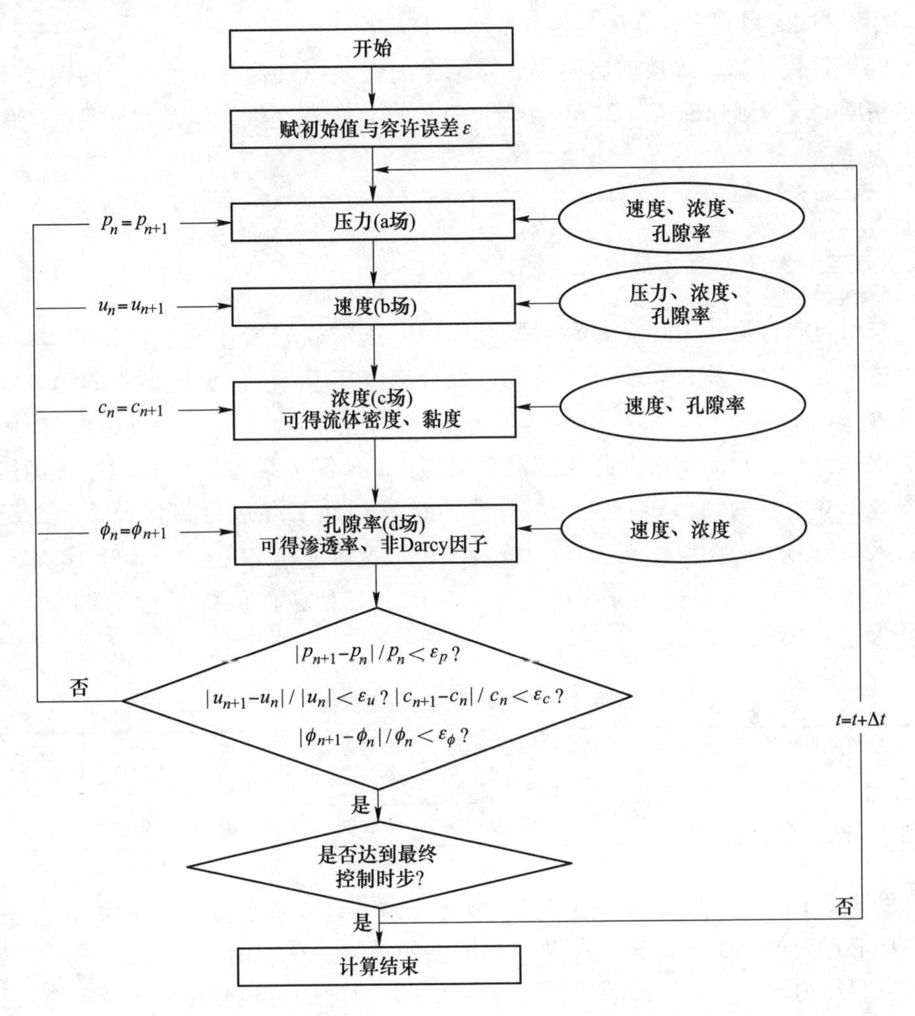

图 8.1.9 基于 FELAC 软件的破碎岩体混合流体非 Darcy 渗流计算流程

根据计算流程图，分为以下步骤进行求解：

(1) 设定计算模型的初始值和容许误差，默认误差为 10^{-8}；

（2）根据式（8.1.40）求解压力，采用椭圆型算法，耦合 b 场速度、c 场浓度、d 场孔隙率；

（3）根据式（8.1.41）求解速度，采用非线性椭圆型算法，并耦合 a 场压力、c 场浓度、d 场孔隙率；

（4）根据式（8.1.43）求解浓度，采用非线性抛物型算法，耦合 b 场速度、d 场孔隙率，同时得到混合流体的密度和黏度；

（5）根据式（8.1.45）求解孔隙率，采用线性抛物型算法，耦合 b 场速度、c 场浓度，同时得到多孔介质的渗透率和非 Darcy 因子；

（6）迭代计算，比较前后两步计算结果的误差，只要有一个变量的误差不满足精度要求，则返回第（2）步重新计算，直到所有变量的误差均满足既定的精度为止；

（7）进行下一时间步的迭代计算，直到设定的最终时步，则计算结束。

8.1.2.4 计算程序的对比分析

采用与混合流体 Darcy 渗流模型对比的方法对破碎岩体混合流体非 Darcy 渗流模型的计算程序进行验证。首先将混合流体非 Darcy 渗流模型中的动量守恒方程（Forchheimer 方程）替换为 Darcy 方程，然后基于 FELAC 软件，按照类似图 8.1.9 所示的求解流程生成混合流体 Darcy 渗流模型的计算程序。仍然以图 8.1.6 所示的数值试样为例，设置两种不同的工况进行数值计算。工况Ⅰ：入口压力 $p_1=450\text{Pa}$，出口压力 $p_2=0$；工况Ⅱ：入口压力 $p_1=0.18\text{MPa}$，出口压力 $p_2=0$。入口边界浓度均设置为 0.01，其他条件保持不变，采用的参数见表 8.1.2。

表 8.1.2 计算采用的渗流参数

初始孔隙率 ϕ_0	最大孔隙率 ϕ_m	初始浓度 c_0	潜蚀系数 λ/m^{-1}	流体密度 $\rho_w/\text{kg}\cdot\text{m}^{-3}$	颗粒密度 $\rho_f/\text{kg}\cdot\text{m}^{-3}$	黏度 $\mu_0/\text{Pa}\cdot\text{s}$	k_r/m^2	系数 C
0.16	0.45	0.01	30	1000	2630	0.001	6.5×10^{-10}	11.76

图 8.1.10 所示为两种不同工况下，混合流体 Darcy 渗流模型和非 Darcy 流模型在中心点处的压力、流速、孔隙率和浓度的计算结果。由图可知，对于工况Ⅰ，入口压力较小时试样两端的压力梯度较小，对应的流速较低，为低速渗流，流体的惯性阻力作用不明显，因此混合流体非 Darcy 流模型与 Darcy 流模型计算结果基本吻合；而工况Ⅱ中入口压力较大，试样两端压力梯度达到了 1.0MPa/m，非 Darcy 流模型计算的最大流速达到了 0.029m/s，为高速渗流，流体的惯性阻力影响显著；而 Darcy 流模型不考虑流体的惯性阻力作用，因此流速增大更明显，最

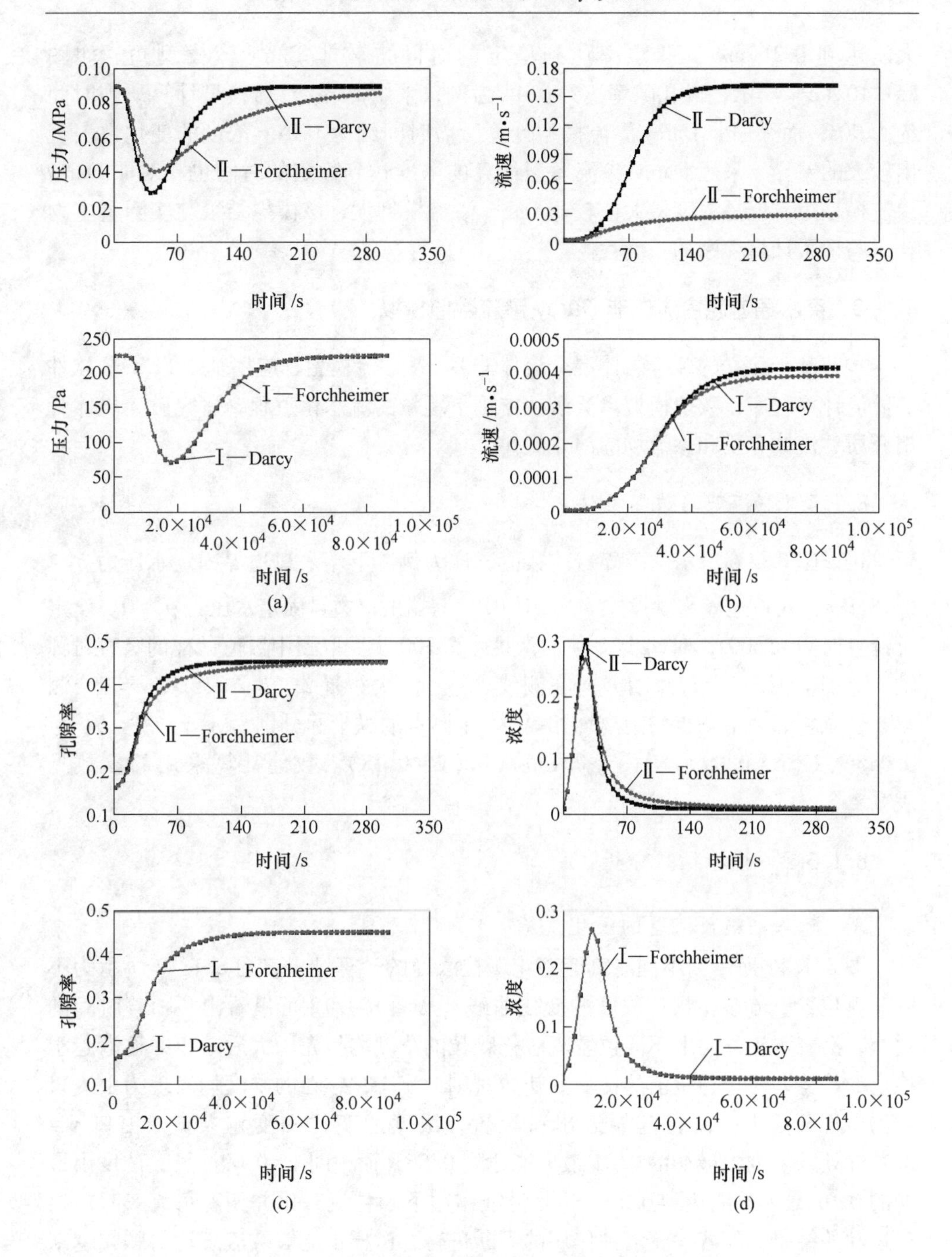

图 8.1.10 Darcy 与非 Darcy 渗流模型的计算结果对比

(a) 压力随时间变化曲线；(b) 流速随时间变化曲线；

(c) 孔隙率随时间变化曲线；(d) 浓度随时间变化曲线

大能达到 0.162m/s，孔隙率达到稳定的时间也较非 Darcy 流模型短。如图 8.1.10（c）所示，以孔隙率达到 0.44 为例，采用 Darcy 渗流模型计算所需时间约为 90s，而采用非 Darcy 渗流模型计算所需时间约为 190s。浓度的变化也表现出较大的差异，采用 Darcy 渗流模型计算的浓度达到稳定的时间也相对非 Darcy 渗流模型短，但是浓度最大值较非 Darcy 渗流模型大，该模拟结果与实际基本吻合，验证了计算程序的正确性。

8.1.3　突水通道混合流体非 Darcy 渗流数值模拟

本节基于建立的破碎岩体混合流体非 Darcy 渗流模型，应用基于 FELAC 软件的数值计算程序，数值模拟渗流潜蚀作用下颗粒的流态化过程，研究破碎岩体骨架介质、流体介质和渗流场的演化规律。

8.1.3.1　模型与边界条件

仍以图 8.1.6 所示的破碎岩体数值试样为例。下端入口边界固定水压力 p_1 = 0.18MPa，入口边界浓度设置为 $c_1=0.01$，上端出口边界固定水压力 $p_2=0$。设定总计算时间为 600s，时间步长为 2s，共计算 300 步。取图中数值试样的竖直对称轴 AE 为监测线，沿着流动方向在测线 AE 上依次布置 A、B、C、D、E 五个测点，任意相邻两个测点的距离均相等，5 个测点的纵坐标分别为 $A(y=0)$、$B(y=0.045)$、$C(y=0.09)$、$D(y=0.135)$、$E(y=0.18)$。数值计算采用的参数见表 8.1.2。

8.1.3.2　模拟结果分析

A　流态化颗粒浓度的演化规律

图 8.1.11 所示为不同时刻流态化颗粒浓度的计算结果，图 8.1.12 所示为不同监测位置上流态化颗粒浓度的变化曲线。从图 8.1.12 可以看出，随着时间的增加，沿着水流方向上不同位置流态化颗粒的浓度均呈先增大后减小并逐渐趋于稳定的趋势；对于稳定前的任一非初始时刻，流态化颗粒的浓度均表现为由入口到出口逐渐增大，而且越靠近出口位置，浓度的变化幅度越大。如出口 y = 0.18m 处，浓度由最初的 0.01 最大能达到 0.56，而中间 $y=0.09$m 处，浓度由最初的 0.01 最大只能达到 0.26，这是潜蚀作用下颗粒流态化并随着水流一起向出口运动的结果。随着渗流潜蚀作用的不断进行，试样中能够被流态化的颗粒越来越少，因此浓度不会一直增大，而是达到一定峰值后逐渐降低，最终只剩下不能被流态化的固体骨架，因此稳定时出口边界流出的流体与入口边界流入的流体属性保持一致。

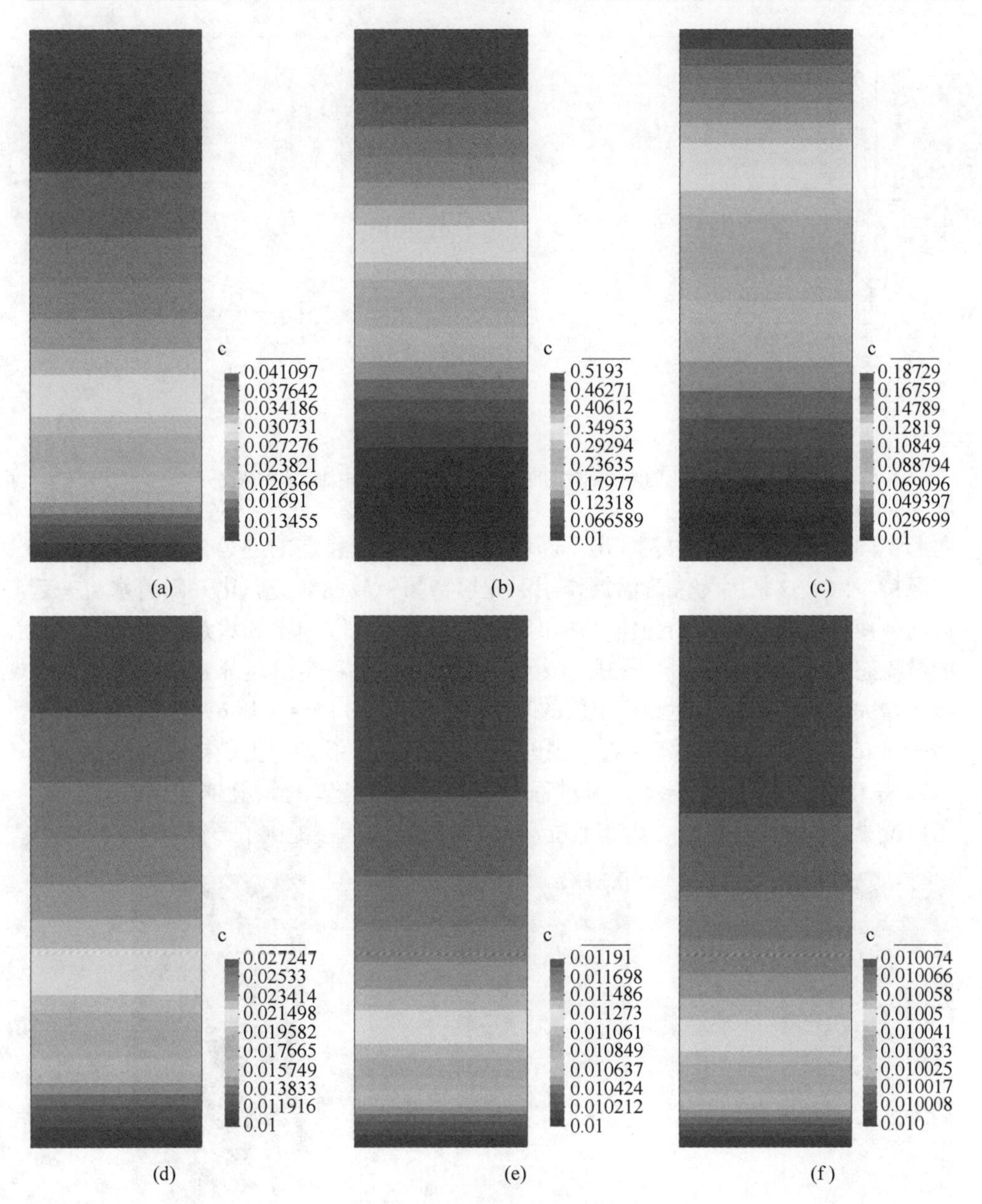

图 8.1.11 浓度随时间变化云图

(a) $t=2$s；(b) $t=20$s；(c) $t=50$s；(d) $t=100$s；(e) $t=250$s；(f) $t=600$s

（扫描书前二维码看彩图）

B 孔隙率的演化规律

图 8.1.13 所示为不同时刻孔隙率的计算结果，图 8.1.14 所示为不同监测位置上孔隙率的变化曲线。从图 8.1.14 可以看出，随着时间的增加，沿着水流方

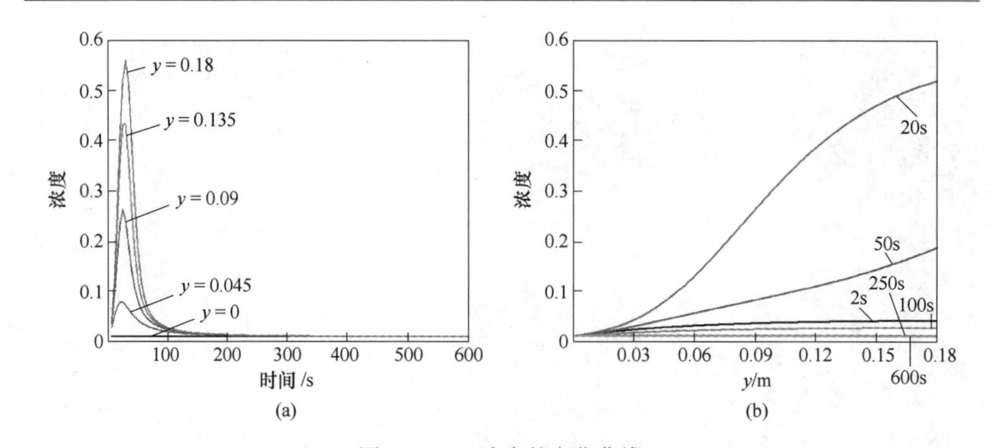

图 8.1.12　浓度的变化曲线

（a）不同测点上的浓度随时间变化；（b）不同时刻中轴线上的浓度分布

向上不同位置的孔隙率均表现出不断增大并逐渐趋于稳定的趋势，而且稳定值基本保持一致。这是因为渗流潜蚀作用下充填物颗粒被逐渐流态化并随着水流一起运动，使得破碎岩体中的固体介质不断减少，导致孔隙率不断增加，当只剩下不能被流态化的固体骨架时，孔隙率达到最大值并保持稳定。越靠近出口位置，孔隙率增大的速度越快，达到稳定值的时间越短，如出口 y=0.18m 处，孔隙率由最初的0.16 增大到0.44 仅需 66s；而中间 y=0.09m 处，孔隙率由最初的0.16 增大到0.44 需 186s，表明破碎岩体渗流过程中越靠近出口位置的颗粒越容易被流态化，出口位置的孔隙率先增大，为其他位置流态化颗粒的运移提供了通道空间。

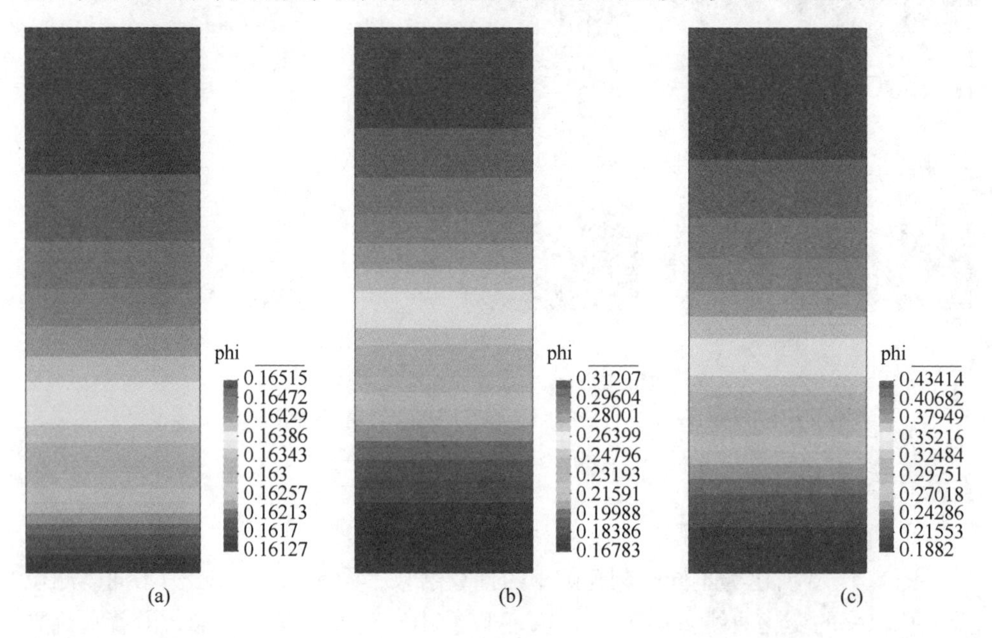

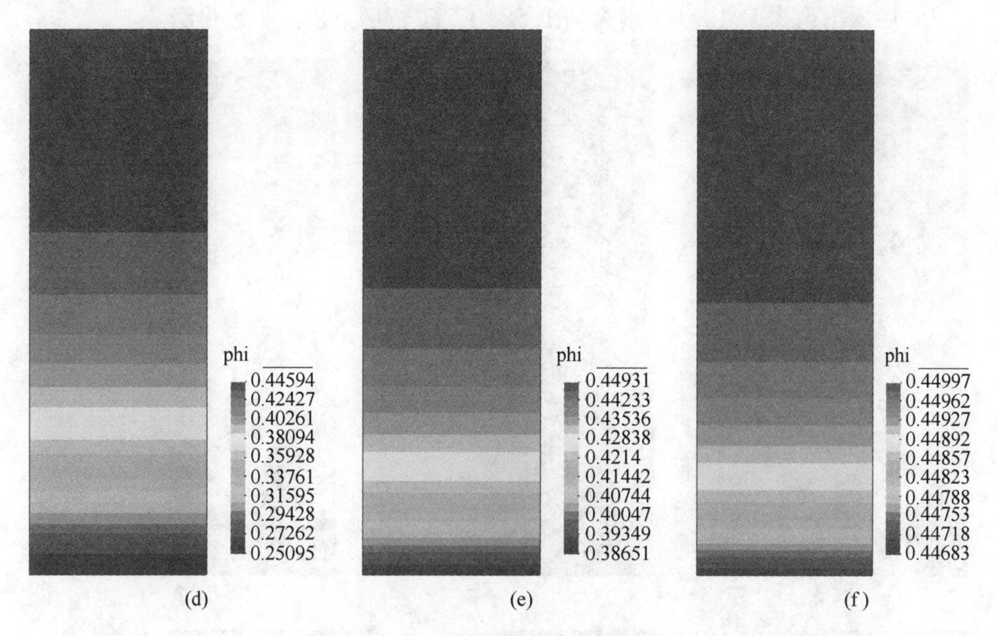

图 8.1.13　孔隙率随时间变化云图

（a）$t=2$s；（b）$t=20$s；（c）$t=50$s；（d）$t=100$s；（e）$t=250$s；（f）$t=600$s

（扫描书前二维码看彩图）

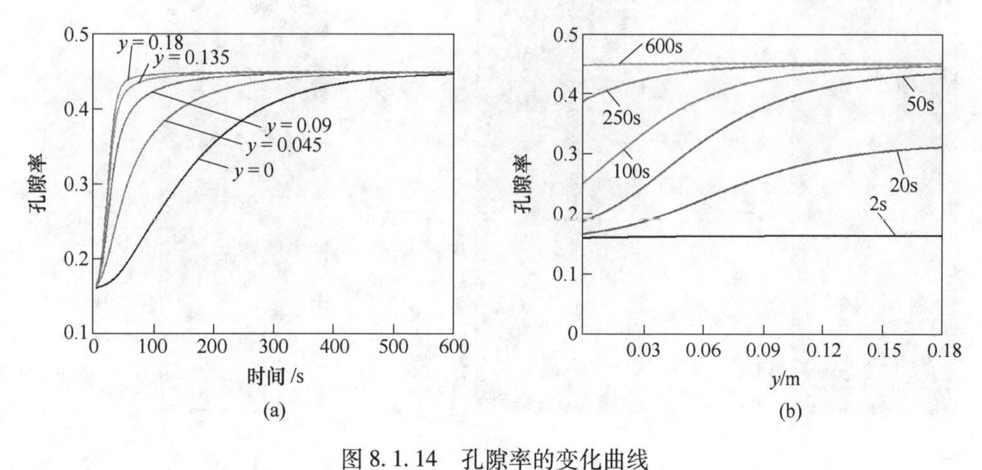

图 8.1.14　孔隙率的变化曲线

（a）不同测点上的孔隙率随时间变化；（b）不同时刻中轴线上的孔隙率分布

C　渗透率的演化规律

图 8.1.15 所示为不同时刻渗透率的计算结果，图 8.1.16 所示为不同监测位置上渗透率的变化曲线。由于渗透率与孔隙率存在幂函数关系，因此渗透率与孔隙率的变化趋势基本保持一致，即表现为随着时间的增加，渗透率也会不断增大并逐渐趋于稳定的最大值。如中间 $y=0.09$m 处，孔隙率由 0.16 增大到 0.44 时，

对应的渗透率由 $3.5\times10^{-12}\mathrm{m}^2$ 增大到 $1.5\times10^{-10}\mathrm{m}^2$，增大了两个数量级。

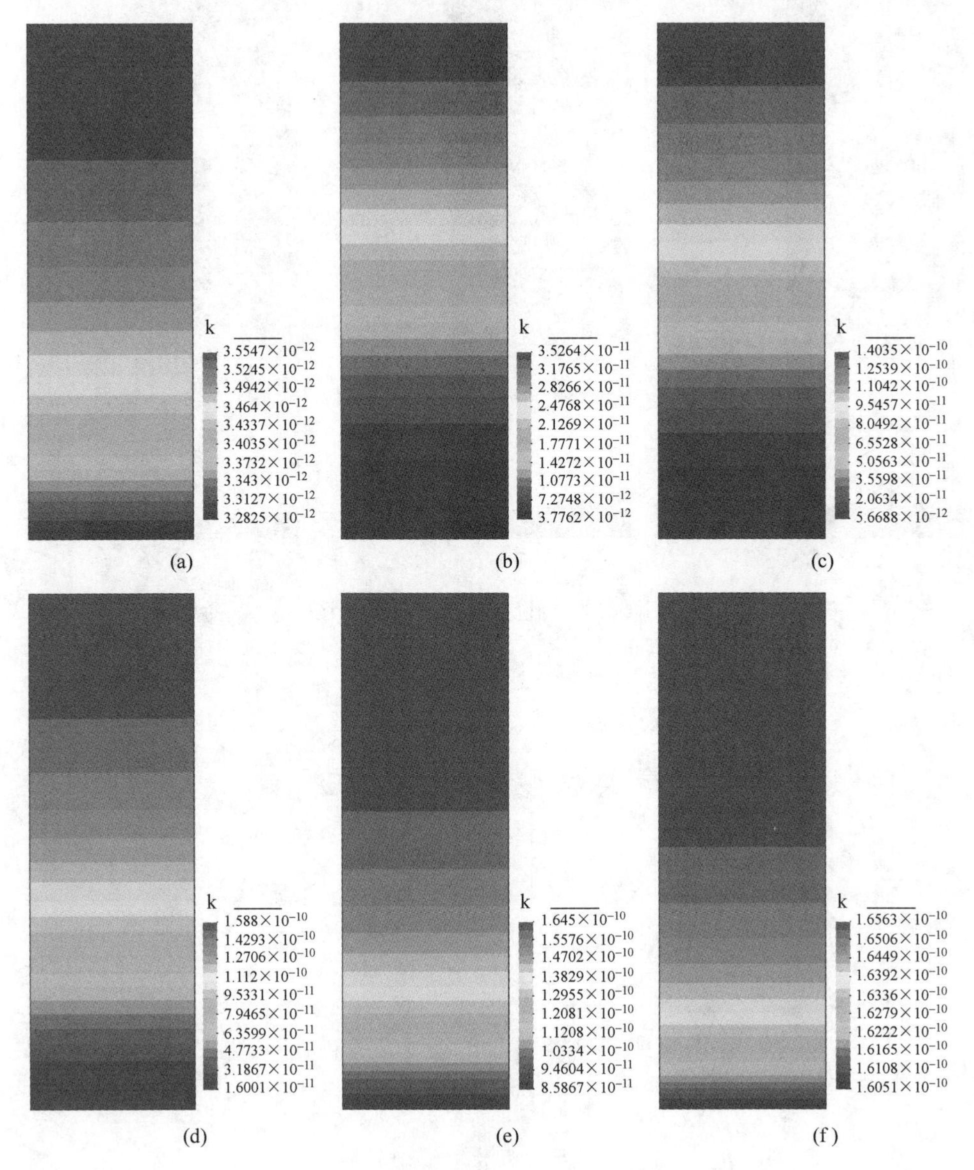

图 8.1.15　渗透率随时间变化云图（单位：m^2）

（a）t=2s；（b）t=20s；（c）t=50s；（d）t=100s；（e）t=250s；（f）t=600s

（扫描书前二维码看彩图）

D　非 Darcy 因子的演化规律

图 8.1.17 所示为不同时刻非 Darcy 因子的计算结果，图 8.1.18 所示为不同监测位置上非 Darcy 因子的变化曲线。由于非 Darcy 因子与渗透率的算术平方根

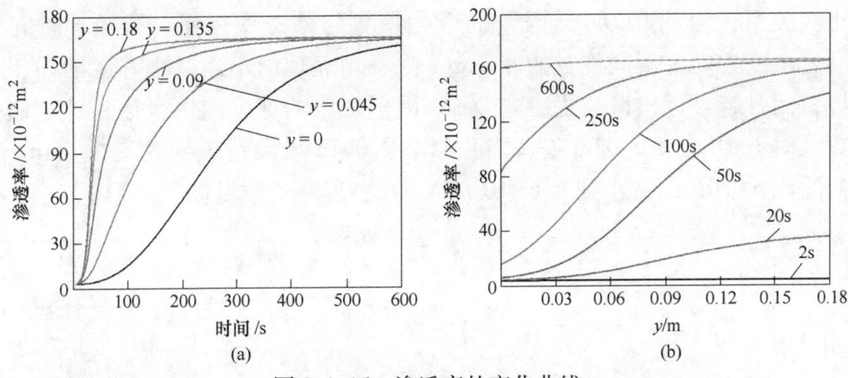

图 8.1.16 渗透率的变化曲线

（a）不同测点上的渗透率随时间变化；（b）不同时刻中轴线上的渗透率分布

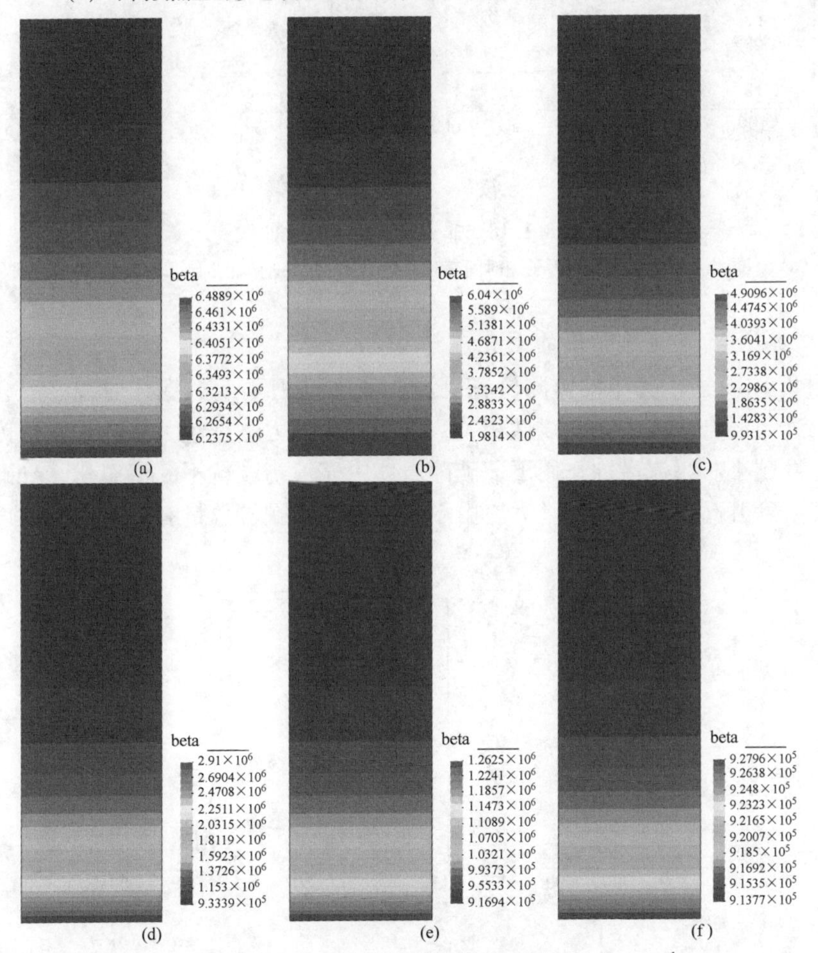

图 8.1.17 非 Darcy 因子随时间变化云图（单位：m^{-1}）

（a）t=2s；（b）t=20s；（c）t=50s；（d）t=100s；（e）t=250s；（f）t=600s

（扫描书前二维码看彩图）

成反比例关系，因此非 Darcy 因子的变化趋势与渗透率相反。即随着时间的增加，沿着水流方向上不同位置的非 Darcy 因子均表现出不断减小并逐渐趋于稳定的趋势，而且越靠近出口位置，非 Darcy 因子减小的速度越快，达到稳定值的时间越短。对于中间 $y=0.09$m 处，当孔隙率从 0.16 增大到 0.44 时，非 Darcy 因子由最初的 6.5×10^6m^{-1}减小到 9.6×10^5m^{-1}，减小了一个数量级。

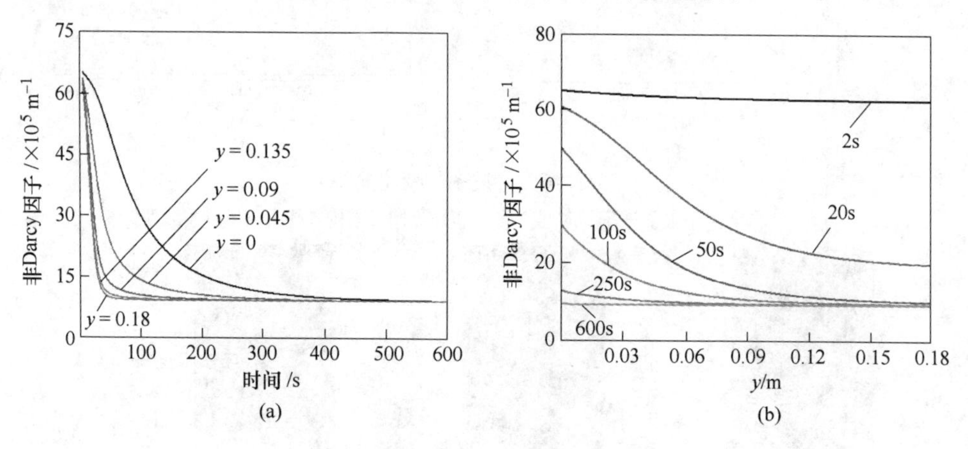

图 8.1.18　非 Darcy 因子变化曲线

（a）不同测点上的非 Darcy 因子随时间变化；（b）不同时刻中轴线上的非 Darcy 因子分布

E　混合流体动力黏度的演化规律

图 8.1.19 所示为不同监测位置上混合流体动力黏度的变化曲线。混合流体动力黏度与混合流体的浓度线性相关，浓度越高动力黏度越大；反之，浓度越低动力黏度越小。渗流潜蚀作用下，破碎岩体中充填物颗粒不断流态化，导致混合流体的浓度升高，动力黏度增大。由于破碎岩体中颗粒总量有限，因此浓度达到

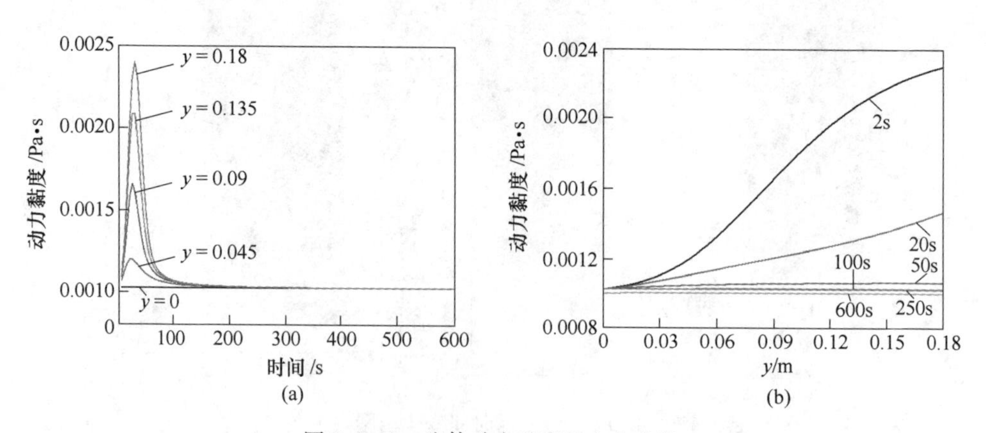

图 8.1.19　流体动力黏度的变化曲线

（a）不同测点上的流体动力黏度随时间变化；（b）不同时刻中轴线上的流体动力黏度分布

最大值后将会逐渐降低，伴随着动力黏度的逐渐降低，直到颗粒完全被潜蚀，剩下固体骨架，流体动力黏度回归初始值。由于混合流体由入口不断向出口运动，因此渗流潜蚀过程中，出口位置的浓度和动力黏度均高于入口浓度。

F 混合流体密度的演化规律

图 8.1.20 所示为不同监测位置上混合流体密度的变化曲线。混合流体的密度也与混合流体的浓度线性相关，浓度越高混合流体的密度越大。混合流体密度的变化趋势与混合流体动力黏度的变化趋势基本保持一致。随着渗流潜蚀作用的不断进行，不同位置上密度的变化均表现为先增大至最大值后迅速降低回归至初始状态。渗流潜蚀过程中，由于混合流体由入口不断向出口运动，靠近出口位置的流体密度相对高于入口位置。

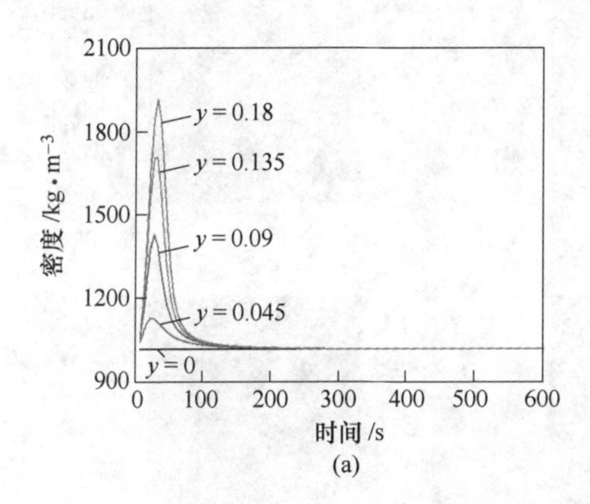

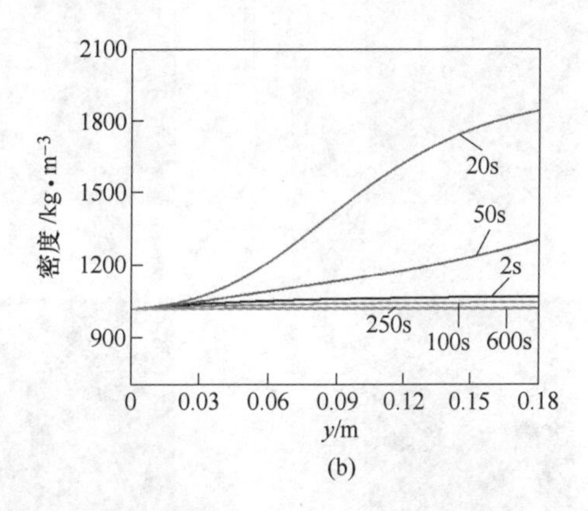

图 8.1.20 流体密度的变化曲线

（a）不同测点上的流体密度随时间变化；（b）不同时刻中轴线上的流体密度分布

G 压力的演化规律

图 8.1.21 所示为不同时刻压力的计算结果，图 8.1.22 所示为不同监测位置上压力的变化曲线。从图 8.1.22 可知，虽然试样入口和出口两端的压力是固定不变的，但是不同时刻试样内部的压力分布并不是一成不变的，而是随着时间的增加，试样内部各位置上的压力均表现出先降低后升高并趋于稳定的趋势。压力分布与多孔介质的属性密切相关，初始时刻和最终稳定时刻，试样内部各位置处的孔隙率、渗透率和非 Darcy 因子均相等，试样为均匀的多孔介质，因此沿着水流方向上压力呈线性分布；对于稳定前的任一非初始时刻，试样则为非均匀多孔介质，因此沿着水流方向上的压力呈非线性分布，而且试样的非均匀程度越高，压力分布的非线性程度越强。$t = 50s$ 时试样出口与入口的孔隙率、渗透率、非 Darcy 因子差异最大，多孔介质最不均匀，因此非线性程度最高。

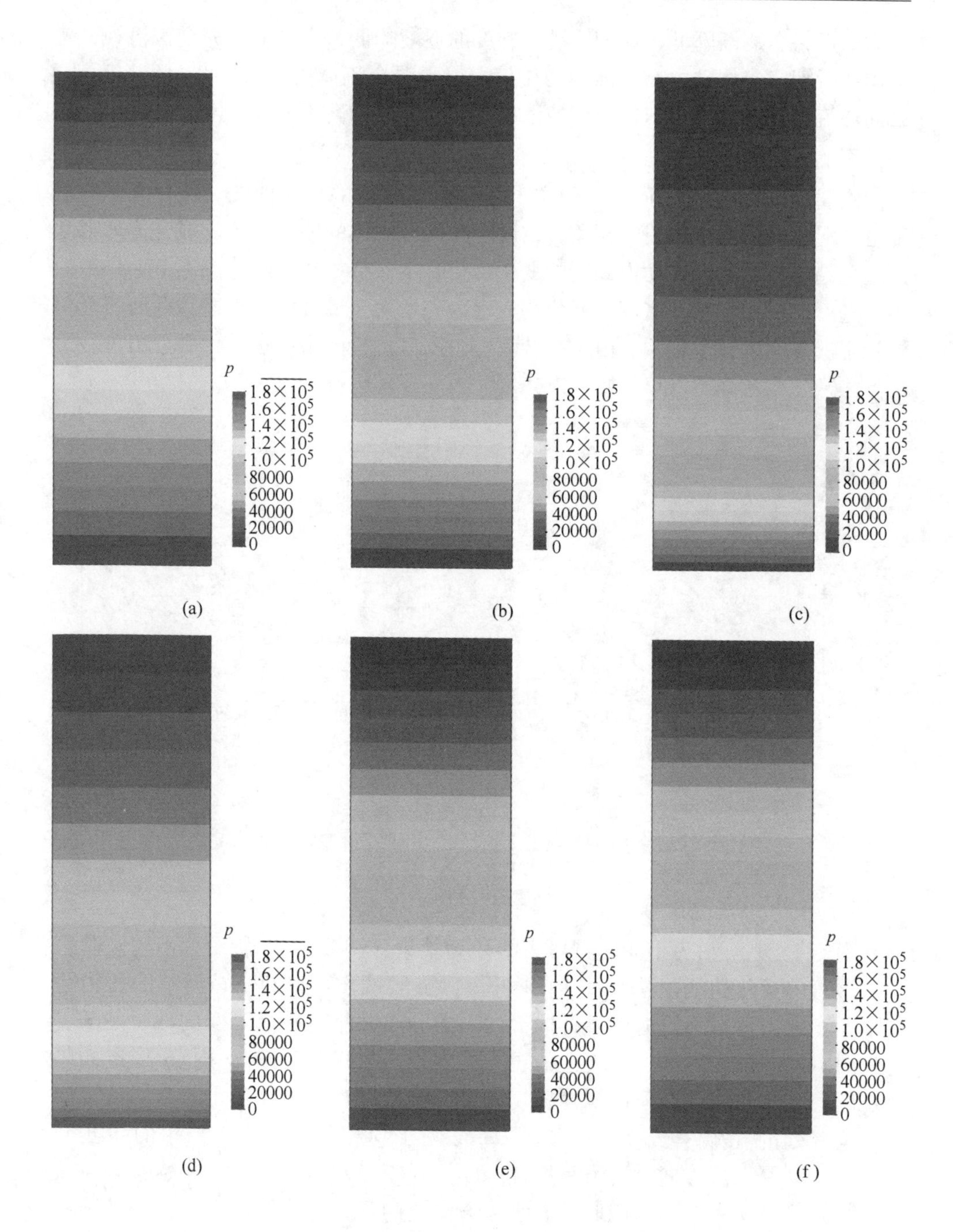

图 8.1.21　流体压力随时间变化云图（单位：Pa）

（a）$t=2$s；（b）$t=20$s；（c）$t=50$s；（d）$t=100$s；（e）$t=250$s；（f）$t=600$s

（扫描书前二维码看彩图）

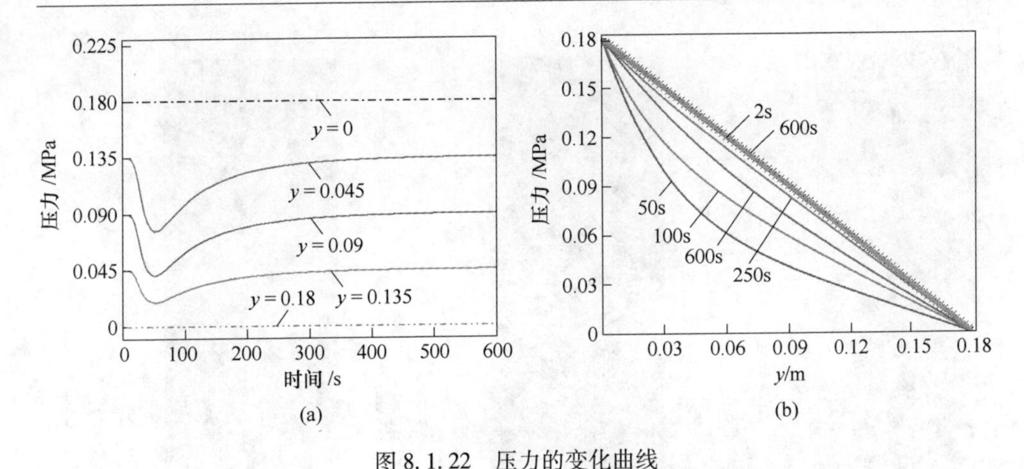

图 8.1.22 压力的变化曲线

（a）不同测点上压力随时间的变化；（b）不同时刻中轴线上的压力分布

H 平均流速的演化规律

图 8.1.23 所示为不同时刻平均流速的计算结果，图 8.1.24 所示为不同监测位置上平均流速的变化曲线。需要说明的是，图中显示的平均流速非局部流速，平均流速与局部流速的关系满足 Dupit-Forchheimer 关系。平均流速与截面积的乘积即为流量，整个流动过程中流量是保持不变的，因此不同时刻试样各位置处的平均流速均相等。随着时间的增加，试样整体孔隙率不断增大，因此渗透性不断增强，也就是说渗流通道越来越畅通，在固定压力梯度条件下，流速必然越来越大。对于该试样，在 1.0MPa/m 的压力梯度条件下，孔隙率由 0.16 增大到 0.44 时，流速由 0.0029m/s 增大到 0.027m/s，大约增大 10 倍。

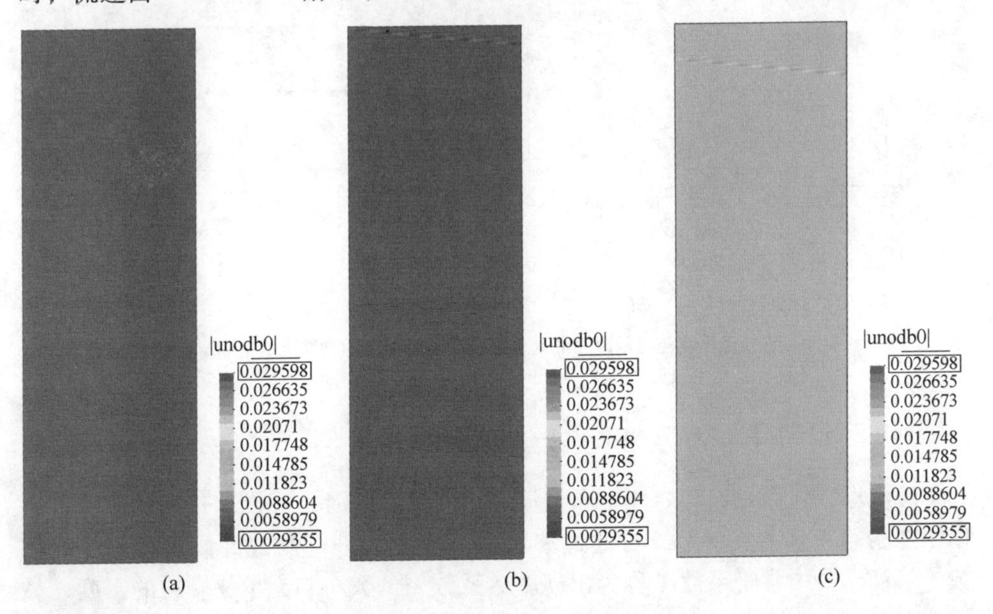

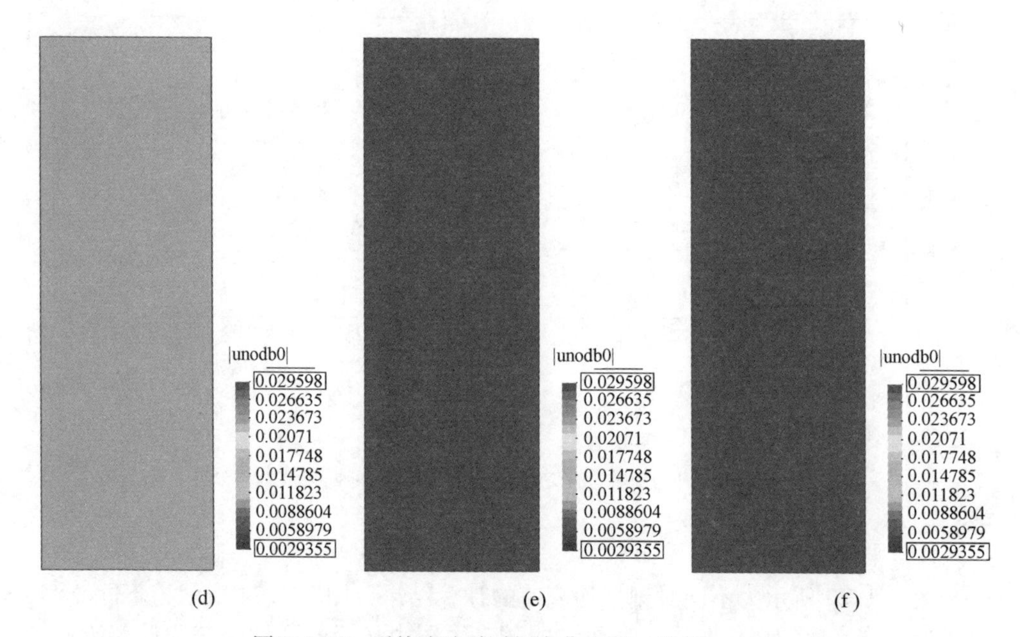

图 8.1.23　平均流速随时间变化云图（单位：m/s）

（a）$t=2$s；（b）$t=20$s；（c）$t=50$s；（d）$t=100$s；（e）$t=250$s；（f）$t=600$s

（扫描书前二维码看彩图）

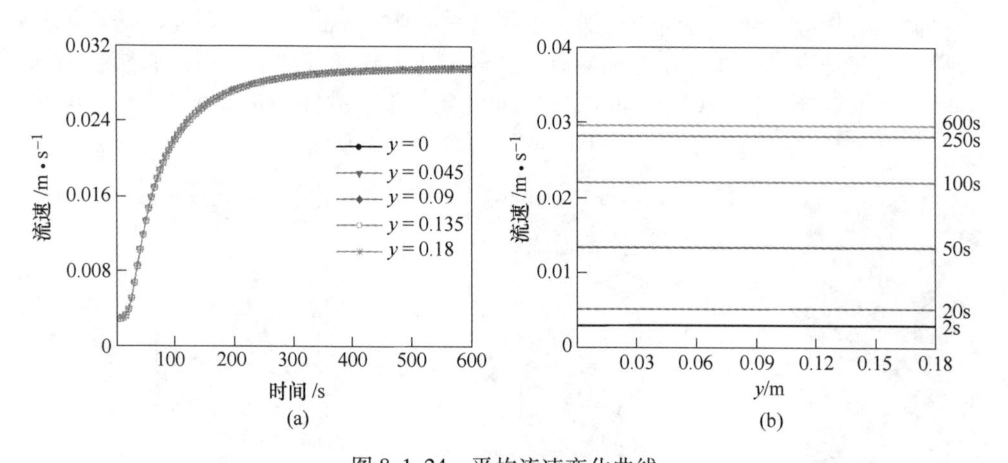

图 8.1.24　平均流速变化曲线

（a）不同测点上平均流速随时间的变化；（b）不同时刻中轴线上的平均流速分布

8.1.3.3　系数 λ 对混合流体渗流的影响

渗流潜蚀作用是破碎岩体中颗粒流态化的主要原因，系数 λ 是衡量颗粒潜蚀作用强弱的一个主要参数，可通过渗流试验的方法进行测试，量纲为长度的倒数，管涌研究中常将系数 λ 称为出砂率。系数 λ 的大小与充填物颗粒的密度、黏聚力、充填颗粒形状等因素有关，因此有必要开展系数 λ 对破碎岩体非 Darcy 渗流的敏感性分析，研究不同 λ 条件下破碎岩体渗流的响应规律。

设置系数 λ 为 $10m^{-1}$、$20m^{-1}$、$30m^{-1}$、$40m^{-1}$、$50m^{-1}$等 5 个数值，其他条件和参数均保持不变，分别进行模拟计算。提取模型中心监测点 C（$y=0.09m$）的模拟结果进行定量分析，分别绘制浓度、孔隙率、渗透率、非 Darcy 因子、压力和流速随时间的变化关系，如图 8.1.25 所示。从图中可以看出，系数 λ 对多孔介质属性以及压力和流速的影响均集中在变化速率上，系数 λ 越大，说明充填物颗粒越容易被流态化。如系数 $\lambda=50m^{-1}$，短时间内（18s）大量充填物颗粒被流态化，导致混合流体中流态化颗粒浓度急剧升高，最大能达到 0.48，孔隙率也迅速达到最大值，形成具有高孔隙率的稳定渗流通道。同等压力梯度条件下，系数 λ 较大的破碎岩体，其孔隙率、渗透率和非 Darcy 因子达到稳定的时间较短；而系数 λ 较小的破碎岩体，形成具有高孔隙率稳定渗流通道的过程相对缓慢，如 $\lambda=50m^{-1}$，46s 孔隙率即可达到 0.44，而 $\lambda=10m^{-1}$ 孔隙率达到 0.44 需要 1300s。

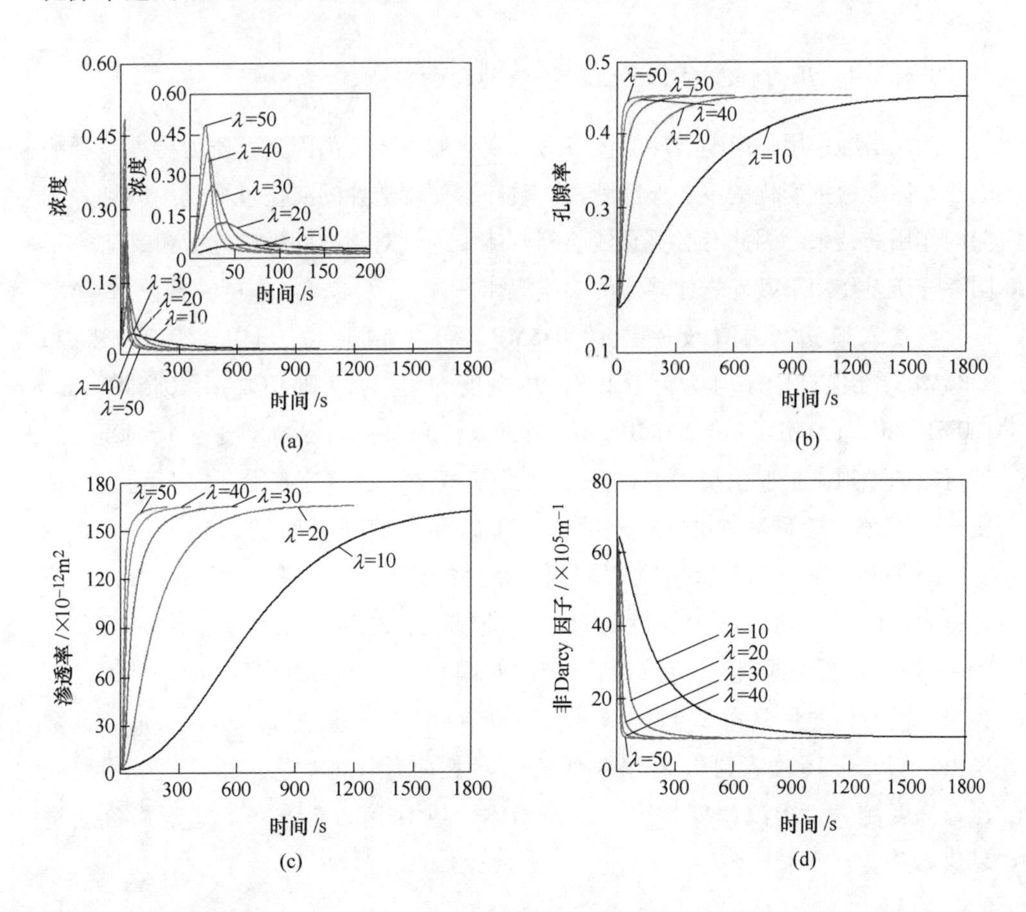

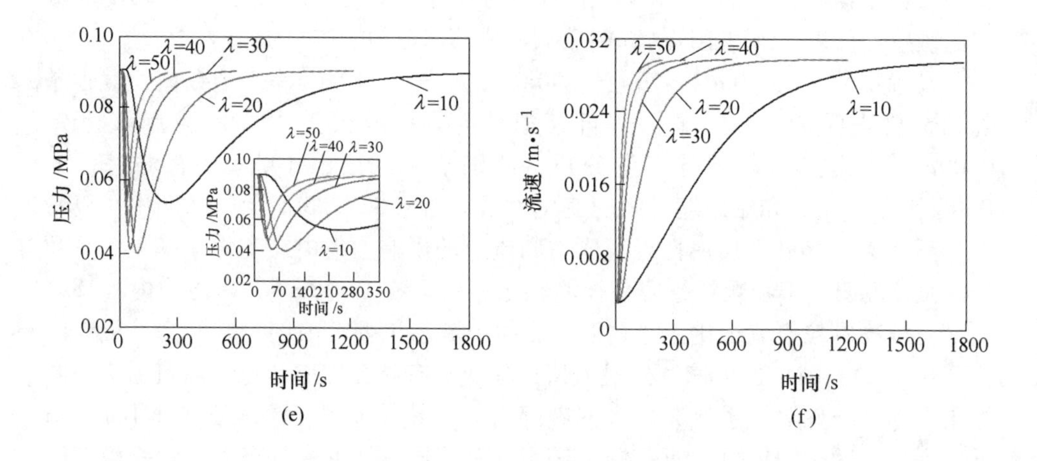

图 8.1.25　不同系数 λ 条件下各物理量随时间的变化曲线

（a）浓度；（b）孔隙率；（c）渗透率；（d）非 Darcy 因子；（e）压力；（f）流速

8.1.3.4　压力梯度对混合流体渗流的影响

渗流潜蚀作用是影响破碎岩体渗透性变化的主要内部因素，压力梯度是影响破碎岩体渗透性变化的主要外部因素，破碎岩体渗透性的演化过程是内因和外因共同作用的结果。因此有必要开展破碎岩体渗透性对压力的敏感性分析，研究不同渗透压差作用下破碎岩体渗流的响应规律。

设置入口边界压力分别为 0.045MPa、0.09MPa、0.18MPa、0.27MPa 和 0.36MPa，出口压力均为零，即压力梯度分别为 0.25MPa/m、0.5MPa/m、1.0MPa/m、1.5MPa/m、2.0MPa/m，其他条件和参数均保持不变（$\lambda=30\mathrm{m}^{-1}$），进行数值模拟。提取模型中心监测点 C 的模拟结果进行定量分析，分别绘制浓度、孔隙率、渗透率、非 Darcy 因子、压力和流速随时间的变化关系，如图 8.1.26 所示。从图 8.1.26 中可以看出，在潜蚀系数不变的条件下，入口边界压力越大，试样两端的压力梯度越高，流速越大，浓度、孔隙率、渗透率和非 Darcy 因子的变化越剧烈，且达到稳定的时间越短，如压力梯度为 0.25MPa/m，孔隙率由最初的 0.16 增大到 0.44 需要 500s，而压力梯度为 2.0MPa/m 时，孔隙率由最初的 0.16 增大到 0.44 仅需要 40s，相比前者时间缩短了 92%。换句话说，压力梯度越大，渗流速度越大，破碎岩体形成具有高孔隙率的稳定渗流通道越快。

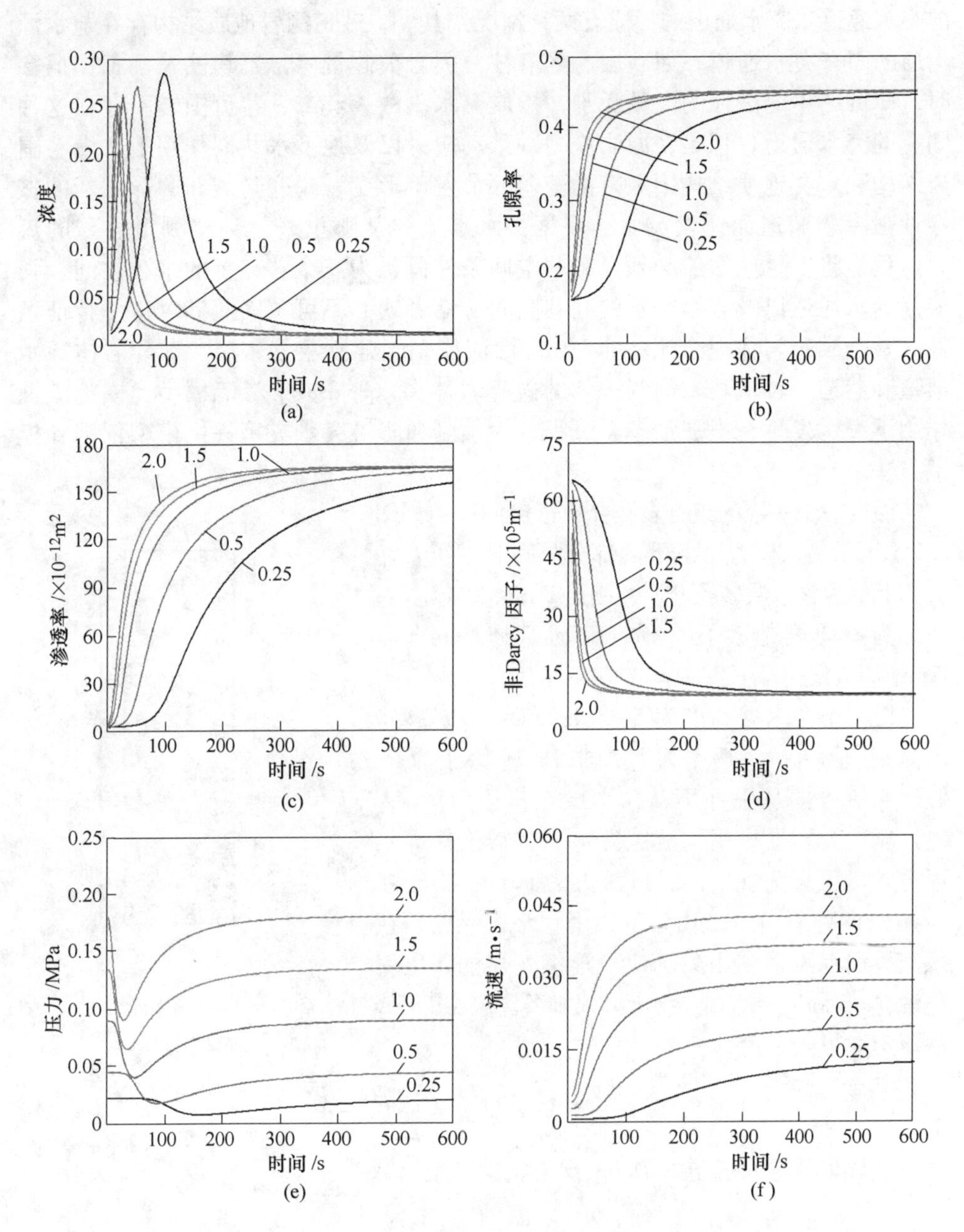

图 8.1.26 不同压力梯度条件下各物理量随时间的变化曲线

（a）浓度；（b）孔隙率；（c）渗透率；（d）非 Darcy 因子；（e）压力；（f）平均流速

8.2 含水层与破碎岩体渗流统一性的理论解释

破碎岩体突水灾害的发生表明破碎岩体已经成为沟通含水层和巷道水力联系

的突水通道。突水通道的形成有两种情况：其一，巷道围岩地质结构存在与水源沟通的固有突水通道，如断层、陷落柱、围岩破碎带等，当其被采掘工作揭穿时，即可产生突破性的大量涌水，构成突水事故；其二，巷道围岩不存在这种固有的突水通道，但是在原岩应力、采动应力以及地下水共同作用下，沿着围岩结构和水文地质结构中原有的薄弱环节发生形变、蜕变与破坏，形成新的贯穿性强渗透通道而诱发突水。根据突水水流“从哪里来”到“哪里去”的流动过程，将发生突水所必须具备的空间条件概括为三个：充足的水源空间、强渗流导水通道以及容纳突水的井巷空间，三者缺一不可。因此针对这一特征条件，基于破碎岩体混合流体非 Darcy 渗流模型，建立集含水层、破碎岩体导水通道和巷道三种流场空间为一体的破碎岩体突水非 Darcy 渗流模型，模拟潜蚀作用下突水发生、发展动态全过程，为预测和防治突水灾害提供模型依据和模拟方法。

假设一个一维的组合多孔介质渗流问题，如图 8.2.1 所示，该模型由上下两部分多孔介质组合而成，上部为含水层多孔介质，满足 Darcy 渗流定律；下部为破碎岩体多孔介质，满足 Forchheimer 非 Darcy 渗流定律。

模型中含水层高度为 l_D，渗透率为 k_D；破碎岩体高度为 l_F，渗透率为 k_F，非 Darcy 因子为 β。假设水流方向从上往下，含水层入口压力为 p_1，出口压力为 p_{D_out}，平均流速为 $\boldsymbol{u}_D$；破碎岩体导水通道入口压力为 p_{F_in}，出口压力为 p_2，平均流速为 $\boldsymbol{u}_F$。两种不同的多孔介质共用一个交界面，在该交界面上流速和压力均应是连续变化的，也就是说 $p_{D\_out}=p_{F\_in}=p$，$\boldsymbol{u}_D=\boldsymbol{u}_F=\boldsymbol{u}$。那么含水层 Darcy 渗流定律可表示为：

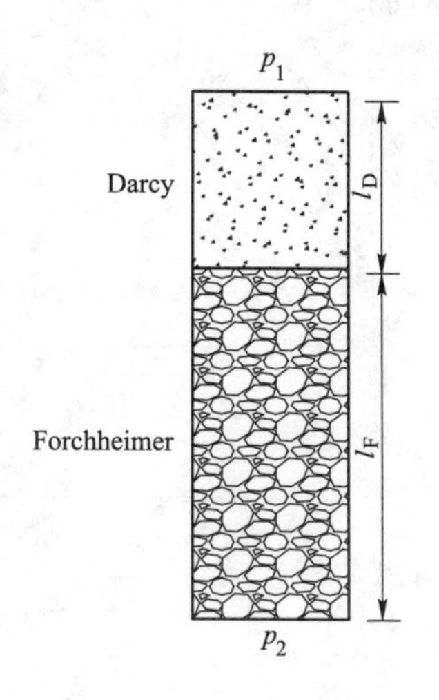

图 8.2.1　一维组合多孔介质示意图

$$\frac{p_1 - p}{l_D} = \frac{\mu}{k_D}\boldsymbol{u}, \text{即}\ \boldsymbol{u} = \frac{k_D}{\mu}\frac{p_1 - p}{l_D} \tag{8.2.1}$$

破碎岩体导水通道非 Darcy 渗流定律可表示为：

$$\frac{p - p_2}{l_F} = \frac{\mu}{k_F}u + \rho\frac{C}{\sqrt{k_F}}|\boldsymbol{u}|\boldsymbol{u} \tag{8.2.2}$$

将式（8.2.1）代入式（8.2.2）并整理可得：

$$\rho\frac{C}{\sqrt{k_F}}\left(\frac{k_D}{\mu}\right)^2\left(\frac{p_1 - p}{l_D}\right)^2 + \frac{\mu}{k_F}\frac{k_D}{\mu}\frac{p_1 - p}{l_D} - \frac{p - p_2}{l_F} = 0 \tag{8.2.3}$$

计算可得：

$$p = p_1 + \frac{\mu l_D \sqrt{k_F}}{2C\rho k_D l_F}\left[\frac{\mu}{k_D}l_D + \frac{\mu}{k_F}l_F \pm \sqrt{\left(\frac{\mu}{k_D}l_D + \frac{\mu}{k_F}l_F\right)^2 + \frac{4C}{\sqrt{k_F}}\rho l_F(p_1 - p_2)}\right] \tag{8.2.4}$$

由于 $p<p_1$，因此含水层和破碎岩体导水通道交界面上的压力 p 可表示为：

$$p = p_1 + \frac{\mu l_D \sqrt{k_F}}{2C\rho k_D l_F}\left[\frac{\mu}{k_D}l_D + \frac{\mu}{k_F}l_F - \sqrt{\left(\frac{\mu}{k_D}l_D + \frac{\mu}{k_F}l_F\right)^2 + \frac{4C}{\sqrt{k_F}}\rho l_F(p_1 - p_2)}\right] \tag{8.2.5}$$

设 $p_1=0.2\text{MPa}$，$p_2=0$，$C=11.76$，$k_D=1.0\times10^{-12}\text{m}^2$，$\mu=0.001\text{Pa}\cdot\text{s}$，$l_D=0.1\text{m}$，$l_F=0.3\text{m}$，$\rho=1000\text{kg/m}^3$，那么破碎岩体入口压力 p 与破碎岩体渗透率 k_F 之间的关系可根据式（8.2.5）计算得到，如图 8.2.2 所示。

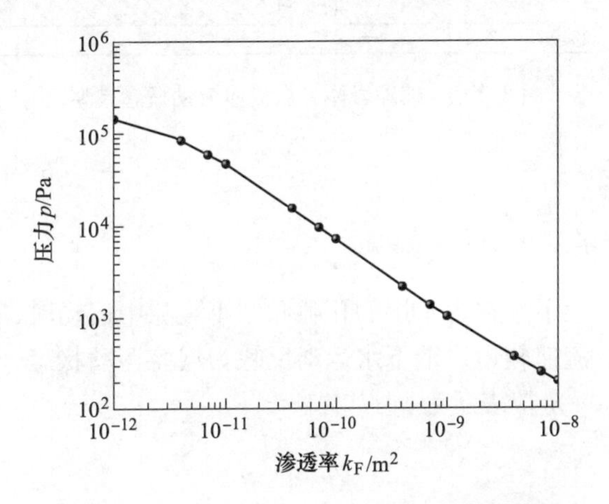

图 8.2.2　破碎岩体入口压力随渗透率变化曲线

由图 8.2.2 可知，在总压差一定条件下，含水层与破碎岩体导水通道交界面上的压力与破碎岩体渗透率密切相关，压力随着破碎岩体渗透性的增强而逐渐降低，破碎岩体入口压力的大小能够间接反映破碎岩体渗透性的大小。进一步表明含水层与破碎岩体渗流是一个统一的渗流整体，不可分割。因此在进行实时涌水量预测时，需将含水层和破碎岩体作为一个整体进行分析计算，否则将面临破碎岩体入口压力无法确定的难题。

8.3　孔隙、裂隙介质非 Darcy 渗流突水力学模型

为了简化问题，首先建立破碎岩体突水流体流动概念模型，如图 8.3.1 所示。基于概念模型，针对破碎岩体突水过程中突水通道渗流的非线性、突水通道介质的复杂性和三种流场动力学系统的统一性，建立集含水层 Darcy 渗流、破碎岩体混合流体高速非 Darcy 流和巷道 Navier-Stokes 流为一体的破碎岩体突水非

Darcy 渗流模型，把含水层和巷道空间整个水流路径有机连接在一起，模拟渗流潜蚀作用下破碎岩体演变为导水通道诱发突水的动态过程。

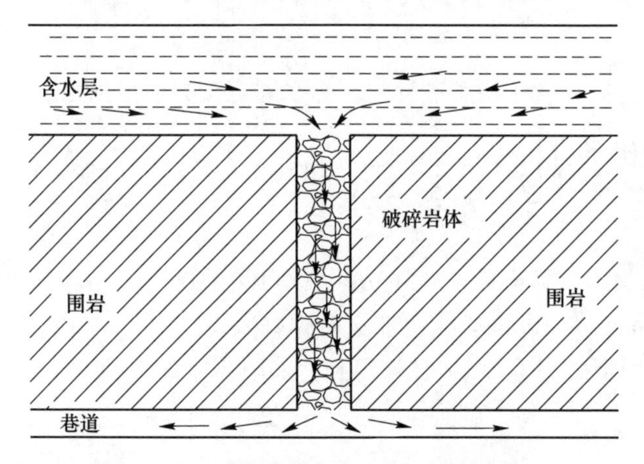

图 8.3.1　破碎岩体突水流体流动概念模型

8.3.1　基本方程

8.3.1.1　含水层中 Darcy 层流

通常情况下，地下水在含水层的孔隙和细小裂隙中运动时，受到的流动阻力以黏滞阻力为主，流速较慢，地下水运动反映为层流运动状态，压力梯度和流速的关系可以用 Darcy 定律表示为：

$$-\nabla p = \frac{\mu_w}{k_D}\boldsymbol{u} \tag{8.3.1}$$

式中　$\boldsymbol{u}$——流速；

k_D——含水层渗透率；

μ_w——水流动力黏度；

p——流体压力。

对于无源（汇）流动，渗流连续性方程可表示为：

$$\frac{\partial \rho_w \phi}{\partial t} + \nabla \cdot (\rho_w \boldsymbol{u}) = 0 \tag{8.3.2}$$

8.3.1.2　破碎岩体通道中混合流体非 Darcy 渗流

破碎岩体突水通道中的渗流是介于含水层 Darcy 层流和巷道 Navier-Stokes 紊流的高速非 Darcy 流。考虑到破碎岩体中颗粒流态化对突水通道形成的影响，采用第 2 章建立的破碎岩体混合流体非 Darcy 渗流模型描述突水通道中混合流体的非 Darcy 渗流特性，基本方程如下。

混合流体的连续性方程：

$$\frac{\partial(\rho\phi)}{\partial t} + \nabla\cdot(\rho\boldsymbol{u}) = \rho_{\mathrm{f}}\frac{\partial\phi}{\partial t} \tag{8.3.3}$$

高速非 Darcy 运动方程：

$$-\nabla p = \frac{\mu}{k_{\mathrm{F}}}\boldsymbol{u} + \beta\rho|\boldsymbol{u}|\boldsymbol{u} \tag{8.3.4}$$

流态化颗粒的浓度传输方程：

$$\frac{\partial(c\phi)}{\partial t} + \nabla\cdot(c\boldsymbol{u}) = \frac{\partial\phi}{\partial t} \tag{8.3.5}$$

孔隙率演化方程：

$$\frac{\partial\phi}{\partial t} = \lambda(\phi_{\mathrm{m}} - \phi)c|\boldsymbol{u}| \tag{8.3.6}$$

参数辅助方程：

$$\begin{cases} k_{\mathrm{F}} = k_{\mathrm{r}}\dfrac{\phi^3}{(1-\phi)^2} \\ \beta = \dfrac{C}{\sqrt{k_{\mathrm{F}}}} \\ \mu = \mu_0(1 + 2.5c) \\ \rho = (1-c)\rho_{\mathrm{w}} + c\rho_{\mathrm{f}} \end{cases} \tag{8.3.7}$$

8.3.1.3 巷道中混合流体 Navier-Stokes 流

由泥沙等充填物颗粒和水流共同组成的混合流体进入巷道内为自由流动，由于充填物颗粒的密度大于水流的密度，巷道里将产生颗粒的沉积现象。颗粒的沉积作用非常复杂，关于颗粒迁移沉积过程的研究已经有上百年，但是对于颗粒的迁移沉积、脱离等机制尚未形成确切的认识。为了简化研究，本节采用最基本的对流弥散方程描述混合流体在巷道中的对流沉积特性。混合流体在巷道中为高速流动，扩散作用相比对流作用非常微弱，因此考虑颗粒沉积的作用，同时忽略扩散作用，基于对流弥散方程可将巷道中混合流体的输运过程表示为：

$$\frac{\partial c}{\partial t} + \boldsymbol{u}\,\nabla\cdot c + K_{\mathrm{dep}}c = 0 \tag{8.3.8}$$

混合流体运动的 Navier-Stokes 方程和连续性方程可表示为：

$$\begin{cases} \dfrac{\partial(\rho\boldsymbol{u})}{\partial t} + \rho(\boldsymbol{u}\cdot\nabla)\boldsymbol{u} = \boldsymbol{F} - \nabla p + \mu\,\nabla^2\boldsymbol{u} \\ \rho\,\nabla\cdot\boldsymbol{u} = 0 \end{cases} \tag{8.3.9}$$

式中 K_{dep}——沉积系数；

$\boldsymbol{F}$——流体体积力。

8.3.1.4　相邻流场的边界条件

地下水从含水层经过破碎岩体突水通道突入巷道整个过程中，流体流速和压力在空间上是连续变化的，因此，相邻两流场连接的边界上需同时满足流速连续和压力连续的边界条件。由于考虑了破碎岩体通道内的渗流潜蚀作用，突水通道和巷道交界面上流态化颗粒的体积浓度也需要满足连续性条件，具体可如下表示。

（1）在含水层与突水通道的相邻边界上有：

$$\begin{cases} p_{\mathrm{D}} = p_{\mathrm{F}} \\ \boldsymbol{u}_{\mathrm{D}} = \boldsymbol{u}_{\mathrm{F}} \end{cases} \tag{8.3.10}$$

（2）在突水通道和巷道的相邻边界上有：

$$\begin{cases} p_{\mathrm{F}} = p_{\mathrm{NS}} \\ \boldsymbol{u}_{\mathrm{F}} = \boldsymbol{u}_{\mathrm{NS}} \\ c_{\mathrm{F}} = c_{\mathrm{NS}} \end{cases} \tag{8.3.11}$$

式中　p_{D}，$\boldsymbol{u}_{\mathrm{D}}$——分别为含水层区域的流体压力和流速；

p_{F}，$\boldsymbol{u}_{\mathrm{F}}$，$c_{\mathrm{F}}$——分别为破碎岩体通道区域的流体压力、流速和浓度；

p_{NS}，$\boldsymbol{u}_{\mathrm{NS}}$，$c_{\mathrm{NS}}$——分别为巷道区域的流体压力、流速和浓度。

建立的破碎岩体突水非 Darcy 渗流模型将含水层 Darcy 层流、破碎岩体通道混合流体高速非线性过渡流（Forchheimer 渗流）和巷道自由流动三种流场有机结合在一起，模型中考虑了渗流潜蚀作用，能够同时反映突水流体动力学系统的统一性特征和突水通道渗流的时空演化特征，为模拟渗流潜蚀作用下破碎岩体突水发生、发展动态过程，揭示突水非 Darcy 渗流机理提供数值模型。

8.3.2　数值求解

应用 FELAC 软件，根据虚位移原理分别构造含水层、破碎岩体通道和巷道流体流动微分方程的弱形式，采用有限元和有限体积相结合的数值方法实现破碎岩体突水非 Darcy 渗流模型的数值求解。

8.3.2.1　基本方程弱形式推导

A　含水层中的 Darcy 方程

将式（8.3.1）代入式（8.3.2）得：

$$\frac{\partial \rho \phi}{\partial t} + \nabla \cdot \left(-\rho \frac{k}{\mu} \nabla p \right) = 0 \tag{8.3.12}$$

写成弱形式为：

$$\int_{\Omega}\rho\frac{\partial\phi}{\partial t}\delta p\mathrm{d}\Omega+\int_{\Omega}\nabla\cdot\left(-\rho\frac{k}{\mu}\nabla p\right)\delta p\mathrm{d}\Omega=0 \tag{8.3.13}$$

对方程左端第二项利用分部积分公式，并整理得：

$$\int_{\Omega}\frac{\partial\phi}{\partial t}\delta p\mathrm{d}\Omega+\int_{\Omega}\frac{k}{\mu}\nabla p\cdot\nabla\delta p\mathrm{d}\Omega-\int_{\Gamma}\frac{k}{\mu}\frac{\partial p}{\partial n}\delta p\mathrm{d}\Gamma=0 \tag{8.3.14}$$

求得压力 p 后，按照式（8.3.15）用最小二乘法求解速度：

$$\int_{\Omega}\boldsymbol{u}\delta\boldsymbol{u}\mathrm{d}\Omega=\int_{\Omega}\left(-\frac{k}{\mu}\nabla p\right)\delta\boldsymbol{u}\mathrm{d}\Omega \tag{8.3.15}$$

B　破碎岩体通道中混合流体非 Darcy 渗流方程

对于二维问题表示如下。

运动方程中压力控制方程的弱形式为：

$$\int_{\Omega}\left(\frac{1}{\frac{\mu}{k}+\beta\rho\left|\boldsymbol{u}_n\right|}\frac{\partial p}{\partial x}\right)\frac{\partial\delta p}{\partial x}\mathrm{d}\Omega-\int_{\Gamma}\left(\frac{1}{\frac{\mu}{k}+\beta\rho\left|\boldsymbol{u}_n\right|}\frac{\partial p}{\partial x}\right)\delta p\boldsymbol{n}_x\mathrm{d}\Gamma+$$

$$\int_{\Omega}\left(\frac{1}{\frac{\mu}{k}+\beta\rho\left|\boldsymbol{u}_n\right|}\frac{\partial p}{\partial y}\right)\frac{\partial\delta p}{\partial y}\mathrm{d}\Omega-\int_{\Gamma}\left(\frac{1}{\frac{\mu}{k}+\beta\rho\left|\boldsymbol{u}_n\right|}\frac{\partial p}{\partial y}\right)\delta p\boldsymbol{n}_y\mathrm{d}\Gamma=0 \tag{8.3.16}$$

流速控制方程的弱形式为：

$$\int_{\Omega}\boldsymbol{u}_{n+1}\delta\boldsymbol{u}_{n+1}\mathrm{d}\Omega=\int_{\Omega}\left(-\frac{1}{\rho\beta\left|\boldsymbol{u}_n\right|+\frac{\mu}{k}}\frac{\partial p}{\partial x}\right)\delta\boldsymbol{u}_{n+1}\mathrm{d}\Omega \tag{8.3.17}$$

浓度传输方程的弱形式为：

$$\int_{\Omega}\phi\frac{\partial c}{\partial t}\delta c\mathrm{d}\Omega+\int_{\Omega}\frac{\partial c}{\partial y}\boldsymbol{u}\delta c\mathrm{d}\Omega=\int_{\Omega}\lambda\left(\phi_{\mathrm{m}}-\phi\right)c\left|\boldsymbol{u}\right|\delta c\mathrm{d}\Omega \tag{8.3.18}$$

孔隙率演化方程弱形式为：

$$\int_{\Omega}\frac{\partial\phi}{\partial t}\delta\phi\mathrm{d}\Omega+\int_{\Omega}\lambda\phi c\left|\boldsymbol{u}\right|\delta\phi\mathrm{d}\Omega=\int_{\Omega}\lambda\phi_{\mathrm{m}}c\left|\boldsymbol{u}\right|\delta\phi\mathrm{d}\Omega \tag{8.3.19}$$

参数辅助方程都是由基本变量显式表示的代数方程，可根据基本变量直接获取。

C　巷道中混合流体 Navier-Stokes 流

标准伽辽金有限元法求解非稳态 Navier-Stokes 方程时会出现数值振荡，主要原因为：（1）压力变量不出现在连续性方程中，离散过程中速度场和压力场有限元插值函数的组合不恰当，使得 LBB 条件不能满足，从而引起压力场的数值振荡；（2）二是动量方程中存在非线性的对流项，当对流占优时，标准伽辽金有限元求解将导致数值振荡。采用特征线-伽辽金方法沿特征线对时间离散，可以有效克服数值振荡，保证数值解的稳定，空间上仍然采用标准的伽辽金有限元法进行离散。水庆象和王大国[12]提出了基于投影法的特征线算子分裂求解 Navier-Stokes 方程的方法，即在每一个时间层上将 Navier-Stokes 方程分裂成扩散项、对流项、压力修正项，对流项采用多步显式格式，且在每一个对流子时间步内采用更加精确的显式特征线-伽辽金法进行时间离散，空间离散采用标准伽辽金法，取得了较好的模拟效果。本节基于 FELAC 软件采用特征线算子分裂法求解 Navier-Stokes 方程。

采用算子分裂法，将巷道内流体流动的 Navier-Stokes 方程分裂为扩散项、对流项和压力项。

扩散项：

$$\frac{\partial(\rho \boldsymbol{u})}{\partial t} - \mu \nabla^2 \boldsymbol{u} = \boldsymbol{F} \tag{8.3.20}$$

对流项：

$$\frac{\partial(\rho \boldsymbol{u})}{\partial t} + \rho \boldsymbol{u} \nabla \boldsymbol{u} = 0 \tag{8.3.21}$$

压力项：

$$\begin{cases} \dfrac{\partial(\rho \boldsymbol{u})}{\partial t} + \nabla p = 0 \\ \rho \nabla \cdot \boldsymbol{u} = 0 \end{cases} \tag{8.3.22}$$

扩散项的弱形式为：

$$\int_\Omega \frac{\partial(\rho \boldsymbol{u})}{\partial t} \delta \boldsymbol{u} \mathrm{d}\Omega - \int_\Omega \mu \nabla^2 \boldsymbol{u} \delta \boldsymbol{u} \mathrm{d}\Omega = \int_\Omega \boldsymbol{F} \delta \boldsymbol{u} \mathrm{d}\Omega \tag{8.3.23}$$

对方程左端第二项（黏性项）采用分部积分公式得：

$$\int_\Omega \frac{\partial(\rho \boldsymbol{u})}{\partial t} \delta \boldsymbol{u} \mathrm{d}\Omega + \int_\Omega \mu \nabla \cdot \boldsymbol{u} \nabla \cdot \delta \boldsymbol{u} \mathrm{d}\Omega - \int_\Gamma \frac{\partial \boldsymbol{u}}{\partial \boldsymbol{n}} \delta \boldsymbol{u} \mathrm{d}\Gamma = \int_\Omega \boldsymbol{F} \delta \boldsymbol{u} \mathrm{d}\Omega \tag{8.3.24}$$

式中　Γ——区域边界。

按照特征线方法将对流项写成增量的弱形式为：

$$\int_\Omega (\boldsymbol{u}_{n+1}^i - \boldsymbol{u}_n^i) \delta \boldsymbol{u}^i \mathrm{d}\Omega = -\left(\int_\Omega \boldsymbol{u}_n^j \frac{\partial \boldsymbol{u}_n^i}{\partial x^j} \delta \boldsymbol{u}_i \mathrm{d}\Omega\right) \mathrm{d}t - \left(\int_\Omega \boldsymbol{u}_n^j \frac{\partial \boldsymbol{u}_n^i}{\partial x^j} \boldsymbol{u}_n^j \frac{\partial \delta \boldsymbol{u}_n^i}{\partial x^j} \mathrm{d}\Omega\right) \frac{\mathrm{d}t^2}{2} \tag{8.3.25}$$

构造压力项的弱形式为：

$$\left(\int_\Omega \nabla p \nabla \cdot \delta p \mathrm{d}\Omega\right) \mathrm{d}t = -\rho \int_\Omega \nabla \cdot \boldsymbol{u}_n \delta p \mathrm{d}\Omega + \left(\int_\Gamma \frac{\partial p}{\partial \boldsymbol{n}} \delta p \mathrm{d}\Gamma\right) \mathrm{d}t \tag{8.3.26}$$

浓度控制方程的弱形式为：

$$\int_\Omega \frac{\partial c}{\partial t} \delta c \mathrm{d}\Omega + \int_\Omega \boldsymbol{u} \nabla \cdot c \delta c \mathrm{d}\Omega + \int_\Omega K_{\mathrm{dep}} c \delta c \mathrm{d}\Omega = 0 \tag{8.3.27}$$

由于 Navier-Stokes 方程中对流项和扩散项性质的不同，故运用不同的方法分别求解。对于扩散项采用常规的有限元方法求解，对于对流项采用有限体积法。由于有限元和有限体积法均是基于积分形式的，也就是能量叠加，所不同的是，有限元方法是对单元进行积分，而有限体积是对单元网格的对偶网格积分的，两种方法积分结果都是节点自由度方程。因此，对流项采用有限体积法进行离散，其他项仍采用有限元方法离散，最后将两者在节点自由度上进行叠加，即可实现有限元方法和有限体积法的结合。

对对流项 $\rho u_j^n \dfrac{\partial u_i^{n+1}}{\partial x_j}$ 采用有限体积法离散，对其他项采用有限元方法离散：

$$\text{有限体积法离散对流项} + \left(\rho u_j^n \frac{\partial u_i^{n+1}}{\partial x_j}, \delta u_i\right)_\Omega$$

对于形如（$b \cdot \nabla u$，v）的项，在二维情况下有如下表达：

$$(b \cdot \nabla u, v) = \sum_{j=1}^{N} \int_{\Omega_i} (b \cdot \nabla) uv \mathrm{d}x \approx \sum_{i=1}^{N} v_i \sum_{j \in \Lambda_i} \int_{T_{ij}} (b \cdot n)((r_{ij} - 1)(u_i - u_j)) \mathrm{d}s \tag{8.3.28}$$

式中 r_{ij}——相邻节点 i、j 之间的迎风系数；

u——待求的速度场。

而 i 节点的节点方程（二维）由式（8.3.29）给出：

$$\sum_{j \in \Lambda_i} \int_{T_{ij}} (b \cdot n)((r_{ij} - 1)(u_i - u_j)) \mathrm{d}s \tag{8.3.29}$$

式中 r_{ij}——i 节点的控制容积中 i~j 节点之间界面的迎风系数，由单元内通过 i~j 节点之间界面的流量决定。

8.3.2.2 时间项的离散

时间离散化采用有限差分法完成：

$$\boldsymbol{M} \frac{\partial \boldsymbol{U}}{\partial t} + \boldsymbol{SU} = \boldsymbol{F} \tag{8.3.30}$$

$$\boldsymbol{M} \frac{\boldsymbol{U}^{t+\Delta t} - \boldsymbol{U}^t}{\Delta t} + \boldsymbol{SU}^{t+\Delta t} = \boldsymbol{F}^{t+\Delta t} \tag{8.3.31}$$

$$(\boldsymbol{M} + \boldsymbol{S}\Delta t)\boldsymbol{U}^{t+\Delta t} = \boldsymbol{F}^{t+\Delta t}\Delta t + \boldsymbol{MU}^t \tag{8.3.32}$$

式中 $\boldsymbol{M}$——质量矩阵；

$\boldsymbol{F}$——力项；

$\boldsymbol{S}$——刚度矩阵；

$\boldsymbol{U}$——速度变量。

8.3.2.3 基于 FELAC 软件的突水非 Darcy 渗流模型计算程序设计

基于 FELAC 软件生成求解破碎岩体突水非 Darcy 渗流模型的有限元计算程序，计算流程分为以下几个步骤：

（1）前处理输入数据，主要包括几何模型、模型物性参数、初始条件和边界条件、网格剖分、时间步长等信息；

（2）将破碎岩体通道入口的初始压力赋值给含水层出口边界，求解含水层 Darcy 区域的压力场，同时得到含水层的速度场；

（3）将计算得到的含水层出口边界流速赋值给破碎岩体通道入口边界，同时将巷道入口边界的压力赋值给破碎岩体通道出口边界，求解破碎岩体的压力场和速度场；

（4）将计算得到的破碎岩体出口边界流速赋给巷道入口边界，求解巷道区域的速度场，同时得到巷道的压力场；

（5）求解破碎岩体非 Darcy 区域和巷道区域混合流体中流态化颗粒的浓度，Darcy 区域的浓度始终保持为零；

（6）求解破碎岩体非 Darcy 区域的孔隙率、渗透率和非 Darcy 因子，混合流体黏度、密度等参数；

（7）判断是否满足收敛条件，如果满足，则进入下一时间步的迭代计算，不满足，则返回第（2）步重新计算，直到满足收敛条件为止；

（8）进行下一时间步的迭代计算，直到设定的总时间全部求解完成，计算结束。

8.3.3 采动岩体非 Darcy 渗流基本规律模拟分析

8.3.3.1 数值模型建立

根据图 8.2.2 所示的破碎岩体突水流体流动概念模型，建立如图 8.3.1 所示数值计算模型。模型由上中下三部分组成，上部 110m×20m 的矩形区域表示含水层，采用 Darcy 定律描述；中部 10m×50m 的矩形区域表示破碎岩体导水通道，采用破碎岩体混合流体非 Darcy 渗流模型描述；下部 110m×5m 的矩形区域表示巷道，采用 Navier-Stokes 方程描述，同时考虑颗粒的沉积作用。含水层和破碎岩体导水通道在边界 L_1 处紧密连接，破碎岩体导水通道和巷道在边界 L_2 处紧密连接。

（1）初始条件：含水层和破碎岩体导水通道均为饱和状态，而且破碎岩体导水通道内流态化颗粒的初始浓度为 0.01，巷道内初始浓度为零。

（2）边界条件：含水层顶部和左右两侧边界均为固定水压力边界，p_1 = 2.0MPa；巷道两侧出口边界为固定水压力边界，相对压力为 $p_2=0$；模型其他外边界均视为不透水边界；L_1边界处浓度固定为零。

模型几何尺寸及边界条件如图 8.3.2 所示。图中 AB、EF 为监测线，其中 AB 为模型的中轴线，EF 为含水层水平中心线；监测点 C 位于破碎岩体通道入口处，测点 M 为破碎岩体通道中心点。计算区域被划分为 53141 个四节点四边形单元网格。选取的流体力学参数见表 8.3.1，由于 k_r与破碎岩体骨架粒径有关，对于大尺度工程问题，本次模拟采用的 k_r较第 3 章试验结果高了两个数量级。总计算时间 3000s，时间步长 5s，共计算 600 步。

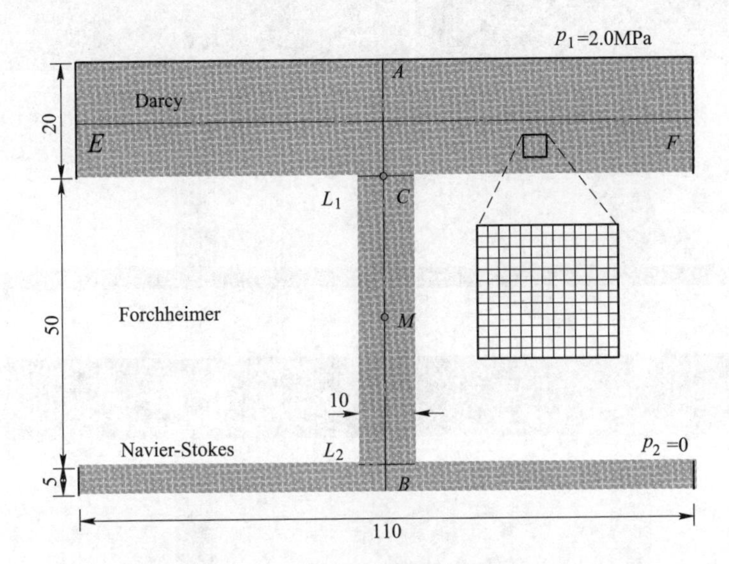

图 8.3.2 破碎岩体突水数值计算模型（单位：m）

表 8.3.1 数值计算采用的流体力学参数

参 数 名 称	数 值
水流密度 ρ_w/kg · m^{-3}	1000
填充物颗粒密度 ρ_f/kg · m^{-3}	2630
水流黏度 μ_0/Pa · s	0.001
含水层孔隙率 ϕ	0.14
破碎岩体通道初始孔隙率 ϕ_0	0.1
破碎岩体通道最大孔隙率 ϕ_m	0.5
含水层渗透率 k_D/m^2	2×10^{-11}
k_r	6.5×10^{-8}
无量纲系数 C	11.76
潜蚀系数 λ/m^{-1}	30
沉积系数 K_{dep}/s^{-1}	0.01

8.3.3.2　模拟结果分析

A　压力的演化规律

图 8.3.3 所示为突水发生、发展全过程中三流场区域上压力的时空分布，图 8.3.4 所示为模型中测线 *AB* 和测点 *M*、*C* 上的压力分布曲线，其中 $t=1\text{s}$ 表示初始时刻。由图可知突水发生、发展全过程中含水层、破碎岩体导水通道和巷道三

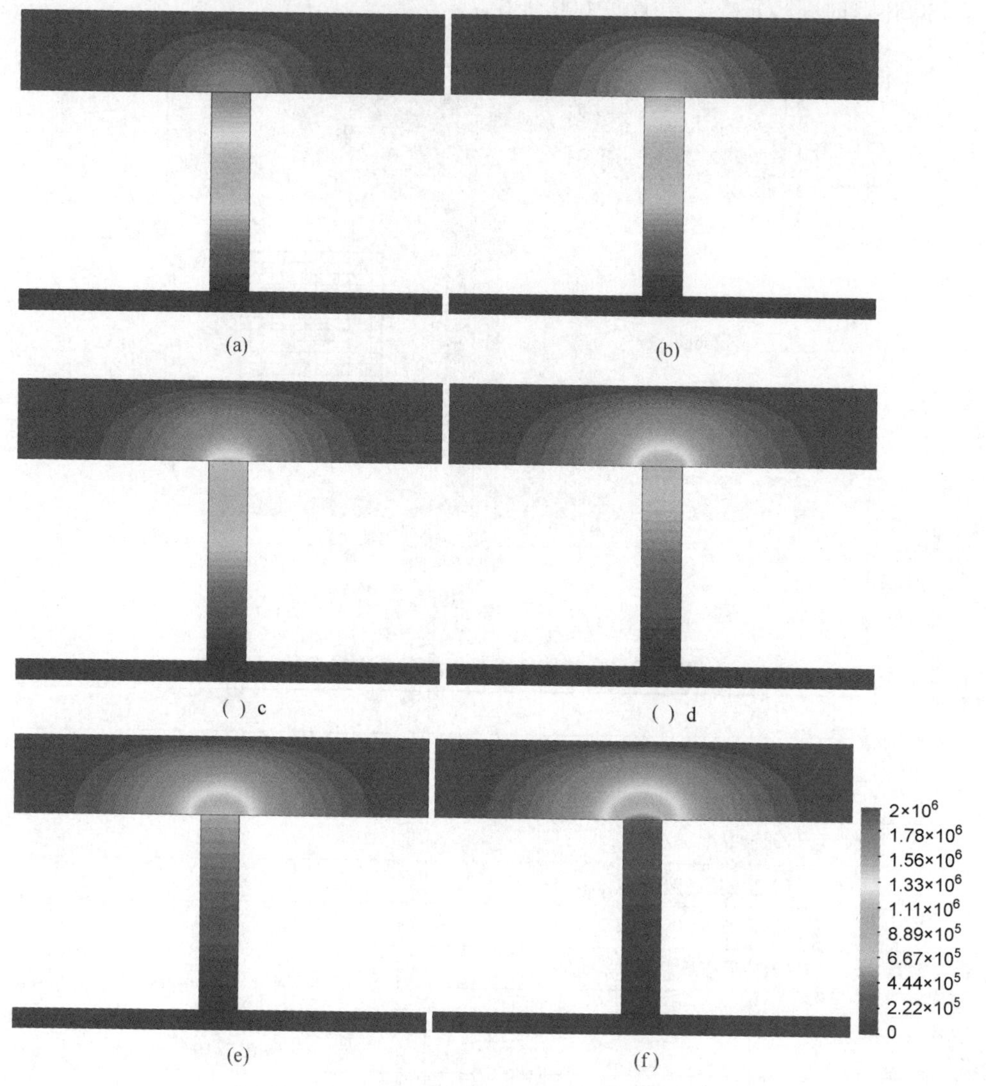

图 8.3.3　压力的时空分布云图（单位：Pa）

(a) $t=1\text{s}$；(b) $t=100\text{s}$；(c) $t=300\text{s}$；(d) $t=600\text{s}$；(e) $t=1000\text{s}$；(f) $t=1500\text{s}$

（扫描书前二维码看彩图）

流场区域的压力是连续变化的，随着突水时间的增长，含水层和破碎岩体通道中的水压力会发生较明显的变化，而巷道中的压力基本为零，流体在巷道里的流动主要依靠流体的惯性作用。从图 8.3.4 可以看出，在含水层持续高水压力边界条件下，随着突水时间的增长，破碎岩体导水通道入口处的压力开始时急剧降低，然后变为缓慢降低，最后趋于稳定，整体呈下降趋势。如破碎岩体通道入口处压力由最开始的 1.63MPa 降低为 0.36MPa，也进一步说明了含水层、破碎岩体导水通道和巷道三个流动区域不可分割，充分反映了突水发生、发展全过程中流场动力学系统的统一性特征。

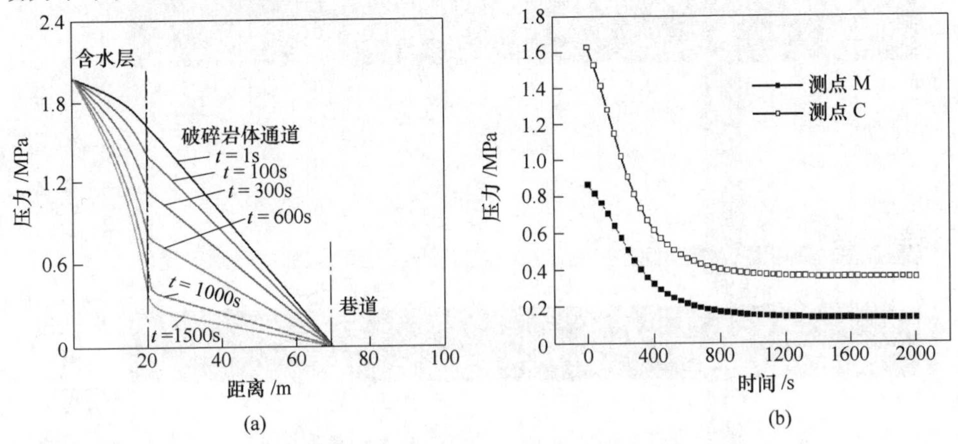

图 8.3.4 测线和测点上的压力分布曲线

（a）中轴线 AB 上的压力分布；（b）测点 M 和测点 C 的压力分布

B 流速的演化规律

图 8.3.5 所示为突水发生、发展全过程中三流场区域上流速的时空分布，图 8.3.6 所示为不同监测位置上的流速分布曲线。由图可知突水发生、发展全过程中含水层、破碎岩体导水通道和巷道三流场区域的流速也是连续变化的，而且随着突水时间的不断增长，流速的变化趋势先快速增大，然后缓慢增大，最后趋于稳定。含水层水平中线上的流速呈“倒漏斗”形分布，流速的最大值发生在破碎岩体通道中心所对应的含水层位置处，距离破碎岩体通道中心越远流速越低。当流速达到稳定，如 $t = 1500$s 时，含水层水平中线上最大流速能够达到 0.00272m/s，而边界上的流速仅为 6.21×10^{-5} m/s，此时破碎岩体通道中的平均流速约为 0.00846m/s，通道中流速相比含水层两侧入口边界流速约增大两个数量级。

C 孔隙率的时空演化

图 8.3.7 所示为突水发生、发展全过程中含水层和破碎岩体通道孔隙率的时空分布，其中含水层的孔隙率为 0.14，保持不变。图 8.3.8 所示为不同监测位置上孔隙率的分布情况。

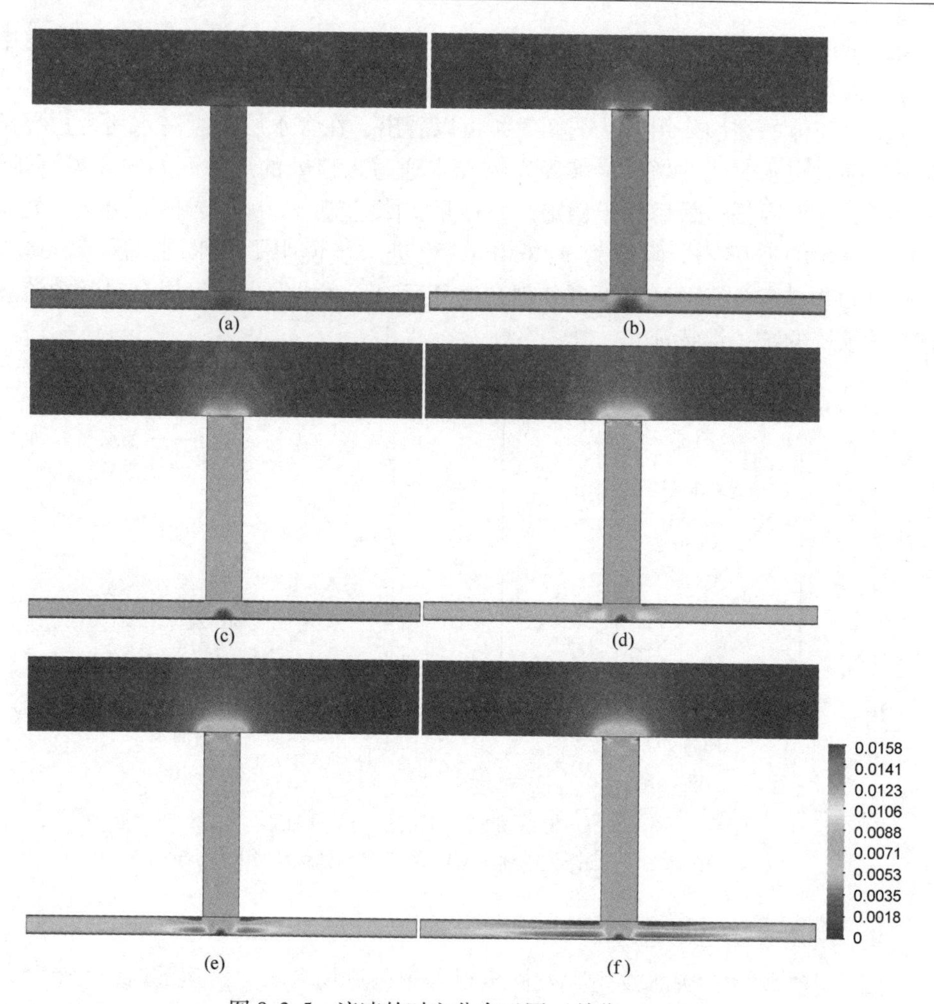

图 8.3.5　流速的时空分布云图（单位：m/s）

（a）$t=1$s；（b）$t=100$s；（c）$t=300$s；（d）$t=600$s；（e）$t=1000$s；（f）$t=1500$s

（扫描书前二维码看彩图）

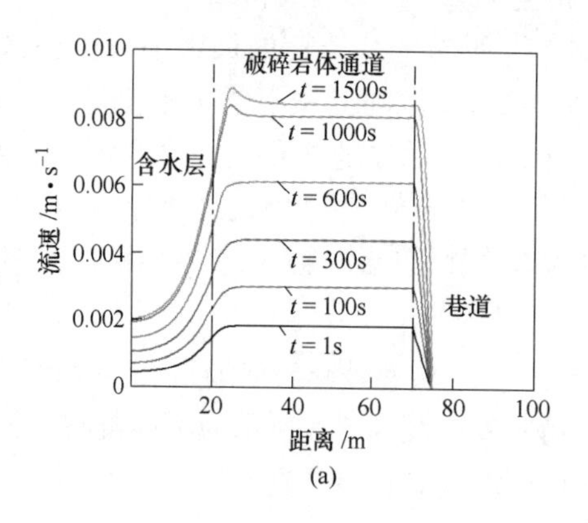

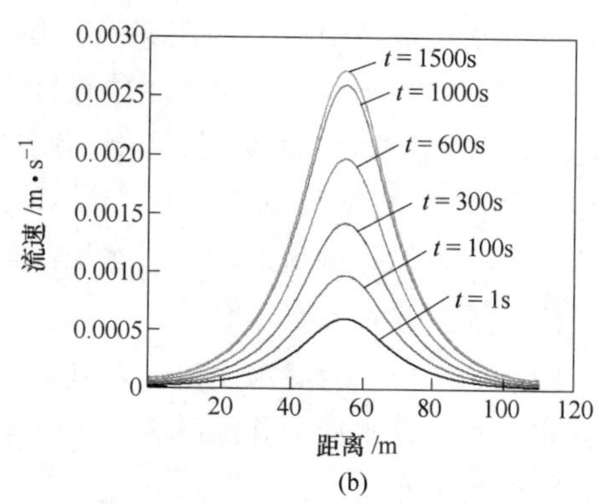

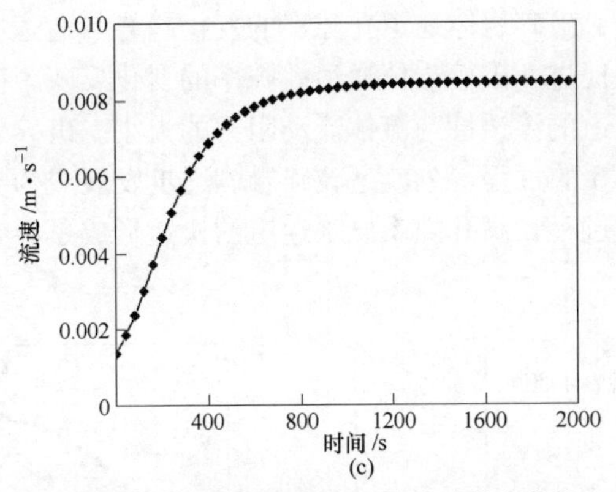

(c)

图 8.3.6　测线和测点上的流速分布曲线

(a) 中轴线 AB 上的流速分布；(b) 含水层中测线 EF 上的流速分布；(c) 测点 M 上的流速随时间变化曲线

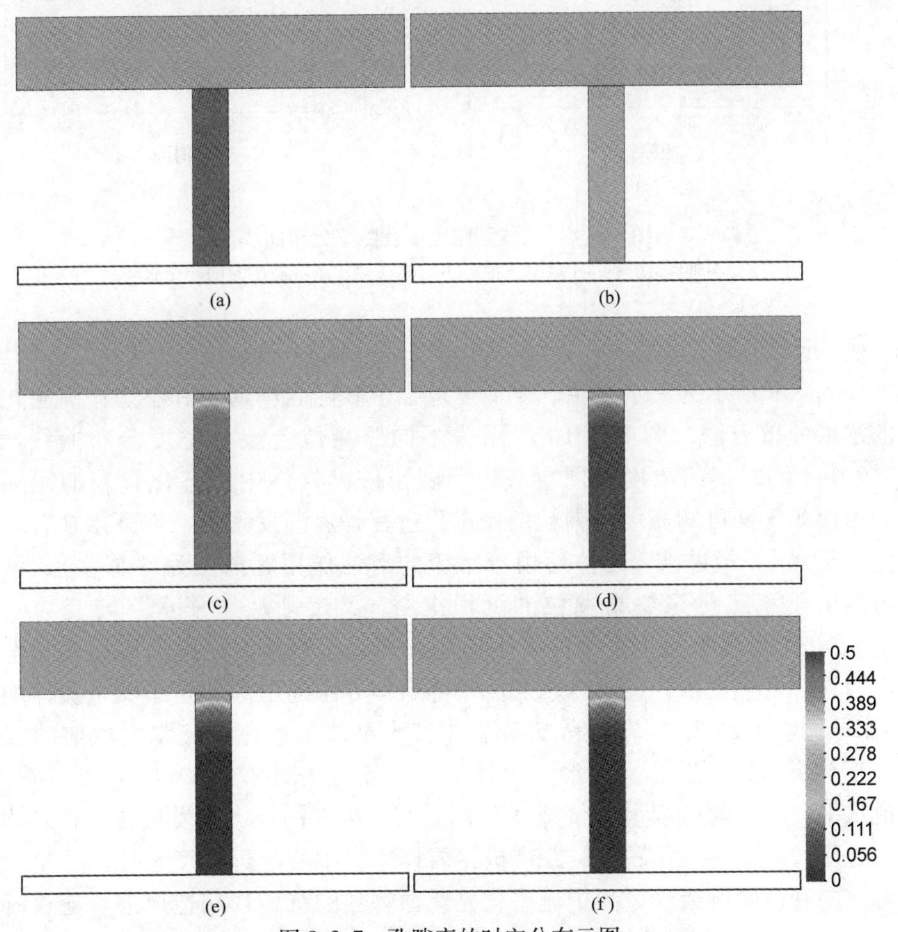

(a)　(b)　(c)　(d)　(e)　(f)

图 8.3.7　孔隙率的时空分布云图

(a) $t=1$s；(b) $t=100$s；(c) $t=300$s；(d) $t=600$s；(e) $t=1000$s；(f) $t=1500$s

(扫描书前二维码看彩图)

由图 8. 3. 8 可知，破碎岩体通道孔隙率的变化趋势与通道中流速的变化趋势保持一致，两者相互促进。破碎岩体通道孔隙率的变化反映了破碎岩体介质结构的变化，直接影响通道的渗透性与流体流动阻力的大小。破碎岩体孔隙率由初始的 0. 1 逐渐增大到 0. 5 的过程，也就是破碎岩体逐步发展成为导水通道沟通含水层和巷道水力联系的过程，高孔隙率导水通道的快速形成是导致突水发生的直接原因。

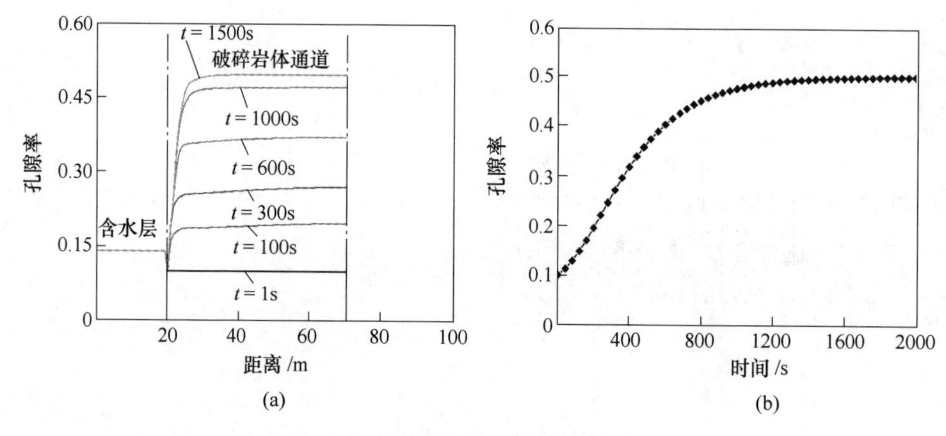

图 8. 3. 8 测线和测点上孔隙率分布曲线

（a）中轴线 AB 上的孔隙率分布；（b）测点 M 上的孔隙率时间变化曲线

D 浓度的时空演化

图 8. 3. 9 所示为突水发生、发展全过程中破碎岩体通道和巷道中流态化颗粒的浓度分布云图，图 8. 3. 10 所示为不同监测位置上的浓度分布曲线。图 8. 3. 9 中不同时刻的浓度云图直观地反映出破碎岩体中流态化颗粒的运动过程。由图 8. 3. 9 可知充填物颗粒的流态化过程是逐渐发生的，地下水在含水层中为“清水”，经过破碎岩体后由于水流的潜蚀作用逐渐变为“浑水”，涌入巷道后由于流态化充填物颗粒的沉积作用，又逐渐从“浑水”转变为“清水”。当破碎岩体中只剩下不能发生流态化的骨架岩块时，即形成高孔隙率的导水通道，发生突水，此时含水层、破碎岩体导水通道和巷道中突水流体均为“清水”。这与断层、陷落柱等破碎岩体突水事故中水流由突水发生前的“浑水”变为突水发生后的“清水”现象基本一致。从图 8. 3. 10（b）可以看出，巷道水平中线上的浓度呈“倒漏斗”形分布，浓度的最大值发生在破碎岩体通道中心所对应的巷道位置处，距离破碎岩体通道中心越远浓度越低，这是由突水流体向巷道两侧运动过程中流态化充填物颗粒的沉积作用造成的。随着时间的增长，测点 M 的浓度经历了迅速增大至最大值后迅速减小，最终变为零的过程。

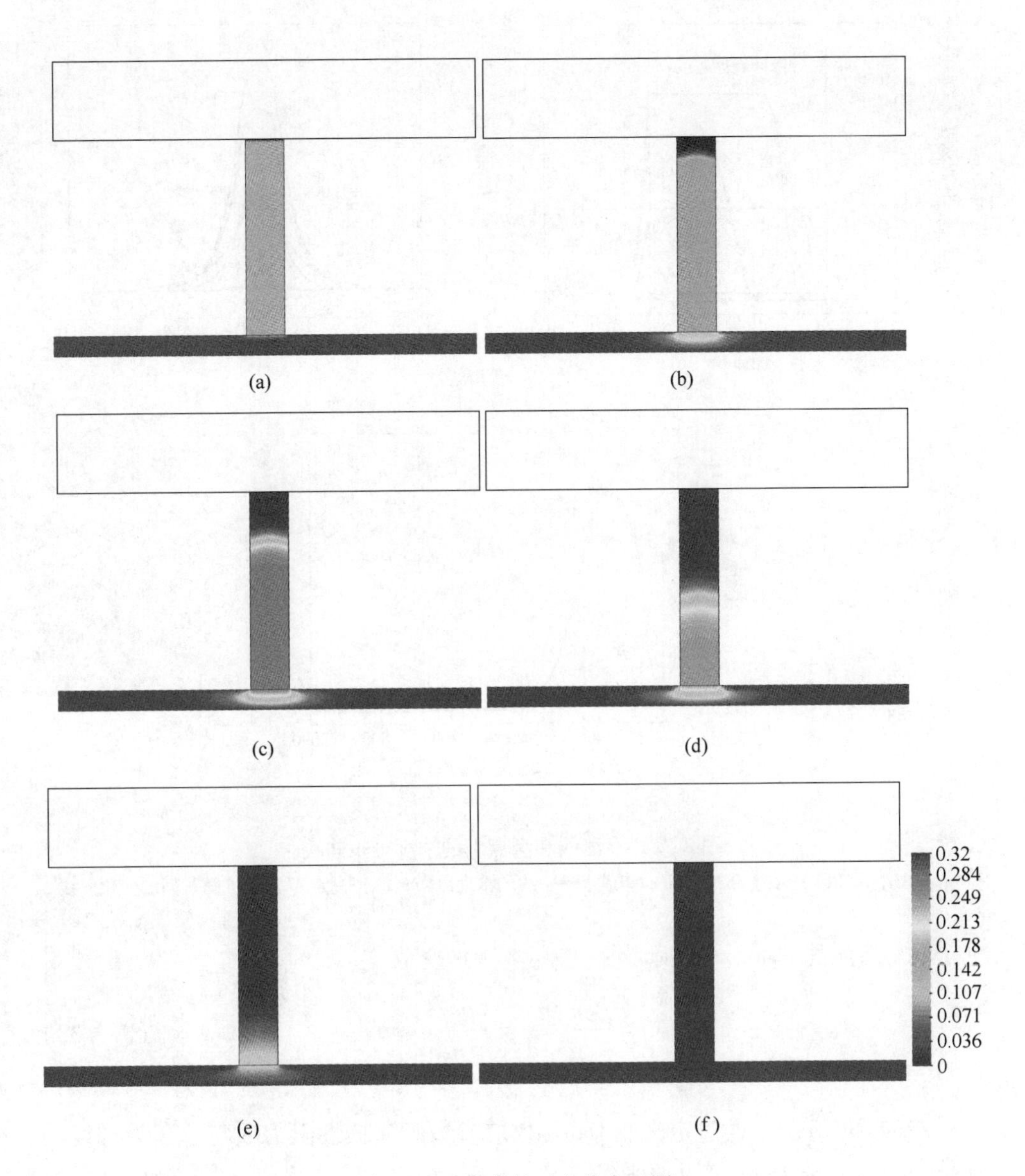

图 8.3.9 浓度的时空分布云图

(a) $t=1$s；(b) $t=100$s；(c) $t=300$s；(d) $t=600$s；(e) $t=1000$s；(f) $t=1500$s

(扫描书前二维码看彩图)

E 非 Darcy 渗流特性演化

为了定量研究突水发生、发展过程中破碎岩体通道中地下水渗流的非线性行为，引入 *Fo*（Forchheimer）数，即 Forchheimer 方程中二次项（流体惯性项）与一次项（流体黏性项）的比值，其反映流体渗流的非线性程度，被学者应用于

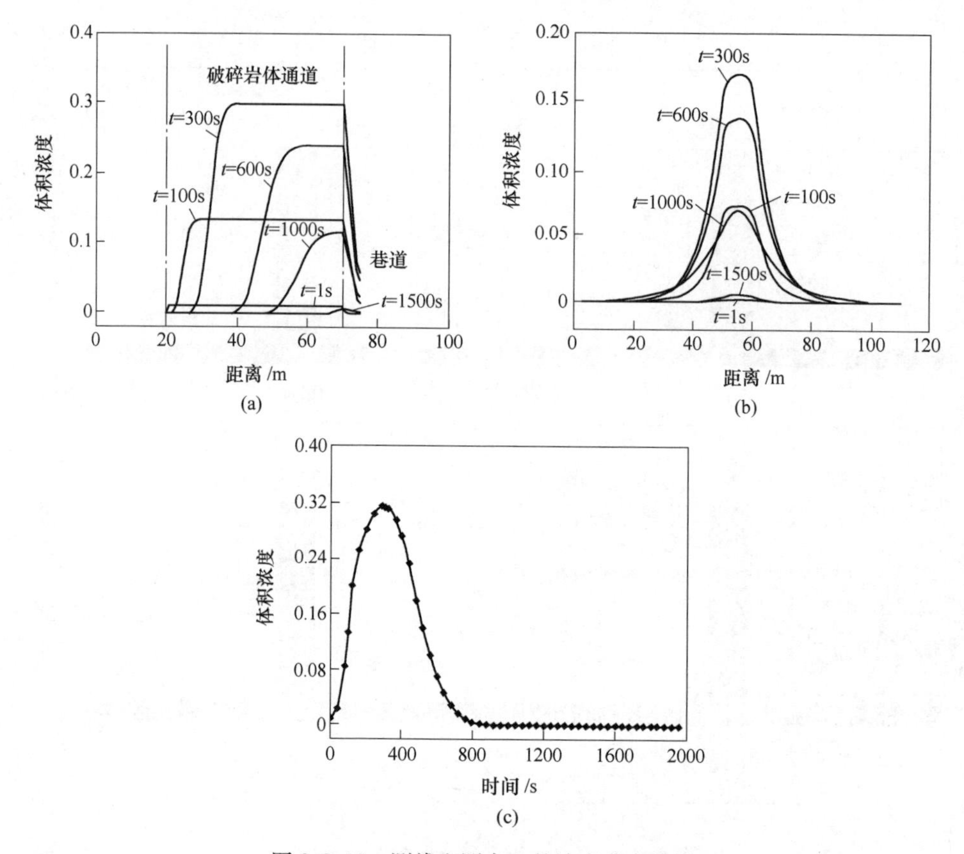

图 8.3.10　测线和测点上的浓度分布曲线

(a) 中轴线 AB 上的浓度分布；(b) 巷道水平中线的浓度分布；(c) 测点 M 上浓度随时间的变化曲线

非 Darcy 渗流的判别，可表示为：

$$Fo = \frac{\beta\rho\boldsymbol{u}\,|\boldsymbol{u}|}{\dfrac{\mu}{k}\boldsymbol{u}} = \frac{C\rho\sqrt{k_{\mathrm{F}}}}{\mu}|\boldsymbol{u}| \tag{8.3.33}$$

Zeng 和 Grigg[13] 通过定义非 Darcy 效应参数 E（惯性阻力项与总压力梯度的比值）来确定非 Darcy 产生的临界 Fo，可表示为：

$$E = \frac{\beta\rho\boldsymbol{u}\,|\boldsymbol{u}|}{\dfrac{\mu}{k}\boldsymbol{u} + \beta\rho\boldsymbol{u}\,|\boldsymbol{u}|} \tag{8.3.34}$$

将式（8.3.28）代入式（8.3.29）可得：

$$E = \frac{Fo}{1 + Fo} \tag{8.3.35}$$

Zeng 和 Grigg 将 $E = 10\%$ 作为非 Darcy 产生的临界指标，即当惯性阻力引起的压力损失超过总压力损失的 10%时为非 Darcy 渗流，那么此时 $Fo=0.11$。根据该方法，本节提出 $E=50\%$ 和 $E=90\%$ 两个临界指标，$E=50\%$ 表明惯性阻力项引起的压力损失占总压力损失的一半，$Fo=1$，即惯性阻力项与黏滞阻力项相等，均不可忽略，此时渗流状态反映为黏性阻力和惯性阻力并重的非线性层流；$E=90\%$ 表明惯性阻力项引起的压力损失占总压力损失的 90%，$Fo=9$，此时黏滞阻力项仅占总压力损失的 10%，流体黏性阻力相对于惯性阻力可忽略不计，此时渗流状态趋于紊流，非线性程度高。

图 8.3.11 所示为破碎岩体通道中测点 M 的渗透率、非 Darcy 因子和 Fo 随时间的变化曲线，由图可知，随着突水时间的增长，导水通道的渗透率开始快速增大，然后增速变缓并逐渐趋于稳定；而非 Darcy 因子与渗透率变化趋势相反，表现为先快速减小，然后缓慢降低并逐渐趋于稳定。Fo 的变化趋势与渗透率变化趋势类似，图中 Fo 曲线的最小值为 0.13，大于非 Darcy 产生的临界值 0.11，因此整个过程中破碎岩体通道内均为非 Darcy 渗流。根据 Fo 的大小可以将曲线大致分为三个阶段：

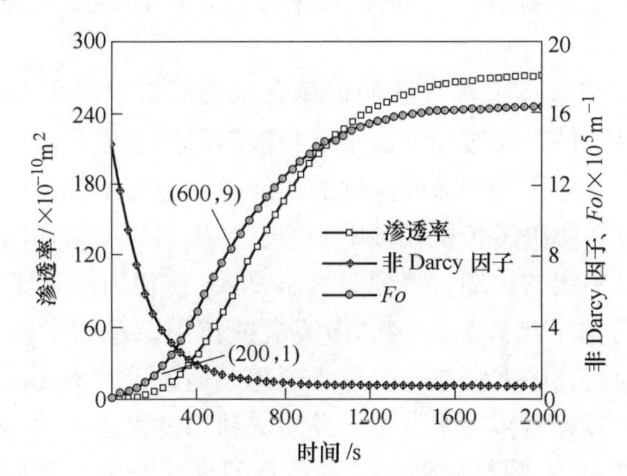

图 8.3.11 测点 M 上渗透率、非 Darcy 因子和 Fo 随时间的变化曲线

（1）$Fo<1$，时间大约在 200s 以内，流体惯性阻力项和黏滞阻力项在同一个量级，且惯性阻力项小于黏滞阻力项，惯性阻力对流动的影响弱于黏滞阻力，流体流动为弱惯性非线性层流；

（2）$1<Fo<9$，时间大约在 200~600s 之间，流体惯性阻力项和黏滞阻力项在同一个量级，但是惯性阻力项大于黏滞阻力项，惯性阻力对流动的影响强于黏滞阻力，流体流动为强惯性非线性层流；

（3）$Fo>9$，时间约为 600s 以后，流体惯性阻力作用引起的压力损失已经超过总压力损失的 90%以上，黏滞阻力作用相比惯性阻力作用对流动的影响微弱，基本可以忽略不计，流体运动逐渐转变为紊流。

在破碎岩体突水问题中，在含水层水压力一定的前提下，随着破碎岩体逐渐演化为高孔隙率、强渗透性的导水通道，突水水流由黏滞阻力为主的 Darcy 层流转变为黏滞阻力和惯性阻力共同作用的高速非 Darcy 层流，最后变成惯性阻力起控制作用的紊流，发生流态转捩。采用 Forchheimer 方程描述破碎岩体内高速非线性层流，能够较好地反映水流从含水层 Darcy 层流到巷道紊流的中间状态，可以定量揭示岩体突水三种流态转捩的渗流本质。

8.3.3.3　小结

破碎岩体突水灾害的发生表明破碎岩体已经成为沟通含水层和巷道水力联系的突水通道。破碎岩体突水发生、发展的过程中，根据突水水流“从哪里来”到“哪里去”的流动过程，将突水发生必须具备的空间条件概括为三个：充足的水源空间、强渗流导水通道以及容纳突水的井巷空间，三者缺一不可。

（1）针对发生突水的空间条件，基于质量守恒和压力连续条件，建立了破碎岩体突水非 Darcy 渗流模型，模型中包括 Darcy 流、Forchheimer 流和 Navier-Stokes 流，对不同的流动阶段用不同的流动方程，把含水层、破碎岩体通道和巷道整个水流路径连接在一起。

（2）本节模型将远离突水位置的远场含水层已知水压力和巷道大气压力作为外部第一类边界条件，同时保证含水层与破碎岩体通道、破碎岩体通道与巷道连接区域交界面上流体压力和流速连续的内部时变边界条件，使整个流场成为统一的有机整体，有效解决了传统模型中割裂三场流态的关联作用导致突水过程计算时时变边界难以确定的难题，得到突水非 Darcy 渗流力学规律更符合实际。

（3）模型中考虑了破碎岩体中的渗流潜蚀作用，反映了破碎岩体由低孔隙率弱渗透性演变为高孔隙率强渗透性导水通道，诱发突水非 Darcy 渗流的整个物理过程，能够模拟破碎岩体突水发生、发展的动态过程。

（4）基于 FELAC 有限元软件生成了计算程序，实现了模型的数值求解，为再现突水发生、发展动态过程提供数值模拟方法。

（5）对破碎岩体突水概念模型的模拟结果表明：在破碎岩体突水问题中，含水层水压力一定前提下，随着破碎岩体逐渐演化为高孔隙率、强渗透性的导水通道，突水水流由黏滞阻力为主的 Darcy 层流，到黏滞阻力和惯性阻力共同作用的高速非 Darcy 层流，最后到惯性阻力起控制作用的紊流发生流态转捩。采用 Forchheimer 方程描述破碎岩体内高速非线性层流，能够较好地反映水流从含水层 Darcy 层流到巷道紊流的中间状态，模型可以定量揭示破碎岩体突水三种流态转捩的渗流本质。

（6）渗流潜蚀作用诱发破碎岩体孔隙结构、流体介质参数和渗流场不断演化，颗粒运动是造成流速增大的有利条件，颗粒运动和水流速增加是相互激励、相互促进的正反馈过程。

8.4 非 Darcy 渗流-应力耦合模拟研究

通过以上实验研究认识到对于破碎岩体高速非 Darcy 渗流问题的研究，必须考虑渗流介质所处的应力状态，即非 Darcy 渗流-应力耦合。因此，本节基于以上实验研究得到的规律结果，建立高速非 Darcy 渗流-应力耦合模型，对不同压力梯度和应力条件下的模型进行求解，并分析其渗流规律，对非 Darcy 渗流-应力耦合问题进行数值模拟研究。

8.4.1 模型方程介绍

8.4.1.1 基本力学方程

假设模型为各向同性弹性体，则应满足应力平衡方程和几何方程：

$$\sigma_{ij,j} + f_i = \rho \frac{\partial^2 u_i}{\partial t^2} \tag{8.4.1}$$

$$\varepsilon_{ij} = \frac{1}{2}(u_{i,j} + u_{j,i}) \tag{8.4.2}$$

式中 σ——应力，为与弹性力学中定义一致，本节定义应力以拉为正；
u，ε——模型位移和应变；
f_i——在 i 方向的体力；
ρ——密度。

考虑到破碎岩体渗流过程中，模型的变形受应力和流体压力 P 共同作用，则物理方程可写为：

$$\sigma_{ij} = 2G\varepsilon_{ij} + \frac{2G\nu}{1-2\nu}\varepsilon_{kk}\delta_{ij} + BP\delta_{ij} \tag{8.4.3}$$

式中 G——剪切模量；
ν——泊松比；
δ_{ij}——Kronecker 函数，$i=j$ 时取 1，$i\neq j$ 时取 0；
B——Boit's 系数，与破碎岩体压缩性有关，$B=1-K'/K_s$；
K_s——固体骨架体积模量；
K'——排水体积模量，$K'=2G(1+\nu)/3(1-2\nu)$。

8.4.1.2 非 Darcy 渗流方程

在非稳态渗流过程中，假设流体为不可压缩的牛顿流体，流动状态符合 Forchheimer 方程，则流体运动方程为：

$$\rho c_a \frac{\partial v}{\partial t} - \rho\beta vv + \frac{\eta}{k_F}v + \nabla P = f \tag{8.4.4}$$

式中　k_F——非 Darcy 渗透率；

β——非 Darcy 因子；

ρ——流体密度；

f——质量力；

c_a——加速度系数。

考虑到破碎岩体材料在应力和水压力共同作用下的变形作用，由第 2 章可知渗流介质单元体积 V 由固体骨架体积 V_s 和孔隙体积 V_p 组成，在时间 t 内体积变化率为：

$$\frac{1}{V}\frac{\partial V}{\partial t}=\frac{1}{V}\frac{\partial V_p}{\partial t}+\frac{1}{V}\frac{\partial V_s}{\partial t}=-\frac{\partial \theta}{\partial t} \tag{8.4.5}$$

式中　θ——体应变，数值上等于应变张量第一不变量，可表示为 $\theta=u_{i,i}$，体积增大时 θ 为正，体积减小时 θ 为负。

从式（8.4.5）中可以看出，微元体积变化由孔隙和固体骨架两部分改变组成，其中孔隙体积变化率可表示为：

$$\frac{1}{V}\frac{\partial V_p}{\partial t}=-\frac{\psi}{K_l}\frac{\partial P}{\partial t}-\nabla\cdot q_l \tag{8.4.6}$$

式中　ψ——孔隙率；

K_l——流体体积模量；

q_l——单位时间内单位体积的流量。

式中两项分别为水压力变化和微元体流出流体体积引起的孔隙变化。

固体骨架体积变化率可表示为：

$$\frac{1}{V}\frac{\partial V_s}{\partial t}=\frac{1}{3K_s}\frac{\partial \sigma'_{ij}}{\partial t}\delta_{ij}-\frac{1-\psi}{K_s}\frac{\partial P}{\partial t} \tag{8.4.7}$$

式中　σ'_{ij}——有效应力。

公式等号右侧为有效应力引起的骨架体积变化，第二项为流体压力引起的骨架体积变化。

把式（8.4.6）和式（8.4.7）代入式（8.4.5）中，整理后可得到流体连续方程：

$$\frac{\partial \theta}{\partial t}-\frac{\psi}{K_l}\frac{\partial P}{\partial t}-\frac{1-\psi}{K_s}\frac{\partial P}{\partial t}+\frac{1}{3K_s}\frac{\partial \sigma'_{ij}}{\partial t}\delta_{ij}=\nabla\cdot q_l \tag{8.4.8}$$

8.4.1.3　耦合方程

破碎岩体非 Darcy 渗流-应力耦合问题中，渗流场与应力场之间相互耦合影响，其中渗流场通过水压力作用于应力场，可由有效应力原理表达；应力场对渗流的影响体现在应力对渗流介质渗透性的影响，可由非 Darcy 渗透率和非 Darcy

因子与应力的关系方程表达。

有效应力原理表示固体应力与水压力之间的相互作用，总应力等于介质受到的有效应力与水压力之和：

$$\sigma'_{ij} = \sigma_{ij} + BP\delta_{ij} \tag{8.4.9}$$

非 Darcy 渗透率和非 Darcy 因子与应力的关系方程由实验得出：

$$k_{F} = k_{F_0}e^{\alpha\sigma} \tag{8.4.10}$$

$$\beta = \beta_0 - \gamma\sigma \tag{8.4.11}$$

式中 k_{F_0}，β_0——分别为零应力状态下的初始渗透率和非 Darcy 因子；

α，γ——分别为渗透率和非 Darcy 因子受应力影响的敏感性因子，与破碎岩体的孔隙率等有关，由实验确定。

8.4.2 方程弱形式求解

8.4.2.1 连续方程弱形式

求解非 Darcy 渗流方程，首先需要对 Forchheimer 方程中的二次项进行线性化简，根据迭代的规律，将速度二次项 v^2 分解为两步迭代值的积，$v_{n+1}^2 = v_n v_{n+1}$，并认为 v_n 为已知数值，Forchheimer 方程中的速度可以表示为：

$$v_{n+1} = -\frac{1}{\dfrac{\eta}{k} + \rho\beta v_n}\frac{\partial P}{\partial x} \tag{8.4.12}$$

把式（8.4.12）代入连续方程式（8.4.8），整理得到：

$$\nabla\cdot\left(-\frac{\rho g}{\dfrac{\eta}{k} + \rho\beta v_n}\frac{\partial P}{\partial x}\right) = \frac{\partial\theta}{\partial t} - \frac{\psi}{K_1}\frac{\partial P}{\partial t} - \frac{1-\psi}{K_s}\frac{\partial P}{\partial t} + \frac{1}{3K_s}\frac{\partial\sigma'_{ij}}{\partial t}\delta_{ij} \tag{8.4.13}$$

由虚位移原理，推得速度对应的压力虚位移形式为 δP，式（8.4.13）等号两侧同乘 δP：

$$\nabla\cdot\left(-\frac{\rho g}{\dfrac{\eta}{k} + \rho\beta v_n}\frac{\partial P}{\partial x}\right)\delta P = \left(\frac{\partial\theta}{\partial t} - \frac{\psi}{K_1}\frac{\partial P}{\partial t} - \frac{1-\psi}{K_s}\frac{\partial P}{\partial t} + \frac{1}{3K_s}\frac{\partial\sigma'_{ij}}{\partial t}\delta_{ij}\right)\delta P \tag{8.4.14}$$

为化微分方程为积分方程，对式（8.4.14）两侧同时进行积分处理，得：

$$\int\nabla\cdot\left(-\frac{\rho g}{\dfrac{\eta}{k} + \rho\beta v_n}\frac{\partial P}{\partial x}\right)\delta P\mathrm{d}V = \int\left(\frac{\partial\theta}{\partial t} - \frac{\psi}{K_1}\frac{\partial P}{\partial t} - \frac{1-\psi}{K_s}\frac{\partial P}{\partial t} + \frac{1}{3K_s}\frac{\partial\sigma'_{ij}}{\partial t}\delta_{ij}\right)\delta P\mathrm{d}V \tag{8.4.15}$$

用分部积分法整理式（8.4.15），并将公式中的压力二阶导数降低为一阶导数来实现方程线性化，得出原方程的近似解，即弱解，方程弱形式为：

$$\int\left(\frac{\rho g}{\frac{\eta}{k}+\rho\beta v}\frac{\partial P}{\partial x}\right)\frac{\partial\delta P}{\partial x}\mathrm{d}V-\int\left(\frac{\rho g}{\frac{\eta}{k}+\rho\beta v_n}\frac{\partial P}{\partial x}\right)\delta Pn_x\mathrm{d}\Gamma$$
$$=\int\left(\frac{\partial\theta}{\partial t}-\frac{\psi}{K_l}\frac{\partial P}{\partial t}-\frac{1-\psi}{K_s}\frac{\partial P}{\partial t}+\frac{1}{3K_s}\frac{\partial\sigma'_{ij}}{\partial t}\delta_{ij}\right)\delta P\mathrm{d}V \quad (8.4.16)$$

8.4.2.2　运动方程弱形式

根据运动方程定义函数：

$$F(v)=\rho c_a\frac{\partial v}{\partial t}-\rho\beta vv+\frac{\eta}{k_F}v+\nabla P-f=0 \quad (8.4.17)$$

$$F(v+\Delta v)=F(v)+\frac{\partial F(v)}{\partial v}\Delta v=F(v_{n+1})=0 \quad (8.4.18)$$

$$\frac{\partial F(v)}{\partial v}v+\frac{\partial F(v)}{\partial v}\Delta v=\frac{\partial F(v)}{\partial v}v-F(v)=\frac{\partial F(v)}{\partial v}(v+\Delta v) \quad (8.4.19)$$

整理式（8.4.18）、式（8.4.19）可得出：

$$\frac{\partial F(v)}{\partial v}(v+\Delta v)=\rho c_a\frac{\partial(v+\Delta v)}{\partial t}-2\rho\beta v(v+\Delta v)+\frac{\eta}{k_F}(v+\Delta v)+\nabla P-f \quad (8.4.20)$$

以迭代形式写出为：

$$\rho c_a\frac{\partial v_{n+1}}{\partial t}-2\rho\beta v_n v_{n+1}+\frac{\eta}{k_F}v_{n+1}+\nabla P=f-\rho\beta v_n v_n \quad (8.4.21)$$

由虚位移原理，得速度对应的压力虚位移为 δv，等式两端同乘 δv 并化微分为积分形式，得：

$$\int\left(\rho c_a\frac{\partial v_{n+1}}{\partial t}+\frac{\eta}{k_F}-2\rho\beta v_n\right)\delta v\mathrm{d}V=\int(f-\rho\beta v_n v_n-\nabla P)\delta v\mathrm{d}V \quad (8.4.22)$$

由式（8.4.23）各部分进行分部积分计算，得出方程的弱形式：

$$\int\left(\rho c_a\frac{\partial v_{n+1}}{\partial t}+\frac{\eta}{k_F}-2\rho\beta v_n\right)\delta v\mathrm{d}V=\int\left((f-\rho\beta v_n v_n)\delta v+P\frac{\partial\delta v}{\partial x}\right)\mathrm{d}V-\int Pn\delta v\mathrm{d}\Gamma \quad (8.4.23)$$

8.4.2.3　应力方程弱形式

采用与渗流方程相同的推导方法，对平衡微分方程乘以虚位移 δu_i，再把微分方程化为积分形式，方程分解形式为：

$$\int\left(\frac{\partial\sigma_{xx}}{\partial x}+\frac{\partial\sigma_{xy}}{\partial y}+\frac{\partial\sigma_{xz}}{\partial z}+f_x\right)\delta u_x+\left(\frac{\partial\sigma_{xy}}{\partial x}+\frac{\partial\sigma_{yy}}{\partial y}+\frac{\partial\sigma_{yz}}{\partial z}+f_y\right)\delta u_v+$$
$$\left(\frac{\partial\sigma_{xz}}{\partial x}+\frac{\partial\sigma_{yz}}{\partial y}+\frac{\partial\sigma_{zz}}{\partial z}+f_z\right)\delta u_z\mathrm{d}V=0 \quad (8.4.24)$$

再进行分部积分变换，得：

$$\int(\sigma_{xx}\partial\varepsilon_{xx}+\sigma_{yy}\partial\varepsilon_{yy}+\sigma_{zz}\partial\varepsilon_{zz}+\sigma_{xy}\partial\varepsilon_{xy}+\sigma_{xz}\partial\varepsilon_{xz}+\sigma_{yz}\partial\varepsilon_{yz})\mathrm{d}V$$

$$=\int(f_x\delta u+f_y\delta v+f_z\delta w)\mathrm{d}V+\int(T_x\delta u+T_y\delta v+T_z\delta w)\mathrm{d}\Gamma \tag{8.4.25}$$

把本构方程式（8.4.3）带入，得弱形式为：

$$\int\left((\varepsilon_{xx}\partial\varepsilon_{xx}+\varepsilon_{yy}\partial\varepsilon_{yy}+\varepsilon_{zz}\partial\varepsilon_{zz})\left(\frac{E(1-\nu)}{(1+\nu)(1-2\nu)}+BP\right)+\right.$$
$$(\varepsilon_{xx}\partial\varepsilon_{yy}+\varepsilon_{yy}\partial\varepsilon_{zz}+\varepsilon_{zz}\partial\varepsilon_{xx})\left(\frac{E\nu}{(1+\nu)(1-2\nu)}\right)+$$
$$\left.(\varepsilon_{xy}\partial\varepsilon_{xy}+\varepsilon_{yz}\partial\varepsilon_{yz}+\varepsilon_{xz}\partial\varepsilon_{xz})\left(\frac{E(0.5-\nu)}{(1+\nu)(1-2\nu)}\right)\right)\mathrm{d}V$$
$$=\int(f_x\delta u+f_y\delta v+f_z\delta w)\mathrm{d}V+\int(T_x\delta u+T_y\delta v+T_z\delta w)\mathrm{d}\Gamma \tag{8.4.26}$$

8.4.3 模型建立

为了更好地与实验结果进行对比，并验证本节建立的模型的正确性，建立模型几何尺寸与实验试样尺寸一致的为 178mm×60mm 的二维平面应变模型，如图 8.4.1 所示。模型渗流自上而下，上边界为进水压力条件 P_1，下边界为出水压力 $P_2=0$，侧面为不透水边界；假定模型为均质线弹性材料，侧面边界围压为 F，上下边界竖向位移约束，即 $u_y=0$。

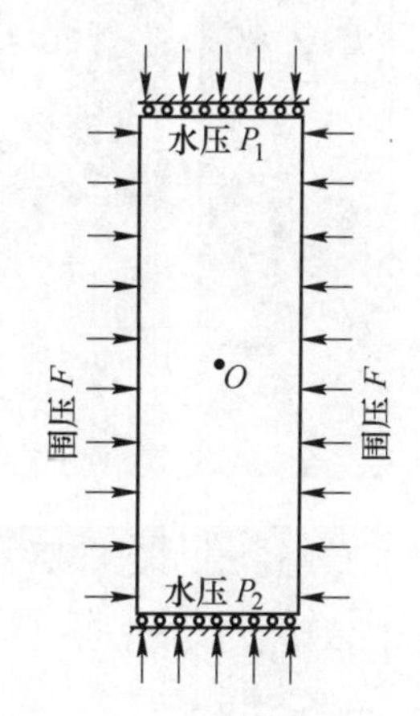

图 8.4.1 几何模型示意图

渗流实验以出水口开关控制流动，实验开始前实验试样内压力为上游水压力，因此把模型初始压力值设为上边界压力值 P_1，与渗流实验相对应。渗流实验过程中，在很短的时间内渗流便达到了稳定状态，因此把模型计算步长设为 0.05s，总共计算 100 步（5s）；并设定非线性迭代容许误差为 10^{-8}，即计算时允许的迭代误差范围为 $\delta=(v_{n+1}-v_n)/v_n\leqslant 10^{-8}$。为了精确的分析模拟数据，在模型内部设置测点 O，位于模型正中心位置处。以模型孔隙率 0.3 为例，设置模型的基本力学参数和渗流相关参数，见表 8.4.1。

表 8.4.1 模型参数

ψ	E/GPa	ν	ρ/kg·m^{-3}	η/Pa·s	k_0/m^2	β_0/m^{-1}	α	γ	B
0.3	1	0.3	1000	0.001	2.04×10^{-10}	8.19×10^{4}	1.429	1.221	1

与渗流实验相对应的，本节采用两个模拟方案分析模型渗流规律：(1) 在孔隙率 ψ 保持不变条件下，固定围压 F 不变，逐渐增大模型上游压力值 P_1，逐渐增大模型渗流的水压力梯度，分析在围压固定时的不同水压力梯度下的非 Darcy 渗流规律；(2) 在孔隙率 ϕ 保持不变条件下，固定上游水压力值 P_1，逐渐增大模型围压 F，分析在渗流水压力梯度相同时，不同围压应力条件对非 Darcy 渗流规律的影响及应力场演化规律。

8.4.4　不同压力梯度渗流模拟分析

模拟方案 (1)：对应本书第 4 章围压应力作用下的渗流实验进行模拟计算，计算模型以孔隙率 ψ 为 0.3、围压 F 为 0.3MPa 为例，与渗流实验相对应的模型压力梯度分六次从 0.2MPa/m 递升至 1.2MPa/m，设置上边界进水压力条件分别为 0.0356MPa、0.0712MPa、0.1068MPa、0.1424MPa、0.178MPa 和 0.2136MPa。

首先对计算模型的渗流压力演化过程进行分析，以水压力梯度 1.0MPa/m 为例，渗流压力随时间演化过程如图 8.4.2 所示。

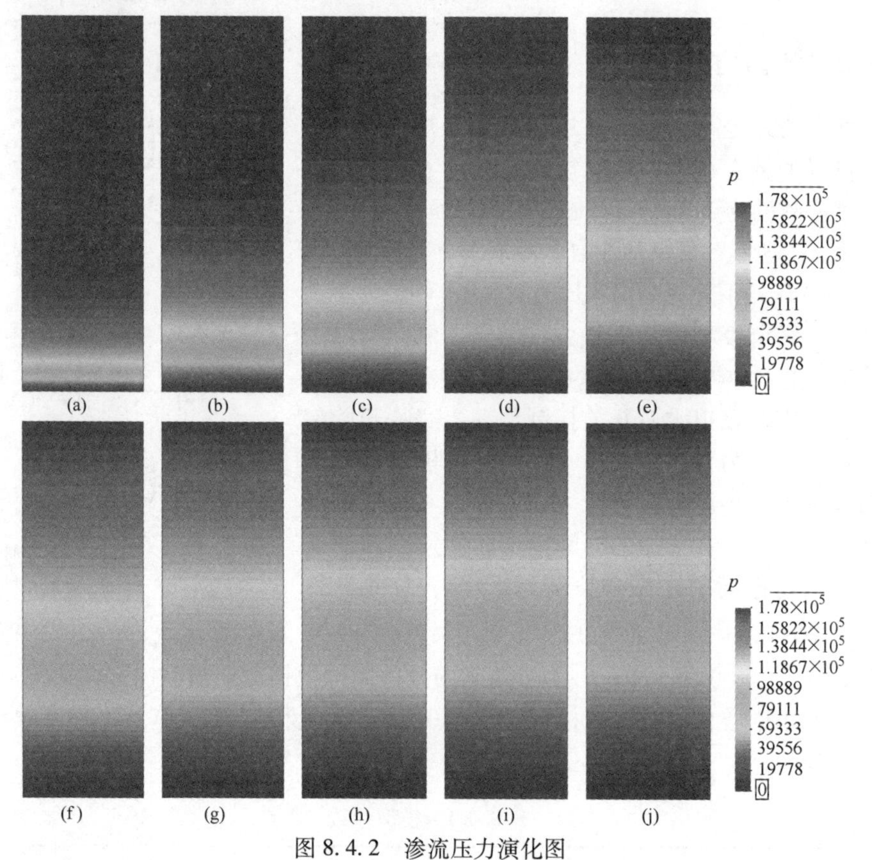

图 8.4.2　渗流压力演化图

(a) 0.05s；(b) 0.2s；(c) 0.4s；(d) 0.7s；(e) 1s；(f) 1.5s；(g) 2s；(h) 2.5s；(i) 3.5s；(j) 5s

(扫描书前二维码看彩图)

从图 8.4.2 中可以看出，模型渗流压力 p 自下而上逐渐降低，压力 p 的最大值在上边界进水口处为 0.178MPa，最小值在下边界出水口处 0MPa；并且随着时间的发展，渗流压力由出水口向上逐渐降低，渗流压力在前 1s 内降低较快，1s 后降低的变化速率减慢并逐渐达到稳定状态。渗流实验中的渗流压力和流速在很短时间内达到稳定，模拟得到的压力演化过程与渗流实验中水压力变化过程相一致，可以模拟出非 Darcy 渗流过程中渗流水压力的变化规律。

对模型进行不同水压力梯度下的渗流过程模拟计算，并以模型中心的测点 O 为例，作出各个压力梯度的水压力随时间的变化曲线，如图 8.4.3 所示。从图中可以看出，各个压力梯度下测点压力值都是开始时迅速降低，1.5s 后水压力降低的速度减慢并逐渐趋于稳定值，反映了渗流实验的压力演化过程。

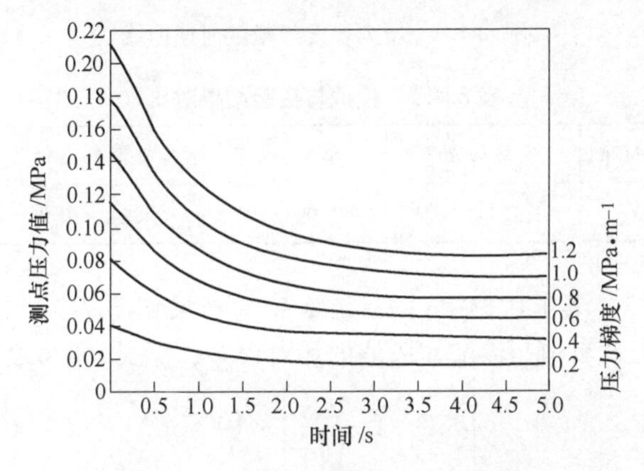

图 8.4.3 测点压力随时间变化曲线

从图 8.4.3 中可以看出，压力梯度越大，初始压力值越高，测点的压力变化值也越大：压力梯度 1.2MPa/m 模型对应的压力值由 0.2136MPa 降到 0.0825MPa，降低为原来的 38.62%；压力梯度 0.2MPa/m 模型对应的压力值由 0.0356MPa 降到 0.01553MPa，降低为原来的 43.63%，可以看出，压力梯度越大，初始压力值越高，压力降低的程度也越大，从而说明渗流阻力也越大，渗流的非线性越强。

随时间发展渗流逐渐趋于稳定，当压力变化达到稳定时，渗流速度也逐渐达到稳定值。根据不同渗流压力梯度条件下各模型的速度规律，作各个压力梯度条件下渗流达稳定状态时的流速值与压力梯度的关系曲线，如图 8.4.4 所示。从图中可以看出，渗流流速与压力梯度符合二次多项式函数，与渗流实验结果规律相同，符合非线性的 Forchheimer 方程，并且具有良好的拟合效果，说明该模型能够用来模拟非线性渗流问题。

由式（8.4.26）计算出的各渗流压力梯度下的非 Darcy 渗透率 k_{MF} 和非 Darcy 因子 β_M，模拟结果见表 8.4.2。从表中可以看出，模型计算得到的结果与第 4 章

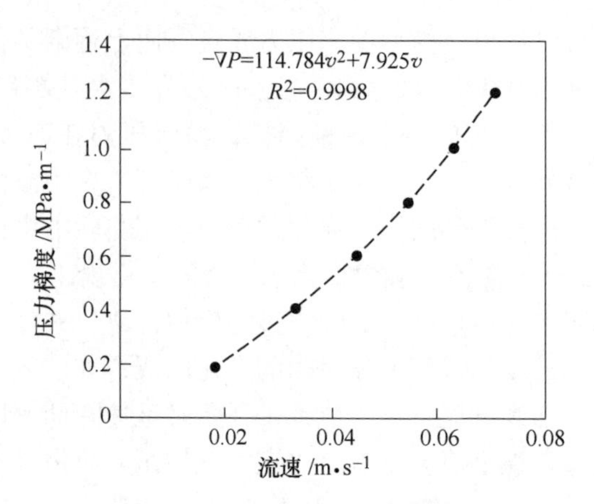

图 8.4.4　压力梯度与稳定流速曲线

表 8.4.2　模拟与实验结果对比

孔隙率	围压/MPa	实验 k_F/m²	实验 β/m⁻¹	模拟 k_{FM}/m²	模拟 β_M/m⁻¹
0.3	0.3	1.223×10^{-10}	1.093×10^{5}	1.242×10^{-10}	1.148×10^{5}

对应的孔隙率 0.3、围压 0.3MPa 的渗流实验的结果相差不大，定义渗透率与非 Darcy 因子的模拟计算值与渗流实验值的相对误差，见式（8.4.27）。

$$\begin{cases} \delta_k = \left|1 - \dfrac{k_{MF}}{k_{SF}}\right| \times 100\% \\ \delta_\beta = \left|1 - \dfrac{\beta_M}{\beta_S}\right| \times 100\% \end{cases} \tag{8.4.27}$$

计算的渗透率相对误差为 3.09%，非 Darcy 因子相对误差为 4.74%。误差主要来源：第 4 章渗流实验得到的渗流参数及其应力敏感因子是由多组实验数据拟合得到的，并不是某一组渗流实验的具体参数，因此模拟计算结果与某一组渗流实验结果存在偏差。但模拟结果与渗流实验的相对误差较小，说明该模型计算结果相对较精确，可以满足工程上对渗流计算的要求，可以用来对非 Darcy 渗流问题进行模拟研究和工程案例计算。

8.4.5　不同围压下渗流模拟分析

模拟方案（2）：以孔隙率 0.3、水压力梯度 1MPa/m（上游水压 0.178MPa）为例，对应第 4 章渗流实验进行模拟计算，相对应的模型围压分 5 次从 0.1MPa 递增至 0.5MPa，模拟分析不同围压应力作用下，渗流模型应力场演化规律及应力对渗流的影响规律。

首先对模型应力场进行分析，分析应力随时间的演化规律，以围压 0.4MPa

计算结果为例，如图 8.4.5 所示。图中应力以拉为正、压为负，均为负值说明模型处于压缩状态；从数值上来说，蓝色为应力最大值，红色为最小值。随着时间的发展，水平应力自模型底部逐渐增大，由 8.4.4 节内容可知随着流动的发展水压力自下而上降低，应力与水压力变化规律相反，符合有效应力原理（式(8.4.9)），说明该模型可以反映非 Darcy 渗流发展过程中流体压力与应力之间的相互耦合关系。

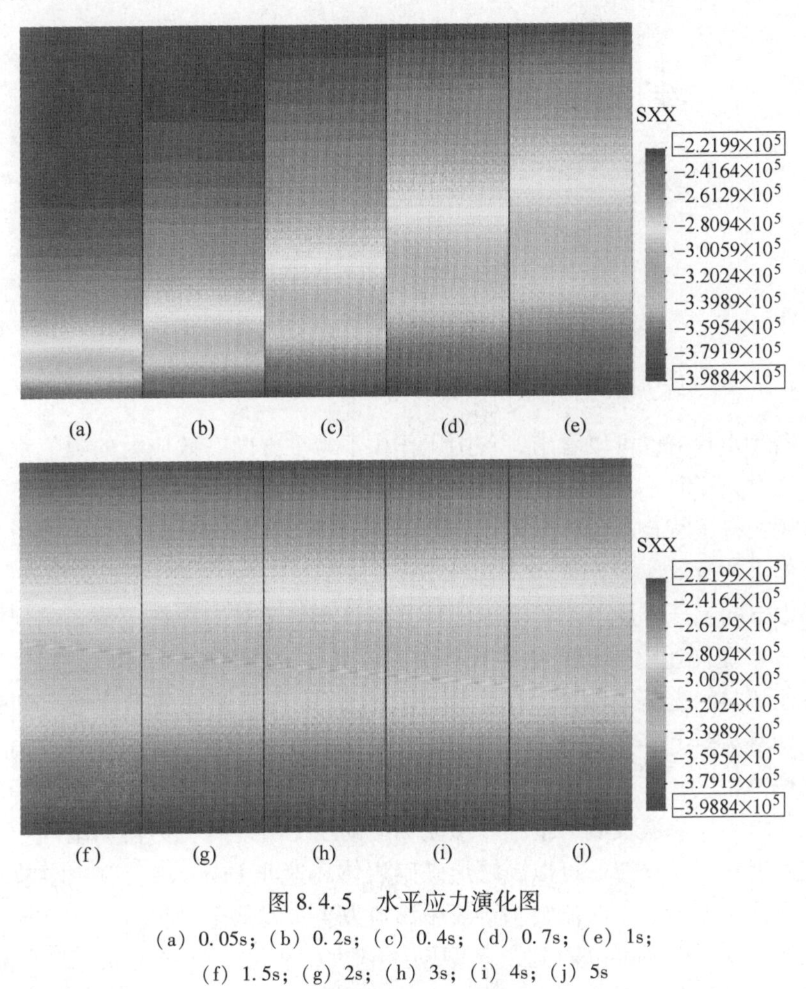

图 8.4.5 水平应力演化图

(a) 0.05s；(b) 0.2s；(c) 0.4s；(d) 0.7s；(e) 1s；
(f) 1.5s；(g) 2s；(h) 3s；(i) 4s；(j) 5s
（扫描书前二维码看彩图）

对模型在不同围压作用条件下进行渗流过程模拟，分析模型在不同围压作用下的应力变化规律，并以模型中心测点 O 为例，作水平方向应力的大小随时间变化的规律曲线。对于岩土工程和地下岩体渗流问题来说，破碎岩体固体骨架往往处于受压状态，由有效应力原理可知，只有在渗流压力大于总应力时才会出现有效应力为负，固体骨架受拉的情况。考虑岩土体受力特点，以压应力为正，作水平方向有效应力随时间的变化规律曲线，如图 8.4.6 所示。从图中可以看出，围压为 0.1MPa 时，模型计算结果水平方向有效应力为负值，说明该点的水压力大于总应力值；围压大于 0.1MPa 的各组渗流模型有效应力均为正，即总应力值大于水压力，固体介质所受围压应力大于水压力作用。

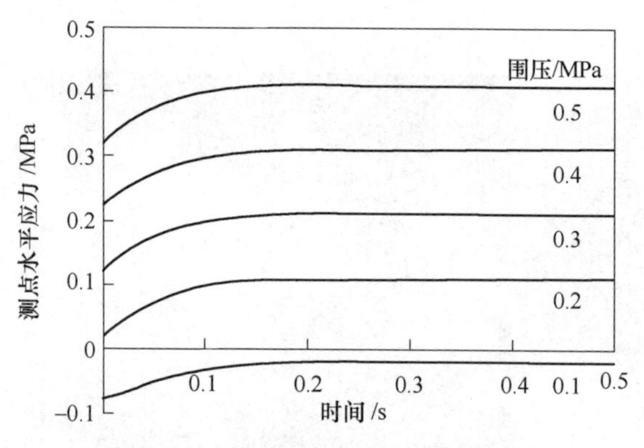

图 8.4.6　不同围压下测点压力曲线

从图 8.4.6 中也可以看出，各围压作用下水平方向有效应力的数值都是开始时迅速增大，1.5s 后有效应力增大的速率减慢并逐渐趋于稳定值，与渗流压力的演化规律相符，符合渗流逐渐发展为稳定流的过程和渗流模拟过程中应力与水压力相互作用的有效应力原理。

考虑不同围压作用下渗流流速的演化规律和渗流受应力作用的影响规律，作测点 O 的渗流流速随时间变化的规律曲线，如图 8.4.7 所示。由图中可以看出，测点流速随时间先迅速增大，在渗流过程的前 1s 内渗流速度迅速增大到较高的水平，1s 后逐渐趋于稳定状态。可以看出渗流过程中渗流流速演化规律与水压力的演化规律相反，渗流过程中随着压力的降低流速增大，渗流中压力的释放过程也是流速增大、渗流发展的过程，渗流场中的压力势能转化为流动动能。模型渗流流速发展演变的规律，可以反映出破碎岩体高速非 Darcy 渗流突水事故迅猛的特点，适用于模拟矿山渗流突水事故中渗流发生和发展全过程。

从图 8.4.7 中还可以看到，模型围压越大，渗流达到稳定状态时的流速越小。即破碎岩体受到围压应力与渗流水压力的共同作用处于压缩状态下，破碎岩体挤压变形导致渗透性降低，在模型中反映为非 Darcy 渗透率 k_F 和非 Darcy 因子 β 与应力的关系方程（式（8.4.10)、式（8.4.11))。图 8.4.7 中渗流稳定时流速随围压增大而降低的趋势，反映了破碎岩体在应力作用下渗透性受到应力场的影响。

模型达到稳定渗流时，作测点的流速与围压大小的关系曲线，如图 8.4.8 所

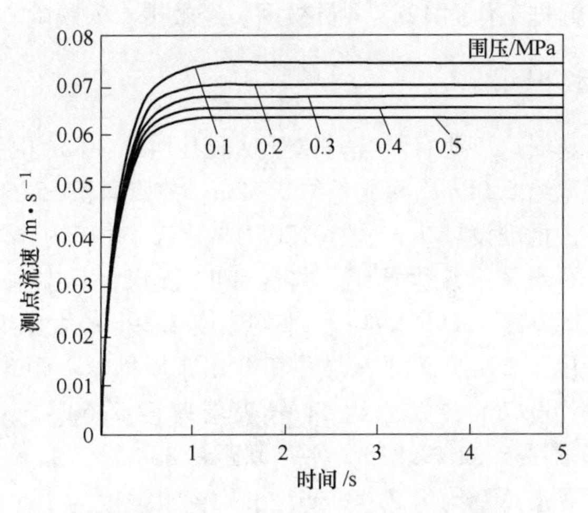

图 8.4.7 不同围压下测点流速曲线

示。由图 8.4.8 中可以看出，流速随围压的增大呈非线性减小，拟合得到渗流流速与围压为负幂函数关系，反映出破碎岩体渗透性受应力影响的非线性作用。由第 4 章不同围压下渗流实验结果，求得孔隙率 0.3 试样在不同围压条件下压力梯度为 1MPa 时的渗流平均流速，拟合平均流速与围压的关系，如图 8.4.9 所示，得出渗流流速与围压为负幂函数关系。比较图 8.4.8 与图 8.4.9 可以看出，模型计算得到的渗流流速与围压的关系和渗流实验规律相符。说明模型可以反映非 Darcy 渗流-应力耦合关系，为非 Darcy 渗流-应力耦合问题的研究提供数值模型。

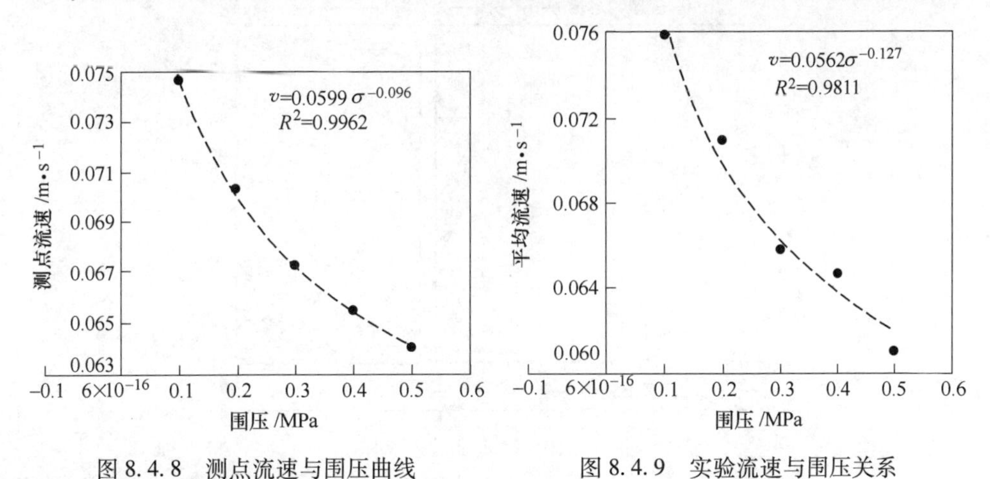

图 8.4.8 测点流速与围压曲线

图 8.4.9 实验流速与围压关系

8.4.6 基安达煤矿突水渗流模拟

2012 年 8 月 1 日凌晨 3 时许，基安达煤矿 1002 综采工作面发生突水事故，造成相邻的 10062 掘进工作面 12 名人员被困，经救援 4 人脱险、8 人遇难。

8.4.6.1　突水事故概况

山西陆合集团基安达煤业有限公司位于洪洞县西北 30km 山头乡，井田呈不规则多边形，东西宽约 6.0km，南北长约 6.6km，井田面积 15.6413km^2，批准开采 2 号~11 号煤层，批准设计生产规模 120 万吨/年。井田内含煤地层主要为二叠系下统山西组和石炭系上统太原组，共含有 11 层煤，其中主要可采煤层有 3 层：山西组 3 号煤层厚度 1.28~2.80m，平均厚度 2.39m；太原组 10 号煤层厚度 0~1.60m，平均厚度 1.29m，可采区域位于井田东南部，上距 3 号煤层 50.40~77.10m，平均间距 60.76m；太原组 11 号煤层厚度 2.60~3.65m，平均厚度 3.17m，上距 10 号煤层 5.32~9.83m，平均间距 7.36m。

此次突水事故突水总量约为 21000m^3，平均突水强度为 10500m^3/h。1002 工作面为 10 号煤层综采工作面，煤层实测厚度约 2.7m，工作面长度 750m，在透水事故发生前已回采 350m。与 1002 综采工作面相邻的是 10062 掘进巷，已掘进约 465m，10062 巷掘进迎头为“8.1”透水事故被困人员所在位置，10062 掘进巷巷口以里约 270m 处，有一条联巷与 1002 综采工作面运输顺槽相连，突水流场如图 8.4.10 所示。

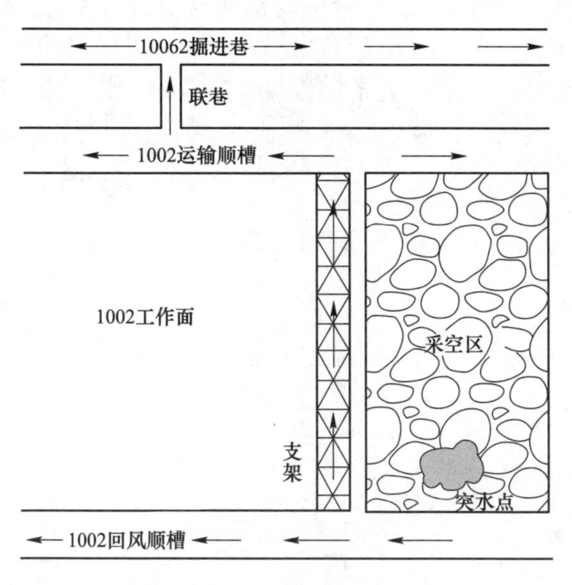

图 8.4.10　突水事故示意图

8.4.6.2　渗流突水过程模拟

事故调查表明，在 1002 综采工作面机尾后部采空区底板有一上端口直径约

6m、下端口直径不小于 2.5m 的漏斗形坑。受 10 号煤层开采和下部 11 号煤层采空区积水压力共同作用隔水层被突破，发生突水，1002 综采工作面南部有相邻矿井开采，由于有向斜构造的存在，使南部 11 号煤层开采标高高于 1002 工作面，形成的采空区积水，使 10 号煤层底板带压，并且随着采空积水高度的增加，10 号煤层底板所承受的压力越来越大。据此建立突水渗流模型，如图 8.4.11 所示，模型宽 12.5m，高 7.36m，模型中部为突水渗流通道（自下而上入口 2.5m、出口 6m），底部位移约束，侧面水平位移约束，上部由冒落区产生压力 F，冒落带高度 h_c 由式（8.4.28）给出，本例中采高 M 为 2.7m、碎胀系数 K_p 取 1.2，完整砂岩与破碎岩体渗流通道的力学性质和模型渗流参数具体见表 8.4.3。

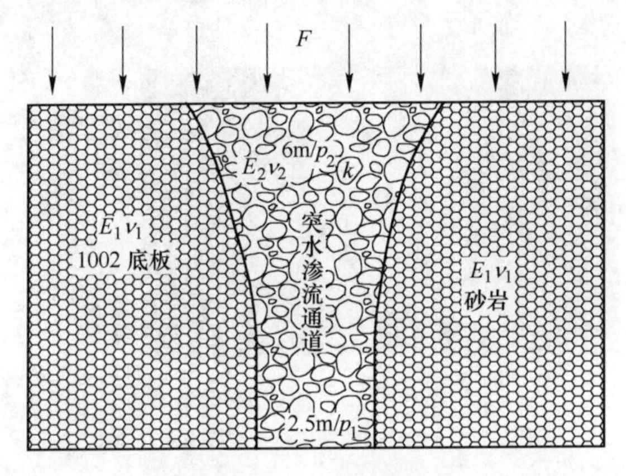

图 8.4.11 模型示意图

$$h_c = \frac{M}{K_p - 1} \tag{8.4.28}$$

表 8.4.3 模型参数表

p /MPa	F /MPa	E_1 /GPa	ν_1	E_2 /GPa	ν_2	ρ /kg·m^{-3}	η /Pa·s	k_0/m^2	β_0/m^{-1}	α	γ	B
0.2	0.35	5	0.25	1	0.3	2500	0.001	2.04×10^{-10}	8.19×10^{4}	1.429	1.221	1

模型计算结果如下：图 8.4.12 所示为压力分布，图 8.4.13 所示为渗流速度分布，渗流通道中压力从下往上逐渐降低，老空积水压力得到释放转化为流体动能，发生渗流突水。渗流流速在渗流通道入口处较高，因为通道自下而上逐渐变宽，渗流流体由连续方程体现出不可压缩流体的质量守恒，渗流流速较高，符合突水特点。

图 8.4.14 所示为渗流通道中心线处压力值，横轴为距通道底端的距离。由图中可以看出，压力降低也是非线性的，通道底部流速大，惯性力大，渗流的非线性强，所以压力降低得更快，符合底板突水过程中的压力非线性变化的规律。

图 8.4.12　压力分布图
（扫描书前二维码看彩图）

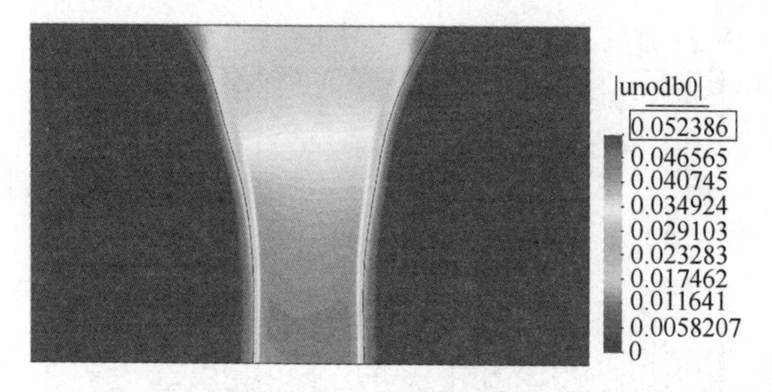

图 8.4.13　流速分布图
（扫描书前二维码看彩图）

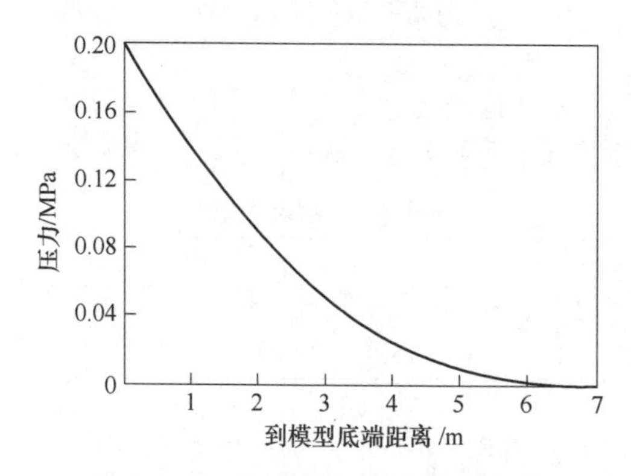

图 8.4.14　渗流通道中心处压力曲线

图 8.4.15 所示为竖直方向应力分布。从图中可以看出渗流通道的应力较两侧完整砂岩低，这是因为完整岩体刚度较大，主要承担了上覆载荷的主要部分。渗流通道中竖直应力自下而上增大，与渗流压力分布规律相反，随着渗流压力的减小岩体应力增大，符合有效应力关系，模型可以反映渗流过程中水压力与岩体应力之间相互作用的耦合关系。

图 8.4.15 竖直方向应力分布

（扫描书前二维码看彩图）

参 考 文 献

[1] Bear J. Dynamics of fluids in porous media [M]. North Chelmsford：Courier Corporation，2013.

[2] 费祥俊．高浓度浑水的粘滞系数（刚度系数）[J]. 水利学报，1982（3）：59~65.

[3] Sakthivadivel R. Theory and mechanism of filtration of non-colloidal fines through a porous medium [D]. PhD thesis，Berkeley：University of California，1966.

[4] Sakthivadivel R，Irmay S. A review of filtration theories [M]. University of California，Hydraulic Engineering Laboratory，College of Engineering，1966.

[5] Vardoulakis I，Stavropoulou M，Papanastasiou P. Hydro-mechanical aspects of the sand production problem [J]. Transport in porous media，1996，22（2）：225~244.

[6] 罗玉龙，速宝玉，盛金昌，等．对管涌机理的新认识 [J]. 岩土工程学报，2011，33（12）：1895~1902.

[7] 胡亚元，马攀．三相耦合渗流侵蚀管涌机制研究及有限元模拟 [J]. 岩土力学，2013，34（4）：913~921.

[8] 姚邦华．破碎岩体变质量流固耦合动力学理论及应用研究 [D]. 徐州：中国矿业大学，2012.

[9] 元计算（天津）科技发展有限公司．http：//yuanjisuan. cn/s/xxzl/.

[10] 梁国平．有限元语言 [M]. 北京：科学出版社，2009.

[11] 谢树艺．矢量分析与场论 [M]. 北京：人民教育出版社，1979.

[12] 水庆象，王大国 . NS 方程基于投影法的特征线算子分裂有限元求解 [J]. 力学学报，2014，46（3）：369~381.

[13] Zeng Z，Grigg R. A criterion for non-Darcy flow in porous media [J]. Transport in Porous Media，2006，63（1）：57~69.

9 基于 Brinkman 方程求解的非线性数值模型及突水机理数值模拟

矿井采动诱发围岩破坏极大地改变了其渗透性,从而导致了顶板、断层带或底板突水事故，为矿井生产经济损失最大的灾害[1~3]。开展采动条件下岩体突水机制及渗流数值模型研究，对于采动岩体突水预测与防治、开采方法的改进、安全度的评价具有重大理论意义和实际价值。

开采过程中岩体破坏突水机理十分复杂，基于渗流力学理论建立适合采动岩体渗流突水力学模型与数值计算方法，是解决问题的技术关键[2~4]。根据采动岩体破坏非 Darcy 渗流的特点，本章提出采用 Brinkman 方程，研究水在破碎岩体中的流动规律，探索含水层不同条件对破碎岩体水渗流的作用机理，为正确预测突水水量和压力提供科学依据。

9.1 岩体破坏突水机理及渗流方程

针对矿山生产过程中断层突水、顶底板突水和岩溶陷落柱突水预测与防治问题，我国学者开展了大量的科研工作[1~10]。对于岩层突水问题，采动应力和水压力作用下岩层破断渗透性及其渗透压力作用机理是突水机理研究的核心问题[9]。岩体采动破坏后（尤其是断层破碎带和陷落柱）裂隙尺度和流速急剧增大，雷诺数远远大于 10，呈现非 Darcy 渗流特性；同时水流在导水裂隙中快速运动使得水压作用力呈现惯性力和渗透动压两种方式。Brace[11] 在关于岩石破坏渗透性演化规律的综述中也着重强调，随着变形的增加，岩性和孔隙、微裂隙结构等因素对应力-渗透性关系的影响比较复杂，表现在对岩石峰后渗透增大幅度的量化描述上。

采动条件下，无论是陷落柱、断层破碎带、围岩破坏区域，都由破碎岩体组成，属于大空隙多孔介质，渗流通道系统比较复杂。目前，针对碎裂岩体的渗流场研究比较少，一般来讲，描述流体运动的流场方程包括三种：（1）以线性层流为主、忽略流体惯性力的 Darcy 渗流方程，水流在含水层中的流动符合这个方程；（2）Navier-Stokes 不可压缩自由流动方程，忽略流体渗流阻力，突水后水流在巷道内流动符合这个方程；（3）介于 Darcy 渗流方程和 Navier-Stokes 方程之间考虑非 Darcy 渗流性态的方程。理论上讲，破碎带就是联系含水层（Darcy 层流）

和巷道（自由管流）之间的过渡区域。

Darcy 方程以流体压力驱动为主（式（9.1.1）），适合低渗透多孔介质。地下水在含水层中渗流可以采用该方法计算[3,5,9,12]。针对采动岩体破碎带，笔者在 Darcy 方程的基础上引入渗透率突跳系数的概念[9,10]，认为渗流模型中单元破坏后渗透系数在原来的基础上增大若干倍，具体增大的数值可依据室内实验和现场水文实验结果。该方法的优点是便于数值求解，但还是基于 Darcy 方程求解，不能描述非 Darcy 效应。Yuan 在文献［12］中，对峰后破碎岩石采用立方定律和 strain partition 技术建立了渗流-体应变关系方程和数值模型，该模型能够定量描述峰后破碎岩石渗透性的急剧增大，但归根到底，该模型也属于 Darcy 方程。

$$u = -\frac{\boldsymbol{k}}{\boldsymbol{\eta}} \cdot (\nabla p + \rho g Z) \tag{9.1.1}$$

式中 u——流体流速，m/s；

$\boldsymbol{k}$——渗透率，m^2；

$\boldsymbol{\eta}$——动黏系数，Pa·s；

p——流体压力，Pa；

Z——位置高度，m；

ρ——流体密度，kg/m^3；

g——重力加速度，$9.81m/s^2$。

Navier-Stokes 方程基于牛顿第二定律（式(9.1.2)），刻画流体在重力、黏性阻力和压力的作用下的运动规律，考虑了流体静压能、动能和势能平衡，以流体动能为主，不考虑渗透阻力的作用，主要研究管流，适合河道、管道流场，在巷道通风、流休管流计算方面得到广泛应用，但不适合描述水在破碎岩体中渗流。

$$\rho u \cdot \nabla u = \nabla \cdot (-p\boldsymbol{I} + \boldsymbol{\eta}(\nabla u + (\nabla u)^{\mathrm{T}})) + \boldsymbol{F} \tag{9.1.2}$$

式中 u——流体流速，m/s；

p——流体压力，Pa；

ρ——流体密度，kg/m^3；

$\boldsymbol{I}$——单位矩阵；

$\boldsymbol{F}$——流体阻力。

非 Darcy 方程在土石坝或堆积体水流渗流过程中得到应用[13~16]，破碎岩体服从 Ahmed-Sunada（Forcheimer）关系[4,17]，渗流系统是非线性的。Ahmed-Sunada 型非 Darcy 孔隙渗流系统的控制方程[18]系统的行为由雷诺数和 Darcy 数两个参数调节，Choi、Chakma 和 Nandakumar 的研究表明[19]，Brinkman 黏性项影响流场的分布。

缪协兴等人在文献［4］中提出了破碎岩体非 Darcy 方程，考虑了流体的惯性作用。由于非 Darcy 方程很难求解，即使采用一维模型，参数变化也会引起方程求解很不稳定，出现分叉现象，所以文献［4］对于突水计算没有能够进行数值求解。

流体在介质中流动，当速度足够快，以至于由于剪切作用引起的能量耗散不能忽略时，需要考虑黏性流体的剪切应力。Brinkman 在 Darcy 方程的基础上考虑 Navier-Stokes 方程中流体黏性剪切应力项，提出了 Brinkman 方程（式(9.1.3)）[20]，该方程基于牛顿第二定律，刻画流体在孔隙介质中快速运动形成的剪切力、渗透压力作用下的运动规律，适合于表述孔隙介质中的 Darcy 流与流体管流之间的过渡区域，该方程在多孔介质内部流动的非 Darcy 效应理论分析[21]和实际工程问题模拟中具有较好的效果[22]，比较适合采动破碎岩体或陷落柱非 Darcy 快速渗流的特点。

$$\begin{cases}(\eta/k)\cdot u = \nabla\cdot(-p\boldsymbol{I} + \eta(\nabla u + (\nabla u)^{\mathrm{T}})) + \boldsymbol{F} \\ \nabla\cdot u = 0\end{cases} \tag{9.1.3}$$

式中　u——流体流速，m/s；

k——渗透率，m^2；

η——动黏系数，Pa · s；

p——流体压力，Pa；

$\boldsymbol{F}$——流体阻力（与重力和流体的可压缩性有关）。

9.2　Brinkman 方程非 Darcy 效应模拟

为了说明 Brinkman 方程的非 Darcy 效应，建立如图 9.2.1 所示的二维渗流模型，模型长 20m，高 10m，划分成区域 1（Darcy 流动）、区域 2（Brinkman 流动），左侧压力为 1×10^6Pa，右侧压力等于大气压力，上下边界为隔水边界。流体的黏滞系数为 1×10^{-3}Pa · s，两个区域的渗透率相同，为 $1\times10^{-12}m^2$，流动是非稳态过程，初始压力为 1×10^6Pa，分析 Brinkman 区域和 Darcy 区域同样渗透条件下 Brinkman 方程描述的非线性渗流效应。

在 Darcy 流域和 Brinkman 流域的交界面上，要满足压力连续条件和速度连续条件：

$$P_2 = P, \quad u = u_0 \tag{9.2.1}$$

式中　P_2，P，u，u_0——分别为流体在 Brinkman 流动和 Darcy 流动的压力和流速。

联立方程式（9.1.1）、式（9.1.2）和边界条件式（9.2.1），就可以保证流体质量守恒和压力平衡，通过数值计算，耦合求解含水层中的 Darcy 层流、Brinkman 快速流两个瞬态渗流过程。

应用上述计算方程，采用 FEMLAB 系统进行求解。FEMLAB 系统（COMSOL Multiphysics 系统）是基于偏微分方程组（PDEs）开发的多物理场耦合过程分析

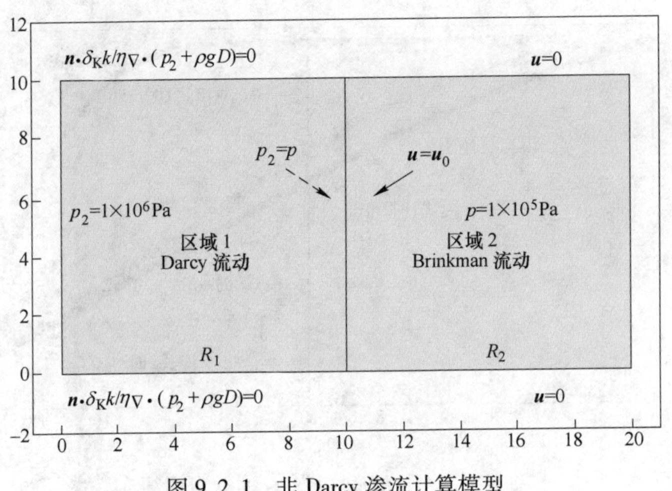

图 9.2.1 非 Darcy 渗流计算模型

工具，偏微分方程是描述科学规律的基础，应用该工具可将任意耦合偏微分方程转化为适当的形式，以便于数值分析，并运用基于有限元方法的高效求解器进行求解。

计算结果如图 9.2.2、图 9.2.3 所示。图 9.2.2 显示了流体在区域 1、2 的速度随时间变化（$t=1$h、5h、10h）的曲线；图 9.2.3 显示了流体在区域 1、2 分别满足 Darcy 方程、Brinkman 方程计算得到的压力随时间变化（$t=1$h、5h、10h）的曲线。

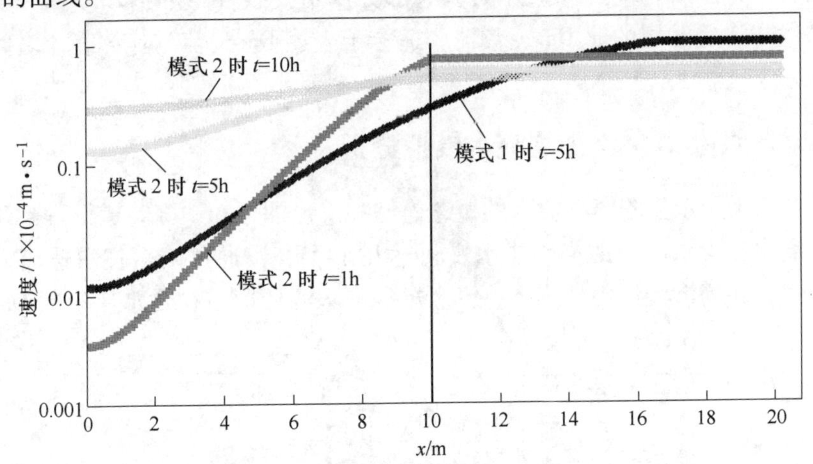

图 9.2.2 速度随时间变化曲线对照图

模式 1—Darcy 方程描述区域 1、2 时；模式 2—Darcy、Brinkman 方程分别描述区域 1、2 时

由于边界条件式（9.2.1）的限定，速度变化和压力分布沿两个区域是连续变化的，但是在 Brinkman 区域流速分布明显不同于 Darcy 区域。Brinkman 区域流

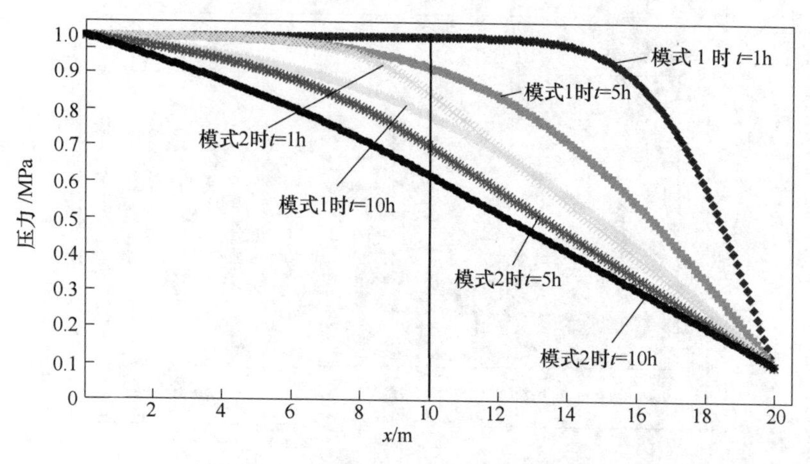

图 9.2.3 压力随时间变化曲线对照图

速不但显著大于 Darcy 区域，而且没有明显的速度梯度变化，表明即使相同的渗透率，流体在 Brinkman 区域渗透阻力小于 Darcy 区域。由图 9.2.3 可以看出，Brinkman 区域压力下降不但快，而且达到稳定的时间也比采用 Darcy 方程描述的要快很多，同时带动 Darcy 区域渗流速度提高和渗流压力下降。由方程式 (9.1.1)、式 (9.1.3) 及其模拟结果可知，Darcy 方程描述流体渗透压力作用下的线性层流运动，适合低渗透多孔介质；而 Brinkman 方程刻画流体快速运动形成的以剪切力作用占优（渗透压力只起部分作用）条件下的运动规律，可以很好地描述高渗透区域的非 Darcy 渗流，适合于表述 Darcy 流与流体管流之间的过渡区域。

9.3 陷落柱非 Darcy 渗流突水模拟分析

图 9.3.1 所示为陷落柱突水的概念模型[1]。由图可知，当巷道掘进到陷落柱时诱发突水：含水层中的高承压水（可达几个 MPa）通过陷落柱快速流动进入巷道之中，在高渗流压力作用下，突水过程中水流经历了在含水层中的 Darcy 层

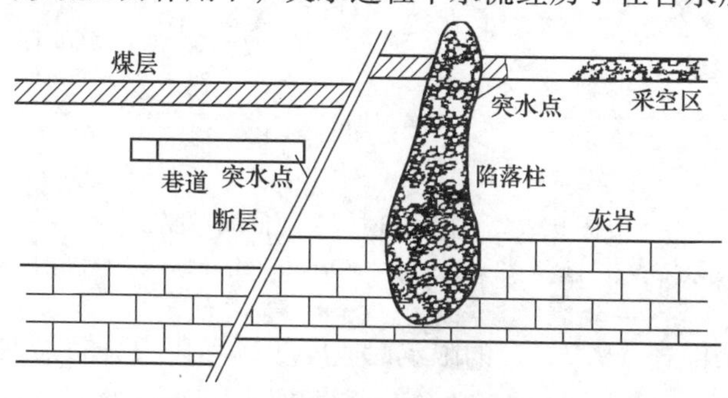

图 9.3.1 陷落柱突水概念模型[1]

流、陷落柱或断层带中的 Brinkman 快速流以及在巷道中的 Navier-Stokes 紊流 3 个物理过程。

针对上述概念模型，在本节的计算模型中，联立方程式（9.1.1）~式(9.1.3)，可以解出突水过程中水流从含水层经过导水破坏带进入巷道发生突水的全过程。本节采用的 Brinkman 方程针对破碎带水流要兼顾流体压力梯度和运动作用的特点，比较适合破碎带渗流运动场，同时可以把含水层和巷道整个水流路径连接在一起。

应用上述计算方程，采用 FEMLAB 系统进行求解，研究突水动态过程。FEMLAB 系统（也称为 COMSOL Multiphysics 系统）[23] 是基于偏微分方程组(PDEs）开发的多物理场耦合过程分析工具，偏微分方程是描述科学规律的基础，应用该工具可将任意耦合偏微分方程转化为适当的形式，以便于数值分析，并运用基于有限元方法的高效求解器进行求解。本节在该系统平台上进行二次开发，基于质量守恒和压力平衡，把 Brinkman 方程和 Navier-Stokes 方程、Darcy 方程耦合在一起，以确定适合现场实际的边界条件和初始条件，求解突水问题。

9.3.1 突水计算中水流三个物理方程的描述

如图 9.3.1 所示，流体在岩溶含水层区域为 Darcy 流动，进入陷落柱破碎带后渐变为 Brinkman 流动，进入巷道中完成 Navier-Stokes 流动过程。假设流体密度和黏度都是常数，流动是稳态过程，流体进入含水层的流量和流出巷道的压力已知，则流体在三种流动区域过渡时的边界条件如下：

(1) 含水层的 Darcy 流动。在含水层中的水流满足线性 Darcy 定律，设 p_{esdl} 为 Darcy 区域的流体压力，对于稳定流，方程（9.1.1）为：

$$\nabla\cdot\left(-\frac{k}{\eta}\nabla p_{\text{esdl}}\right)=0 \tag{9.3.1}$$

在满足 Darcy 定律的含水层和满足 Brinkman 方程的陷落柱交界面上，要满足压力连续条件：

$$p_{\text{esdl}}=p_{\text{chns2}} \tag{9.3.2}$$

式中 p_{chns2}——Brinkman 区域的流体压力。

设流体进入含水层边界的单宽法线流速为

$$u_{\text{esdln}}=u_{\text{esdl}}\cdot\boldsymbol{n}$$

式中 $\boldsymbol{n}$——含水层边界处的法线单位矢量。则 $u_{\text{esdln}}=1\times10^{-3}\text{m}^3/(\text{s}\cdot\text{m})$ 在含水层上下两侧为隔水边界，流体的 Darcy 速度为零，则整个含水层的边界条件为：

进水边界： $u_{\text{esdln}}=1\times10^{-3}\text{m}^3/(\text{s}\cdot\text{m})$

隔水边界： $u_{\text{esdln}}=0$

（2）破碎带 Brinkman 流动。Brinkman 方程描述了介于 Darcy 流动和 Navier-Stokes 流动之间的一种过渡流动状态。破碎带中流体流动速度比较大，剪应力引起的动量传递比较大，剪应力效应不能忽略，就需要采用 Brinkman 方程来描述，如式（9.1.3）所示。在本模型中，忽略 F 项的影响，边界条件定义如下：

在 Brinkman 方程中，速度是独立变量，所以在含水层 Darcy 流动和破碎带 Brinkman 流动的交界面上，要满足速度连续条件：

$$u_{chns2} = u_{esdl} \tag{9.3.3}$$

式中 u_{esdl}，u_{chns2}——分别为流体在含水层和破碎带的流速。

在破碎带 Brinkman 流动和巷道工作面 N-S 流动交界面上，要满足压力连续条件：

$$[-p_{chns2}\boldsymbol{I} + (1/\varepsilon_p) \cdot \eta(\nabla u_{chns2} + (\nabla u_{chns2})^T)] \cdot \boldsymbol{n} = -p_{chns} \cdot \boldsymbol{n} \tag{9.3.4}$$

在破碎带其他边界为隔水边界：

$$u_{chns2} = 0 \tag{9.3.5}$$

（3）水进入巷道的 Navier-Stoke 流动。突水水流进入巷道后为自由流动，由不可压缩流体的 Navier-Stoke 方程描述，如式（9.1.2）所示，边界条件定义如下：

在 Navier-Stoke 流动和 Brinkman 流动的交界面上，即在巷道与陷落柱交界处，要满足速度连续条件：

$$u_{chns} = u_{chns2} \tag{9.3.6}$$

式中 u_{chns}——流体在巷道中的流速。

对于巷道出口处的压力 p_0 是已知的，一般等于大气压力 0.1MPa。即：

$$\eta(\nabla u_{chns} + (\nabla u_{chns})^T) = 0, \quad p_{chns} = p_0 \tag{9.3.7}$$

巷道其他边界为隔水边界：

$$u_{chns} = 0 \tag{9.3.8}$$

联立方程式（9.2.1）~式(9.3.8）的边界条件，可以保证流体质量守恒和压力平衡，通过数值计算，耦合求解含水层中的 Darcy 层流、陷落柱或断层带中的 Brinkman 快速流以及在巷道中的 Navier-Stokes 紊流 3 个物理过程。

9.3.2 采动诱发陷落柱突水模拟结果

9.3.2.1 计算模型建立

根据图 9.3.1 的陷落柱突水概念模型，建立了如图 9.3.2 所示的二维计算模型。设模型长 40m、高 22m，其中底部含水层长 40m、高 6m，中部陷落柱平均高 14m、平均宽 5m，右上侧巷道平均长 18m、高 2m。底部含水层的边界为进水流量边界，单宽流速为：$u_{esdln} = 1\times10^{-3}\,m^3/(s\cdot m)$，相当于 2.6MPa 的承压水压。上部巷道出口的边界为流体压力边界，等于大气压力。含水层中流体的黏滞系数为 1×10^{-3}Pa·s，先假设含水层和陷落柱的渗透率相同，为 $1\times10^{-12}\,m^2$，分析 Brinkman 区域和 Darcy 区域相同渗透系数但不同渗流方程情况下 Brinkman 方程引起的流速的增大幅度，然后把陷落柱 Brinkman 区域的渗透率提高 10 倍，分别研究当含水层补给水量不变情况下高渗透率的陷落柱引起的水压卸压幅度和当保持含水层水压不变情况下的流速急剧增大的幅度，进一步揭示陷落柱非 Darcy 渗流对突水过程的作用机理。

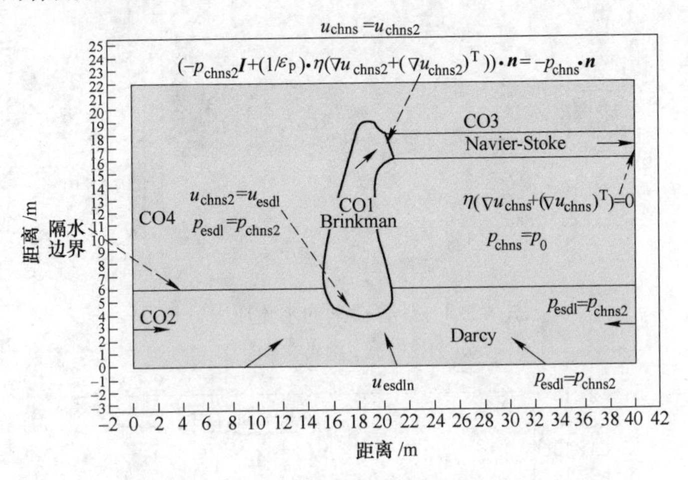

图 9.3.2　陷落柱突水计算模型

9.3.2.2　结果分析

计算结果如图 9.3.3~图 9.3.6 所示。图 9.3.3 和图 9.3.4 分别显示了流体从 Darcy 区域到 Brinkman 区域再到巷道中 Navier-Stoke 流动的速度、压力的变化。图 9.3.5 和图 9.3.6 为图 9.3.4 中沿折线 A_1— A_2—A_3—A_4 方向切线流速和压力的分布图。

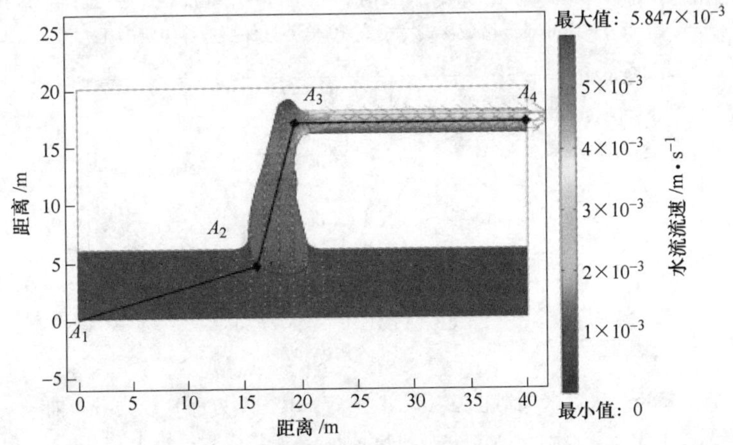

图 9.3.3　计算得到的水流速度分布

（扫描书前二维码看彩图）

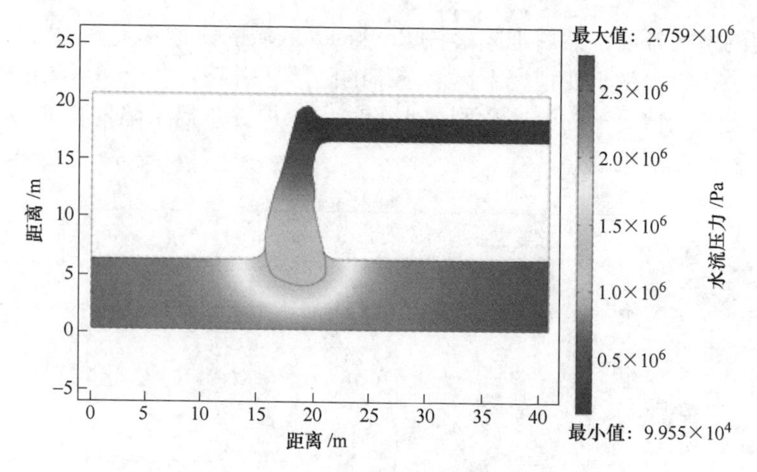

图 9.3.4 计算得到的水流压力分布

（扫描书前二维码看彩图）

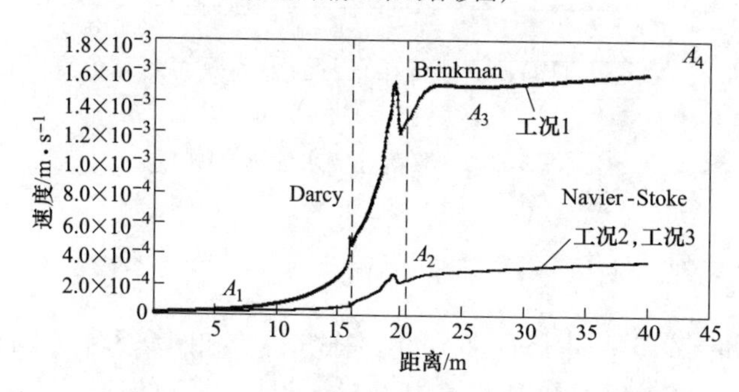

图 9.3.5 从含水层到巷道（沿 A_1—A_2—A_3—A_4 方向）的流速分布曲线

工况 1—Darcy 区域和 Brinkman 区域渗透率一致；

工况 2—Brinkman 区域渗透率提高 10 倍但边界流量和工况 1 一致；

工况 3—Brinkman 区域渗透率提高 10 倍并且保持边界恒定高压力

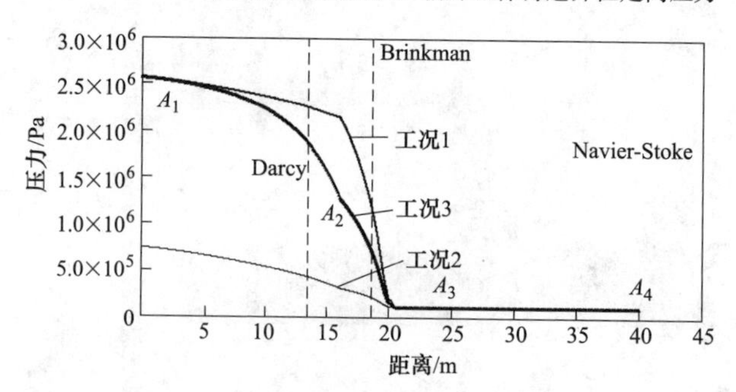

图 9.3.6 从含水层到巷道（沿 A_1—A_2—A_3—A_4 方向）压力分布曲线

工况 1—Darcy 区域和 Brinkman 区域渗透率一致；

工况 2—Brinkman 区域渗透率提高 10 倍但边界流量和工况 1 一致；

工况 3—Brinkman 区域渗透率提高 10 倍并且保持边界恒定高压力

由陷落柱突水渗流模拟结果可见，速度变化（表面和箭头）和压力分布（表面）沿 3 个流域是连续变化的，流速梯度的大幅度变化主要集中在 Brinkman 区域，压力梯度变化则主要在 Darcy 区域，表明水流在 Darcy 区域内的渗流阻力最大。由图 9.3.5、图 9.3.6 可以看出，当 Darcy 区域和 Brinkman 区域采用相同的渗透率时，虽然在 Darcy-Brinkman 交界面和 Brinkman-Navier-Stoke 交界面上流速急剧增大，但过渡比较连续。在 Darcy 区域，流速为 2.0×10^{-5} m/s，接近 Brinkman 区域时，流速逐渐增大，在边界面流速为 7.0×10^{-5}m/s，即使两个区域的渗透系数完全相等，由于 Brinkman 考虑了流体动能的耗散作用，在 Brinkman 区域流速也急剧增大；进入到 N-S 区域的边界面，流速达到 2.3×10^{-4}m/s，增大了 10 倍；进入到 N-S 区域后，流速进一步增大，达到 3.5×10^{-4}m/s，增大了 17 倍。而基于线性渗流理论，整个区域只用 Darcy 方程计算时，流速不会有这么急剧的阶跃变化，无法描述突水时流量的非线性变化过程。

当将 Brinkman 区域渗透率提高 10 倍时，若保持补给水量不变，将造成边界水压力从 2.6MPa 降低到 0.7MPa，减低 2.7 倍，表明当含水层补给水量一定时，Brinkman 区域渗透性的提高会起到较大幅度的卸压作用，从而降低压力梯度。Brinkman 区域渗透性的提高对水流速度变化没有影响，进一步表明，揭穿陷落柱时，若含水层补给水量有限，即使陷落柱渗透性很高，也不会发生突水灾害。

当含水层高水压保持不变时，同样的水压梯度下（水流进入巷道中降为大气压），Brinkman 区域渗透率的增大会引起进入 Brinkman 和 Navier-Stoke 区域水流流速更大幅度增高。在 Darcy 区域，流速为 1.4×10^{-5} m/s；接近 Brinkman 区域时，流速急剧增大，在边界面流速为 5.1×10^{-4} m/s，流速增大幅度出现“阶越”式变化；进入 N-S 区域边界面时，流速达到 1.2×10^{-3} m/s，增大了 85 倍；进入 N-S 区域后，流速进一步增大，达到 1.6×10^{-3} m/s，增大了 114 倍。由此可见，陷落柱作为含水层渗流和巷道突水自由流动的过渡区域，其渗透性变化对于突水压力和流速演变作用十分显著。这进一步表明，现场实际的突水现象就是在含水层充足的补给水量和保持恒定的高水压作用下，当陷落柱或导水破碎带联通了含水层和巷道情况下形成的。

由于本节的模型只是一个二维概念模型，故模拟结果只给出了突水渗流的稳定渗流状态，没有给出三维真实突水渗流状态，但仍然可以看出破碎岩体中流速和压力变化引起的非 Darcy 效应。

9.4 断层非 Darcy 渗流突水模拟分析

9.4.1 计算模型

根据断层突水概念模型（图 9.4.1）建立了如图 9.4.2 所示的二维计算模

型。模型长 40m、宽 20m，其中含水层平均长 20m、宽 9m，断层带宽 3m，巷道平均长 16m、宽 2m。主要参数为：流体含水层和破碎带的渗透率稍有不同，但在本例中认为相同，为 $1\times10^{-12}\text{m}^2$，黏滞系数为 $1\times10^{-3}\text{Pa}\cdot\text{s}$。

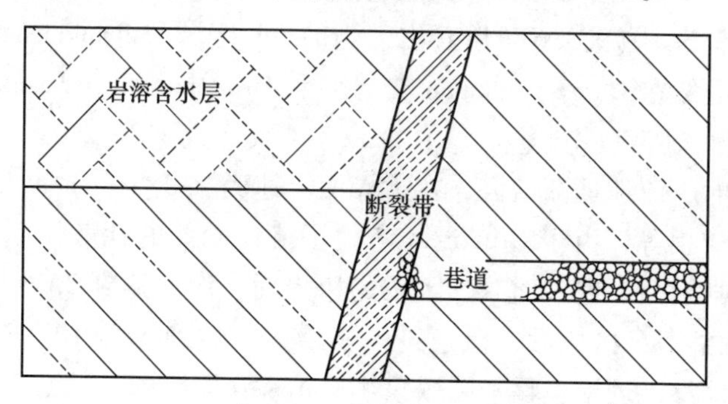

图 9.4.1　断层突水概念模型[1]

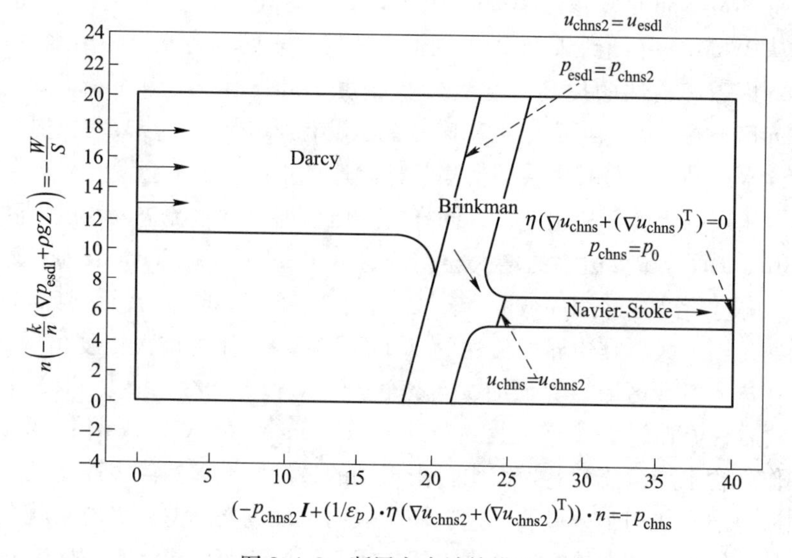

图 9.4.2　断层突水计算模型

9.4.2　模拟结果分析

计算结果如图 9.4.3~图 9.4.6 所示。图 9.4.3 和图 9.4.4 分别显示了流体从 Darcy 区域到 Brinkman 区域再到巷道中 Navier-Stoke 流动的速度、压力的变化。图 9.4.5 和图 9.4.6 为图 9.4.3 中沿折线方向切线流速和压力的分布图。速度变化（表面图和箭头）和压力分布（表面图和流线）沿 3 个流域是连续变化的，流速的大幅度变化主要集中在 Brinkman 区域，压力的梯度变化主要在 Darcy 区域，表明水流在 Darcy 区域内的渗流阻力最大。在 Darcy 区域，流速为 $5.0\times10^{-5}\text{m/s}$，接

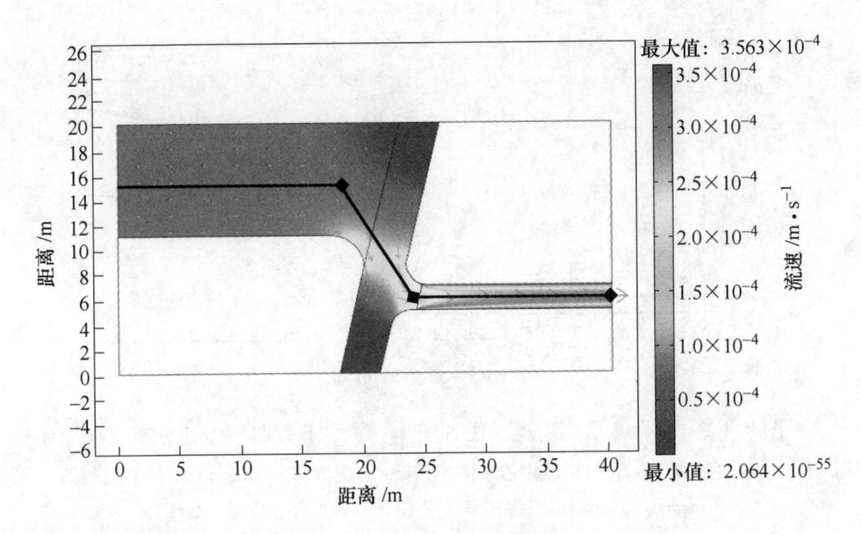

图 9.4.3 计算得到的水流速度分布
（扫描书前二维码看彩图）

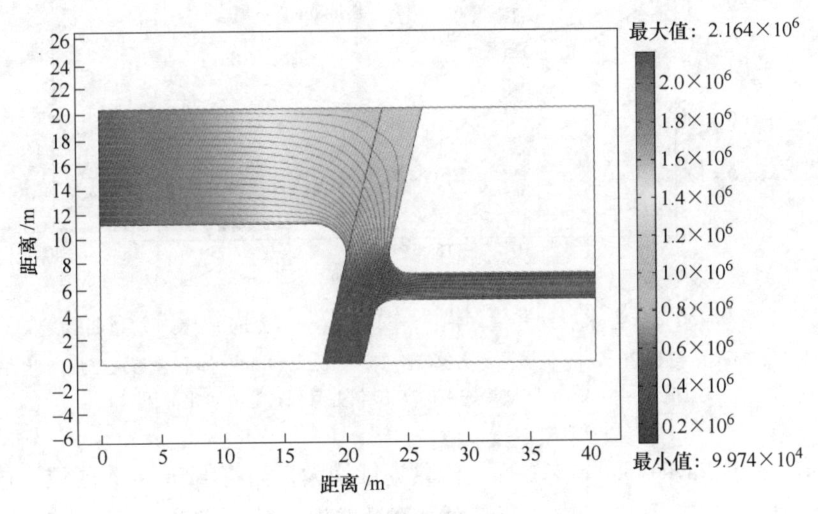

图 9.4.4 计算得到的水流压力分布
（扫描书前二维码看彩图）

近 Brinkman 区域时，流速逐渐增大，在边界面流速为 1.0×10^{-4}m/s；在 Brinkman 区域流速急剧增大，进入 N-S 区域的边界面时，流速达到 2×10^{-4}m/s，增大了 4 倍；进入 N-S 区域后，流速进一步增大，达到 3.0×10^{-4}m/s，增大了 5 倍。而整个区域只用 Darcy 方程描述时，流速不会有这么急剧的阶跃变化。

当 Darcy 区域和 Brinkman 区域采用相同的渗透率时，在 Darcy-Brinkman 交界

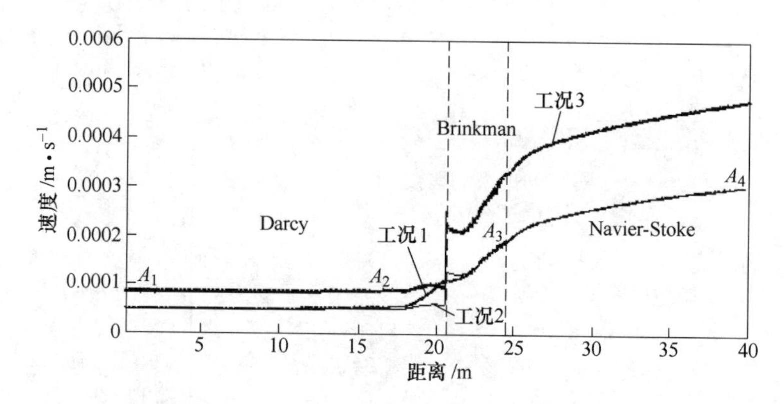

图 9.4.5　从含水层到巷道（沿 A_1—A_2—A_3—A_4 方向）流速分布曲线

工况 1—Darcy 区域和 Brinkman 区域渗透率保持不变；工况 2—Brinkman 区域渗透率提高 10 倍；
工况 3—Brinkman 区域渗透率提高 10 倍并且保持边界恒定高压力

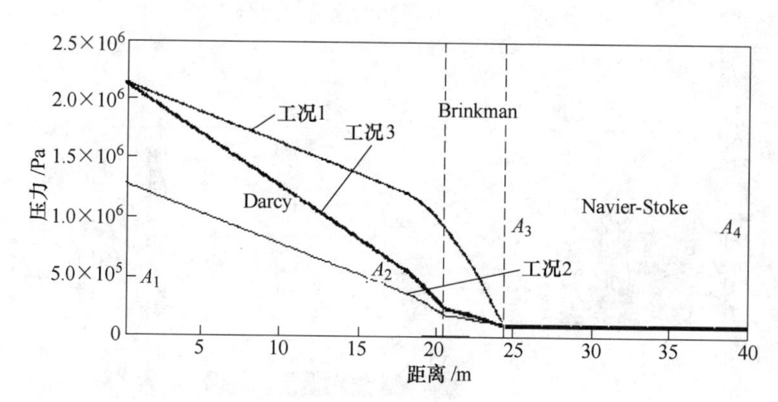

图 9.4.6　从含水层到巷道（沿 A_1—A_2—A_3—A_4 方向）压力分布曲线

工况 1—Darcy 区域和 Brinkman 区域渗透率保持不变；工况 2—Brinkman 区域渗透率提高 10 倍；
工况 3—Brinkman 区域渗透率提高 10 倍并且保持边界恒定高压力

面和 Brinkman-Navier-Stoke 交界面上流量连续增大，当将 Brinkman 区域渗透率提高 10 倍时，在 Darcy-Brinkman 交界面上流量发生突跳（图 9.4.6），造成边界水压力从 2.1MPa 降低到 1.3MPa，减低了 61.5%，表明当含水层补给水量一定时，Brinkman 区域渗透性的提高会起到较大幅度的卸压作用，但是这个流量的突变只是发生在 Brinkman 区域内，对进入巷道后的水流速度变化没有影响。根据 Darcy 渗流理论，当含水层补给水量充足，即高水压保持不变时，同样的水压梯度下，Brinkman 区域渗透率的增大引起进入 Brinkman 和 Navier-Stoke 区域水流流速更大幅度的增高，现场实际的突水现象就是在这种含水层充足的补给水量和保持恒定的高水压作用下形成的。

参 考 文 献

[1] 高延法，施龙青，娄华君．底板突水规律与突水优势面［M］．北京：中国矿业大学出版社，1999.

[2] 彭苏萍，王金安．承压水体上安全采煤［M］．北京：煤炭工业出版社，2001.

[3] 张金才，张玉卓，刘天泉．岩体渗流与煤层底板突水［M］．北京：地质出版社，1997.

[4] 缪协兴，陈占清，茅献彪，等．峰后岩石非 Darcy 渗流的分岔行为研究［J］．力学学报，2003，35（6）．660~667.

[5] 杨栋，赵阳升．裂隙底板采场流固耦合作用的数值模拟［J］．岩石力学与工程学报，2000（7）：421~424.

[6] Wang J A，Park H D. Coal mining above a confined aquifer［J］. Int J Rock Mech Min Sci，2003，40（4）：537~551.

[7] Zhang J C，Shen B H. A Coal mining under aquifers in China：a case study［J］. International Journal of Rock Mechanics & Mining Sciences，2004，41：629~639.

[8] Wang J A，Park H D. Fluid permeability of sedimentary rocks in a complete stress-strain process［J］. Engineering Geology，2002，63：291~300.

[9] 杨天鸿，唐春安，谭志宏，等．岩体破坏突水模型研究现状及突水预测预报研究发展趋势［J］．岩石力学与工程学报，2007，26（2）：268~277.

[10] 杨天鸿，唐春安，刘红元，等．承压水底板突水失稳过程的数值模型初探［J］．地质力学学报，2003，9（3）：281~288.

[11] Brace W F. A note on permeability change in geologic materials due to stress［J］. Pure Appl Geophys，1978，116：627~633.

[12] Yuan S C，Harrison J P. Numerical modeling of progressive damage and associated fluid flow using a hydro-mechanical local degradation approach［J］. Int J Rock Mech Min Sci，2004，41：417~418.

[13] Hansen D，Garga V K，Townsend D R. Selection and application of a one-dimensional non-Darcy flow equation for two-dimensional flow through rockfill embankments［J］. Canadian Geotechnical Journal，1995，32.

[14] Martins R. Turbulent seepage flow through rockfill structures［J］. International Water Power and Dam Construction，1990，42：41~45.

[15] Panthulu T V，Krishnaiah C，Shirke J M. Detection of seepage paths in earth dams using self-potential and electrical resistivity methods［J］. Engineering Geology，2001，59：281~295.

[16] Kell J A. Spatially varied flow over rockfill embankments［J］. Canadian journal of civil Engineering，1993，20：820~827.

[17] 刘卫群，缪协兴，陈占清．破碎岩石气体渗透性的试验测定方法［J］．实验力学，2006，21（3）：56~64.

[18] 孔祥言．高等渗流力学［M］．合肥：中国科学技术大学出版社，1999.

[19] Choi E，Chakma A，Nandakumar K. Bifurcation study of natural convection in porous media with internal heat sources：The non-Darcy effects［J］. International Journal of Heat and Mass

Transfer, 1998, 41 (2): 383~389.

[20] Brinkman H C. A calculation of the viscous force exerted by flowing fluid on a dense swam of particles [J]. Applied Science Research, 1947, A1: 27~34.

[21] 李大鸣，张红萍，李冰绯，等. 多孔介质内部流动模型及其数学模拟 [J]. 天津大学学报，2002，35（6）：699~704.

[22] 蔡睿贤，张娜. 多孔介质中自然对流 Brinkman 模型的解析解 [J]. 中国科学（A 辑），2002，32（6）：566~573.

[23] Comsol A B. Multiphysics Version 3. 2, User's Guide and Reference Guide [M]. 2005.

10 姜家湾煤矿导水裂隙带突水非 Darcy 渗流机理数值模拟

姜家湾煤矿位于中国煤都山西省大同市南郊区云冈镇姜家湾白庙前郭家村境内,井田南北长 3. 34km，东西宽约 2. 83km，面积为 8. 2799km^2，是一个建于 1964 年的典型老矿，2003 年被大同煤矿集团公司（简称同煤集团）整合。采矿许可证批准开采侏罗系 2 号、3 号、7 号、8 号、9 号、11 号、12 号煤层，经过近 40 年的高强度开采，2 号、3 号煤层已开采完毕，现主采 7 号、8 号、11 号煤层，根据矿井储量数据显示，截至 2010 年 6 月底矿井保有地质储量 5560. 2 万吨[1]，设计规模 90 万吨/年。由于开采多年，煤矿各盘区均出现了采空区积水现象。

2015 年 4 月 19 日 18 时 50 分，姜家湾煤矿 8 号煤层 8446 综采煤工作面发生导水裂隙带透水事故，造成 21 人死亡，直接经济损失 1641 万元。开展姜家湾煤矿导水裂隙带突水非 Darcy 渗流机理研究，对于矿山突水灾害的预警与防治、突水量的合理预测等具有重要的理论和现实意义。

10. 1 矿区水文地质条件

10. 1. 1 地层结构及含水层特征

矿区地表多为黄土覆盖，基岩出露较少，仅出露于沟谷底部及山脊。井田位于大同煤田北部，地处大同向斜北段，走向为 NE45°，倾向 SE，倾角 3°~6°，在井田中发育波幅平缓、延展不长的短轴褶曲，轴向北东。井田内落差在 10m 以上的断层有 2 条，将井田分为 3 块，5~10m 的断层有 1 条，其余为 0. 5~5m 的断层。根据以往地质资料，矿区内发育地层由老到新为寒武系、侏罗系下统永定庄组、中统大同组、云岗组、白垩系、第四系[2]。

根据含水层性质矿区地层可划分为 4 个含水层组：寒武系石灰岩岩溶裂隙含水层、大同组砂岩裂隙含水层、云岗组砂岩裂隙含水层、第四系孔隙含水层。寒武系石灰岩岩溶水水位标高+960~+1000m，透水区域 8 号煤层底板标高+1074m 以上，煤层开采不带压。大同组砂岩裂隙含水层是开采煤层直接充水含水层，单位涌水量 0. 0268L/(s · m)，渗透系数 0. 122m/d，富水性弱。云岗组地层在井田广泛出露，为风化壳组成部分，潜蚀基准面以上，砂岩透水不含水，潜蚀基准面以下随着埋深越来越大，含水性逐渐变弱。第四系含水层分布于十里河河床、河漫滩，岩性为砂、砂砾石，厚度在 10m 左右，据 7 号孔抽水试验资料，单位涌水量 0. 58L/(s · m)，渗透系数 18. 18m/d，富水性中等[3]。

10.1.2　矿井充水条件

矿井所在区域为大陆性干旱气候，属雁北高寒地带，气候寒冷干燥，年降水量280.8~431.5mm，年蒸发量1885.1~2386.3mm，年降水量远小于年蒸发量。矿井井田所在区域属海河流域桑干河水系，井田内无大的地表水体，较大沟谷也常年无水。根据矿井地质及水文地质资料分析，大气降水、老空积水、大同组砂岩裂隙水是矿井主要充水水源，老空（巷）、断层、煤层开采形成的导水冒落裂隙带是主要导水通道。矿井水文地质类型中等，矿井正常涌水量58.33m^3/h，最大涌水量75m^3/h。

10.1.3　采空区积水情况

突水前7号煤层积水面积41万平方米，积水量约35万立方米，井田内各煤层采空区共有积水约150万立方米。8号煤层8446综采工作面对应的上方区域及附近分布有7号煤层编号为“7×4”“7×8”两处老空积水区，积水量分别为3万立方米和8万立方米。8446综采工作面2446运输巷基本位于“7×4”积水区积水线下方，终掘位置距“7×8”积水区积水线68m，切眼距7号煤层32m。7号煤层两条旧巷道位于8446综采工作面5446风巷及开切眼上方，其中一条与工作面开切眼上下重叠交叉，老空区的存在构成了8446工作面直接充水水源的条件[4]。如图10.1.1所示。

10.2　导水裂隙带突水特征

发生透水的8446综采工作面位于8号煤层404盘区东翼，该区域整体地形为南高北低、西高东低。盘区大巷采用两巷布置：2446运输巷和5446风巷。现开采8号煤层，煤层厚1.5m，采高1.5m。上部7号煤层曾于20世纪90年代被小煤矿开采过，由于采用刀柱式、仓房式采煤方法，形成大量不连续的采空区，给8号煤层的开采留下了隐患。

2015年4月14日夜班，8446采煤工作面曾发现涌水量突然增大，但该矿未采取有针对性的措施进行治理，只是增加水泵进行排水，随着工作面继续回采，悬顶面积不断增大。至2015年4月19日，5446风巷回采推进34m，2446运输巷回采推进42m时，老顶来压，顶板瞬间冒裂垮落，导致上部采空区积水以裂隙带和垮落带为渗流通道瞬间大量涌入8446综采工作面、切眼、2446运输巷道及5446风巷，1032标高以下的巷道全部被淹（图10.2.1）。这次透水来势凶猛，破坏力峰值高，透水强度大，6min左右透水量约5696m^3，淹没巷道长度近600m，透水强度达56956m^3/h，巷道内溃出大量破碎岩块。4月23日上午现场勘察时工作面涌水量减少为40~50m^3/h，4月25日减少为10m^3/h，突水过程中水压高达0.6MPa。突水过程中水量快速减少，符合透水初期强度大、后期衰减快

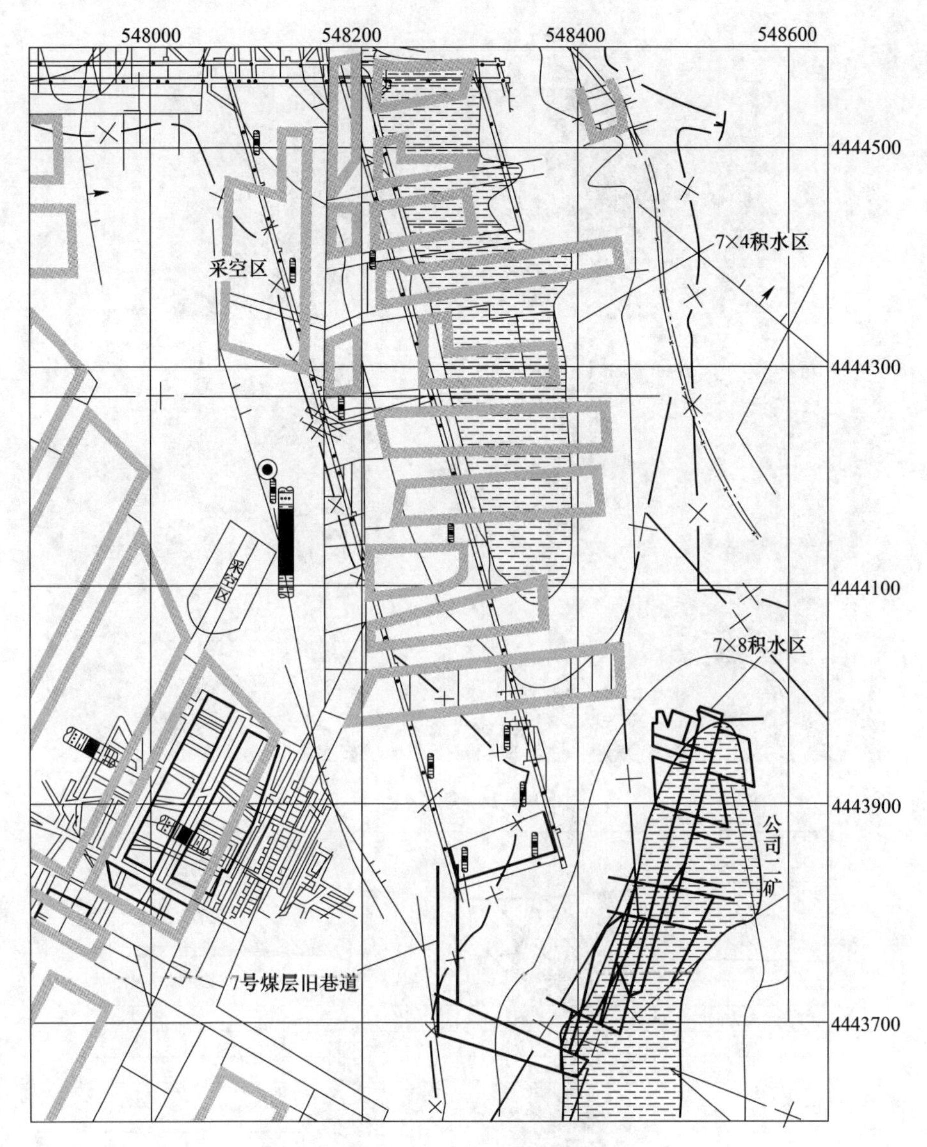

图 10.1.1 积水区位置
（灰色为7号层、黑色为8号层）

的老空水突出的动态特征。经山西省地质矿产局217地质实验室水质化验，测得pH=6.3，SO_4含量为2932.31mg/L，与老空水水质特征基本吻合。

8446综采工作面透水点附近8号煤层厚度约1.5m，根据距8446综采工作面开切眼最近的云412号钻孔资料，8号煤顶板距7号煤底板间距为12.7m，7号煤层底板下部为3.5m厚的泥岩，8号煤层顶板上部为9.2m厚的泥质砂岩。图10.2.2所示为姜家湾煤矿导水裂隙带突水示意图。

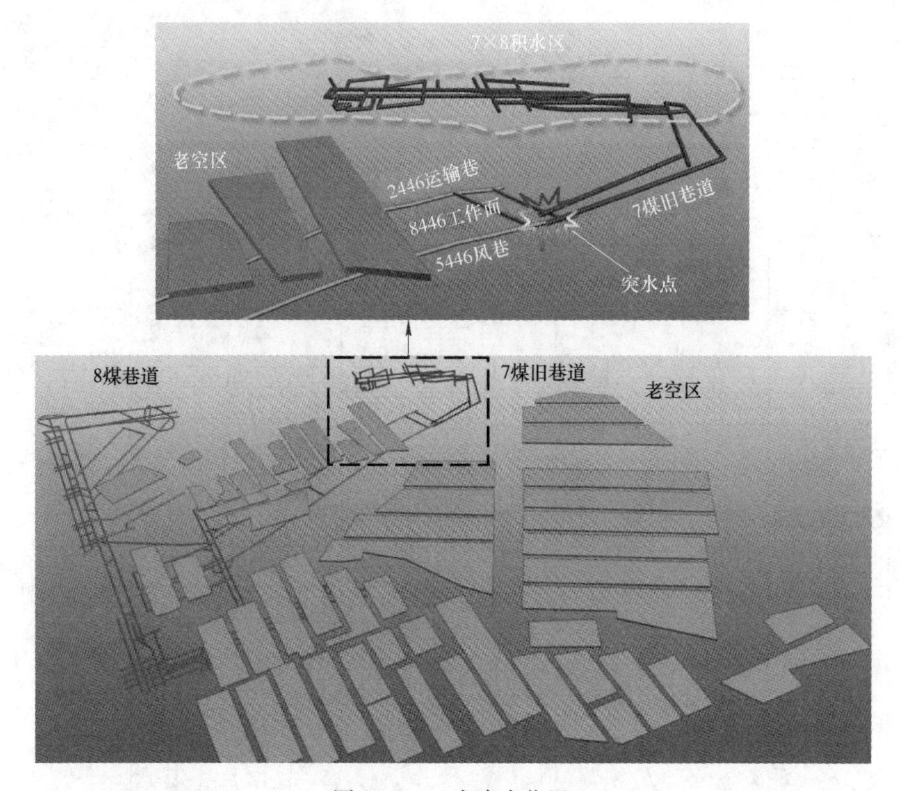

图 10.2.1　突水点位置

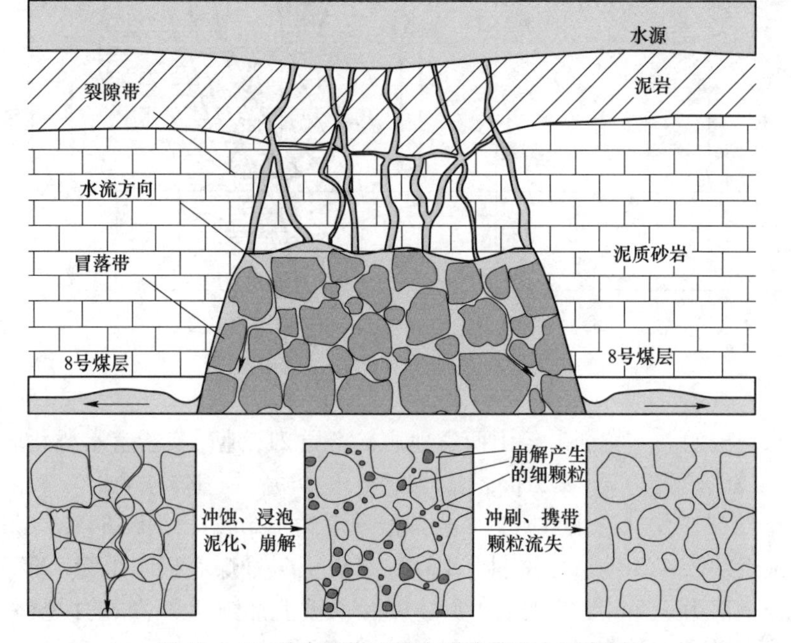

图 10.2.2　姜家湾煤矿导水裂隙带突水示意图

10.3　变质量导水裂隙带突水非 Darcy 流模型

根据本书第 6 章试验结果，推断出姜家湾煤矿导水裂隙带突水非 Darcy 渗流过程，如图 10.3.1 所示。为了建立变质量导水裂隙带突水非 Darcy 流模型，首先作如下假设：

（1）裂隙带可以看作充填裂隙网络。

（2）导水裂隙带内堆积的岩石被水浸泡，内部结构遭到完全破坏，出现崩解现象，崩解后的颗粒作为可动细颗粒充填在裂隙网络内，且最终全部流失。

（3）裂隙带中充填介质的孔隙率为有效孔隙率，即连通的孔隙被水及可动细颗粒完全充满，未连通的孔隙视为固体骨架。

（4）假设裂隙带中充填的骨架为刚性的，在颗粒流失的过程中骨架不发生变形，同时水及水沙混合流体均为单相不可压缩牛顿流体。

（5）假设可动细颗粒与水流速度始终保持一致，不考虑水流挟沙过程中的

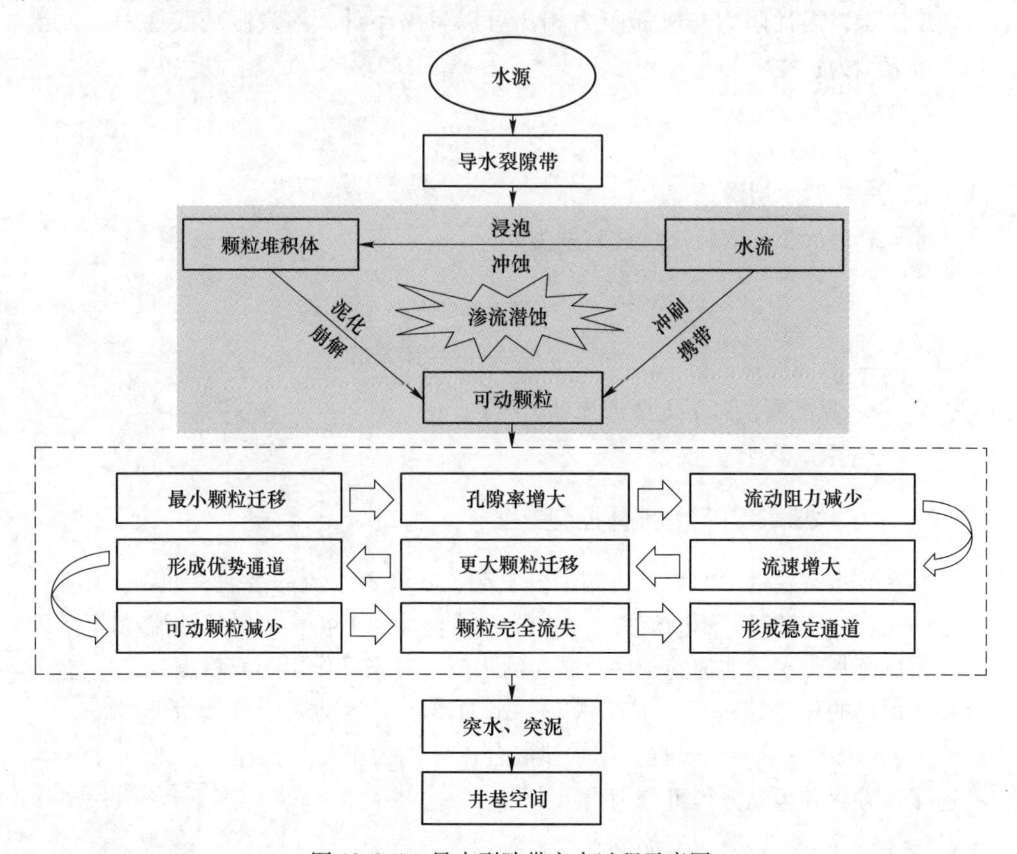

图 10.3.1　导水裂隙带突水过程示意图

流速损失以及颗粒之间碰撞造成的能量损失，且裂隙带中流体与颗粒符合 Forchheimer 流动。

（6）假设求解区域内固相完全饱和。

（7）含水层、导水裂隙带和巷道流场是一个统一的整体，具有动力学统一特性。

因此，基于上述基本假设以及突水灾害形成过程，建立集突水水源 Darcy 流、裂隙带 Forchheimer 高速流以及巷道 Navier-Stokes 紊流为一体的突水非线性渗流模型，把突水整个水流路径有机连接在一起，模拟考虑颗粒流失作用下导水裂隙带突水瞬态全过程。

10.3.1　含水层中单相流体控制方程

矿山突水水源主要有大气降水、地表水、地下水和老窑水等，一般情况下，水通过缓慢入渗的方式到达突水通道的入口，其渗流驱动力以流体压力为主，渗流速度很慢，惯性阻力与黏滞阻力相比可以忽略不计，渗流服从线性 Darcy 定律，可表示为：

$$-\nabla P=\frac{\mu}{k_{\mathrm{D}}}v \tag{10.3.1}$$

式中　k_{D}——含水层渗透率。

非稳态情况下，渗流连续性方程为：

$$\frac{\partial\rho_{\mathrm{w}}\phi}{\partial t}+\nabla\cdot(\rho_{\mathrm{w}}v)=f \tag{10.3.2}$$

式中　t——时间变量，s；

f——源汇项，对于无源汇流动，$f=0$；

$\nabla\cdot$——散度算子。

10.3.2　导水裂隙带中混合流体控制方程

水在导水裂隙带中的渗流机制十分复杂，在高速水流的潜蚀、冲刷作用下，通道中充填的细沙颗粒不断流失，充填介质孔隙率不断扩大，对携沙流动阻力下降、造成有利于水流加速的条件，高速的水流反过来又作用于充填颗粒，这是一个相互促进的正反馈过程，因此水在突水通道中的运动属于变质量非 Darcy 渗流[5,6]，是失稳的非线性过程。把水沙混合流体视为单相牛顿流体，则混合流体的连续性方程和运动方程可分别表示为[6]：

$$\frac{\partial\rho_{\mathrm{m}}\phi}{\partial t}+\nabla\cdot(\rho_{\mathrm{m}}v)=\rho_{\mathrm{s}}\frac{\partial\phi}{\partial t} \tag{10.3.3}$$

$$-\nabla P=\frac{\mu_{\mathrm{m}}}{k_{\mathrm{ff}}}+\beta_{\mathrm{ff}}\rho_{\mathrm{m}}v^{2} \tag{10.3.4}$$

式中 ρ_{m}——t 时刻通道中可动细颗粒和水组成混合物的密度；

μ_{m}——水沙混合流体的动力黏度。

10.3.3 巷道中混合流体控制方程

对于可动颗粒在巷道中迁移、沉积及释放的过程，扩散作用相比对流作用非常微弱，可采用忽略扩散作用的对流弥散方程来描述颗粒的输运特性：

$$\frac{\partial c}{\partial t}+v\,\nabla\cdot c+cK_{\mathrm{dep}}=0 \tag{10.3.5}$$

对于无源不可压缩混合流体运动 Navier-Stokes 方程和连续性方程可表示为：

$$\begin{cases}\rho_{\mathrm{m}}\left[\dfrac{\partial v}{\partial t}+(v\cdot\nabla)v\right]=F-\nabla P+\mu\,\nabla^{2}v\\ \nabla\cdot v=0\end{cases} \tag{10.3.6}$$

式中 K_{dep}——沉积系数；

F——流体体积力。

10.3.4 辅助方程

为了实现变质量裂隙网络突水非 Darcy 流模型中方程组的封闭性，需要补充方程使未知量个数与方程个数相等。这些方程包括混合流体浓度变化方程、动力黏度方程、浓度传输方程、孔隙率演化方程等，称之为辅助方程。

（1）混合流体密度变化方程：

$$\rho_{\mathrm{m}}=(1-c)\rho_{\mathrm{w}}+c\rho_{\mathrm{s}} \tag{10.3.7}$$

（2）混合流体动力黏度变化方程。费祥俊[7]根据爱因斯坦在稀浓度、球状颗粒、均匀粗沙条件下推导的浑水相对黏滞系数理论公式的基础上，推导出了由不均匀沙组成的高浓度混合流体的相对黏滞系数表达式：

$$\mu_{\mathrm{m}}=\mu\,(1-c)^{-2.5} \tag{10.3.8}$$

（3）流失颗粒的浓度传输方程。Stavropoulou 等人[8]基于混合流体不可压缩这一假设，并忽略液体中颗粒的扩散作用，根据流体的质量守恒定律和传统的渗流潜蚀本构方程认为可动细颗粒浓度传输方程可表示为：

$$\frac{\partial(c\phi)}{\partial t}+\nabla\cdot(cv)=\frac{\partial\phi}{\partial t} \tag{10.3.9}$$

式中 c——可动细颗粒浓度，亦即孔隙中可动细颗粒相的体积分数。

（4）突水通道充填介质孔隙率演化方程。在第 5 章，通过对试验数据进行回归分析得到了孔隙率演化方程：

$$\frac{\partial \phi}{\partial t} = \lambda(\phi_{m} - \phi)cv \tag{10.3.10}$$

（5）渗透率和非 Darcy 因子计算方程。由第 5 章可知，当 $b/d_{20}>33$ 以后，裂隙网络壁面效应的影响可以忽略不计，可用纯多孔介质的渗流参数来表征充填裂隙的渗透性能：

$$k = 2.13 \times 10^{-3} \times \frac{\phi^{3}}{(1 - \phi)^{2}} d_{10}^{2} C_{u} C_{c} \tag{10.3.11}$$

$$\beta = 88.92 \times \frac{1 - \phi}{\phi^{3} d_{10}} (C_{u} C_{c})^{-0.64} \tag{10.3.12}$$

10.3.5　三种流动区域过渡的边界条件

为了将三种流场组合在一起，相邻流场之间需要满足以下边界条件：

（1）在突水水源与突水通道入口的交界面上，要满足压力平衡和速度连续条件：

$$\begin{cases} P_{D} = P_{F} \\ v_{D} = v_{F} \end{cases} \tag{10.3.13}$$

（2）在突水通道出口与巷道入口的交界面上，既要满足压力平衡和速度连续条件，还要满足浓度连续条件：

$$\begin{cases} P_{F} = P_{N} \\ v_{F} = v_{N} \\ c_{F} = c_{N} \end{cases} \tag{10.3.14}$$

式中　P_{D}，v_{D}——分别为水源含水层流体的压力和流速；

P_{F}，v_{F}，c_{F}——分别为突水通道内混合流体的压力、流速和浓度；

P_{N}，v_{N}，c_{N}——分别为巷道内混合流体的压力、流速和浓度。

10.3.6　方程总结

Darcy 场和 Navier-Stokes 场的作用主要是解决 Forchheimer 场渗流时变边界条件和流动状态难以确定的难题。模型能否求解的前提是 Forchheimer 场方程组是否封闭，式（10.3.3）、式（10.3.4）、式（10.3.7）~式（10.3.12）含有 8 个未知变量，其中有 P、v、c 和 ϕ 四个基本变量，k、β、ρ、μ 四个衍生变量，方程个数与未知变量个数一致，方程组是封闭的。图 10.3.2 所示为模型中变量之间的耦合关系。

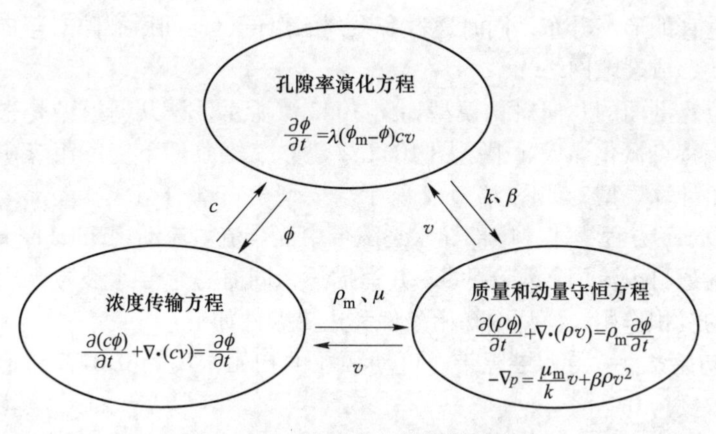

图 10.3.2 模型中方程的耦合关系

10.4 变质量导水裂隙带突水非 Darcy 流模型的数值求解

目前采用有限元方法（FEM）进行 Forchheimer 方程的数值求解存在不易收敛问题，即使是一维模型，参数变化也会引起方程求解很不稳定，原因是有限元法计算采用泛函变分法、加权余量法，特征变量不守恒，对流项、惯性项在计算过程中会累积误差，导致结果出现分叉和震荡现象[9~11]。采用有限体积法（FVM）是流体计算的最佳方法[12]，但是有限体积方法在计算精度、流场分辨率和稳定性方面存在一定的矛盾，往往计算格式分辨率越高，就伴随着越大的非物理波动，尤其驻点附近区域流量计算很不准确；如果非物理波动被很好地抑制，则因计算格式耗散过大，分辨率就很低，计算精度下降[13]。

本节基于 FELAC 软件，根据虚位移原理分别构造 Darcy 方程、Forchheimer 方程和 Navier-Stokes 方程的弱解积分形式，对对流项采用有限体积法离散，其他项采用有限元方法离散，建立变质量交叉断层突水非 Darcy 流模型数值模型，并进行求解。这种方法整合了有限单元法和有限体积法的优势，既保留了有限元方法处理复杂边界条件的优点，又能充分发挥有限体积法处理对流项的长处，使得计算的数值稳定性好，可适用于高雷诺数不可压缩流动的数值求解[14]。对于流体力学方程弱形式的推导、方程的离散格式、时间离散化和迭代控制等内容可参考文献［6］。

10.5 算例分析

10.5.1 数值模型建立

根据文献资料显示[15]，冒落带、裂隙带的高度以及裂隙的形式和分布具有很强的规律性，一般自上而下裂隙数量逐渐增多，开度逐渐增大，基本上呈垂直或者近似垂直的形态分布，同时通过一系列的离层、层间微裂隙对竖向裂隙进行横向连通，形成裂隙网络。

突水位置剖面的几何概化模型如图 10.2.2 所示，该几何模型是根据导水裂隙带的形成特点概化而成。根据图 10.2.2 建立二维条件下姜家湾煤矿导水裂隙带突水数值计算模型，如图 10.5.1 所示。模型由三部分组成，上部老空积水区的渗流用 Darcy 方程描述，中部导水裂隙带中混合流体流动用 Forchheimer 方程描述，下部巷道自由流用 Navier-Stoke 方程描述，同时考虑导水裂隙带内迁移颗粒在巷道内的沉积作用。模型的初始条件和边界条件如下：

（1）初始条件：导水裂隙带内可动颗粒的初始浓度为 0.01，巷道内可动颗粒的初始浓度为 0。

（2）边界条件：在模型上部施加 0.6MPa 的水压力来等效上覆老空积水区承受的实际静水压力；巷道出口直接与大气相同，相对压力为 0；模型其他外边界均为隔水边界。

模型几何尺寸及边界条件如图 10.5.1 所示。利用四边形单元将求解域划分为 7164 个结构化网格，流体力学计算参数见表 10.5.1。

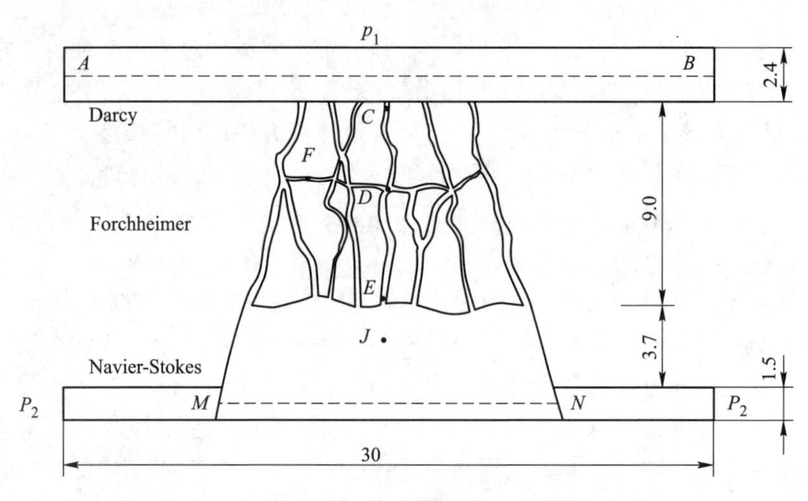

图 10.5.1　姜家湾煤矿导水裂隙带突水数值计算模型

表 10.5.1　数值模拟采用的流体力学参数

参数名称	数值
水流密度 ρ_w/kg · m^{-3}	1000
填充物颗粒密度 ρ_s/kg · m^{-3}	2650
水的黏滞系数 μ/Pa · s	1.01×10^{-3}
导水裂隙带初始孔隙率 ψ_0	0.28
导水裂隙带最大孔隙率 ψ_m	0.45

续表 10.5.1

参数名称	数值
崩解系数 S	0.24
渗透率 k_D/m^2	2.3×10^{-11}
有效粒径 d_{10}/m	1.0×10^{-5}
$C_u\times C_c$	2.55×10^{5}
潜蚀系数 λ/m^{-1}	30
沉积系数 K_{dep}/s^{-1}	0.01

10.5.2 计算参数的确定

10.5.2.1 冒落带高度

当冒落散体充满采空区时，冒落带的高度可表示为[16]：

$$\sum h = \frac{M_h}{K_p - 1} \tag{10.5.1}$$

式中 K_p——碎胀系数，是岩体破碎后的体积与破碎前的体积之比；

M_h——煤层开采累计厚度，m。

泥岩和泥质砂岩层破碎后块度较小且排列乱，其碎胀系数 K_p 较大，一般为 1.30~1.40，本书取 $K_p=1.40$ 进行计算，可得冒落带的高度大约为 3.7m。

10.5.2.2 冒落带孔隙率

岩体的碎胀系数是决定冒落带破碎岩体堆积孔隙率的重要参数，二者之间存在如下关系：

$$\psi_0 = 1 - \frac{1}{K_p} \tag{10.5.2}$$

将 $K_p=1.40$ 带入式（10.5.2）进行计算，可得冒落带初始孔隙率 $\phi_0=0.28$。

10.5.2.3 崩解系数

岩石的崩解性是指岩石与水相互作用时失去黏结力，崩解成没有强度的松散物质。岩石的崩解性多对实际工程有着较大的影响，崩解的小颗粒在水流的冲刷作用下不断流失，崩解系数是决定颗粒流失量以及充填裂隙网络稳定通道最大孔隙率的重要参数，可表示为：

$$S = \frac{m_d}{m_t} \times 100\% \tag{10.5.3}$$

式中 S——崩解系数；

m_d——裂隙网络内崩解产生的小颗粒质量；

m_t——裂隙网络内颗粒的总质量。

图 10.5.2 所示为骨架颗粒崩解示意图，假设崩解后骨架不变形，则裂隙网络通道最终孔隙率与崩解系数之间存在如下关系：

$$\psi_m = \psi_0 + (1 - \psi_0)S \tag{10.5.4}$$

式中　ψ_m——崩解后的孔隙率；

ψ_0——初始孔隙率。

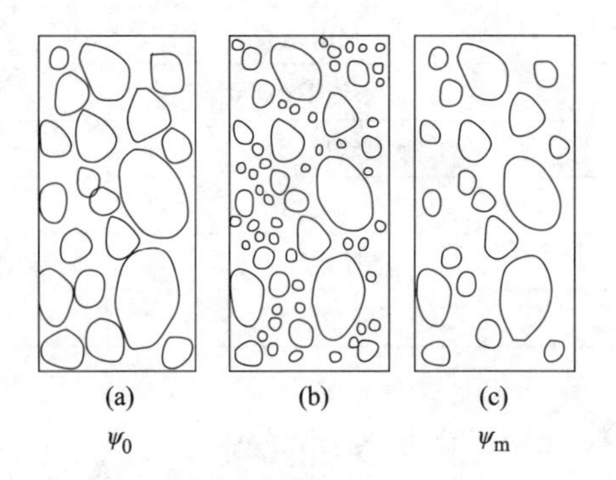

图 10.5.2　骨架颗粒崩解示意图
（a）骨架；（b）崩解；（c）流失

曹婷等人[17]对泥岩颗粒崩解特性进行了实验研究，结果表明各级粒组颗粒均存在崩解，且大粒径泥岩颗粒的崩解性比小粒径泥岩颗粒的崩解性强。本节不考虑崩解的时间效应，假设泥岩颗粒崩解瞬间完成，且崩解产生的细颗粒全部流失，并取 $S=0.24$ 进行计算[17]，可得冒落带最终孔隙率 $\psi_m=0.45$。

10.5.2.4　潜蚀系数

根据本书第 6 章的试验结果可知潜蚀系数 λ 与骨架粒径、迁移颗粒粒径、裂隙网络角度等因素有关，对于大尺度工程问题，本次模拟采用的 $\lambda=30\text{m}^{-1}$。

10.5.2.5　$C_u \times C_c$的确定

因缺少现场冒落带破碎岩体级配的实测信息，所以通过 Darcy 定律近似反算出其渗透率为 $2.27\times10^{-9}\text{m}^2$，并根据文献资料[16]取 $d_{10}=1.0\times10^{-5}\text{m}$，可估算出 $C_u \times C_c=2.55\times10^5$。为了简化计算，渗流过程中不考虑颗粒流失引起的级配变化，只考虑孔隙率变化对渗透率和非 Darcy 因子的影响。

10.5.3　结果分析

10.5.3.1　压力的时空演化过程

图 10.5.3 所示为姜家湾煤矿导水裂隙带老空水突水发生、发展全过程中的流体压力时空演化过程，图 10.5.4 所示为含水层中线（AB）上的压力分布，图 10.5.5 所示为导水裂隙带内 3 个典型位置处（点 C、D 和 E，具体位置在图 10.5.1 中已给出）混合流体压力的时程曲线。由图可以清晰看到由 3 个流场耦合的整个流动区域自上而下形成了压力过渡区，越靠近巷道的位置压力越小，巷道中的压力基本为 0，惯性力是流体在巷道中运动的主要动力。由计算结果可以

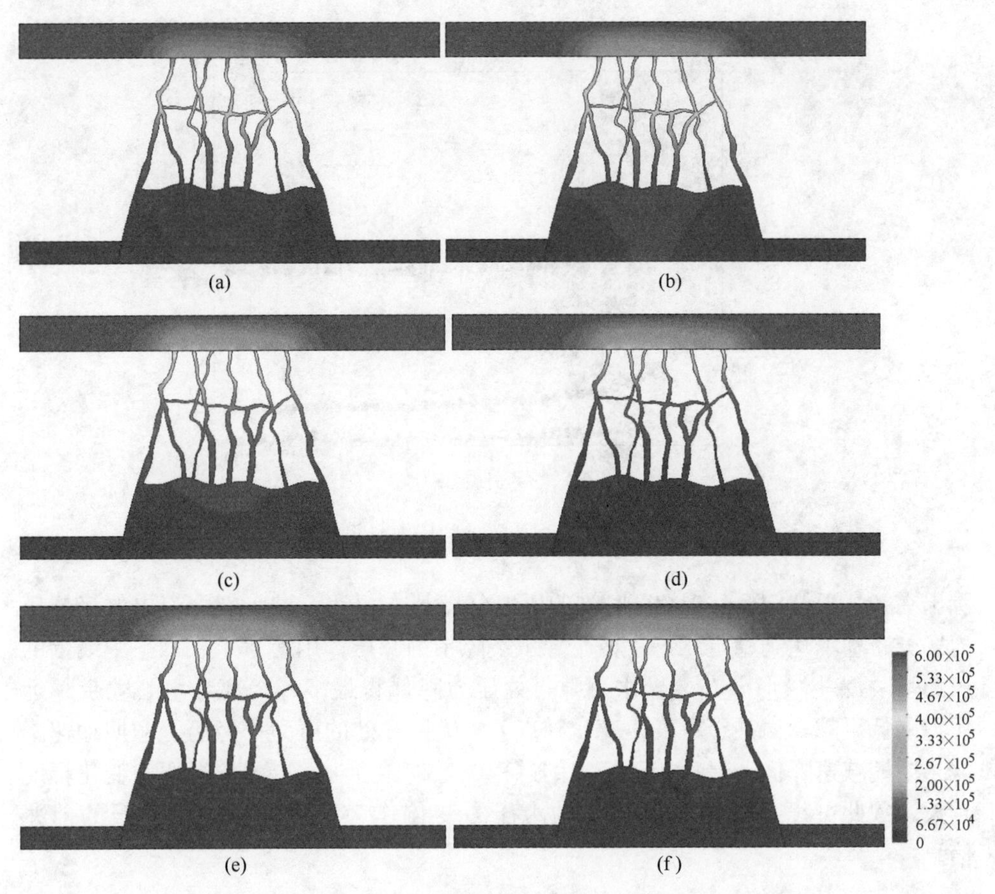

图 10.5.3 压力时空演化过程（单位：Pa）

（a）$t=1$s；（b）$t=25$s；（c）$t=50$s；（d）$t=100$s；（e）$t=150$s；（f）$t=200$s

（扫描书前二维码看彩图）

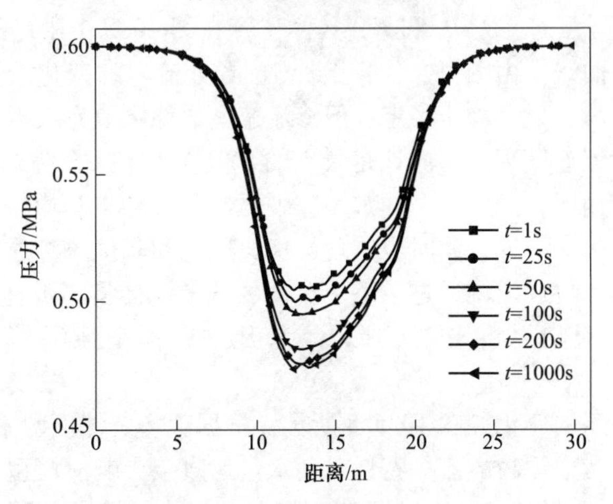

图 10.5.4 测线 AB 上的压力分布

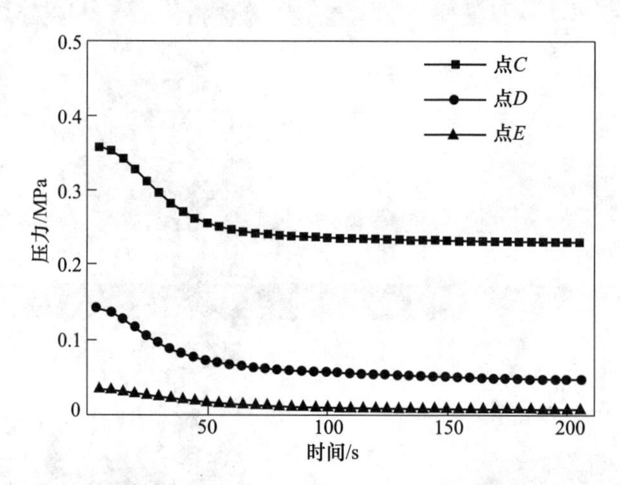

图 10.5.5　典型位置处的压力时程曲线

看出在 $t=100$s，200s，1000s 时刻的压力分布基本一致，导水裂隙带内的流体压力场分布基本达到稳定状态。由于导水裂隙带的卸压作用使含水层水平中线上的压力呈“漏斗”形分布，导水裂隙带处压力降低得最多，距离导水裂隙带越远压力降低得越少，甚至不发生变化。点 C、D 和 E 处的压力都经历了初期加速降低，中期减速降低，最后趋于稳定的过程，且越靠近含水层的位置压力变化幅度越大。因此可以通过监测老空水的水压力变化作为突水灾害预测预报的前兆信息。

10.5.3.2　流速的演化规律

图 10.5.6 所示为流体速度的时空演化过程，图 10.5.7 所示为导水裂隙带内 4 个典型位置处（点 C、D、E 和 F，具体位置在图 10.5.1 中已给出）混合流体渗流速度的时程曲线。由图可知，4 个典型位置处流速的变化趋势均是先快速增大，然后缓慢增大，最后趋于稳定；但渗流速度的稳定值完全不一样，点 F 处裂隙开度最小，渗流速度理论上应该是最大的，但模拟结果仅为 0.02m/s，远小于其他点处的渗流速度，表明整个导水裂隙带内流体流动是非均匀的，裂隙水的渗流优势通道已经基本形成，同时也体现了优势通道和非优势渗透通道的区别，混合流体主要是从优势通道内通过。整个流动区域上流体雷诺数基本在 $10^2 \sim 10^3$ 量级，远远大于层流临界雷诺数，所以本节建立的模型强调了非 Darcy 流这一概念。

涌水量随时间的变化如图 10.5.8 所示。根据现场条件模型厚度取 100m 进行计算，可见是否考虑颗粒的流失特性对涌水量有直接影响。模型中不考虑颗粒的流失特性 6min 涌水量约 1900m^3，而考虑颗粒的流失特性涌水量可达 3400m^3，与

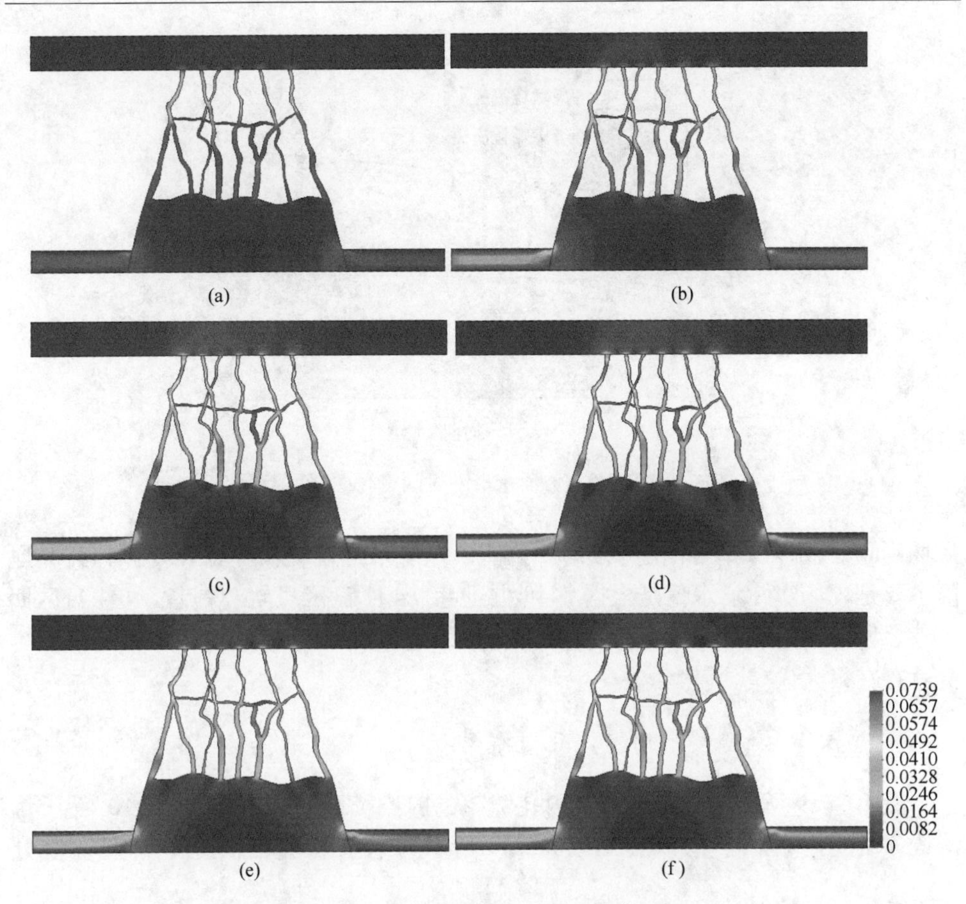

图 10.5.6 速度时空演化过程（单位：m/s）

（a）$t=1$s；（b）$t=25$s；（c）$t=50$s；（d）$t=100$s；（e）$t=200$s；（f）$t=1000$s

（扫描书前二维码看彩图）

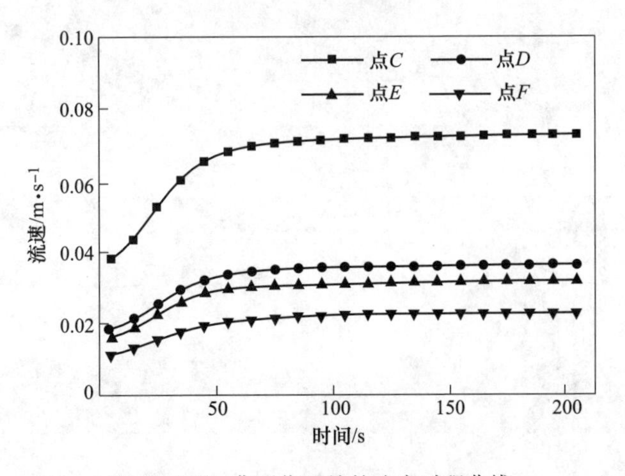

图 10.5.7 典型位置处的速度时程曲线

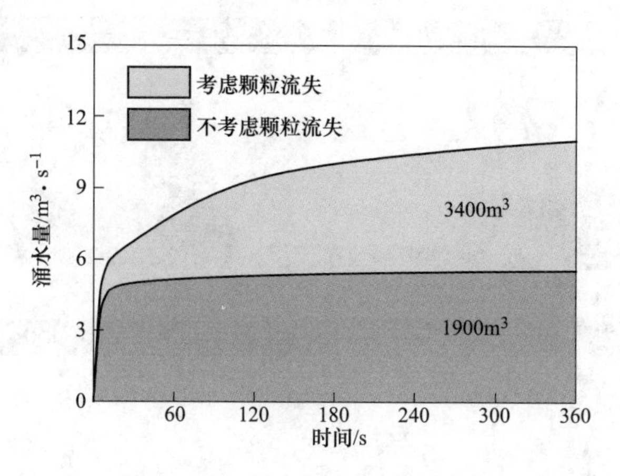

图 10.5.8　涌水量随时间变化曲线

现场 6min 透水量 5696m³更为接近。数值模拟结果与现场实际存在差异，究其原因主要是现场实际涌水量是根据 2448 掘进巷、404 盘区机轨合一巷、404 盘区回风巷、5448 风巷、2446 运输巷以及部分联络巷被淹没巷道总体积估算而得，本身就存在很大误差。

10.5.3.3　孔隙率的时空演化过程

图 10.5.9 所示为导水裂隙带内孔隙率的时空演化过程，图 10.5.10 所示为测线 *MN* 上孔隙率时变过程，图 10.5.11 所示为导水裂隙带内 4 个典型位置处

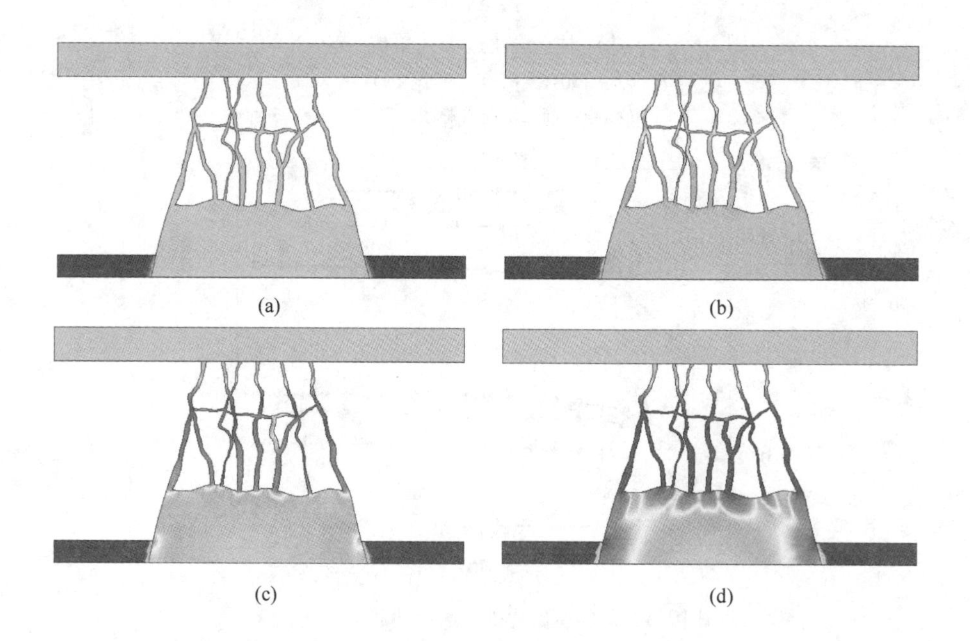

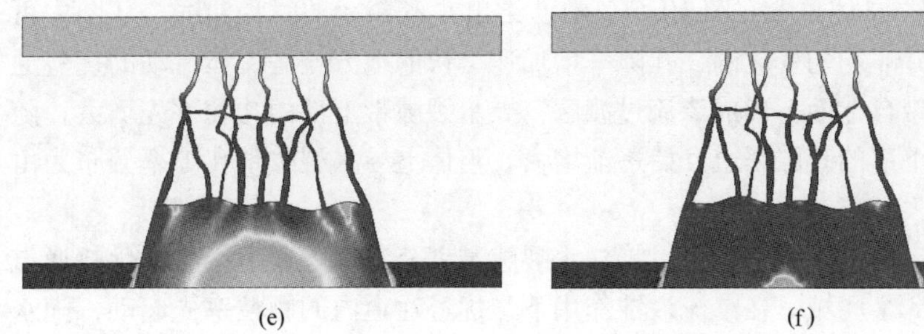

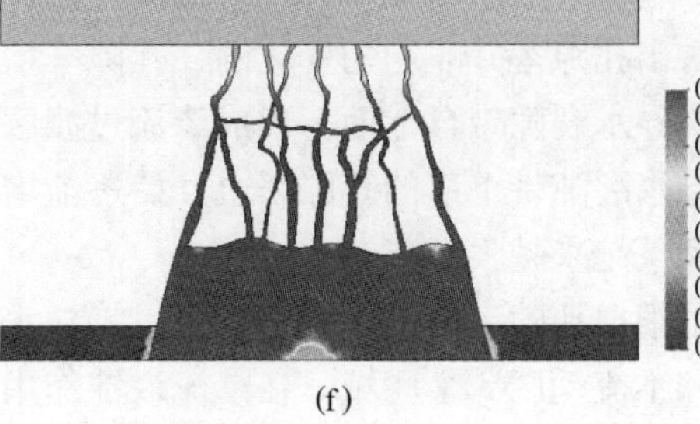

图 10.5.9 孔隙率时空演化过程

（a）$t=1s$；（b）$t=25s$；（c）$t=50s$；（d）$t=100s$；（e）$t=200s$；（f）$t=1000s$

（扫描书前二维码看彩图）

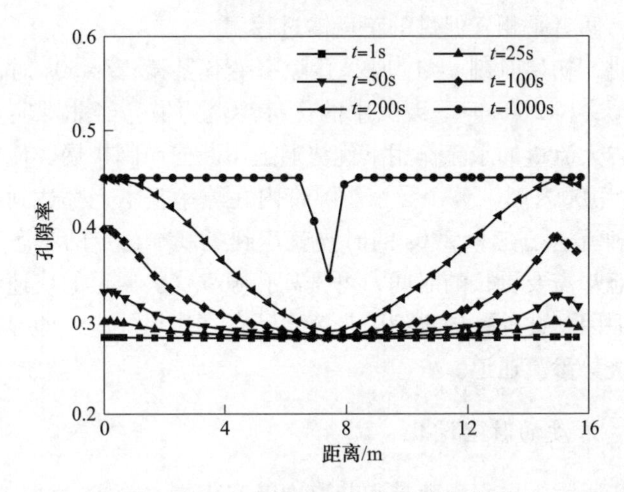

图 10.5.10 测线 MN 上的孔隙率分布

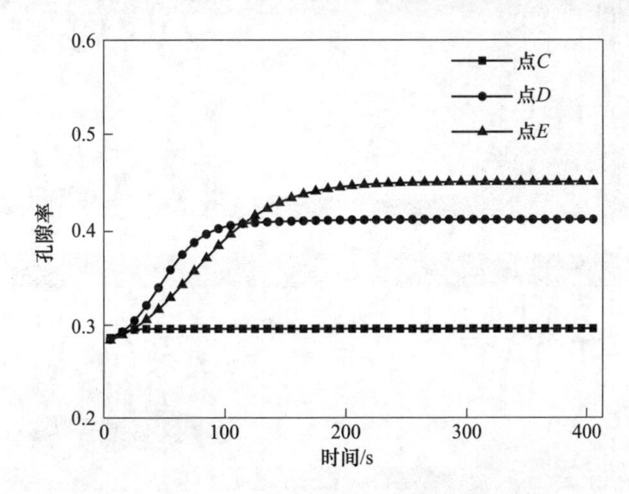

图 10.5.11 典型位置处的孔隙率时程曲线

(点 C、D 和 E，具体位置在图 10.5.2 中已给出）孔隙率的时程曲线。从图中可以看出孔隙率并非均匀变化的，孔隙率增加速率快的地方就是流体流动的优势通道。导水裂隙带自上而下形成渗流过渡区，导水裂隙带上部的孔隙率先增大，随后导水裂隙带下部的孔隙率也开始逐渐增大，整体上导水裂隙带孔隙率分布为由上到下越来越大。

根据孔隙率的空间分布，可以将导水裂隙带划分为优势通道区、非优势通道区和不流动区 3 个区域。在渗流潜蚀作用下，优势通道内的颗粒率先起动，随水流涌入巷道空间，随着该部分颗粒的流失携沙流动的阻力逐渐减小，造成有利于水流加速的条件，高速水流反过来又带走更多的颗粒。由于该部分流失的颗粒多，所以孔隙率的峰值最大。因此导水裂隙带内孔隙率的变化趋势与流速的变化趋势保持一致，两者是相互促进的正反馈过程。

从时间上讲，初始时刻 $t=1\text{s}$ 时，孔隙率变化甚微；$t=50\text{s}$ 时，可看出优势渗流通道的雏形；$t=200\text{s}$ 时，裂隙水的优势渗流通道已经非常明显地形成；此后在优势通道内大流量的水流作用下优势通道不断向周围扩展，使原来静止的颗粒陆续起动，$t=1000\text{s}$ 时，整个导水裂隙带内孔隙率基本上都达到峰值。这就是为什么压力场和流速场在 $t=200\text{s}$ 的时候就达到了基本稳定的状态，而孔隙率分布达到稳定状态却需要更长的时间，可见高孔隙率优势通道的快速形成是诱发突水灾害的重要原因。此外，导水裂隙带突水还存在边界效应，即导水裂隙带两侧最先贯通形成优势渗流通道。

10.5.3.4　浓度的时空演化

图 10.5.12 所示为导水裂隙带和巷道中流态化颗粒的浓度时空演化过程，

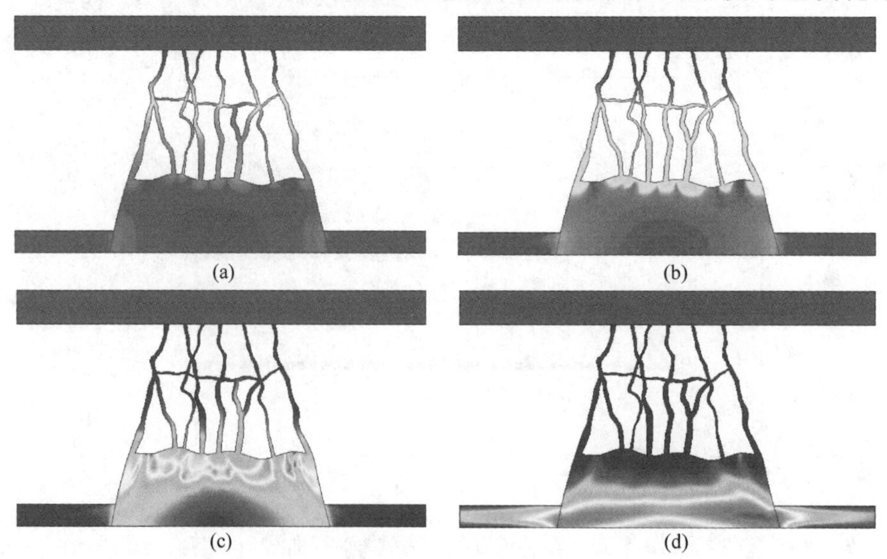

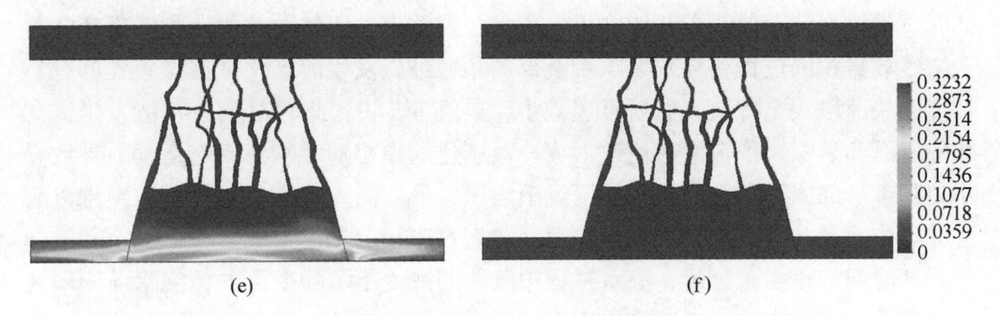

图 10.5.12 浓度时空演化过程

(a) $t=1s$；(b) $t=25s$；(c) $t=50s$；(d) $t=100s$；(e) $t=200s$；(f) $t=1000s$

(扫描书前二维码看彩图)

图 10.5.13 所示为典型位置上的浓度时程曲线，图 10.5.14 所示为测线 MN 上不

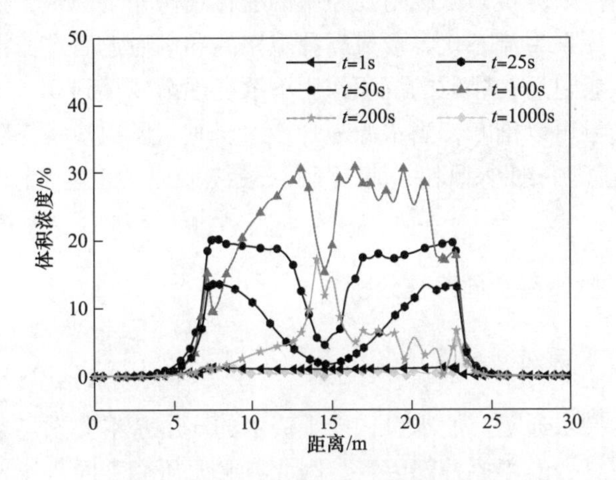

图 10.5.13 测线 MN 上的浓度分布

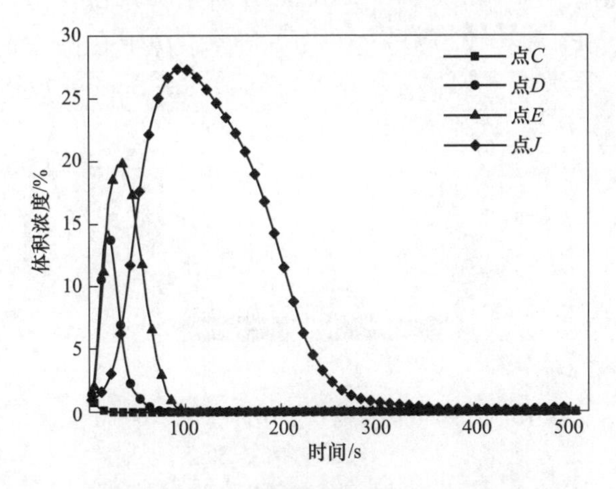

图 10.5.14 典型位置处的浓度时程曲线

同时刻的浓度分布曲线。从图中可以看出，裂隙带内固体颗粒的体积浓度变化是一个逐渐累积的过程，导水裂隙带上部的颗粒最先发生流态化，该位置处的颗粒浓度先快速增大至峰值，然后迅速减小，最终变为 0，此时只剩下不能发生流态化的岩石和裂隙，稳定渗透通道形成。流态化的颗粒随着水流一起运动，导致导水裂隙带下部固体颗粒的体积浓度逐渐累积，最后涌入巷道空间，所以突水以后会在工作面及井巷空间发现大量的泥沙和岩石碎块。

从时间的角度来分析，突水过程中流体的浓度是不断变化的，突水前为单纯的水渗流，在水流的不断冲刷作用下，导水裂隙带内的充填颗粒逐渐液化，随水流一起运动，变为浑水，当导水裂隙带中只剩下不能发生流态化的岩石和裂隙时，流体变为清水。因此可以通过监测渗水点处流体的浓度变化对突水灾害进行预警。

从空间的角度来分析，浓度与孔隙率的变化规律完全一致，处在优势通道流动区域上的颗粒先发生流态化，形成高孔隙率的导水通道后渗流潜蚀作用不断向周围扩展，进入巷道后在颗粒的沉积作用下浓度逐渐减小到 0。

根据模拟结果可以推断，当水源为含沙水层时，风积沙将伴随水的流动进入裂隙网络中，与其中细小颗粒一起运动，最终溃入井巷空间，造成突水溃沙灾害。

10.5.4　导水裂隙带突水危险性分析

10.5.4.1　水源压力的影响

突水水源、导水通道、涌水量构成了突水的 3 个基本要素。水源压力是影响导水裂隙带渗流突变的主要外部因素，因此有必要研究不同水压作用下导水裂隙带渗流的响应规律。图 10.5.15～图 10.5.18 所示为水源压力 $p=0.6$MPa、$p=1.0$MPa、$p=1.5$MPa 和 $p=2.0$MPa 条件下，导水裂隙带孔隙率时空演化过程。

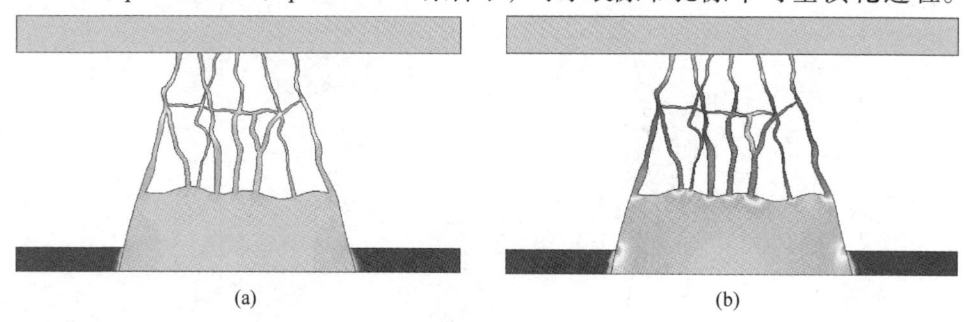

图 10.5.15　孔隙率时空演化过程（$p=0.6$MPa）

（a）$t=25$s；（b）$t=50$s

（扫描书前二维码看彩图）

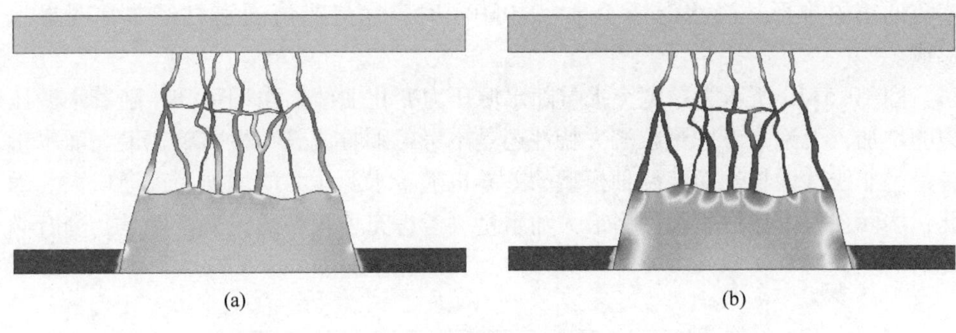

图 10.5.16 孔隙率时空演化过程（$p=1.0$MPa）

（a）$t=25$s；（b）$t=50$s

（扫描书前二维码看彩图）

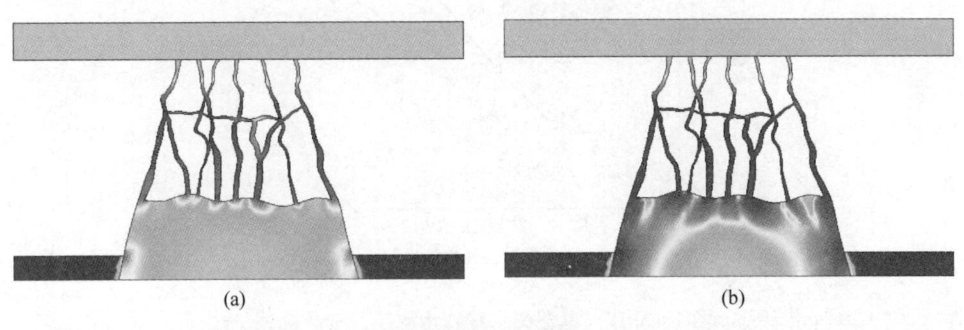

图 10.5.17 孔隙率时空演化过程（$p=1.5$MPa）

（a）$t=25$s；（b）$t=50$s

（扫描书前二维码看彩图）

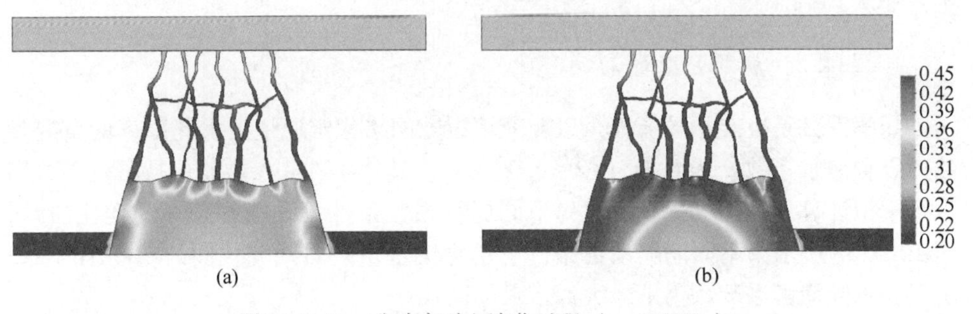

图 10.5.18 孔隙率时空演化过程（$p=2.0$MPa）

（a）$t=25$s；（b）$t=50$s

（扫描书前二维码看彩图）

从图中可以看出，$t=50$s 时，水源压力 $p=0.6$MPa 和 $p=1.0$MPa 情况下，导水裂隙带中没有形成明显的优势渗流通道；当水源压力 $p=1.5$MPa 时，可以看出优势渗流通道的雏形；当水源压力 $p=2.0\text{MPa}$ 时，优势渗流通道已经非常明显地形成。

图 10.5.19 所示为单宽突水量随水源压力变化曲线。由图可知，随着水源压力的增加，无论是考虑颗粒流失特性还是不考虑颗粒流失特性，单宽最大涌水量皆是呈非线性增长，而且两种模型的差异也随着水源压力的增加而逐渐增大。因此，实际工程中评估裂隙网络最大涌水量，考虑充填颗粒的流失特性是十分有必要的。

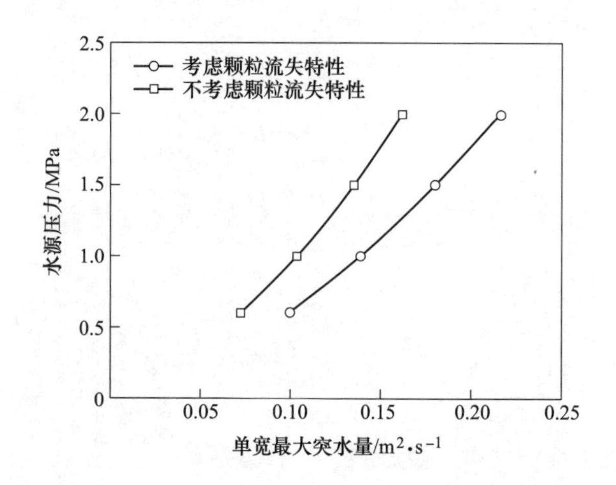

图 10.5.19　单宽突水量随水源压力变化曲线

根据上述分析可以推断，水源压力越大，颗粒迁移流失的速度越快，渗流通道发育得也越快，二者相互作用、相互促进，导致突水灾害发生的危险性（涌水量）越大。

10.5.4.2　崩解系数的影响

崩解系数是决定颗粒流失量以及充填裂隙网络稳定通道最大孔隙率的重要参数，设置崩解系数 S 为 0.1、0.2、0.3、0.4，其他条件和参数均保持不变，分别进行模拟计算。图 10.5.20 所示为不同崩解系数条件下孔隙率随时间变化曲线，图 10.5.21 所示为不同崩解系数条件下单宽突水量随时间变化曲线，图 10.5.22 所示为不同崩解系数条件下最大涌水量的变化。

由图 10.5.20 可以看出，崩解系数 S 不仅影响稳定通道的最大孔隙率，还对孔隙率的变化速率有一定的影响，如 $S=0.4$ 时，仅需 100s 孔隙率即可达到 0.62 左右，增加幅度为 121.43%，而 $S=0.1$ 时孔隙率达到稳定值 0.36 需要 300s，增加幅度仅为 28.57%。所以系数 S 越大，形成稳定渗流通道的过程相对越快，通道孔隙率相对越大。

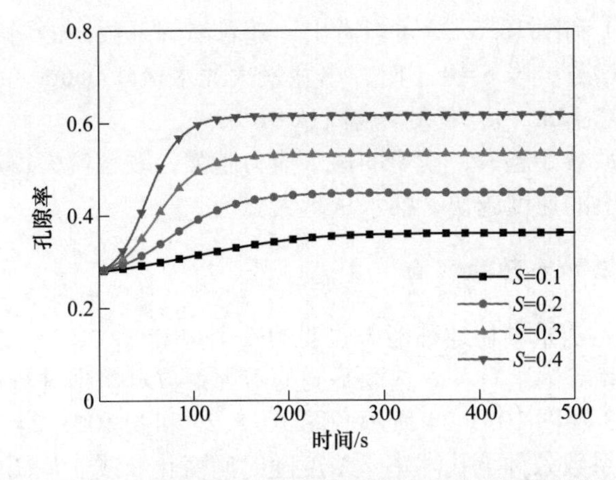

图 10.5.20　不同崩解系数条件下孔隙率随时间变化曲线

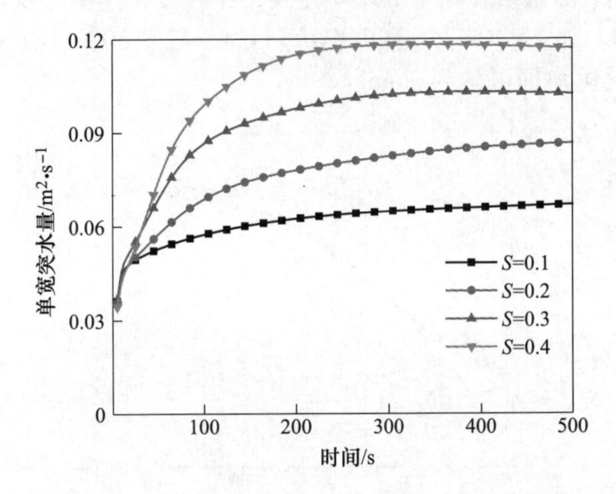

图 10.5.21　不同崩解系数条件下单宽涌水量随时间变化曲线

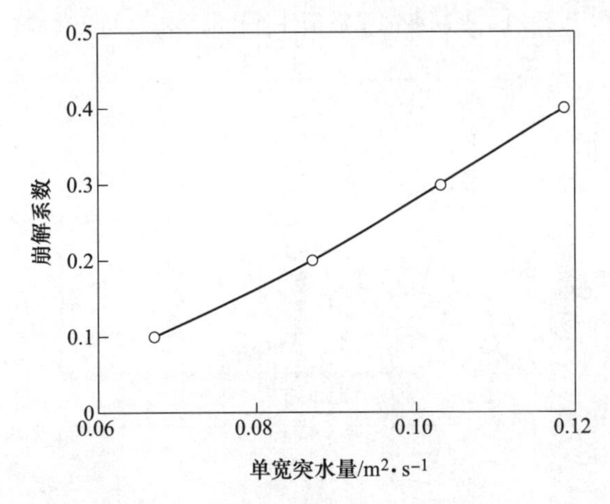

图 10.5.22　不同崩解系数条件下最大涌水量的变化

由图 10.5.21 和图 10.5.22 可以看出，随着崩解系数 S 的增大，模型的最大涌水量呈非线性增长，当 $S=0.1$ 时，单宽最大涌水量 $0.066\mathrm{m^2/s}$；当 $S=0.4$ 时，单宽最大涌水量 $0.12\mathrm{m^2/s}$，增大幅度高达 81.82%。

可见，崩解系数 S 越大，模型的透水能力越强，颗粒流失得越多，形成高孔隙率稳定渗流通道的速度越快，涌水量越大。

10.5.4.3　潜蚀系数的影响

潜蚀系数 λ 是衡量颗粒迁移能力强弱的一个主要参数，与孔隙直径、迁移颗粒粒径、颗粒形状等因素有关。选取不同的潜蚀系数对模型进行赋值运算，计算结果如图 10.5.23 和图 10.5.24 所示。图 10.5.23 和图 10.5.24 给出了模型监测点 E 处不同潜蚀系数条件下孔隙率、浓度随时间变化曲线。从图中可以看出，潜蚀系数 λ 对充填裂隙网络孔隙率的影响主要集中在变化速率上，对稳定通道的最大孔隙率无影响。如 $\lambda=10\mathrm{m^{-1}}$，孔隙率达到 0.45 需要 300s；而 $\lambda=40\mathrm{m^{-1}}$ 时，仅需 100s 的时间孔隙率即可达到 0.45。

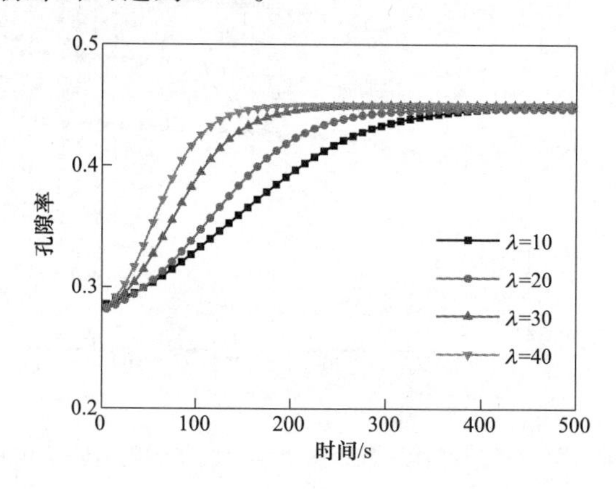

图 10.5.23　不同潜蚀系数条件下孔隙率随时间变化曲线

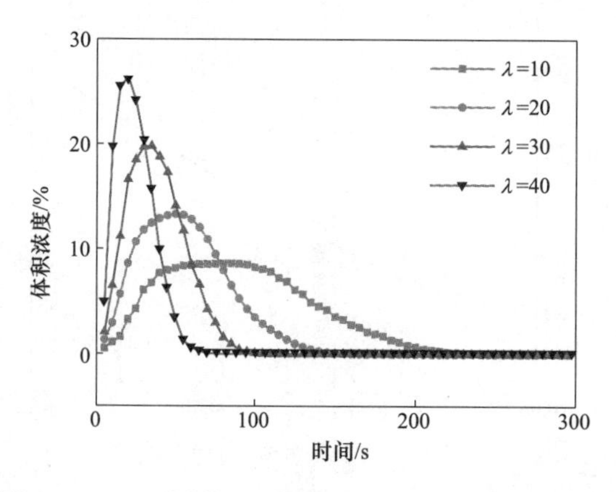

图 10.5.24　不同潜蚀系数条件下浓度随时间变化曲线

因此，潜蚀系数 λ 越大，颗粒流失越快，混合流体中颗粒浓度急剧升高，形成具有高孔隙率稳定渗流通道的过程越迅速，涌水量达到峰值的时间越短，发生突水的危险性越高。结合室内物理试验结果以及上述分析可以推断，崩解产生的可动颗粒粒径越小，越容易流失，潜蚀系数 λ 越大。所以，在骨架及裂隙网络相同的前提下，可以用潜蚀系数 λ 来表征流失颗粒粒径的大小。

参 考 文 献

[1] 韩存胜. 大同矿区姜家湾煤矿薄煤层综采技术 [J]. 煤炭科学技术，2013 (s1)：11~12.

[2] 李刚. 瞬变电磁法在煤矿采空区积水探测中的应用——以大同姜家湾煤矿为例 [J]. 华北国土资源，2017 (3)：122~123.

[3] 监管二处. 山西大同煤矿集团有限责任公司姜家湾煤矿“4·19”重大水害事故调查报告 [R]. 太原：山西省地方煤矿安全监督管理局，2015.

[4] 李振拴. 同煤集团姜家湾煤矿“4.19”重大水害事故 [R]. 太原：山西省煤炭地质局，2015.

[5] 姚邦华. 破碎岩体变质量流固耦合动力学理论及应用研究 [D]. 北京：中国矿业大学，2012.

[6] 师文豪. 破碎岩体突水非达西渗流模型研究与工程应用 [D]. 沈阳：东北大学，2018.

[7] 费祥俊. 高浓度浑水的粘滞系数（刚度系数）[J]. 水利学报，1982 (3)：59~65.

[8] Stavropoulou M, Papanastasiou P, Vardoulakis I. Coupled wellbore erosion and stability analysis [J]. International Journal for Numerical & Analytical Methods in Geomechanics, 2015, 22 (9): 749~769.

[9] 梁国平，唐菊珍. 有限元分析软件平台 FEPG [J]. 计算机辅助工程，2011，20 (3)：92~96.

[10] 缪协兴，陈占清，茅献彪，等. 峰后岩石非 Darcy 渗流的分岔行为研究 [J]. 力学学报，2003，35 (6)：22~29.

[11] 李顺才，陈占清，缪协兴，等. 破碎岩体流固耦合渗流的分岔 [J]. 煤炭学报，2008，33 (7)：754~759.

[12] Birpinar M E, Sen Z. Forchheimer groundwater flow law type curves for leaky aquifers [J]. J Hydrol Eng, 2004, 9 (1): 51~59.

[13] 贺立新，张来平，张涵信. 间断 Galerkin 有限元和有限体积混合计算方法研究 [J]. 力学学报，2007，39 (1)：15~22.

[14] 杨斌. 矿山突水非达西流模型及初步应用 [D]. 沈阳：东北大学，2015.

[15] 闫立君. 采动上覆岩层导水裂隙带发育规律及影响因素分析 [J]. 能源技术与管理，2018，43 (6)：105~107.

[16] 夏小刚，黄庆享．基于空隙率的冒落带动态高度研究 [J]. 采矿与安全工程学报，2014，31 (1)：102~107.
[17] 曹婷，陈馨，邱珍锋．砂岩、泥岩颗粒崩解特性试验研究 [J]. 中国科技论文，2016，11 (1)：17~20.

11 中关铁矿断层突水非 Darcy 渗流机理数值模拟

中关铁矿位于河北省沙河市白塔镇中关村附近，隶属于河北钢铁集团。地势自西向东倾斜，西为山区，东接平原。矿体南北长 2000m，宽 300~1000m，平均厚度 38m，最大厚度 193m，埋深 300~700m，总储量 9345 万吨，矿体平均品位高达 46%，为大型优质铁矿山，设计规模 260 万吨/年。该矿区地处华北型奥陶系灰岩（简称奥灰岩，厚 200~800m）岩溶地区，岩溶不仅发育，而且水的动储量十分巨大，矿区内涌水量为 12 万~16 万米^3/天，虽然已经建成全封闭注浆堵水帷幕（全长 3397m，包含 270 个注浆孔，最大孔深 810m），估计堵水率 80%[1]，但并不能完全阻断帷幕内外奥灰岩溶水的水力联系，帷幕内岩溶地下水仍具有较大的动、静储量，导致矿山的基建和生产安全受到重大的水害威胁。

2013 年 9 月 27 日，中关铁矿-260m 中段矿井基建工程中掘进工作面发生顶板断层突水淹井事故，给矿山造成了巨大的经济损失。开展中关铁矿断层突水非 Darcy 渗流机理研究，对于矿区突水灾害的预警和防控，井巷施工方法的改进等具有重要的实际意义和应用价值。

11.1 矿区水文地质条件

11.1.1 地层结构及含水层特征

矿区地表为低缓的山丘和耕地，地势西高东低，起伏不平，地势标高 200~270m，高差 70m。区内沟谷发育，主要的冲沟有中关、邑城、綦村 3 条。中关冲沟起于辛庄附近，经中关、下关在北常顺与邑城冲沟汇合伸出矿区。矿区地层自上而下依次为新生界第四系、二迭系（含煤碎屑沉积地层，岩性以砂岩和页岩互层为主）、上古生界石炭系、下古生界奥陶系，其中石炭系地层在矿区内已侵蚀不全，残留厚度几米至几十米，最大厚度 79m，最小厚度 0~3.6m。中关铁矿矿床赋存于燕山期闪长岩与奥陶系中统石灰岩接触带，为隐伏式接触交代矽卡岩型磁铁矿。矿体埋深 300~500m，走向为 NE10°~14°，倾向 SE，倾角 5°~15°，局部为 30°~40°。矿体围岩主要为燕山期蚀变闪长岩，地层结构如图 11.1.1 所示。

根据含水层性质矿区地层可划分为 4 个含水层组：第四系松散岩类孔隙含水

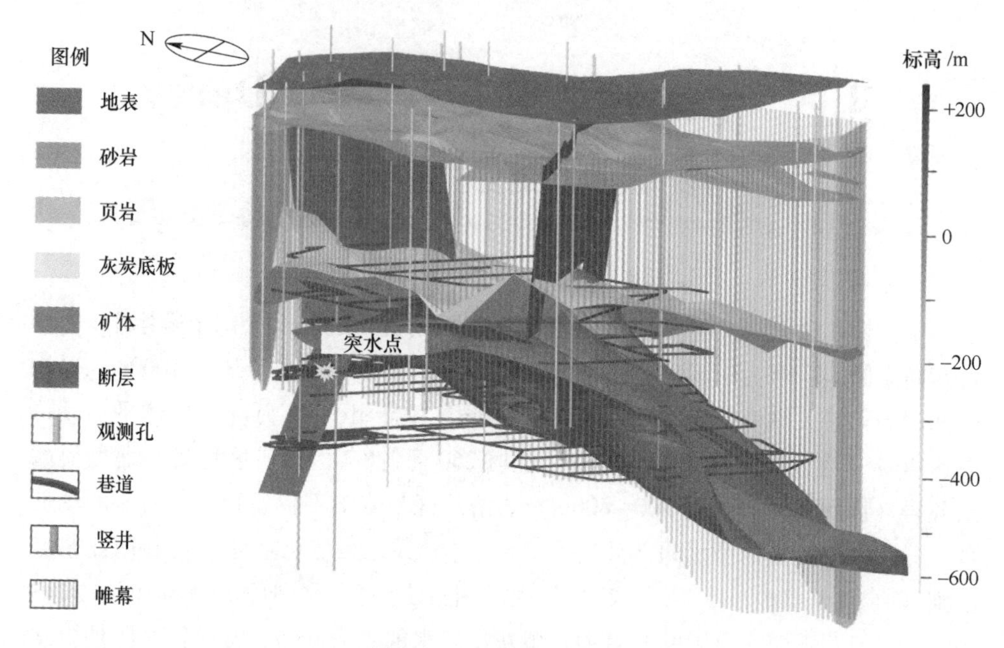

图 11.1.1　矿区地层结构
（扫描书前二维码看彩图）

层组，石炭、二迭系薄层灰岩和砂岩裂隙含水层组，寒武、奥陶系碳酸盐岩岩溶裂隙含水层组，燕山期岩浆岩风化裂隙弱含水岩组。矿床直接顶板为奥陶系中统石灰岩，石灰岩底板标高为-70～-400m，厚度一般为 330～450m，厚者可达 586m，平均厚度 352m，受构造影响局部有所变化，总体走向 NNE 或 NE，倾向 SE，倾角 10°～20°，北部和西部较浅且边缘厚度较薄，中部和东部较深，其中中部厚度较大。该岩层岩溶裂隙极其发育（36 个钻孔可见 48 个溶洞，最大可达到 13.2m），是主要含水层，分布于整个矿区，水力性质为潜水。

11.1.2　富水性变化规律及地下水流动特征

奥陶系中统石灰岩为统一含水体，但岩溶裂隙发育程度及其富水性受岩性、构造、水动力场、水化学、充填物颗粒质及充填程度等控制，含水层极不均一，矿区内存在着明显水平分区与垂直分带现象。根据现场钻孔耗水量、抽水试验以及注浆资料统计，水平方向分为南北两区，以中关沟为分界，表现为北强南弱；垂向分为两个渗流强带，标高分别为+40m 以上和-230～-410m 之间。

矿区内石灰岩地下水系统为半封闭的水文地质单元，通过西北口（矿山岩体与綦村岩体之间）、西南口（武安岩体与矿山岩体之间）和东北口（綦村岩体与紫山岩体之间）3 个“口子”与区域石灰岩相连，接受降水、河流垂向渗流、侧向地下径流以及含水层越流补给，地表水与地下水联系密切，地下水具有丰富的动、静储量。矿区地下水总体由西北向东南进行流动，平均水力坡度为 0.4%。1974~2004 年期间，人工大量抽排矿区地下水，导致矿区地下水在 30 年内平均下降 155.6m，地下水渗流场发生较大变化，使原本东北流泄的地下径流，转变为汇集于凤凰山降落漏斗区，水文地质条件非常复杂。

11.2 -260m 中段掘进工作面顶板突水特征

-230m 中段为中关铁矿井下首采中段，按照矿山超阶段疏干设计，将一期疏干工程布置在-260m 中段，内设 6 个水平放水硐室，-230m 以上地下水通过泄水井汇至-260m 水仓由排水泵排出地表，-260m 中段最大涌水量 3.04 万米^3/天，最大水压 2.5MPa。2013 年 9 月 27 日，-260m 中段中央变电所掘进工程施工过程中发生突水淹井事故，突水点位于水平主井硐室区的中央变电所联络硐室向东约 13m 的位置，距变电所东联络巷道 20m，如图 11.2.1 所示。

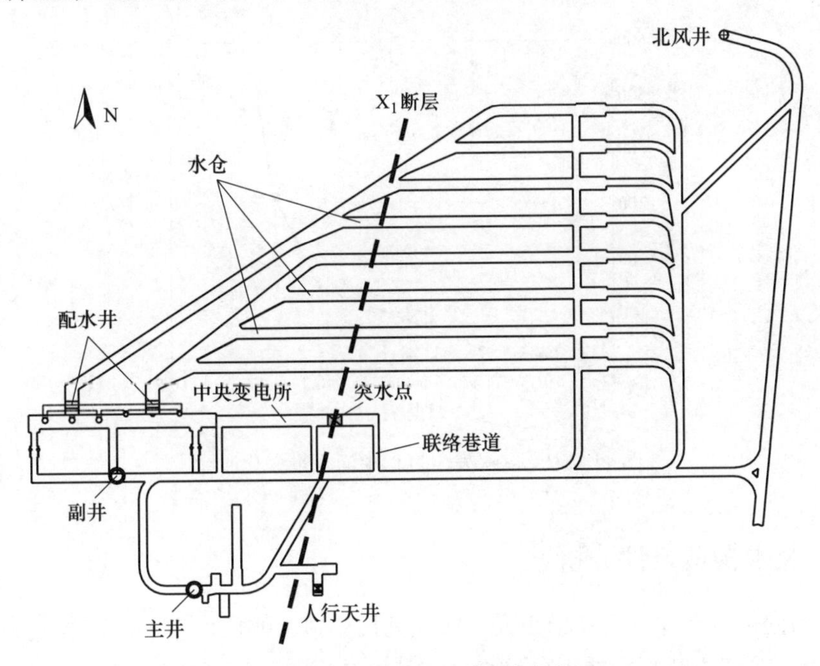

图 11.2.1 -260m 中段突水点位置

突水发生前 9 月 7 日，矿井基建工程掘进施工至变电所联络硐室向东 7m 处揭露 X_1 隐伏断层并伴随有小量顶板坍塌，最高处超出巷道最高点 5m（巷道断面宽 5m，高 6m），塌落物主要为块状角砾岩、绿泥岩，工作面右上方见小量涌水，同时出水点也陆续增加，涌水量约 20m^3/h，之前涌水量基本维持在 10m^3/h。9

月 11 日，工作面向前推进 6m 处（突水点位置），工作面出现较大范围顶板塌方，总塌方量超过 $500m^3$，岩性主要为角砾岩、蚀变闪长岩和黄色泥岩，塌落岩石块体约 100~400mm，最大约 1m，有棱角、细粒和粉状物质，手握成块状，涌水量略有增大，维持在 $35m^3/h$，水质浑浊。9 月 12 日，采用挡墙（掌子面附近砌筑）封堵，混凝土充填，建立人工假顶保护下短掘短支，但是在施工过程中相继发生两次塌方，岩性主要为角砾岩、蚀变闪长岩和黄色泥岩，均将挡墙摧毁。9 月 22 日，第 3 次砌筑挡墙至 2m 高度，水量突然增大，大约在 $100 \sim 150m^3/h$，水呈黄色浑浊状。9 月 25 日工作面涌水量进一步增大，当天 18 点实测涌水量 $230m^3/h$，23 点增至 $324m^3/h$，施工被迫中断。次日 23 点涌水量高达 $480m^3/h$，突水量超出矿山排水能力，巷道积水不断升高，井巷空间（约 $10000m^3$）淹没，最终于 9 月 27 日 23 时突水越过马头门进入主井，造成全面淹井事故，预估涌水量约为 $300 \sim 500m^3/h$，所幸没有人员伤亡。突水发生过程中涌水量变化曲线如图 11.2.2 所示。

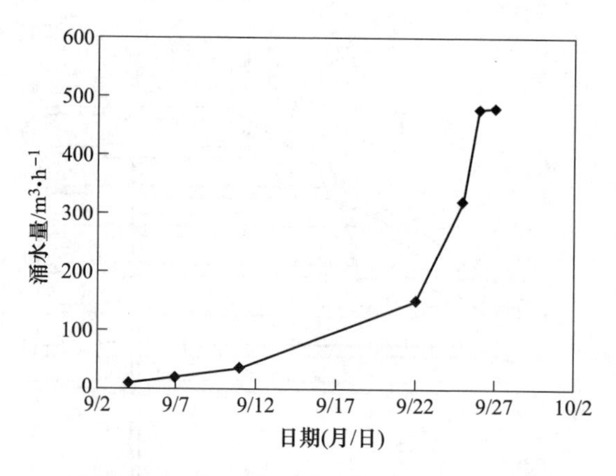

图 11.2.2　突水发生过程中涌水量变化曲线

11.3　突水构造条件分析

矿区内褶皱不发育，规模小而平缓，井田整体为倾向南东的单斜构造，倾角 10°~20°。矿区内断裂构造十分发育，统计结果表明，该区断裂构造以 NNE、NE 和 NW 向张拉型高角度正断层为主，断层倾角 60°~80°，富水性强，尤以 NNE 向最为发育。其中与矿体关系较为密切的主要有 F_1、F_2、F_3 这 3 条断层。断裂构造是导致矿井突水的主要因素，其中以断层构造为甚，据统计，80%的矿井突水事故与断层有关，中关铁矿矿区内广泛分布的发育的岩溶裂隙和断裂构造，尤其是未知的隐伏断层，为地下水的强径流及突水的发生提供了客观条件。

-260m 中段在天井联络道、副井出矿联络道与主井东运输巷交岔处揭露一条隐伏断层 X_1，为次一级小型构造正断层，断距 8m，落差 3~8m，主要岩性为角砾岩、蚀变闪长岩，充填泥质胶结，基本不含水，产状为 280°∠67°，该断层直接延伸到变电所，并穿过还未施工的永久水仓，突水位置及突水剖面结构示意图如图 11.3.1 所示。中央变电所在实际施工前进行了超前钻孔无芯长探，没有涌出大水，变电所联络硐室前 7m 处揭露了此 X_1 断层破碎带，也没有较大涌水发生，进一步证实了 X_1 断层天然状态下为非导水断层。该断层两盘与断层接触区围岩主要为蚀变闪长岩、角砾状灰岩和构造角砾岩，稳固性较差。其中构造角砾岩往往被绿泥石化及黄铁矿化，多呈碎裂、散体结构；角砾状灰岩经地下水溶蚀，特别松软，局部呈泥状。该部分岩体抗拉强度非常低，一旦被开挖揭露置于

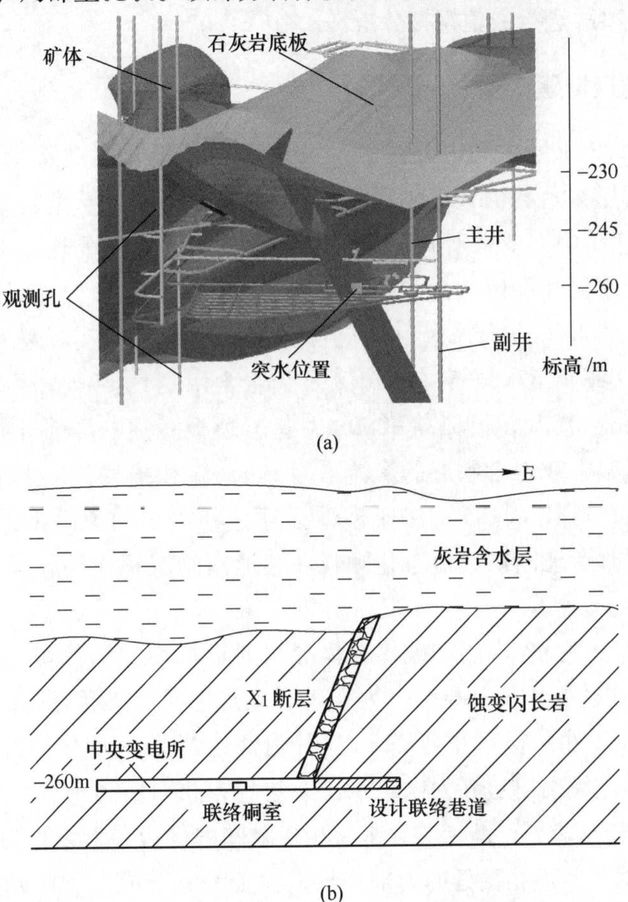

图 11.3.1　中关铁矿断层突水结构及示意图

（a）突水位置及断层空间结构；（b）突水示意图

（扫描书前二维码看彩图）

顶板的变形张拉区，极易发生变形和坍塌，这也是突水前顶板多次塌落的主要原因。师文豪等人[2]从突水构造条件和地下水位监测结果两方面对中关铁矿突水机理进行了研究，并进一步通过数值模拟的方法研究揭示了中关铁矿-260m 工作面断层突水的力学机制。虽然数值模拟时考虑了渗流作用，但是由于采用的是 Darcy 渗流定律，缺乏对突水非 Darcy 渗流机理的深入研究，因此本节将针对中关铁矿-260m 中段突水非 Darcy 渗流问题开展进一步数值模拟研究。

11.4　-260m 中段顶板断层突水非 Darcy 渗流数值模拟

为了研究中关铁矿-260m 中段顶板断层突水发生、发展全过程中地下水的非 Darcy 渗流机制，基于第 5 章建立的破碎岩体突水非 Darcy 渗流模型对中关铁矿顶板断层突水事故进行数值模拟分析。

11.4.1　数值模型建立

根据图 11.3.1 所示的中关铁矿-260m 中段顶板断层突水示意图，建立二维中关铁矿断层突水数值计算模型，如图 11.4.1 所示。模型包括灰岩含水层、X_1 断层和巷道（中央变电所）三个部分，中关铁矿灰岩平均厚度为 350m，数值模型中的含水层在厚度方向上只是灰岩的一部分，数值模拟时通过对模型外边界施加一定的水压力来等效上覆灰岩含水层所承受的实际静水压力。X_1 断层厚度 8.2m，倾角 67°，断层上端深入灰岩含水层约 50m，下端与巷道相连接。巷道高 5m，巷道底板标高-260m，巷道顶板距离灰岩含水层的垂直高度为 46m。该模型中灰岩含水层的渗流采用 Darcy 定律描述，X_1 断层中的渗流采用破碎岩体混合流体非 Darcy 渗流模型描述，巷道中的流动采用 Navier-Stokes 方程描述，同时考虑断层内流态化颗粒在巷道内的沉积作用。模型的初始条件和边界条件如下。

（1）初始条件：含水层和破碎岩体导水通道均为饱和状态，而且破碎岩体导水通道内流态化颗粒的初始浓度为 0.01，巷道中初始浓度为零。

（2）边界条件：含水层顶部和左右两侧边界均为固定水压力边界，$p=2.2\text{MPa}$；巷道左侧出口边界为固定水压力边界，相对压力为 $p=0$；模型其他外边界均视为不透水边界；断层与含水层相接触的内部边界上设置为 $\boldsymbol{u}_{\mathrm{D}}=\boldsymbol{u}_{\mathrm{F}}$，$p_{\mathrm{D}}=p_{\mathrm{F}}$，$c=0$；断层与巷道相接处的内部边界上设置为 $\boldsymbol{u}_{\mathrm{F}}=\boldsymbol{u}_{\mathrm{NS}}$，$p_{\mathrm{F}}=p_{\mathrm{NS}}$，$c_{\mathrm{F}}=c_{\mathrm{NS}}$。$X_1$ 断层与含水层接触边界上的浓度为零。

模型几何尺寸及边界条件如图 11.4.1 所示。图中 *ABCD* 为监测线，其中水平测线 *AB* 标高为-204m，*AA′*为测线 *AB* 上位于含水层中的部分；*BC* 位于断层中

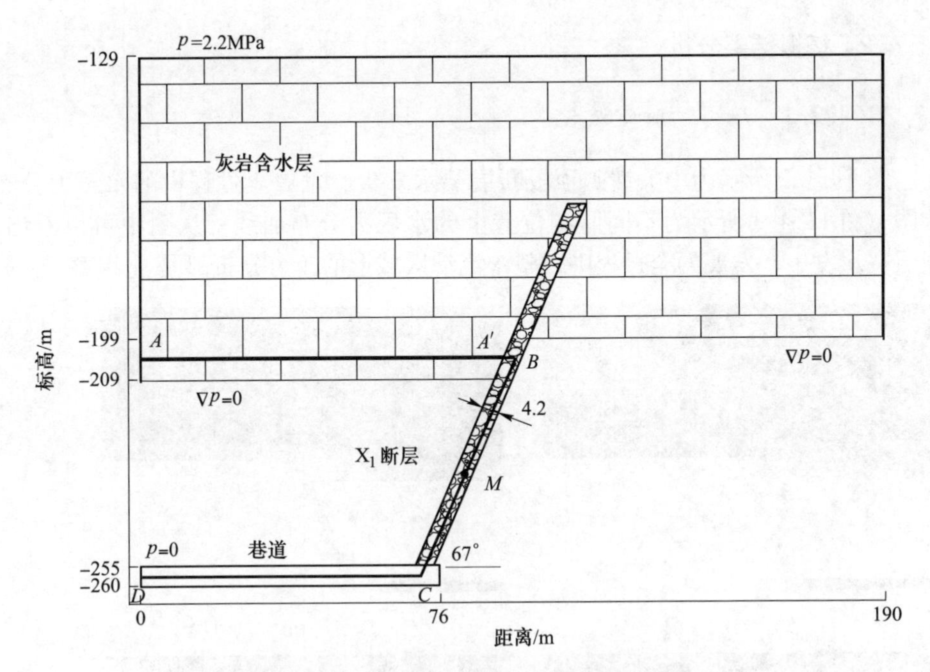

图 11.4.1 中关铁矿断层突水数值计算模型

轴线上；CD 为巷道水平中心线，监测点 M 为测线 BC 的中点。计算区域被划分为 40156 个四节点四边形单元网格。选取的流体力学计算参数见表 11.4.1。

表 11.4.1 数值模拟采用的流体力学参数

参 数 名 称	数 值
水流密度 ρ_w/kg · m^{-3}	1000
填充物颗粒密度 ρ_f/kg · m^{-3}	2630
水流黏度 μ_0/Pa · s	0.001
含水层孔隙率 ϕ	0.14
X_1 断层初始孔隙率 ϕ_0	0.16
X_1 断层最大孔隙率 ϕ_m	0.45
含水层渗透率 k_D/m^2	2.3×10^{-11}
k_r	5.5×10^{-8}
无量纲系数 C	11.76
潜蚀系数 λ/m^{-1}	30
沉积系数 K_{dep}/s^{-1}	0.01

11.4.2　模拟结果分析

11.4.2.1　压力的时空演化

图 11.4.2 所示为中关铁矿顶板断层突水发生、发展全过程中的水压力分布云图，图 11.4.3 所示为不同监测位置上的水压力分布曲线。从图中可以看出，断层突水发生、发展的全过程中，整个流动区域上的压力分布都是连续变化的。

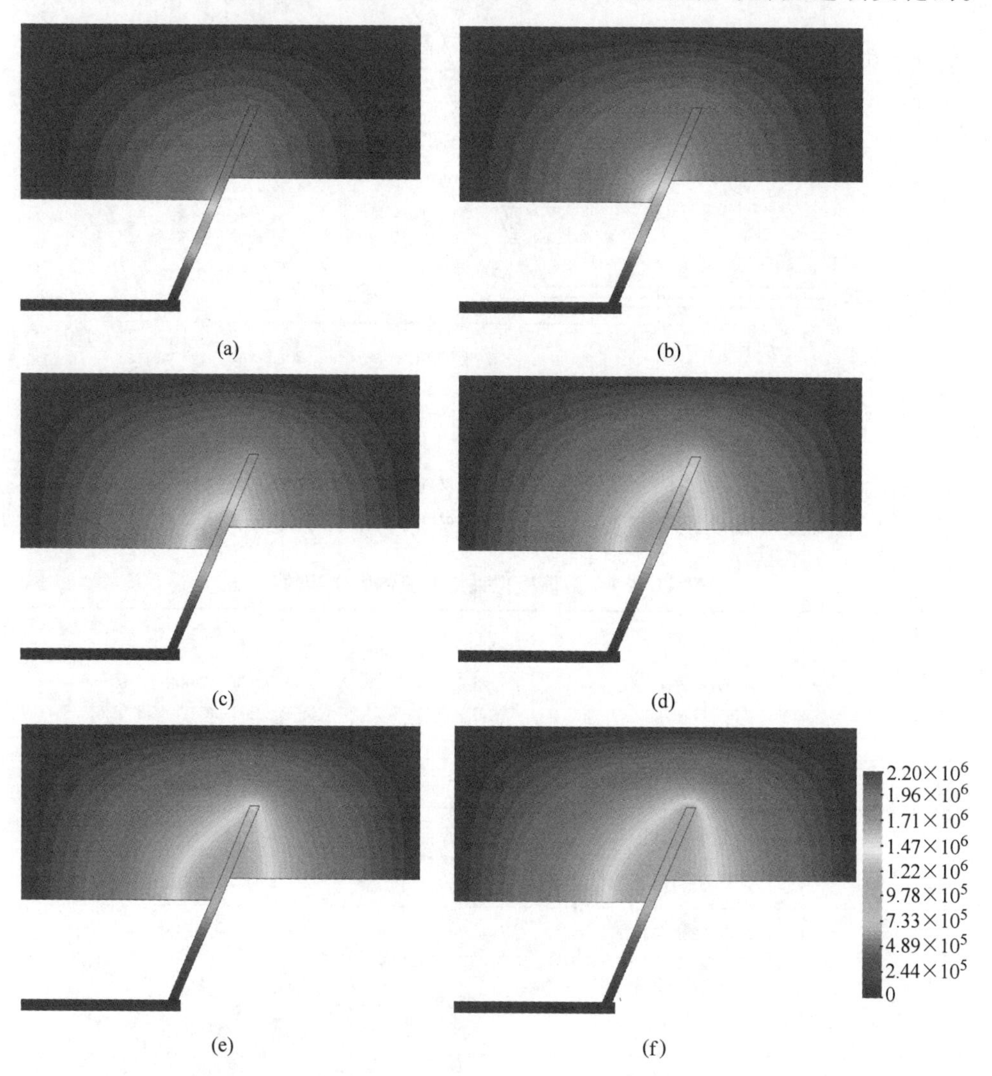

图 11.4.2　断层突水过程中的压力分布云图（单位：Pa）

(a) $t=1$s；(b) $t=180$s；(c) $t=300$s；(d) $t=600$s；(e) $t=900$s；(f) $t=1500$s

（扫描书中二维码看彩图）

突水发生的不同阶段内，含水层和断层中的水压力分布会产生明显的变化，如果以含水层下边界为分界线将 X_1 断层分为断层上部（深入到含水层的部分）和断层下部（含水层和巷道之间的部分），那么突水发生过程中，水压力变化最显著的区域主要集中在断层上部及其附近的含水层。

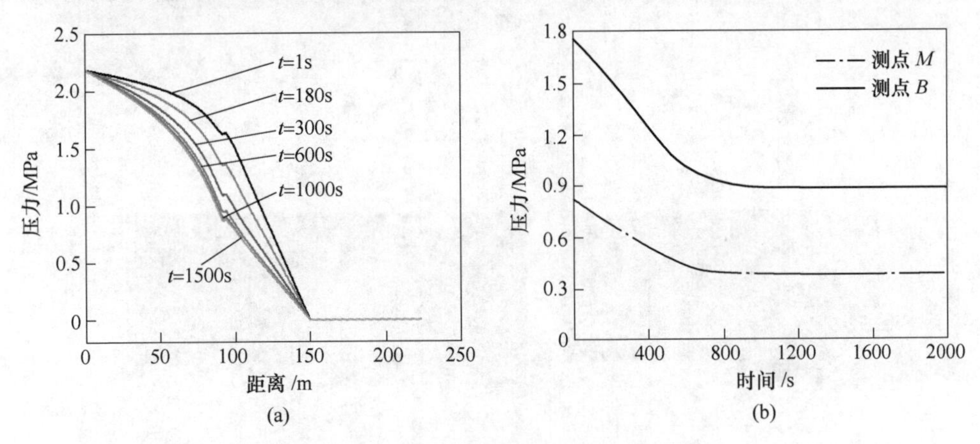

图 11.4.3　不同监测位置的压力分布曲线

（a）测线 *ABCD* 上的压力分布；（b）测点 *B* 和 *M* 上的压力随时间变化曲线

从不同时刻测线 *ABCD* 上的压力曲线也可以明显看出，随着突水时间的不断增长，含水层和断层接触位置上的压力变化最为显著，由最初的 1.76MPa 减小为 0.88MPa，压力降低了 0.88MPa，减小为初始时的一半，其他位置的压力变化幅度相对较小，如断层中测点 *M* 的压力由最初的 0.83MPa 降低到 0.39MPa，减小了 0.44MPa。由于模拟时设定巷道出口为零压力边界，那么当 X_1 断层发展成为稳定的突水通道后，模型整体的压力会达到一个稳定的平衡状态，如图 11.4.3（b）中测点 *B* 和测点 *M* 的压力都经历了逐渐降低然后趋于稳定的过程。因此突水发生、发展的过程也是整个流动区域水压力不断变化和调整的过程。

11.4.2.2　流速的时空演化

图 11.4.4 所示为突水发生、发展全过程的流速分布云图，图 11.4.5 所示为不同监测位置上流速的变化曲线，其中图 11.4.5（b）为含水层中测线 *AA′* 上的流速分布。从图中可以看出，断层突水发生、发展的全过程中，整个流动区域上的流速分布也都是连续变化的，随着突水时间的不断增长，无论是含水层、断层还是巷道空间的流速都是不断增大的，这也是突水发生、发展过程的最直观的反映。空间上讲，突水发生的不同阶段内，地下水由含水层流经断层到巷道的水流路径上，流速也是逐渐增大的，如图 11.4.5（a）中 $t=300$s 时，含水层入口处流速仅为 1.3×10^{-4}m/s，巷道中的流速达到了 0.012m/s，相比含水层入口处流速

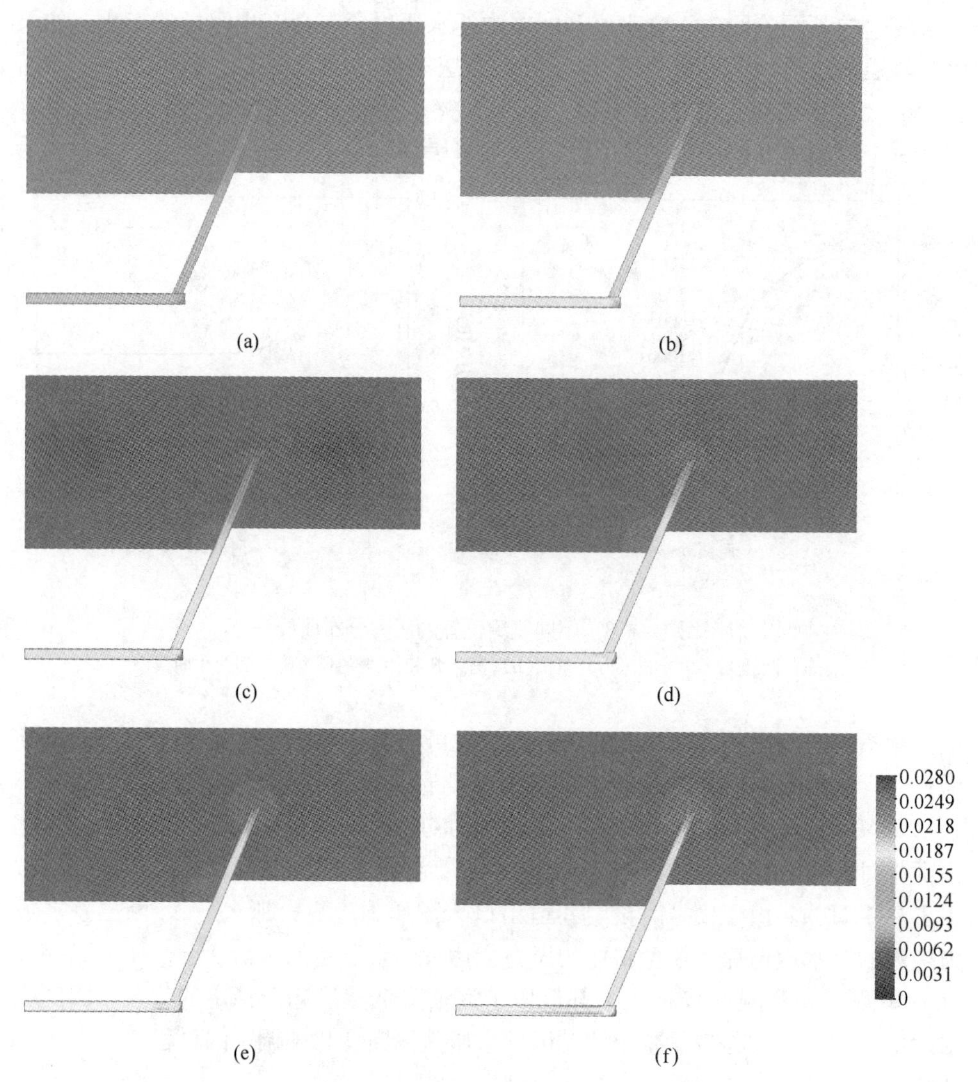

图 11.4.4　断层突水过程中的流速分布云图（单位：m/s）

（a）$t=1$s；（b）$t=180$s；（c）$t=300$s；（d）$t=600$s；（e）$t=1000$s；（f）$t=1500$s

（扫描书前二维码看彩图）

约增大 2 个数量级。对于含水层，越靠近断层通道位置处的流速越高。如图 11.4.5（b）中 $t=300$s 时，含水层与断层相连接处的流速达到了 1.1×10^{-3}m/s，相比含水层入口边界处流速 1.3×10^{-4}m/s 约增大了 1 个数量级。时间上讲，突水发生的不同阶段内，对于同一个位置流速也是不断增大的，如测点 M 位置处的流速由最初的 0.0034m/s 增大到 0.014m/s，约增大了 4 倍。因此，从断层颗粒流态化角度，中关铁矿断层突水的发生和发展，无论是时间上还是空间上都是流速逐渐增大的由量变到质变的物理过程。该模拟结果与突水发生过程中涌水量的变化趋势基本保持一致，如图 11.2.2 所示。

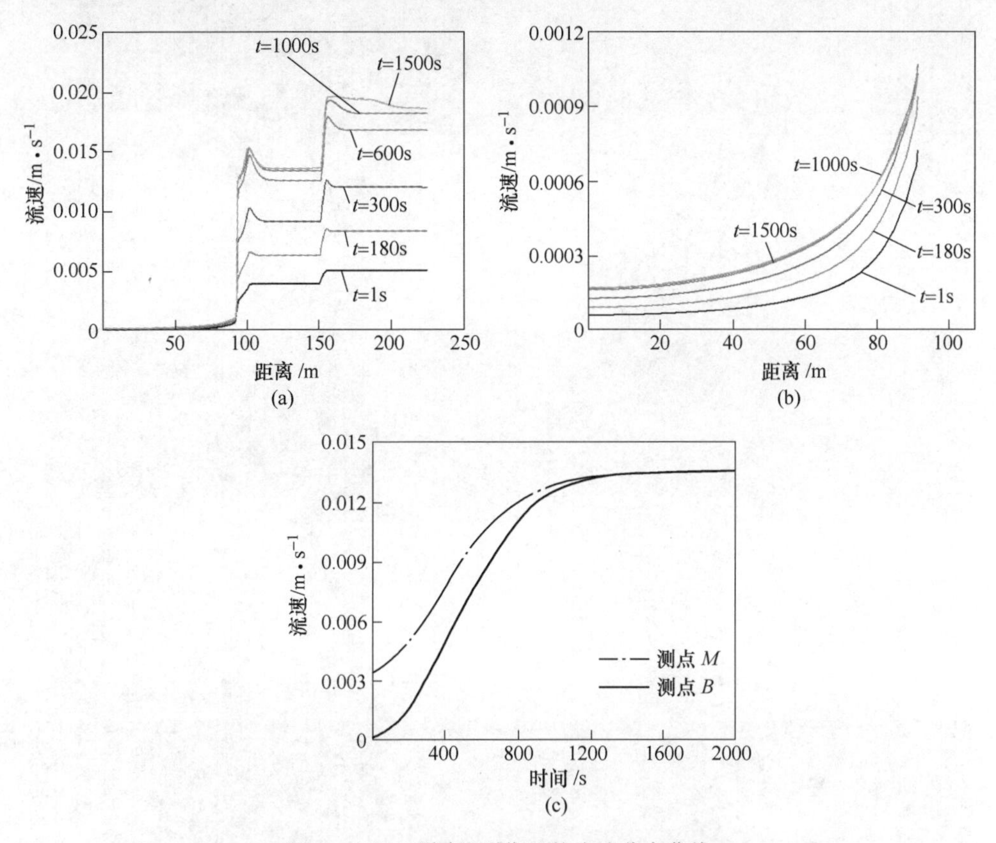

图 11.4.5 不同监测位置的流速分布曲线

(a) 测线 *ABCD* 上的流速分布；(b) 测线 *AA′* 上的流速分布；(c) 测点 *B* 和 *M* 上的流速随时间变化曲线

11.4.2.3 断层孔隙率的时空演化

图 11.4.6 所示为突水发生、发展全过程中的孔隙率的分布云图（主要为断层的孔隙率分布，含水层的孔隙是固定不变的），图 11.4.7 所示为不同监测位置上孔隙率分布曲线。从图中可以看出，断层突水发生、发展的全过程中，断层的孔隙率不断增大，这也是断层作为突水通道诱发突水的必要条件。从时间上讲，可以将断层孔隙率的发展分为三个阶段：低孔隙率的初始阶段、孔隙率不断增大的发展阶段和高孔隙率的形成阶段，表现为随着时间的增长，断层的孔隙率不断增大并逐渐趋于稳定，最终形成具有高孔隙率的稳定的强渗流通道，诱发突水灾害，如图 11.4.7（b）所示，随着时间的不断增长，断层中测点 M 的孔隙率由最初的 0.16 不断增大，在 $t=1200$s 时达到最大值 0.45 后趋于稳定。从空间上讲，

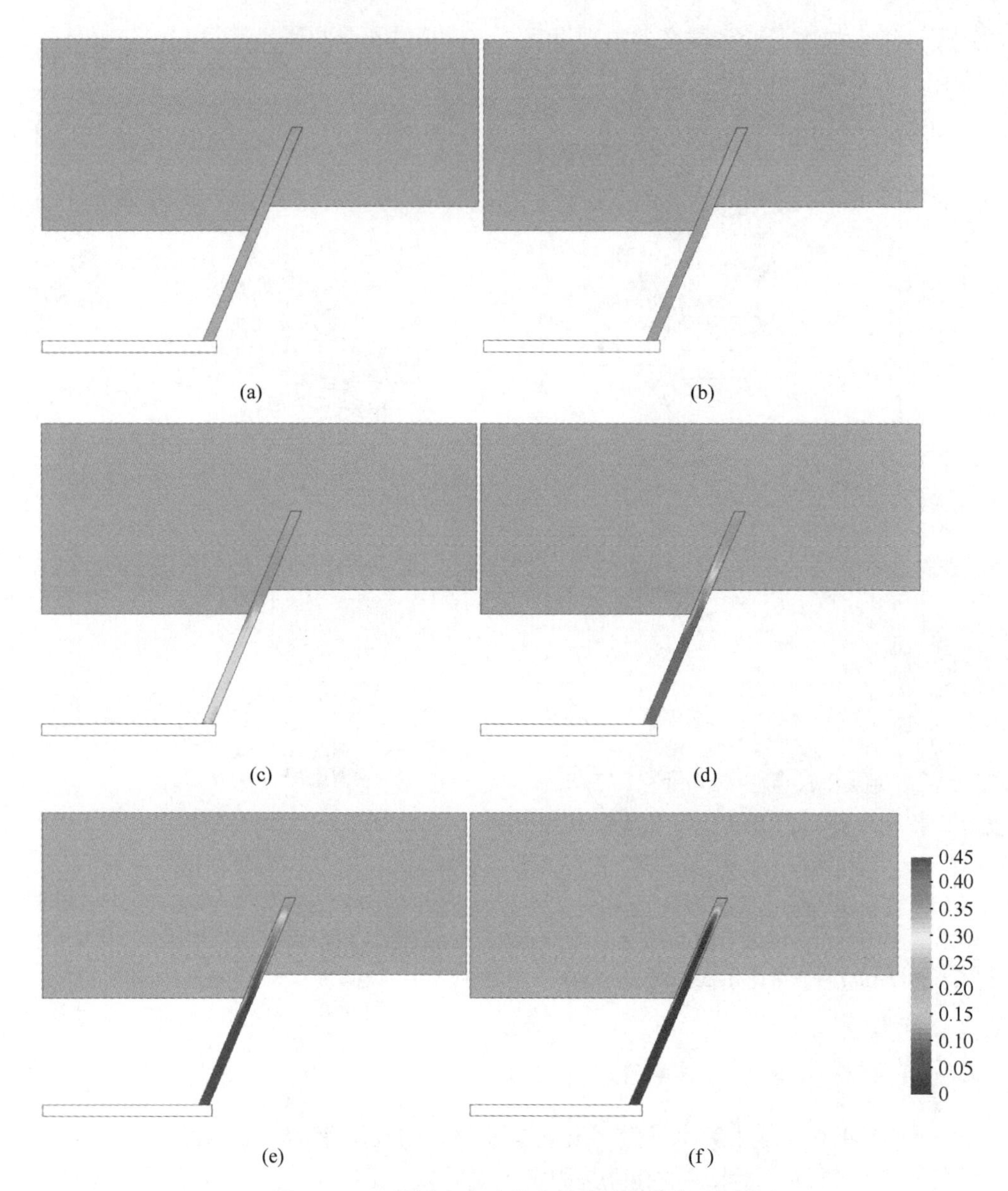

图 11.4.6　断层突水过程中的孔隙率分布云图

（a）$t=1$s；（b）$t=180$s；（c）$t=300$s；（d）$t=600$s；（e）$t=1000$s；（f）$t=1500$s

（扫描书前二维码看彩图）

在孔隙率不断增大的发展阶段，断层下部的孔隙率先增大，随后断层上部的孔隙率也开始逐渐增大，整体上断层孔隙率分布为由上到下越来越大，即断层距离巷道越近的位置孔隙率越大，而距离含水层越近的位置孔隙率相对越小。在高孔隙率的形成阶段，断层上部和断层下部的孔隙率基本上都达到峰值。

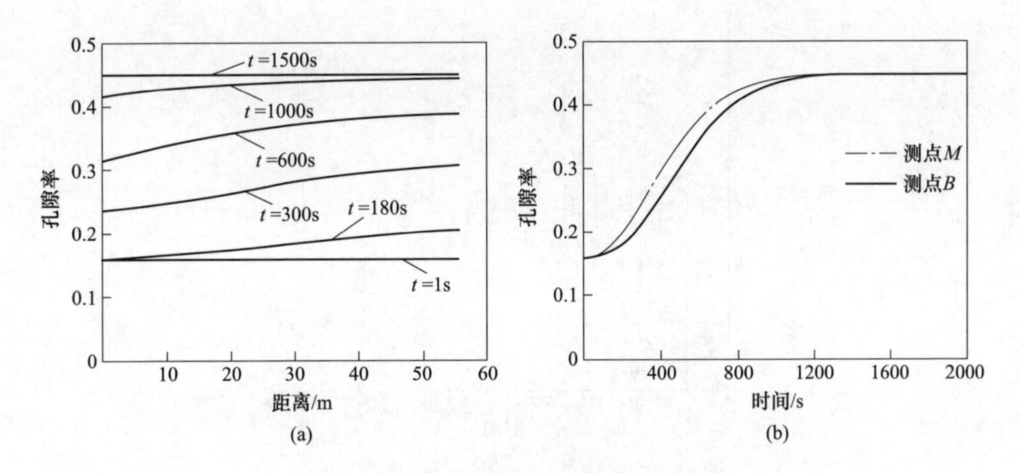

图 11.4.7　不同监测位置的孔隙率分布曲线

（a）测线 BC 上的孔隙率分布；（b）测点 B 和 M 的孔隙率随时间变化曲线

图 11.4.8 所示为测点 B 和测点 M 的渗透率以及非 Darcy 因子随时间的变化曲线，由图可以看出在突水发生、发展的全过程中，断层的渗透率变化趋势与孔隙率保持一致，表现为开始缓慢增大，然后迅速增大，之后缓慢增加，最后趋于稳定。而非 Darcy 因子的变化趋势与渗透率相反，表现为开始急剧降低，然后缓慢降低，最后趋于稳定。从渗流阻力角度来讲，渗透率增大会导致流体流动黏滞阻力降低，而非 Darcy 因子的增大会导致流体流动惯性阻力的增加。

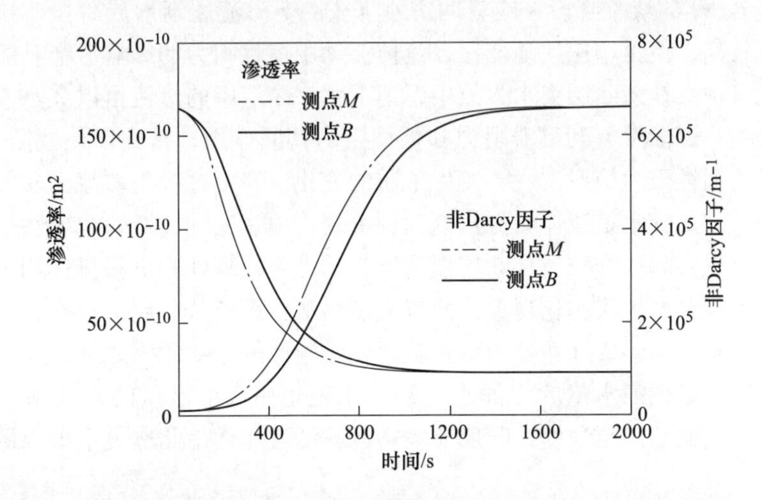

图 11.4.8　测点 B 和 M 的渗透率和非 Darcy 因子随时间变化曲线

图 11.4.9 所示为断层中测点 M 处的 Fo 数随时间的变化曲线，根据第 5 章中

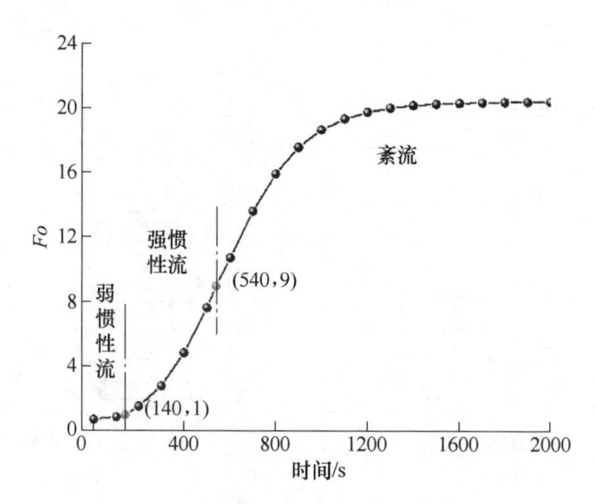

图 11.4.9　测点 M 处 Fo 随时间变化曲线

非 Darcy 渗流的判别方法，可以将断层突水渗流过程分为三个阶段：

（1）$Fo<1$ 的弱惯性流阶段，或者叫突水非 Darcy 渗流产生阶段，该阶段内流速增长较缓慢，流体流动受黏滞阻力和惯性阻力共同影响，但是黏滞阻力相对占优。

（2）$1<Fo<9$ 的强惯性流阶段，或者叫突水非 Darcy 渗流高速发展阶段，该阶段内流速急剧增大，流体流动同时受黏滞阻力和惯性阻力共同影响，但是惯性阻力相对占优。

（3）$Fo>9$ 的紊流阶段，或者叫突水非 Darcy 渗流逐渐形成阶段，该阶段内流体流速较高，但是增速逐渐变缓，流体流动中惯性阻力的影响占绝对优势。

因此，中关铁矿断层突水事故中，地下水在断层中的渗流由以突水发生前黏滞阻力为主，逐渐发展到黏滞阻力和惯性阻力共同作用，再到以惯性阻力为主，最后发展为惯性阻力绝对占优，发生了质的变化，整个过程中渗流的非线性程度不断增强，因此突水是流体渗流从渐变到突变、由量变到质变的非线性过程。

根本上讲，除去开挖诱导断层损伤破裂的力学机理外[3]，渗流作用下，断层内部充填物颗粒产生流态化现象，使得充填物颗粒逐渐从断层中流失，也是导致断层由低孔隙率弱渗透性转变为高孔隙率强渗透性的主要原因之一。突水事故现场水流由刚开始低涌水量的“浑水”到突水发生后高涌水量的“清水”也说明了这一点。因此从渗流角度，断层充填物颗粒的流态化是此次突水事故的主要原因之一。

从突水防治角度，一方面可以通过对断层内部输注凝结剂，如混凝土浆液等对充填物颗粒进行固化凝结，防止颗粒流态化现象的发生；另一方面也可以采取封堵措施，如管棚支护、预留防水围岩等阻断断层的连通性。

参 考 文 献

[1] 宋峰，于同超，刘殿凤．邯钢集团沙河市中关矿业有限公司中关铁矿帷幕注浆工程施工设计［R］．石家庄：华北有色工程勘察院，2008.

[2] Shi W H，Yang T，Yu Q，et al. A study of water-inrush mechanisms based on geo-mechanical analysis and an in-situ groundwater investigation in the Zhongguan iron mine，China［J］. Mine Water and the Environment，2017，36（3）：406~417.

[3] 黄存捍，冯涛，王卫军，等．断层影响下底板隔水层的破坏机理研究［J］．采矿与安全工程学报，2010，27（2）：219~222.

12 骆驼山煤矿陷落柱突水机理数值模拟分析

骆驼山煤矿位于内蒙古自治区西部桌子山煤田背斜西翼中段的骆驼山海勃湾，地处乌海市境内。全区的构造形式以向西倾斜的单斜地层为主，西南部有受西来峰-岗德尔逆断层牵引形成的向斜，井田面积 38.57km^2，保有储量 3.97 亿吨，主要可采煤为 9 号煤和 16 号煤，年设计开采焦煤 300 万吨，年设计入洗原煤 300 万吨。

2010 年 3 月 1 日，神华集团骆驼山煤矿 16 号煤+870 水平回风大巷道掘进工作面发生特大突水事故，最大突水量高达 72000m^3/h，矿井被淹，造成 32 人死亡、7 人受伤，直接经济损失达 4800 余万元。

12.1 工程概况

水文地质补充勘探 L01 和 L02 号钻孔和抽水试验表明，突水水源为奥陶系石灰岩岩溶含水层，中等富水性，含水层平均厚度约 23m，奥灰水压力约 4.1MPa。后期治理勘察资料和相似模型试验表明，此次突水通道为正在发育的小型奥灰导水岩溶陷落柱，该陷落柱有 2 个高点，称为主溶洞和次溶洞，一个在巷道迎头前方，隐伏于 16 煤层之下，该高点在奥灰顶界面处陷落柱长轴不大于 10m，但陷落柱四周导水裂隙非常发育，陷落柱推测形态如图 12.1.1 所示，16 号煤回风大巷掘进断面积 19m^2、宽 5.2m、高 3.66m，突水点位于陷落柱和巷道迎头处，详细的地质资料见文献［1，2］。

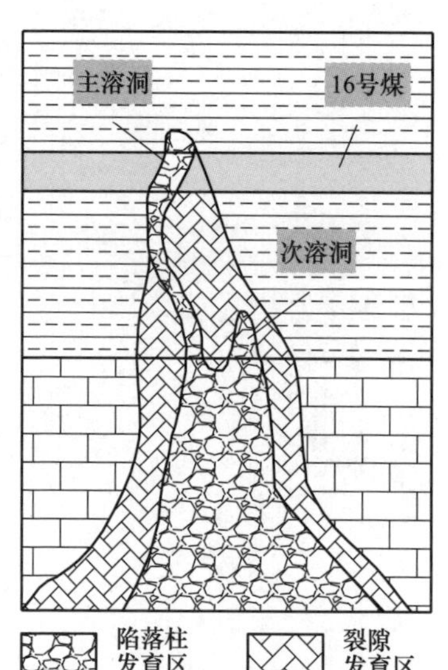

图 12.1.1　陷落柱推测剖面示意图[2]

12.2 陷落柱突水数值模型

根据骆驼山煤矿 16 号煤回风巷道主岩溶陷落柱突水地质结构和含水层特征，建立简化的二维突水渗流数值计算模型，如图 12.2.1 所示。模型由三部分组成，按照突水水流路径分别为 100m×23m 的底板灰岩含水层，21.5m×56m 的近塞子形陷落柱突水通道和 56.2m×3.8m 的巷道空间。根据现场水文地质条件，设置模型的渗流边界条件为：含水层两侧边界为固定水压力边界，$p=4.1\mathrm{MPa}$；巷道空间右侧出口为定常大气压力边界，$p=0.1\mathrm{MPa}$；对于相互接触的两部分渗流区域，交界面上均保持流速和压力相等，即含水层和陷落柱交界面上有 $p_{\mathrm{dl}}=p_{\mathrm{fp}}$，$v_{\mathrm{dl}}=v_{\mathrm{fp}}$；陷落柱和巷道交界面上有 $p_{\mathrm{fp}}=p_{\mathrm{ns}}$，$v_{\mathrm{fp}}=v_{\mathrm{ns}}$；模型其他外部边界均为无流动边界，即 $\nabla p=0$。设置模型的初始条件为：含水层和陷落柱中的初始水压力均为 4.1MPa。根据现场测试，流体力学计算参数见表 12.2.1。

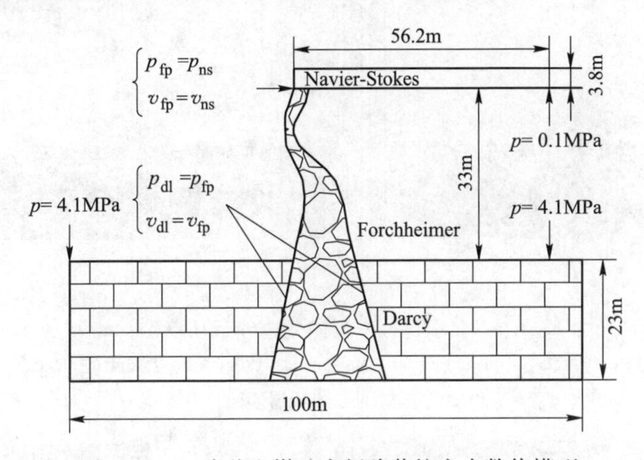

图 12.2.1 骆驼山煤矿底板陷落柱突水数值模型

表 12.2.1 三流场的流体力学参数

流场（标识符号）	流态	流体属性			介质属性		
		密度 $\rho/\mathrm{kg\cdot m^{-3}}$	动力黏度 $\mu/\mathrm{Pa\cdot s}$	加速度系数 c_a	孔隙率 ψ	渗透率 $k/\mathrm{m^2}$	非 Darcy 因子 $\beta/\mathrm{m^{-1}}$
含水层（dl）	层流	1000	1.01×10^{-3}	—	0.04	2.1×10^{-11}	—
破碎岩体突水通道（fp）	非线性层流	1000	1.01×10^{-3}	1.0	0.35	9.6×10^{-9}	β_{fp}
巷道空间（ns）	紊流	1000	1.01×10^{-3}	—	—	—	—

12.3 模拟结果分析

取 $\beta_{\mathrm{fp}}=1.0\times10^4\mathrm{m}^{-1}$ 对突水渗流过程进行数值模拟，模拟结果如图 12.3.1～图 12.3.4 所示，其中图 12.3.1 和图 12.3.2 分别为流体从含水层 Darcy 层流经过陷落柱非 Darcy Forchheimer 流到巷道空间 Navier-Stokes 紊流流动过程中的流速和压力分布。图 12.3.3 所示为流体达到动态平衡时的流线和流速矢量分布，图 12.3.4 所示为单宽突水量（巷道出口处流速在边界上的积分）和陷落柱入口（测

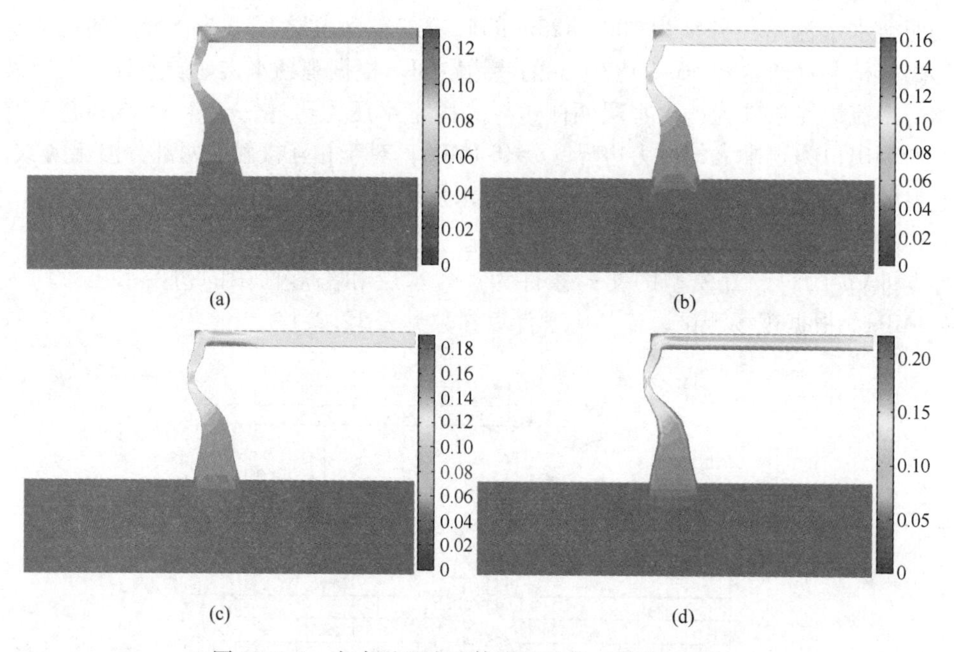

图 12.3.1　突水过程中流体流速分布（单位：m/s）

（a）t=1s；（b）t=60s；（c）t=180s；（d）t=360s

（扫描书前二维码看彩图）

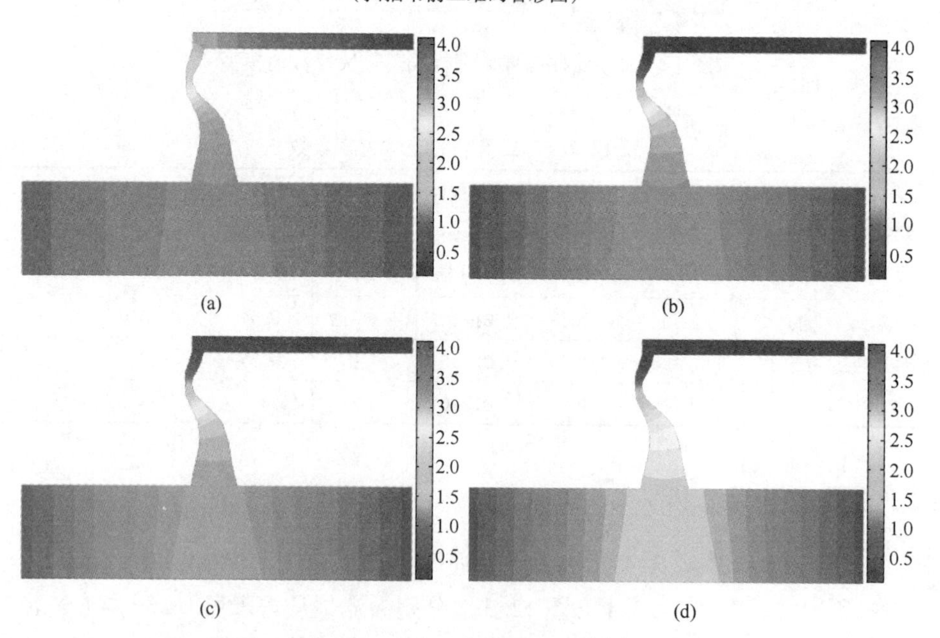

图 12.3.2　突水过程中流体压力分布（单位：MPa）

（a）t=1s；（b）t=60s；（c）t=180s；（d）t=360s

（扫描书前二维码看彩图）

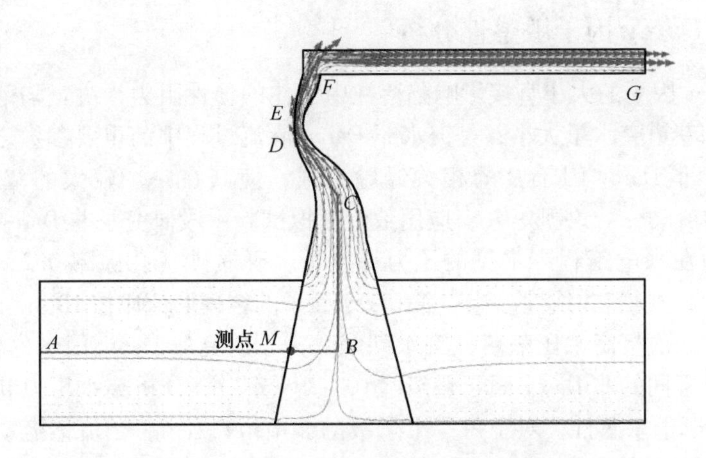

图 12.3.3 突水流体流线与流速矢量分布

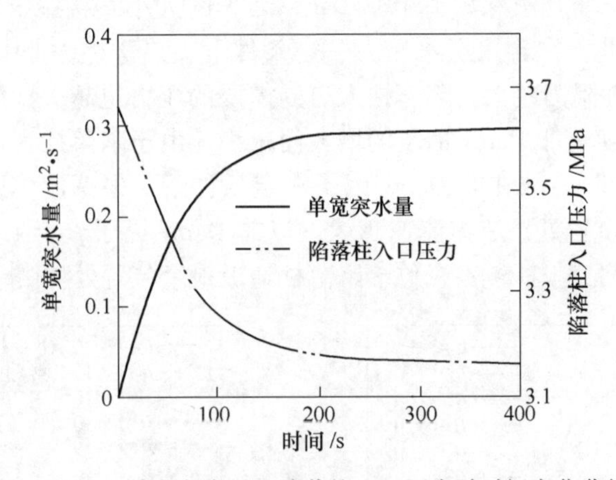

图 12.3.4 单宽突水量和陷落柱入口压力随时间变化曲线

点 M）压力随时间变化关系。由图 12.3.1 和图 12.3.2 可知，整个突水过程中流体流速和压力连续变化。突水流体在陷落柱内的渗流状态是介于黏滞阻力为主 Darcy 层流和惯性阻力为主紊流的 Forchheimer 流，随着时间的增加，流体流速不断增大，Forchheimer 流由黏滞阻力为主，到黏滞阻力和惯性阻力共同影响，最后到惯性阻力为主，发生了质的变化，因此，陷落柱突水是流体渗流从渐变到突变的动态过程。由图 12.3.4 可知，随着时间的增加，储存在陷落柱内的高压水流不断突入巷道空间，根据动量守恒，陷落柱内流体的压力转化为流体的动量，因此，陷落柱入口处的压力逐渐降低，巷道出口单宽突水量逐渐增大。由于含水层承压情况不变，根据压力平衡原理，陷落柱和含水层两个流场的压力分布终会达到动态平衡，此时巷道出口突水量也逐渐趋于平稳。

12.4　非 Darcy 因子敏感性分析

非 Darcy 因子的大小直接影响陷落柱中流体的惯性阻力，决定陷落柱内流体压力分布和巷道突水量大小，是突水非 Darcy 渗流过程中的重要参数之一。水利工程中关于非 Darcy 因子 β 的相关经验公式，使其在一个较大的范围（10^3～$10^7 m^{-1}$）内变动[3]。许凯等人[4]应用数值模拟试验手段研究了非 Darcy 渗流惯性系数，认为在水电工程中常见的压力梯度下，砾质砂（孔隙率 0.2，渗透系数 6.0×10^{-4}m/s）材料非线性渗流中非 Darcy 因子的合理取值应在 $10^5 m^{-1}$以内。

针对煤矿底板高水压陷落柱突水问题，为了研究非 Darcy 因子的作用规律，设置了 8 个不同的非 Darcy 因子量级（10^0～$10^8 m^{-1}$），分析突水压力和突水量对非 Darcy 因子的敏感性。对于每一个量级的非 Darcy 因子，当流体流动达到动态平衡时，提取水流路径（测线 A—B—C—D—E—F—G 方向）上的水压力和流速计算结果，绘制的曲线如图 12.4.1 所示。由图可知，陷落柱内流体压力和流速均对非 Darcy 因子非常敏感。由于非 Darcy 因子的大小直接影响非 Darcy 流惯性阻力的大小，因此，在含水层水压力一定条件下，陷落柱内非 Darcy 因子越大，非 Darcy 流的惯性阻力越大，陷落柱入口处需要的压力也越大；陷落柱内同一位置处的流体流速随着非 Darcy 因子的增大而减小，由于陷落柱为近塞子形（底部宽度明显大于顶部），故在非 Darcy 因子一定条件下，根据流体质量守恒，陷落柱突水通道越窄位置处，流体流速越大。以非 Darcy 因子 $\beta_{fp}=1.0\times10^4 m^{-1}$为例，通道内最大流速可达 0.15m/s，位于陷落柱通道最窄位置处。

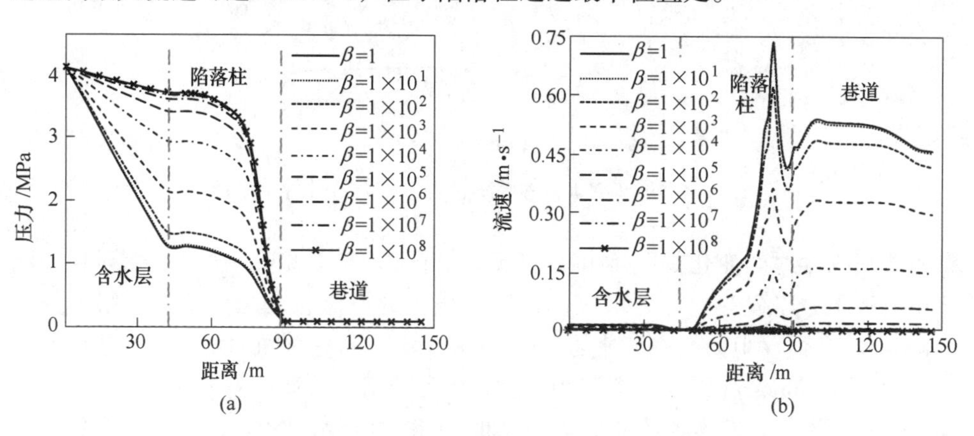

图 12.4.1　不同非 Darcy 因子时水流路径上的压力和流速分布曲线（测线 A—B—C—D—E—F—G 方向）

（a）压力曲线；（b）流速曲线

图 12.4.2 所示为非 Darcy 因子与 Fochheimer 数、巷道突水量、陷落柱入口（测点 M）压力的关系曲线。其中 Forchheimer 数是 Forchheimer 方程中二次项

（流体惯性项）与一次项（流体黏性项）的比值，可以反映出流体非 Darcy 渗流的非线性程度，被学者应用于非线性渗流的判别[5]：

$$F_o = \frac{\beta_{fp}\rho v_{fp}^2}{\frac{\mu}{k_{fp}}v_{fp}} = \frac{\beta_{fp}k_{fp}\rho}{\mu}v_{fp} \tag{12.4.1}$$

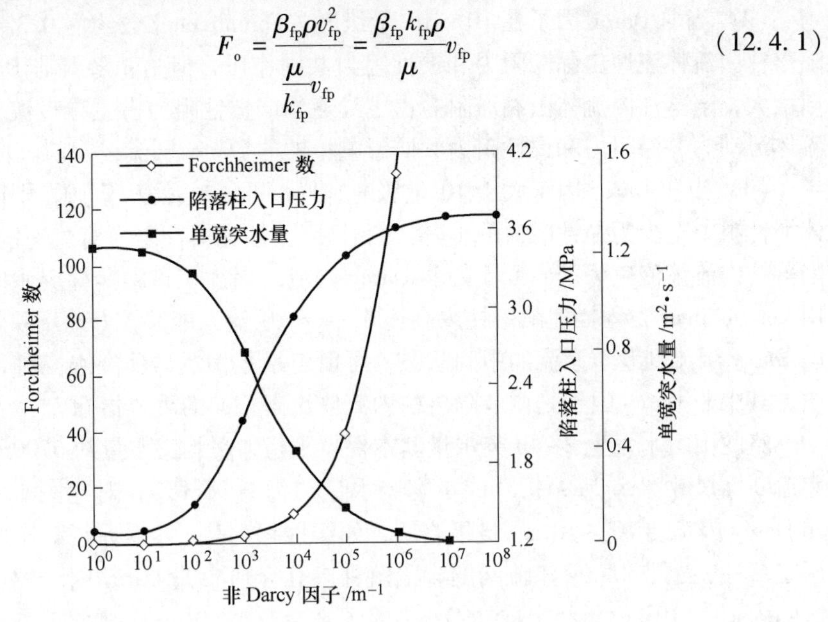

图 12.4.2 非 Darcy 因子与 Forchheimer 数、突水量、陷落柱入口压力的关系曲线

式（12.4.1）表明 Forchheimer 数与非 Darcy 因子和流体流速均呈线性正相关。当流速足够小，即 $F_o \ll 1$ 时，表明流体惯性阻力相对于黏性阻力可忽略不计，此时渗流状态趋于 Darcy 层流，非线性程度低；当流速足够大，即 $F_o \gg 1$ 时，表明流体黏性阻力相对于惯性阻力可忽略不计，此时渗流状态趋于紊流，非线性程度高；当流速在一定范围内，使得 $F_o \approx 1$ 时，表明流体黏性阻力和惯性阻力大小相当，均不可忽略，此时渗流状态反映为黏性阻力和惯性阻力并重的非 Darcy 层流。

从图 12.4.2 可以看出，随着非 Darcy 因子的不断增大，陷落柱入口处压力逐渐降低，巷道突水量逐渐增大。非 Darcy 因子在 $10^2 \sim 10^5\,m^{-1}$ 量级之间变化时，Forchheimer 数在 $10^{-1} \sim 10^1$ 量级内变化，陷落柱内流体阻力先是由黏滞阻力占主导，然后是惯性阻力和黏滞阻力处于同一量级，最后到惯性阻力占主导，流体流动需要克服的主要阻力发生了变化，因此对陷落柱入口处压力和突水量影响非常显著。

根据 Forchheimer 数的大小和非 Darcy 因子量级，可以将曲线分为三个阶段：非 Darcy 因子小于 10^2 量级、非 Darcy 因子在 $10^2 \sim 10^4$ 量级、非 Darcy 因子大于 10^4 量级。

（1）当非 Darcy 因子小于 10^2 量级时，Forchheimer 数小于 0.3，即陷落柱内

流体黏滞阻力至少为惯性阻力的3.3倍，惯性阻力相比黏滞阻力对流速的影响微弱，陷落柱内流体流动为偏向Darcy流的非线性层流；

（2）当非Darcy因子在10^2~10^4量级时，Forchheimer数约为0.3~10，此时，陷落柱内流体流速由黏滞阻力和惯性阻力共同作用，但是，随着非Darcy因子逐渐增大，陷落柱内流体由黏滞阻力占主导逐步向惯性阻力占主导过渡，陷落柱内流体流动为黏滞阻力和惯性阻力共同影响下的非Darcy层流；

（3）当非Darcy因子大于10^4量级时，Forchheimer数大于10，即陷落柱内流体惯性阻力至少为黏性阻力的10倍，黏性阻力相比惯性阻力对流速的影响微弱，陷落柱内流体流速为偏向紊流的非Darcy层流。因此，在陷落柱突水问题中，采用Forchheimer方程描述陷落柱内高速非Darcy层流，能够较好地反映水流从含水层Darcy层流到巷道紊流的中间状态，可以定量程揭示岩体突水三种流态转捩本质，其中非Darcy因子是调节陷落柱内流体流态偏向的重要指标。

骆驼山突水发生2~4h突水量基本保持平稳，平均突水量约6700m^3/h，根据巷道断面尺寸宽5.2m，折算成单宽突水量约为0.36m^2/s，对比图12.4.2可知，非Darcy因子在10^4~10^5m^{-1}量级之间，非线性程度高，也就是说对于骆驼山高水压陷落柱突水非Darcy渗流问题，陷落柱多孔介质中非Darcy因子较合理的取值区间为10^4~10^5m^{-1}量级。取非Darcy因子$\beta_{fp}=1.0\times10^4m^{-1}$，通过改变含水层水压力，研究含水层不同承压条件下的突水量变化规律。计算结果如图12.4.3所示，由图可知，含水层水压力越大，陷落柱入口处的压力越大，突水量也越大。由于陷落柱内惯性阻力的存在，突水量与陷落柱入口压力呈明显的非线性关系，而且含水层水压力越大这种非线性关系越明显。因此对于高水压陷落柱突水问题，盲目地采用线性渗流模型预测突水量将会导致严重误差，且水压力越高误差会越明显。

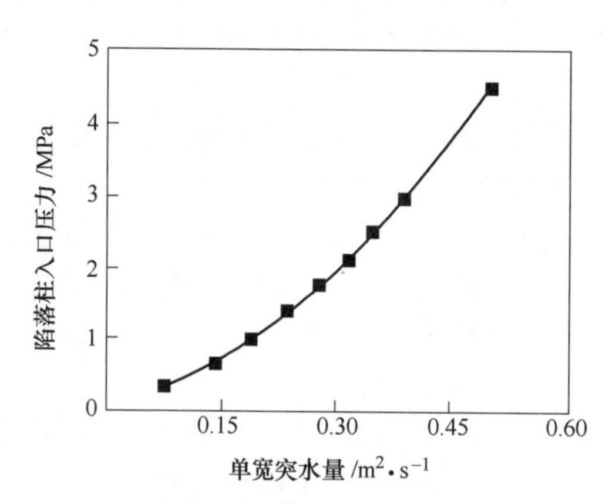

图12.4.3　陷落柱入口压力与突水量关系曲线

（非Darcy因子为$1.0\times10^4m^{-1}$）

参 考 文 献

[1] 杨志斌．骆驼山煤矿岩溶裂隙水抽水试验［J］．煤矿安全，2012，43（11）：41~44.

[2] 张文忠．陷落柱突水三维大型模拟实验研究［J］．太原理工大学学报，2015，46（6）：685~690.

[3] 王媛，秦峰，夏志皓，等．深埋隧洞涌水预测非 Darcy 流模型及数值模拟［J］．岩石力学与工程学报，2012，31（9）：1862~1868.

[4] 许凯，雷学文，孟庆山，等．非达西渗流惯性系数研究［J］．岩石力学与工程学报，2012，31（1）：164~170.

[5] Ruth D，Ma H P．On the derivation of the Forchheimer equation by means of the averaging theorem［J］．Transport in Porous Media，1992，7（3）：255~264.

13 漳村煤矿煤柱失稳破坏突水机理数值模拟分析

漳村煤矿位于山西省长治市境内,井田范围地跨长治市郊区西白兔乡、潞城市店上镇、襄垣县侯堡镇，工业广场位于长治市郊区西白兔乡漳村，井田南北宽3.7km，东西长约10km，面积34.2775km^2，2008年矿井核定生产能力400万吨/年。

2010年2月21日7时许，漳村煤矿13采区皮带巷南北延伸段170m处发生透水事故，1人遇难，淹没巷道1820m，直接损失3972万元，造成了巨大的经济损失。开展漳村煤矿突水非Darcy渗流机理研究，对于矿区突水灾害的预警和防控，井巷施工方法的改进等具有重要的实际意义和应用价值。

13.1 工程概况

漳村煤矿周边曾存在过13个小煤矿，合计生产能力为49万吨/年，开采煤层均为3号煤层。开采方式多采用房柱式，涌水主要来自3号煤层顶板，涌水量较小，防治水以疏排为主，排水量为4~30m^3/h。山西组的3号煤层，煤层厚度为5.34~7.88m，平均厚度6.57m。3号煤层回采后形成的导水裂隙带会沟通上覆Ⅶ、Ⅷ两个含水层，使之与采区发生水力联系，构成矿井充水。这两个含水层露头部分大部分被黄土覆盖，补给水源为大气降水及文王山南断层下盘奥灰水的侧向补给，补给条件差。根据充水含水层的性质，属于砂岩裂隙水。

漳村煤矿一三皮带巷东西、南北延伸段于1996年施工，并留设了30m井田边界煤柱。据漳村煤矿2004年实测，长治耀北煤业有限公司在漳村煤矿一三皮带巷南北延伸段东部越界进入漳村矿界约23m，并形成回采工作面，导致井田矿界煤柱实际宽度仅为7m。越界开采处煤层倾向西。耀北煤业有限公司于2008年9月被列入山西省政策性关闭矿井，该矿关闭后矿井不再排水，矿井水向越界采空区聚积，随着时间的增加，采空区积水越来越多，水位越来越高。据漳村矿提供资料，透水事故造成的巷道积水水位标高为+756m，透水量约6000m^3，透水事故地点位于一三采区皮带巷南北延伸段170m处。事故现场如图13.1.1所示。

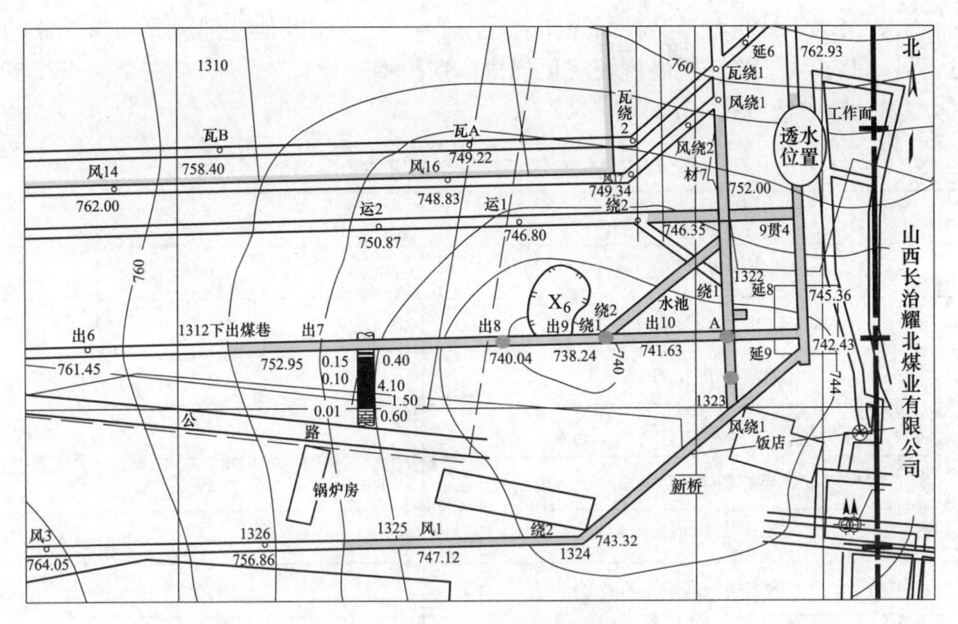

图 13.1.1 事故现场示意图

13.2 漳村煤矿同煤层突水模型

根据现场水文地质条件及事故报告书，建立漳村煤矿一三皮带巷南北延伸段突水模型，模型中长治耀北煤矿老空区为含水层，渗流场采用 Darcy 定律描述，隔水煤柱破坏突水区域渗流采用非 Darcy Forchheimer 渗流模型描述，左侧皮带巷中流动采用 Navier-Stokes 方程描述，模型尺寸根据现场地质报告设置，如图 13.2.1 所示。设置模型的渗流边界条件为：长治耀北煤矿老空区右侧边界为固定水压力边界，据积水标高 756m，设 $p=0.75\text{MPa}$；巷道空间左侧出口为定常大气压力边界，相对压力为 $p=0\text{MPa}$；各流场保持流体动力学统一，设置压力、流速连续条件，即交界面上流速和压力相等，老空区与突水煤柱边界为 $p_D=p_F$，

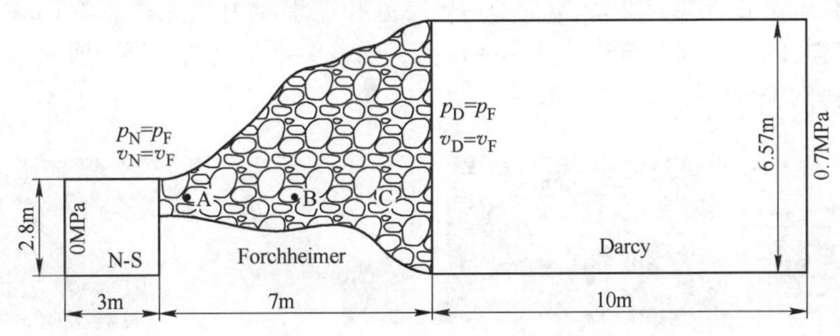

图 13.2.1 突水数值计算模型

$v_D=v_F$，突水煤柱与巷道交界面为 $p_N=p_F$，$v_N=v_F$；模型其他外部边界均为无流动边界，即 $\nabla p=0$。为分析渗流场演化规律，在模型中设置 A、B、C 三个测点。流体力学计算参数见表 13.2.1。

表 13.2.1　数值模拟采用的流体力学参数

参数名称	数　值
水流密度 ρ_w/kg · m^{-3}	1000
填充物颗粒密度 ρ_f/kg · m^{-3}	2600
水流黏度 μ_0/Pa · s	0.001
含水层孔隙率 ψ	0.14
煤柱初始孔隙率 ψ_0	0.16
煤柱最大孔隙率 ψ_m	0.45
含水层渗透率 k_D/m^2	2.3×10^{-11}
k_r	5.5×10^{-9}
无量纲系数 C	11.76
潜蚀系数 λ/m^{-1}	40
沉积系数 K_{dep}/s^{-1}	0.01

13.3　模拟结果分析

13.3.1　压力时空演化

图 13.3.1 所示为突水发生、发展全过程中的水压力演化云图。从图中可以看出，整个突水流动区域上的压力分布都是连续变化的。突水流体在破坏煤柱内的渗流状态是介于黏滞阻力为主 Darcy 层流和惯性阻力为主紊流的 Forchheimer 流，随着时间的增加，流体流速不断增大，随着突水渗流的发展，含水层内的积水压力得到释放。

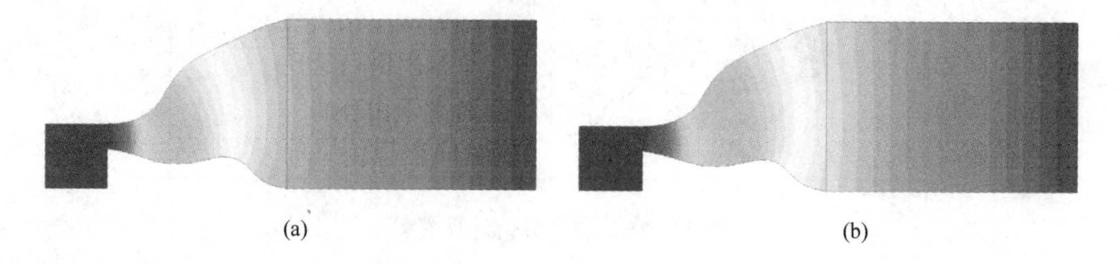

(a)　　　　(b)

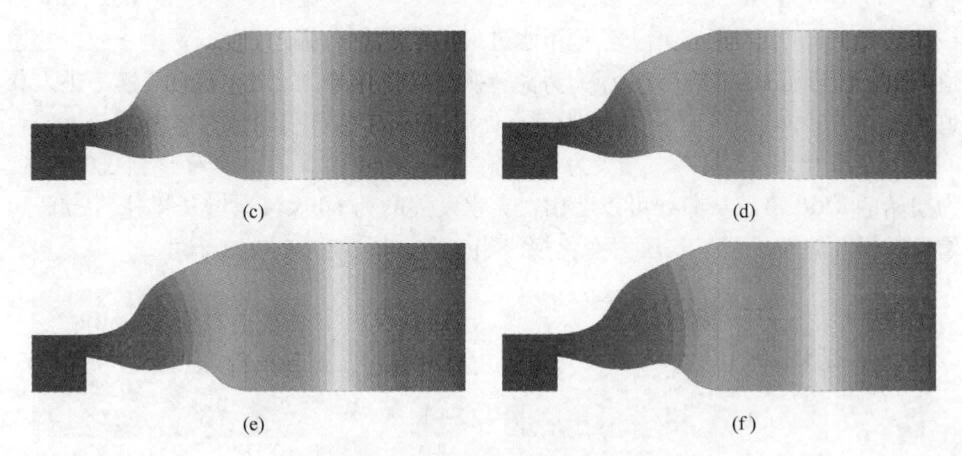

图 13.3.1　突水流体压力分布
（a）$t=1$s；（b）$t=100$s；（c）$t=200$s；（d）$t=400$s；（e）$t=600$s；（f）$t=800$s
（扫描书前二维码看彩图）

图 13.3.2 所示为测点处的压力变化曲线。从图中可以明显看出，随着突水时间的不断增长压力逐渐降低，压力初始下降较快，后期趋于稳定，表明形成了稳定的突水流动。含水层和突水煤柱附近位置上 C 点的压力变化最为显著，由最初的 0.475MPa 减小为 0.175MPa，压力降低了 0.3MPa，降低了 63.2%，其他位置的压力变化幅度相对较小。模型设定巷道出口相对为零压力边界，当破坏煤柱发展成为稳定的突水通道后模型整体的压力达到一个稳定的平衡状态。

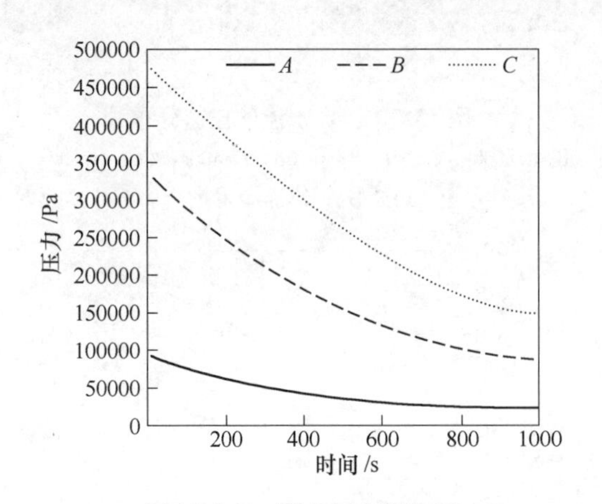

图 13.3.2　测点压力演化图

13.3.2　流速时空演化

图 13.3.3 所示为突水发生、发展全过程的流速分布云图。从图中可以看出，整个流动区域上的流速分布也都是连续变化的，随着突水时间的不断增长，破坏煤

柱和巷道空间的流速不断增大。地下水进入巷道时渗流流速最大，是由于入口处通道最窄、渗流压力最低，突水压力势能转换为流动动能，最终在较高流速下进入巷道发生突水事故。图 13. 3. 4 所示为测点处流速演化曲线图。A 点流速始终最大，由 0. 064m/s 变化到 0. 17m/s，增大为 2. 64 倍；C 点流速由 0. 032m/s 变化到 0. 084m/s，为初始的 2. 56 倍。从曲线可以看出，突水发展的前 600s 流速增长迅速，800s 后增长缓慢并趋于平稳，与压力变化规律相契合，形成稳定突水流动。

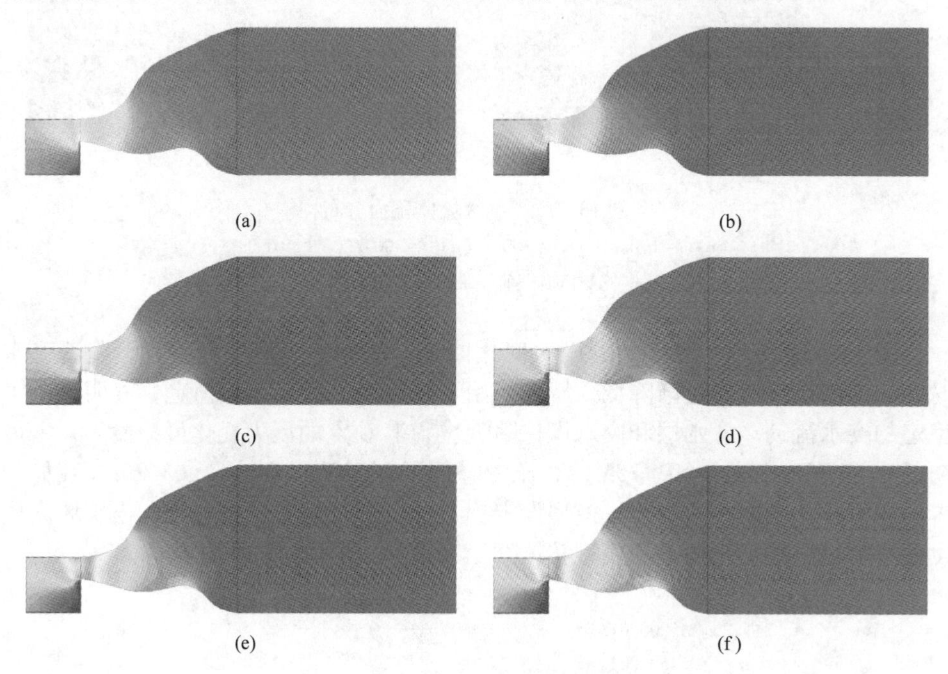

图 13. 3. 3　突水流体流速分布

（a）$t=1$s；（b）$t=100$s；（c）$t=200$s；（d）$t=400$s；（e）$t=600$s；（f）$t=800$s

（扫描书前二维码看彩图）

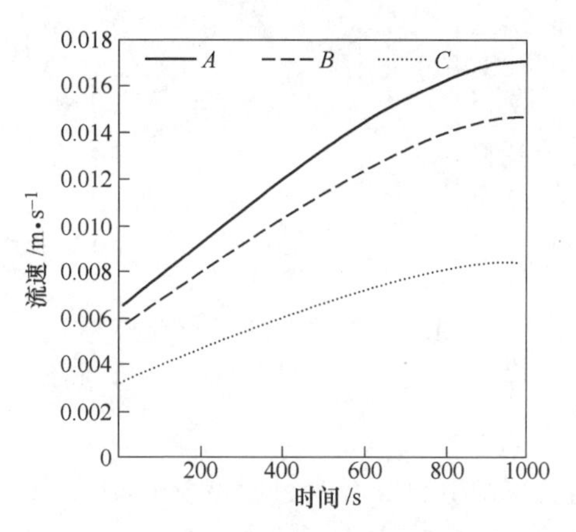

图 13. 3. 4　测点流速演化

13.3.3 渗透率与非 Darcy 因子

图 13.3.5 所示为渗透率变化规律曲线，图 13.3.6 所示为非 Darcy 因子变化规律曲线。突水发生、发展的全过程中，破坏煤柱渗透率增大，表现为开始增大较快，后增大较慢，这与渗透介质结构变化有关。随着突水过程的发展，小颗粒逐渐流失，孔隙率变大，渗透性提高，更加有利于突水的发展；后期孔隙结构逐渐稳定，形成稳定的突水流动；初期渗透率的提高较快，更加有利于渗流压力的降低，增大渗流速度，相互促进发展。可见突水发展过程是一个复杂的相互作用。非 Darcy 因子的变化趋势与渗透率相反，表现为开始急剧降低，然后缓慢降低，最后趋于稳定。

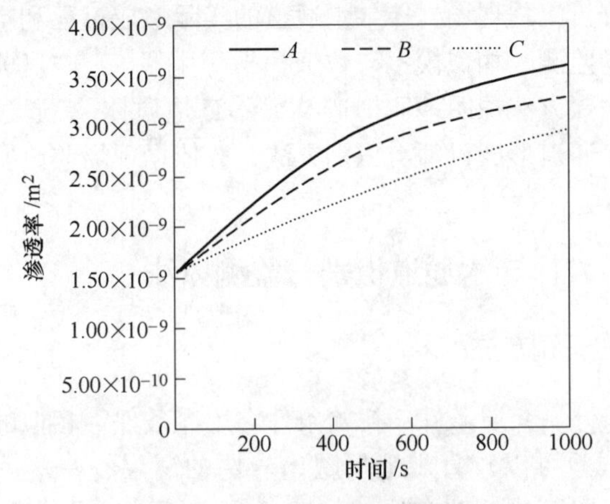

图 13.3.5 测点渗透率演化

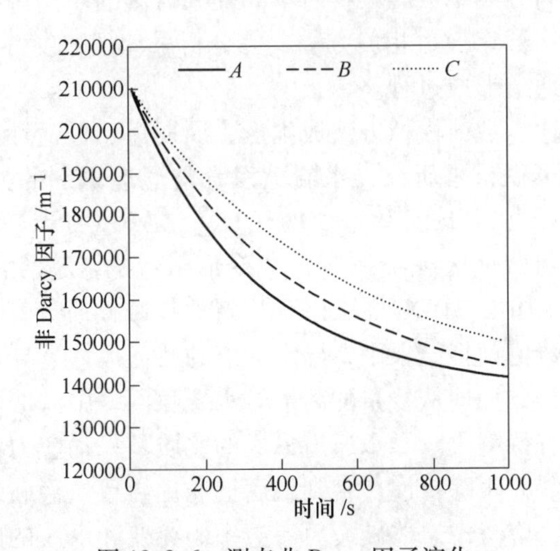

图 13.3.6 测点非 Darcy 因子演化

14 矿山采动岩体导水通道识别方法与防控

矿山水害防治的关键问题之一是采动导水通道形成的识别与监测，包括原生通道（断层、陷落柱等）活化、再生或次生通道（采动裂隙等）发育。由于岩体本身性质（非均匀、各向异性）及所处地质环境（地应力条件等）的复杂性决定了从理论上分析工程现场岩体导水通道的实际形成过程和空间展布是很困难的，必须结合现场监测、相似模拟与数值模拟等手段[1~3]。目前，国内外学者结合工程实践中的物探方法探明地质构造及“不良地质体”，通过室内相似模拟和数值模拟揭示导水通道形成机理与识别方法，并依据现场监测实现矿山突水灾害的超前预测、预报。

14.1 矿山采动岩体导水通道识别与监测方法

14.1.1 导水通道识别方法

在保证几何条件、介质条件、初始条件、边界条件等相似的前提下，采用相似材料物理模拟试验可以较直观地反映出岩层的离层、垮落、裂隙发育及贯通等，然后通过内部埋设或外部布置的传感器等定量描述围岩变形破坏规律[4~7]。采动过程中，利用高分辨率数码相机对不同开采时刻的模型进行拍摄，并基于数字图像处理技术[8]、数字散斑相关方法[9]等分析采动裂隙发育规律与空间展布状态，进而识别导水通道形成过程。

与相似模拟相比，数值模拟方法成本低、周期短、普适性和可控性强，而且其计算结果直观、可视，是研究导水裂隙发育与通道识别的强有力工具[10]。国内外学者应用 RFPA[11]、FLAC[12]、COMSOL[13]、ABAQUS[14]等连续介质计算软件时，一般通过判断塑性区（损伤值）或变形引起的渗透性的改变来定义、识别导水通道；应用 UDEC/3DEC[15]、PFC[16]等非连续介质计算方法获取裂隙通道动态发育过程。但数值模拟结果中，导水通道的几何尺寸、导水性能等往往与现场矿山突水事故不符，如何从复杂的离散导水裂隙网络中获取较真实的表征现场情况的导水通道仍有待解决。导水通道形成的实质是采动应力作用和水压驱动下岩层裂纹萌生、扩展并跟踪传递，直到最后贯通，导致失稳破裂的复杂过程。建立数值计算模型时，应考虑岩体破裂后渗透率的突变和水压的跟踪传递规律，区分隔水单元和导水单元不同的水压作用机制[2]。有关学者[2,17]详细阐述了耦合作用下导水通道形成机理的数值模拟现状及未来发展趋势。

研究结果表明，采动覆岩和底板的导水裂隙具有明显的分区性，覆岩导水主通道分布于开采边界两侧超前破断岩层形成的类梯形区域（图 14.1.1）[18]，底板导水通道位于煤壁附近[14,19]。

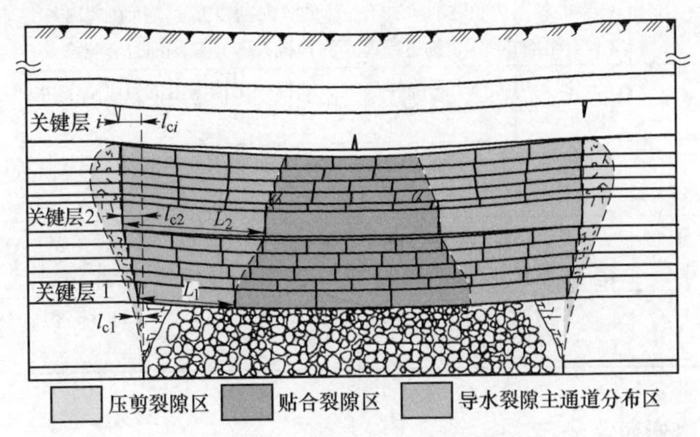

图 14.1.1 采动覆岩导水裂隙分区及其主通道分布示例[18]

（扫描书前二维码看彩图）

14.1.2 导水通道探测方法

断层、陷落柱等原生导水通道的探测贯穿于矿山勘探、开拓、采准和回采等整个生命周期。物探方法成本低、速度快、用途广，是目前导水通道探测不可或缺和有效的方法之一，其原理是不同类型或含水量的岩石，或不同矿化程度的水体在导电性、导热性、温度、密度、磁性、放射性及弹性波传播速度等物性上存在差异[20]。断裂构造[21]的物探观测内容包括其产状、断距、断层带宽度、断层内充填物成分、胶结程度及其两侧岩性，陷落柱[22]的物探观测内容包括其内部物质结构、外部形态及内外地层岩性等。目前在煤矿导水通道探测及水害防治领域应用较好的物探方法[20,23~25]主要有地震勘探、瞬变电磁、电阻率法、直流电法、音频电穿透、瑞利波、坑透与地震槽波等探测技术，各物探方法的应用情况见表 14.1.1。

表 14.1.1 常用的导水通道物探方法[20,23~25]

物探方法	特 点 及 用 途
地震勘探	弹性波地面探查构造的最有效方法。用于：（1）查明落差大于 5m 的断层；（2）查明区内直径大于 20m 的陷落柱
瞬变电磁	主要用于地面探查。中国矿业大学将该方法引入到井下，用于圈定巷道前方、顶板的导（含）水断层等低阻异常体

续表 14.1.1

物探方法	特点及用途
高密度、高分辨率电阻率法	施工现场适用性强，可准确直观地探查地下小体积孤立异常体，是地面、井下探测地下硐体的首选方法
直流电法	集电测深法和电剖面法于一体的阵列勘探方法。可在地面与井下使用，用于：(1) 陷落柱、导水构造超前预测预报；(2) 采场围岩裂隙场发育规律检测
音频电穿透	一般只用于井下探测煤层顶、底板一定范围内的富（含）水异常构造、陷落柱等
瑞利波	可进行井下全方位超前探测 80~100m 范围内的断层、陷落柱等构造和地质异常体
坑透	探查工作面范围内分布的陷落柱形状、大小、位置以及落差 4m 以上断层的位置和延展方向，是矿井工作面地质异常探测的常规与必备手段
地震槽波	(1) 探明煤层内小断层的位置与空间展布；(2) 陷落柱的位置及大小；(3) 导水裂隙带

14.1.3　导水通道监测方法

力学分析、数值模拟、物理模拟等方法有益促进了导水裂隙演化及导水通道形成机理的研究，但仍需现场监测的验证，实测结果更加直接、可靠。导水裂隙发育的观测方法主要有地面钻孔法、井下钻孔法、钻孔电视法和物探法，各方法的特点及适用条件见表 14.1.2。目前导水裂隙监测以地面和井下钻孔法为主，可与钻孔电视和物探法结合使用，以提高准确性。

表 14.1.2　导水通道监测方法及适用性[20,26~28]

方法	方法简介	适用条件	优点	缺点
地面钻孔	地面打钻至煤层底板处，根据钻孔冲洗液漏失量、钻孔水位变化以及在钻进过程中的掉钻、卡钻等异常现象判别导水裂隙发育情况	埋深较浅的煤层	最常用方法，结果可靠	仅得到某一点的导水裂隙情况；采深大时，钻探费用高
井下钻孔	井下巷道打仰上孔，通过注水或压风分析导水裂隙发育	采深大，或地面有积水	采深较大时可节约钻探费用	垮落带探测难度大，误差大
钻孔电视	利用地面钻孔，通过电视探头观察岩体裂隙发育	与地面钻孔法配合使用	直接观测裂隙发育、离层等情况	需地面钻孔
物探	采用电法或瞬变电磁法，根据裂隙岩体电阻率的差异判别	多配合钻孔法使用	可探测垮落带和导水裂隙带形态	受地质条件影响大，高度解释有难度和误差

然而，上述方法缺乏对导水通道形成过程的动态监测。突水通道的动态发育过程伴随着岩体的破坏，释放出蕴含破裂源内在信息的微震波，通过分析可获得破裂源的空间位置、裂隙的结构特征，据此可实现跟踪渗流突水通道的形成过程。因此，可实时、动态、面状诊断并立体显示煤层顶底板变形破坏过程和断层与陷落柱等地质构造活化强度、烈度以及相关时空参数的高精度微震监测技术[1,29]，在我国应用效果较好。

14.1.4 基于微震监测技术的导水通道动态测试方法

14.1.4.1 微震监测方法概述

岩体在内外力或温度变化等的作用下，其内部将产生局部弹塑性能量集中，当能量积聚到一定程度后，就会产生岩体裂隙并扩展，这一过程伴随着弹性波的释放，并在周围岩体介质内快速传播，这种弹性波称为微震[30]。图 14.1.2 所示为某金矿的地下开采微震监测原理图，当地下岩石由于人为或自然因素发生破裂时，会产生微弱的微震波向周围传播，该波可被布置在破裂区周围的多组传感器接收，再由数据采集器（NetADC）将传感器接收到的岩体破裂模拟信号转换成数字信号。微震处理器（NetSP）对传入的数字信号进行处理、触发采集、预触发滤波、缓冲数据，并通过数据通信（DSL-MODEM 和 SLAM）将数据传输到地面中央计算机，进行后期震源参数计算（包括位置、时间、辐射地震能量等），以确定破裂源位置、强度及震源机制等信息。

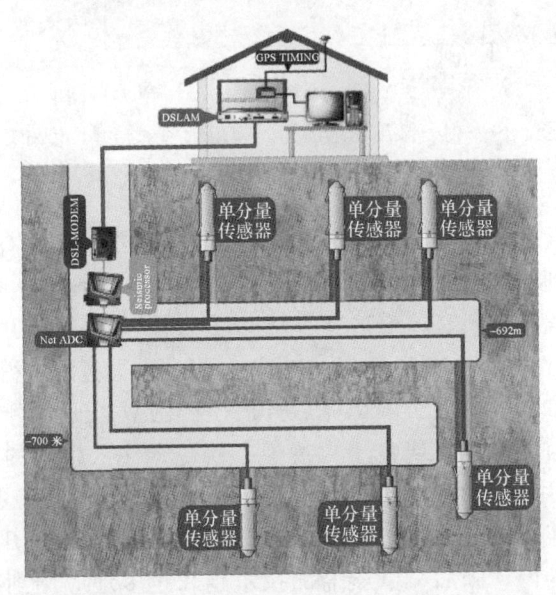

图 14.1.2 微震监测系统示意图[31]

微震与地震研究具有互通性，两者的研究方法可借鉴使用。地震是由于地壳中的应力突然释放而发生的，从而产生弹性扰动使地震源释放的能量沿地球表面或通过地球传播。岩石破裂的声发射波形、自然地震波形和采矿诱发的微震波形非常相似，只是在振幅大小与频率上存在差异。笔者整理了国内多个矿山的微震数据、声发射数据及汶川地震数据，进行震源参数计算，绘制了图 14. 1. 3 所示的震源参数定标图。由图可以看出，声发射、微震和地震是相似的现象，只是在尺度（空间、时间）、几何结构、载荷、边界条件和介质方面存在差异，故可以认为微震是一种发生在更小尺度上的地震现象，大部分微震的技术和理论都来自天然地震。

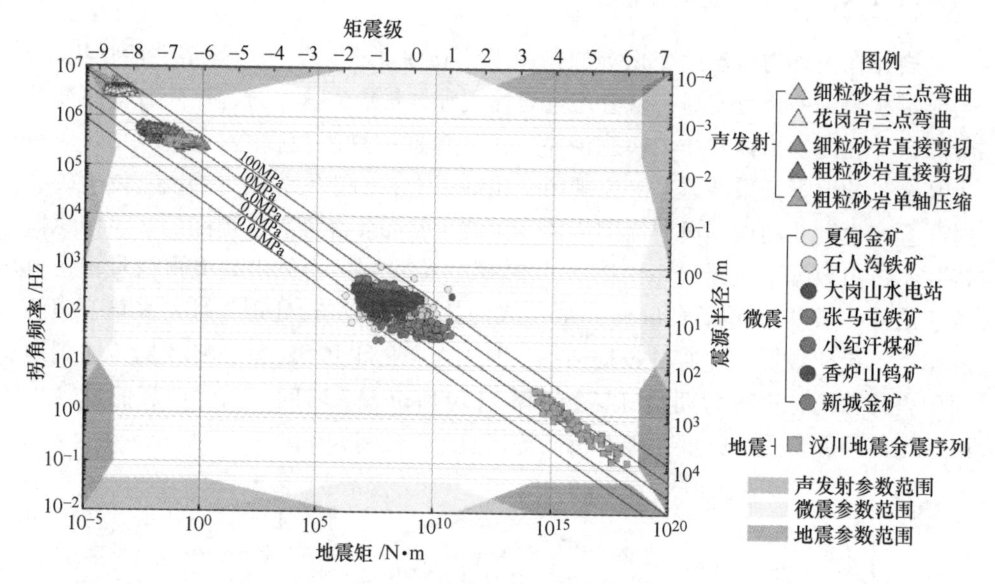

图 14. 1. 3　地震、声发射、微震的地震矩、拐角频率、震源尺度和矩震级参数对比
（扫描书前二维码看彩图）

微震信号包含了大量关于岩体破裂和地质缺陷活化过程的有用信息。从岩体单元的初始损伤到岩体最终失稳破坏阶段，微震监测能够很好地监测整个过程，对岩体的破裂过程进行跟踪。1908 年，Mintrop 在德国 Bochum 地区建立了第一个用于矿山监测的台站[32]。20 世纪 80 年代该技术在世界范围内得到认可，随后在波兰、美国、加拿大等矿业大国都先后开展了矿山地震研究[33]。Takagishi[34]通过建立油田微震监测系统，研究了大规模二氧化碳注入引起的微震事件演化规律。Salvoni[35]利用微震数据对澳大利亚某露天矿边坡岩体开展了岩体质量评价，详细地分析了岩体损伤度及边坡失稳机理。自 20 世纪 80 年代开始，国外微震监测设备陆续引入国内；随后，微震监测技术越来越多地应用到矿山[30,36]、水电站[37]、隧道[38,39]、边坡[40,41]等工程领域。

中国国家安全监管总局2010年出台了在金属非金属地下矿山须安装安全避险“六大系统”的规定，微震监测技术作为可满足“六大系统”中地压监测监控系统相关要求的有力工具逐渐在国内矿山中开始了大规模应用。目前，加拿大ESG微震监测系统在红透山铜矿[42]、张马屯铁矿[43]、石人沟铁矿[44]、锦屏水电站[40]、大岗山水电站[45]、锦州地下石油洞库[46]等多个领域得到应用，南非IMS微震监测系统在小纪汗煤矿[47]、冬瓜山铜矿[32]、西露天煤矿[48]、白鹤滩水电站[49]等工程现场得到应用，学者们通过对微震信号进行识别及解析，深入研究了矿山突水、岩爆、瓦斯突出、洞库稳定性等工程问题，取得了较好的研究成果。

14.1.4.2 工程岩体破裂源矩张量理论

基于微震数据研究岩石破裂机制的主要方法有根据P波初动极性的平均值进行剪切和张拉破裂机制的划分[50]，根据P波和S波的能量比进行破裂类型的判断[51]。然而，这些研究都没有完全包含岩石的破裂信息，停留在宏观层面上，只能得到岩石的破裂类型，无法获得岩石裂隙面的几何信息和破裂源的运动信息，而这两者信息对于研究岩体破裂过程中裂隙演化规律至关重要。矩张量反演方法是基于弹性波动理论发展起来的重要成果，现已成为岩石力学领域中研究岩石破裂机制的重要手段。本节主要工作是：梳理工程岩体破裂源矩张量计算方法并阐述岩体不同破裂类型与矩张量的关系，给出微震派生裂隙几何参数的求解方法，提出可削弱噪声和传播介质影响的矩张量求解方法，编制程序实现该方法，并通过监测数据进行效果验证。

Gilbert[52]于1970年首次提出了矩张量的概念，定义为作用在震源点源上的等效体力的一阶矩，Backus和Mulcahy[53]对矩张量的概念做了进一步的扩展。岩体失稳破裂过程中，破裂机制、能量及裂隙面几何属性等信息均可通过矩张量方法求解。近年来，矩张量反演作为分析岩石破裂机制的有效工具，在大、小地震[54,55]、矿山微震[30,56]、室内岩石破裂声发射[57,58]、诱导地震[59,60]等研究中得到了广泛应用。

矩张量反演针对的是一个“内源”，即震源位于介质内部一个有限的体积内。对于“内源”总动量及总角动量必须守恒，即震源的等效体力的合力为零且合力矩为零。当震源的尺度远小于观测距离和波长时，这个“内源”可视为点源。基于地震震源位移的表示定理和点源假设[61]，岩石裂隙面运动所产生的位移可表示为：

$$u_k(x,t)=\int_{-\infty}^{+\infty}\int_V G_{ki}(x,t;r,t')f_i(r,t')\,\mathrm{d}V\mathrm{d}t' \tag{14.1.1}$$

式中 $u_k(x,t)$——t时刻位于x处产生的震动位移；

$G_{ki}(x,t;r,t')$——震源（r，t'）和传感器（x，t）之间的传播效应的格林函数，

其物理意义是在震源 r 处、时刻 t' 在传感器 x 处、t 时刻、i 方向上产生的位移；

V——震源体积；

f_i——物理上真实的体力和等效体力的总和。

在参考点 $r=\xi$ 附近，参考点通常设为震源矩心，将格林函数进行泰勒级数展开，有：

$$G_{ki}(x,t;r,t') = \sum_{n=0}^{+\infty} \frac{1}{n!}(r_{j_1} - \xi_{j_1})\cdots(r_{j_n} - \xi_{j_n}) G_{ki,j_1\cdots j_n}(x,t;\xi,r,t') \tag{14.1.2}$$

式中，下标间的逗号表示对其后的下标求偏导。将随时间变化的等效力以 n 阶力矩形式表达，则与时间有关的矩张量 M_{ij} 可定义为：

$$M_{ij_1\cdots j_n}(\xi,t') = \int_V (r_{j_1} - \xi_{j_1})\cdots(r_{j_n} - \xi_{j_n}) f_i(r,t')\mathrm{d}V \tag{14.1.3}$$

将式（14.1.2）和式（14.1.3）代入式（14.1.1），裂隙面运动产生的位移可表示为[62,63]：

$$u_k(x,t) = \sum_{n=0}^{+\infty} \frac{1}{n!} G_{ki,j_1\cdots j_n}(x,t;\xi,r,t') * M_{ij_1\cdots j_n}(\xi,t') \tag{14.1.4}$$

式中　*——时间域内的褶积。

因此，裂隙面错动产生的位移可表示为矩张量与格林函数的时间褶积。在点源近似下，仅考虑式（14.1.4）的第一项[62]，即矩张量为二阶矩张量，那么式（14.1.4）可简化为：

$$u_k(x,t) = [G_{ki,j}(x,t;\xi,t') * s(t')] M_{ij} \tag{14.1.5}$$

式中　$s(t')$——震源时间函数，表征震源时间及强度信息。

M_{ij} 的 9 个元素构成了矩阵 $\boldsymbol{M}$：

$$\boldsymbol{M} = \begin{pmatrix} M_{xx} & M_{xy} & M_{xz} \\ M_{yx} & M_{yy} & M_{yz} \\ M_{zx} & M_{zy} & M_{zz} \end{pmatrix} \tag{14.1.6}$$

这个矩阵中的每个元素代表力偶或者力偶极子（无矩力偶），共有 9 个分量。由于等效力、角动量守恒定律导致了矩张量的对称性，因此，9 个分量元素中只有 6 个独立分量。如图 14.1.4 所示。

假设等效力作用时间短暂，为一个纯脉冲函数，且矩张量所有的分量都依赖于相同的时间函数，即同发震源[62]，则式（14.1.5）可变为线性方程：

$$u_k(x,t) = G_{ki,j} * M_{ij} \tag{14.1.7}$$

微震研究中常用 P 波初动振幅进行矩张量反演[64]，其优点是可避免 S 波等后续震相的影响，并且计算简单。采用 P 波初动振幅求解矩张量，P 波远场位

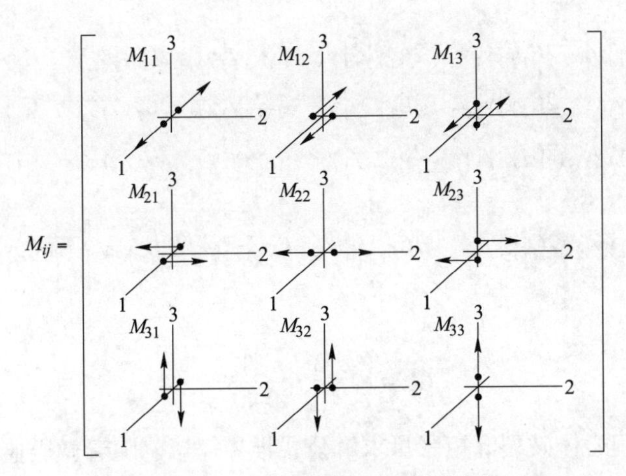

图 14.1.4 矩张量的九个分量

移为:

$$u_k = \frac{\gamma_k \gamma_i \gamma_j}{4\pi\rho\alpha^3 r} M_{ij} \tag{14.1.8}$$

式 (14.1.8) 可用矩阵的形式进行表达:

$$\boldsymbol{u} = \boldsymbol{G}\boldsymbol{M} \tag{14.1.9}$$

式中,矢量 $\boldsymbol{u}$ 由传感器记录的位移序列中的 P 波初动振幅决定,是一个 n 维的矩阵;矩阵 $\boldsymbol{G}$ 由传感器坐标系统中的格林函数组成,是一个 $n\times6$ 的矩阵;$\boldsymbol{M}$ 是由矩张量部分 M_{11}、M_{22}、M_{33}、M_{12}、M_{13}和 M_{23}组成。可以看出,如果要求解出矩张量矩阵的各个元素至少需要 6 个有效的微震信号。

此外,在现场监测的工程尺度上,岩体破裂释放的微震波在真实岩体介质传播过程中,会因岩体介质的黏弹效应的影响发生衰减,因此引入衰减修正系数 A,则修正后的 P 波远场位移可表示为:

$$u_k = A \cdot \frac{\gamma_k \gamma_i \gamma_j}{4\pi\rho\alpha^3 r} M_{ij}$$

$$= e^{\frac{-\pi f k_r k}{V_P Q_P}} \cdot \frac{\gamma_k \gamma_i \gamma_j}{4\pi\rho\alpha^3 r} M_{ij} \tag{14.1.10}$$

式中 Q_P——P 波耗散品质因子;

f——波的频率成分,在计算时可取波的拐角频率。

在矿山监测中,既有单分量传感器也有三分量传感器。为了计算精度的需求,三分量传感器通常只利用其垂直分量的波形数据进行计算。对于 n 个传感器的微震监测网络,其 P 波震动位移场矩阵可表示为:

$$\begin{bmatrix} u_1 \\ u_2 \\ u_3 \\ \vdots \\ u_n \end{bmatrix} = \begin{bmatrix} C_1\gamma_3^1\gamma_1^1\gamma_1^1 & 2C_1\gamma_3^1\gamma_1^1\gamma_2^1 & 2C_1\gamma_3^1\gamma_1^1\gamma_3^1 & C_1\gamma_3^1\gamma_2^1\gamma_2^1 & 2C_1\gamma_3^1\gamma_2^1\gamma_3^1 & C_1\gamma_3^1\gamma_3^1\gamma_3^1 \\ C_2\gamma_3^2\gamma_1^2\gamma_1^2 & 2C_2\gamma_3^2\gamma_1^2\gamma_2^2 & 2C_2\gamma_3^2\gamma_1^2\gamma_3^2 & C_2\gamma_3^2\gamma_2^2\gamma_2^2 & 2C_2\gamma_3^2\gamma_2^2\gamma_3^2 & C_2\gamma_3^2\gamma_3^2\gamma_3^2 \\ C_3\gamma_3^3\gamma_1^3\gamma_1^3 & 2C_3\gamma_3^3\gamma_1^3\gamma_2^3 & 2C_3\gamma_3^3\gamma_1^3\gamma_3^3 & C_3\gamma_3^3\gamma_2^3\gamma_2^3 & 2C_3\gamma_3^3\gamma_2^3\gamma_3^3 & C_3\gamma_3^3\gamma_3^3\gamma_3^3 \\ \vdots & \vdots & \vdots & \vdots & \vdots & \vdots \\ C_n\gamma_3^n\gamma_1^n\gamma_1^n & 2C_n\gamma_3^n\gamma_1^n\gamma_2^n & 2C_n\gamma_3^n\gamma_1^n\gamma_3^n & C_n\gamma_3^n\gamma_2^n\gamma_2^n & 2C_n\gamma_3^n\gamma_2^n\gamma_3^n & C_n\gamma_3^n\gamma_3^n\gamma_3^n \end{bmatrix} \begin{bmatrix} M_{11} \\ M_{12} \\ M_{13} \\ M_{22} \\ M_{23} \\ M_{33} \end{bmatrix} \tag{14.1.11}$$

$$C_n = e^{\frac{-\pi f^n r^n}{V_P Q_P}} \cdot \frac{1}{4\pi\rho\alpha^3 r} \tag{14.1.12}$$

至此，工程岩体破裂源矩张量求解公式推导完毕。随着微震监测系统实时地对岩体破裂进行监测，当微震事件的有效波形数满足大于等于 6 时，可利用式（14.1.11）借助最小二乘法计算出矩张量 M_{ij}，继而可分析该震源的破裂机制、破裂方位等问题。

14.1.4.3 基于微震数据驱动的岩体裂隙网络识别方法

成簇的微震事件可反映岩体的应力水平与损伤程度。Candela 等 2018 年在《Science》发表的论文[65]指出，对微震活动的连续监测有助于捕获应力重分布导致的裂隙演化行为。因此，对一定空间内的微震簇进行裂隙映射，建立裂隙网络模型，可为分析裂隙岩体的渗透性、损伤程度及其他宏观力学参数提供帮助。

A 微震派生裂隙的几何参数计算

通过矩张量分析可获取因采矿活动扰动形成的裂隙面，其为建立微震数据与岩体裂隙之间的关系提供了帮助。在采矿过程中了解裂隙面的几何特性至关重要，这样在巷道开挖、矿体开采时可避开不利方位。与裂隙有关的参数包括裂隙尺度、方位与开度，下文对微震派生裂隙的尺度和方位计算公式进行总结，并借助前文对矩张量的理论与物理意义的总结，推导出微震派生裂隙的开度计算公式，为下文微震派生裂隙网络模型的构建奠定基础。

a 微震派生裂隙的尺度计算

微震派生裂隙的尺度通常表示为裂隙的半径，与经衰减校正的地震谱的拐角频率 f_c 有关：

$$r = \frac{K_c\beta_0}{2\pi f_c} \tag{14.1.13}$$

式中 K_c——依赖于震源模型的常数；

β_0——震源区的 S 波波速；

f_c——拐角频率。

在与矿山有关的地震活动研究中，裂隙通常被简化为圆形、硬币状[66,67]。对于 Brune 震源模型，K_c 取 2.34，这在地震上广泛应用。然而，学者们通过工程现场实测发现，裂隙的大小通常比通过 Brune 模型计算的小[67,68]。Madariaga[67]建议对于 S 波 K_c 取 2.01，对于 P 波 K_c 取 1.32 更符合实际。

b 微震派生裂隙的方位计算

下面探讨微震派生裂隙的法向 $\boldsymbol{n}$ 和运动矢量 $\boldsymbol{v}$ 的求解方法。将矩张量写成对角形式：

$$\boldsymbol{M}=\begin{pmatrix} M_1 & 0 & 0 \\ 0 & M_2 & 0 \\ 0 & 0 & M_3 \end{pmatrix}=\begin{pmatrix} (\lambda+\mu)\boldsymbol{n}\times\boldsymbol{v} & 0 & 0 \\ 0 & \lambda\boldsymbol{n}\times\boldsymbol{v} & 0 \\ 0 & 0 & (\lambda+\mu)\boldsymbol{n}\times\boldsymbol{v}-\boldsymbol{\mu} \end{pmatrix}\Delta V \tag{14.1.14}$$

其中，特征值 M_1、M_2 和 M_3 的特征向量 $\boldsymbol{e}_1$、$\boldsymbol{e}_2$ 和 $\boldsymbol{e}_3$ 满足如下条件：

$$\boldsymbol{e}_1=\frac{\boldsymbol{n}+\boldsymbol{v}}{|\boldsymbol{n}+\boldsymbol{v}|};\quad \boldsymbol{e}_2=\frac{\boldsymbol{n}\times\boldsymbol{v}}{|\boldsymbol{n}\times\boldsymbol{v}|};\quad \boldsymbol{e}_3=\frac{\boldsymbol{n}-\boldsymbol{v}}{|\boldsymbol{n}-\boldsymbol{v}|} \tag{14.1.15}$$

因此，裂隙面法向 $\boldsymbol{n}$ 和运动矢量 $\boldsymbol{v}$ 可由式（14.1.15）和式（14.1.16）求得：

$$\boldsymbol{n}=\sqrt{\frac{M_1-M_2}{M_1-M_3}}\boldsymbol{e}_1+\sqrt{\frac{M_3-M_2}{M_3-M_1}}\boldsymbol{e}_3 \tag{14.1.16}$$

$$\boldsymbol{v}=\sqrt{\frac{M_1-M_2}{M_1-M_3}}\boldsymbol{e}_1-\sqrt{\frac{M_3-M_2}{M_3-M_1}}\boldsymbol{e}_3 \tag{14.1.17}$$

在地震学领域中，单个震源的法向 $\boldsymbol{n}$ 和运动矢量 $\boldsymbol{v}$ 确定的两个面叫做震源面，其中一个是研究所需的裂隙面，另一个叫做辅助面。$\boldsymbol{v}$ 与 $\boldsymbol{n}$ 的可互换性使得矩张量具有对称性的特点，这是由震源模型的基本假定决定的[69]。裂隙面的方向信息、运动信息与矩张量的成分密切相关，除了纯张拉或纯压缩破裂时，震源面是平行的，其他破裂机制下震源面成一定的角度。如果要建立微震数据与裂隙之间的量化关系，则需对震源面中的合理裂隙进行识别，这是本节的研究内容之一，作者将在下文提出从震源面中识别合理裂隙的方法。

c 微震派生裂隙的开度计算

下面对微震派生裂隙的另一个重要参数——开度进行推导。岩体发生破裂会引起裂隙的扩张与闭合，即岩石破裂会引起裂隙开度的变化[69]，如图 14.1.5 所示。岩石发生张拉破裂时引起裂隙的扩张，开度增大；发生压缩破裂时引起裂隙的闭合，开度减小。

从式（14.1.14）可得，矩张量的迹满足[64]：

$$M_{kk}=\Delta V(3\lambda+2\mu)\boldsymbol{n}\times\boldsymbol{v} \tag{14.1.18}$$

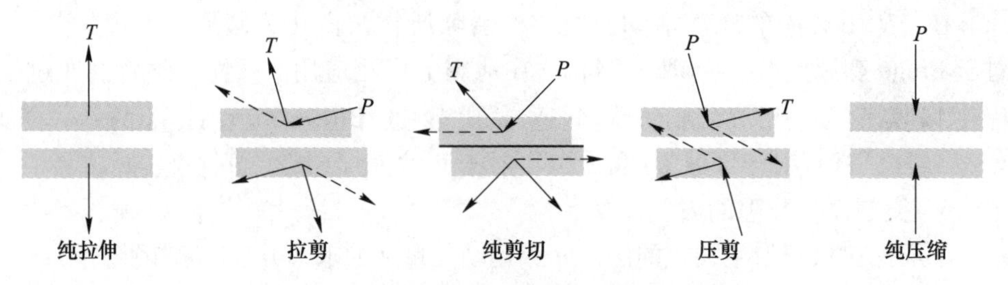

图 14.1.5　几种岩石破裂机制下裂隙运动形态

$$M_{kk} = M_{11} + M_{22} + M_{33} \tag{14.1.19}$$

$$\begin{cases} \lambda = \dfrac{E\nu}{(1+\nu)(1-2\nu)} \\ \mu = \dfrac{E}{2(1+\nu)} \end{cases} \tag{14.1.20}$$

式中　$\boldsymbol{n}$，$\boldsymbol{\nu}$——分别表示裂隙的法向和运动矢量；

ΔV——裂隙因损伤而带来体积变化；

λ，μ——拉梅常数；

E——弹性模量；

ν——泊松比。

M_{kk}是由矩张量矩阵决定的合力矩，其描述了岩体破裂源处裂隙运动产生的等效点源总力矩。在地震学中点源力矩即地震距，表示为裂隙运动距离、面积及剪切模量三者的乘积：

$$M_0 = \mu \bar{u} A \tag{14.1.21}$$

式中　μ——震源的剪切模量；

$\bar{u}$——裂隙面的平均运动；

A——裂隙面积。

假定微震派生裂隙为硬币状，根据图 14.1.5 描述的微震派生裂隙的运动特性，联合微震派生裂隙的尺度求解式（14.1.13）和式（14.1.21）可得出由震源机制推导出的微震派生裂隙开度：

$$\Delta t = \bar{u} \times \cos\theta = \frac{\boldsymbol{M}_{kk} \times 4\pi f_c^2 \times \cos\theta}{K_c^2 \beta_0^2 \times (3\lambda + 2\mu) \boldsymbol{n} \cdot \boldsymbol{\nu}} \tag{14.1.22}$$

$$t = t_0 + \Delta t \tag{14.1.23}$$

式中　θ——$\boldsymbol{n}$ 和 $\boldsymbol{\nu}$ 的夹角；

t_0——原生裂隙的初始开度。

当岩体发生张拉破裂时，Δt 为正，引起裂隙的扩张；反之，发生压缩破裂时，Δt 为负，引起裂隙的闭合。

B 不同破裂机制下的裂隙识别准则

通过矩张量推导可以得出震源的两个震源面的方位参数。因此，如何从震源面中识别出符合物理意义的裂隙面，是构建派生裂隙网络模型关键。下文提出不用破裂机制下的裂隙识别准则，实现基于微震数据反演裂隙的目的。

a 剪切破裂机制下的裂隙识别准则

在岩体破裂中，通常认为剪切破裂机制的微震事件是由于裂隙面的剪切错动造成的。对于剪切破坏源，当剪应力超过剪切强度时，会发生剪切运动[70]。由于同一震源的两个震源面的内聚力和摩擦系数是相同的，故在对比一定震源区域的裂隙活动性时可忽略掉两者的影响。剪应力与正应力的无因次比值 T_s[71~73] 在地质上称为滑动倾向性，是判断断层不稳定性常用的参数之一[70,73,74]。运动倾向性与裂隙的活动性有关，不妨将该运动倾向性称为剪切破裂倾向性，将其作为剪切破裂机制下识别裂隙的指标：

$$T_s = \frac{\tau}{\sigma_n} \tag{14.1.24}$$

$$\sigma = n_1^2 + (1 - 2R)n_2^2 - n_3^2 \tag{14.1.25}$$

$$\tau = \sqrt{n_1^2 + (1 - 2R)^2 n_2^2 + n_3^2 - [n_1^2 + (1 - 2R)n_2^2 - n_3^2]^2} \tag{14.1.26}$$

作用在裂隙面上的剪应力与正应力取决于主应力分布和裂隙方位，如下式所示：

$$\sigma_n = \sigma_1 \times l^2 + \sigma_2 \times m^2 + \sigma_3 \times n^2 \tag{14.1.27}$$

$$\tau = [(\sigma_1 - \sigma_2)^2 l^2 m^2 + (\sigma_2 - \sigma_3)^2 m^2 n^2 + (\sigma_1 - \sigma_3)^2 l^2 n^2]^{1/2} \tag{14.1.28}$$

式中 l，m，n——裂隙在主应力 σ_1、σ_2 和 σ_3 轴上的法向余弦。

给定一主应力分布：σ_1=60MPa，方位角 280°，倾伏角 90°；σ_2=40MPa，方位角 30°，倾伏角 0°；σ_3=10MPa，方位角 120°，倾伏角 0°，则每个裂隙的剪切破裂倾向性 T_s 可通过上述公式（14.1.24）求得，如图 14.1.6 所示（图中4 个

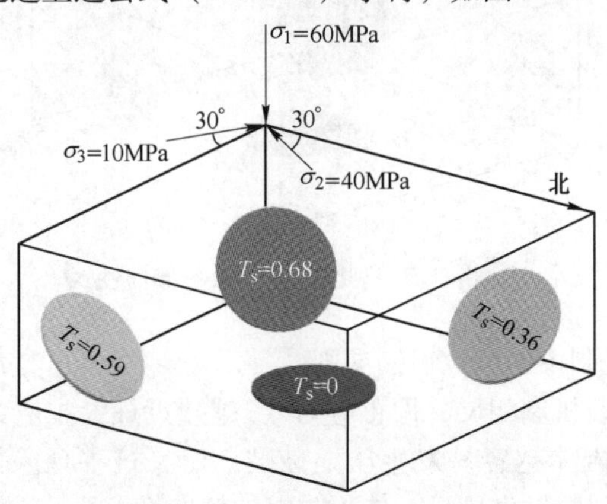

图 14.1.6 裂隙的剪切破裂倾向性

裂隙的方位分别为 315°∠45°、0°∠45°、90°∠45°和 120°∠0°）。即当裂隙面附近的主应力状态已知时，分别求出震源的两个震源面的剪切破裂倾向性 T_s，其中 T_s 值大的震源面是易发生剪切破裂的面，可认为该震源面是剪切破裂机制下合理的裂隙面。

b　张拉破裂机制下的裂隙识别准则

诸多学者对于裂隙的判断集中于剪切破裂模式下的判断，这主要由于多数地球物理学者的研究集中于大尺度剪切型地震的研究。近些年，学者们越来越关注张拉破裂机制[55,75,76]。本节根据 Mohr-Coulomb 破坏准则中张拉破裂的应力关系，提出张拉破裂机制下从微震震源面中识别合理裂隙的方法。正应力 σ_n 越倾向于 σ_3 时越容易发生张拉破裂。Ferrill 和 Morris[77] 将这种性质称为扩张倾向性，这在地质上被用来描述裂隙面发生扩张的能力。在此，不妨将其称为裂隙发生张拉破裂的倾向性 T_t。裂隙的扩张主要受正应力 σ_n 的控制，它是主应力和流体压力的函数。在已知主应力分布的情况下，正应力可通过式（14.1.27）求得。这种正应力可以通过与差应力的比来归一化处理。因此，T_t 可由式（14.1.29）求得：

$$T_t = (\sigma_1 - \sigma_n)/(\sigma_1 - \sigma_3) \tag{14.1.29}$$

如图 14.1.7 所示，在 σ_1、σ_2 和 σ_3 已知的条件下，图中裂隙的张拉破裂倾向性 T_t 可用上述方法求得。所以，当裂隙附近的主应力状态已知时，可求出震源的两个震源面的张拉倾向性 T_t，其中 T_t 值大的震源面是容易发生张拉破裂的面，可认为该震源面便是张拉破裂机制下合理的裂隙面。

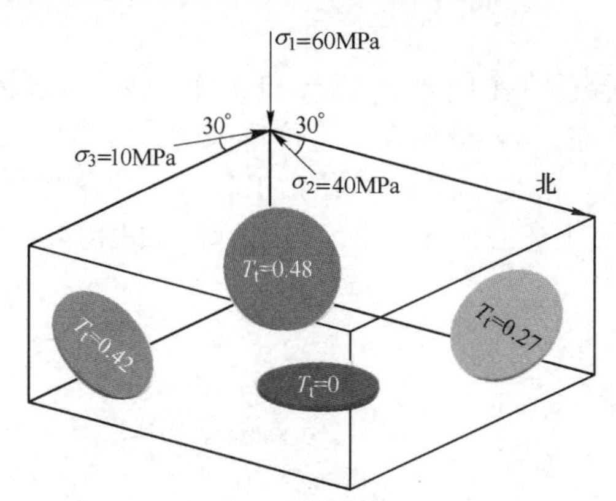

图 14.1.7　裂隙的张拉破裂倾向性

c　压缩破裂机制下的裂隙识别准则

压缩与张拉破裂机制相反，即正应力 σ_n 越接近最大主应力 σ_1，裂隙上的压应力越大，震源处岩体越容易发生压缩破裂。定义这种现象为压缩破裂倾向性 T_c，该指标反映了裂隙发生压缩、体积收缩的倾向性，T_c 定义如下：

$$T_c = (\sigma_n - \sigma_3)/(\sigma_1 - \sigma_3) \tag{14.1.30}$$

如图 14.1.8 所示，在 σ_1、σ_2 和 σ_3 已知的条件下，图中裂隙面的压缩破裂倾向性 T_c 可由上述公式（14.1.30）求得。同样地，当震源所处区域的主应力已知时，可求出震源的两个震源面的压缩破裂倾向性指标 T_c，其中 T_c 值大的震源面是容易发生压缩破裂的面，可认为该震源面便是压缩破裂机制下合理的裂隙面。

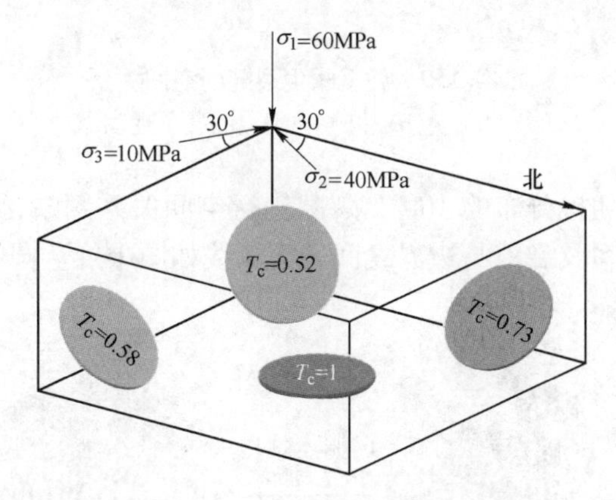

图 14.1.8 裂隙的压缩破裂倾向性

到此为止，可根据不同震源破裂机制对应的 T_s、T_t 和 T_c 数值大小识别出更容易发生破裂的震源面，此震源面便可认为是对应破裂机制下更合理的裂隙。

14.1.4.4 基于微震数据驱动的裂隙渗流通道识别方法

岩体受外部扰动影响，发生裂隙发育、扩展，继而形成贯通通道，为突水的发生提供了条件。在工程中，准确探测岩体裂隙是了解渗流和突水通道的可行方法。岩体破坏形成的渗流、突水通道往往赋存于岩体内部，常规方法较难实现对导水通道形成过程的动态描绘。如何利用微震数据确定裂隙渗流通道是本节的主要研究内容。准确评价裂隙岩体中裂隙的连通性是确定裂隙渗流通道的首要工作。对于低渗透岩石，裂隙之间相互贯通形成的裂隙通道，对岩体介质中的流体输送起着重要作用[78]。流体通过微震派生裂隙的交叉从一个微震派生裂隙流向另一个微震派生裂隙。裂隙的交叉分析是评价微震派生裂隙连通性的一种方法。

A 微震派生裂隙空间关系判断

假设微震派生裂隙为圆盘状，当两条微震派生裂隙在三维空间上平行时，判断方法比较简单，而当两条微震派生裂隙在三维空间上不平行时则存在四种空间关系：相交、相连、相嵌和相离，如图 14.1.9 所示。

可将微震派生裂隙的空间关系转换为数学问题。每个裂隙圆盘数据由圆心坐标（x_0，y_0，z_0）、半径 R、倾向 α 和倾角 β 构成。根据空间解析几何方法，可判断两两裂隙之间是否存在交线。若存在，则可进一步求得交线方程及交点坐标。

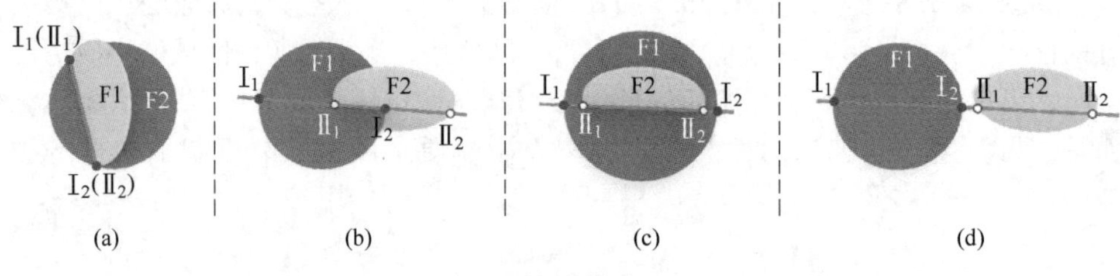

图 14.1.9　微震派生裂隙的空间关系

（a）相交；（b）相连；（c）相嵌；（d）相离

利用上述方法，对随机分布的 100 个裂隙进行空间关系判断，结果如图 14.1.10 所示，图中裂隙之间及裂隙与边界之间的交叉线如图中红色圆管所示。

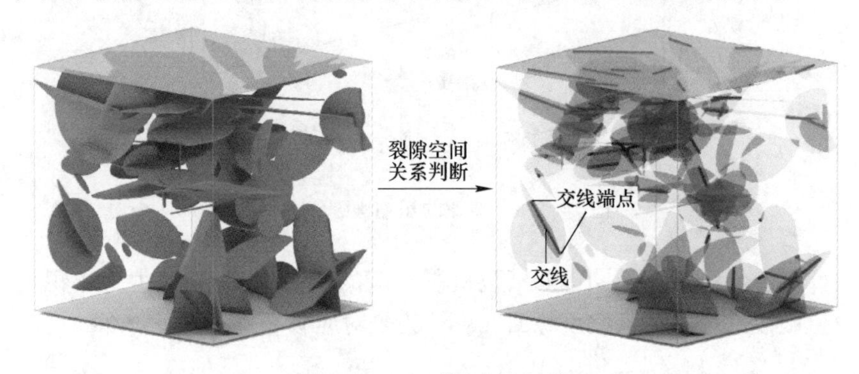

图 14.1.10　裂隙和交叉线

（扫描书前二维码看彩图）

B　微震派生裂隙网络模型图结构概化

在微震派生裂隙网络中，多条派生裂隙的交叉和连接可形成裂隙渗流网络。构建三维裂隙渗流网络的重要步骤是确定空间内裂隙间的搭接关系。本节利用图论法，将微震派生裂隙网络转化成图结构。在数学中，图是由一组结点组成的结构，结点之间由边连接[79]。根据这种方法，微震派生裂隙网络可以表示为一个图。与微震派生裂隙有关的几何信息（如开度、交线长度、方位等）和水力特性（包括渗透性、压力梯度和黏滞系数等）被分配到连接结点的边中，如图 14.1.11 所示。有关图论的详细信息，可参阅文献［80，81］。图论的应用有利于解决工程中复杂的三维裂隙网络问题，节约计算空间[82]。

在裂隙渗流研究中，通常将三维裂隙网络转化为管道模型。通过微震派生裂隙的圆心和该裂隙与另一微震派生裂隙的交线中心建立用于流体流动的管道模型，如图 14.1.11（a）所示。图 14.1.11（b）所示为由微震派生裂隙网络转换为图结构的示意图，图中红色球体表示结点，灰色管表示裂隙的交线，蓝色管表示边（渗流管道）。

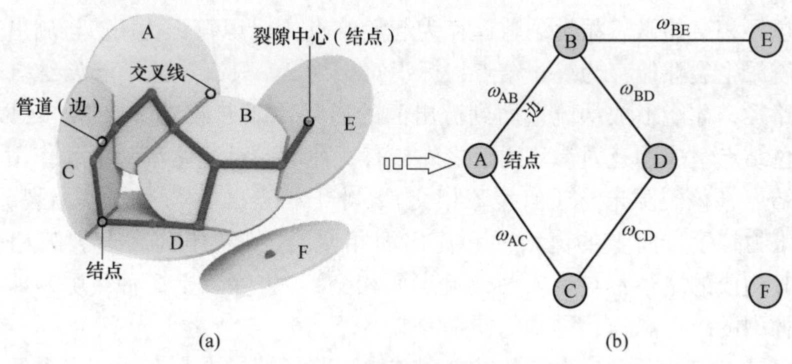

图 14.1.11 裂隙网络概化为图结构

（扫描书前二维码看彩图）

在处理工程裂隙问题时，裂隙网络中交叉形成的点与边的数量较大。鉴于邻接链表在数据存储时具有节省计算空间[83]，可处理大规模的裂隙网络问题的优点，本节采用邻接链表记录微震派生裂隙之间的拓扑关系、裂隙的水力属性及几何属性。邻接链表实际上储存了微震派生裂隙网络的图结构。本节程序主要利用MATLAB 进行编制，邻接链表在储存时以结构体的形式进行储存。

C 微震派生裂隙网络模型渗流路径识别

大量裂隙的交叉贯通便形成了可渗的众多路径。邻接链表中记录了微震派生裂隙复杂的拓扑关系。如何从复杂的拓扑关系中识别出渗流路径是最终目的。三维裂隙网络渗流路径识别过程是：去除对流体流动无贡献的裂隙，识别出对流体流动起作用的裂隙。识别过程可概括为三步：（1）确定流入和流出边界，将邻接链表中记录的微震派生裂隙拓扑关系概化为图结构；（2）对数据预处理，去除孤立结点与叶子结点；（3）利用图的搜索算法搜索出沿水力梯度方向连接流入面与流出面的通路，即渗流路径。

结合图 14.1.12 阐述这三个步骤，图中左侧为流入边界，右侧为流出边界。

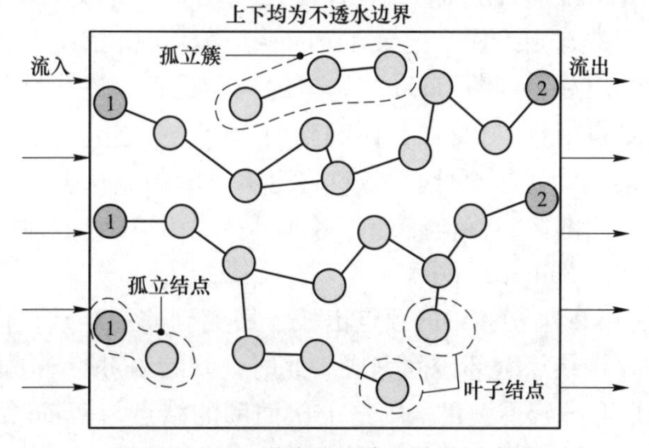

图 14.1.12 裂隙网络渗流路径示意图

与流入边界相交的微震派生裂隙储存为起始结点，标识符记为1；与流出边界相交的微震派生裂隙储存为终止结点，标识符记为2。只有连通了起始结点与终止结点的路径，才能形成从流入面到流出面的通路，即有效渗流通道。可以看出，除了黄色结点组成的有效渗流通道之外，有3种情况对流体流动不起作用，分别为孤立结点（该裂隙未与任何裂隙相交）、叶子结点（仅与另外一个裂隙相交，且不与水力梯度方向上的流入面和流出面相交）、孤立簇（多个裂隙相交形成簇，但其构成的路径不与流入面或流出面相交）。去除以上3种裂隙，即去除对应图结构中的结点和边，得到的便是渗流路径。

孤立结点与叶子结点也称死结点，在渗流路径搜寻中，在死结点上回溯是没有意义的，删除死结点可大大减少渗流路径识别的工作量。孤立结点与叶子结点的去除方法比较简单，在邻接链表中与这两类结点相连的结点数分别为0和1。因此，可直接在邻接链表中将这两类微震派生裂隙删除。

到此为止，微震派生裂隙网络的图结构中只剩下有效的渗流路径与孤立簇。因此可通过图的搜索算法找出所有与流入面和流出面相连通的连通路径，得到具有水力传导意义的渗流路径。剩下的连通路径便是由孤立簇确定的，应给予删除。本节采用深度优先搜索算法（depth first search，简称DFS）搜寻有效渗流路径。对于DFS算法在渗流路径搜寻中的应用优越性已得到诸多学者的印证[83~85]。

如上所述，当组成裂隙网络的微震派生裂隙数量较多时，通过DFS算法所搜寻的路径数量是巨大的。三维裂隙渗流路径识别过程便是从DFS算法所搜寻的大量路径中确定出能够连通流入面与流出面路径。利用DFS算法搜寻微震派生裂隙渗流路径步骤如下：

（1）利用MATLAB构造结构体“Node”，按照堆栈的形式储存渗流路径上的结点。设流入面上裂隙交线的中点构成的集合为初始结点集S，流出面上的裂隙交线的中点构成的集合为终止结点集E。

（2）从初始结点集S中选择一个初始结点s出发，寻找s未访问过的邻接结点w。若w是存在的，则入栈，记录在Node结构体上。依次对所有的邻接结点进行访问，访问结束后，判断Node结构体的顶点是否为终止结点集的元素；若不是，则删除该结点信息（出栈），回溯到前一个结点进行遍历，直至搜索到属于终止结点集的结点为止。至此，Node结构体中的结点从上到下即组成了一条连接流入面与流出面的简单渗流路径，将Node结构体中结点对应的微震派生裂隙信息存入结构体“Pathway”中。

（3）然后将Node结构体中的顶点出栈，回溯到前一结点，作为起点进行遍历，直到所有的邻接结点全部访问完成。此时，判断Node结构体顶部结点是否与路径Pathway相连。若不满足，则将上次回溯的结点与Node结构体顶部结点之间的结点出栈。若满足，则将该段结点对应的微震派生裂隙信息存入Pathway

结构体中。重复上述操作，直至 Node 结构体为空。至此，Pathway 结构体中便存储了连接初始结点 s 与终止结点集中某个终止结点的有效路径的微震派生裂隙信息。

重复步骤（1）~（3）直至初始结点集合中所有结点都被访问过为止，获得最终连接流入面与流出面的微震派生裂隙渗流路径。

为了演示上述计算，构建一个包含 400 个随机裂隙（倾向、倾角和长度都服从随机分布）的离散裂隙网络，如图 14.1.13（a）所示。按照上文所述渗流管道构建方法，经裂隙空间关系判断和 DFS 渗流路径识别后的可得到如图 14.1.13（b）所示的裂隙渗流网络。

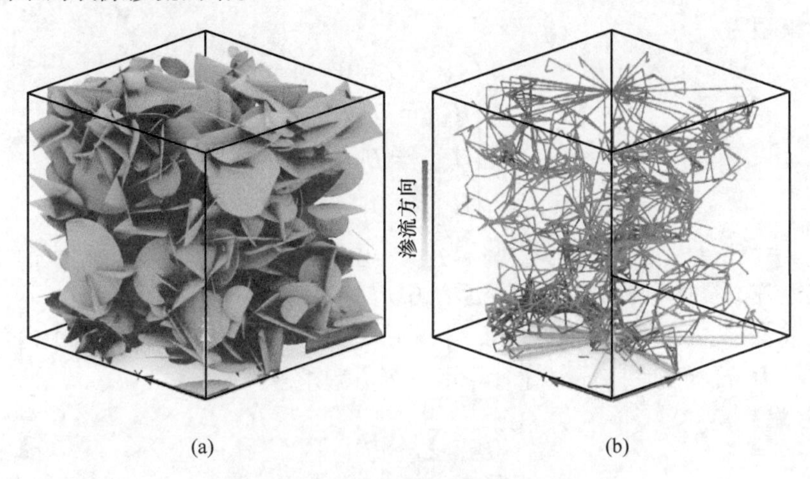

图 14.1.13 渗流路径搜索示意图
（a）离散裂隙网络；（b）渗流路径
（扫描书前二维码看彩图）

D 微震派生裂隙渗流网络模型渗流计算

Darcy 定律[80]通常被用来评估流体通过单裂隙的流动行为。对于微震派生裂隙中流体流动分析需要给出两个基本假设：（1）岩石材料是不渗透的，即只考虑微震派生裂隙中的流体流动；（2）每个微震派生裂隙都是由一定开度和渗透率的光滑平板组成。

如前文所示，微震派生裂隙渗流网络其结构要素为微震派生裂隙的交点及交点间的边。假定在某一渗流空间内，在微震派生裂隙渗流网络系统中取一个由结点 i 和 k 个交于结点 i 的边组成的均衡域，则按水流均衡原理（质量守恒），可得节点 i 处的流动方程为[86,87]：

$$\left(\sum_{j=1}^{k} q_j\right)_i + Q_i = 0 \qquad (i = 1,2,\cdots,k) \tag{14.1.31}$$

式中　q_j——节点 j 的流入或流出流量；

k——与结点 i 连接的边数；

Q_i——结点 i 处的源/汇项。

在微震派生裂隙渗流网络的图结构中，有三种类型的结点：流入结点、内部结点和流出结点。流入结点对应于流入边界，流出结点对应于流出边界。在流入和流出结点设置一定压力边界，如流入结点水头设为 H_1，流出结点设为 H_2，其他面为不透水边界，则水头设置为 0。对于三维渗流模型而言，流出面可设置多个。如果微震派生裂隙渗流网络的图结构中有 n 个结点，则式（14.1.32）可以转化为 n 个方程组。结合边界条件，可得由矩阵形式表示的微震派生裂隙渗流网络数学模型为：

$$\begin{cases} \boldsymbol{A}\boldsymbol{q} + \boldsymbol{Q} = 0 \\ H_{\text{inlet}} = H_1 \\ H_{\text{outlet}} = H_2 \\ H_{\text{other}} = 0 \end{cases} \tag{14.1.32}$$

式中，$\boldsymbol{Q}=[Q_1,Q_2,\cdots,Q_n]^{\mathrm{T}}$；$\boldsymbol{q}=[q_1,q_2,\cdots,q_n]^{\mathrm{T}}$；$\boldsymbol{A}=[a_{ij}]_{n\times m}$ 为渗流网络的 $N\times M$ 阶衔接矩阵，描述了裂隙渗流网络系统中边与结点的衔接关系。

从式（14.1.32）中可以看出，未知量是微震派生裂隙渗流网络中内部结点的水头压力 H，可通过 Darcy 定律中的下列方程求解：

$$H_j = \frac{\sum_{i=1}^{n} C_{ij} H_i}{\sum_{i=1}^{n} C_{ij}} \tag{14.1.33}$$

$$q_j = C_{ij} \Delta H_j \tag{14.1.34}$$

$$C_{ij} = \frac{g a^3 b}{12 \nu L} \tag{14.1.35}$$

式中，H_j 是结点 j 的水头压力；结点 i 和 j 之间边的传导系数为 C_{ij}，由重力加速度 g、边的开度 a、裂隙交线长度 b、黏度系数 ν 及边的长度 L 求得。

由于微震派生裂隙渗流网络中不同的微震派生裂隙的开度是不一致的，本节取结点 i 和 j 对应的微震派生裂隙开度的平均值作为边的开度 a。

根据式（14.1.32）~式(14.1.35)，可通过数值计算获取各个边的流量 q 和各节点水头压力 H。求得了各节点水头压力 H 后，也可以根据 Darcy 定律求解每个微震派生裂隙的渗透率，如式（14.1.36）所示：

$$K = \frac{q \nu L}{\Delta H a b} \tag{14.1.36}$$

同样地，为了展示上面的求解过程，利用图 14.1.13 构建的 400 个裂隙及识别的渗流路径，调用邻接链表中保存的结点和边的几何及水力属性，利用式(14.1.32)~式(14.1.36)对各结点和边进行渗流计算。设裂隙渗流网络立方体的顶面为流入面 $H_1=1$，底面为流出面 $H_2=0$，四周为不透水边界 $H_{other}=0$。图14.1.14（a）给出了裂隙渗流网络中结点与边的分布（黄色球体表示结点，蓝色管表示边）；图14.1.14（b）给出了所有结点的水头压分布，其中边的水头值由结点水头值插值求得。

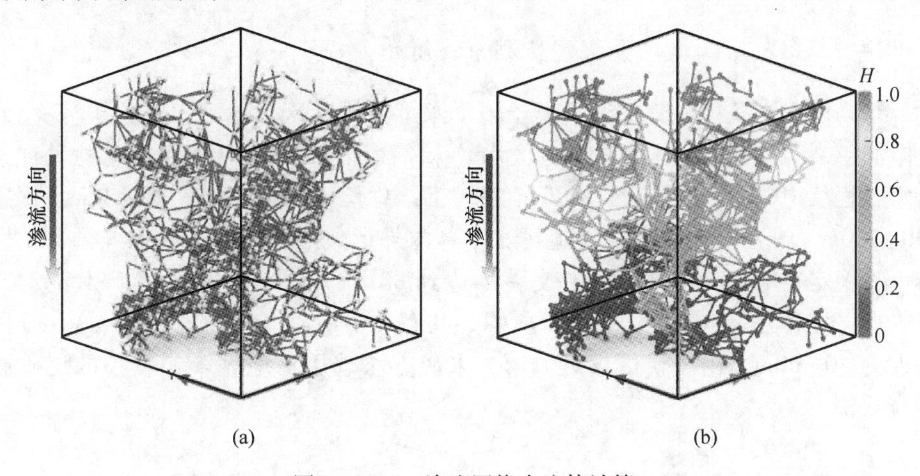

图14.1.14　渗流网络中流体计算
（a）图结构（结点和边）；（b）结点的水头分布
（扫描书前二维码看彩图）

14.2　矿山采动岩体导水通道识别案例分析

14.2.1　张马屯铁矿堵水帷幕突水通道形成过程和机理分析

杨天鸿等[88]通过现场实例分析，提出了“采动压力和水压力扰动应力场诱发微破裂（微震活动性）是矿山突水前兆本质特征”的思路。微震监测（MS）作为一种先进的无损监测技术，能够探测到岩体内部微破裂释放的弹性波，实时、高效地定位破裂源，并从中解译破裂源信息，帮助认识突水灾害产生的本质和过程。但是目前微震监测主要用于岩爆预报[89]、采场顶板稳定性监测[90]等，用于帷幕突水监测的文献较少[91,92]，特别是关于帷幕突水通道形成过程和机理方面的研究鲜有报道。下面将14.1节探讨的理论方法应用于大水矿山张马屯，为该矿突水巷道防排水、帷幕加固提供依据。

张马屯铁矿注浆帷幕使用年限已经超过20年，在诸多因素的影响下（如注浆不充分、岩石力学性质较差、常年地下水侵蚀弱化、采矿扰动等），渗流通道在帷幕区域逐渐形成。渗水通道位于岩体内部，很难被探测到，导致帷幕堵水效果逐步降低，对帷幕内部采场的安全生产带来隐患。传统的监测方法能够得到渗流区域的大致位置，但并不能得到渗流通道的形成过程和力学过程。为了解决这一问题，矿山引进了微震监测系统。本节基于微震监测原始数据，建立了潜在渗流通道分析的基本框架，旨在确定渗水面的倾向、倾角，分析渗流通道形成过程中震源参数的变化情况和微破裂类型，从而解译其产生、扩展、贯通的力学机理，并最终确定渗流路径和突水位置。

14.2.1.1 矿山概况和微震监测系统简介

张马屯水文条件极其复杂，属于地下水承压排泄区，地下水补给十分充沛，且溶洞、裂隙发育，为国内少见的大水矿床，因涌水量巨大无法开采。帷幕注浆堵水工程从 1979 年开始，至 1996 年底竣工，总长 1410m，厚度 20~30m，深度 330~560m。帷幕形成后进行巷道排水，幕内外形成约 170~380m 水头差，矿区排水量稳定在 65000m^3/d，堵水效果可达到 85.32%以上，保证了矿山正常开采。矿区整体示意图如图 14.2.1 所示，共有 4 个中段（-360~-200m），分段高度为 40~60m。由于矿区靠近城市，采矿方法选用对地表影响较小的尾砂胶结充填法。

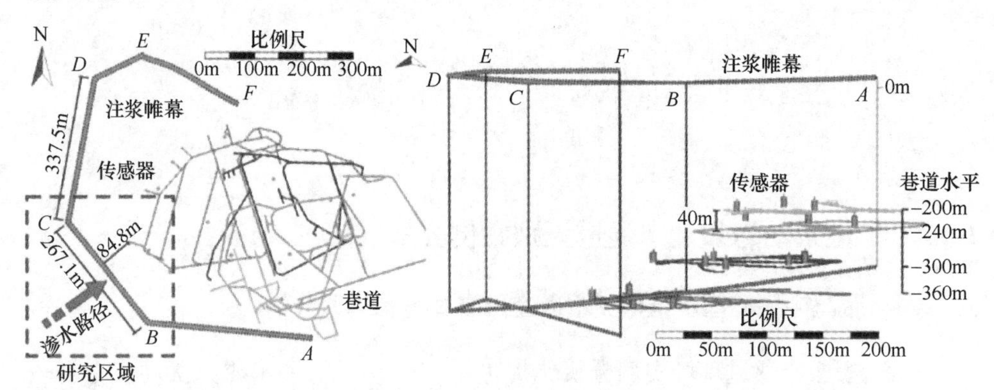

图 14.2.1 张马屯铁矿俯视图

图 14.2.2 所示为矿区-300m 水平地质切面图，绿色为第四系，黄色为闪长岩，青色为大理岩，蓝色为矽卡岩，暗红色为矿体。图中 *BC* 段溶洞和裂隙带非常发育，该处大理岩透水层中排水率为 0.016~6.49L/(s·m)，渗透系数为 0.082~38.17m/d。大理岩层主要埋深 150~500m，组成矿体的顶底板。地下水从该层流入采场。帷幕贯穿大理层进入闪长岩层，形成阻水屏障。

图 14.2.3 所示为矿区西南部帷幕 *BC* 段地层切面图。地层中的主要含水层为埋深 266~360m 的大理岩，其中小溶洞、溶蚀裂隙发育，且部分向层间溶蚀溶洞和大型岩溶导水构造过渡[93]。*BC* 段大理岩含水层中白云质成分含量比其他地段

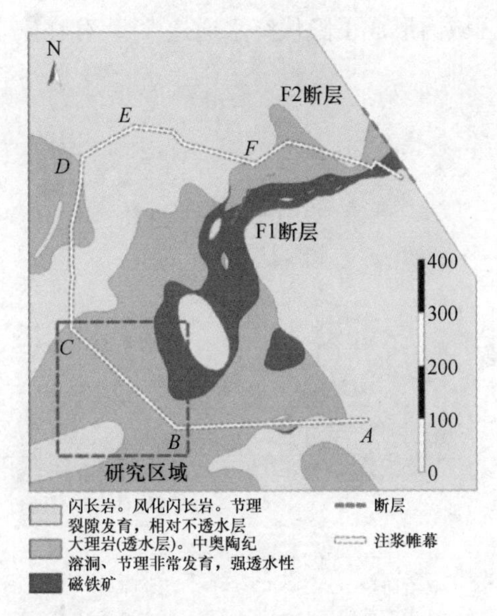

图 14.2.2 研究区域内沿注浆帷幕地质剖面图
（扫描书前二维码看彩图）

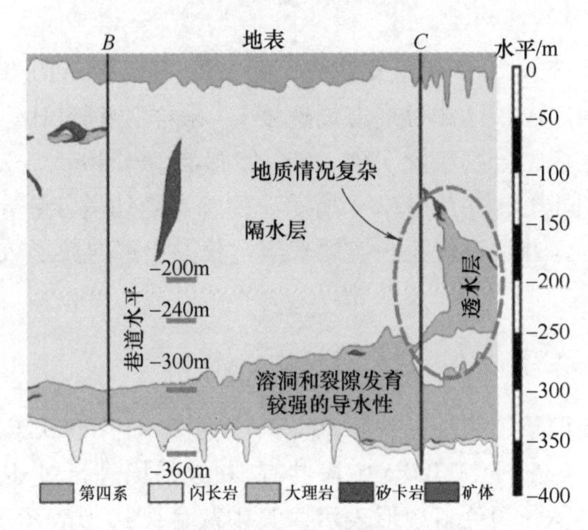

图 14.2.3 研究区域内沿注浆帷幕地质剖面图
（扫描书前二维码看彩图）

高，岩质更破碎，较帷幕其他地段具有更好的导水条件，为重点研究区域。1997 年与 2010 年分别进行了两次放水试验，水头降等值线如图 14.2.4 所示。1997 年开始帷幕堵水时效果很好，帷幕内外形成了较高的水力梯度。经过近 20 年的开采，帷幕在长时间的高水压、高流速的地下水冲刷腐蚀和爆破震动等因素的影响下，出现局部破坏。至 2009 年 7 月，矿区巷道涌水量突增至 $5\times10^3 m^3$/月，推测

是西南角 BC 段研究区域内形成了隐伏突水通道[92]，存在安全隐患。

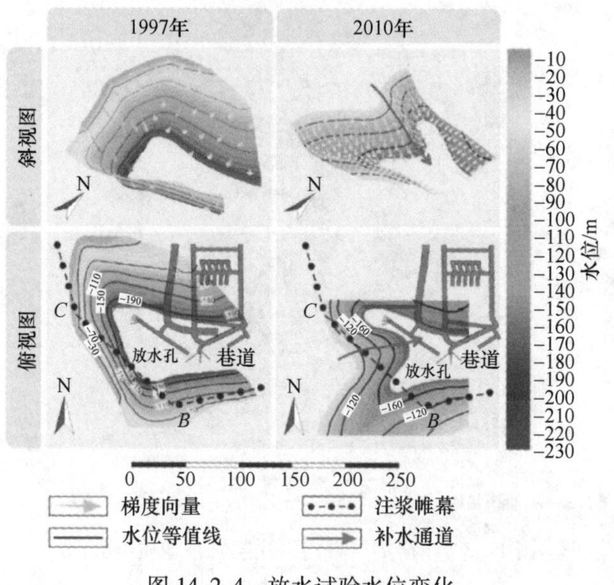

图 14.2.4　放水试验水位变化

（扫描书前二维码看彩图）

张马屯微震系统于 2007 年正式建成，共布置了 17 个 A1030 型防水单轴加速度计，其灵敏度为 30V/g（g 为重力加速度），采样频率 5kHz。-360m、-300m 中段为重点监测区域，分别布置 5 个、6 个传感器，-240m、-200m 水平各布置 3 个传感器，其空间分布如图 14.2.1 所示。传感器阵列呈分层分布，以保证监测范围覆盖整个采区，并且进行 24h 连续采集，获得丰富的波形数据，为监测分析奠定了基础。

14.2.1.2　微震事件的时空分布规律分析

微震监测系统记录了张马屯铁矿 2007 年 7 月 24 日~2009 年 3 月 17 日的微震数据。在此期间，-360m、-300m 中段共有 10 处采场进行过开采，如图 14.2.5 所示。不同矿房用不同颜色多边形表示，其中灰色多边形表示截至 2007 年 7 月 24 日已经充填完毕的矿房。为便于分析，将监测时间区间按时间节点 2007 年 7 月 24 日、2007 年 12 月 1 日、2008 年 2 月 1 日、2008 年 6 月 20 日、2009 年 3 月 27 日分为Ⅰ、Ⅱ、Ⅲ、Ⅳ四阶段，各时间段开采的矿房编号如图中黑色方框和条形图所示。

2007 年 7 月~2009 年 3 月研究区域内的所有微震事件分布情况如图 14.2.6 所示。微震事件的颜色表示矩震级 M_w。红色方框表示的平面为微震事件的最佳拟合面（BFP，best fitting plane），倾向 126.1°，倾角 53.97°，中心水平-275m。

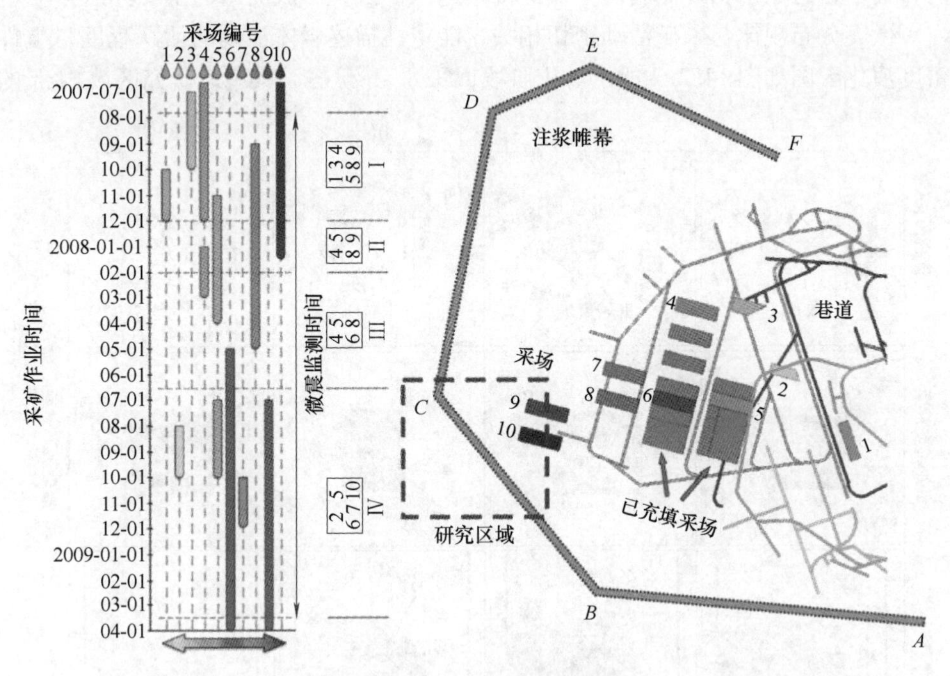

图 14.2.5 2007 年 7 月 ~2009 年 3 月开采时间示意图

（扫描书前二维码看彩图）

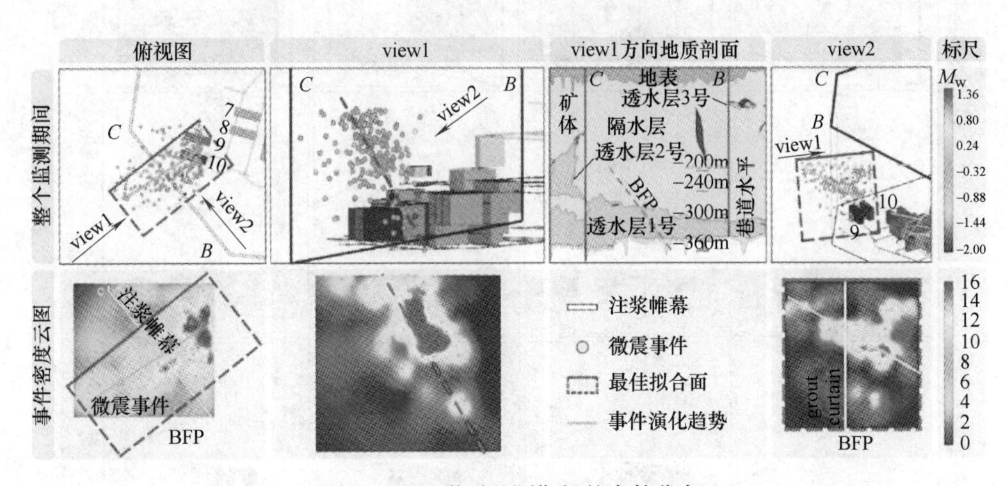

图 14.2.6 微震监测期间的事件分布

（扫描书前二维码看彩图）

view1 和 view2 分别为平行和垂直该平面走向的视角方向。微震事件整体上贯穿帷幕 *BC* 段，分布与放水试验吻合。*BC* 段存在 3 处透水层，其中透水层 1 号承压最大，达到 260~360m。微破裂区主要集中在透水层 1 号及其顶板上方 55m 范围内，突水通道从帷幕外侧斜向下贯穿帷幕进入矿区，形成突水的主要补给源。

微震分布规律与采矿活动密切相关，能定性描述岩体活动的活跃程度，事件密度演化云图如图 14.2.7 所示。Ⅰ阶段回采 8、9 矿房，其中，研究区域内部的

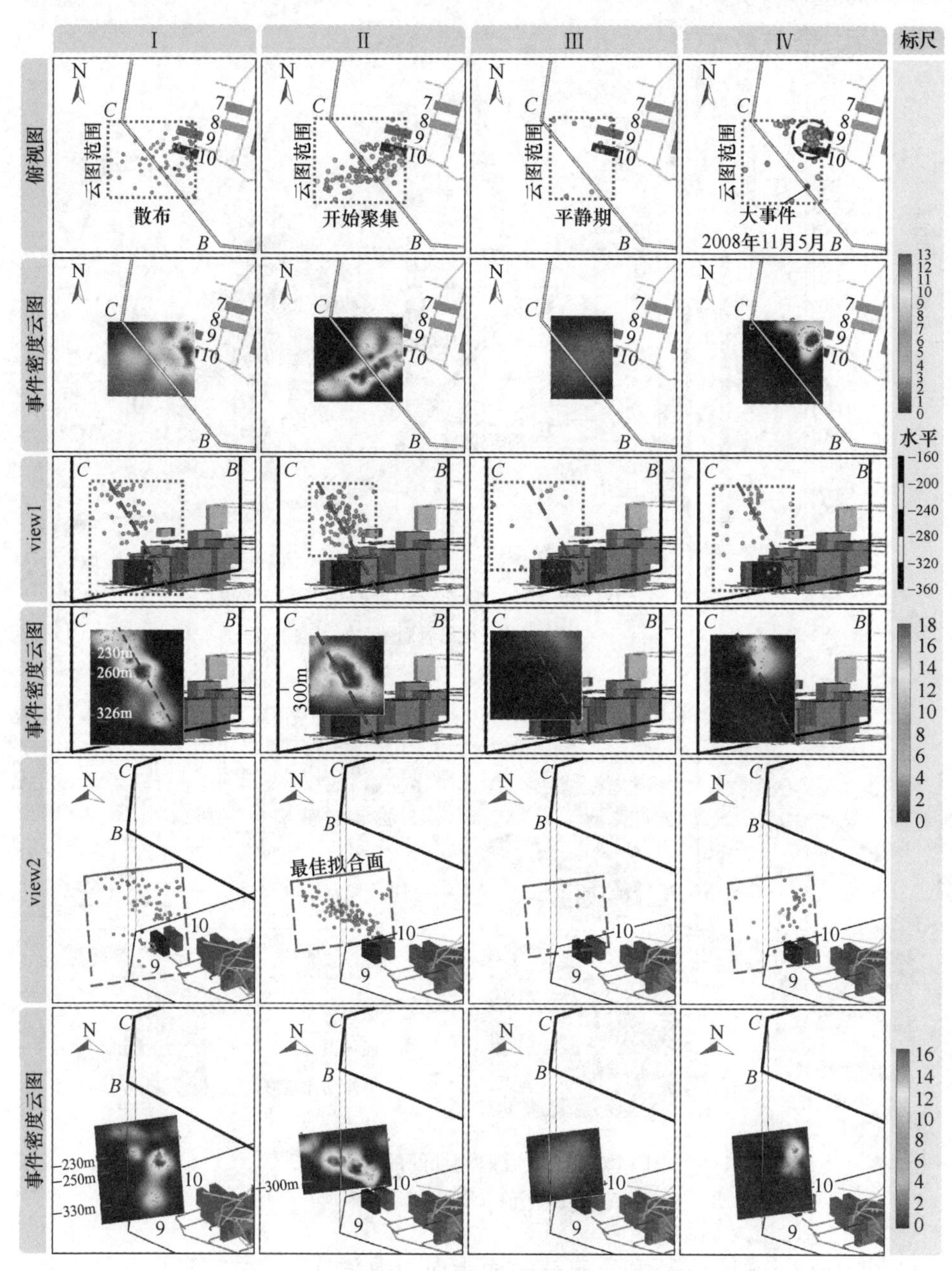

图 14.2.7　微震事件演化过程

（扫描书前二维码看彩图）

9 号矿房位于-300~-360m 中段，距离帷幕水平距离 103m。矿房开挖后，9 号矿房顶板-200~-300m 和南侧-300~-330m 区域出现明显事件集中。同时，在爆破震动的诱导下，帷幕内侧出现散布的微震事件。从垂直 *BC* 段方向（view1）上看，事件分布呈线性分布，其最佳拟合平面与水平面夹角 60°，斜切帷幕，且-260m 与-326m 处事件较集中，为帷幕薄弱区域。Ⅱ阶段，随着 8、9 矿房回采进行，在高水压与爆破震动的双重影响下，帷幕薄弱区域出现较多裂隙，微震事件出现明显的聚拢。从平行 *BC* 方向（view2）看，破裂从幕外到幕内沿 30°方向向下贯穿帷幕，帷幕破坏区集中在-220~-275m，正好位于透水层 1 号顶部区域，在此时段内，突水通道逐渐出现雏形，巷道涌水量增加 $3\times10^5m^3$/月。Ⅲ阶段 9 号矿房已回采充填完毕，8 号矿房继续开采，其与帷幕水平间距约 167m，对帷幕影响相对较小，该时段内微震信号出现平静期。帷幕薄弱区虽然处于高水压条件下，但缺少较强爆破震动的诱导，裂隙带并未进一步扩展。Ⅳ阶段 10 号矿房开始回采，距离帷幕 71m，其顶板上方出现事件集中，帷幕附近微裂隙进一步扩展。到 2008 年 9 月 5 日，帷幕-318m 处出现高能量微震事件，矩震级 1.36 级，该处帷幕薄弱区破坏，形成突水通道，涌水量增加 $2\times10^5m^3$/月。

14.2.1.3 震源参数时空演化规律

地震矩可以由式 $M_0=\mu D\pi r^2$ 表示。式中 μ 为岩体剪切模量，D 为断层面上的平均位错，r 为震源半径。地震矩是基于震源尺寸和原位错的岩体内部微破裂对岩体影响的综合评价指标，地震矩越大，表明该区域破损越严重，应力场在破坏前后有更明显的降低，由于此区域应力得到释放，会导致其周围区域更容易出现应力集中，进而出现二次破坏和破坏扩展，从而形成突水通道。矩震级 M_0 与地震矩 M_w 呈对数关系，为无量纲量，与地震矩意义基本相同。震源半径受所假定的震源时间函数和所处地质条件等因素影响较大。震源半径越大，则该处渗透性和导水性越强，是判断涌水量分布的重要参考因素之一。因此此处着重分析 M_w 和 r 的时空分布规律。

地震矩密度单位为 m^{-3}，云图如图 14.2.8 所示。从整个时间段来看，矩震级最大处为 2008 年 9 月 5 日发生的-318m 处的大事件，矩震级为 1.36，为形成突水通道的主要破裂。从Ⅰ阶段俯视图上看，帷幕线形成了较为明显的分界线，幕内地震矩明显大于幕外。此阶段 8、9 矿房回采时的爆破扰动和空区造成应力重分布，使得矿房与帷幕之间围岩出现较多破裂。view1 方向上，地震矩密度沿最佳拟合面方向分布，表明沿该平面有明显应力集中，为隐伏的帷幕薄弱区。结合 view2 方向可以看到，拟合面沿线上，随深度增加水压增大，岩体破坏具有更大的驱动应力，地震矩密度明显增大。Ⅱ阶段，随着回采扰动的进一步累积，矩密度分布贯穿帷幕，幕外略小于幕内，形成贯通趋势。对比Ⅱ-view1 与Ⅰ-view1 可

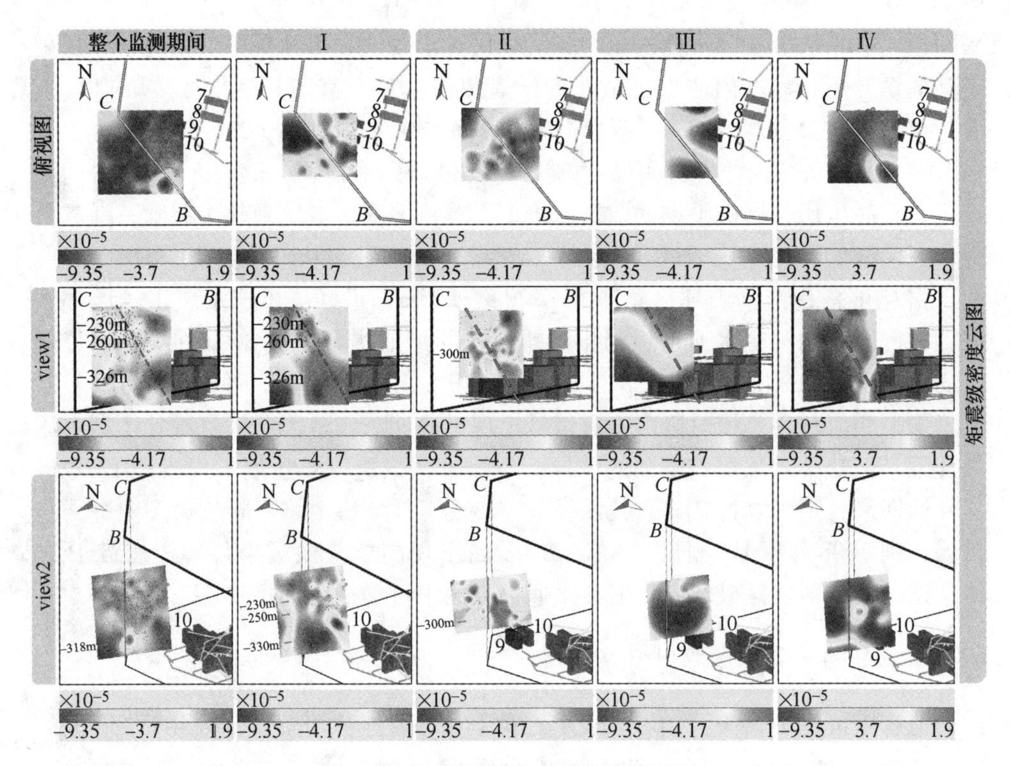

图 14.2.8　矩震级密度时空演化云图

（扫描书前二维码看彩图）

以明显看到，拟合面附近薄弱区最先出现微裂隙，先一步得到应力释放，其后该处应力重新分布，转移到其两侧区域，形成了Ⅱ-view1 中沿拟合面两侧一定距离处的矩密度集中区。view2 表明Ⅱ阶段主要破坏集中在-280～-330m 之间。Ⅲ阶段平静期内，微震事件主要集中在 9 号矿房空区顶板区域。Ⅳ阶段出现大事件，于帷幕-318m 附近形成贯通幕内外的主要突水通道。

震源半径演化云图如图 14.2.9 所示。整个研究区域震源尺寸范围约为 4～14m，大事件处为最大震源，震源半径 13.7m。从Ⅰ、Ⅱ阶段俯视图可知，幕外明显高于幕内，幕内半径均值 8.7m，幕外半径均值 6.2m。Ⅰ阶段至Ⅱ阶段，幕内半径均值从 8.1m 增加到 9.2m，形成贯穿趋势之后，幕外半径均值从 5.4m 增加到 7.3m。可见，此时间区间内岩体微裂隙逐渐扩大，导水能力增强。从 view2 与 view3 方向云图可知，-310m 水平以下破坏半径最大，导水性最强。Ⅲ阶段平静期震源半径分布相对较均匀，均值约为 7.4m。Ⅳ阶段最大半径 13.7m，集中在-310m 水平，同时在-230m 水平也有半径 9.3m 的震源分布，为帷幕上两处主要补水通道。

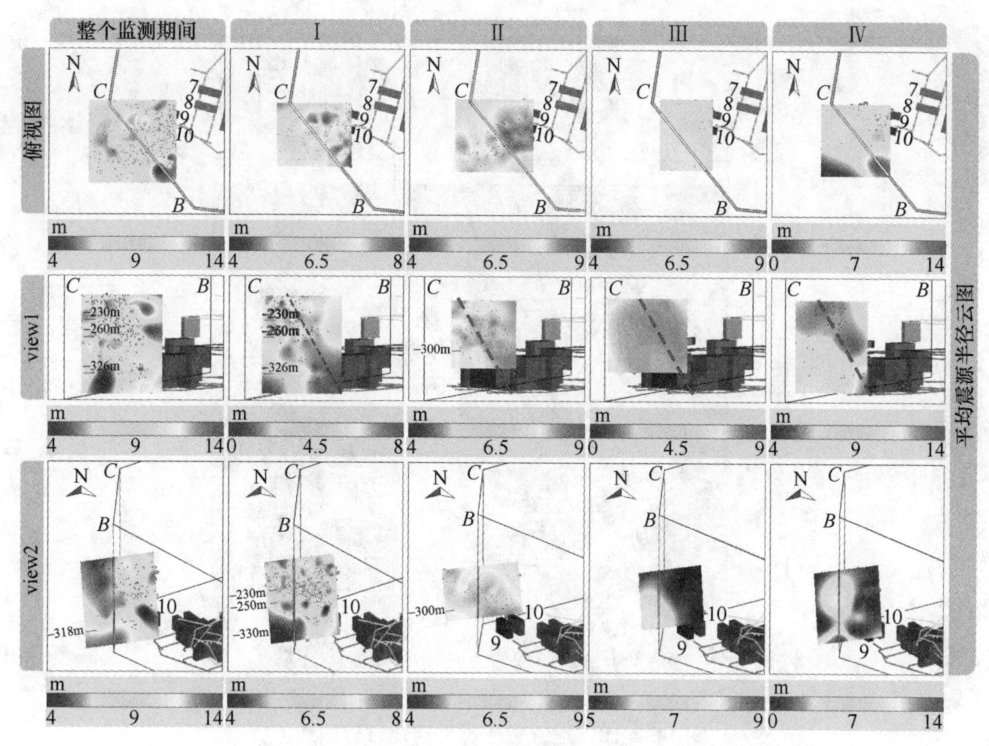

图 14.2.9 震源半径时空演化云图

（扫描书前二维码看彩图）

14.2.1.4 突水通道形成过程分析

张马屯铁矿为大水矿山，在堵水帷幕和地质构造影响下，形成较高的水压力差。在采矿扰动的情况下，围岩破坏形成微裂纹，使孔隙率与导水性增加。微裂纹的产生是突水通道形成的必要条件。通过矩张量反演方法，可以得到微裂隙的破坏类型与破裂面方向，为突水通道形成机理分析提供重要依据。为保证结果的可靠性，本书只反演矩震级大于-0.8级的事件，得到93个反演结果。震源破裂类型比例时间演化曲线如图14.2.10所示。

监测期间，研究区域岩体以剪切破坏为主，共65个，占69.9%；混合型破裂12个，占12.9%；拉伸破裂16个，占17.2%。张拉破坏主要集中在Ⅰ阶段，占23.1%；Ⅱ阶段有较少拉破坏，占5.1%；Ⅲ、Ⅳ阶段没有监测到张拉破坏。地下工程中主要破坏为压剪型破坏[94,95]，张拉破坏主要成因为高压水涌入裂隙时裂纹张开扩展，以及采空区形成后顶板应力重分布，导致顶板围岩部分区域出现拉应力集中。由此可见，随着采矿活动进行，空区顶板出现拉剪破坏，空区与帷幕之间区域岩体内部出现剪切裂纹，加上岩体本身节理裂隙发育，容易与含水

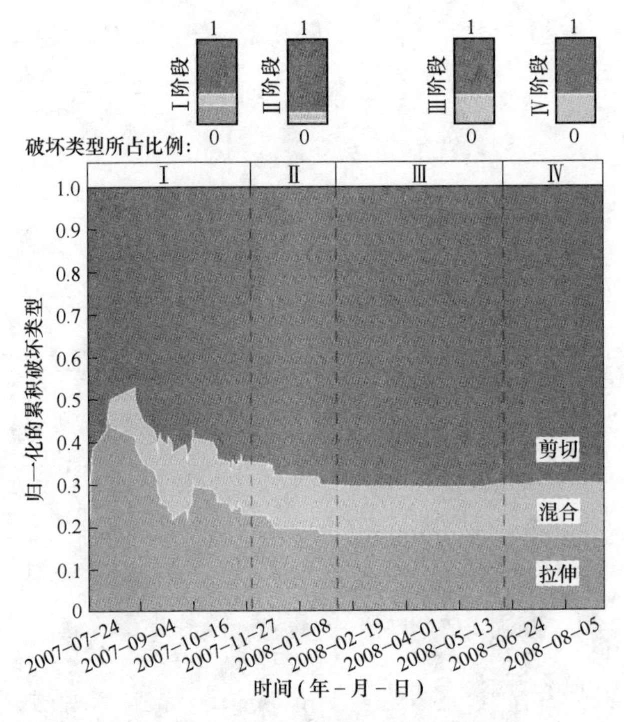

图 14.2.10　震源破坏类型演化过程曲线

(扫描书前二维码看彩图)

区域连通，高水头地下水进入裂隙引起拉伸破坏。水进入裂隙后，对破裂面起到润滑作用，使得岩体更容易发生剪切破坏，因此Ⅱ阶段剪切破坏明显增加，拉伸破坏比例减少。Ⅲ、Ⅳ阶段破裂多为裂纹张开并同时发生剪切的破裂类型，矩张量的双力耦 *DC* 成分相对于各向同性 ISO 成分明显增加，破坏类型更趋于混合型破坏和剪切破坏，因此这两阶段以混合型破坏与剪切破坏为主，并且所含比例均接近 1∶2。

突水通道的形成是多个微裂隙共同作用的结果，空间与时间相近的微裂纹之间存在密切联系。微裂隙扩展，形成新的微裂隙，逐渐形成微裂隙带，裂隙带之间相互连通，最终形成导水通道，对矿山安全生产带来安全隐患。根据实际情况，本节将导水通道形成机制分为 4 种，如图 14.2.11 所示。

(1) 剪切—张拉—剪切型破坏（STS，shear-tension-shear）。假设岩体最初比较完整，在扰动下开始出现压剪破坏，产生裂隙，但并不足以使岩体出现较大破坏。随后水侵入裂隙引起张拉破裂（类似于水力压裂），水侵入对剪切面产生润滑作用，降低岩体抗剪强度，导致进一步出现压剪破裂。因此，此类破坏呈现出剪切—张拉—剪切型的破坏顺序（STS）。

(2) 弱剪切型破坏（WS，weak shear）。这里的“弱”表示的是矩震级较小。

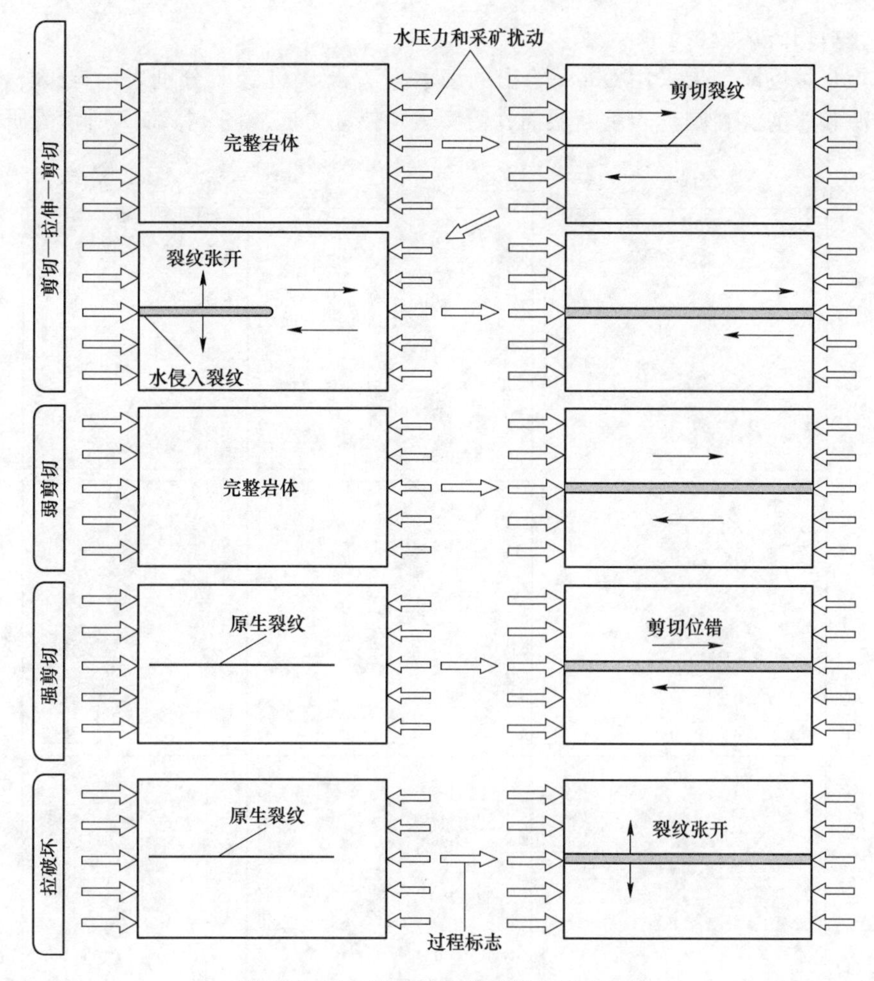

图 14.2.11　震源破坏类型演化过程曲线

假设岩体最初较为完整，但当出现较高的应力集中时，岩体直接被剪坏。在完整岩石中发生剪破坏的剪切位移有限。由矩震级的定义 $M_0=\mu D\pi r^2$ 可知，当位错距离较小时，矩震级一般较小。此类破坏周围通常弱剪切裂纹和混合型裂纹较多。

（3）强剪切型（SS，strong shear）。此处的“强”是相对于 WS 型破坏而言矩震级较大。Aswegen 和 Mendecki[96] 提出，在大型工程中，大事件的出现预示着软弱带的存在。裂隙发育的区域发生错动，其会产生高能级的大事件。相反，相对完整的岩石破坏产生的事件能级较小。假设岩体中包含原生裂隙，抗剪强度较低。当出现应力集中时，岩体很容易沿着破裂面发生剪切位错，位错量大会导致大矩震级的产生。此类破坏通常包含很少的拉破坏和混合破坏，且其矩震级相对较大。

（4）拉破坏（T，tension）。假设岩体中包含原生裂隙，抗拉强度较小，在高水压作用下裂隙贯通，水侵入出现拉破裂。此类型周围主要为拉破坏和混合型破坏，剪切破坏较少。

矩张量反演结果采用 Ohtsu 给出的表示方法[97]，红绿蓝分别表示拉破坏源、混合源和压剪源，圆盘表示断层面，箭头表示错动方向。图 14.2.12 所示为研究

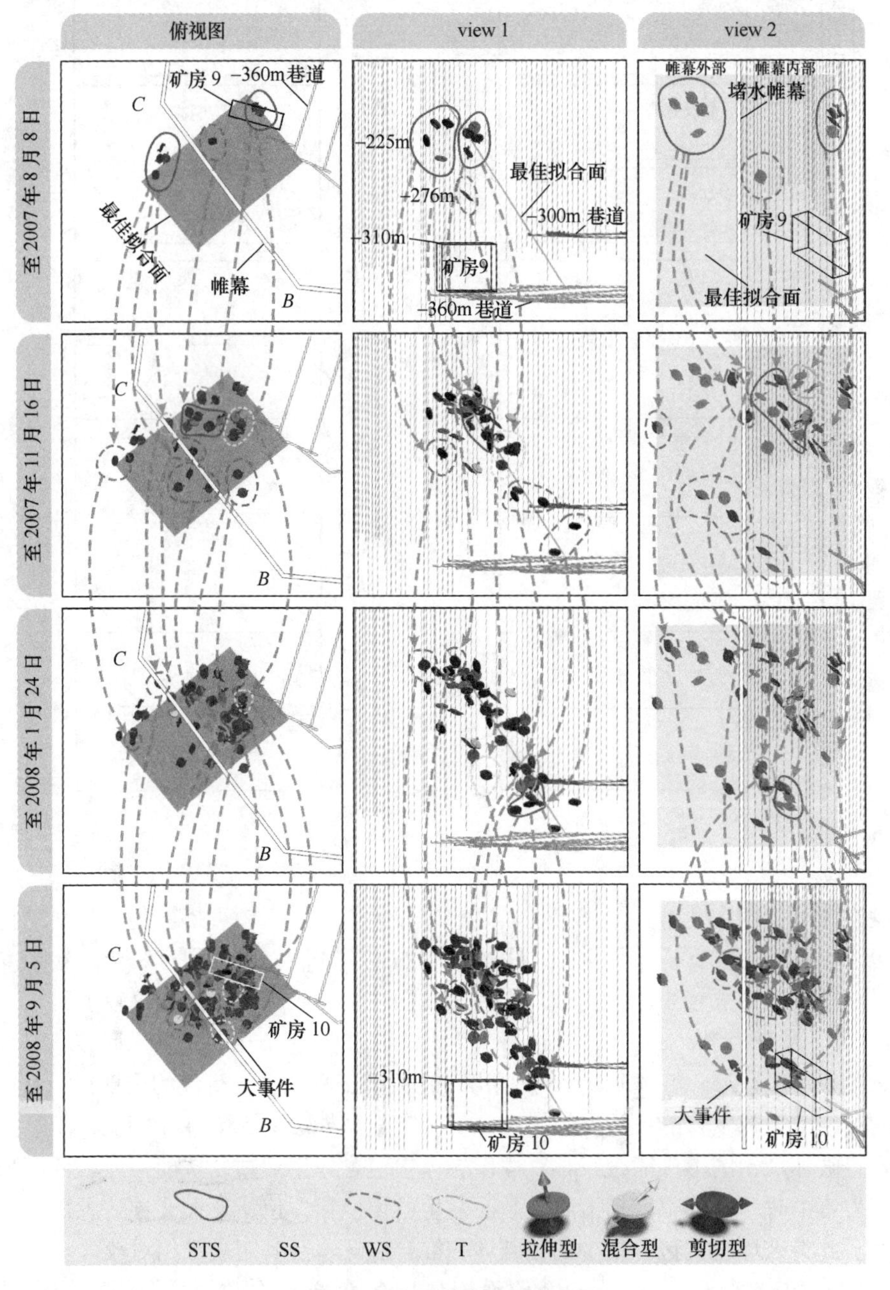

图 14.2.12　微裂隙空间分布图

（扫描书前二维码看彩图）

区域微裂隙反演分布图，每行表示同时段3个视角（俯视图、view1、view2）方向上的微裂隙分布，每列表示从2007年7月24日开始到一定时间的微裂纹累积分布，四种不同的岩体破坏模式区域用不同颜色和线型的闭合线表示，为了表达更简洁，其表示上一行时段之后新增的破坏，而不是累积的。

至2007年8月8日，裂隙主要产生于-210～-280m水平区域。其中9号空区上方和帷幕外部-225m水平处均出现STS型破坏，前者主要为矿房开采形成空区导致的顶板应力调整引发，后者主要为爆破震动扰动形成。拟合面-276m处出现WS型破坏，此处位于帷幕内侧15m，表明该区域附近存在帷幕薄弱区。

2007年8月9日~2007年11月16日期间，微裂隙分布逐渐向帷幕方向扩展，出现T型与STS型破坏，表明新破坏区域已开始形成小的导水通道，矿房上部的STS型破坏向下扩展，出现了SS型破坏，形成较大裂隙带，帷幕-225m处出现WS型破坏，成为幕外水的补给源，裂隙带出现连通趋势，为形成矿房顶板突水通道提供了条件。拟合面下部与上部破坏没有直接关联，为新生裂隙带，该处位于透水层1号层，水压较大，岩体富含较多节理裂隙和溶洞等不连续面，强度较弱，在爆破震动条件下，岩体直接被剪坏，形成WS型破坏模式，斜向下贯穿帷幕，为形成矿房侧壁突水通道提供了条件。到2008年1月24日，拟合面顶部已有较多微裂隙，岩体内部结构面增多，主要出现WS型破裂，使潜在顶板突水通道水量增加。9号矿房空区的形成使得其顶板应力集中，突水通道向下扩展，继续出现较强的SS型破坏，贯通空区顶板围岩，形成顶板突水通道，使得此期间巷道涌水量增加至$3\times10^5m^3$/月。拟合面下部WS裂隙带逐渐向帷幕内部扩展，水量增大，出现T型破坏区，进而引起较多WS型破坏，形成丰富的含水裂隙带。至2008年9月5日，顶板突水通道帷幕附近出现较多WS型破坏，突水量增加，空区顶板区域进一步出现SS型破坏，表明空区顶板有明显的剪应力集中。拟合面底部帷幕区域出现了SS型的大事件，帷幕薄弱区破坏，通道贯穿帷幕，连通10号空区侧壁，致使巷道涌水量增加至$4\times10^4m^3$/月。

因此，综合上述分析，可以得到张马屯帷幕突水通道的三维拟合面，以及其空间形态和形成过程，图14.2.13所示为最佳拟合面上两条突水通道的形成过程，图中用颜色区分出裂纹产生的先后顺序。通过裂纹演化过程分析可以得到，地下水通过两条主要路径涌入巷道。渗流路径Ⅰ从幕外-200m水平斜向下贯穿帷幕，从空区顶板区域涌入巷道。渗流路径Ⅱ从幕外-230m左右向下，于-318m处贯穿帷幕，从空区岩壁-325m区域融入巷道，为主要突水通道。

14.2.2 石人沟铁矿露天转地下顶柱渗流通道形成过程和机理分析

随着露天矿山开采深度不断增加，大量的金属矿山开始由露天开采向地下开采转化，露天转地下开采阶段主要涉及以下三个问题[98]：（1）露天转地下境界

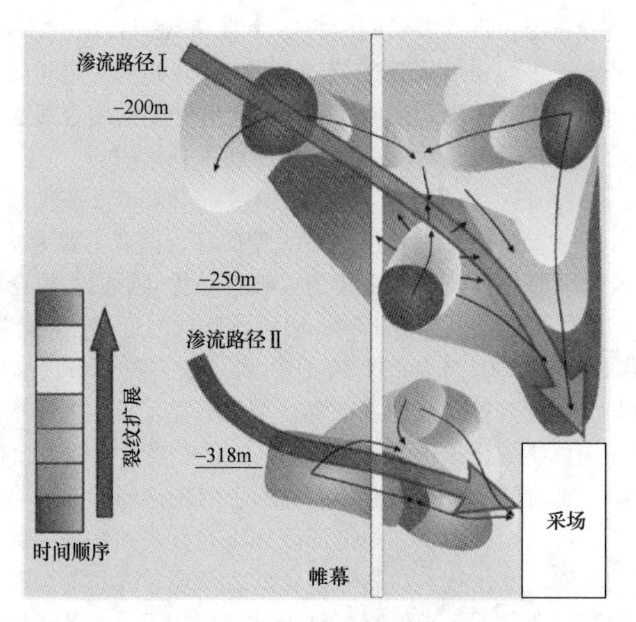

图 14. 2. 13　拟合面上的渗流通道形成过程（view2 方向）
（扫描书前二维码看彩图）

顶柱的稳定性；（2）露天坑底采场的稳定性；（3）露天坑底汇水涌入地下采场与巷道。石人沟铁矿是我国典型的露天开采转地下开采矿山，其露天转地下开采阶段设计如图 14. 2. 14 所示。石人沟铁矿具有露天坑底面积大、坑底汇水量大的特点。因此，掌握露天转地下阶段岩体内部裂隙的发育过程、围岩渗透特性的演化及渗流通道形成过程，可为露天转地下安全开采提供保障。

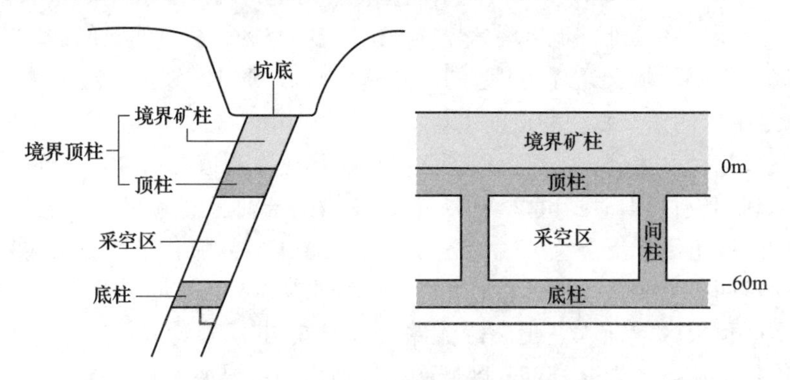

图 14. 2. 14　石人沟铁矿采矿示意图

本节首先基于微震数据的震源参数对围岩损伤演化过程进行分析，从宏观规律上初步确定渗流通道。同时，根据微震数据构建微震派生裂隙网络模型，并利用该模型进行围岩渗透特性及裂隙渗流通道形成过程分析，明确裂隙渗流通道。

14.2.2.1 矿山概况和微震监测系统简介

石人沟铁矿隶属河北钢铁集团，是其主要的铁矿生产矿山，位于河北省遵化市西北 $10km^2$ 处，唐山市东南 $90km^2$ 处，是中国典型的露天开采转地下开采矿山。该矿为铁硅质沉积建造变质铁矿床，矿石自然类型为石英岩型磁铁矿。矿区内断裂构造发育，矿区出露各类脉岩。岩性以黑云母角闪斜长片麻岩、角闪斜长片麻岩和花岗片麻岩为主。矿区为一单斜构造，矿体倾角为50°~70°。矿区内断裂构造发育，分布着多组断层。矿体属急倾斜矿体，初期开采方法为露天开采，形成了长2800m、宽260m、深120m的南北向露天矿（图14.2.15（a））。然后，转入地下后采用空场法开采。经过数十年开采，-60m水平遗留下129个正规采空区和多个盗采空区，地下空间结构复杂（图14.2.15（a））。矿区内地质条件复杂，断层断裂构造发育，基岩中存在承压水。露天坑底汇水量大，若坑底的采场与露天坑之间裂隙发生贯通，可发生“突涌”灾害。此外，17号勘探线上部有重点保护对象充填站存在（图14.2.15（a）），充填站场地标高为+99.7m左右，未运营时边坡可以保持稳定；当充填站运营时各立仓堆满物料砂浆，坡顶

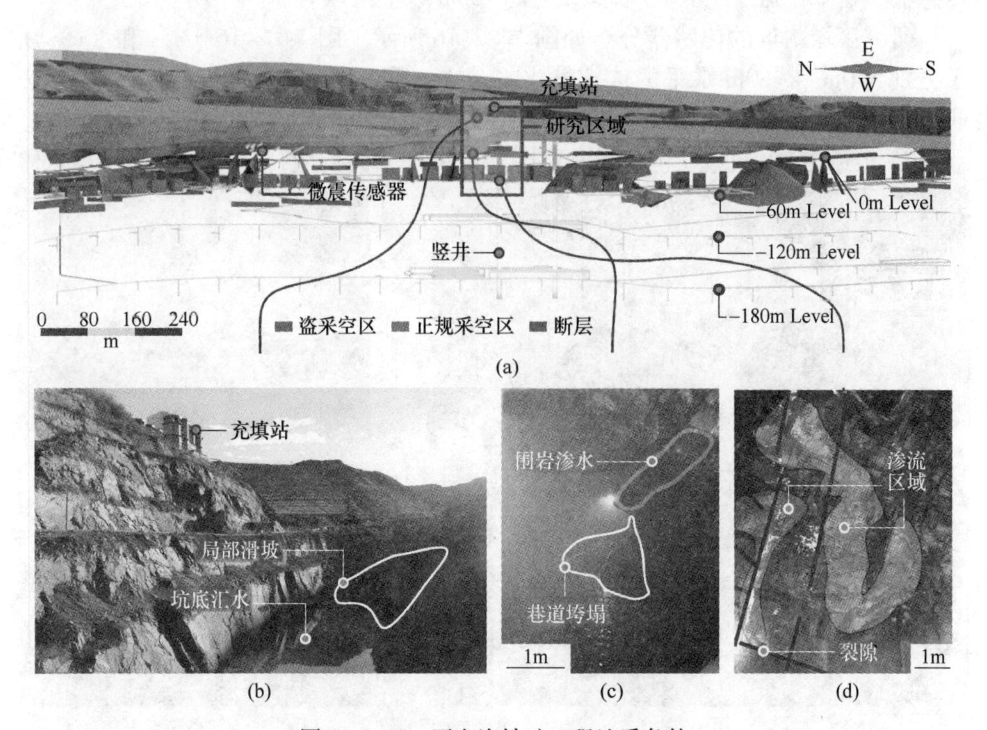

图14.2.15 石人沟铁矿工程地质条件

（a）石人沟铁矿空间三维模型；（b）研究区域地表现状；（c）巷道塌方；（d）岩壁水渗流

（扫描书前二维码看彩图）

载荷增大，会影响边坡稳定性。但该区段的境界顶柱中有大量盗采空区（图 14.2.15（a）中红色块体表示盗采空区），最近的距离坑底只有 4~8m，境界顶柱岩体破坏程度较大，坑底积水严重且存在局部滑坡（图 14.2.15（b）），探明其内部裂隙发育情况对围岩稳定性及渗流通道分析至关重要。

露天矿底部汇水高度达数十米（图 14.2.15（b）），0m 水平巷道变形严重，出现局部塌方，巷道顶板存在多个透水带（图 14.2.15（c））。此外，-60m 巷道存在数条大裂隙，巷道壁面出现连续渗水（图 14.2.15（d））。这一区域的主要人为活动是 17 号勘探线附近南侧排土场继续内排回填，境界顶柱承受较大载荷，一旦境界顶柱在上覆载荷作用下失稳破坏，不仅可诱导其下部采场连锁垮塌，引发上部充填站外延边坡变形，而且裂隙贯通将诱发细颗粒的回填物料和水溃入地下采场，发生突水、突泥灾害。因此，图 14.2.15（a）中的蓝线区域即 17 号勘探线附近值得重点关注，也是本节的研究区域。

为有效监测石人沟铁矿露天转地下开采过程中采场、边坡、境界顶柱的稳定性及渗流突水问题，建立了 ESG 微震监测系统以确保矿山的安全生产。在 0m 和 -60m 水平共设置 22 个传感器，包括 21 个单轴速度型传感器和 1 个三轴速度型传感器，覆盖矿区 11~18 号勘探线之间-60m 以上区域岩体。

研究区域附近的传感器分布如图 14.2.16 所示。图 14.2.16（a）和（c）所示分别为 0m 和-60m 水平的传感器水平分布。图 14.2.16（b）和（d）所示为研究区域周围传感器的三维分布。研究区域附近 100m 以内集中布置了 9 个传感器（11 个通道），较好地包裹了研究区，可保证较高的定位精度。传感器与岩体

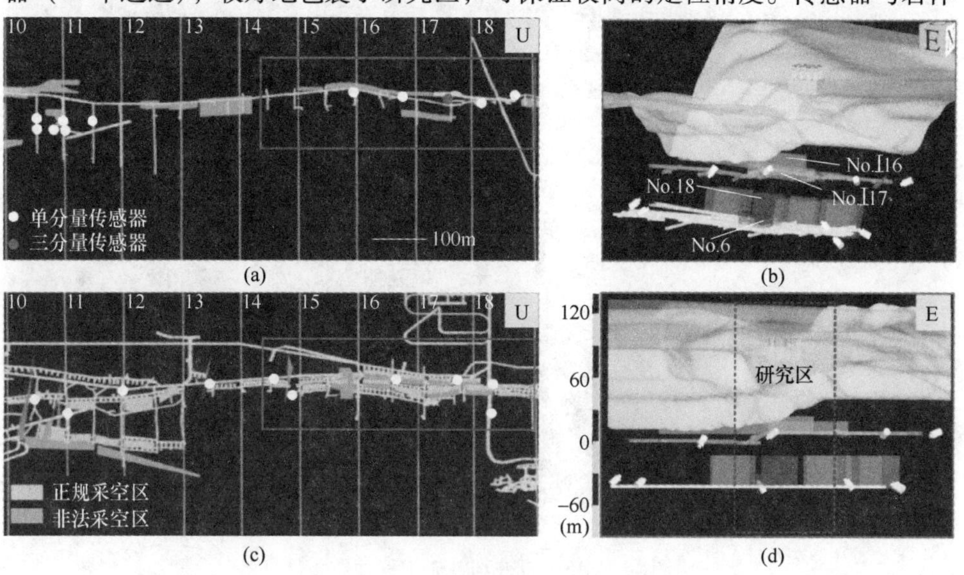

图 14.2.16　研究区域传感器布置

（扫描书前二维码看彩图）

的良好接触是获得高质量波形的关键，传感器安装过程的详细说明请参阅文献[99，100]。

图 14.2.17 所示为研究区域内所有微震事件的定位误差。图中球体表示微震事件，颜色表示定位误差的大小，后侧的云图是定位误差的平面投影。可以看出，定位误差主要集中在6~12m范围内，显示了良好的定位精度。良好的定位精度归功于时常的波速校正和监测区域密集的传感器布置。高定位误差事件主要位于研究区域外边界附近，主要受地下结构的影响。由于后续研究对定位精度要求较高，因此删除定位误差大于16m的微震事件。

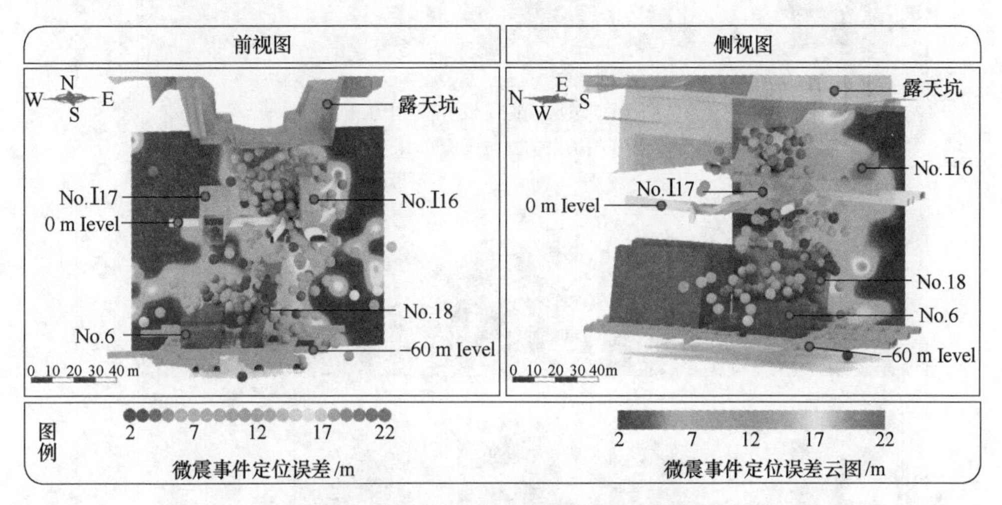

图 14.2.17　研究区域微震事件的定位误差
（扫描书前二维码看彩图）

14.2.2.2　基于微震参数的围岩损伤过程分析

A　震源参数时空演化规律

为了深入了解裂隙渗流通道的宏观形成过程，对微震能量和视应力进行云图绘制。微震事件空间定位、能量和视应力云图随时间的变化结果分别如图 14.2.18~图 14.2.20 所示。图 14.2.18 图例中 L-e 表示微震能量介于1000~5000J的低能量区间，M-e 表示微震能量介于5000~10000J之间的高能量区间，H-e 表示能量大于10000J的高能量区间。

分析图 14.2.18~图 14.2.20 可得：

阶段1：此阶段微震事件主要有两个聚集带，其中一个从露天坑底延伸到 No. Ⅰ16 采场底板。另一处主要在 No.6 和 No.18 采场之间。微震事件能量处于低等到中等之间，主要分布在坑底和 No. Ⅰ16 采场西侧围岩。从视应力云图中可以看出 No. Ⅰ16 采场西侧及底板处视应力较高，No.6 采场的顶板应力较高。这

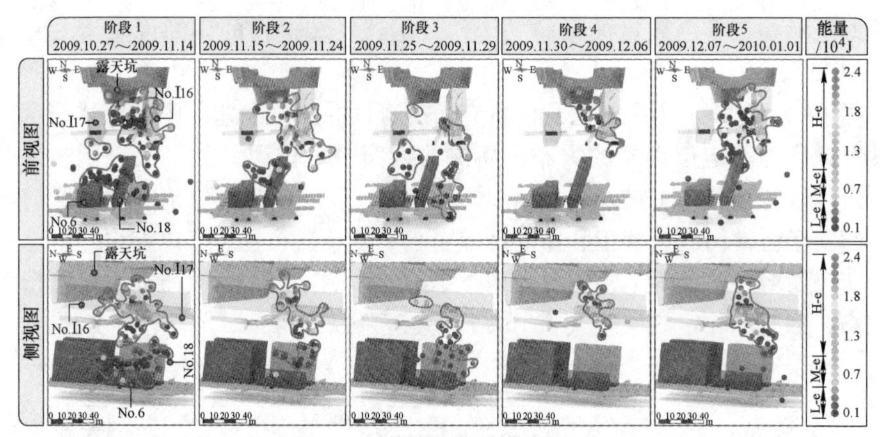

图 14.2.18　微震事件空间分布

（扫描书前二维码看彩图）

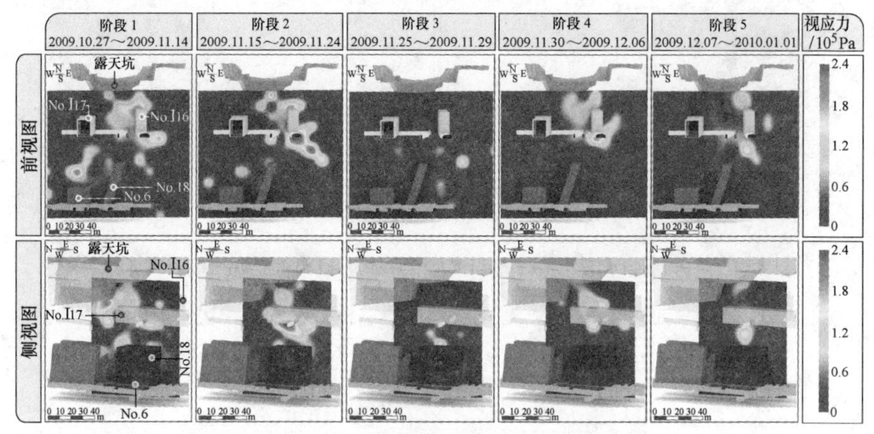

图 14.2.19　微震事件视应力参数空间分布

（扫描书前二维码看彩图）

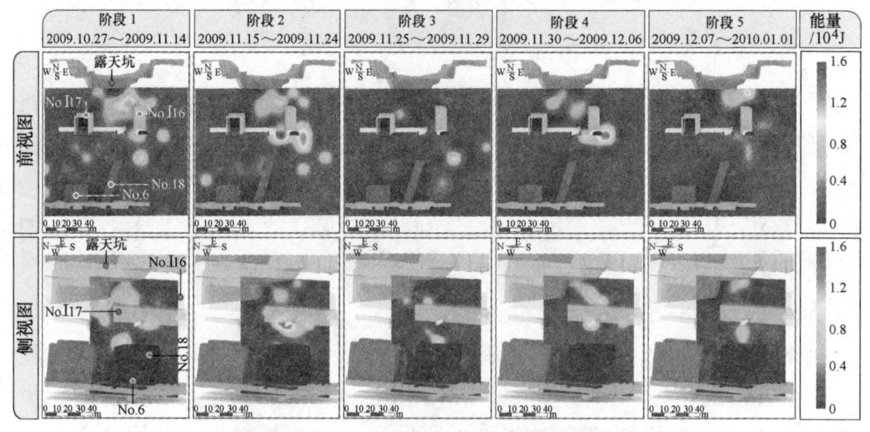

图 14.2.20　微震事件能量参数空间分布

（扫描书前二维码看彩图）

是由于阶段1尾矿不断内排，No. Ⅰ16采场西侧围岩由于上覆荷载的增加而承受较大的荷载。当荷载达到岩体强度时，矿柱底部裂隙开始扩展。第二处微震事件聚集带形成的原因是No. 6和No. 18采场存在采矿活动。No. 6采场顶板暴露面积较大，易引起顶板破裂。

阶段2：微震事件在阶段1形成的微震带中进一步聚集，且能量升高，出现数个高能量事件，标志着岩体损伤程度升高。No. Ⅰ16采场附近的微震聚集带能量升高明显。视应力在此阶段达到最大值，其底板应力值达到最大。由此可见，No. Ⅰ16附近岩体劣化程度进一步增大，该区域裂隙发育严重，形成裂隙带。No. 18采场及周边巷道积水较多，且巷道壁多处出现大裂隙。表明露天坑地、No. Ⅰ16和No. 18采场之间，即境界顶柱与No. 18采场之间初步形成了贯通性渗流通道。此阶段所形成的原因同阶段1，但是外部扰动比阶段1更加强烈。

阶段3：经历阶段1和2中能量累积后，该阶段发生岩体破坏，累积的应力得到释放，视应力和能量都迅速降低。由于坑底尾矿的进一步内排，No. Ⅰ16采场附近在阶段2已经形成的贯通性裂隙进一步贯通，初步形成的渗流通道进一步发展。No. Ⅰ16采场附近形成多个大裂隙，且出现局部坍塌。低能量微震事件主要分布在No. 6采场顶板和No. 18号采场下盘。该区域在此阶段并无采矿活动，该区域微震事件形成原因主要是由于经历了阶段2后，No. 6和No. 18采场附近岩体形成的裂隙相互贯通，形成导水通道，岩性弱化。另外，-60m下部开拓工程的进行，会对上部初步形成的裂隙网络造成扰动，加剧裂隙网络的连通性，增大导水性。

阶段4：微震事件再次在境界顶柱附近聚集，再次出现多个高能量微震事件，微震事件能量虽比阶段1的高，但低于阶段2。说明该阶段岩体损伤较阶段2弱。No. Ⅰ16采场附近裂隙进一步急剧衍生、扩展。该阶段时间较短，之前形成的裂隙网络导水性加剧，将造成岩体强度的进一步劣化。

阶段5：境界顶柱周围的微震事件能量多处于低能量水平。该阶段的较高应力值与微震能量主要分布在No. 18、No. Ⅰ16和坑底之间，即境界顶柱区域，该区域经历了第二次破坏。阶段3的岩体破坏引起了阶段5第二次破坏。岩体发生最终破坏，渗流通道发育完成，大量坑底汇水涌入No. 18采场。境界顶柱的岩体破坏将对边坡东帮的稳定性造成影响，且会对东帮边坡上部充填站的稳定性造成严重影响。

B 围岩破裂机制分析

矩张量反演作为一种分析破裂机理和损伤过程的有效工具，在矿山微震研究中得到了广泛的应用[101~103]。本节利用矩张量对研究区域的震源机制进行求解，对震源破裂类型进行判断，结果如图14.2.21所示。图中给出了正视图与侧视图的震源球分布及剪切、张拉、压缩破裂占比。从图14.2.21中可以看出，剪切震

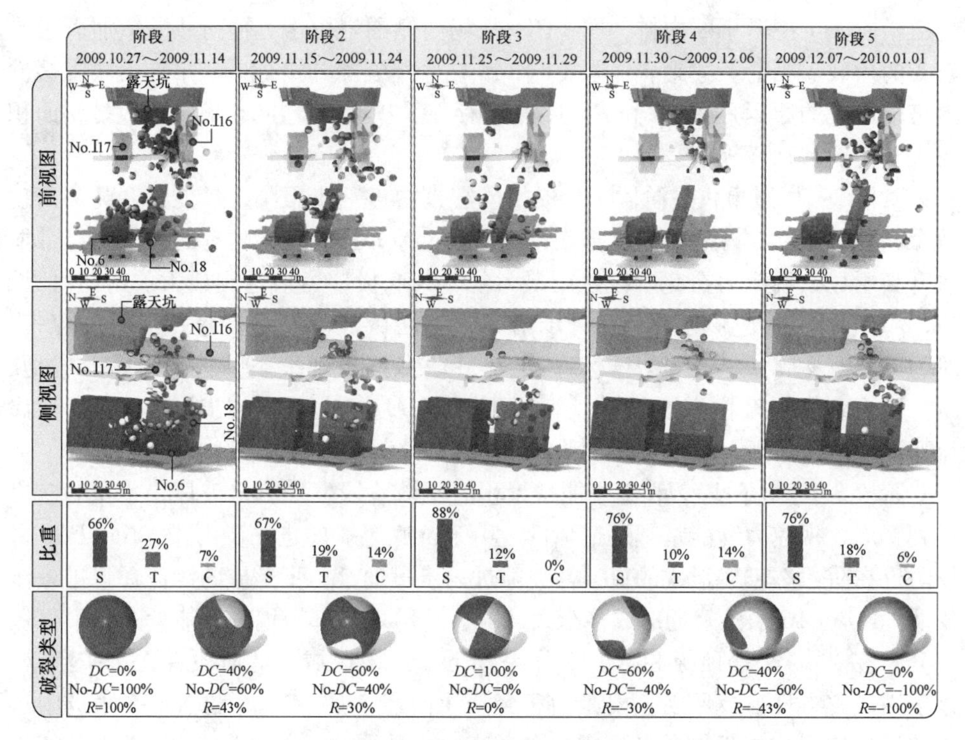

图 14.2.21　破裂机制空间演化过程
（扫描书前二维码看彩图）

源在整个破坏阶段占主要比重，张拉震源零星分布占比较低。压缩震源占比最小，这种破裂机制与境界顶柱受载严重有关。地下工程中主要破坏为压剪型破坏[104,105]，张拉破裂主要成因是高压水涌入裂隙及采场顶板应力集中造成裂隙扩张。

从阶段 1 可以看出，岩体破坏初期，剪切破坏占比 66%，张拉破坏占比 27%，压缩破坏占比仅为 7%。张拉裂隙主要聚集于境界顶柱、No. 6 采场顶板与 No. 18 采场围岩。剪切裂隙除了在境界顶柱内密集分布之外，在 No. 6 和 No. 18 采场之间也密集分布，形成剪切裂隙带。坑底南侧不断内排的尾矿，造成境界顶柱承受较大的压力，同时坑底积水对裂隙的扩张及对充填物的润滑，这些是造成阶段 1 发生剪切和张拉破裂的主要原因。

进入阶段 2 和 3 后，剪切破裂分别占到了 67%和 88%，剪切裂隙在阶段 1 形成的裂隙区域进一步扩展。岩体的承载能力下降，而所承受的压力不断上升。从图 14.2.22（b）中可以看出，该区域岩体较为破碎，岩体发生剪切错动，剪切破裂进一步加剧，剪切裂隙进一步萌生扩展，释放更多的能量。除此之外，岩体本身节理裂隙发育，容易与坑底汇水区连通，高压水进入裂隙会对裂隙起到润滑作用，使得岩体更容易发生剪切破裂，同时高水压引起的裂隙张开，诱发张拉破裂。在经历了阶段2与3后，境界顶柱与采场之间形成了宏观的剪切破裂带，形成导水通道，坑底汇水不断流入境界顶柱周边巷道如图14.2.22（a）所示，No.6和No.18采场之间可见数条大裂隙，围岩不断漏水，如图14.2.22（c）所示。

图14.2.22　井下岩体现状
（扫描书前二维码看彩图）

进入阶段4和5后，剪切破裂依旧占主导地位，占比76%，第一次破坏完成后诱发了第二次破坏的到来，境界顶柱与No.18之间的剪切裂隙进一步扩展形成贯通，No.18顶板由于裂隙形成，水流的侵入造成张拉破坏。裂隙的进一步贯通，加剧了坑底汇水的下渗。No.Ⅰ16和No.18采场内积水严重，已形成的连接坑底与-60m水平巷道的渗流通道，会对矿山安全生产带来隐患。

14.2.2.3　微震派生裂隙网络模型构建

为了避免混淆，强调几个术语。“原生裂隙”是指现场激光扫描识别的裂隙，相应的裂隙网络称为原生裂隙网络，以下简称DFN（微震事件发生前）。“微震派生裂隙网络”是指由微震派生裂隙组成的裂隙网络，以下简称MS-DFN。“综合裂隙网络”指的包含DFN和MS-DFN的总体裂隙网络，以下简称C-DFN。

利用14.1.4.3节研究方法对前面研究的微震数据的每个震源面进行破裂倾向性指标T_s、T_t和T_c的求解，最后根据破裂倾向性指标识别出合理的裂隙。图14.2.23所示为裂隙识别前震源面及识别后的微震派生裂隙走向和倾角分布。

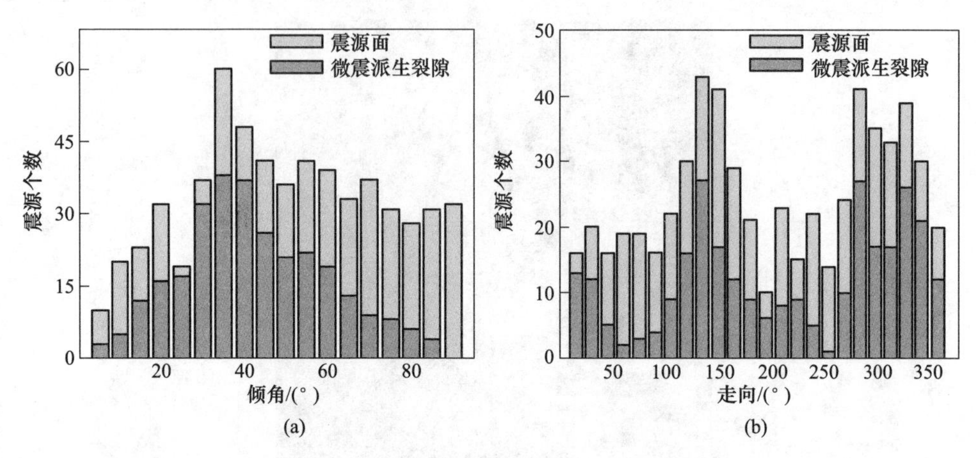

图14.2.23　识别前的震源面与识别后的裂隙分布

(a) 倾角分布；(b) 走向分布

如图14.2.23（a）所示，裂隙识别前的震源面倾角集中在30°～90°。识别后得到的微震派生裂隙倾角呈高斯分布，主要集中在30°～60°范围内。如图14.2.23（b）所示，裂隙识别前的震源面走向呈双峰分布，主要集中在120°～165°和270°～360°范围内。识别后的派生裂隙走向双峰分布更为集中。对微震派生裂隙进行赤平投影及聚类分组，结果如图14.2.24所示。可以看出，岩体损伤破裂后形成的微震派生裂隙可分为两组，优势方向分别为133°∠33°和310°∠32°。由此可见，通过裂隙识别后得到的微震派生裂隙分布更加集中，更能清晰反映与岩体损伤方向性有关的行为。

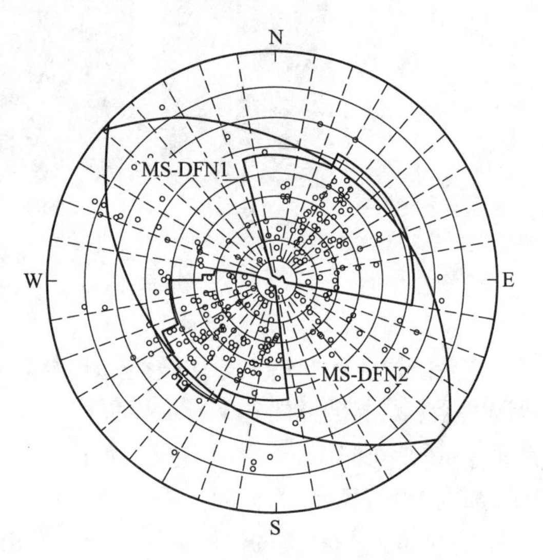

图14.2.24　微震派生裂隙的赤平投影图

获取微震派生裂隙的方位后，可通过14.1.4.3节给出的裂隙几何参数计算方法求解微震派生裂隙的尺度和开度。由于没有对石人沟铁矿原生裂隙的开度进行现场测量，故式（14.1.22）中的原生裂隙的初始开度t_0参照Odonne等[106]和

Larsen 等[107]的现场统计结果取 0.8mm，按照结构面的张开度分级为张开节理[108]。当求得了微震派生裂隙的方位、大小以及开度后，便可构建出 MS-DFN，如图 14.2.25 所示。图中裂隙的厚度表征裂隙开度，为了彰显不同微震派生裂隙的开度区别，图中裂隙厚度放大了 50 倍。微震派生裂隙的形成表征着岩体的损伤，研究区域裂隙的形成将加剧坑底的积水向坑底采场流动，进一步弱化岩体的强度。

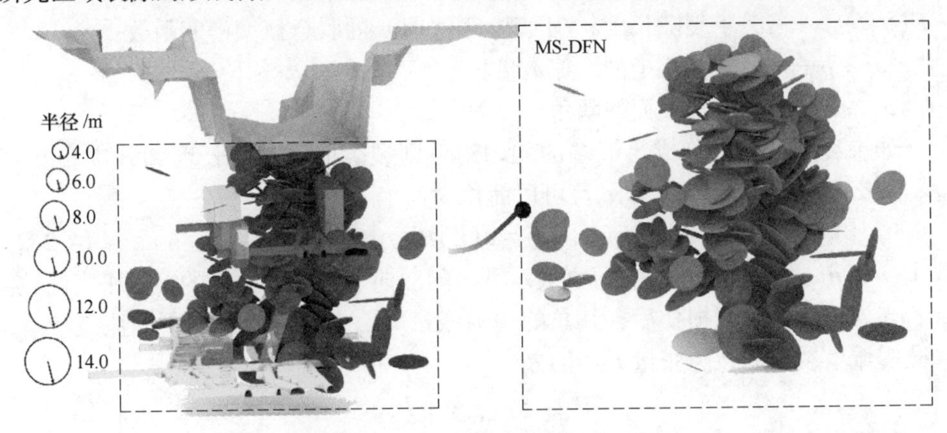

图 14.2.25 微震派生裂隙网络 MS-DFN
（扫描书前二维码看彩图）

14.2.2.4 围岩渗透特性分析

裂隙岩体中赋存着不同方向和大小的裂隙，裂隙相互切割和贯通形成裂隙渗流网络。MS-DFN 的形成表征岩体发生损伤，进一步改变了裂隙岩体的切割和贯穿程度、渗透性以及流体流动性。岩体的变形破坏会诱发裂隙发育、扩展等行为，伴随着微震能量的释放，引起岩体渗透性的变化。本节尝试用微震数据表征渗透性的变化，即给出考虑原生裂隙与微震派生裂隙的渗透率计算方法，以期实现既能反映岩体初始状态下的裂隙岩体渗透性，又能将扰动引起的渗透性考虑进去的目标。关于裂隙岩体渗透性的研究，Oda[109]在统计理论的基础上提出了一种适用性较强的裂隙岩体渗透率计算方法，该方法不仅适用于空间分布的随机裂隙，还适用于参数明确的裂隙。近年来，该方法在石油水力压裂、地热开发、页岩气开发等重大工程中得到了广泛的应用[110,111]。

A 考虑微震派生裂隙的渗透率张量计算方法

岩体的渗透张量是裂隙张量的函数，它与裂隙的几何属性有关，由表征单元体中每个裂隙贡献的体积平均值表示。计算方法考虑了裂隙的方位、开度和长度对渗透率的影响。裂隙张量定义如下：

$$P_{ij} = \frac{\pi\rho}{4}\int_0^{r_m}\int_0^{t_m}\int_{\Omega} r^2 t^3 n_i n_j E(\boldsymbol{n}, r, t)\,\mathrm{d}\Omega\mathrm{d}r\mathrm{d}t \tag{14.2.1}$$

式中　P_{ij}——与裂隙有关的对称二阶张量；

r——裂隙面的直径；

t——裂隙的开度；

t_m，r_m——分别为裂隙开度和长度的最大值；

n_i，n_j——分别为裂隙的法向 $\boldsymbol{n}$ 在坐标轴上的分量；

$E(\boldsymbol{n},r,t)$——关于裂隙长度 r、开度 t 和法向 $\boldsymbol{n}$ 的联合概率密度函数；

ρ——单位体积中的裂隙数量；

Ω——单位球表面的隅角。

如果裂隙可以划分成足够多的均匀组，则裂隙的方位、长度和开度相互独立，那么概率密度函数 $E(\boldsymbol{n},r,t)$ 可以简化为：

$$E(\boldsymbol{n},r,t)=q(\boldsymbol{n})f(r)g(t) \tag{14.2.2}$$

式中　$E(\boldsymbol{n})$，$f(r)$，$g(t)$——分别表示裂隙的法向、长度和开度的概率密度函数。

当岩体发生破裂损伤后，其总的裂隙张量 P_{total} 由原生裂隙的裂隙张量 P_{natural} 和微震派生裂隙的裂隙张量 P_{MS} 组成：

$$P_{\text{total}}^{ij}=P_{\text{natural}}^{ij}+P_{\text{MS}}^{ij} \tag{14.2.3}$$

如果所有与裂隙几何有关的信息都是可知的，则式（14.2.1）可用加法形式进行求解。显然，微震派生裂隙满足这一条件，即 P_{MS} 可以简化为：

$$P_{\text{MS}}^{ij}=\frac{\pi}{4V}\sum_{k=1}^{m}(r^{(k)})^2(t^{(k)})^3\cos\theta^{(k)}\sin\theta^{(k)} \tag{14.2.4}$$

式中　k——m 个微震派生裂隙中的第 k 个裂隙；

θ——微震派生裂隙的法向与参考轴的夹角；

V——计算域的体积；

t，r——分别表示微震派生裂隙的开度和长度。

渗透率张量的表达式如下[109]：

$$K_{ij}=\lambda'(P_{kk}\delta_{ij}-P_{ij}) \tag{14.2.5}$$

式中　P_{ij}——裂隙张量，$P_{kk}=P_{11}+P_{22}+P_{33}$；

λ'——反映裂隙连通性的无量纲系数，满足不等式 $0\leqslant\lambda'\leqslant1/12$。

如果裂隙具有高度连通性，则可将设 λ' 为 1/12；反之，标量 λ' 应设置小于 1/12。当 P_{ij} 取 $P_{\text{natural}}^{ij}+P_{\text{MS}}^{ij}$ 时，则等效渗透率张量既考虑了原生裂隙又考虑了微震派生裂隙。

渗透张量 K 的等效渗透系数 $\overline{K}$ 为 3 个渗透主值 K_1、K_2 和 K_3 的几何平均值，其表达式为[112]：

$$\overline{K}=\sqrt[3]{K_1K_2K_3} \tag{14.2.6}$$

B　围岩渗透率分析

对于裂隙岩体而言，岩体力学参数不仅取决于岩体的结构特征和赋存地质环境，还取决于岩体的尺寸，该特性称为岩石的尺寸效应。不同尺度的岩体往往具有不同的力学参数[113,114]，当岩体大于临界尺寸时，岩体力学参数才趋于稳定，这个临界尺寸称为岩体力学参数的表征单元体（REV）。岩体工程中的尺寸效应是普遍存在的[115]，与岩体强度参数一样，渗透率也具有尺寸效应[116~118]。本节求解 REV 的目的是以 REV 块体的形式直观地显示围岩的渗透率分布。通过三维激光扫描确定的结构面统计信息如表 14.2.1 所示，表中三种结构面类型Ⅰ、Ⅱ和Ⅲ分别对应式（14.2.7）、式（14.2.8）和式（14.2.9）。由 Monte Carlo 方法[119]生成的 DFN 如图 14.2.26 所示。

Ⅰ
$$f(x)=\lambda \mathrm{e}^{-\lambda x},\lambda=\frac{1}{\mu_x} \tag{14.2.7}$$

Ⅱ
$$f(x)=\frac{1}{\sqrt{2\pi}\sigma_x}\int_{-\infty}^{x}\exp\left[-\frac{1}{2}\left(\frac{x-\mu_x}{\sigma_x}\right)^2\right]\mathrm{d}x \tag{14.2.8}$$

Ⅲ
$$f(x)=\frac{1}{\sigma_x x\sqrt{2\pi}}\exp\left[-\frac{(\ln x-\mu_x)^2}{2\sigma_x^2}\right] \tag{14.2.9}$$

表 14.2.1 结构面的几何参数与分布函数

分组	倾角/(°)			倾向/(°)			迹长/m			间距/m			密度
	类型	平均值	标准差	类型	平均值	标准差	类型	平均值	标准差	类型	平均值	标准差	/m⁻¹
J-1	Ⅲ	88.31	6.77	Ⅲ	130.51	14.31	Ⅲ	0.63	0.47	Ⅰ	0.59	0.89	1.69
J-2	Ⅲ	70.60	4.23	Ⅱ	242.12	7.60	Ⅲ	1.11	0.76	Ⅲ	0.32	0.41	3.15
J-3	Ⅲ	38.83	10.13	Ⅲ	313.66	12.85	Ⅲ	0.71	0.69	Ⅰ	0.80	1.00	1.26

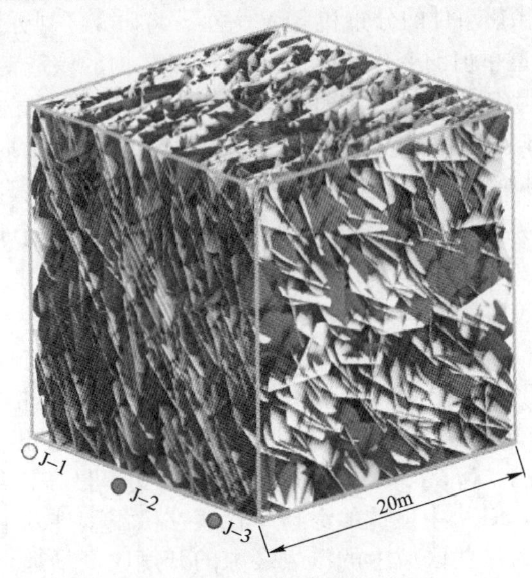

图 14.2.26 研究区域的 DFN
（扫描书前二维码看彩图）

以图 14. 2. 26 构建的 DFN 中心为起点，建立 1m×1m×1m 到 12m×12m×12m 的共 12 个计算模型（图 14. 2. 27（a)），根据前文渗透率求解方法对每个模型进行求解，并以等效渗透系数 $\overline{K}$ 的形式表示渗透率的大小。求出的渗透率随着计算单元尺寸的变化如图 14. 2. 27（b）所示。结果表明，当模型长度大于 9m 以后，渗透率趋于稳定，因此本节 REV 的尺寸取 10m×10m×10m。

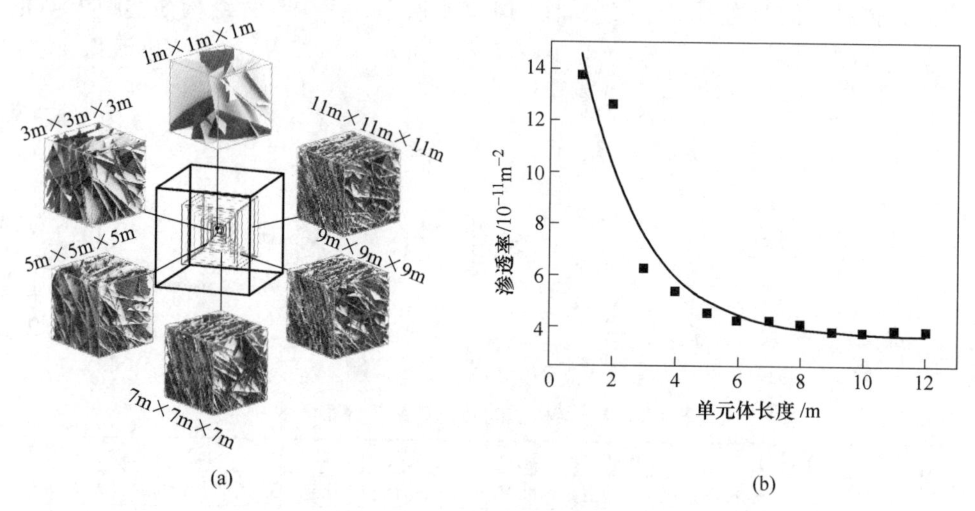

图 14. 2. 27　尺寸对节理岩体渗透性的影响

（a）不同尺寸的 DFN 模型；（b）渗透率随节理岩体尺寸的变化曲线

根据研究区域微震事件的分布和 REV 大小，将研究区划分为 574 个 REV。为了分析研究区域渗透率值的变化情况，每一个 REV 内的渗透率计算分为两部分：一部分是由原生裂隙引起的，另一部分是微震派生裂隙引起的。可由图 14. 2. 27（b）得出，每个 REV 内由原生裂隙引起的渗透性为 3. 80×10^{-11}m^2。而对于 REV 内由微震派生裂隙引起的渗透率变化，可根据式（14. 2. 4）求解裂隙张量。在这部分计算中，开度 t 取微震派生裂隙的开度改变量。继而，求出每个 REV 中由微震派生裂隙引起的渗透率改变。最后，每个 REV 中的最终渗透率是由原生裂隙的渗透率和微震派生裂隙引起的渗透率改变量之和组成，结果如图 14. 2. 28 所示。

图 14. 2. 28（a）中立方体代表 REV，为了清楚地观察到内部渗透率分布，REV 尺寸减少了 50%。图 14. 2. 28（b）中的 REV 尺寸为原来的 80%，且仅显示渗透率值大于 2. 0×10^{-10}m^2 的 REV。从图 14. 2. 29 中可以看出，高渗透率单元主要分布于境界顶柱内，No. Ⅰ16 采场西侧围岩的渗透率最高，表明该区域裂隙密集，岩体破裂严重。REV 中最低的渗透率代表在微震事件发生之前由原生裂隙引起的渗透率，因为这些区域中的派生裂隙的开度改变量远小于原生裂隙的开度。由于裂隙受扰动影响，研究区域的渗透率大大增加。从图 14. 2. 28 中可看出监测区的渗流通道由坑底流向采场。

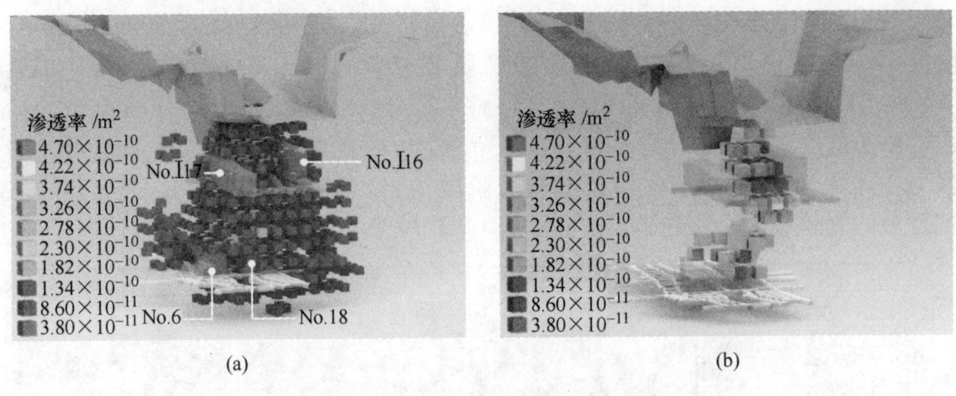

图 14.2.28 渗透率的空间分布

（a）所有的 REV；（b）渗透率大于 2.0×10^{-10}m^{2}的 REV

（扫描书前二维码看彩图）

为了更加清晰地了解研究区域的围岩渗透特性，挑选最大渗透率所在的纵向面为截面。此截面上的渗透率分布及实际观测点的渗流情况如图 14.2.29 所示。如图 14.2.29（a）所示，坑底汇水经境界顶柱流入 No.6 和 No.18 采场。在 0m 和-60m 水平的巷道进行了两次观测，观测点的现状如图 14.2.29（b）所示。可以看出，观测点 1 的条件非常恶劣，巷道壁渗流严重，且围岩受裂隙切割严重；观测点 2 的壁面可见多条大裂缝，岩体表面在轻微地渗水。

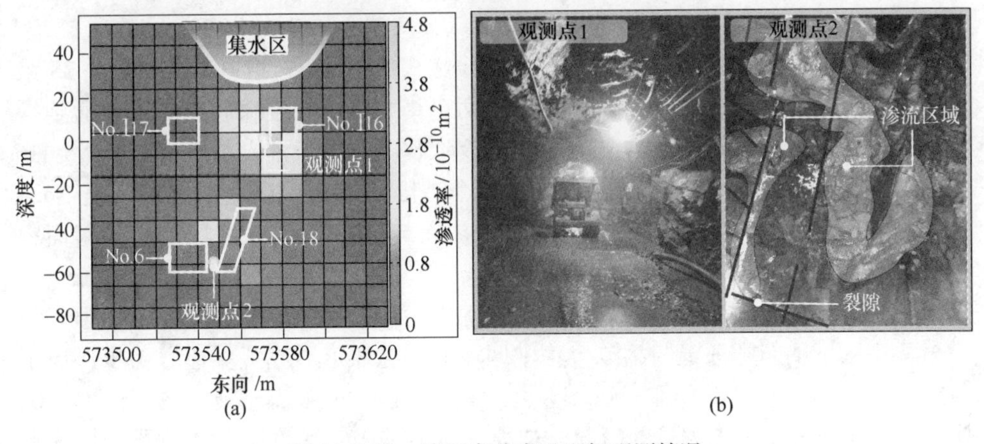

图 14.2.29 渗透率分布及现场观测情况

（a）渗透率分布；（b）现场点 1 和 2 的实际状况

（扫描书前二维码看彩图）

14.2.2.5 渗流通道形成过程分析

对前文构建的 MS-DFN 进行处理，可识别出围岩内的微震派生裂隙渗流网络。为了便于研究裂隙渗流通道的形成过程，将渗流通道的形成过程分为四个阶段：阶段 A（2009. 10. 27 ~ 2009. 11. 14）、阶段 B（2009. 11. 15 ~ 2009. 11. 29）、阶段 C（2009. 11. 30~2009. 12. 06）和阶段 D（2009. 12. 07 ~ 2010. 01. 01）。需要陈述一点，14. 2. 2 节对于该区域微震事件进行分析时，将研究区段分成了 5 个阶段。由于阶段 2 和 3 中微震事件分布规律相似，故在本节将阶段 2 和 3 合并为阶段 B。阶段 A 对应阶段 1，阶段 C 对应阶段 4，阶段 D 对应阶段 5。基于微震数据反演的裂隙渗透通道的形成过程如图 14. 2. 30 所示。

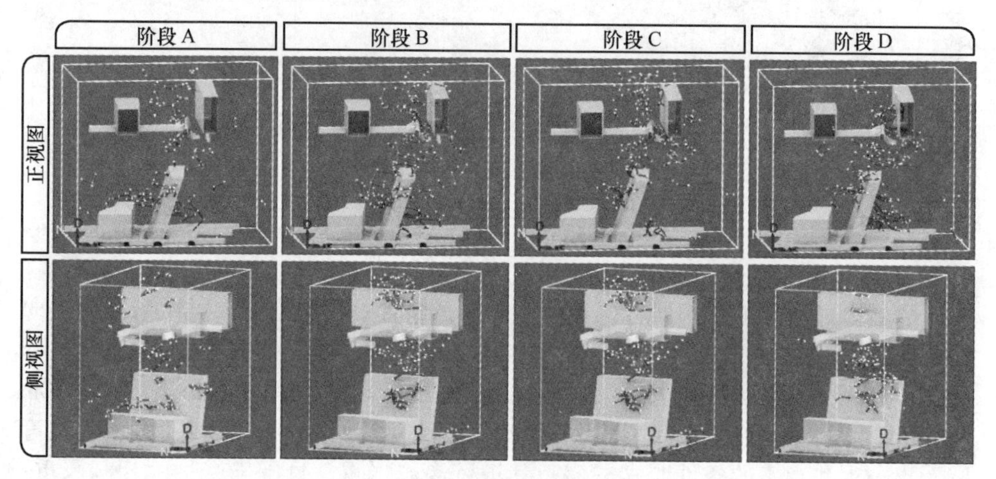

图 14. 2. 30　渗流通道形成过程
（扫描书前二维码看彩图）

阶段 A：No. 18 和 No. Ⅰ16 采场之间形成了贯通裂隙通道，No. 6 和 No. 18 采场之间也形成了贯通裂隙通道。但是，这两个集中区域的裂隙通道并未贯通到一起。第一个裂隙通道集中区形成的原因是该阶段尾矿不断排入坑底，造成 No. Ⅰ16 采场西侧覆岩荷载较大，岩体破坏。第二个裂隙通道集中区形成的原因是 No. 6 和 No. 18 采场存在采矿活动增加了裂隙的扩展与贯通。No. 6 采场顶板暴露面积较大，易引起顶板渗流通道发育。

阶段 B：阶段 A 中的裂隙通道因新裂隙的生成，交叉、连通性程度增强。第一个集中区域的裂隙通道与第二个集中区域的裂隙通道形成了贯通。初步形成了从露天坑底（汇水区）到 -60m 巷道（泄水区）的渗流通道。在 No. Ⅰ16、No. 18 采场周围发现了大量的裂隙，加大了岩体的破坏程度。在此阶段，坑底积水不断渗入 No. 18 采场，与现场记录相符，No. 18 采场存在积水。

阶段 C：裂隙在境界顶柱和 No. 18 采场之间进一步聚集，对应岩体在损伤期后迅速进入第二个非稳定扩展阶段。造成了境界顶柱和 No. 18 采场之间裂隙交叉程度增大，连通性增强，裂隙通道数量增多，渗流网络的导水性增强，No. 18 采场内的积水增多。

阶段 D：阶段 A~C 已经形成了良好导水性裂隙渗流网络，此阶段离散的裂隙分布，仍然大大增强了裂隙网络的贯通、交叉程度。至此，形成了最终的裂隙渗流通道。

利用 14.1.4 节中的裂隙渗流网络的渗流计算方法，对研究区域的微震派生裂隙渗流网络进行渗流计算。在计算过程中，将与坑底相对应的渗流网络模型的上表面设置为流入面，$H_{inlet}=1$；将与-60m 水平相对应的渗流网络模型下表面设置为流出面，四周为不透水边界，$H_{outlet}=0$，水流方向由上到下。所有结点的水压分布如图 14.2.31 所示。可以看出，No. Ⅰ 16 采场与坑底之间就是境界顶柱区域，水压下降程度低，该区域赋存于高水压中，No. Ⅰ 16 采场及其西侧的巷道易发生突水风险。除此之外，No. 18 采场附近的水压处于中等水压，且与其上面的裂隙贯通性程度较高，同样易发生突水灾害。渗流通道贯穿的区域应当采取相应的堵水措施来预防突水灾害的发生。

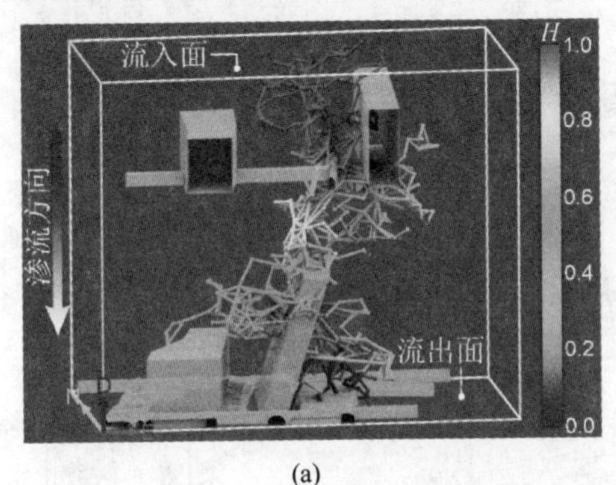

(a)

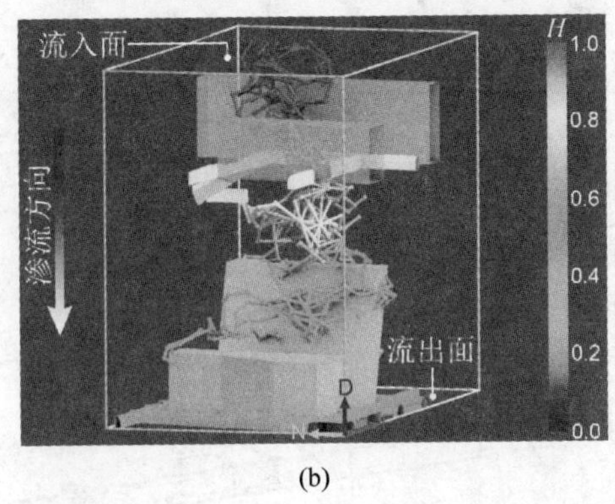

(b)

图 14.2.31 渗流网络的水压分布
（a）正视图；（b）侧视图
（扫描书前二维码看彩图）

14.2.3 西曲矿复合采动围岩导水通道实例分析

西曲煤矿位于西山煤田北缘，井田内煤层赋存条件简单，可采煤层较多，主采 2+3 号、4 号、8 号、9 号煤层。2+3 号、4 号煤层已基本采空，形成的采空区积水面积达 318.03 万平方米，积水量达 37.42 万立方米，严重威胁下部 8 号、9 号煤层安全高效生产。据统计，2010~2016 年间，西曲矿共发生 20 余次顶板采空区突水事故。

14.2.3.1 西曲矿采动岩层破断监测分析

笔者依托西曲矿开展了数字全景钻孔摄像以及微震监测，结合数值模拟分析，深入研究煤层重复采动覆岩变形破坏及“三带”演化规律，为该矿及类似地质条件的矿井的水害防治工作提供借鉴。研究区域为 18401 工作面，布置在 8

号煤层南四盘区，工作面倾向长度 220m，走向长度约 500m，煤层厚度 4m，平均倾角为 4°，埋深 208～250m。工作面上覆 2+3 号、4 号煤采空区，采厚分别为 5m、3m，与 8 号煤层间距分别约为 59m、53m。

A　单煤层采动钻孔摄像结果

对西曲矿上部 2+3 号煤层中已采的 12401 工作面覆岩破坏情况进行成像，确定 12401 工作面采动引起的覆岩垮落带及导水裂隙带的高度；下部 8 号煤层的 18401 工作面回采过程中再次开展孔内电视观测，对比重复采动前后覆岩裂隙破坏及“两带”发育高度。煤层赋存平面图及孔内电视观测位置如图 14. 2. 32 所示。

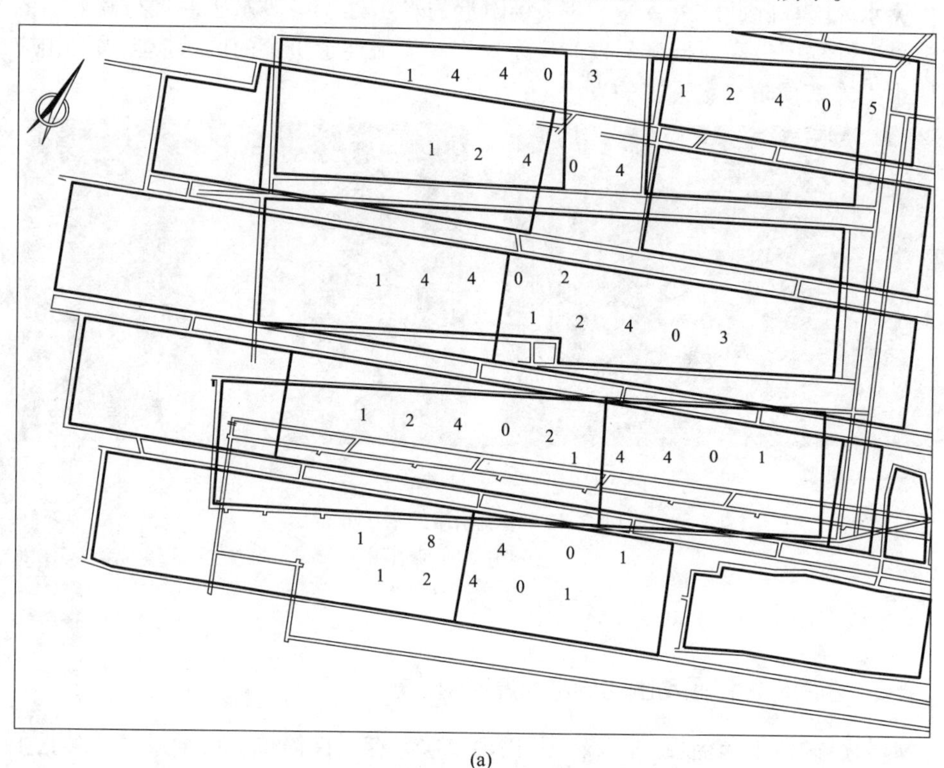

(a)

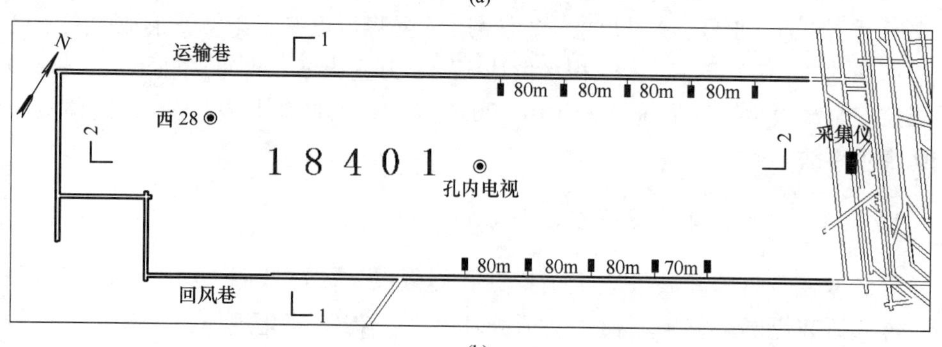

(b)

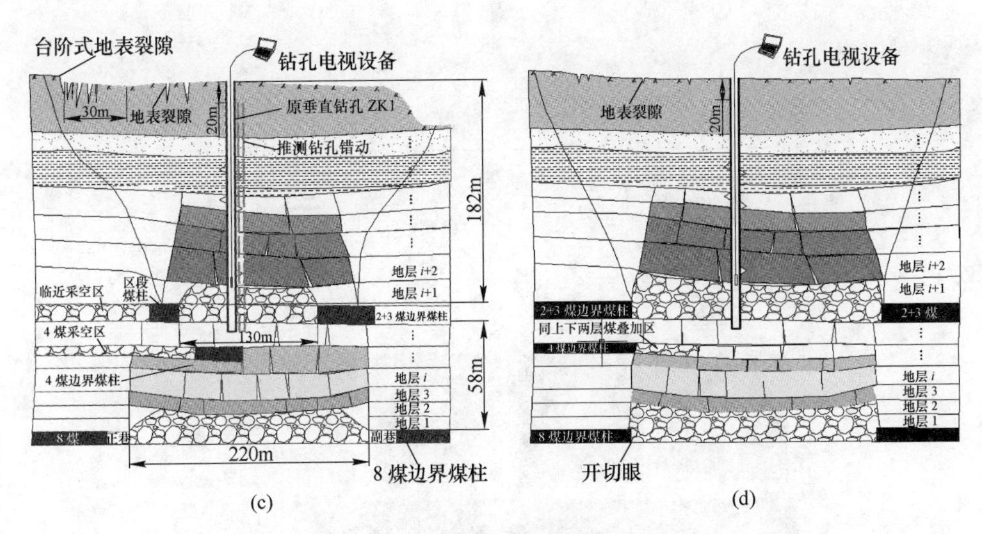

图 14.2.32 西曲矿煤层赋存示意图
(a) 18401 工作面及邻近采区平面分布图；(b) 18401 工作面平面图；
(c) 走向剖面图 (1-1)；(d) 倾向剖面图 (2-2)

基于钻孔电视图像中裂隙密度、开度等信息确定 2+3 号煤采后“两带”发育高度，如图 14.2.33 所示，2+3 号煤开采后垮落带高度约为 10.7m，导水裂隙带高度约为 47.9m。

B 煤层重复采动钻孔摄像结果

煤层重复采动引发岩层错动，钻孔变形严重，第二次钻孔电视测试仅开展至孔深 40m 处。如图 14.2.34 所示，煤层重复采动后，浅部覆岩受到二次扰动，岩层发生错动，在产生新生裂隙的同时，部分原有裂隙二次发育，井度增加；浅部松散层岩层部分裂隙开度减少，有压实倾向。

C 西曲矿重复采动覆岩微震监测及分析

a 微震监测系统建立

选取西曲矿 18401 回采工作面为实践基地，建立微震监测系统，主要工作分为两部分——微震传感器测点布置和微震监测系统网络拓扑结构设计，如图 14.2.35 所示。微震传感器监测到的波形信号通过电缆传输至井下工作站，井下工作站通过光纤将监测到的岩层破裂信号传输至地表服务器，井下工作站布置在工作面停采线以内。

微震传感器布置是煤层破裂有效监测的核心部分，其主要功能是实现微震数据现场 24 小时连续采集（即对开采过程中采场围岩受应力扰动损伤、破坏、结构面活化等过程中破裂源的时空位置信息定位）。微震传感器的现场布置如图 14.2.36 所示。

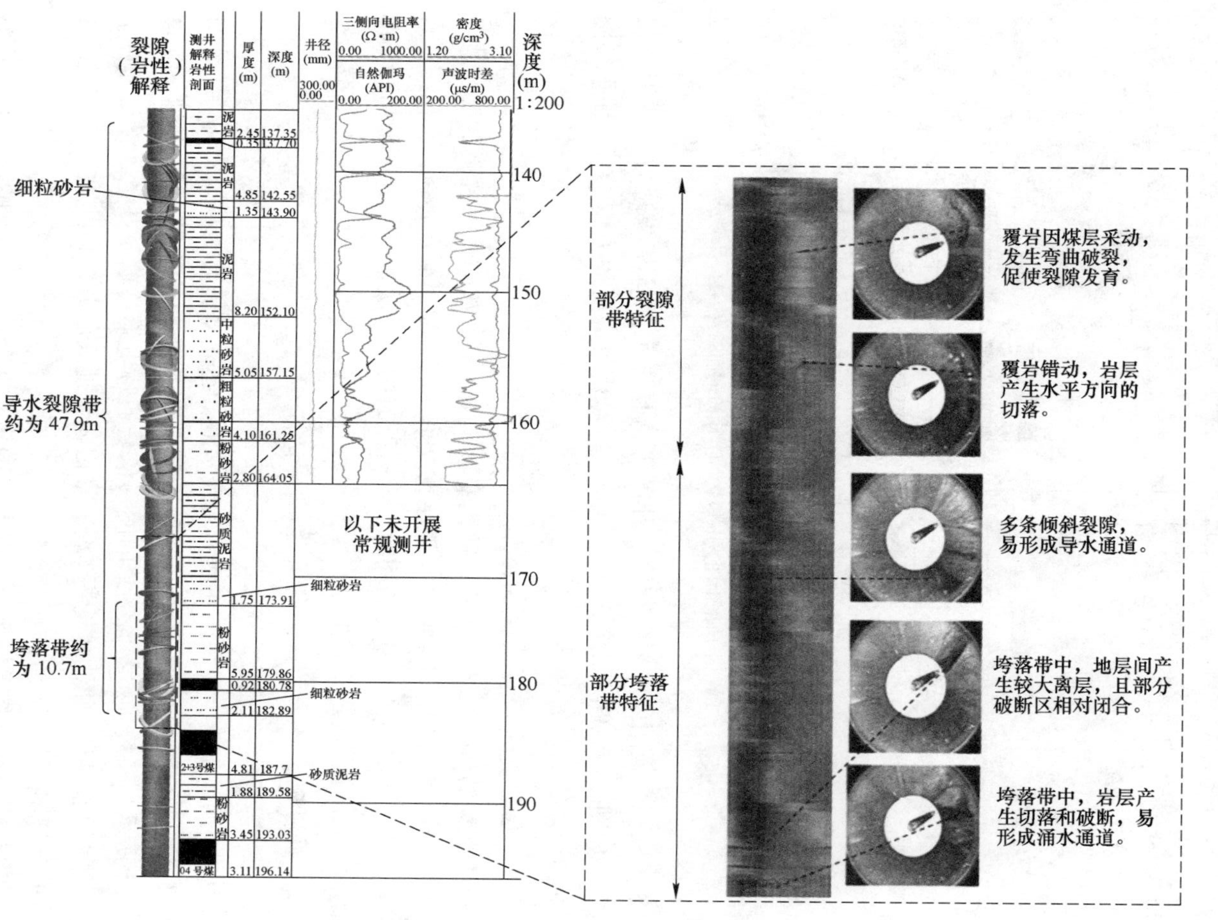

图 14.2.33　2+3 号煤“两带”分布特征

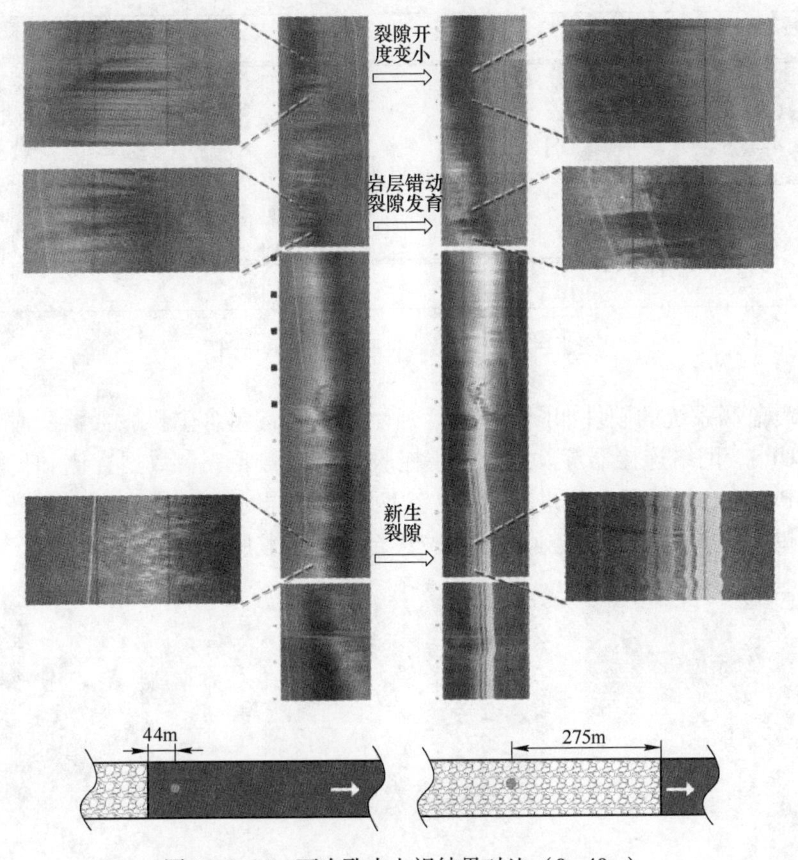

图 14.2.34 两次孔内电视结果对比（0~40m）

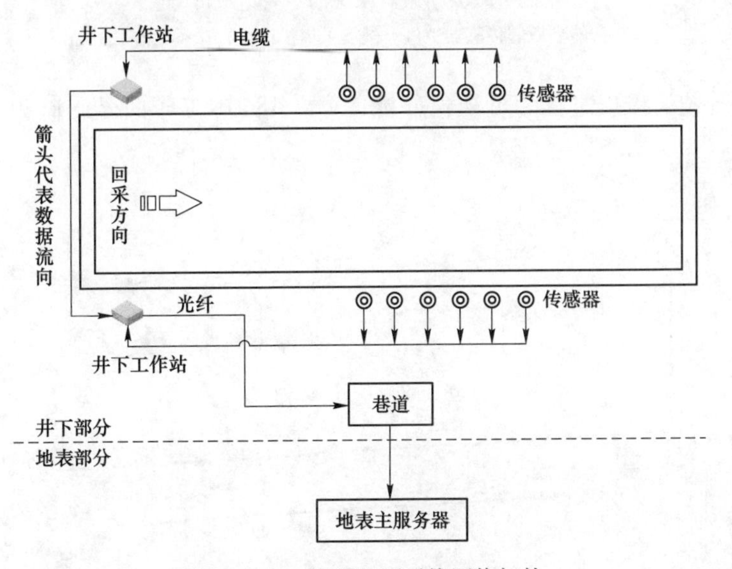

图 14.2.35 微震监测系统网络拓扑

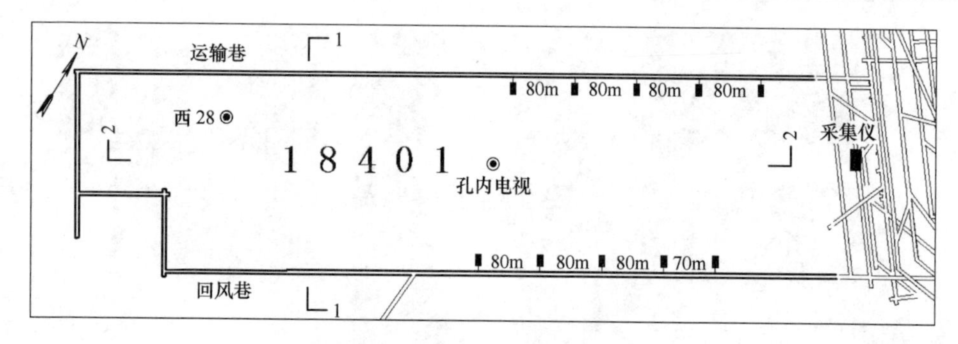

图 14.2.36　微震传感器布置示意图

微震监测系统的硬件如图 14.2.37 所示，该设备包含主机服务器、时间同步设备、UPS、网络连接器等。因为是主控服务器，需要一台数据存储和传输的服务器（PC 机）与该服务器进行连接，这两个设备同时放置于现场数据控制中心，用于矿里、矿务局、研究院、研究单位进行数据下载服务。

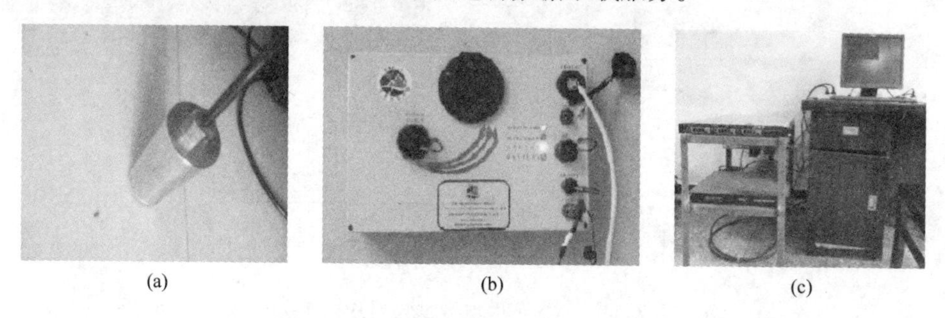

(a)　　(b)　　(c)

图 14.2.37　微震系统的主要组成部分

（a）智能型微震传感器；（b）微震采集仪；（c）微震处理服务器

为实现覆岩破裂过程的可视化分析，建立 18401 工作面微震监测三维模型，如图 14.2.38 所示。

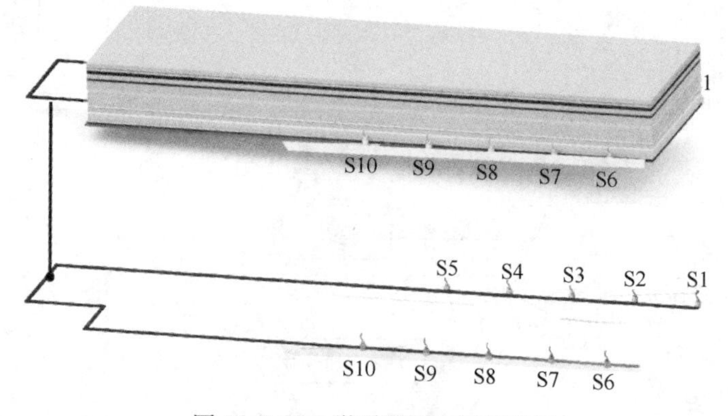

图 14.2.38　微震监测空间示意图

b　微震定位精度验证

采用人工定点爆破试验确定西曲矿 18401 工作面波速模型。通过比较实际测量得到的爆破定位坐标和微震监测系统确定的爆破事件坐标，分析其误差。首先，详细记录爆破点的位置及爆破发生时间；然后，在监测系统中找到这些爆破波形，处理后获取其定位坐标。根据现场取样测试的岩样数据，纵波速度处于 2600~3800m/s 之间，故初步设定 P 波和 S 波在岩体中的平均传播速度分别为 3000m/s 和 1800m/s，后经过爆破试验标定的 P 波和 S 波的速度分别为 2830m/s 和 1650m/s。

工程经验表明，微震工程的震源定位分为“内场定位”和“外场定位”，“外场定位”又应区分为“近场定位”（≤100m）和“远场定位”（>100m 且≤300m）。近场定位精度 5~10m、远场定位精度 15~20m 以内的定位精度基本能够满足各种目的的微震监测工程的需要。利用上述波速得到的爆破事件定位误差见表 14.2.2，可知微震监测系统的定位精度是能够满足工程需求的。

表 14.2.2　爆破事件定位结果

编号	爆破位置/m		事件定位/m		误差/m
1	*X*	4200480	*X*	4200487.4	9.1
	Y	37599200	*Y*	37599205.2	
	Z	917	*Z*	915.7	
2	*X*	4200454	*X*	4200450.3	7.5
	Y	37599173	*Y*	37599178.6	
	Z	912	*Z*	915.3	

c　微震监测数据分析

图 14.2.39 所示为 2018 年 11 月 1 日~11 月 30 日的微震事件定位结果，分析俯视图可以看出，初次来压前，11 月 1 日~11 月 9 日产生的微震事件主要分布在工作面周围，靠近副巷侧的微震事件数量多于正巷侧。回采空间尺寸小，覆岩结构保持稳定状态，伪顶、直接顶等易随采随冒，而老顶等上覆岩层会发生局部微破裂，但不破断。从微震事件正视图可以看出，微震事件距煤层的最大高度为 34.4m 左右，大量微震事件集中在煤层上方 20m 范围内，这是因为煤层上方 20m 处为厚硬的主关键层，主关键层抑制了破裂的向上发展。随工作面推进，上覆坚硬岩层（老顶）达到极限跨距时将破断，坚硬岩层破坏的同时诱发其所控制的上部软弱岩层组的破断，而覆岩破断是岩层内部微破裂萌生、扩展直至贯通的结果，具体表现为微震事件的增多。11 月 11 日~11 月 30 日微震事件增加，尤其是 11 月 10 日~11 月 16 日以及 11 月 17 日~11 月 24 日，微震事件急剧增加，尤其开切眼前方 90m 位置的关键层位置出现明显的高角度拉破坏事件，且微震事件的最大高度可达 60.1m。由此断定，关键层在开切眼前方 90m 位置发生破断。

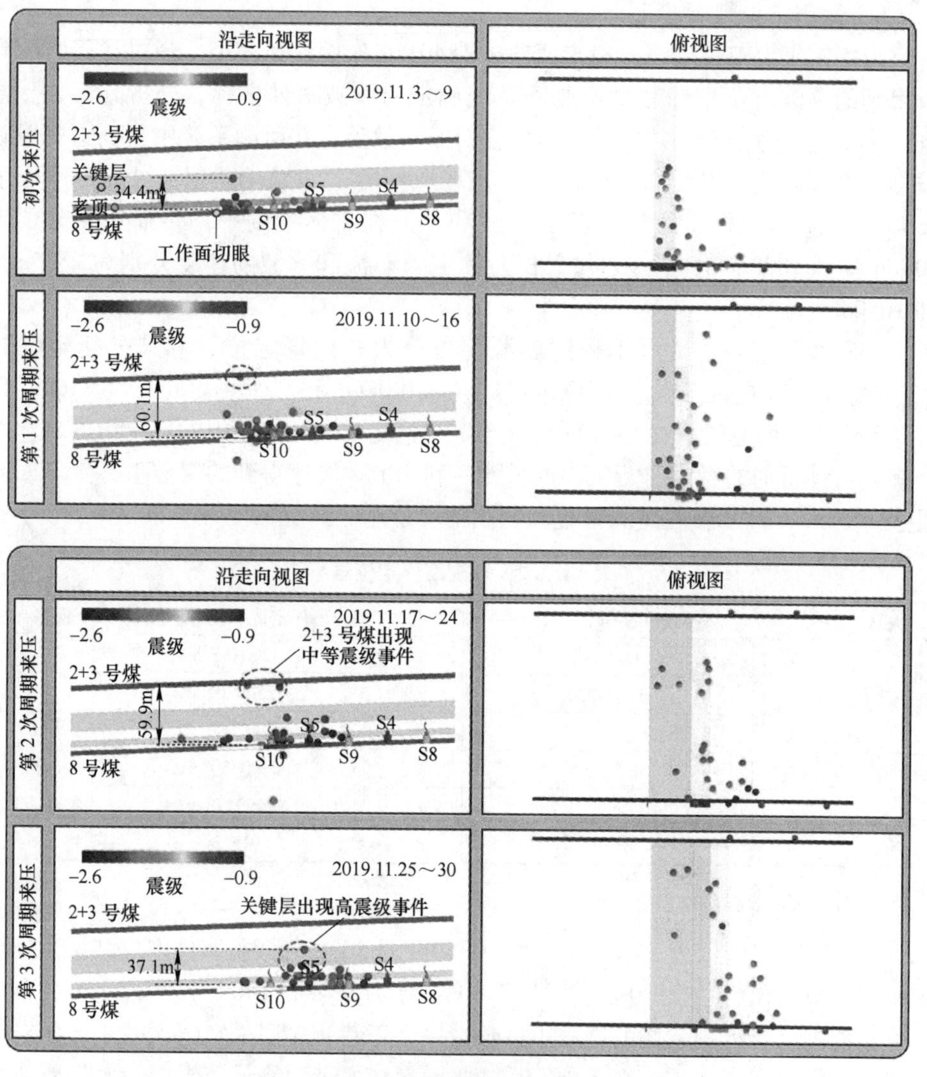

图 14.2.39　工作面推进过程中微震事件分布
（扫描书前二维码看彩图）

图 14.2.40 所示为 2019 年 11 月微震事件沿工作面走向、倾向方向的分布。从图中可以看出，微震事件主要集中在煤层顶板中，主要是由于煤层开挖引起顶板岩层破断；少量微震事件发生在煤层底板。在垂直方向上，微震事件最高位于距离 8 号煤工作面顶板约 60.1m 处，即煤层开采的顶板影响范围为 60.1m 左右，可影响到上覆的 2+3 号煤层。但大多数微震事件集中在顶板上方 40m 范围内，只有极少数微震事件分布在顶板上方 40~60.1m。主要原因是：11 月 1 日~11 月 30 日，煤层未充分采动，虽然关键层发生了破断，但变形不充分。因此，关键

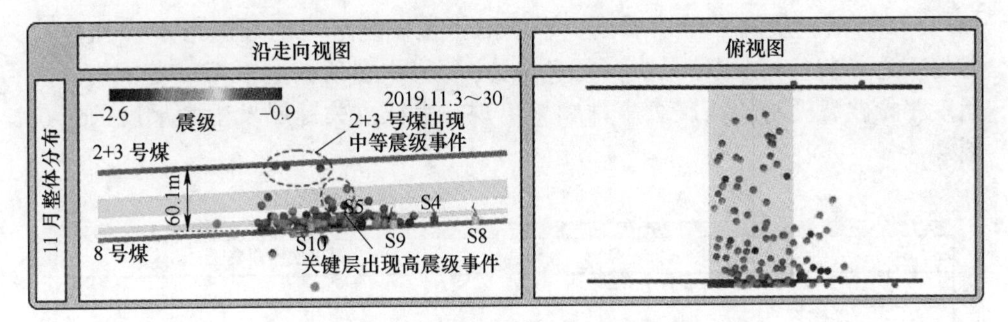

图 14.2.40 工作面推进过程中的微震事件分布

（扫描书前二维码看彩图）

层上方岩体虽然受了损伤和扰动，但其影响较小。对于煤层底板，微震事件主要集中在 15m 范围内，与理论计算结果相一致。

西曲矿煤层开采裂隙演化过程：对西曲矿 11 月岩层采动形成的微震数据进行震源机制求解并求出裂隙分布及裂隙运动矢量分布，结果如图 14.2.41、图

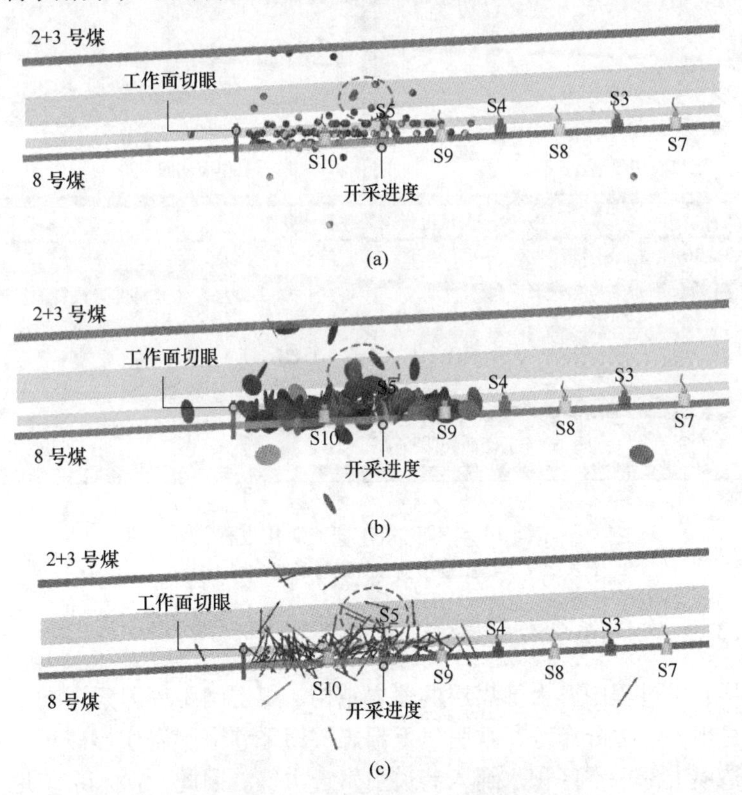

图 14.2.41 震源破裂机制与裂隙分布

（a）震源机制分布；（b）裂隙分布；（c）裂隙运动矢量

（扫描书前二维码看彩图）

14.2.42 所示。从图中可以看出，岩层的张拉破裂形成的裂隙最多（红色），剪切次之（蓝色），压缩最少（绿色），主要集中在顶板上方 40m 范围内。高角度张拉破裂机制的高震级事件频繁出现，表征主关键层发生大尺度的张拉断裂。

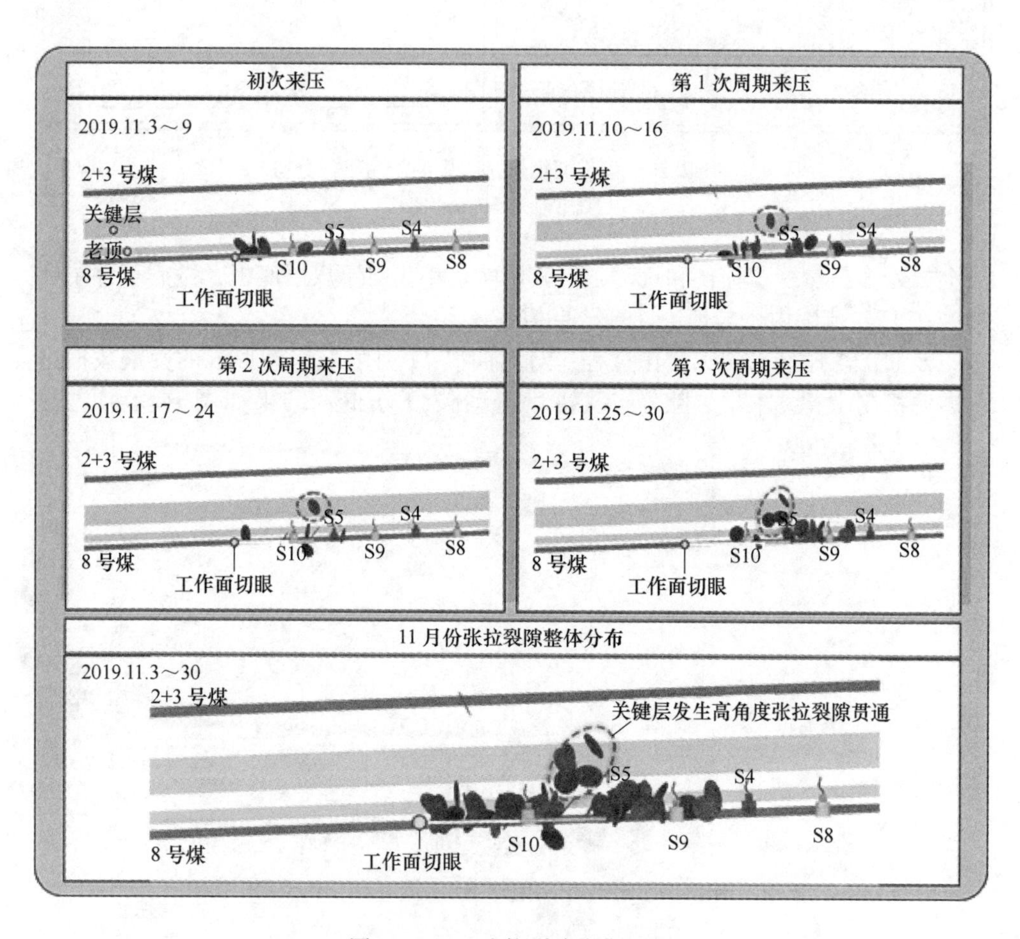

图 14.2.42　张拉裂隙演化过程
（扫描书前二维码看彩图）

14.2.3.2　西曲矿采动岩层破断数值模拟分析

煤层群开采过程中，上部煤层的覆岩结构、煤层间距等因素影响下部煤层开采的矿压显现、应力分布等，常引发下部煤层回采巷道围岩变形破坏严重、下部煤层漏顶造成上部采空区积水涌入巷道引发透水等。因此，深入系统地研究近距离煤层开采的覆岩结构、覆岩运动规律及围岩稳定性控制，确定安全高效的近距离煤层开采方案，对近距离煤层安全、高效开采具有重要意义。

A 煤层间隔 58m

西曲矿 2+3 号煤的开采，改变了 8 号煤的原岩应力环境，使得部分 8 号煤处在卸压环境下，当 8 号煤工作面推进至 90m 左右时，层间关键层破断，关键层破断前后，8 号煤工作面前方支承压力骤增，观察发现关键层上两测点垂直应力也是在工作面推进至 90m 应力释放，如图 14.2.43 所示。关键层破断后引起上方 2+3 号煤覆岩二次破坏，进而引发地表下沉以及地表裂缝二次发育，如图 14.2.44、图 14.2.45 所示。

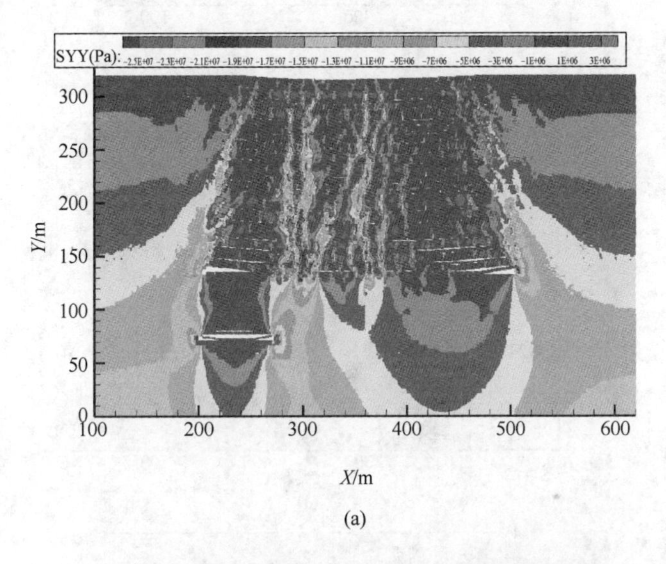

(a)

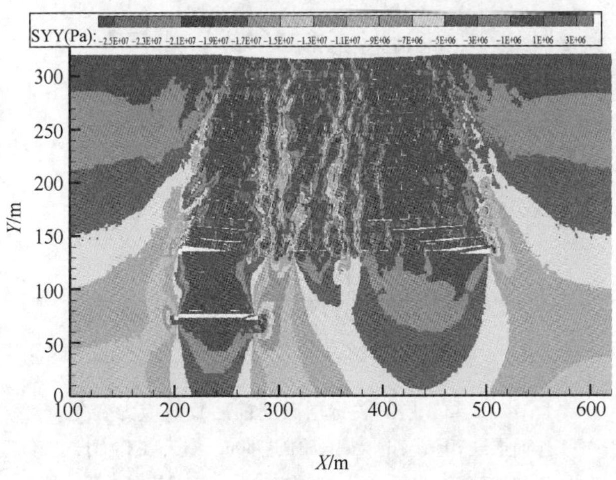

(b)

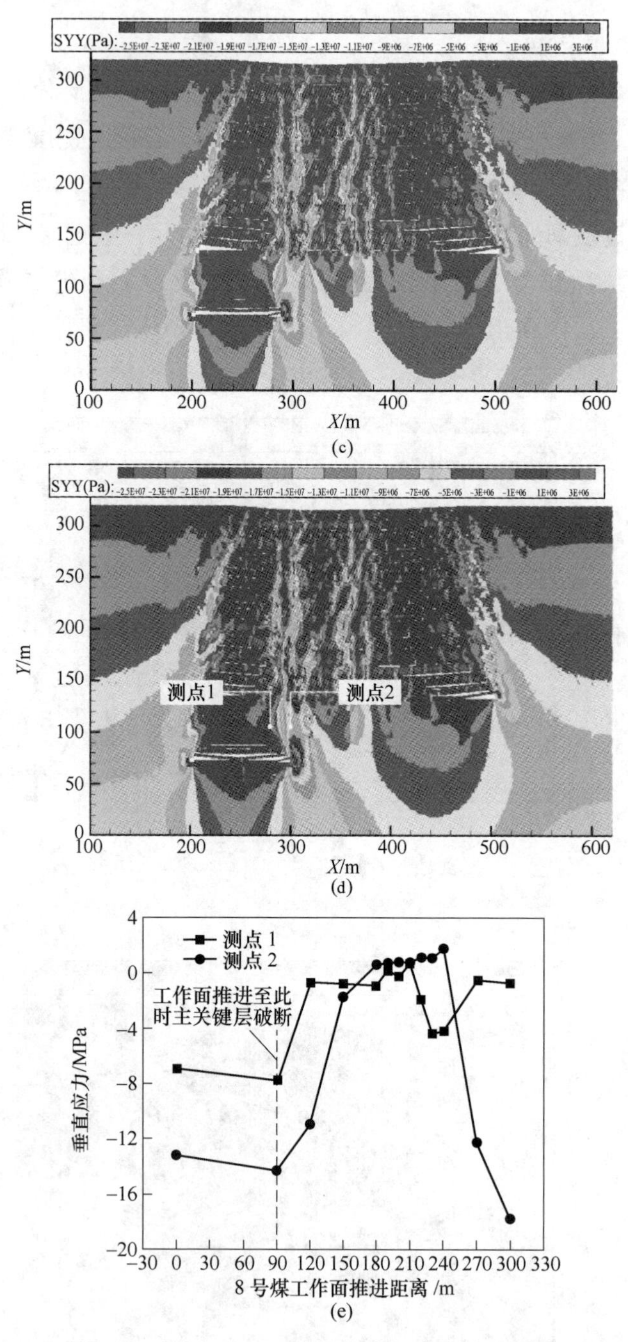

图 14.2.43　层间关键层破断前后垂直应力变化

(a) 工作面推进 70m；(b) 工作面推进 80m；(c) 工作面推进 90m；(d) 工作面推进 100m；(e) 关键层中两个测点的垂直应力变化

(扫描书前二维码看彩图)

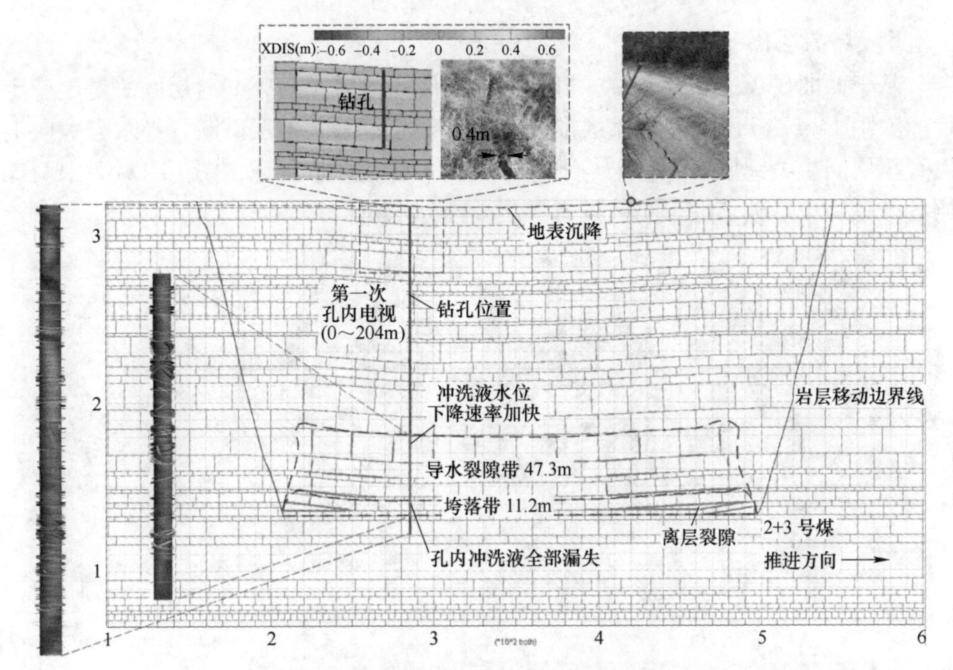

图 14.2.44 单煤层开采覆岩破坏特征

（扫描书前二维码看彩图）

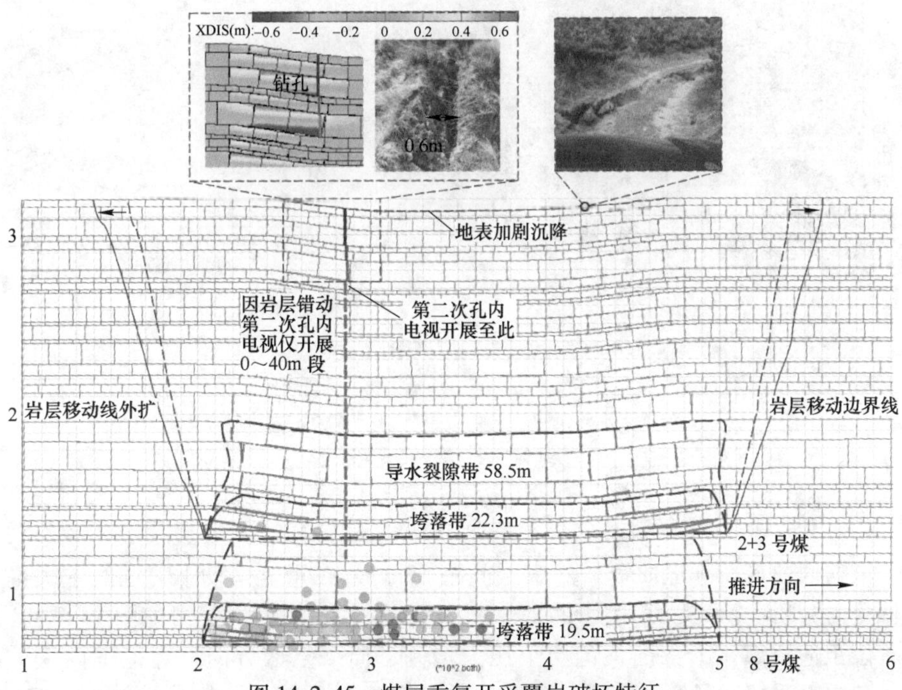

图 14.2.45 煤层重复开采覆岩破坏特征

（扫描书前二维码看彩图）

B　煤层间隔 98m

基于西曲矿煤层赋存条件，分析上下煤层间距增大至 98m 时层间关键层稳定性。如图 14. 2. 46 所示，下煤层推进约 60m 时层间亚关键层破断，导水裂隙向上发育至层间主关键层底部，未与上煤层底板采动破坏带沟通，图 14. 2. 47 中两煤层各开采完毕后破坏性影响区没有扩展，同为 47m。

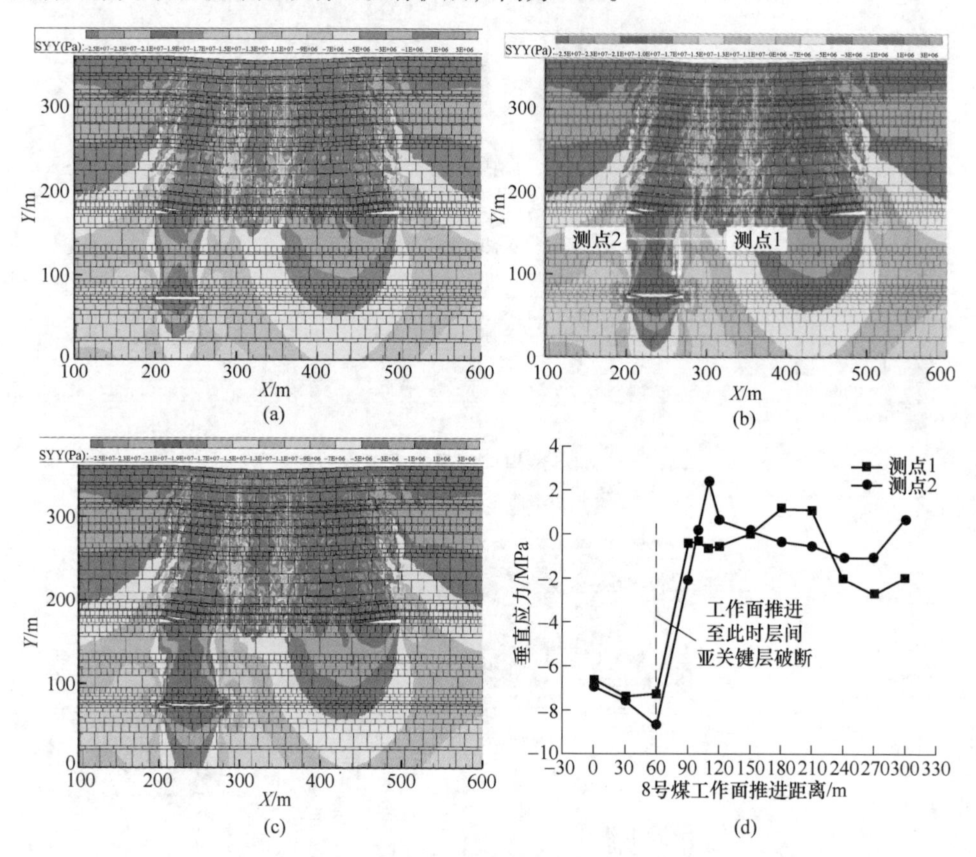

图 14. 2. 46　层间亚关键层破断前后垂直应力变化

（a）工作面推进 60m；（b）工作面推进 70m；

（c）工作面推进 80m；（d）亚关键层中两个测点的垂直应力变化

（扫描书前二维码看彩图）

C　煤层间距 58m 重复采动下层间主关键层稳定性分析

依据西曲矿实际地质资料（煤层间距 58m），在重复采动下对层间主关键层进行受力分析。2+3 号煤采完形成采空区后，层间主关键层受力如图 14. 2. 48 所示。位于遗留煤体下方的关键层上压力增高，向采空区方向一定范围内未被压实，基本不受压，易膨胀，远离煤壁，采空区逐渐压实，压力逐步恢复至某一特定值，但仍小于初始压力。8 号煤与 2+3 号煤均采用后退式开采，切眼位置大致

SIGl(Pa)
Y/m
X/m
破坏性影响区47m
(a)
SIGl(Pa)
Y/m
X/m
破坏性影响区47m
(b)

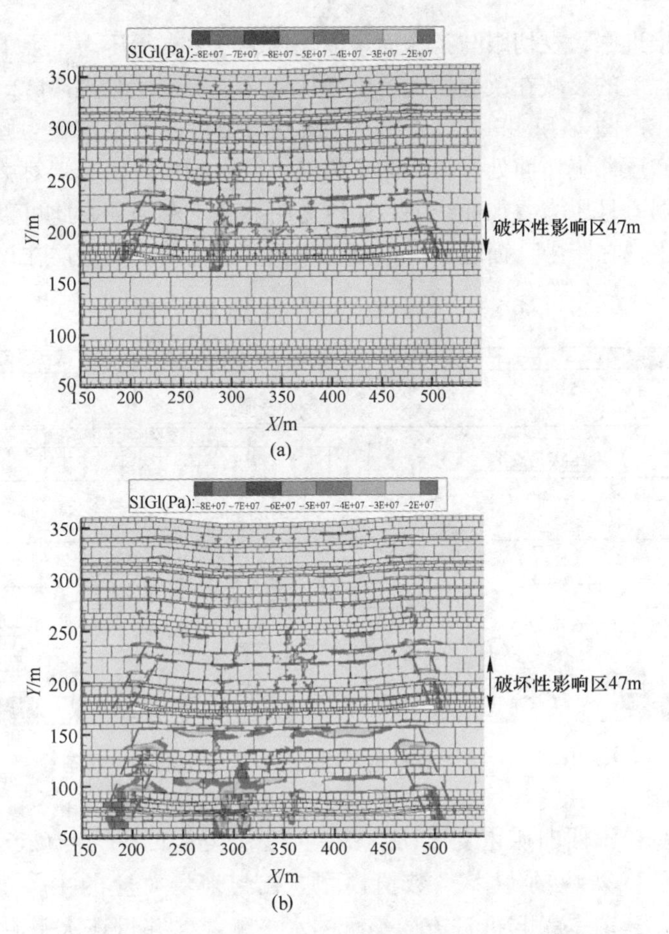

图 14.2.47 两煤层各开采完毕后破坏性影响区分布

（a）单煤层开采后覆岩破坏性影响区；（b）煤层重复采动后覆岩破坏性影响区

（扫描书前二维码看彩图）

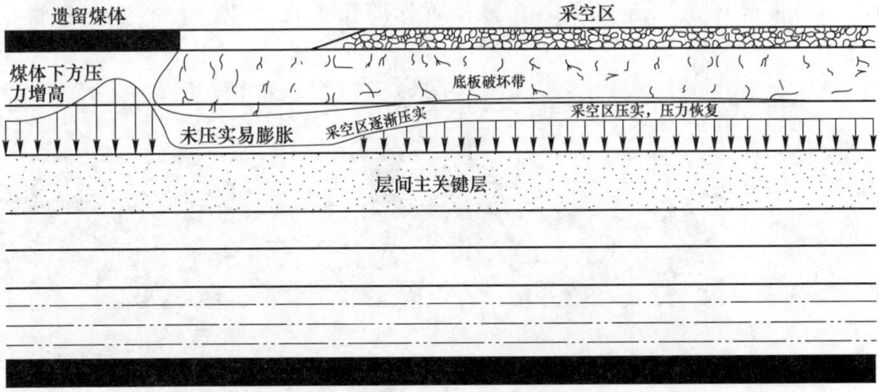

遗留煤体
采空区
煤体下方压力增高
底板破坏带
采空区压实，压力恢复
未压实易膨胀
采空区逐渐压实
层间主关键层

图 14.2.48 2+3 号煤采后，层间主关键层上的受力状态

上下对应，推进中，在切眼与工作面煤体上均会产生支承压力，上下煤层采动压力经过不同程度的衰减在关键层上产生叠加效应，形成了如图 14. 2. 49 所示的压力叠加曲线。由图 14. 2. 49 可以看出，关键层悬露段在切眼位置为固支约束，因上煤层采空卸压，工作面处可视为简支约束。简支端相比固支端对关键层弯曲的约束作用较弱，且压力叠加曲线的右侧压力明显高于左侧，由此可判断关键层的最大挠度不出现在跨中，而位于跨中与工作面位置之间，关键层在该处易发生张拉破断。

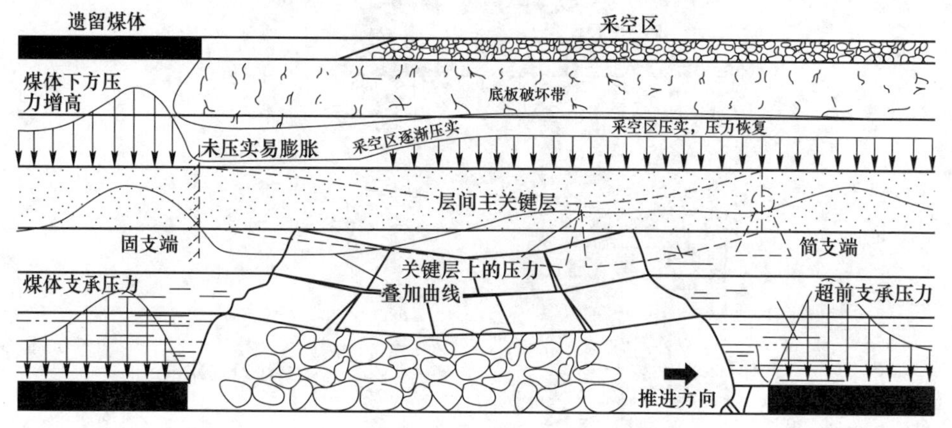

图 14. 2. 49　8 号煤推进，层间主关键层上的受力状态

为进一步揭示西曲矿重复采动下，层间主关键层的受力与破断过程，建立考虑采空区压实效应的 $FLAC^{3D}$ 数值模型。在与采场对应的主关键层中面上，过工作面中点，取一条与推进方向平行的水平测线，并过该水平测线作一竖向抛面，8 号煤推进 80m、90m 时，塑性区分布如图 14. 2. 50 所示。图中，推进 80m 时塑性区发育贯穿主关键层，位于跨中与工作面位置之间（距切眼约 70m 处），为拉伸破坏；推进 90m 时，该位置处的拉塑性区进一步扩大，关键层屈服破断。

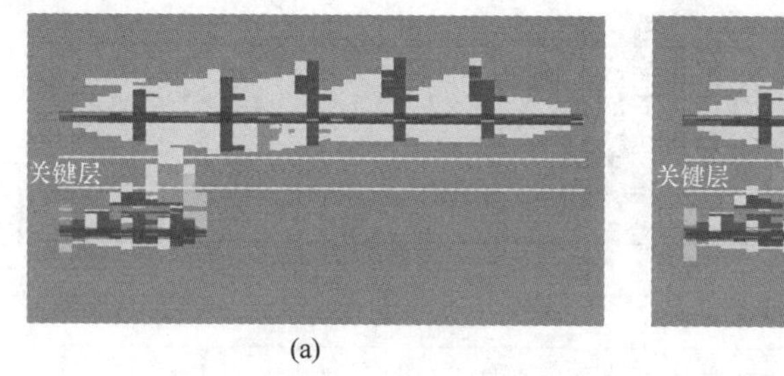

(a)

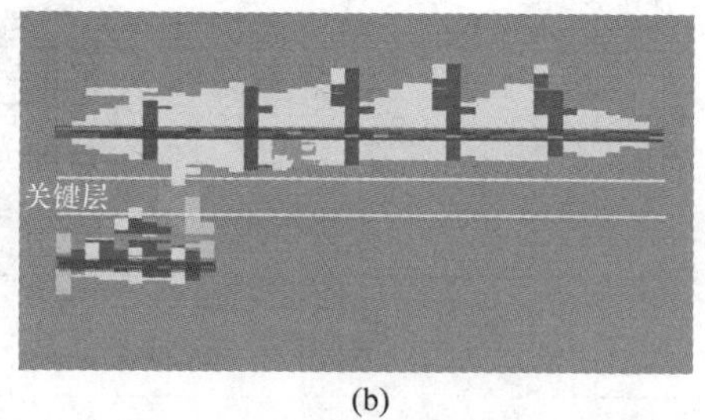

(b)

图 14. 2. 50　8 号煤推进 80m、90m 时的塑性区分布

（a）80m；（b）90m

（扫描书前二维码看彩图）

再导出 8 号煤推进 60~90m 时的最小主应力云图，以查看关键层的受力过程，如图 14.2.51 所示。推进 60m 时，关键层邻近跨中位置萌生高拉应力区；70m 时，在工作面推进方向上进一步扩大；80m 时，贯穿关键层；90m 时，持续沿层向扩张。演变过程与塑性区相对应，进一步说明关键层破断是由拉应力造成的。

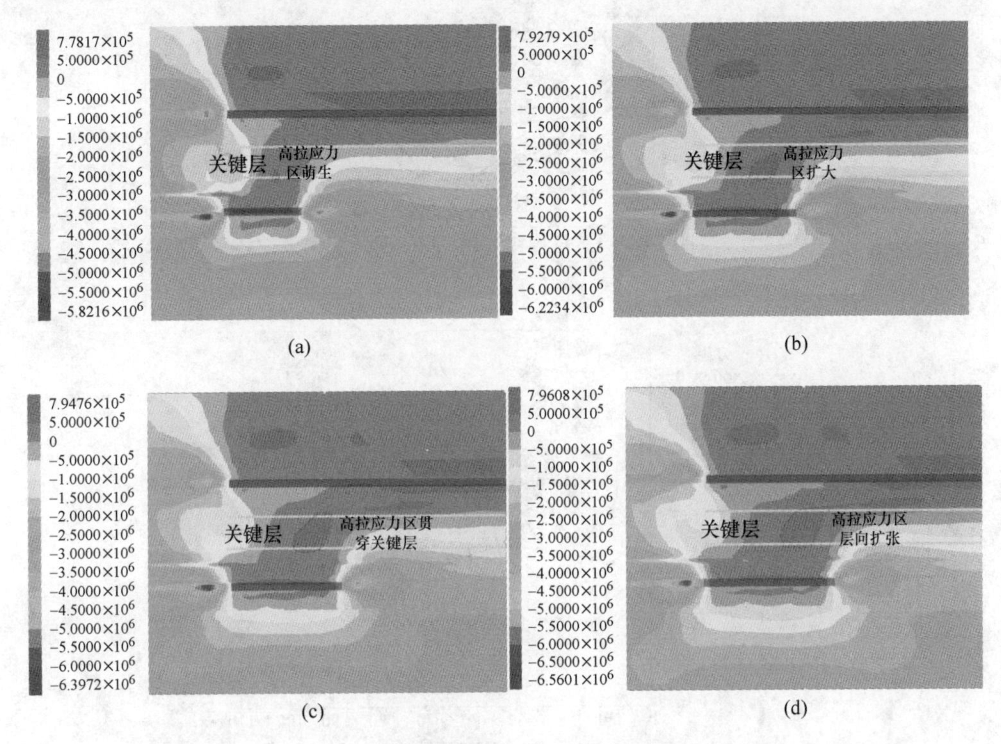

图 14.2.51　8 号煤推进 60~90m 时的最小主应力分布

(a) 60m；(b) 70m；(c) 80m；(d) 90m

(扫描书前二维码看彩图)

在水平测线上，进一步深入分析 8 号煤推进 80m 前后主关键层上的最小主应力与体积应变率分布，如图 14.2.52 所示。随推进距离增大，最小主应力极小值不断减小，在推进至 80m、90m 时，主关键层在距开切眼约 60~70m 处拉应力达到最大值，在极大拉应力作用下，主关键层易受拉屈服。伴随着关键层的塑性屈服，该位置体积应变率也表现出明显的突跳与加速扩容现象，关键层趋于破断。综上所述，在 8 号煤推进约 80~90m 时，层间主关键层易于在距切眼约 60~70m 处发生拉伸破断，与前述分析结果较为吻合。

14.2.3.3　小结

通过对西曲矿 18401 回采工作面覆岩破裂进行理论分析、钻孔电视实测、微

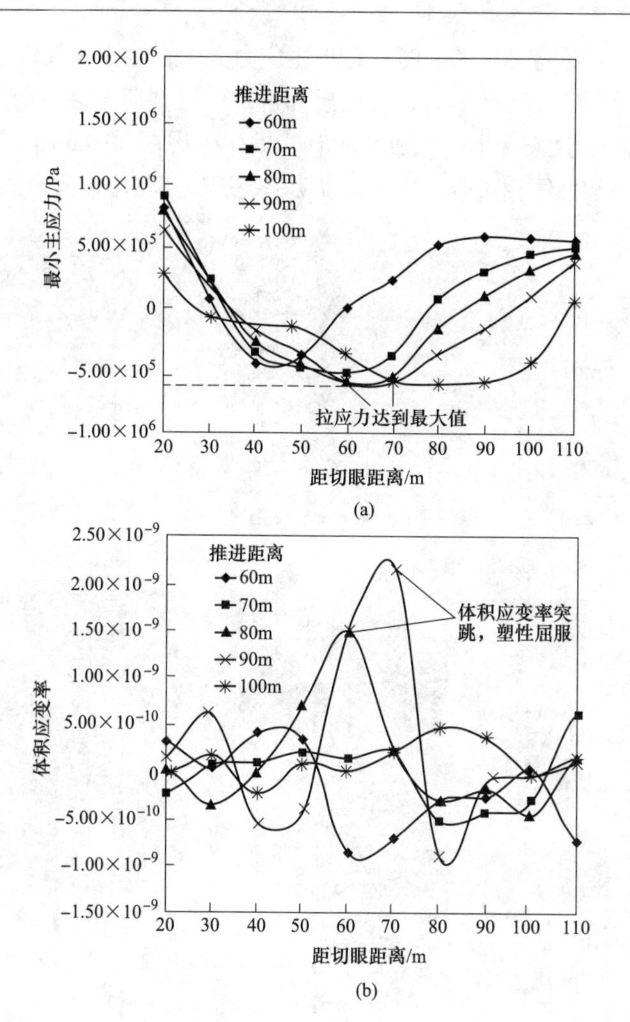

图 14.2.52　8 号煤推进 80m 前后，层间主关键层上的最小主应力与体积应变率分布

（a）最小主应力；（b）体积应变率

震监测及数值模拟分析，得到以下结论：

（1）微震监测结果表明，8 号煤层在充分采动条件下，走向方向上，微震事件主要分布在煤壁前方 30m 范围内；垂直方向上，主要集中在顶板上方 40m 范围内，最高位于距离 8 号煤工作面顶板约 60m 处，即可影响到上覆的 2+3 号煤层。岩层（主关键层）破断以竖向张拉裂隙居多，剪切次之。

（2）通过孔内电视实测，获取了 8 号煤层回采前，2+3 号煤层垮落带、导水裂隙带发育高度分布为 10.7m、47.3m；结合数值模拟，8 号煤层充分采动后，8 号煤层的导水裂隙沟通 2+3 号煤层采动破坏带，并诱发 2+3 号煤层导水裂隙带二次发育至 58.5m。

（3）西曲矿 8 号煤层重复采动后，在开采边界两侧超前破断岩层形成的类梯形区域形成主导水通道，导水裂隙发育至2+3号煤采空区，即应及时探放2+3号煤采空区积水，保障8号煤安全回采。

14.3 水害防治对策及防水煤岩柱留设

14.3.1 水害防治对策

矿山发生水害必须同时具备3个条件，即水源、水量和导水通道。因此，水害防治主要基于3个必备条件采取相应的措施[120~124]：（1）矿井充水水源探查，查明受采掘工程影响的地表水、含水层（裂隙、孔隙、岩溶）、老空水等水体的补给条件、涌水量和水位等；（2）含水层（水体）探放或改造，如修筑堤坝、沟渠和泄洪渠等排泄地表水、防止洪水侵入，超前疏放、注浆改造含水层为弱含水层或隔水层，钻探与物探相结合疏放老空水；（3）潜在导水通道探查、监测与防控，如查明断层、陷落柱等构造的导（含）水性，采用微震、微震与电法耦合等技术监测导水通道的时空演化过程和变形尺度，留设防隔水煤（岩）柱与布置防水闸门（墙）。各种突水模式的防治对策各有侧重，具体见表14.3.1。

表14.3.1 矿山水害防治对策

突水模式	防治对策
断层致突型	（1）综合探查断层的断距、倾角、导水特性及其力学性质，尤其是小型、隐伏断层（可探查性差）；（2）注浆改造（加固）；（3）留设防隔水煤岩柱
陷落柱致突型	（1）陷落柱空间产状超前精细探查，基于充填物的风化、压实和胶结程度等判别其内部裂隙、空洞发育情况与导水性能；（2）分段下行注浆建造柱内隔水塞；（3）留设防隔水煤岩柱
采动裂隙致突型	顶板采动裂隙致突型：（1）综合确定导水裂隙带发育高度及空间范围；（2）超前疏放、注浆改造含水层或顶板帷幕注浆；（3）充填开采、分层开采或限制采高；（4）“三图双预测法”进行顶板水害分区评价和预测；（5）留设防隔水煤岩柱 底板采动裂隙致突型：（1）井下注浆加固底板或改造含水层；（2）帷幕注浆、截断水源后疏水降压；（3）采用定向钻探技术等实施地面区域治理；（4）采用微震、微震与电法耦合等监测技术探测水体及导水通道；（5）采用“脆弱性指数法”“五图双系数法”等综合分区评价底板承压含水层突水危险性
老空水致突型	（1）基于物探、钻探、化探等综合手段确定（预判）老空范围和积水情况，包括老空位置、形成时间、范围、层位、积水情况、补给来源等；（2）分析潜在导水通道沟通采掘区域和老空积水的危险性，重点是浸水和重复采动下煤柱流变损伤及失稳、底板破坏深度、防水隔离设施与围岩稳定性、层间主关键层稳定性；（3）确定“三线”与“三区”，即积水线、探水线与警戒线，可采区、缓采区与禁采区；（4）疏水降压、留设煤岩柱、注浆改造、采煤方法改进等；（5）老空积水情况、防隔水煤岩柱与防水闸门（墙）的动态监测

14.3.2 留设防水煤岩柱

基于留设煤岩柱的目的和空间分布，防水煤岩柱可分为垂向和横向防水煤岩柱[125]。垂向防水煤岩柱主要考虑覆岩岩性、层位结构、采煤方法、开采顺序等因素影响下采动裂隙发育规律，防止导水裂隙带波及煤层上方的松散层（泥砂)、地表水、含水层及老空水等，确定煤层开采上限的位置和标高；防止底板采动破坏带波及煤层下方的承压含水层或老空水等，确定煤层开采下限的位置和标高。目前已有学者从理论分析、相似模拟、现场监测及数值分析等方面[126~131]对采动覆岩导水裂隙发育高度和底板破坏带高度进行研究。

14.3.2.1　顶板防水煤岩柱留设

顶板防水煤岩柱留设的基本要求为：防水煤岩柱垂高 H_{sh} 大于或等于导水裂隙带最大高度 H_f 与保护层厚度 H_b 之和，即

$$H_{sh} \geqslant H_f + H_b \tag{14.3.1}$$

关于覆岩导水裂隙发育高度，我国煤矿现场实测表明[132]，软弱、中硬和坚硬覆岩条件下导水裂隙发育高度一般分别为 8~12 倍、12~18 倍、18~28 倍采高，《“三下” 采煤规程》[133]提供了不同地质采矿条件下导水裂隙带高度经验公式，有关学者[134]提出了基于覆岩关键层位置预计导水裂隙带高度的有益方法。表 14.3.2 为各种工况下计算导水裂隙带高度 H_f 的经验公式。

表 14.3.2　导水裂隙带高度计算公式[133,135,136]

<table>
<tr><th>倾角/(°)</th><th>采煤方法</th><th>岩性</th><th>公式一</th><th>公式二</th><th>备　注</th></tr>
<tr><td rowspan="7">$\alpha \leqslant 54$</td><td rowspan="4">薄、中厚煤层或厚煤层分层开采①</td><td>坚硬</td><td>$H_f = \dfrac{100\sum M}{1.2\sum M + 2.0} \pm 8.9$</td><td>$H_f = 30\sqrt{\sum M} + 10$</td><td rowspan="10">坚硬：40 ~ 80MPa，石英砂岩、石灰岩、砂质页岩、砾岩
中硬：20 ~ 40MPa，砂岩、泥质灰岩、砂质页岩、页岩
软弱：10 ~ 20MPa，泥岩、泥质砂岩
极软弱：< 10MPa，铝土岩、风化泥岩、黏土、砂质黏土
H_f：导裂带高度
$\sum M$：累计采厚
α：煤层倾角
h：阶段垂高</td></tr>
<tr><td>中硬</td><td>$H_f = \dfrac{100\sum M}{1.6\sum M + 3.6} \pm 5.6$</td><td>$H_f = 20\sqrt{\sum M} + 10$</td></tr>
<tr><td>软弱</td><td>$H_f = \dfrac{100\sum M}{3.1\sum M + 5.0} \pm 4.0$</td><td>$H_f = 10\sqrt{\sum M} + 5$</td></tr>
<tr><td>极软弱</td><td>$H_f = \dfrac{100\sum M}{5.0\sum M + 8.0} \pm 3.0$</td><td>—</td></tr>
<tr><td rowspan="3">放顶煤②</td><td>坚硬</td><td>$H_f = \dfrac{100M}{0.15M + 3.12} \pm 11.18$</td><td>$H_f = 30M + 10$</td></tr>
<tr><td>中硬</td><td>$H_f = \dfrac{100M}{0.23M + 6.10} \pm 10.42$</td><td>$H_f = 20M + 10$</td></tr>
<tr><td>软弱</td><td>$H_f = \dfrac{100M}{0.31M + 8.81} \pm 8.21$</td><td>$H_f = 10M + 10$</td></tr>
<tr><td rowspan="3">$\alpha > 54$</td><td rowspan="2">垮落法</td><td>坚硬</td><td>$H_f = \dfrac{100Mh}{4.1h + 133} \pm 8.4$</td><td>—</td></tr>
<tr><td>中硬
软弱</td><td>$H_f = \dfrac{100Mh}{7.5h + 293} \pm 7.3$</td><td>—</td></tr>
<tr><td>充填法</td><td>中硬
软弱</td><td>$H_f = (3 \sim 4)M$</td><td>—</td></tr>
</table>

①单层采厚 1~3m，累计采厚不超过 15m；

②采厚 3~10m。

保护层厚度 H_b 确定时应首先参考本矿区的开采成功经验，无开采成功经验的矿区参考类似地质条件的矿区或根据表 14.3.3 确定。需要注意的是，综放开采条件下的保护层厚度需根据上覆岩土层结构和岩性、导水裂隙带高度及开采经验等综合确定，不能直接采用表 14.3.3 中的数值。

表 14.3.3 防水安全煤岩柱的保护层厚度[133]

煤层倾角/(°)	覆岩岩性	松软层底部黏性土层厚度大于累计采厚/m	松软层底部黏性土层厚度小于累计采厚/m	松散层全厚小于累计采厚/m	松散层底部无黏性土层/m
≤54	坚硬	4A	5A	6A	7A
	中硬	3A	4A	5A	6A
	软弱	2A	3A	4A	5A
	极软弱	2A	2A	3A	4A
55~70	坚硬	15	18	20	22
	中硬	10	13	15	17
	软弱	5	8	10	12
71~90	坚硬	17	20	22	24
	中硬	12	15	17	19
	软弱	7	10	12	14

注：$A=\sum M/n$，$\sum M$ 为累计采厚，n 为分层层数。

14.3.2.2 底板防水煤岩柱留设

底板防水煤岩柱留设的原则是：防止底板采动导水破坏带波及水体，或与承压水导升带沟通。底板防水煤岩柱厚度 H_s 可按式（14.3.2）计算：

$$H_s=\begin{cases}h_1+h_2\\h_1+h_2+h_3, & \text{底板含水层上部存在承压水导升带}\\h_1+h_2+h_4, & \text{底板含水层上部存在泥质充填隔水层}\end{cases}\tag{14.3.2}$$

式中 h_1——底板采动导水破坏带深度，可按表 14.3.4 进行估算；

h_2——底板阻水带厚度，可按式（14.3.3）进行估算；

h_3，h_4——分别为承压水导升带厚度、充填隔水带厚度，根据钻探和物探方法确定。

表 14.3.4　底板采动导水破坏带深度计算公式[136,137]

公式类型	底板采动导水破坏带深度	备　注
经验公式	$h_1 = 0.7007 + 0.1079L$	L：工作面斜长； H：煤层埋深； α：煤层倾角； M：煤层采高； F：岩体普氏系数； L_w：钻孔漏水总长度； L_t：钻孔总长度； γ：岩层容重； R_c：岩体抗压强度； σ_1：最大主应力； K_{max}：矿压集中系数； ϕ_0：岩体内摩擦角
	$h_1 = 0.303L^{0.8}$	
	$h_1 = 0.0085H + 0.1665\alpha + 0.1079L - 4.3579$	
	$h_1 = [0.00911H + 0.0448\alpha - 0.3113F + 7.9291\ln(L/24)]/(1 - L_w/L_t)$	
	$h_1 = 0.0138H + 4.08\ln(L/35) + 0.153M + 1.279$	
断裂力学	$h_1 = 1.57\gamma^2 H^2 L/(4R_c^2)$	
	$h_1 = 59.88\ln(K_{max}\gamma H/\sigma_1)$	
塑性力学	$h_1 = 0.0075H\cos\phi_0\exp[(0.25\pi + 0.5\phi_0)\tan\phi_0]/\cos(0.25\pi + 0.5\phi_0)$	

$$\begin{cases} h_1 = \dfrac{\sqrt{\gamma^2 + 4D(P - \gamma h_1)R_t} - \gamma}{2DR_t} \\ D = \dfrac{12L^2}{L_y^2(\sqrt{L_y^2 + 3L^2} - L_y)^2} \end{cases} \tag{14.3.3}$$

式中　h_1——底板采动导水破坏带深度，m；

γ——底板岩层容重，MN/m^3；

P——作用在底板上的水压力，MPa；

R_t——底板岩体抗拉强度，MPa；

L——工作面斜长，m；

L_y——工作面老顶初次来压步距，m。

14.3.2.3　横向防水煤岩柱留设

横向留设防水煤岩柱主要考虑防水煤岩柱稳定性、防水煤岩柱隔水性和煤柱上方导水裂隙空间形态[135]，避免煤岩柱发生整体推移破坏、水压作用下弹性区阻水失效及相邻采区导水裂隙贯通等[138~140]。煤柱稳定性分析普遍采用 A. H. Wilson 两区约束理论和极限平衡理论等；同时，《煤矿防治水细则》[120]中给出了不同地质条件下防水煤岩柱留设公式，计算时一般采用垂线切割法和覆岩移动角法[141]。表 14.3.5 为横向防水煤岩柱宽度 L 的计算公式。

表 14.3.5 横向防水煤岩柱计算公式简表[30]

公 式	适用情况	备 注
$H_a = p/T_s + 10$ $L = H_a\csc\theta + H_f(\cot\theta + \cot\delta)$	煤层与强含水层或导水断层接触，且含水层顶面高于导裂带高度	p：水头值，MPa； T_s：临界突水系数； θ：断层倾角，(°)； δ：岩层塌陷角，(°)； d：含水层顶面与煤层底板距离，m； H：水位与煤层底板距离，m； H_f：导裂带高度，m； K：安全系数，2~5； M：煤层采高，m； λ：水压与岩柱宽度比； K_p：煤抗拉强度，MPa
$H_a = p/T_s + 10$ $L = H_a(\sin\delta - \cos\delta\cot\theta) +$ $(H_a\cos\delta + d)(\cot\theta + \cot\delta)$	煤层与强含水层或导水断层接触，且导裂带高度高于断层上盘含水层	
$H_a = p/T_s + 10$ $L = \max(H_a/\sin\alpha,\ 0.5KM\sqrt{3p/K_p},\ 20)$	煤层位于含水层上方，且断层导水	
$L = \dfrac{H - H_f}{10\lambda}$	邻近矿井	

参 考 文 献

[1] 武强．我国矿井水防控与资源化利用的研究进展、问题和展望［J］．煤炭学报，2014，39（5）：795~805.

[2] 杨天鸿，唐春安，谭志宏，等．岩体破坏突水模型研究现状及突水预测预报研究发展趋势［J］．岩石力学与工程学报，2007，26（2）：268~277.

[3] 姜福兴，叶根喜，王存文，等．高精度微震监测技术在煤矿突水监测中的应用［J］．岩石力学与工程学报，2008，27（9）：1932~1938.

[4] 屠世浩．岩层控制的实验方法与实测技术［M］．徐州：中国矿业大学出版社，2010.

[5] 王怀文，周宏伟，左建平，等．光测方法在岩层移动相似模拟实验中的应用［J］．煤炭学报，2006，31（3）：278~281.

[6] 张东升，范钢伟，梁帅帅，等．采动覆岩固液耦合三维无损监测系统与应用［J］．采矿与安全工程学报，2019，36（6）：1071~1078.

[7] 柴敬，薛子武，郭瑞，等．采场覆岩垮落形态与演化的分布式光纤检测试验研究［J］．中国矿业大学学报，2018，47（6）：1185~1192.

[8] Behrooz Ghabraie，Gang Ren，John Smith，et al. Application of 3D laser scanner，optical transducers and digital image processing techniques in physical modelling of mining-related strata movement［J］. International Journal of Rock Mechanics & Mining Sciences，2015，80：219~230.

[9] Yuan Changfeng，Yuan Zijin，Wang Yingting，et al. Analysis of the diffusion process of mining overburden separation strata based on the digital speckle correlation coefficient field［J］. Inter-

national Journal of Rock Mechanics & Mining Sciences, 2019, 119: 13~21.
[10] 高富强．数值模拟在地下煤矿开采岩石力学问题中的应用［J］．采矿与岩层控制工程学报，2019，1（1）：013004.
[11] 李连崇，唐春安，李根，等．含隐伏断层煤层底板损伤演化及滞后突水机理分析［J］．岩土工程学报，2009，31（12）：1838~1844.
[12] 武强，朱斌，李建民，等．断裂带煤矿井巷滞后突水机理数值模拟［J］．中国矿业大学学报，2008，37（6）：780~785.
[13] Lu Yinlong, Wang Lianguo. Numerical simulation of mining-induced fracture evolution and water flow in coal seam floor above a confined aquifer [J]. Computers & Geotechnics, 2015, 67: 157~171.
[14] 李浩，白海波，武建军，等．循环荷载下完整底板导水通道演化过程研究［J］．岩土力学，2017，38（s1）：447~454.
[15] Wang Shaofeng, Li Xibing, Wang Shanyong. Separation and fracturing in overlying strata disturbed by longwall mining in a mineral deposit seam [J]. Engineering Geology, 2017, 226: 257~266.
[16] Brett A Poulsen, Deepak Adhikary, Hua Guo. Simulating mining-induced strata permeability changes [J]. Engineering Geology, 2018, 237: 208~216.
[17] 刘泉声，刘学伟．多场耦合作用下岩体裂隙扩展演化关键问题研究［J］．岩土力学，2014，35（2）：305~320.
[18] 曹志国，鞠金峰，许家林．采动覆岩导水裂隙主通道分布模型及其水流动特性［J］．煤炭学报，2019，44（12）：3719~3728.
[19] 张金才，张玉卓，刘天泉．岩体渗流与煤层底板突水［M］．北京：地质出版社，1997.
[20] 杜运夯，孙小林，陈小国．《煤矿防治水细则》专家解读［M］．徐州：中国矿业大学出版社，2018.
[21] 李连崇，唐春安，梁正召，等．含断层煤层底板突水通道形成过程的仿真分析［J］．岩石力学与工程学报，2009，28（2）：290~297.
[22] 尹尚先，武强，王尚旭．华北煤矿区岩溶陷落柱特征及成因探讨［J］．岩石力学与工程学报，2004，23（1）：120~123.
[23] 于景邨，刘志新，岳建华，等．煤矿深部开采中的地球物理技术现状及展望［J］．地球物理学进展，2007，22（2）：586~592.
[24] 刘盛东，刘静，岳建华．中国矿井物探技术发展现状和关键问题［J］．煤炭学报，2014，39（1）：19~25.
[25] David R Hanson, Thomas L Vandergrift, Matthew J DeMarco, et al. Advanced techniques in site characterization and mining hazard detection for the underground coal industry [J]. International Journal of Coal Geology, 2002, 50: 275~301.
[26] 张平松，刘盛东，舒玉峰．煤层开采覆岩破坏发育规律动态测试分析［J］．煤炭学报，2011，36（2）：217~222.
[27] 高保彬，刘云鹏，潘家宇，等．水体下采煤中导水裂隙带高度的探测与分析［J］．岩石力学与工程学报，2014，33（s1）：3384~3390.

[28] 杨达明，郭文兵，赵高博，等．厚松散层软弱覆岩下综放开采导水裂隙带发育高度[J]．煤炭学报，2019，44（11）：3308~3316.
[29] 原富珍，马克，庄端阳，等．基于微震监测的董家河煤矿底板突水通道孕育机制［J］．煤炭学报，2019，44（6）：1846~1856.
[30] Mendecki A J. Seismic monitoring in mines［M］. London：Chapman & Hall，1997.
[31] http：//www. imseismology. org/underground-hard-rock/.
[32] 陈资南．冬瓜山铜矿微震监测系统扩展与矿震研究［D］．长沙：中南大学，2014.
[33] 李庶林．试论微震监测技术在地下工程中的应用［J］．地下空间与工程学报，2009，5（1）：122~128.
[34] Takagishi M，Hashimoto T，Horikawa S，et al. Microseismic monitoring at the large-scale CO_2 injection site，Cranfield，MS，USA［J］. Energy Procedia，2014，63：4411~4417.
[35] Salvoni M，Dight P M. Rock damage assessment in a large unstable slope from microseismic monitoring-MMG Century mine（Queensland，Australia）case study［J］. Engineering Geology，2016，210：45~56.
[36] Zhang P H，Yang T H，Yu Q L，et al. Microseismicity induced by fault activation during the fracture process of a crown pillar［J］. Rock Mechanics and Rock Engineering，2015，48（4）：1673~1682.
[37] Dai F，Li B，Xu N W，et al. Microseismic early warning of surrounding rock mass deformation in the underground powerhouse of the Houziyan hydropower station，China［J］. Tunnelling and Underground Space Technology，2017，62：64~74.
[38] Ma T H，Tang C A，Tang L X，et al. Rockburst characteristics and microseismic monitoring of deep-buried tunnels for Jinping Ⅱ Hydropower Station［J］. Tunnelling and Underground Space Technolog，2015，49：345~368.
[39] Cai M，Kaiser P K，Martin C D. Quantification of rock mass damage in underground excavations from microseismic event monitoring［J］. International Journal of Rock Mechanics and Mining Science，2001，38（8）：1135~1145.
[40] Xu N W，Tang C A，Li L C，et al. Microseismic monitoring and stability analysis of the left bank slope in Jinping first stage hydropower station in southwestern China［J］. International Journal of Rock Mechanics and Mining Sciences，2011，48（6）：950~963.
[41] Walter M，Arnhardt C，Joswig M. Seismic monitoring of rockfalls，slide quakes，and fissure development at the Super-Sauze mudslide，French Alps［J］. Engineering Geology，2012，128（6）：12~22.
[42] 刘建坡，石长岩，李元辉，等．红透山铜矿微震监测系统的建立及应用研究［J］．采矿与安全工程学报，2007，29（1）：72~77.
[43] Zhang P H，Yang T H，Yu Q L，et al. Study of a seepage channel formation using the combination of microseismic monitoring technique and numerical method in Zhangmatun iron mine［J］. Rock Mechanics and Rock Engineering，2016，49（9）：3699~3708.
[44] Zhao Y，Yang T H，Bohnhoff M，et al. Study of the rock mass failure process and mechanisms during the transformation from open-pit to underground mining based on microseismic monitoring

[J]. Rock Mechanics and Rock Engineering, 2018, 51 (5): 1473~1493.

[45] 马克，唐春安，李连崇，等．基于微震监测与数值模拟的大岗山右岸边坡抗剪洞加固效果分析［J］．岩石力学与工程学报，2013，32（6）：1239~1247.

[46] Zhuang D Y, Tang C A, Liang Z Z, et al. Effects of excavation unloading on the energy-release patterns and stability of underground water-sealed oil storage caverns [J]. Tunnelling and Underground Space Technolog, 2017, 61: 122~133.

[47] Li Y, Yang T H, Liu H L, et al. Real-time microseismic monitoring and its characteristic analysis in working face with high-intensity mining [J]. Journal of Applied Geophysics, 2016, 132: 152~163.

[48] Zhang F, Yang T H, Li L C, et al. Cooperative monitoring and numerical investigation on the stability of the south slope of the Fushun west open-pit mine [J]. Bulletin of Engineering Geology and the Environment, 2019, 78 (4): 2409~2429.

[49] 丰光亮，冯夏庭，陈炳瑞，等．白鹤滩柱状节理玄武岩隧洞开挖微震活动时空演化特征［J］．岩石力学与工程学报，2015，34（10）：1967~1975.

[50] Zang A, Wagner F C, Stanchits S, et al. Source analysis of acoustic emissions in Aue granite cores under symmetric and asymmetric compressive loads [J]. Geophysical Journal of the Royal Astronomical Society, 2010, 135 (3): 1113~1130.

[51] Cai M, Kaiser P K, Martin C D. A tensile model for the interpretation of microseismic events near underground openings [J]. Pure and Applied Geophysics, 1998, 153 (1): 67~92.

[52] Gilbert F. Excitation of the normal modes of the earth by earthquake sources [J]. Geophysical Journal of the Royal Astronomical Society, 1971, 22 (2): 223~226.

[53] Backus G, Mulcahy M. Moment tensors and other phenomenological descriptions of seismic sources-Ⅱ. Discontinuous displacements [J]. Geophysical Journal of the Royal Astronomical Society, 2010, 47 (2): 301~329.

[54] Miller A D, Julian B R, Foulger G R. Three-dimensional seismic structure and moment tensors of non-double-couple earthquakes at the Hengill-Grensdalur volcanic complex, Iceland [J]. Geophysical Journal of the Royal Astronomical Society, 2010, 133 (2): 309~325.

[55] Stierle E, Vavryčck V, Šílený J, et al. Resolution of non-double-couple components in the seismic moment tensor using regional networks-Ⅰ: a synthetic case study [J]. Geophysical Journal International, 2014, 196 (3): 390~399.

[56] Trifu C I, Urbancic T I. Fracture coalescence as a mechanism for earthquakes: Observations based on mining induced microseismicity [J]. Tectonophysics, 1996, 261 (1-3): 193~207.

[57] Ohtsu M. Acoustic emission theory for moment tensor analysis [J]. Research in Nondestructive Evaluation, 1995, 6 (3): 169~184.

[58] Kwiatek G, Goebel T, Dresen G. Seismic moment tensor and b-value variations over successive seismic cycles in laboratory stick-slip experiments [J]. Geophysical Research Letters, 2015, 41 (16): 5838~5846.

[59] Nolen-Hoeksema R C, Ruff L J. Moment tensor inversion of microseisms from the B-sand

propped hydrofracture, M-site, Colorado [J]. Tectonophysics, 2001, 336 (1): 163~181.

[60] Martínez~Garzón P, Kwiatek G, Bohnhoff M, et al. Impact of fluid injection on fracture reactivation at The Geysers geothermal field [J]. Journal of Geophysical Research Solid Earth, 2016, 121 (10): 7432~7449.

[61] Aki K, Richards P G. Quantitative seismology, theory and methods [M]. New York: W H Freeman, 1980.

[62] Stump B W, Johnson L R. The determination of source properties by the linear inversion of seismograms [J]. Bulletin of the Seismological Society of America, 1977, 67 (6): 1489~1502.

[63] Kennett B L N. Elastic wave propagation in stratified media [M]. Elsevier, 1981.

[64] Shigeishi M, Ohtsu M. Acoustic emission moment tensor analysis: development for crack identification in concrete materials [J]. Construction and Building Materials, 2001, 15 (5-6): 311~319.

[65] Candela T, Wassing B, Ter Heege J, et al. How earthquakes are induced [J]. Science, 2018, 360 (6389): 598~600.

[66] Brune J N. Tectonic stress and the spectra of seismic shear waves from earthquakes [J]. Journal of Geophysical Research, 1970, 75 (26): 4997~5009.

[67] Madariaga R. Dynamics of an expanding circular fault [J]. Bulletin of the Seismological Society of America, 1976, 66 (3): 639~666.

[68] Gibowicz S J, Kijko A. An introduction to mining seismology [M]. San Diego Academic Press, 1994.

[69] Vavryčuk V. Tensile earthquakes: theory, modeling, and inversion [J]. Journal of Geophysical Research: Solid Earth, 2011, 116 (B12).

[70] Jaeger J C, Cook N G, Zimmerman R. Fundamentals of rock mechanics [M]. John Wiley & Sons, 2009.

[71] Morris A, Ferrill D A, Henderson D B. Slip-tendency analysis and fault reactivation [J]. Geology, 1996, 24 (3): 275~278.

[72] Lisle R J, Srivastava D C. Test of the frictional reactivation theory for faults and validity of fault-slip analysis [J]. Geology, 2004, 32 (7): 569~572.

[73] Moeck I, Kwiatek G, Zimmermann G. Slip tendency analysis, fault reactivation potential and induced seismicity in a deep geothermal reservoir [J]. Journal of Structural Geology, 2009, 31 (10): 1174~1182.

[74] Byerlee J D, Wyss M. Rock friction and earthquake prediction [M]. Birkhäuser, Basel, 1978: 615~626.

[75] Fischer T, Guest A. Shear and tensile earthquakes caused by fluid injection [J]. Geophysical Research Letters, 2011, 38 (5): 387~404.

[76] Wang R, Gu Y J, Schultz R, et al. Faults and non-double-couple components for induced earthquakes [J]. Geophysical Research Letters, 2018, 45 (17): 8966~8975.

[77] Ferrill D A, Morris A P. Dilational normal faults [J]. Journal of Structural Geology, 2003, 25 (2): 183~196.

[78] Berkowitz B. Characterizing flow and transport in fractured geological media: A review [J]. Advances in water resources, 2002, 25 (8-12): 861~884.

[79] Sanderson D J, Nixon C W. Topology, connectivity and percolation in fracture networks [J]. Journal of Structural Geology, 2018, 115: 167~177.

[80] Priest S D. Discontinuity analysis for rock engineering [M]. Springer Science & Business Media, 2012.

[81] Gross J L, Yellen J. Handbook of graph theory [M]. CRC Press, 2004.

[82] Alghalandis F Y, Xu C S, Dowd P A. Connectivity index and connectivity field towards fluid flow in fracture-based geothermal reservoirs [C]//Proceedings of 38 Workshop on Geothermal Reservoir Engineering. Stanford University, Stanford, California, 2013: 417~427.

[83] 刘华梅，王明玉．三维裂隙网络渗流路径识别算法及其优化［J］．中国科学院大学学报，2010，27（4）：463~470.

[84] 赵红亮，陈剑平．裂隙岩体三维网络流的渗透路径搜索［J］．岩石力学与工程学报，2005，24（4）：622~627.

[85] 吕伏，梁冰．基于 Matlab 的裂隙岩体渗透路径搜索［J］．辽宁工程技术大学学报（自然科学版），2007，26（S2）：86~88.

[86] 仵彦卿，张倬元．岩体水力学导论［M］．成都：西南交通大学出版社，2005.

[87] 杨天鸿，于庆磊，陈仕阔，等．范各庄煤矿砂岩岩体结构数字识别及参数表征［J］．岩石力学与工程学报，2009，28（12）：2482~2488.

[88] Yang T H, Tang C A, Tan Z H, et al. State of the art of inrush models in rock mass failure and developing trend for prediction and forecast of groundwater inrush [J]. Chinese Journal of Rock Mechanics and Engineering, 2007, 26 (2): 268~277.

[89] Jiang F X, Yang S H, Cheng Y H, et al. A study on microseismic monitoring of rock burst in coal mine [J]. Chinese Journal of Geophysics, 2006, 49 (5): 1511~1516.

[90] Wang H, Ge M. Acoustic emission/microseismic source location analysis for a limestone mine exhibiting high horizontal stresses [J]. International Journal of Rock Mechanics and Mining Sciences, 2008, 45 (5): 720~728.

[91] Chen S, Yang T, Liu H, et al. Water Inrush Monitoring of Zhangmatun Mine Grout Curtain and Seepage-Stress-Damage Research [M] //Niu J, Zhou G T, editor. Materials Science Forum, 2011: 558~562.

[92] Zhang P, Yang T, Yu Q, et al. Study of a Seepage Channel Formation Using the Combination of Microseismic Monitoring Technique and Numerical Method in Zhangmatun Iron Mine [J]. Rock Mechanics and Rock Engineering, 2016: 1~10.

[93] 韩伟伟，李术才，张庆松，等．矿山帷幕薄弱区综合分析方法研究［J］．岩石力学与工程学报，2013，32（3）：512~519.

[94] Mahdevari S, Shahriar K, Sharifzadeh M, et al. Assessment of failure mechanisms in deep longwall faces based on mining-induced seismicity [J]. Arabian Journal of Geosciences, 2016, 9 (18).

[95] Kao C S, Carvalho F C S, Labuz J F. Micromechanisms of fracture from acoustic emission

[J]. International Journal of Rock Mechanics and Mining Sciences, 2011, 48 (4): 666~673.

[96] Aswegen G V, Mendecki A J. Mine layout, geological features and seismic hazard [J]. 1993.

[97] Grosse C, Ohtsu M. Acoustic Emission Testing. Basic for Research-Applications in Civil Engineering. Springer, 2008.

[98] 南世卿. 露天转地下开采过渡期采矿方法及安全问题研究 [J]. 现代矿业, 2009 (1): 27~32.

[99] Ge M, Hardy H Jr, Wang H. A retrievable sensor installation technique for acquiring high frequency signals [J]. Journal of Rock Mechanics Geotechnical Engineering, 2012, 4 (2): 127~140.

[100] Xiao Y X, Feng X T, Hudson J A, et al. ISRM suggested method for in situ microseismic monitoring of the fracturing process in rock masses [J]. Rock Mechanics and Rock Engineering, 2016, 49 (1): 343~369.

[101] McGarr A. Moment tensors of ten witwatersrand mine tremors [J]. Pure Applied Geophysics, 1992, 139 (3-4): 781~800.

[102] Trifu C I, Urbancic T I. Characterization of rock mass behaviour using mining induced microseismicity [J]. Cim Bulletin, 1997, 90 (1013): 62~68.

[103] Young R P, Collins D S, Reyes-Montes J M, et al. Quantification and interpretation of seismicity [J]. International Journal of Rock Mechanics and Mining Sciences, 2004, 41 (8): 1317~1327.

[104] Kao C S, Carvalho F C S, Labuz J F. Micromechanisms of fracture from acoustic emission [J]. International Journal of Rock Mechanics & Mining Sciences, 2011, 48 (4): 666~673.

[105] Mahdevari S, Shahriar K, Sharifzadeh M, et al. Assessment of failure mechanisms in deep longwall faces based on mining-induced seismicity [J]. Arabian Journal of Geosciences, 2016, 9 (18): 709.

[106] Odonne F, Lézin C, Massonnat G, et al. The relationship between joint aperture, spacing distribution, vertical dimension and carbonate stratification: An example from the Kimmeridgian limestones of Pointe-du-Chay (France) [J]. Journal of Structural Geology, 2007, 29 (5): 746~758.

[107] Larsen B, Grunnaleite I, Gudmundsson A. How fracture systems affect permeability development in shallow-water carbonate rocks: an example from the Gargano Peninsula, Italy [J]. Journal of Structural Geology, 2010, 32 (9): 1212~1230.

[108] 中国工程建设协会. 岩石与岩体鉴定和描述标准 [S]. 北京: 中国计划出版社, 2008.

[109] Oda M. Permeability tensor for discontinuous rock masses [J]. Geotechnique, 1985, 35 (4): 483~495.

[110] Wu W J, Dong J J, Cheng Y J, et al. Application of Oda's Permeability tensor for determining transport properties in fractured sedimentary rocks: A case study of Pliocene-Pleistocene formation in TCDP [M]. Engineering Geology for Society and Territory: Springer, 2015:

215~218.

[111] Fang Y, Elsworth D, Cladouhos T T. Reservoir permeability mapping using microearthquake data [J]. Geothermics, 2018, 72: 83~100.

[112] 许模，黄润秋．岩体渗透特性的渗透张量分析在某水电工程中的应用［J］. 成都理工学院学报，1997，24（1）：56~63.

[113] Esmaieli K, Hadjigeorgiou J, Grenon M. Estimating geometrical and mechanical REV based on synthetic rock mass models at Brunswick Mine [J]. International Journal of Rock Mechanics and Mining Sciences, 2010, 47 (6): 915~926.

[114] 杨圣奇，苏承东，徐卫亚．岩石材料尺寸效应的试验和理论研究［J］. 工程力学，2005，22（4）：112~118.

[115] 张占荣，盛谦，杨艳霜，等．基于现场试验的岩体变形模量尺寸效应研究［J］. 岩土力学，2010，31（9）：2875~2881.

[116] 刘倩．裂隙岩体渗透特性尺寸效应及其影响因素研究［D］. 大连：大连理工大学，2014.

[117] Wang M, Kulatilake P H S W, Um J, et al. Estimation of REV size and three-dimensional hydraulic conductivity tensor for a fractured rock mass through a single well packer test and discrete fracture fluid flow modeling [J]. International Journal of Rock Mechanics and Mining Sciences, 2002, 39 (7): 887~904.

[118] Min K B, Jing L, Stephansson O. Determining the equivalent permeability tensor for fractured rock masses using a stochastic REV approach: method and application to the field data from Sellafield, UK [J]. Hydrogeology Journal, 2004, 12 (5): 497~510.

[119] 宋晓晨，徐卫亚．裂隙岩体渗流模拟的三维离散裂隙网络数值模型（Ⅰ）：裂隙网络的随机生成［J］. 岩石力学与工程学报，2004，23（12）：2015~2020.

[120] 国家煤矿安全监察局．煤矿防治水细则［M］. 北京：煤炭工业出版社，2018.

[121] 崔芳鹏，武强，林元惠，等．中国煤矿水害综合防治技术与方法研究［J］. 矿业科学学报，2018，3（3）：219~228.

[122] 董书宁．对中国煤矿水害频发的几个关键科学问题的探讨［J］. 煤炭学报，2010，35（1）：66~71.

[123] 李青锋，王卫军，朱川曲，等．基于隔水关键层原理的断层突水机理分析［J］. 采矿与安全工程学报，2009，26（1）：87~90.

[124] 彭纪超，刘海荣，孙利华，等．山西省煤矿区陷落柱分布规律与突水预测研究［J］. 中国煤炭地质，2010，22（7）：26~30.

[125] 桂和荣．防水煤（岩）柱合理留设的应力分析计算法［M］. 北京：煤炭工业出版社，1997.

[126] Gang W, Wu M, Rui W, et al. Height of the mining-induced fractured zone above a coal face [J]. Engineering Geology, 2016: 216.

[127] 黄庆享，夏小刚．采动岩层与地表移动的“四带”划分研究［J］. 采矿与安全工程学报，2016，33（3）：393~397.

[128] 许家林，王晓振，刘文涛，等．覆岩主关键层位置对导水裂隙带高度的影响［J］. 岩

石力学与工程学报，2009，28（2）：380~385.

[129] 尹光志，李星，韩佩博，等．三维采动应力条件下覆岩裂隙演化规律试验研究［J］．煤炭学报，2016，41（2）：406~413.

[130] Gao M Z，Zhang R，Xie J，et al. Field experiments on fracture evolution and correlations between connectivity and abutment pressure under top coal caving conditions［J］. International Journal of Rock Mechanics and Mining Sciences，2018，111：84~93.

[131] Huang W P，Li C，Zhang L W，et al. In situ identification of water-permeable fractured zone in overlying composite strata［J］. International Journal of Rock Mechanics and Mining Sciences，2018，105：85~97.

[132] 钱鸣高，石平五，许家林．矿山压力与岩层控制［M］．徐州：中国矿业大学出版社，2010.

[133] 国家安全生产监督管理总局．建筑物、水体、铁路及主要井巷煤柱留设与压煤开采规范［M］．北京：煤炭工业出版社，2017.

[134] 许家林，朱卫兵，王晓振．基于关键层位置的导水裂隙带高度预计方法［J］．煤炭学报，2012，37（5）：762~769.

[135] 徐斌，董书宁，徐艳玲．急倾斜煤层防水煤柱合理尺寸的理论分析［J］．矿业科学学报，2017，2（4）：307~315.

[136] 胡炳南，张华兴，申宝宏．建筑物、水体、铁路及主要井巷煤柱留设与压煤开采指南［M］．北京：煤炭工业出版社，2017.

[137] 董书宁，王皓，张文忠．华北型煤田奥灰顶部利用与改造判别准则及底板破坏深度［J］．煤炭学报，2019，44（7）：2216~2226.

[138] 刘长武，洪允和．矿间防水煤柱合理尺寸的理论分析［J］．中国矿业大学学报，1995，24（1）：52~57.

[139] 吴立新，王金庄．煤柱屈服区宽度计算及其影响因素分析［J］．煤炭学报，1995，20（6）：625~631.

[140] 刘洋，柴学周，李竞生．相邻工作面防水煤岩柱优化研究［J］．煤炭学报，2009，34（2）：239~242.

[141] 胡东祥，朱孔盛，侯家林．矿井初步设计中边界防隔水煤岩柱留设探讨［J］．中国煤炭地质，2011，23（6）：33~35.

15 结　　论

突水一直是我国地下矿山生产过程中最具威胁的灾害之一。无论是原位断层、陷落柱突水，还是采动峰后、冒落岩体突水，都属于破碎岩体突水。破碎岩体相比完整岩体具有孔隙率大、渗透性强等特点，渗透性高出完整岩体一至数个量级，其中流速与压力梯度的关系不再满足线性 Darcy 渗流定律，渗流行为表现出明显的非线性特征，继续采用 Darcy 渗流理论解释突水渗流机理、预测突水量等不符合实际，因此，开展破碎岩体突水非 Darcy 渗流问题的研究具有重要意义。

15.1　理论分析

（1）通过毛细管模型和流动阻力模型建立了孔隙结构参数与流动阻力特征参数间的函数关系。颗粒堆积型多孔介质渗流阻力包括黏性阻力和形状阻力两种形式，在多孔介质中运动流体受到的黏性阻力是固体表面对流体产生的无滑移摩擦阻力，由流体内部的剪切力导致的黏性阻力可忽略不计。孔隙结构的几何形状改变是导致形状阻力产生的原因。形状阻力的产生也会伴随着涡的产生。涡与流动区流体的摩擦阻力和动量的交换的惯性阻力是构成形状阻力的两个部分。涡是流体在细观尺度惯性效应的表现。在小雷诺数的层流阶段摩擦阻力为影响渗流特征的主导作用，形状阻力中的细观尺度惯性效应对流动的影响可忽略不计。当流速逐步增加，细观尺度下的惯性效应随之发展，转化为宏观的惯性效应，流动从层流向湍流转化。由于形状阻力产生的细观惯性效应是造成渗流偏离线性的原因。这个惯性作用与湍流的惯性力存在物理本质的差别。

（2）在考虑局部压力损失的交叉裂隙线性渗流计算模型的基础上，建立了考虑局部压力损失的交叉裂隙非 Darcy 渗流计算模型，通过与考虑局部压力损失的交叉裂隙线性渗流计算模型的计算结果进行对比分析可知，交叉裂隙局部压力损失的产生机制主要是由宽裂隙的水流进入窄裂隙时产生漩涡导致的，漩涡区域大小与局部压力损失变化规律具有一致性，表明裂隙交叉处流动状态的改变是局部压力损失的根源。在雷诺数保持不变的前提下，隙宽比或交叉角度变化引起的局部压力损失变化不大，其最大变化不超过 9%。所以，可只考虑 Re 对局部压力损失系数 ξ 的影响，当 $Re\leqslant 150$ 时，$\xi=0$；当 $Re>150$ 时，$\xi=0.0003Re+0.04$。

（3）通过对多孔介质非 Darcy 渗流的细观分析可知：采用考虑流体惯性作用

的 Navier-Stokes 方程模拟多孔介质渗流问题，宏观上既可以得到低速流情况下的 Darcy 渗流定律，也可以得到高速流情况下的非 Darcy Forchheimer 渗流定律，同时也说明多孔介质渗流过程中流体惯性阻力是一直存在的，只是当流速较小时流体惯性阻力相对于黏滞阻力可以忽略，随着流速的不断增大，惯性阻力的影响才开始逐渐显现。因此可以认为破碎岩体非 Darcy 渗流的产生是细观上流体的惯性作用发展到一定阶段时的宏观响应。而漩涡作为流体惯性作用的一种表现方式，与孔隙大小、颗粒排列、孔隙连通性及流体流速等因素有关，严格上讲与产生非 Darcy 渗流没有直接关系。

15.2　突水模式总结

矿山突水模式多种多样，根据突水通道类型可将突水方式分为断层致突型、陷落柱致突型和采动裂隙致突型；根据突水水源类型可将突水模式划分老空水致突型、大气降水及地表水致灾型和高压含水层致突型。基于采掘区域与老空相对位置关系可将老空水害划分为 4 大类，即同层老空积水型、顶板老空积水型、底板老空积水型和防水隔离设施型。在此基础上，根据积水老空类型划分为同层采空区、同层老巷、顶板采空区、顶板老巷、底板采空区和底板老巷等 6 个亚类，根据导水通道类型划分为同层煤柱破坏、同层导水裂隙带沟通、同层含水层沟通、顶板导水裂隙带沟通、顶板构造活化沟通和顶板钻孔沟通等 6 个亚类。需要进一步加强对矿山突水的研究工作，掌握不同突水模式的突水机理，然后根据每种突水模式的突水特征选择切实有效的防治水措施，真正确保矿山的安全高效生产。

15.3　试验设备研制

通过借鉴众多学者的科研成果和科研经验，设计研发了一维水沙高速渗流试验系统、平面水力输沙试验系统以及水、沙分相流速测量系统。通过对试验设备的测试与检验，达到了预期效果。

（1）基于研究目标对试验系统功能的要求，自行设计了两套可满足更大压力（0.7MPa）、流量（48000mL/min）和高浓度（沙相体积分数可达 30%）携沙流动试验要求的一维水沙高速渗流试验系统和平面水力输沙试验系统，试验设备由试验单元、测量单元、水力供给单元与压力加载单元等部分构成。

（2）水、沙分相流速测量装置的研发，解决了对固、液两相混合流体的彻底分相的难题，实现了试验过程中实时、精确测量分相流速的目标。这项技术的提出为研究水、沙两相混合渗流的规律与演化机理提供了有力的技术支撑。

（3）该试验装置具有大容积、可持续稳定供水、测量精度高等特征，具有精确测量由低速至高速全流域范围的渗流速度和水、沙两相分相流速测量的能力，性能可靠。

（4）该试验设备中的水、沙分相测量装置已申请中华人民共和国发明专利。原理正确、清晰，设计规范。对类似水、沙两相混合流体的分相测量技术有创新性贡献，对管涌、变质量流、突水溃沙、泥沙起动等类似试验研究具有一定的借鉴参考意义。

15.4 室内物理试验

（1）基于自主设计研发的一维水力输沙试验系统以及水、沙分相流速测量装置，对多孔介质中的渗流阻力演化规律、沙粒群的起动临界条件以及水沙两相混合流体的演化过程进行了系统试验和深入分析，并得到以下结论：

1）粒径、孔隙率和曲折度是影响流动阻力的三个基本结构参数。粗糙的颗粒表面和曲折的渗流路径对渗透率产生“折减”作用，同时对非 Darcy 因子产生“加乘”作用。在等径（等粒径范围）且孔隙率相同的条件下，在线性层流到非线性层流的转捩阶段，具有较大单个孔隙空间的多孔介质渗流在发生渗流转捩时，流体自身的惯性作用更强，雷诺数随着粒径增大而增大。与之相反，曲折度更大的孔隙结构中更容易由形状阻力引起漩涡，宏观整体的惯性效应更强，Forchheimer 数越大。在层流到湍流的转捩中，雷诺数依然随着粒径增大而增大，但惯性作用是形状阻力涡流与流体自身湍流脉动效应之和，因此得到的 Forchheimer 数也随着粒径增大而增大。

2）影响多孔介质中可移动细颗粒起动的主要作用力是涡流尾部反向流动的紊动水流对颗粒的推离作用力。其物理本质是由于形阻作用使水流在较大颗粒尾部形成漩涡，漩涡中反向水流的紊动作用对该区域中细小颗粒产生推力。随着流速增大，漩涡生长，作用力随之增强，当推力达到某临界值后细颗粒随之起动。而漩涡的生长正是流动偏离线性的标志，因此，细颗粒起动临界点多孔介质中的流动必然是非线性的。水、沙两相混合流体的起动与运移存在两个临界流速：①颗粒起动的临界流速；②涌沙的临界流速。在此次实验研究中风成沙颗粒群的起动临界流速约为 0.38～1.26mm/s，对应雷诺数约为 16～24；溃沙的临界流速为 2.48～3.54mm/s，对应雷诺数约为 76～93。沙颗粒的运动具有很强的随机性，本书中提出的颗粒群的起动与运移临界值是指颗粒群中大部分颗粒起动与运移的临界流速范围。

3）试验室条件下获得的突水溃沙灾害发生的两个必要条件是：①具有足够的运动与膨胀空间；②达到溃沙的两个临界流速。试验室条件下沙粒群流态化产生的体积膨胀率约为 105%～110%。当流速足够大，作用于沙颗粒的推力达到起动的临界值时颗粒起动，当达到溃沙临界时产生高浓度水沙流。

4）涌沙灾害发生的物理过程。由于工程建设施工作业打破了原有地下含水层的稳定渗流，地下水高速流动的冲刷作用使多孔含水层中的可移动细颗粒逐渐起动并随水流运移。随着可移动细颗粒的占比不断增加形成水挟沙两相渗流，此时在细颗粒流失与混合流体对多孔骨架的不断冲击作用下，含水层土体孔隙率不断增大，由此导致水流速度不断增大，从而带动更多细颗粒流失。当达到涌沙临界点后粗颗粒骨架受力平衡被打破，发生失稳、沙土流态化，进而形成高浓度的水沙混合流体。

5）松散地下含水层涌沙灾害的机理是，突水溃沙是依次经历沙颗粒群起动、水挟沙流动逐步转变为“沙挟水”流动，由量变积累发展到质变的物理演化过程。沙粒群起动、细颗粒流失水流加速和溃沙是相互激励（促进）的正反馈过程，是失稳的非线性过程。在形成的水沙混合流体中沙颗粒的含量远大于水的含量，含沙比最高可达80%~90%。在试验室条件下，非固结颗粒堆积体的孔隙率演化规律满足公式：

$$\partial\varepsilon/\partial t = 0.0142(\varepsilon_{\max} - \varepsilon)Cq_{\mathrm{f}}$$

6）从颗粒起动到形成高浓度水沙两相流的过程，水、沙颗粒与多孔骨架三者之间存在能量的转化与传递。首先在沙颗粒起动阶段与低浓度水沙混合流动，即水挟沙流动过程中，水流的动能转化为沙颗粒的动能，以水流动为主导；在高浓度水沙两相运移阶段，由于固体颗粒浓度高，颗粒间的碰撞、颗粒与多空骨架的碰撞以及颗粒自身的紊动作用占优，此时以沙为主导，颗粒间通过碰撞传递能量，表现为浓度波传播的形式，水为沙颗粒间隙介质对起到阻尼作用，减缓颗粒间、颗粒与多孔骨架间的碰撞。这种能量的转化与传递在宏观上表现为水沙混合流体压缩—膨胀交替变化的特征。

根据水沙运移规律，可以对工程中的涌沙灾害总结为以下三点：

1）工程生产建设作业引起地下含水沙层的变形，储水空间膨胀，为可移动细颗粒的流失以及沙粒群流态化提供条件；

2）范围广阔的含水层和丰富的水量储备使得水压力能够长时间维持稳定，为涌沙灾害的发生提供了有利的水利条件；

3）裂隙网络与岩体塌落为水沙输运通道的形成创造了条件，同时挟沙流对岩体的冲击使得输运通道得到有效扩张。因此，沙的输运、水流加速和涌沙是相互激励（促进）的正反馈过程。

（2）基于自主设计研发的平面水力输沙试验系统以及水、沙分相流速测量装置，研究了裂隙网络非线性渗流特性、颗粒运移规律及水沙两相流动特性，主要结论如下：

1）线性层流到非线性层流转捩的临界参数随着裂隙网络结构的改变而发生变化，在裂隙开度相同的条件下，临界雷诺数和Forchheimer数随着角度的增大而减小，而临界水力梯度呈现相反的变化趋势；在角度相同的条件下，随着裂隙开度的不断增加，临界 Forchheimer 数和雷诺数呈线性递增，临界水力梯度呈线性递减。裂隙开度越大、角度越小，裂隙网络内的渗透率越大，对应的非 Darcy 因子越小。

2）当充填介质的孔隙率相同时，随着曲率系数或不均匀系数的不断增大，渗流转捩的临界流速、临界雷诺数和临界 Forchheimer 数均逐渐增大，而临界水力梯度越来越小。有效粒径、孔隙率、曲率系数和不均匀系数对多孔介质的固有属性渗透率和非 Darcy 因子都有着一定的影响，渗透率 k_p 与 $C_u \times C_c$ 线性正相关，非 Darcy 因子 β_p 与 $C_u \times C_c$ 为幂函数关系，幂指数为负。综合这 4 个因素拟合出半经验半理论渗透率和非 Darcy 因子计算公式：

$$k_p = 2.13 \times 10^{-3} \times \frac{\phi^3}{(1-\phi)^2} d_{10}^2 C_u C_c$$

$$\beta_p = 88.92 \times \frac{1-\phi}{\phi^3 d_{10}} (C_u C_c)^{-0.64}$$

3）渗流潜蚀过程是一个多场、多相耦合的高度非线性动态过程。一般可分为四个阶段：①颗粒起动；②颗粒运移；③局部通道的贯穿；④形成稳定的渗漏通道。根据试验数据，得到了颗粒起动临界流速与粒径的关系方程：$u_c = 2.39 + 1.3\sqrt{d}$。颗粒起动以后，在水相渗流力的作用下不断迁移流失，导致孔隙率不断扩大，携沙流动阻力降低，造成有利于水流加速的条件，高速的水流反过来带动更大的颗粒迁移，可见二者是不断相互推动的正反馈过程，蕴藏着复杂的水沙两相相互作用过程，充填物颗粒的流失是诱发渗流灾变的根本原因。此外，孔隙率演化方程的拟合结果与试验结果十分吻合，表明其能够精准地描述充填裂隙网络在水流潜蚀作用下孔隙率的演化规律。

（3）通过对不同孔隙率的破碎岩体试样在不同围压下进行高速非 Darcy 渗流实验，得到了破碎岩体在应力作用下的渗流规律：

1）随着围压的增大非 Darcy 渗透率 k_F 增大、非 Darcy 因子 β 减小，且变化十分明显，在破碎岩体渗流研究中应考虑应力的影响因素。

2）非 Darcy 渗透率 k_F 随应力的增大呈负指数减小规律，是破碎岩体随应力变形非线性和渗透率随孔隙率非线性的综合体现；定义了非 Darcy 渗透率 k_F 受应力作用影响的敏感因子 α，得出 k_F 与孔隙率和应力的关系方程。

3）得出非 Darcy 因子 β 与围压关系和破碎岩体介质的孔隙率有关，定义了非 Darcy 因子 β 受应力作用影响的敏感因子 γ，最终得到非 Darcy 因子 β 的表达式，表明非 Darcy 渗流问题的研究需综合考虑破碎岩体的孔隙结构及其所处的应力状态。

15.5　力学模型建立

（1）本书提出突水过程中含水层、破碎导水带和巷道三种水流运移耦合模型，采用Brinkman方程计算破碎带水流场，同时把含水层Darcy渗流和巷道N-S流动有机联系在统一流动场中，得到整个水流流场分布。

采用非线性耦合渗流模型计算的结果表明，陷落柱和断层带作为含水层渗流和巷道突水自由流动的过渡区域，其渗透性变化对于突水压力和流速演变作用十分显著，现场实际的突水现象就是在含水层充足的补给水量和保持恒定的高水压作用下，当陷落柱或导水破碎带联通了含水层和巷道时形成的。

本书需要强调说明，对于破碎岩体介质的流场特性，Forchheimer方程和Brinkman方程都是非线性（非Darcy）方程，均可以描述有惯性项破碎岩体介质的流场特性，但两者的特点和适用条件不同，Brinkman方程没有惯性项，有流体的黏滞剪切项，不用确定非Darcy因子β，不能描述紊流引起的漩涡；而Forchheimer方程有惯性项，没有流体的黏滞剪切项，可以描述紊流引起的漩涡，更符合实际超高速流情况的流场。具体采用哪个方程？可以根据前面章节的试验分析依据Reynolds数确定：对于Reynolds数$10\sim10^2$量级，可以近似采用Brinkman方程计算；当Reynolds数大于10^2量级以上，采用Forchheimer方程计算，到底Reynolds数大于多少10^2量级，需要具体实验研究。

由于书中的模型只是一个二维概念模型，模拟结果只给出了突水渗流的稳定渗流状态，没有给出三维突水渗流性状及渗流随时间变化的瞬态过程，还不能解释现场真实突水的变化过程，有待继续开展深入的研究工作。

（2）破碎岩体突水灾害的发生表明破碎岩体已经成为沟通含水层和巷道水力联系的突水通道。破碎岩体突水发生、发展过程中，根据突水水流“从哪里来”到“哪里去”的流动过程，将突水发生必须具备的空间条件概括为三个部分：充足的水源空间、强渗流导水通道以及容纳突水的井巷空间，三者缺一不可。

1）针对发生突水的空间条件，基于质量守恒和压力连续条件，建立了破碎岩体突水非Darcy渗流模型，模型中包括Darcy流、Forchheimer流和Navier-Stokes流，对不同的流动阶段用不同的流动方程，把含水层、破碎岩体通道和巷道整个水流路径连接在一起。

2）该模型将远离突水位置的远场含水层已知水压力和巷道大气压力作为外部第一类边界条件，同时保证含水层与破碎岩体通道、破碎岩体通道与巷道连接区域交界面上流体压力和流速连续的内部时变边界条件，使整个流场成为统一的有机整体，有效解决了传统模型中割裂三场流态的关联作用导致突水过程计算时时变边界难以确定的难题，研究突水非Darcy渗流力学规律更能符合实际。

3）模型中考虑了破碎岩体中的渗流潜蚀作用，反映了破碎岩体由低孔隙率弱渗透性演变为高孔隙率强渗透性导水通道，诱发突水非Darcy渗流的整个物理过程，能够模拟破碎岩体突水发生、发展的动态过程。

4）基于 FELAC 有限元软件生成了计算程序，实现了模型的数值求解，为再现突水发生、发展动态过程提供数值模拟方法。

5）对破碎岩体突水概念模型的模拟结果表明，在破碎岩体突水问题中含水层水压力一定的前提下，随着破碎岩体逐渐演化为高孔隙率、强渗透性的导水通道，突水水流由黏滞阻力为主的 Darcy 层流，到黏滞阻力和惯性阻力共同作用的高速非 Darcy 层流，最后到惯性阻力起控制作用的紊流，发生流态转捩。采用 Forchheimer 方程描述破碎岩体内高速非线性层流，能够较好地反映水流从含水层 Darcy 层流到巷道紊流的中间状态，模型可以定量揭示破碎岩体突水三种流态转捩的渗流本质。

（3）以非 Darcy 渗流理论和实验结果为基础，建立了非 Darcy 渗流-应力耦合模型，并通过 FELAC 有限元软件实现了对模型的求解。对不同压力梯度条件的渗流模型进行了求解，模拟结果可以反映出非 Darcy 渗流压力的演化规律，流速与压力梯度符合 Forchheimer 方程，渗流模型可以反映出非 Darcy 渗流实验过程；对不同围压应力条件的渗流模型进行了求解，结果表明应力场演化过程受渗流影响，渗流场也受应力作用影响，模型可以反映出非 Darcy 渗流-应力耦合效应，为非 Darcy 渗流-应力耦合问题的研究提供了数值模型。以基安达矿底板突水事故为例，对渗流突水过程进行了模拟。

15.6　案例机理分析

以姜家湾煤矿导水裂隙带突水、中关铁矿断层突水和骆驼山煤矿陷落柱突水等突水事故为例，应用建立的破碎岩体突水非 Darcy 渗流模型，再现了突水过程中压力场、速度场、孔隙率、固体颗粒体积浓度等物理量的时空演化过程，分析了破碎岩体突水非 Darcy 渗流机理。结果表明，突水通道中细小颗粒的迁移流失是造成突水灾害的根本原因，小颗粒的流失诱发破碎岩体孔隙结构、流体介质参数和渗流场不断演化，颗粒运动是造成流速增大的有利条件，颗粒运动和水流速增加是相互激励、相互促进的正反馈过程，同时水源压力越大，崩解系数越大、潜蚀系数越大、发生突水的危险性就越大。相关结果可为工程涌水量预测、复杂水文地质条件下的渗流场演化特征以及裂隙岩体、陷落柱、断层渗流控制等方面的研究提供模型依据，显示出该模型良好的工程应用前景。

索　　引

B

Brinkman 方程　334

C

粗糙度　208

D

Darcy 方程　2
Darcy 流　130
导裂带发育形态　69
导水通道监测　406
导水通道识别　404
导水通道探测　405
底板采动裂隙致突型水害　67
底板老空积水型水害　74
迭代控制　357
顶板采动裂隙致突型水害　67
顶板老空积水型水害　72
断层致突型水害　65
对流项　306
多孔介质　175

F

FELAC　274
Forchheimer 方程　2
Forchheimer 流　130
Forchheimer 数　30
方程弱形式　321
防水隔离设施型水害　76
防水煤岩柱　469
非 Darcy 渗流特性演化　315
非 Darcy 渗流突水力学模型　301
非 Darcy 因子敏感性分析　394
非达西因子　24

G

关键层　457
管涌　67
惯性阻力　60

H

含水层　63

J

矩张量　409

K

颗粒级配　154
颗粒流失　180
颗粒填充床　117
孔隙结构参数　17
孔隙率　56
孔隙率的时空演化　311
孔隙率演化　185
孔隙率演化方程　272
矿山采动岩体　404
扩散项　306

L

老空积水区　350
老空水致突型水害　68
雷诺数　30
立方定律　36
连续性方程　270
“两带”高度　452

裂隙渗流通道　417
裂隙网络　202
流速的演化规律　311
流态化　145
流态转捩　318
骆驼山　390

M

Moody-type 曲线　128
密度演化　428

N

Navier-Stokes 方程　2
黏性阻力　16
浓度传输方程　272
浓度的时空演化　366
浓度的时空演化　314

P

pre-Darcy 流　130
平均流速　29
平均压力梯度　56
破碎岩体　4

Q

起动条件　173
潜蚀系数　360
潜蚀作用　274
曲折度　19

R

RPD 曲线　13

S

散体颗粒　104
渗透率　24
渗透率演化　403
石人沟铁矿　435
时间离散化　282
视渗透率　51
水沙分相测量装置　87
水沙混合流体　179
算子分裂法　306

T

体积平均法　50
同层老空积水型水害　69
突水防治　388
突水机理　334
突水溃沙　175
突水模式　64
突水事故　63
突水通道　63
湍流　16

W

微震监测　451
微震派生裂隙　409
物探　469

X

西曲矿　451
西曲矿　457
细观模拟　48
陷落柱致突型水害　66
巷道　63

Y

压力的演化规律　310
应力与渗流参数的关系方程　7
运动方程　271

Z

张马屯铁矿　423
中关铁矿　375
重复采动　451
钻孔摄像　451